W0260066

Lehrbuch der Waldwertrechnung und Forststatik

Von

Dr. Max Endres

o. ö. Professor an der Universität München

Vierte, verbesserte Auflage

Mit 7 Abbildungen

Berlin
Verlag von Julius Springer
1923

Softcover reprint of the hardcover 4th edition 1923

ISBN-13: 978-3-642-89651-4   e-ISBN-13: 978-3-642-91508-6
DOI: 10.1007/978-3-642-91508-6

Aus dem Vorwort der ersten Auflage.

Die Zinseszinstafeln im Anhang erfuhren gegenüber den bisher im Gebrauche befindlichen eine wesentliche Erweiterung durch Abstufung der Prozente nach Vierteln. Angesichts des allgemeinen Rückganges des Zinsfußes kommen auch in den Bodenwirtschaften engere Unterschiede in der Höhe des Wirtschaftszinsfußes in Betracht. Solche Tafeln, welche die bei forstlichen Wertsberechnungen vorkommenden Zeitgrenzen umspannen, existierten bis jetzt noch nirgends. In einem älteren Lehrbuche der Rechenkunst fand ich von den Tafeln I und II die Werte von 1 bis 100 Jahre, nach Viertelprozenten abgestuft, vor. Diese mußten revidiert, die sämtlichen übrigen Zahlen und Tafeln aber neu ermittelt werden. Die Arbeit war um so zeitraubender, als die gewöhnlichen siebenstelligen Logarithmentafeln hier nicht ausreichen. Durch Verwendung zehnstelliger Logarithmen und der Rechenmaschine von Thomas dürften diese Tafeln einen Genauigkeits- und Sicherheitsgrad erlangt haben, welcher allen Ansprüchen vollauf genügt.

Karlsruhe, im Oktober 1894.

Vorwort zur zweiten Auflage.

Die vorliegende 2. Auflage wurde vollständig neu bearbeitet. Um für die praktischen Beispiele und den wesentlich erweiterten angewandten Teil der Waldwertrechnung Raum zu gewinnen, wurde der einleitende Teil über die volkswirtschaftlichen Begriffe und Grundlagen wesentlich gekürzt. Dies konnte unbedenklich geschehen, weil dieses Gebiet nunmehr von der selbständig gewordenen Disziplin der Forstpolitik aufgenommen worden ist. Im Interesse der Raumersparung wurden auch mehrere rein theoretische Beweisführungen weggelassen unter Hinweis auf die erste Auflage.

Eine namhafte Erweiterung und Vertiefung erfuhren die Abschnitte über den forstlichen Zinsfuß und über den Wirtschaftserfolg (durchschnittliche Verzinsung).

Die im Anhange mitgeteilten Geldertragstafeln wurden von Herrn Forstamtsassessor R. Ortegel bearbeitet.

Seit dem Erscheinen der 1. Auflage hat sich bei der überwiegenden Zahl der praktisch tätigen Forstmänner die Überzeugung befestigt, daß man auch in der Forstwirtschaft rechnen könne und rechnen müsse. Trotz aller Anstürme hat die wissenschaftlich unanfechtbare Bodenreinertragslehre ein Waldgebiet um das andere erobert, eine staatliche Forstverwaltung um die andere zu — oft ungeahnten — Zugeständnissen gezwungen. Die Zeiten sind eben vorbei, in denen der als der tüchtigste Forstmann gepriesen wurde, der die dicksten Bäume und dichtesten Bestände aufweisen konnte. Wer auf den Ehrentitel eines Forstwirtes Anspruch erheben will, muß nach den Grundsätzen der Wirtschaftlichkeit handeln. Der Weg, der zur Verwirklichung dieses Zieles führt, ist in der forstlichen Statik vorgezeichnet. Möge dieselbe daher nicht als unnötiger Ballast, sondern als notwendige Grundlage für die Erkenntnis der den forstlichen Betrieb beherrschenden wirtschaftlichen Gesetze betrachtet werden.

München, im Dezember 1910.

Vorwort zur dritten Auflage.

Die 3. Auflage hat nicht unwesentliche Erweiterungen und Vertiefungen erfahren. Das Kapitel über den forstlichen Zinsfuß wurde schärfer herausgemeißelt, der Waldwirtschaftswert neu eingefügt und der Abschnitt über die praktischen Fälle der Waldwertrechnung wesentlich erweitert. Auch die Statik wurde nach manchen Seiten hin ergänzt.

Die Geldertragstafeln und die darauf aufgebauten Beispiele mußten nach dem Stand der 2. Auflage beibehalten werden, weil die zur Zeit geltenden Holzpreise mit ihrer phantastischen Höhe unmöglich bleibende Erscheinungen sein können, andererseits aber auch nicht abzusehen ist, auf welcher Grundlage sich ihre Gestaltung beim Eintritt normaler Wirtschaftsverhältnisse vollziehen wird.

München, im Mai 1919, im Jahre des tiefsten Unglücks unseres deutschen Vaterlandes.

Vorwort zur vierten Auflage.

In der vorliegenden 4. Auflage wurden da und dort Ergänzungen vorgenommen, zu grundsätzlichen Änderungen aber war kein Anlaß gegeben.

Für die Beibehaltung der Geldertragstafeln und der darauf fußenden Beispiele haben heute noch mehr wie im Jahre 1919 die im Vorwort zur 3. Auflage angegebenen Gründe Geltung. Infolge des Raubzuges der Franzosen gegen die deutsche Wirtschaft, die deutschen Waldungen und die deutsche Freiheit ist zwar das Wirtschaftsleben erschüttert worden, aber nicht der deutsche Geist und der deutsche Mut. Darum wird auch der Tag wieder kommen, an dem die Sorge der deutschen Forstwirte nicht mehr auf die Rettung des deutschen Waldes vor dem Raub und Diebstahl der ewigen Feinde Deutschlands gerichtet sein muß und die normalen Wirtschaftsmächte auch die Waldwertrechnung und forstliche Statik wieder auf ihre natürliche Grundlage stellen.

München, im April 1923, dem Jahre ruhmreicher Abwehr feindlicher Raubgier und Brutalität.

Prof. Dr. Endres.

Inhaltsverzeichnis.

Vorbemerkung: Papiermark und Goldmark in der Waldwertrechnung.

Einleitung.

Seite
1. Begriff 1
2. Literatur 1

Erster Teil.

Waldwertrechnung.

Erster Abschnitt.

Volkswirtschaftliche Begriffe und Grundlagen.

  I. Wert und Preis 3
    1. Subjektiver und objektiver Wert 3
    2. Gebrauchs-, Tausch-, Ertrags-, Vermögenswert 3
    3. Preis 4
 II. Ertrag, Einkommen, Gewinn, Einnahme 4
III. Die Produktionselemente der Forstwirtschaft 6
    1. Boden 6
    2. Kapital 8
    3. Arbeit 8

Zweiter Abschnitt.

Der forstliche Zinsfuß.

  I. Der Zinsfuß im allgemeinen 9
    1. Begriff 9
    2. Die Höhe des Kapitalzinses 9
 II. Das Wesen des forstlichen Zinsfußes 11
III. Die Arten des forstlichen Zinsfußes 13
    1. Der objektive allgemeine forstliche Zinsfuß 13
    2. Der subjektive forstliche Zinsfuß 14
 IV. Das Verzinsungsprozent 17
  V. Die besonderen Gründe für die Anwendung eines forstlichen Zinsfußes 19
    1. Das Steigen der Geld- und Naturalerträge sowie des Waldver-
       mögenswertes 19
    2. Die Sicherheit des Waldbesitzes 24
    3. Die Liquidität des Waldvermögens usw. 26
    4. Die Bequemlichkeit der Verwaltung 26
    5. Die Länge des Produktionszeitraumes 26
    6. Das Sinken des Zinsfußes mit steigender Kultur 26
    7. Die persönliche Wertschätzung des forstlichen Grundbesitzes usw. 27

Seite

VI. Die Unterstellung verschiedener Zinsfüße 28
   1. Nach der Länge der Verzinsungszeiträume 28
   2. Für die Durchforstungserträge und Betriebskosten 30
   3. Nach der Holzart 32
   4. Nach dem Besitzstand 33
   5. Nach der Art des Bestandwerts 34
VII. Der Steuerzinsfuß und Forstrechtszinsfuß 34

Dritter Abschnitt.

Die Rechnungsgrundlagen.

I. Veranschlagung der Einnahmen 35
   1. Abtriebsertrag 35
      A. Holzertrag 35
      B. Geldertrag und Holzpreise 36
   2. Zwischennutzungserträge 38
   3. Nebennutzungen 39
II. Veranschlagung der Ausgaben 39
   1. Erntekosten 39
   2. Kulturkosten 40
   3. Verwaltungskosten 40
III. Holzpreise 42

Vierter Abschnitt.

Die mathematischen Grundlagen (Zinseszinsrechnung).

I. Die Zinsberechnungsarten 44
II. Die Formeln der Zinseszinsrechnung 45
   1. Prolongierung oder Bestimmung des Nachwerts 45
   2. Diskontierung oder Bestimmung des Vorwerts 45
   3. Rentenrechnung 47
   4. Zusammenstellung der Zinseszinsformeln 56

Fünfter Abschnitt.

Die Methoden zur Ermittelung des Bodenwertes, Bestandswertes und Waldwertes.

Erstes Kapitel.

Die Ermittelung des Bodenwertes.

I. Der Bodenertragswert (Bodenerwartungswert) 57
   1. Begriff 57
   2. Ableitung 57
   3. Die Größe des Bodenertragswertes 64
   4. Die Kulmination des Bodenertragswertes 68
   5. Zusammenstellung der Resultate über Größe und Kulmination des
      Bodenertragswertes 71
   6. Der negative Bodenertragswert 71

Seite

7. Die Rechnungsgrundlagen 72
    A. Allgemeine Gesichtspunkte 72
    B. Abtriebsertrag 72
    C. Zwischennutzungserträge 76
    D. Kulturkosten 77
    E. Verwaltungskosten 78
8. Der Bodenertragswert besonderer Betriebsformen 78
    A. Schirmschlagbetrieb (Dunkelschlagwirtschaft) 78
    B. Femelschlagbetrieb 80
    C. Überhaltbetrieb 82
    D. Mittelwaldbetrieb 83
    E. Plenterwald 85
9. Würdigung des Bodenertragswertes 85
10. Geschichtliches 88
II. Der Tauschwert des Bodens 88
    Anhang. Bodenkostenwert 90

Zweites Kapitel.

Die Ermittelung des Bestandswertes.

I. Der Abtriebswert 91
II. Der Bestandserwartungswert 92
1. Begriff 92
2. Ableitung 92
    Der Bestandserwartungswert des Mittelwaldes 95
3. Verlauf und Größe des Bestandserwartungswertes 97
    A. Gegeben die Umtriebszeit, veränderlich das Bestandsalter m 97
    B. Gegeben das Bestandsalter m, veränderlich die Umtriebszeit 99
4. Das Verhältnis zwischen dem Bestandserwartungswert und dem
    Abtriebswert 103
5. Die Rechnungsgrundlagen des Bestandserwartungswertes 106
6. Die Anwendung des Bestandserwartungswertes 108
    Geschichtliches 109
III. Der Bestandskostenwert 109
1. Begriff 109
2. Ableitung 109
    Der Bestandskostenwert des Mittelwaldes 111
3. Verlauf und Größe des Bestandskostenwertes 112
4. Das Verhältnis zwischen Kostenwert und Erwartungswert . . . 113
5. Das Verhältnis zwischen Kostenwert und Abtriebswert 114
6. Der kombinierte Bestandskostenwert 114
7. Das Wesen und die Rechnungsgrundlagen 116
    A. Der objektive oder wirtschaftliche Bestandskostenwert . . 116
    B. Der subjektive Bestandskostenwert 117
8. Die Anwendung des Bestandskostenwertes 118
    Geschichtliches 119
    Anhang. Die Bestimmung des Bestandswertes nach dem Durch-
    schnittsertrag 119
IV. Der Wert des laufenden und durchschnittlichen Bestands-
    zuwachses 120

Seite

V. Die Bewertung des Normalvorrates 124

   1. Allgemeines und Methoden 124
   2. Der Abtriebswert des Normalvorrates 125
   3. Der Erwartungswert des normalen Vorrates 129
   4. Der Kostenwert des normalen Vorrates 131
   5. Berechnung des Normalvorrates aus der Summe der Kostenwerte
      der jüngeren und der Erwartungswerte der älteren Bestände . . 133
   6. Berechnung des Normalvorrates nach dem Kosten- oder Erwartungs-
      werte der jüngeren und dem Abtriebswerte der älteren Bestände . 133
   7. Rentierungswert des normalen Vorrates 134
   8. Das Verhältnis zwischen dem Erwartungs- oder Kostenwert und
      dem Abtriebswert des Normalvorrates 135
   9. Der Normalvorratswert einer Mittelwaldbetriebsklasse 136

Drittes Kapitel.

Die Ermittelung des Waldwertes.

A. Der Waldwert des Einzelbestandes 137

   I. Der Waldabtriebswert (Ausstockungswert) 138
  II. Der Walderwartungswert 139
     1. Mit Unterstellung eines beliebigen Bodenwertes 139
     2. Mit Unterstellung des Bodenertragswertes 139
     3. Verlauf und Größe des Walderwartungswertes 140
 III. Der Waldkostenwert 141
     1. Mit Unterstellung eines beliebigen Bodenwertes 141
     2. Mit Unterstellung des Bodenertragswertes 141

B. Der Waldwert der Betriebsklasse 141

   I. Der Waldabtriebswert (Ausstockungswert) 142
  II. Der Walderwartungswert und der Waldkostenwert der normalen
     Betriebsklasse 142
 III. Der Waldrentierungswert der normalen Betriebsklasse 143
     1. Ableitung 143
     2. Wesen und Inhalt 144
     3. Die Anwendbarkeit des Waldrentierungswertes 146
     4. Der durchschnittliche Waldrentierungswert eines einzelnen
       Waldstückes 151
     Geschichtliches 152
 IV. Der kombinierte Waldrentierungswert einer anormalen Betriebs-
     klasse oder eines größeren Waldkomplexes 152
     1. Ableitung 152
     Erstes Verfahren 153
     Zweites Verfahren 155
     2. Wesen und Anwendbarkeit 156

C. Der Waldwirtschaftswert 158

   1. Der Waldwirtschaftswert noch nicht hiebsreifer Bestände . . . 158
   2. Der Waldwirtschaftswert hiebsreifer Bestände 161
     1. Fall. Die vorhandene Holz- und Betriebsart wird wieder
       nachgezogen 161
     2. Fall. Die vorhandene Holz- und Betriebsart ist nicht stand-
       ortsgemäß 163

Viertes Kapitel.

Natürliche Verjüngung und Kulturkosten

Natürliche Verjüngung und Kulturkosten 166

Sechster Abschnitt.

Praktische Gesichtspunkte für die Durchführung von Wertsberechnungen.

I. Berechnung des Wertes größerer Waldflächen 167
    1. Allgemeines 167
    2. Die Feststellung der Bodenwerte 169
    3. Die Feststellung der Bestandswerte 171
    4. Die Feststellung der Rechnungsgrundlagen 172
        a) Flächenfestsetzung 172
        b) Bestandsaufnahme 173
        c) Höhenmessungen 174
        d) Altersermittelung 174
        e) Bestockungsgrad 176
        f) Die Rechnungsgrundlagen für den Mittelwald 176
II. Ermittelung der Vergütung für die Abtretung von Wald zu öffent-
    lichen Zwecken (Enteignung) 178
    1. Der Bodenwert 178
    2. Der Bestandswert 178
    3. Entschädigung für besondere Nachteile, welche dem Waldbesitzer
       erwachsen (Nebenentschädigungen) 179
    4. Rechnerische Behandlung der Sicherheitsstreifen längs der Eisen-
       bahnlinien, von Waldgrund für Starkstromleitungen 180
III. Vergütung für die Benutzung des Bodens zur Gewinnung von Boden-
    schätzen . . . . , ... 181
IV. Berechnung des Schadens bei Bestandsvernichtungen 182
    1. Allgemeine Gesichtspunkte 182
    2. Vernichtung einer Kultur durch Wildverbiß 183
    3. Berechnung von Waldbrandschäden 184
V. Ermittelung des Schadens bei Waldbeschädigungen 185
    A. Feststellung des Schadens nach dem gegenwärtigen Bestands-
       zustand 135
       1. Allgemeines 185
       2. Rauchschaden 186
       3. Wildverbiß 187
       4. Schälschaden 188
    B. Feststellung des Schadens für einen bestimmten Zeitraum (Ver-
       lust an laufendem Wertzuwachs) 191
VI. Vergütung für Herabsetzung der Standortsgüte durch äußere Einflüsse 193
VII. Die Berechnung des Waldsteuerwertes 195
VIII. Teilung von Waldungen 197
IX. Zusammenlegung von Teilforsten 198

Anhang:

Anweisung zur Vornahme von Waldwertrechnungen der Staatsforstverwaltungen von Sachsen, Preußen, Bayern 198
    1. Sachsen 198
    2. Preußen 199
    3. Bayern 200

Zweiter Teil.

Forststatik.

Erster Abschnitt.

Seite

Begriff und Geschichte der Forststatik 203

Zweiter Abschnitt.

Der Wirtschaftserfolg.

Erstes Kapitel.

Begriff und Zweck 205

Zweites Kapitel.

Die Methoden zur Ermittelung des Wirtschaftserfolges . . . 207
  I. Aussetzender Betrieb 207
    1. Der absolute Wirtschaftserfolg des aussetzenden Betriebes . . 207
    2. Das durchschnittlich-jährliche Verzinsungsprozent des aussetzenden Betriebes 210
  II. Jährlicher Betrieb (normale Betriebsklasse) 212
    1. Der absolute Wirtschaftserfolg des jährlichen Betriebes . . . 212
    2. Das durchschnittlich-jährliche Verzinsungsprozent des jährlichen Betriebes 216

Drittes Kapitel.

Die Feststellung und das Wesen der Kapitalwerte 220
  I. Das Bodenkapital 220
  II. Das Holzvorratskapital 221
    1. Der Bodenwert im Holzvorratskapital 221
    2. Das Verwaltungskostenkapital 221
  III. Das Waldkapital und Waldkostenkapital 222

Viertes Kapitel.

Die praktische Bedeutung des Verzinsungsprozentes 223
  1. Verzinsungsprozent des Waldvermögenswertes 223
  2. Verzinsungsprozent des Buchwertes 225
  3. Verzinsungsprozent des Betriebskostenwertes 225

Fünftes Kapitel.

Das Verzinsungsprozent der sächsischen Staatsforstwirtschaft 226

Dritter Abschnitt.

Die laufende Verzinsung oder das Weiserprozent.

  I. Wesen und allgemeine Ableitung 229
  II. Die Größe des Weiserprozentes 233

Seite
III. Die Weiserprozentformel von Preßler 234
    1. Die Formel 234
    2. Die einzelnen Größen der Formel 235
    3. Die mathematische Prüfung der Formel 241
IV. Die laufend-jährige Verzinsung und das Weiserprozent von G. Heyer 242
    Weiserprozentformel von Judeich 243
 V. Die Weiserprozentformel von G. Kraft 243
VI. Vergleichung der Weiserprozentformeln 244
VII. Wertzuwachsprozent und Weiserprozent 245
VIII. Die Rechnungsgrundlagen des Weiserprozentes 247
IX. Die Anwendbarkeit des Weiserprozentes 249
    Beispiel 251

Vierter Abschnitt.

Bestimmung der Umtriebszeit und Abtriebszeit.

  I. Vorbemerkungen 255
 II. Finanzielle Umtriebszeit und Abtriebszeit 255
    1. Begriff und Berechnung 255
    2. Die Höhe der finanziellen Umtriebszeit 258
    3. Durchführbarkeit und Wesen der Bodenreinertragswirtschaft . 262
III. Umtriebszeit des größten Waldreinertrages oder der größten Waldrente 264
    1. Begriff und Berechnung 264
    2. Die Höhe und das Wesen der Umtriebszeit der Waldreinertrags-
       wirtschaft 268
IV. Vergleichung der Bodenreinertragswirtschaft und der Waldreinertrags-
    wirtschaft in bezug auf den jährlichen Betrieb (Betriebsklasse) . . 271
    1. Die Verzinsung der Produktionskapitalien 271
    2. Die Höhe des Einkommens 274
 V. Die rechnerischen Grundlagen der Waldreinertragswirtschaft im Ver-
    gleich zu jenen der Bodenreinertragswirtschaft 276
VI. Die sonstigen Umtriebszeiten 278
    1. Die Umtriebszeit des größten Holzmassenertrages 278
    2. Die technische Umtriebszeit 279
    3. Die physische (physikalische) Umtriebszeit 279

Fünfter Abschnitt.

Der Einfluß der Zeit auf die Rentabilität der Forstwirtschaft . . . 280

Sechster Abschnitt.

**Berechnung des Schadens, der durch die Hinausschiebung der Wieder-
aufforstung entsteht (Schlagruhe)** 283

Siebenter Abschnitt.

**Abgleichung verschiedener Benutzungs- und Bewirtschaftungsweisen
des Bodens** 286

Achter Abschnitt.

Zur Statik des Durchforstungsbetriebes 288

Anhang.

Sortimententafel für Fichtennutzholz 290
Holz- und Geldertragstafeln sowie die Bodenertragswerte für Fichte, Weiß-
    tanne, Kiefer und Buche 291
Zinseszins-, Renten- und Zuwachsprozenttafeln 300

Papiermark und Goldmark in der Waldwertrechnung.

Durch die Entwertung der deutschen Valuta ist an die Stelle der Goldmark die Papiermark getreten. Die Preise der Forsterzeugnisse, die Gehälter und Löhne haben dadurch eine ziffermäßige Höhe erreicht, die aus dem Rahmen aller bisherigen Vorstellungen herausfällt.

Nicht diese Tatsache aber ist es, die die Berechnung der Waldwerte erschwert, sondern die Unbeständigkeit der Preisgestaltung in der Gegenwart und das völlige Dunkel über deren Entwickelung in der Zukunft. Wir kennen heute zwar den ungefähren zeitlichen Preis des Holzes, aber nicht den Wert des Waldes. Es ist so, daß gegenwärtig niemand den tatsächlichen Wert eines Waldes oder seiner Bestandteile mit einwandfreien Belegen bestimmen kann.

Die jetzigen deutschen Holzpreise sind durch zwei Ursachen bedingt: durch die Preissteigerung des Holzes im nördlichen Europa und durch die deutsche Papiergeldwirtschaft.

Auch in den valutastarken Ländern hat sich nach dem Krieg das Preisniveau aller Güter und Arbeitskosten gehoben. Beim Holz kommt noch hinzu, daß durch die ungenügende Versorgung Europas mit russischem Holz eine gewisse Holzknappheit eingetreten ist. Die schwedischen Schnittholzpreise, die auf dem europäischen Holzmarkt die Führung haben, sind gegenüber der Vorkriegszeit um etwa das $2^1/_2$ fache gestiegen, obwohl Schweden eine intakte Goldwährung hat. Würde die deutsche Mark plötzlich wieder auf Goldparität gestellt werden können, dann würden die jetzigen deutschen Holzpreise in Goldmark etwa den dreifachen Betrag der Vorkriegszeit haben. Diese Tatsache muß bei Waldwertrechnungen berücksichtigt werden. Die Rückkehr zu den Waldwerten der Vorkriegszeit ist auch beim Eintritt normaler Geldwährung in Deutschland nach menschlichem Ermessen nicht wahrscheinlich.

Die jetzt nur in der Idee bestehenden Goldmarkpreise des Holzes werden im Verhältnis der Kaufkraft der Papiermark zu dem Wert der ausländischen goldwerten Zahlungsmittel aufgebläht. Bisher haben die Holzpreise alle Schwankungen der Valuta periodisch mitgemacht. Wollte man die täglichen Holzpreise für die Bewertung eines Waldes unmittelbar verwenden, dann würde die Höhe des berechneten Wertes nur eine Zufallsgröße sein. Außerdem wäre es sehr gewagt, die für das hiebsreife Holz erzielten Preise auch auf die jüngeren und jüngsten Bestände und auf die Bodenertragswerte zu übertragen.

Es dürfte daher unter den heutigen Verhältnissen nichts anderes übrig bleiben, als die forstwirtschaftlichen Werte mit den Preisen und Kosten der Vorkriegszeit zu berechnen und diese Goldmarkwerte mit einem Entwertungsfaktor zu vervielfältigen. Dabei kann es angebracht sein, die Einnahmen und Ausgaben je für sich zu behandeln.

Zur Feststellung des jeweiligen Wertsverhältnisses der Papiermark zur Goldmark dienen folgende geldwirtschaftliche Beziehungen als Anhaltspunkt:

1. Der Goldankaufspreis der Reichsbank. Derselbe folgt zwar im allgemeinen der Bewegung der Valuta, ist aber bisher unter den Devisenkursen geblieben. Seine Höhe richtet sich nach internen bankpolitischen Gesichtspunkten und kann nicht ohne weiteres als Maßstab für die innere Kaufkraft der Papiermark gelten.

2. Das Goldzollaufgeld. Seit dem 3. August 1919 werden die Sätze des deutschen Zolltarifes um einen vom Reichsfinanzministerium periodisch festgesetzten Prozentsatz erhöht (Goldzollzuschlag). Die Höhe desselben richtet sich ziemlich genau nach dem Stande der Valuta.

3. Der amtliche Devisenkurs an der Berliner Börse. Die Führung hat in den letzten Jahren der Dollar übernommen. In seiner jeweiligen Höhe kommt die Kaufkraft der Papiermark gegenüber dem Ausland mit vollwertiger Goldvaluta am schärfsten zum Ausdruck, allerdings mit der Einschränkung, daß der natürliche Gang des Devisenkurses nicht durch künstliche, auf die Dauer nicht haltbare Eingriffe beeinflußt wird.

4. Der Großhandelsindex. Derselbe gibt das Preisverhältnis an, in welchem der jeweilige Durchschnittspreis bestimmter Güter zusammengerechnet zu dem Vorkriegspreis steht. Offiziellen Charakter hat der vom Statistischen Reichsamt für 38 Waren, unter welche das Holz nicht aufgenommen ist, berechnete Index. Auch von privater Seite werden solche Indexe veröffentlicht. Je nach der Zahl der Waren, deren Preise zugrunde gelegt werden, ergeben sich auch verschiedene Verhältniszahlen. Daneben werden auch noch Lebenshaltungsindexe aufgestellt.

Sicher ist, daß man zur Zeit für die Berechnung der Bodenwerte und der Werte noch nicht nutzungsfähiger Holzbestände das volle ziffernmäßige Spannungsverhältnis zwischen Goldmark und Papiermark nicht als Entwertungsfaktor in Ansatz bringen darf. Wie hoch dieser anzunehmen ist, muß vorerst dem subjektiven Ermessen anheimgestellt bleiben.

München, im April 1923.

Einleitung.

1. Begriff.

Unter W a l d im Sinne der Waldwertrechnung und Forststatik versteht man den Boden mit dem darauf stockenden Holzbestand.

Die W a l d w e r t r e c h n u n g lehrt die Ermittelung des Geldwertes des Waldes und seiner einzelnen Teile.

Unter F o r s t s t a t i k (f o r s t l i c h e r S t a t i k) versteht man die Lehre vom Abwägen zwischen Ertrag und Kosten des forstlichen Betriebes (Rentabilitätsrechnung).

Die Trennung zwischen Waldwertrechnung und Statik ist mehr eine Frage der methodischen Zweckmäßigkeit als der sachlichen Notwendigkeit. Beide Disziplinen ergänzen sich wechselseitig und können auch unter „Waldwertrechnung“ oder „Forststatik“ zusammengefaßt werden.

Als L e h r f a c h verfolgt das in Betracht kommende Wissensgebiet zwei Ziele: Einmal die notwendigen Kenntnisse zur Ausführung von Waldwertsberechnungen und Rentabilitätsrechnungen zu vermitteln und zweitens den Forstwirt anzuregen, alle forstlichen Maßnahmen auf ihre Wirtschaftlichkeit zu prüfen.

2. Literatur.

Die Waldwertrechnung mit der von ihr untrennbaren Forstlichen Statik ist ein junger Zweig der Forstwissenschaft. In der Literatur des 18. Jahrhunderts finden sich nur wenige Andeutungen und Versuche. Die ersten Schriftsteller des 19. Jahrhunderts G. L. H a r t i g, H. C o t t a, H o ß f e l d und H u n d e s h a g e n kamen über die Methode der Durchschnittsrechnung kaum hinaus. Nur G o t t l o b K ö n i g (gest. 1849), Direktor der Forstlehranstalt Eisenach, erkannte schon in seiner Anleitung zur Holztaxation, Gotha 1813, und dann besonders in seiner Forstmathematik, Gotha 1835, 5. Aufl. von Grebe 1864, die Probleme der Waldwertrechnung und forstlichen Statik nahezu in ihrem ganzen Umfange.

Der wissenschaftliche Ausbau erfolgte von der Mitte des 19. Jahrhunderts ab durch F a u s t m a n n, O e t z e l, P r e ß l e r und G u s t a v H e y e r. — M. F a u s t m a n n, Großh. Hessischer Oberförster, stellte 1849 in der „Allg. Forst- und Jagdzeitung“ die Formel des Bodenertragswertes richtig auf, 1854 ebenda die Formel des Bestandskostenwertes. Im gleichen Jahre entwickelte ebenda G. O e t z e l die Formel des Bestandserwartungswertes. — M. R. P r e ß l e r, Professor an der Forstakademie Tharand, begann im Jahre 1858 seine epochemachende Schrift: „D e r r a t i o n e l l e W a l d w i r t u n d s e i n W a l d b a u d e s h ö c h s t e n

Ertrages." Dieselbe umfaßt: 1. Heft. Des Waldbaues Zustände und Zwecke. Dresden 1858. — 2. und 3. Heft. Die forstliche Finanzrechnung. Dresden 1859. — 4. Heft. Der Hochwaldbetrieb der höchsten Bodenkraft. Dresden 1865. — 5. Heft. Der Waldbau des Nationalökonomen. Dresden 1865. — 6. Heft. Das Gesetz der Stammbildung. Leipzig 1865. — 7. Heft. Zur Forstzuwachskunde mit besonderer Beziehung auf den Zuwachsbohrer. Dresden 1868. — 8. Heft. Die neuere Opposition gegen Einführung eines nationalökonomisch und forsttechnisch korrekten Reinertragswaldbaues. Tharand und Leipzig 1880. — 9. Heft. Die beiden Weiserprozente. Tharand und Leipzig 1885. — Ferner sind von demselben Verfasser erschienen: Die Hauptlehren des Forstbetriebes und seiner Einrichtung im Sinne eines forstwissenschaftlich und volkswirtschaftlich korrekten Reinertragswaldbaues. 2. und selbständige Hälfte des forstlichen Hilfsbuches. Leipzig 1871. — Forstliches Hilfsbuch. Leipzig 1869. 1. Teil (Tafelwerk) 6. Aufl.; 2. Teil (Textwerk) 3. Aufl. Tharand und Leipzig 1886; 5. Heft: Zur Forst- und Forstbetriebseinrichtung der höchsten Wald- bei höchster Bodenrente usw. als 4. Aufl. vom Hochwaldsideal von Neumeister. Wien 1888. — Gustav Heyer gab im Jahre 1865 das erste vollständige Lehrbuch über Waldwertrechnung heraus unter dem Titel: „Anleitung zur Waldwertrechnung". Leipzig 1865, 2. Aufl. 1876, 3. Aufl. 1883, 4. Aufl. von Wimmenauer 1892. Die 1., 3. und 4. Aufl. mit einem Abriß der forstlichen Statik. — Ferner begann G. Heyer das Werk: „Handbuch der forstlichen Statik. 1. Abt. Die Methoden der forstlichen Rentabilitätsrechnung. Leipzig 1871." Eine Fortsetzung ist nicht mehr erschienen.

Als selbständig herausgegebene Schriften, welche auf dem Boden des Preßler-Heyerschen Systems stehen, sind zu nennen: Lehr, Waldwertrechnung und Statik in Loreys Handb. d. Forstwissenschaft. II. Bd. Tübingen 1887; 2. Aufl. von Stötzer. III. Bd. 1903; 3. Aufl. von U. Müller. III. Bd. 1912. — Wimmenauer, Grundriß der Waldwertrechnung und forstlichen Statik nebst einer Aufgabensammlung. Leipzig und Wien 1891. — Stötzer, Waldwertrechnung und forstliche Statik. Frankfurt 1894; 5. Aufl. von Hausrath 1913. — H. Martin, Die forstliche Statik. Berlin 1905 und 1911; 2. Aufl. 1918. — Ferner die Schriften von G. Kraft.

Ein ausführliches Verzeichnis der zahlreichen sonstigen Arbeiten findet sich in der 2. Auflage dieses Buches.

Erster Teil.

Waldwertrechnung.

Erster Abschnitt.

Volkswirtschaftliche Begriffe und Grundlagen.

I. Wert und Preis.

1. Man unterscheidet zwischen **subjektivem und objektivem Wert.**

a) Der **subjektive Wert** ist sowohl die praktische Bedeutung, die ein bestimmtes Subjekt einem Gute nach Maßgabe der Einschätzung für seine persönlichen Interessen beilegt (Affektions-, Liebhaber-, Sonder-, Luxuswert), wie der tatsächliche Aufwand, welchen der Besitzer eines Gutes zur Erzeugung oder Erwerbung desselben machen mußte.

Im Forstbetriebe entstehen subjektive Werte dadurch, daß ein Waldgrundstück um einen seinen Ertrags- oder Tauschwert übersteigenden Preis gekauft wird, weil der Käufer aus rein persönlichen Interessen (Arrondierung, Erwerb des Jagdrechts usw.) den Besitz besonders hoch einschätzt. Rein subjektive Bedeutung kommt ferner allen Selbstkostenwerten zu, die in der Forstwirtschaft dadurch entstehen, daß entweder im Verlauf der langen Produktionszeiträume der Wert des Anlagekapitals sich ändert, oder die gegebene Wirtschaftsform das Bodenkapital nicht voll nutzbar machen kann (s. Bestandskostenwert, Waldkostenkapital).

b) Der **objektive Wert** eines Gutes ist der anerkannte Grad seiner Tüchtigkeit zur Erreichung eines bestimmten Zweckes oder Erfolges ohne Rücksicht auf persönliche Sonderinteressen eines bestimmten Subjekts.

2. In anderer Richtung unterscheidet man zwischen **Gebrauchswert, Tauschwert, Ertragswert und Vermögenswert.**

a) Der **Gebrauchswert** (Verbrauchswert) hat einen vorwiegend subjektiven Charakter. In diesem Sinne versteht man darunter den Nutzen, den ein Gut seinem Inhaber bei der Verwendung in dessen eigener Wirtschaft oder zu dessen eigener Bedürfnisbefriedigung gewährt.

1*

b) Der Tauschwert hat einen vorwiegend objektiven Charakter. In diesem Sinne versteht man darunter den Wert, der einem Gut beim Austausch gegen andere Güter beigemessen wird.

Im praktischen Leben gilt als Gradmesser des Tauschwertes der Preis, den ein Gut beim Verkauf erzielen kann. Daher ist Tauschwert gleichbedeutend mit Verkaufswert.

Beide Wertbegriffe decken sich mit dem gemeinen Wert der bisherigen Vermögenssteuergesetze, d. i. der Wert, den ein Gut für jeden Besitzer haben kann unter Einrechnung des Wertes von Annehmlichkeiten und Bequemlichkeiten, die einem jeden Besitzer schätzbar sind.

Da ferner der objektive Tauschwert den Grad der Wertschätzung eines Gutes im öffentlichen Tauschverkehr ausweist, nennt man denselben auch Verkehrswert.

In der Waldwertrechnung und forstlichen Statik sind alle objektive Werte Tauschwerte. Lediglich um die Technik der rechnerischen Ableitung derselben und ihre wirtschaftliche Bedeutung im forstlichen Produktionsprozeß zu kennzeichnen, bedient sich die forstliche Rechnung verschiedener besonderer Bezeichnungen für die forstlichen Tauschwerte. Das Nähere hierüber wird bei den einzelnen Wertkategorien ausgeführt werden.

c) Der Ertragswert bemißt sich nach dem Reinertrag, den ein Gut nach seiner wirtschaftlichen Bestimmung und seiner Ertragsfähigkeit gewähren kann. Er hat in erster Linie einen objektiven Charakter und bildet dann bei land- und forstwirtschaftlichen Grundstücken die unterste Grenze des Tauschwertes.

d) Vermögen ist ein Sachgut, welches sich im Eigentum einer Person befindet. Es hat einen vorwiegend rechtlichen Charakter. Ein Gut (Kapital) wird durch den Übergang in die Verfügungsgewalt eines Rechtssubjektes zu dessen Vermögen. Der Vermögenswert ist objektiver Natur und gleich dem Preis, der durch die Veräußerung des Gutes erzielt werden kann.

3. **Preis** ist die Menge von Gütern, die man im Tausche für ein Gut empfängt. Da die Veräußerung von Sachgütern in der Regel gegen Geld erfolgt, so nennt man die als Gegenleistung festgesetzten Geldbeträge ihren Preis.

Der Preis beruht auf ein- oder zweiseitiger Festsetzung, der Wert auf Schätzung oder Beurteilung.

II. Ertrag, Einkommen, Gewinn, Einnahme.

1. **Ertrag** ist ein objektiver Begriff. Er umfaßt die aus der Produktion oder Erwerbstätigkeit hervorgehende Gütermenge (Naturalertrag) oder deren Wert (Geldertrag).

Der Naturalertrag der Forstwirtschaft besteht aus Holz und Nebennutzungen.

Der Geldertrag gliedert sich:

a) in den Rohertrag oder Bruttoertrag, wenn dessen Größe ohne Rücksicht auf den zu seiner Erzielung gemachten Kostenaufwand bemessen wird;

b) in den Reinertrag oder Nettoertrag, der sich ergibt, wenn sämtliche Produktionskosten von dem Rohertrag abgezogen werden.

Der Reinertrag der Waldwirtschaft ist die Bodenrente.

Der sog. Waldreinertrag des jährlichen Nachhaltsbetriebes enthält außer der Bodenrente auch die Zinsen des Holzvorratskapitals.

2. **Einkommen** ist ein subjektiver Begriff. Im wissenschaftlichen Sinne versteht man darunter die Summe der wirtschaftlichen Güter, die ein Subjekt in einer gewissen Zeit (Jahr) zur Befriedigung seiner Bedürfnisse verwenden kann ohne Schmälerung seines Vermögens (Hermann und Schmoller).

In diesem Sinne bildet Einkommen einen einheitlichen und festbegrenzten Begriff. Fragt man aber nach der Entstehung des Einkommens, so empfiehlt es sich, zwischen Roheinkommen und Reineinkommen zu unterscheiden.

Das Roheinkommen ist die Summe der Reinerträge, welche die Gesamtheit der Wirtschaftszweige (Ertragsquellen) dem Subjekt abwirft. Hierin kommt die Leistungsfähigkeit desselben aber dann nicht zum Ausdruck, wenn noch Passivzinsen und Renten auf dem Roheinkommen lasten. Nach Abzug derselben ergibt sich das Reineinkommen. Nur dieses deckt sich mit dem Hermann-Schmollerschen Einkommensbegriff, d. h. mit der persönlichen Leistungsfähigkeit.

Nach den Einkommensteuergesetzen bildet das Reineinkommen die Grundlage der Besteuerung, obwohl dieselben nur vom Einkommen schlechthin sprechen, auch dann, wenn vom Roheinkommen die Rede ist.

Die Unterscheidung zwischen Roh- und Reineinkommen wird gegenstandslos, wenn der Empfänger der Reinerträge über dieselben frei verfügen kann, d. h. wenn er hiervon keine Schuldzinsen usw. zu bestreiten hat. Alsdann sind die Reinerträge auch sein Einkommen.

In der Forstwirtschaft bildet unter der Voraussetzung, daß auf dem Walde keine Schulden lasten, bei aussetzendem Betrieb der Bodenreinertrag (Bodenrente), bei jährlichem Betrieb der Waldreinertrag (Bodenrente und Zins des Holzvorratskapitals) das jährliche Einkommen des Waldbesitzers. Die Einkommens- oder Ertragsquelle ist beim aussetzenden Betrieb der Boden, beim jährlichen Betrieb außer dem Boden noch der Holzvorrat. Erst das Vorhandensein des Holzvorrates bzw. des Normalvorrates ermöglicht den Bezug einer jährlichen Vollnutzung aus einem gegebenen Waldkörper. Dieser Holzvorrat muß vom Waldbesitzer entweder mit dem Boden gekauft oder im Laufe einer Umtriebszeit nachgezogen werden. Er stellt daher ein Betriebskapital vor, dessen Zins das Einkommen des Besitzers bildet. — Hat der Waldbesitzer Schuldzinsen aus dem Reinertrag hinauszuzahlen, dann vermindert sich sein Einkommen um den Betrag derselben.

Ertrag und Kapital sind objektive, Einkommen und Vermögen subjektive Begriffe.

3. **Gewinn, Einnahme, Überschuß.** Ertrag und Einkommen sind wissenschaftlich und zum Teil auch gesetzlich festgelegte Begriffe. In der kaufmännischen und kameralistischen (fiskalischen) Buchführung werden indessen beide Begriffe nicht immer streng auseinandergehalten.

Daher haben sich in der Geschäftssprache Bezeichnungen eingebürgert, die den genannten wissenschaftlichen Begriffen aus dem Wege gehen und mehr oder weniger neutrale Begriffe an deren Stelle setzen. Dahin gehören die Bezeichnungen Brutto-, Rein-, Betriebsgewinn, Reineinnahme, Aktivrest, Betriebsüberschuß. Die wirtschaftliche Bedeutung derselben kann nur im Anhalt an die Bilanz, für die es keine bestimmte Terminologie gibt, beurteilt werden.

Auch im größeren Forsthaushalt ist das jährliche Betriebsergebnis nicht ohne weiteres als Waldreinertrag oder Einkommen zu qualifizieren. Vielfach werden den Einnahmen und Ausgaben Beträge zugerechnet, die mit dem Betrieb als solchem nichts zu tun haben (Kaufbeträge, Forstrechtsabfindungen, Kosten für Forstpolizei und Bewirtschaftung von Gemeindeforsten, Unterricht usw.). Deshalb gebraucht man die wissenschaftlich nicht verbindlichen Bezeichnungen Roheinnahme, Reineinnahme, Einnahmeüberschuß, Betriebsüberschuß. Als Grundlage für die Waldwertrechnung und Statik können die so bezeichneten Betriebsergebnisse nicht schlechthin gelten.

III. Die Produktionselemente der Forstwirtschaft[1]).

Die Produktionselemente (Produktionsfaktoren) der Forstwirtschaft sind Boden, Kapital und Arbeit.

Dieselben bilden die Einkommensquellen des Waldbesitzers. Der Boden gewährt die Bodenrente (Grundrente), das Kapital die Kapitalrente oder den Zins, die Arbeit die Arbeitsrente oder den Arbeitslohn.

Jedes der genannten Produktionsmittel hat einen gewissen wirtschaftlichen Wert. Die Mitwirkung derselben bei der Erzeugung von Holz oder anderen Waldprodukten erscheint als Produktions- oder Kostenaufwand, den das fertige Produkt dem Waldbesitzer zurückvergüten muß.

1. Boden.

a) Der Boden kommt für die Forstwirtschaft in Betracht als räumliche Unterlage (Standort) sowie als Träger unentbehrlicher Nährstoffe und das Pflanzenleben bedingender Naturkräfte.

Als Naturfaktor kommen dem Boden gegenüber dem Kapital und der Arbeit besondere Eigenschaften zu:

1. Er hat einen Monopolcharakter, weil er nur in beschränkter räumlicher Ausdehnung vorhanden ist und nicht vermehrt werden kann.

2. Er ist räumlich gebunden, unbeweglich und nicht übertragbar.

---

[1]) Mit Beschränkung auf das für die Waldwertrechnung und forstliche Statik unbedingt Notwendige. Der volkswirtschaftliche und forstpolitische Charakter der forstlichen Produktionsfaktoren ist in meinem Handbuch der Forstpolitik, 2. Aufl., 1922, S. 38 ff. ausführlich behandelt.

b) Die Bodenrente ist der Preis der Nutzung des Bodens. Sie ist gleich dem Reinertrag, den der Boden abwirft. Dieser ergibt sich, wenn sämtliche für die Nutzbarmachung des Bodens aufgewendeten Kosten von dem Rohertrag in Abzug gebracht sind. Die erwirtschaftete Bodenrente bildet das Einkommen des schuldenfreien Grundbesitzers aus seinem Boden. Sie ist keine von vornweg gegebene Größe, sondern der Rest, der vom Rohertrag übrig bleibt, wenn die Anteile der in der Produktion mitwirkenden Faktoren Kapital und Arbeit von demselben abgezogen sind (Monopolpreis).

Sind diese Anteile gleich dem Rohertrag, dann bleibt für die Bodenrente nichts mehr übrig, d. h. sie ist gleich Null. Sind sie größer als der Rohertrag, dann ergibt sich rechnerisch eine negative Bodenrente. Dieselbe ist aber keine wirtschaftliche Größe, sondern nur ein rechnerisches Ergebnis (s. Bodenertragswert).

Die relative Höhe der Bodenrente wird bedingt durch die Fruchtbarkeit und die Absatzlage des Grundstücks, durch die Intensität der Wirtschaft (Gesetz des abnehmenden Bodenertrages) und durch den Wechsel der Nachfrage nach Waldprodukten infolge der wechselnden Bevölkerungsziffer.

Die absolute Höhe der Bodenrente wird bestimmt durch den Preis der Bodenprodukte, also des Holzes und der Nebennutzungen.

Deshalb ist die Bodenrente auch bei Wahrung des Grundsatzes der Wirtschaftlichkeit in der Nutzbarmachung des Bodens keine gleichbleibende Größe. Sie unterliegt den Schwankungen der Produktionsbedingungen und der Produktenpreise. Ihre jeweilige Höhe ist nur der Ausdruck der zeitlich möglichen Leistungsfähigkeit des Bodens.

Die Größe der Bodenrente wird aber auch von der Art der Wirtschaftsführung durch den Besitzer beeinflußt. Hohe Ausgaben verkleinern die Bodenrente. Sind dieselben nur in der Persönlichkeit des Bodenbesitzers begründet, dann nimmt die Bodenrente einen subjektiven Charakter an und kann nicht mehr als Ausfluß der Ertragsfähigkeit des Bodens gelten.

c) Die Bodenrente oder der Bodenreinertrag bestimmt den Bodenwert. Da die Rente erst erwirtschaftet werden muß, d. h. das Ergebnis der Wirtschaftsführung ist, bestimmt sich der Wert des Bodens nicht nach den Produktionskosten, sondern nach der Ertragsfähigkeit. Die kapitalisierte Bodenrente ist der Bodenertragswert, d. i. der erwirtschaftete Bodenwert.

Der so festgestellte Bodenwert kann aber nur dann als Unterlage für die Festsetzung des Tauschwertes des Bodens gelten, wenn er sich auf die durchschnittliche, von jedem Besitzer des Bodens realisierbare Bodenrente stützt. Nur unter dieser Voraussetzung stellt er den Kapitalwert des Bodens und, bezogen auf die Rechtspersönlichkeit des Besitzers, dessen Vermögen vor.

Die subjektive Bodenrente kann niemals als Grundlage für die Ermittelung des Bodentauschwertes dienen.

Stellt der Besitzer sein Bodenkapital in den Dienst der Holzproduktion, dann erscheint der Zins desselben oder die Bodenrente als Produktionsaufwand des erzeugten Holzes.

2. Kapital.

Das wichtigste Kapital der Forstwirtschaft ist der Holzvorrat. Er ist zu den umlaufenden, aber lange Zeit in der Wirtschaft gebundenen Kapitalien zu rechnen. Statistisch betrachtet macht der Wert des Holzvorrates in größeren für den Nachhaltsbetrieb eingerichteten Waldkörpern ungefähr 80% des Waldwertes aus. Deshalb ist die Forstwirtschaft sehr kapitalintensiv. Dieser wirtschaftliche Charakter ist um so mehr ausgeprägt, je höher die Umtriebszeiten sind, weil mit der Höhe derselben auch der Holzvorrat zunimmt. Die kapitalextensivste Form ist der Niederwald.

Die Intensität einer Betriebsform ist nicht maßgebend für die Rentabilität derselben. Finanzwirtschaftlich muß die Größe des Holzvorrates in einem angemessenen Verhältnis zu dem erzielbaren Reinertrag stehen.

Von den übrigen Bodenwirtschaften unterscheidet sich die Forstwirtschaft auch dadurch, daß das fertige Produkt und das Vorratskapital aus demselben Stoffe, nämlich aus Holz, bestehen. Ein Unterschied liegt nur in den verschiedenen Sortimenten alter und junger Bestände. Diese Eigentümlichkeit hat zur Folge, daß der Waldbesitzer durch Steigerung der Holzpreise nicht bloß höhere Einnahmen bezieht, sondern daß er auch direkt reicher an Kapital wird. Hierdurch wird aber auch die Wirtschaft von selbst kapitalintensiver. Streng genommen kann hier aber nur die Wertzunahme in Betracht kommen, die auf die gesteigerte Nachfrage des Holzes zurückzuführen ist, nicht jene, die mit dem sinkenden Geldwerte zusammenhängt[1]).

Von sonstigen Kapitalanlagen in der Forstwirtschaft sind die Holztransportanlagen (Wege, Waldeisenbahnen, Flößerei- und Triftanstalten, Holzlagerplätze) sowie die Gebäude (hauptsächlich Beamtenwohnungen, Arbeiterwohnungen, Unterkunftshütten) zu nennen. Die Werkzeuge, Geräte, Instrumente, Maschinen usw. spielen keine große Rolle.

3. Arbeit.

Die Forstwirtschaft ist sowohl in bezug auf die Verwaltung wie in bezug auf die Lohnarbeit arbeitsextensiv. Soweit die Kosten für die Arbeitsbetätigung nicht direkt aus dem Erlös der Forstprodukte bestritten oder zum Kapitalaufwand geschlagen werden, erscheinen sie rechnerisch unter den Verwaltungskosten.

Bewirtschaftet der Waldbesitzer seinen Wald selbst, dann kann er für sich als Arbeitsrente jenen Betrag in Anrechnung bringen, den er einem gedungenen Verwaltungsbeamten bezahlen müßte.

---

[1]) Vgl. Judeich, Tharander forstl. Jahrbuch 1879, 23.

Zweiter Abschnitt.

Der forstliche Zinsfuß.

I. Der Zinsfuß im allgemeinen.

1. Begriff.

Zins ist der Preis für die Nutzung des Kapitals. Er bildet den Ertrag des Kapitals und das Einkommen (Rente) des Kapitalbesitzers.

Das Verhältnis des Kapitalertrages zum Werte des Kapitals heißt Zinsfuß. Bezeichnet man ersteren mit R, letzteren mit K, dann drückt der Quotient $\frac{R}{K}$ den Zinsfuß aus, bezogen auf die Werteinheit des Kapitals.

Den auf 100 Werteinheiten des Kapitals entfallenden Teil des Kapitalertrages nennt man Prozent (Perzent). Man bezeichnet dasselbe mit p. Aus der Proportion $R : K = p : 100$ erhält man

$$p = \frac{R}{K} \cdot 100.$$

Das Prozent wird in der Regel auf ein Jahr hin festgestellt.

2. Die Höhe des Kapitalzinses.

Die Höhe des Zinsfußes wird bedingt durch das Angebot und die Nachfrage der Kapitalien.

Auf Seite des Kapitalbesitzers wirkt bestimmend auf die Zinshöhe:

a) Der Wert der Kapitalnutzung für den eigenen Verbrauch oder Erwerb. Für Ablassung derselben muß ihm mindestens der Preis vergütet werden, den er bei eigener Verwendung des Kapitals erzielen könnte.

b) Die Bequemlichkeit und Sicherheit der Kapitalanlage. Ist der Bestand des Kapitals oder der Bezug der Zinsen unsicher oder gefährdet, dann wird ein höherer Zins beansprucht (Assekuranz- oder Risikoprämie). Auch die Zeit des Zinsenanfalles ist oft ausschlaggebend.

c) Die Konkurrenz der anderen Kapitalverleiher.

Auf Seite des Darlehensnehmers (Käufers) sind wirkende Bestimmungsgründe:

a) Die Produktivität und Verwendbarkeit der Kapitalien.

b) Die Bedingungen, unter welchen sie geliehen werden, als Art der Rückzahlung, Zeit und Form der Zinszahlung, Dauer der Gewährung (lang- und kurzfristig).

c) Die Konkurrenz der anderen Darlehensnehmer.

Unter dem landesüblichen Zinsfuß versteht man den allgemeinen Durchschnittszinsfuß sicher angelegter Kapitalien. Als Anhaltspunkt hierfür gilt im allgemeinen das tatsächliche Verzinsungsprozent der mündelsicheren Wertpapiere (Anleihen des Staates, der Gemeinden, Pfandbriefe). Der landesübliche Zinsfuß ist um so höher, je geringer die wirtschaftliche Entwickelung eines Landes ist. In Staaten mit alter Wirtschaftskultur und fortgeschrittener Kapitalanhäufung ist er daher niedriger (England, Frankreich) wie in den erst im Aufschwung begriffenen (Deutschland). Außerdem sind die politischen Zustände und die internationalen Kapitalströmungen von Einfluß.

Mit dem Fortschritt der Kultur und Wirtschaft hat der landesübliche Zinsfuß die Neigung zum Sinken, kann aber nie gleich Null werden. Der Zug der Zeit geht auf die Erhöhung der Arbeitsrente und die Erniedrigung der Kapitalrente.

Den Zinsfuß für bestimmte Kapitalanlagen und Unternehmungen mathematisch rein darstellen zu wollen, ist unmöglich. Denn derselbe ist durchaus keine faktische Größe, sondern ist vermengt mit Risikoprämien, Amortisationsteilen, Affektionswerten, Spekulationsgewinnen und oft auch mit Arbeitsleistungen. Er ist eine Summe verschiedener wirtschaftlicher Faktoren und innerhalb bestimmter Grenzen fortdauernden Schwankungen unterworfen. Mit letzteren muß jede Wirtschaft, jedes Gewerbe und jeder Industriebetrieb rechnen. Daher lassen sich für bestimmte Zeiträume und Kapitalanlagen wohl die Grenzen des Zinsfußes nach oben und unten einschätzen, die endgültige Festsetzung der numerischen Höhe desselben innerhalb der möglichen Grenzen aber ist lediglich ein Willensakt des Kapitalbesitzers.

Ist der Zinsfuß hoch, dann ist die Nutzung des Kapitals (Geldes) „teuer", ist er niedrig — „billig". In diesem Sinne spricht man von teuerem oder billigem Geld.

Ursprüngliches Einkommen ist der Zins, wenn seine Höhe durch den Erfolg des Unternehmens bestimmt wird, ausbedungenes Einkommen, wenn er den im voraus ausbedungenen Preis für die Nutzung des Kapitals durch einen anderen darstellt (Darlehnszins, Miet-, Pachtzins). Beim forstlichen Betrieb ist der forstliche Zinsfuß der Maßstab für das ausbedungene Einkommen, das tatsächliche Verzinsungsprozent der Ausdruck für das ursprüngliche Einkommen.

Der Hypothekarzinsfuß für erste Hypotheken unterliegt als ausbedungene Vergütung für die Gewährung des Hypothekenkapitals geringeren Schwankungen als der vom Börsenkurs abhängige Darlehnszins für Staatspapiere, ist aber etwas höher als dieser, weil eine Hypothek zwar eine sehr solide, aber keine liquide, schwerfällige Kapitalanlage ist. Er betrug vor dem Kriege 4—4^1/$_2$ %.

Der kaufmännische Kreditzinsfuß für kurzfristige Darlehen, dessen ausgeprägtester Repräsentant der Diskontozins für Wechsel ist, springt je nach der Geschäftskonjunktur und der damit zusammenhängenden Geldflüssigkeit auf und ab. Der Lombardzinsfuß für Darlehen gegen Verpfändung von Wertpapieren und Waren ist um 1 % höher als der Diskontozinsfuß.

Geschichtliches. Der Zins für feste Kapitalanlagen (sog. Rentenkauf im Gegensatz zu den kurzfristigen Darlehen der Geldwechsler) betrug in Deutschland im 14. Jahrhundert 10 % und sank bis zum 16. Jahrhundert auf 5 %. Fugger forderte 1568 von der bayerischen Landschaft „die landläufige Verzinsung" von 5 %. In England war der Zins 1650 6 %, am Anfang des 18. Jahrhunderts 5, 1757 3. 1813 5, 1820 4,5, 1845 3,2, 1897 2,7, 1904 2,9, 1913 3,4 %. Die Konvertierung der 3 % Konsols in 2^1/$_2$ % erfolgte 1903. Für die Kriegsanleihe mußte England 1915 $4^1/_2\%$ gewähren. In Holland sank am Ende des 17. Jahrhunderts infolge des wirtschaftlichen Aufblühens der Zinsfuß auf $2^1/_2\%$.

Im Jahre 1813 erreichte infolge der Kriegszeiten die Realverzinsung der preußischen Staatsschuldscheine die Höhe von 16,3%.

Von 1815 bis 1845 sank der Zinsfuß in Deutschland von 8% auf 3% (Zeit des Friedens nach den Napoleonischen Kriegen), von 1845—1871 stieg er aus Anlaß des allgemeinen wirtschaftlichen Aufschwungs, des Geldbedarfs für die Eisenbahnbauten, der Geldabfuhr nach Nordamerika, der Gründung von Aktiengesellschaften usw. wieder bis auf 5%, von 1871—1898 ging er wieder herunter bis auf ca. 3,4%, von 1899—1901 betrug er etwas über 3,5%, von 1902—1906 etwa 3,4%, von 1907—1910 etwa 3,8%, 1911 3,8, 1912 3,9, 1913 4,07, 1914 bis 31. Juli 4,04%. — Zur Zeit haben die Staatspapiere die Führung des landesüblichen Zinsfußes verloren. Auch das Verzinsungsprozent der Pfandbriefe ist stark schwankend.

II. Das Wesen des forstlichen Zinsfußes.

Die in einem forstlichen Betrieb angelegten Kapitalien sollen durch den Ertrag verzinst werden. Die Frage ist daher, auf welchen Zinsfuß der Waldbesitzer seinen Betrieb einstellen kann, und ferner, mit welchem Zinsfuß er die erwirtschaftete jährliche oder periodische Rente kapitalisieren darf, um den Tauschwert oder Vermögenswert seines Waldgrundstücks zu berechnen.

Der für diese Zwecke der forstlichen Werts- und Rentabilitätsberechnung unterstellte und geforderte Zinsfuß heißt der forstliche Zinsfuß.

Den Vergleichsmaßstab für die Beurteilung der Einträglichkeit eines Unternehmens bildet gemeinhin der landesübliche Zinsfuß, weil derselbe sicher und mühelos von jedermann durch den Erwerb mündelsicherer Wertpapiere erzielt werden kann. Von Unternehmungen, deren Erträgnisse schwankend und nicht unbedingt gesichert sind (Industrien, Schiffahrt, Eisenbahnen, Versicherungen, Banken) fordert der Kapitalist ein höheres Verzinsungsprozent (Dividende). Die wirkliche Höhe desselben wird durch den Börsenhandel festgestellt. Sie geht über den landesüblichen Zinsfuß hinaus. Bringt das Unternehmen mehr als den börsenüblichen Zinsfuß ein, dann wird der Kaufpreis der Aktie im entsprechenden Verhältnis erhöht, steht die Dividende unter jenem, dann steht der Preis der Aktie unter dem Nominalwert (Parikurs). Ausschlaggebend ist demnach, daß dem Käufer von erfolgreichen Dividendenpapieren oder Aktien nicht die volle, auf das Gründungskapital entfallende Verzinsung zugebilligt wird, sondern nur ein vom Börsenhandel nach dem inneren Wert der Unternehmung bemessener Teil derselben. Der Verkäufer andererseits nimmt den während seiner Besitzzeit erzielten Zuwachs an Dividende als seinen Gewinn in Anspruch, indem er den Verkaufspreis der Aktie entsprechend höher stellt.

Das in der Bodenwirtschaft, d. h. in der Land- und Forstwirtschaft angelegte Kapital ist hinsichtlich seiner Rentabilität weniger auf Augenblickserfolge als vielmehr auf seine stetige und dauernde Erwerbsfähigkeit angewiesen. Aus Gründen, die später noch ausführlich dargelegt werden, liegt der forstliche Zinsfuß nicht über, sondern unter dem landesüblichen. Wie der Preis oder Kurs der Aktie im Börsenverkehr immer auf den börsenüblichen Zinsfuß, der höher ist als der landesübliche, eingestellt wird, so stellt sich der Wert des Waldes im öffentlichen Verkehr immer auf den forstlichen Zinsfuß, der niedriger ist als der landesübliche, ein. Der bisherige Waldbesitzer gesteht dem Käufer des Waldes nicht schon bei der Besitzübergabe eine Verzinsung des Kaufpreises (Anlagekapitals) zu, die gleich oder höher ist als der landesübliche Zinsfuß, sondern der neue Besitzer muß sich mit der Hoffnung begnügen, daß er diesen Zinsfuß im Laufe der Zeit erreichen wird.

Der forstliche Zinsfuß ist also niedriger als der landesübliche. Um welchen Betrag er unter diesem steht, hängt in erster Linie von der Beurteilung der Steigerungsfähigkeit der Holzpreise und damit des Reinertrages, dann aber auch von dem Grad der Einschätzung der Vorteile ab, die mit der Anlage eines Kapitals in der Forstwirtschaft verbunden sind.

Wenn nun auch der für jedes Kapital erreichbare landesübliche Zinsfuß das Ausgangsniveau für die Wahl des forstlichen Zinsfußes bildet, so ist damit doch nicht gesagt, daß dieser unter allen Umständen den Bewegungen des landesüblichen folgen muß.

Die Grenze wird durch die Erwerbsfähigkeit der Waldwirtschaft gezogen. Nur insoweit die Aussicht besteht, daß die Verzinsung des Waldkapitals in absehbarer Zeit auf die Höhe des landesüblichen Zinses gebracht werden kann, ist zwischen beiden Zinsfüßen ein normales Spannungsverhältnis möglich. Geht der landesübliche Zinsfuß sprunghaft in die Höhe, dann kann ihm der forstliche nicht unmittelbar folgen, weil auch eine etwa gleichzeitig einsetzende Steigerung der Holzpreise nicht die Gewähr für ihren dauernden Bestand bietet.

Die Erwerbsfähigkeit der geordneten Waldwirtschaft wird fast ausschließlich durch die Höhe der Holzpreise bestimmt und begrenzt. Bis vor dem Krieg lagen dieselben nicht so, daß der landesübliche Zinsfuß unter allen Umständen als tatsächliche Verzinsung der in der Waldwirtschaft festgelegten Kapitalien hätte erreicht werden können. Die Holzpreise, die sich nicht nach den Produktionskosten, sondern nach dem Gesetz von Angebot und Nachfrage richten, waren vor dem Krieg im Verhältnis zu dem großen Zeitaufwand, den die Produktion des Holzes erfordert, zu nieder.

Einen Anhaltspunkt dafür, ob der forstliche Zinsfuß mit der Leistungsfähigkeit des Waldes im Einklang steht, bieten die Bodenertragswerte, welche sich für die besten Standorte und Verkehrslagen des Nadelholzes berechnen. Ein zu hoher forstlicher Zinsfuß führt in diesem Fall zu Bodenwerten, die als zu niedrig aus dem Rahmen der in der Land- und Forstwirtschaft üblichen Grundstückspreise herausfallen und sogar schon für mäßig hohe Umtriebszeiten negativ werden. Umgekehrt liefert ein zu kleiner Zinsfuß so hohe forstliche Bodenwerte, daß dieselben für den Grundstücksverkehr nicht mehr in Frage kommen.

Bodenwerte, welche mit der forstwirtschaftlichen Ertragsfähigkeit des Bodens im Widerspruch stehen, führen auch zu sinnlosen Bestandserwartungs- und Kostenwerten. Ferner wird das Verhältnis zwischen den Bestandserwartungs- oder Kostenwerten und den Abtriebswerten durch einen unforstlichen Zinsfuß bis zur Unnatürlichkeit verzerrt.

Ist der forstliche Zinsfuß zu hoch, dann kann der Waldrentierungswert einer normalen Betriebsklasse sich niedriger berechnen als der Wert des Holzvorrates als Folge des negativen Bodenwertes. Schon der Abtriebswert des Holzvorrates kann größer sein als der berechnete Waldrentierungswert.

Wenn die Erwägungen und Tatsachen zu dem Ergebnis führen, daß der objektive forstliche unter dem landesüblichen Zinsfuß steht, so folgt daraus nicht, daß dieses Spannungsverhältnis von ewiger Dauer sein müßte.

Sollten die Holzpreise nicht mehr steigen oder sogar sinken oder die Ausgaben für Arbeit und Steuern jede Mehreinnahme aufzehren, dann wird man die Waldwirtschaft mit einem Zinsfuß kalkulieren, die dem landesüblichen mindestens nahe kommt oder auch übersteigt. Erträgt die Waldwirtschaft diese finanzielle Belastung nicht, dann büßt sie als Erwerbsquelle ihre privatwirtschaftliche Stellung ein. Praktisch müßte dieser Zustand zur Verstaatlichung der Waldwirtschaft, d. h. der Holzzucht führen.

Der forstliche Zinsfuß wird nicht von der absoluten Höhe der Holzpreise beherrscht, sondern von dem landesüblichen Zinsfuß und der Steigerungsfähigkeit der Holzpreise. Er läßt sich nicht durch Rechnung, sondern nur durch Überlegung und allgemeine Anhaltspunkte feststellen.

Durch den forstlichen Zinsfuß wird auch dem Steigen der Verwaltungskosten Rechnung getragen.

III. Die Arten des forstlichen Zinsfußes.

Der forstliche Zinsfuß kommt in Betracht als Wirtschaftzinsfuß und als Kapitalisierungszinsfuß. In beiden Formen kann er einen objektiven und einen subjektiven Charakter haben.

Zu unterscheiden vom forstlichen Zinsfuß ist das tatsächliche Verzinsungsprozent.

1. Der objektive allgemeine forstliche Zinsfuß.

Der allgemeine forstliche Zinsfuß hat wie der landesübliche Zinsfuß einen objektiven Charakter, d. h. seine Höhe bestimmt sich ohne Rücksicht auf die Persönlichkeit des Inhabers des Waldes. Eine feste mathematisch feststellbare Größe ist er ebensowenig wie der landesübliche Zinsfuß. Im allgemeinen entspricht er dem durchschnittlichen Verzinsungsprozent, welches der nach privatwirtschaftlichen Grundsätzen geleitete, rechtlich und wirtschaftlich ungehemmte, dem Verkehr aufgeschlossene Forstbetrieb abwirft. Voraussetzung ist also strengste Wirtschaftlichkeit nach der Richtung, daß die Erträge auf die höchstmögliche Leistung und die Ausgaben auf ein mögliches Mindestmaß eingestellt werden.

Dieser Zinsfuß ist

a) als Wirtschaftszinsfuß das Rentabilitätsniveau der Forstwirtschaft überhaupt und der objektive privatwirtschaftliche Rentabilitätsmaßstab für die Einzelbetriebe,

b) als Kapitalisierungszinsfuß die Grundlage für die Berechnung des objektiven gemeinen Tauschwertes des Waldes und seiner Bestandteile (Boden und Bestand).

Seine Größe kann man zur Zeit auf 3% veranschlagen.

2. Der subjektive forstliche Zinsfuß.

Darunter ist jener Zinsfuß zu verstehen, den der Waldbesitzer nach Maßgabe seiner persönlichen Verhältnisse und Interessen für sich festsetzt. Derselbe kann natürlich mit dem objektiven forstlichen Zinsfuß zusammenfallen.

Er dient:

a) Als Wirtschaftszinsfuß. Als solcher hat er die Bedeutung, daß der Waldbesitzer ihn als **sein** Rentabilitätsniveau betrachtet, **seine** forstliche Betriebsführung nach ihm einrichtet und mit der Erwirtschaftung desselben zufrieden ist.

Zur Wahl eines Wirtschaftszinsfußes, der niedriger ist als der objektive, kann der Waldbesitzer dadurch veranlaßt werden, daß die Unterstellung des letzteren unter Umständen zu betriebstechnischen Konsequenzen führt, denen sich der Waldbesitzer nicht unterwerfen will oder kann. Um denselben aus dem Wege zu gehen, begnügt er sich von vornherein mit einer niedrigeren Verzinsung.

Je niedriger der Wirtschaftszinsfuß ist, um so bequemer und elastischer wird die Betriebsführung. Da die Umtriebszeit um so höher wird, je kleiner der unterstellte Wirtschaftszinsfuß ist, und hohe Umtriebszeiten einen größeren Holzvorrat bedingen als niedrige, wird die Wirtschaft durch die Wahl eines niedrigen Wirtschaftszinsfußes direkt kapitalintensiver. Indirekt ergibt sich eine höhere Kapitalintensität dadurch, daß sich bei einem niedrigen Zinsfuß höhere Kapitalwerte berechnen als bei einem höheren. Diese höheren rechnungsmäßigen Kapitalwerte haben indessen nur einen subjektiven Charakter.

Das absolute Einkommen des Waldbesitzers wird durch die Wahl eines kleinen Wirtschaftszinsfußes nicht verbessert. Nur die buchmäßige Bilanz macht äußerlich einen beruhigenderen Eindruck.

Als unterste Grenze können 2% gelten.

Der subjektive Wirtschaftszinsfuß kann natürlich auch höher sein als der objektive, wenn die Produktionsverhältnisse des Waldes besonders günstig sind. Die Wirtschaftsführung wird dadurch unter Umständen sehr gespannt.

Nicht jeder Waldbesitzer kann unter allen Umständen nach den strengsten Grundsätzen der Wirtschaftlichkeit seinen Betrieb einrichten. Er steht oft unter dem Zwange von Notwendigkeiten, die ihn vorübergehend oder dauernd verhindern, den an sich möglichen größten Ertrag aus dem Walde herauszuholen und die Ausgaben, insbesondere die Verwaltungskosten, auf ein geringstes Maß zurückzuführen.

Der Typus eines solchen Waldbesitzers ist der Staat, der selbst bei grundsätzlicher Verfolgung des privatwirtschaftlichen Standpunktes örtlich und zeitlich Zugeständnisse aus politischen und gemeinwirtschaftlichen Rücksichten machen muß, die die Einnahmen schmälern und Ausgaben staatsrechtlicher Natur zu leisten hat, die den Reinertrag aus dem fiskalischen Waldbesitz dauernd herabdrücken (Pensionslast z. B.). Aber auch andere Waldbesitzer, wie Gemeinden, Stiftungen, ja auch private Großwaldbesitzer können unter dem Zwange ähnlicher Verhältnisse stehen. Die Schwerfälligkeit, die dem forstlichen Betrieb seiner Natur nach eigen ist, wächst mit der Größe des Waldbesitzes (Rechnungslegung, Kontrolle, Instanzenzug) und beeinträchtigt proportional ihrer Zunahme das finanzielle Ergebnis.

Im Gegensatz zum Staat kann der kleinbäuerliche Waldbesitzer, der keine Verwaltungskosten im engeren Sinne (Personalaufwand) aufzuwenden hat, den Betrieb (Fällung, Kulturen) persönlich ausführt, der jede Stange nutzt und gut zu verwerten weiß, einen sehr hohen Reinertrag erzielen und dadurch zur Wahl eines hohen Wirtschaftszinsfußes veranlaßt werden.

b) Als Kapitalisierungszinsfuß. Zur Festsetzung des objektiven Tauschwertes kann der subjektive forstliche Zinsfuß nur unter der Voraussetzung verwendet werden, daß auch der subjektive Reinertrag, auf den er sich gründet, der Rechnung unterstellt wird. Denn der objektive Tauschwert stützt sich auf den durchschnittlichen objektiven Reinertrag und auf den objektiven forstlichen Zinsfuß.

Steht der subjektive forstliche Zinsfuß unter dem objektiven, dann erhält man durch Kapitalisierung des objektiven Reinertrages ein zu großes Rechnungsergebnis und umgekehrt durch Kapitalisierung des niedrigen subjektiven Reinertrages mit dem objektiven Zinsfuß ein zu kleines.

Daraus folgt, daß man bei Festsetzung des Tauschwertes eines Waldgrundstückes mit dem Kapitalisierungszinsfuß nicht planlos und willkürlich umspringen darf.

Folgende schematische Beispiele werden den Zusammenhang klar machen.

Beispiel 1. Ein Privatwaldbesitzer erwirtschaftet aus seinem Walde nachhaltig jährlich eine Einnahme von 6000 M., hat jährlich 600 M. Ausgaben und erzielt somit eine jährliche Reineinnahme von 5400 M. Er rechnet mit dem forstlichen Zinsfuß von 3% und setzt daher den Verkaufswert des Waldes auf $\dfrac{5400}{0,03} = 180\,000$ M. fest.

Tritt nun der Staat als Käufer auf, dann wird er vielleicht nur mit einer jährlichen Einnahme von 5600 M. rechnen können und als Ausgabe 1100 M. in Ansatz bringen müssen. Die von ihm aus diesem Walde erzielbare jährliche Reineinnahme ist somit nur 4500 M. Als Kapitalisierungszinsfuß unterstellt er aber auch nur das Prozent, welches er erfahrungsgemäß aus seinem Forstbetrieb erwirtschaftet, hier $2^{1}/_{2}$%. Um den Preis, um welchen er diesen Wald kaufen kann, zu bestimmen, rechnet er also $\dfrac{4500}{0,025} = 180\,000$ M.

Kommt ein Käufer in Betracht, der aus irgendwelchen Gründen annimmt, daß er die Einnahme auf 6800 M. erhöhen, die Ausgaben auf 500 M. vermindern, also eine jährliche Reineinnahme von 6300 M. erzielen kann, der aber auch mit einem Verzinsungsprozent von $3^1/_2$ rechnet, weil er sonst auf die Waldwirtschaft verzichtet, dann berechnet er den Kaufpreis, den er geben kann, auf $\dfrac{6300}{0,035} = 180\,000$ M.

Jeder der drei Interessenten bewertet also den Wald auf 180 000 M., aber die Unterlagen für die Rechnung bemißt jeder nach seinen Verhältnissen.

Würde der Staat mit seinem Zinsfuß von $2^1/_2\,\%$ die Reineinnahme, welche der Privatwaldbesitzer erzielt, kapitalisieren, so käme er auf den zu hohen Kaufpreis von $\dfrac{5400}{0,025} = 216\,000$ M. Würde er seine Reineinnahme von 4500 M. mit dem Wirtschaftszinsfuß des Privatwaldbesitzers kapitalisieren, dann wäre der Kaufpreis $\dfrac{4500}{0,03} = 150\,000$ M., den der Private aber mit Recht zurückweisen würde.

Beispiel 2. Ein Grundbesitzer unterstellt ein Hektar Waldboden, der ihm bisher bei 80 jähriger Umtriebszeit einen Abtriebsertrag von 6000 M. geliefert und einen jährlichen Verwaltungsaufwand von 6 M. verursacht hat, dem Verkauf. Er berechnet danach mit Unterstellung des Zinsfußes von $3\,\%$ den jährlichen Reinertrag auf

$$\left(\frac{6000}{1,03^{80}-1} - \frac{6}{0,03}\right) 0,03 = 12,72 \text{ M.}$$

und den Bodenwert auf $\dfrac{12,72}{0,03} = 424$ M.

Der Staat, der als Käufer auftritt, schlägt seine jährlichen Verwaltungskosten zu 9 M. an und berechnet demnach seinen jährlichen Reinertrag auf

$$\left(\frac{6000}{1,03^{80}-1} - \frac{9}{0,03}\right) 0,03 = 9,72 \text{ M.}$$

Auf Grund besonderer Erwägungen setzt der Staat ferner seinen Wirtschaftszinsfuß auf $2,292\,\%$ fest. Für die Berechnung des Bodenwertes stehen ihm daher zwei Wege offen:

1. Entweder geht er von dem jährlichen Reinertrag aus, den der Private erwirtschaftet und der als möglicher Reinertrag gemeinhin gilt, und von dem forstlichen Zinsfuß zu $3\,\%$ und erhält so einen Bodenwert von

$$\frac{12,72}{0,03} = 424 \text{ M.}$$

2. Oder er geht von seiner Rente von 9,72 M. aus und von seinem Wirtschaftszinsfuß von $2,292\,\%$ und rechnet

$$\frac{9,72}{0,02292} = 424 \text{ M.}$$

Unrichtig wäre es, wenn der Staat mit seinem Zinsfuß die Rente des Privaten kapitalisieren würde. Der Bodenwert würde sich so zu hoch berechnen, nämlich auf

$$\frac{12,72}{0,02292} = 555 \text{ M.}$$

Andererseits würde der Verkäufer nicht darauf eingehen können, daß der Staat zwar mit dem forstlichen Zinsfuß, aber mit seiner Rente rechnen wollte. Dadurch würde der Bodenwert zu nieder, nämlich

$$\frac{9,72}{0,03} = 324 \text{ M.}$$

Es ist wohl zu beachten, daß die jährliche Rente unter allen Umständen mit dem objektiven forstlichen Zinsfuß berechnet werden muß. Würde der Staat mit seinem Wirtschaftszinsfuß von $2,292\,{}^0/_0$ seine jährlich erzielbare Rente berechnen, so wäre dieselbe

$$\left(\frac{6000}{1,02292^{80} - 1} - \frac{9}{0,02292} \right) 0,02292 = 17,83 \text{ M.}$$

und der Bodenwert

$$\frac{17,83}{0,02292} = 778 \text{ M.}$$

IV. Das Verzinsungsprozent.

Der forstliche Zinsfuß ist nicht gleichbedeutend mit dem Verzinsungsprozent. Wegen der langen Produktionszeiträume beruht jede forstliche Finanzrechnung unmittelbar oder mittelbar auf Diskontierung oder Prolongierung. Hiezu ist ein Zinsfuß erforderlich, der vor Beginn der Rechnung festgestellt werden muß. Das ist eben der forstliche Zinsfuß, der für sich eine ausbedungene, gleichsam autonome Größe darstellt.

Das Verzinsungsprozent ist das prozentische Verhältnis zwischen Ertrag und Produktionsaufwand (Anlagekapital). Es bringt die tatsächliche Verzinsung des Betriebes in einem bestimmten Zeitabschnitt zum Ausdruck.

Mit dem forstlichen Zinsfuß wird die Waldwirtschaft gerechnet, damit ist aber nicht gesagt, daß sie sich nur zu diesem verzinst. Die tatsächliche Verzinsung ist in der Regel viel höher.

Das Ziel der Wirtschaft muß sein, das Verzinsungsprozent mindestens auf die Höhe des unterstellten forstlichen Zinsfußes zu bringen. Der Käufer eines Waldstückes oder Waldkomplexes bemißt daher auch zunächst den Kaufpreis nach diesem Gesichtspunkt. Der forstliche Zinsfuß bildet das gewollte mindeste Verzinsungsprozent und den Vergleichsmaßstab für die Beurteilung der Größe und Bewegung desselben.

Ein Waldbesitzer, der seit sehr langen Zeiten den Wald besitzt und keinen Erwerbspreis zu Buch stehen hat, kann seinen Wald in der Regel nur nach dem Vermögenswert veranschlagen, d. i. der Preis, den er beim Verkauf des Waldes gegenwärtig erzielen könnte. Dieser berechnet sich auf der Grundlage des Reinertrages und des unterstellten objektiven forstlichen Zinsfußes. Steigen die Erträge des Waldes, dann steigt in dem gleichen Verhältnis auch der Vermögenswert. Deshalb kann in diesem Falle das erwirtschaftete Verzinsungsprozent auf längere Zeiträume nicht über dem forstlichen Zinsfuß stehen. Wird dieser tatsächlich erwirtschaftet, dann steht der Reinertrag zu dem Vermögenswert im richtigen Verhältnis. Nur dieses wird im gegebenen Falle durch das Verzinsungsprozent ausgewiesen, die Gewinn- und Vermögensmehrung dagegen kommt in demselben nicht zum Ausdruck.

Im praktischen Forstbetrieb liegt indessen die Sache so, daß der von Jahr zu Jahr anfallende Reinertrag nicht immer in einem genauen mathematischen Verhältnis zum Vermögenswert steht. Das Verzinsungsprozent unterliegt daher auch bei an sich geordneten Betriebsverhältnissen jährlichen Schwankungen. In dem Ausweis dieser liegt die weitere praktische Bedeutung des errechneten Verzinsungsprozentes, weil dadurch der Waldbesitzer über die Folgen aller Vorgänge in seinem Betrieb ziffermäßig aufgeklärt wird.

Eine andere Bedeutung hat das Verzinsungsprozent für jenen Waldbesitzer, der den Wald um einen bestimmten Preis erworben hat. Indem er diesen als festen Anlagewert seiner Rechnung zugrunde legt, bildet für ihn das Verzinsungsprozent einen Gradmesser für die Rentabilität seines Anlagekapitals. Solange dasselbe dem forstlichen Zinsfuß, der zur Feststellung des Kaufpreises diente, gleich ist, hat der Waldbesitzer noch keinen Gewinn erzielt und der Vermögenswert ist gleich dem Ankaufspreis. In demselben Verhältnis aber als der Reinertrag des Waldes steigt, steigt auch das Verzinsungsprozent. Auf diese Erhöhung spekuliert der Waldbesitzer. Der forstliche Zinsfuß bildet mithin in diesem Falle nicht die obere, sondern die untere Grenze des Verzinsungsprozentes. Je mehr die Holzpreise steigen, um so größer wird die wirkliche Verzinsung. Sie kann dem landesüblichen Zinsfuß nicht bloß gleichkommen, sondern über denselben noch weit hinausgehen. Trotzdem zieht sie den forstlichen Zinsfuß nicht nach sich hin. Denn sie ist nur ein rein subjektiver Rentabilitätsmesser für den Waldbesitzer. Verkauft er den Wald wieder, dann fordert er nicht sein ursprüngliches Anlagekapital, sondern die mit dem forstlichen Zinsfuß kapitalisierte Rente, d. h. den jetzigen Vermögenswert.

Aus den vorstehenden Erörterungen ergibt sich, daß ein errechnetes Verzinsungsprozent nicht als Wirtschaftszinsfuß gelten kann. Denn seine Höhe wird vom unterstellten Wirtschaftszinsfuß direkt beeinflußt. Die sächsische Staatsforstverwaltung legt z. B. ihrer Waldkapitalberechnung einen Wirtschaftszinsfuß von $3\,^0/_0$ zugrunde. Wenn sie nun in einem Jahr nur eine Verzinsung des Waldkapitals von $2{,}6\,^0/_0$ erzielt, dann werden diese $2{,}6\,^0/_0$ nicht zu ihrem Wirtschaftszinsfuß. Dieser ist nach wie vor $3\,^0/_0$. Würde sie ihren Betrieb für die Zukunft auf den Wirtschaftszinsfuß von $2{,}6\,^0/_0$ einrichten, dann wäre es nur ein Zufall, wenn das tatsächliche Verzinsungsprozent sich mit dem neuen Wirtschaftszinsfuß von $2{,}6\,^0/_0$ decken würde. Denn die Änderung des Wirtschaftszinsfußes hat eine Änderung der Umtriebszeit, der Einnahmen und der Kapitalwerte zur Folge. Wie eine solche neue Konstellation aller Rentabilitätsfaktoren auf das Verzinsungsprozent zurückwirken würde, läßt sich von vornherein nicht sagen, namentlich dann nicht, wenn die Unterverzinsung durch die Ausgaben verursacht wird.

V. Die besonderen Gründe für die Anwendung eines forstlichen Zinsfußes.

Die Tatsache, daß dem Käufer eines Waldes nicht der landesübliche, sondern nur der niedrigere forstliche Zinsfuß zugestanden wird, daß somit der zu erlegende Kaufpreis im Zeitpunkt der Eigentumsübertragung sich nicht zu dem landesüblichen, sondern nur zu dem forstlichen Zinsfuß verzinst, hat erfahrungsgemäß nicht zur Folge, daß der Wald ein wenig begehrtes Vermögensobjekt wäre und sein Besitz nicht angestrebt würde. Im Gegenteil, das überschüssige Kapital in den Händen von Grundbesitzern und Industriellen wurde in den letzten Jahrzehnten immer mehr zum Erwerb von Waldbesitz verwendet. Auch der bäuerliche Wald findet stets willige Abnehmer. Es müssen also Gründe vorliegen, die den Käufer zur Anlegung von Gestehungskosten über die mit dem landesüblichen Zinsfuß kapitalisierte Rente hinaus veranlassen und den Verkäufer bestimmen, den Wert seines Waldes nicht nach dem landesüblichen Zinsfuß zu bemessen. Diese Gründe sind[1]):

1. Das Steigen der Geld- und Naturalerträge sowie des Waldvermögenswertes.

a) Steigen der Holzpreise. Der ausschlaggebende Grund für die Anwendung eines hinter dem landesüblichen zurückbleibenden forstlichen Zinsfußes liegt in dem steten Steigen der Holzpreise. Der dadurch dem Käufer in sicherer Aussicht stehende künftige Gewinn wird vom Verkäufer teilweise noch für sich in Anspruch genommen und diskontiert dem Kaufpreis zugeschlagen. Andererseits kann der Käufer mit einer an Bestimmtheit grenzenden Wahrscheinlichkeit damit rechnen, daß er in absehbarer Zeit eine Rente erzielen wird, die seine Kapitalanlage mindestens zu dem landesüblichen Zinsfuß verzinst.

Wirft z. B. ein auf den jährlichen Nachhaltsbetrieb eingerichteter Wald im Jahre einen Reinertrag von 15 000 M. ab, dann berechnet sich sein gegenwärtiger Wert bei Unterstellung eines forstlichen Zinsfußes von 3 % auf

$$\frac{15\,000}{0,03} = 500\,000 \text{ M.}$$

Kauft jemand den Wald um diesen Preis, so verzinst sich das Anlagekapital so lange, als der Reinertrag derselbe bleibt, nur zu 3 %.

---

[1]) Vgl. auch die vorzüglichen Artikel von Judeich über dieses Thema im Tharander forstl. Jahrbuch 1870, S. 1, und 1872, S. 131.

Erhöht sich dieser aber infolge Steigens der Holzpreise auf 20 000 M., dann beträgt die Verzinsung

$$\frac{20\,000 \cdot 100}{500\,000} = 4\,{}^0\!/\!{}_0.$$

Hätte der Verkäufer sich darauf eingelassen, daß der Kaufpreis durch Kapitalisierung der gegenwärtigen Rente von 15 000 M. mit $4\,{}^0\!/\!{}_0$ festgesetzt wird, dann würde dieser $\dfrac{15\,000}{0,04} = 375\,000$ M. gewesen sein und der Käufer hätte sofort eine Verzinsung von $4\,{}^0\!/\!{}_0$ erzielt. Durch die Erhöhung des Reinertrages auf 20 000 M. würde der neue Besitzer in den Genuß einer Verzinsung seines Anlagekapitals von

$$\frac{20\,000 \cdot 100}{375\,000} = 5{,}33\,{}^0\!/\!{}_0.$$

gelangen.

Gelten $4\,{}^0\!/\!{}_0$ als landesüblicher Zinsfuß, dann gesteht der Verkäufer dem Käufer eine bald fällig werdende Verzinsung von dieser Höhe nicht zu. Der Käufer muß sich die landesübliche und die darüber hinausgehende Verzinsung erst durch eine Wartezeit verdienen.

Der Unterschied zwischen der Höhe des landesüblichen und des forstlichen Zinsfußes wird durch das Teuerungszuwachsprozent der Holzpreise bzw. durch das Steigen der Reineinnahmen bedingt. Um ungefähr den gleichen Prozentsatz, mit welchem die Holzpreise oder die Reineinnahmen steigen, kann der landesübliche Zinsfuß herabgesetzt werden, wenn die Rechnung mit den steigenden Preisen und dem landesüblichen Zinsfuß den gleichen Kapitalwert liefern soll wie die Rechnung mit dem forstlichen Zinsfuß und den gegenwärtigen Preisen.

Würden die Holzpreise oder die Reineinnahmen wegen der Erhöhung der Ausgaben dauernd sinken, dann müßte der forstliche Zinsfuß um den entsprechenden Prozentsatz über den landesüblichen erhöht werden.

Beweis. 1. **Für periodische Renten.** a) Ist der gegenwärtige Preis $= A$ und steigt derselbe jährlich um $t\,{}^0\!/\!{}_0$, dann wächst er nach n Jahren auf $A \cdot 1{,}0\,t^n$, nach 2 n Jahren auf $A \cdot 1{,}0\,t^{2n}$ usw. an. Ist ferner p der landesübliche Zinsfuß, dann ist der gegenwärtige Wert K aller künftigen Erträge

$$K = A\left(\frac{1{,}0\,t^n}{1{,}0\,p^n} + \frac{1{,}0\,t^{2n}}{1{,}0\,p^{2n}} + \cdots\right) = A \cdot \frac{1{,}0\,t^n}{1{,}0\,p^n - 1{,}0\,t^n} \quad (p > t).$$

Da nun festgestellt werden soll, wie groß der forstliche Zinsfuß x sein kann, wenn er die Wirkung des Teuerungszuwachsprozentes zum Ausdruck bringen soll, so ist

$$\frac{A}{1{,}0\,x^n - 1} = \frac{A \cdot 1{,}0\,t^n}{1{,}0\,p^n - 1{,}0\,t^n} = \frac{A}{\dfrac{1{,}0\,p^n}{1{,}0\,t^n} - 1}.$$

Hieraus wird unmittelbar

$$1{,}0\,x^n = \frac{1{,}0\,p^n}{1{,}0\,t^n} \quad \text{und} \quad x = \frac{1{,}0\,p - 1{,}0\,t}{1{,}0\,t} \cdot 100 = \frac{p - t}{1{,}0\,t}.$$

Oder setzt man

$$1{,}0\,p = 1{,}0\,x \cdot 1{,}0\,t = 1 + \frac{x}{100} + \frac{t}{100} + \frac{x \cdot t}{100^2}$$

und streicht man das letzte Glied als sehr klein, dann wird näherungsweise

$$x = p - t.$$

(**Lehr**, im Handb. der Forstw. 1. Aufl. II, 25 u. Allg. Forst- u. Jagdztg. 1883, 19;
Stötzer, ebenda 1883, 35.)

Beispiel. Ist $p = 4\%$, $t = 1\%$, dann wird

$$x = \frac{1,04 - 1,01}{1,01} \cdot 100 = \frac{4 - 1}{1,01} = 2,97\,\%.$$

Ist $A = 10\,000$ M., $n = 80$ Jahre, dann wird

$$\frac{10\,000}{1,0297^{80} - 1} = \frac{10\,000 \cdot 1,01^{80}}{1,04^{80} - 1,01^{80}} = 1064\ \text{M.}$$

Rechnet man dagegen mit dem Näherungszinsfuß $x = 4 - 1 = 3\%$, dann wird

$$\frac{10\,000}{1,03^{80} - 1} = 1037\ \text{M.,}$$

also zu klein.

Sinkt der Preis jährlich um $t\%$, dann wird

$$K = A \left(\frac{1}{1,0t^n \cdot 1,0p^n} + \frac{1}{1,0t^{2n} \cdot 1,0p^{2n}} + \cdot \cdot \right) = \frac{A}{1,0t^n \cdot 1,0p^n - 1}$$

und

$$\frac{A}{1,0x^n - 1} = \frac{A}{1,0t^n \cdot 1,0p^n - 1},$$

hieraus

$$x = (1,0t \cdot 1,0p - 1)\,100 = p + t + \frac{p \cdot t}{100}$$

Beispiel.

$$x = 4 + 1 + \frac{4 \cdot 1}{100} = 5,04\,\%.$$

2. **Für jährliche Renten:** a) **Steigt** die jährliche Rente r um $t\%$, dann
wird

$$K = r + r \cdot \frac{1,0t}{1,0p} + r \cdot \frac{1,0t^2}{1,0p^2} + \cdots = \frac{r \cdot 1,0p}{1,0p - 1,0t}.$$

Setzt man nun sinngemäß wie vorhin

$$\frac{r}{0,0x} = \frac{r \cdot 1,0p}{1,0p - 1,0t}, \text{ dann wird } x = \frac{1,0p - 1,0t}{1,0p} \cdot 100 = \frac{p - t}{1,0p}.$$

(**Micklitz**, Österr. Vierteljahrsschr. f. Forstwesen, 1915, Heft 3 u. 4.)

Beispiel. Ist $p = 4\%$, $t = 1\%$, dann wird

$$x = \frac{1,04 - 1,01}{1,04} \cdot 100 = \frac{4 - 1}{1,04} = \frac{3}{1,04} = 2,8846\,\%.$$

Ist $r = 10\,000$ M., dann wird

$$\frac{10\,000}{0,028846} = \frac{10\,000 \cdot 1,04}{1,04 - 1,01} = 346\,667.$$

Rechnet man dagegen mit dem Näherungszinsfuß $x = 4 - 1 = 3\%$, dann
wird

$$\frac{10\,000}{0,03} = 333\,333\ \text{M.,}$$

also ebenfalls ein zu kleines Resultat.

Es ist aber zu bemerken, daß das Teuerungszuwachsprozent keine mathematisch genaue Größe, sondern nur eine geschätzte Durchschnittsgröße ist und
deswegen die Abweichungen der Rechnungsergebnisse praktisch nicht als Fehler
eingewertet werden dürfen.

Sinkt die jährliche Rente r um t% , dann wird

$$K = r + \frac{r}{1{,}0\,t\,.\,1{,}0\,p} + \frac{r}{1{,}0\,t^2\,.\,1{,}0\,p^2} + \cdots = \frac{r\,.\,1{,}0\,t\,.\,1{,}0\,p}{1{,}0\,t\,.\,1{,}0\,p - 1}$$

und

$$\frac{r}{0{,}0\,x} = \frac{r\,.\,1{,}0\,t\,.\,1{,}0\,p}{1{,}0\,t\,.\,1{,}0\,p - 1},$$

hieraus

$$x = \frac{1{,}0\,t\,.\,1{,}0\,p - 1}{1{,}0\,t\,.\,1{,}0\,p} \,.\, 100 = \frac{p + t + \dfrac{p\,.\,t}{100}}{1{,}0\,p\,.\,1{,}0\,t}.$$

Beispiel.
$$x = \frac{4 + 1 + \dfrac{4\,.\,1}{100}}{1{,}04\,.\,1{,}01} = 4{,}7981\ \%.$$

Ist der landesübliche Zinsfuß 4% , der Teuerungszuwachs 1% und soll das in einer normalen Betriebsklasse anzulegende Kapital 15 000 M. Reinertrag abwerfen, dann kann der Käufer von folgenden Erwägungen ausgehen:

1. Er läßt den Teuerungszuwachs außer Betracht und rechnet mit dem landesüblichen Zinsfuß. Er bietet daher 375 000 M. und erhält daraus eine jährliche Rente von 375 000 . 0,04 = 15 000 M.
2. Er zieht das Teuerungszuwachsprozent in Rechnung und kürzt den landesüblichen Zinsfuß um dessen Betrag, unterstellt also einen forstlichen Zinsfuß von 3% . Er bietet demnach 500 000 M. und erhält bei dieser Rechnung wieder eine jährliche Rente von 500 000 . 0,03 = 15 000 M.

Der erste Fall wäre natürlich für den Käufer der günstigere, weil das kleinere Anlagekapital eine günstigere Aussicht auf baldigen Gewinn bietet. Wie aber vorhin ausgeführt wurde, räumt der Verkäufer dem Käufer einen solchen greifbaren Gewinn nicht ein.

Das Steigen der Holzpreise wird allgemein hervorgerufen durch das Sinken der Kaufkraft des Geldes und absolut durch die zunehmende Nachfrage nach Holz infolge Zunahme der Bevölkerung und der Vermehrung der Verwendungsarten des Holzes (Papierindustrie, chemische Industrie). Örtlich und zeitlich kann eine Erhöhung der Holzpreise durch den Bau von Straßen, Eisenbahnen, Kanälen und anderen Transportanlagen, durch die Eisenbahn- und Zollpolitik herbeigeführt werden.

Die Erhöhung der Nadelholzpreise in den letzten vier Jahrzehnten vor dem Kriege kann man durchschnittlich jährlich auf mindestens 1,5% veranschlagen, der Buchenholzpreise auf 1% , der Eichenholzpreise auf 3—4% .

Bei der Festsetzung des objektiven Zinsfußes darf indessen der volle Betrag des Teuerungszuwachsprozentes nicht berücksichtigt werden. Einmal aus Vorsicht, weil eine absolute Gewißheit, daß die Holzpreissteigerung in gleichem Grade sich fortsetzen wird, nicht gegeben ist, dann weil auch die Verwaltungskosten steigen und ferner zur Wahrung der wirtschaftlichen Lebensinteressen des jetzigen Waldbesitzers oder der jetzigen Generation.

Je tiefer nämlich der forstliche Zinsfuß unter dem landesüblichen steht, um so längere Zeit dauert es, bis das mit ersterem berechnete Anlagekapital den landesüblichen Zinsfuß einbringt. Jeder Waldbesitzer bzw. jede Generation hat aber Anspruch, den aus der Steigerung der Holzpreise wie der Walderträge überhaupt sich ergebenden Gewinn noch zu erleben und zu genießen. Wird ein hoher Teuerungszuwachs voll auf den forstlichen Zinsfuß abgewälzt, dann läuft der Besitzer Gefahr, daß nicht er, sondern sein Besitznachfolger die landesübliche Verzinsung bezieht.

Daraus folgt, daß nur ein kapitalkräftiger Waldbesitzer, der auf die landesübliche Verzinsung seines Waldkapitals nicht angewiesen ist, seinen forstlichen Zinsfuß mit dem vollen Teuerungszuwachsprozent belasten kann. Dieser Zinsfuß hat dann subjektiven Charakter.

Ist der jährliche Waldreinertrag z. B. 10000 M., dann beträgt für $x = 3\,^0/_0$ der Kaufpreis $\dfrac{10\,000}{0,03} = 333\,333$ M. Wenn sich derselbe zu $4\,^0/_0$ verzinsen soll, muß der Reinertrag auf $333\,333 \cdot 0,04 = 13\,333$ steigen. Beträgt der Teuerungszuwachs $1,5\,^0/_0$, dann erhält man das Jahr, von welchem ab dieser Reinertrag anfällt, aus

$$10\,000 \cdot 1,015^n = 13\,333, \text{ woraus } 1,015^n = \dfrac{13\,333}{10\,000} = 1,333.$$

Sucht man für den Nachwertsfaktor 1,333 in der Faktorentafel I oder VI in der Zinsfußrubrik 1,5 das einschlägige Jahr n auf, dann findet man das Jahr 19. Das heißt: Vom 19. Jahre ab tritt der Käufer in den Genuß der vierprozentigen Verzinsung seines Anlagekapitals von 333333 M. oder 18 Jahre lang hat der Käufer eine geringere Verzinsung als $4\,^0/_0$.

Hätte der Käufer den ganzen Teuerungszuwachs von $1,5\,^0/_0$ auf den forstlichen Zinsfuß übertragen und den Wald zu $2,5\,^0/_0$ erworben, dann wäre der Kaufpreis $\dfrac{10\,000}{0,025} = 400\,000$ M., der erhoffte Reinertrag $400\,000 \cdot 0,04 = 16\,000$ M. und $1,015^n = \dfrac{16\,000}{10\,000} = 1,600$, woraus $n = 32$ Jahre. Die Rente von $4\,^0/_0$ würde also erst nach Verlauf von 31 Jahren fällig.

Ist R = jährlicher Ertrag, p = landesüblicher, x = forstlicher Zinsfuß, t = Teuerungszuwachsprozent, dann ist allgemein

$$1,0\,t^n = \dfrac{\dfrac{R \cdot 0,0\,p}{0,0\,x}}{R} = \dfrac{p}{x}.$$

Berechnet man danach für den landesüblichen Zinsfuß von $4\,^0/_0$ und für verschiedene forstliche Zinsfüße und Teuerungszuwachsprozente jeweils das Jahr, von welchem ab das Anlagekapital sich zu $4\,^0/_0$ verzinst, dann ergibt sich folgende Tabelle:

Teuerungszuwachs %	Forstlicher Zinsfuß				
	1 %	1,5 %	2 %	2,5 %	3 %
	Jahre				
0,5	—	195	140	94	58
1,0	140	98	70	47	29
1,5	93	66	47	32	19
2,0	70	49	35	24	15
2,5	56	40	28	19	12
3,0	46	33	24	16	10
3,5	41	28	20	14	8
4,0	36	25	18	12	7

Beträgt z. B. t = 2,5% und hat der Käufer den Wald zu 3% erworben, dann vergehen 11 Jahre, bis sich sein Kapital zu 4% verzinst (n = 12).

b) Die Möglichkeit der Erhöhung des Holzmassenertrages nach Menge und Qualität. In vielen Waldgebieten kann die Erzeugungskraft des Bodens ergiebiger ausgenützt werden als es bisher geschehen ist durch Vervollkommnung der Verjüngungsverfahren, gewissenhafte Bestandspflege bis zum Abtriebsalter, verständnisvolle Ausnützung des Standortes durch die geeignetsten Holzarten, Wechsel der Holzarten, Wahl der günstigsten Betriebsformen usw.

Die Produktivität kann ferner durch Beseitigung störender Einflüsse, wie der Forstrechte, Streu- und Weidenutzung, zu hohen Wildstandes, der Forstfrevel, gehoben werden.

c) Die Erhöhung des Geldertrages kann auch durch sorgfältige Ausnutzung und Verwertung von Nebennutzungen (Beeren, Pilze, Sämereien, Streu, Zierreisig usw.) herbeigeführt werden. In der Regel wurden die möglichen Einnahmen dieser Art bisher bei der Festsetzung des Waldwertes außer Ansatz gelassen.

d) Der Waldbesitzer hat endlich auch die Möglichkeit, durch die Verarbeitung seines Holzes zu Halbfabrikaten (Schnittwaren) und Fertigwaren noch einen gewerblichen Unternehmergewinn mit der Waldrente zu verbinden.

e) Die Erhöhung der forstlichen Rente durch die steigenden Holzpreise und die Hebung der Massenproduktion hat die Erhöhung des Vermögenswertes des Waldes zur unmittelbaren Folge. Der Waldbesitzer wird, wenn er seinen Wald wirtschaftlich behandelt, ohne sein Zutun reicher. Daher bildet der Wald eine zukunftsreiche Vermögensanlage, deren Wertzuwachs einen vorübergehenden Verlust an Zinsen aufwiegt.

2. Die Sicherheit des Waldbesitzes.

Dieselbe erstreckt sich sowohl auf das Kapital wie auf die Rente.

a) Das Kapital besteht in dem Boden und in dem Holzvorrat. Daß der Boden eine unbedingt sichere Kapitalanlage ist, steht ohne weiteres fest. Aber auch der Holzvorrat ist trotz der vielen Schäden, die dem Walde infolge von Naturereignissen drohen (Insekten, Wind, Schnee, Eisanhang, Feuer usw.) gegen Entwertung oder Vernichtung sicherer gestellt als die landwirtschaftlichen Erzeugnisse und die Anlagewerte in industriellen Unternehmungen. Nur durch Feuer kann das Holz bis zur völligen Unbrauchbarkeit vernichtet werden. Aber auch dieser Fall tritt bei älteren Beständen nur ausnahmsweise ein. Durch alle anderen Naturereignisse wird das Holz entweder nur zum Absterben gebracht oder mehr oder weniger beschädigt. Verwertbar bleibt es aber immer. Nun hat sich die Situation der Waldbesitzer in den letzten Jahrzehnten dadurch wesentlich gebessert, daß gerade das am meisten gefährdete Nadelholz fast in unbegrenzten Mengen verkäuflich ist, und zwar vom Papier- und Grubenholz an bis zu den starken Sortimenten. Der Umstand, daß Deutschland einen sehr großen Teil seines Holzbedarfes aus dem Auslande beziehen muß und der Holzverbrauch der Welt immer zunimmt, hat die wirtschaftliche Sicherheit des europäischen Waldbesitzes wesentlich erhöht.

Gewiß verursachen außerordentlich große Holzanfälle auch verhältnismäßige Einnahmeausfälle und verhältnismäßig höhere Betriebskosten (Steigen der Arbeiterlöhne, Bau von Transportanlagen); allein diese Einbußen bewegen sich erfahrungsgemäß in erträglichen Grenzen, wenn die Aufarbeitung und Ausbringung des Holzes mit Energie und Umsicht betätigt wird.

Ferner stehen dem Waldbesitzer doch vielerlei Mittel zur Verfügung, um Schäden abzuhalten oder doch abzuschwächen. Gegen Feuerschaden kann er sich versichern. Viele Insektenschäden können durch rechtzeitige Beobachtung und Anwendung von Vorbeugungsmitteln verhütet werden. Dazu kommen die waldbaulichen und sonstigen Vorkehrungen: Vermeidung zu dichter Kulturen, planmäßige Durchforstung, entsprechende Verteilung der Altersklassen, Erziehung von Mischbeständen, Anlegen von Feuerstreifen, Wundhalten des Waldrandes und der Schneisen usw. In jüngeren Beständen können oft entstandene Beschädigungen durch die Bestandspflege und sonstige Nachhilfen wieder korrigiert werden.

Gehen ganz junge Bestände und Kulturen zugrunde (Pilze, Insekten, Frost und Hitze, Hagel, Schnee), dann ist der verlorene Kapitalwert verhältnismäßig gering (Kulturkosten).

b) **Der Rentenbezug.** Gegenüber der Landwirtschaft und der Industrie hat die Forstwirtschaft den Vorzug der stetigeren Rente. In der Forstwirtschaft gibt es keine Mißernten wie in der Landwirtschaft, keine an bestimmte Wochen gebundene Erntezeit (verregnetes Getreide, Heu!), kein Verderben des geernteten Produktes durch Lagerung, keine Arbeiternot in dem intensiven Grade wie in der Landwirtschaft und keine so großen Preisschwankungen.

Holz ist kein Modeartikel, sondern ein unentbehrlicher und stets verkäuflicher Rohstoff. Mehranfälle infolge von Naturereignissen können im größeren Waldbesitz durch Einsparungen in den nächsten Jahren an anderen Waldorten wieder ausgeglichen werden. Durch die Anlegung eines Reservefonds kann sich zudem jeder Waldbesitzer gegen Einnahmeausfälle sichern.

In Anlehnung an ein bekanntes Börsensprichwort kann man daher sagen: Wer einen ruhigen Schlaf dem guten Essen vorzieht, für den bietet der Wald eine empfehlenswerte Kapitalanlage.

3. Die Liquidität des Waldvermögens und des Rentenbezuges.

Abgesehen davon, daß Waldungen im ganzen leicht verkäuflich sind, ist der Waldbesitzer jederzeit in der Lage, das Holz aller älteren Bestände, bei Nadelhölzern auch der jüngeren, innerhalb kürzester Zeit zu veräußern. Andererseits kann er seinen Wald als Sparkasse benützen und im Falle des Bedarfes größere Geldeinnahmen sofort flüssig machen.

4. Die Bequemlichkeit der Verwaltung und Betriebsführung.

Der Forstbetrieb erfordert wenig und namentlich kein lebendes Inventar, keine umfangreichen Betriebsgebäude, keine in Hausgemeinschaft zu unterhaltende Dienstboten und daher nur in seltenen Fällen ein direktes persönliches Eingreifen des Besitzers. Die Verwaltung kann mit wenigen Beamten, der Betrieb mit verhältnismäßig wenigen Arbeitern geführt werden. Die Kontrolle und Rechnungsführung ist leichter und übersichtlicher als in der Landwirtschaft und Industrie. Daher eignet sich der Waldbesitz ganz besonders zur Veranlagung großer Vermögen.

5. Die Länge des Produktionszeitraumes.

Solange wie in der Forstwirtschaft bleibt kein Kapital an eine Anlage zinstragend gebunden. Jedes andere mobile und immobile Vermögen wechselt innerhalb eines Zeitraumes von 80—100 Jahren wiederholt seinen Besitzer und wird aus einer Anlage in die andere gebracht. Mit solchen Transferierungen sind immer kleinere oder größere Verluste an Kapital und Zinsen verknüpft (Gebühren, Steuern, Kursverluste, Entgang von Zinstagen). Ein in der Forstwirtschaft angelegtes Kapital wirbt dagegen stetig mit Zinseszinsen weiter während des ganzen Produktionszeitraumes.

Diesen Gesichtspunkt brachte zum erstenmal die „Anleitung zur Waldwertberechnung" für Preußen (Berlin 1866 und 1888) zum Ausdruck mit den Worten: „Je länger ein Zeitraum, für welchen ein Kapital ohne Unterbrechung und ohne daß die für die mit der Wiederanlegung des Kapitales und der Zinsen verbundenen Mühen, Kosten, Zeitverluste und zeitweise Zinsausfälle eintreten, werbend sicher angelegt wird, um so geringer kann der Zinsfuß sein."

6. Das Sinken des Zinsfußes mit steigender Kultur.

Während der langen Produktionszeiträume der Forstwirtschaft kommt dieses volkswirtschaftliche Gesetz zur Geltung, trotzdem durch gewaltige Erschütterungen des Wirtschaftslebens der Zinsfuß für längere Zeit in die Höhe gehen kann.

7. Die persönliche Wertschätzung des forstlichen Grundbesitzes aus Neigung und wegen der indirekten Vorteile,

die sein Inhaber für sich persönlich in Rechnung stellt. Die Talente und Neigungen der Menschen sind glücklicherweise nach verschiedenen Richtungen ausgebildet. Der Börsenspekulant findet die Forstwirtschaft langweilig, weil sie nicht täglich Gewinnchancen bietet, dem Grundbesitzer dagegen liegt es nicht, sein Kapital den Wechselfällen des Geldmarktes anzuvertrauen. Jeder von beiden will nach seiner Art leben, verdienen und reich werden. Wer Forstwirtschaft treiben will, muß sich mit einer geringen Verzinsung während seiner ersten Besitzzeit in der Regel begnügen. Dazu kommen noch vielfach Vorteile und Annehmlichkeiten, die als Affektionswerte angeschlagen werden: Der mit Grundbesitz verbundene politische Einfluß, gesellschaftliches Ansehen, Jagdgelegenheit usw. Diese subjektiven Momente können allerdings auf die absolute Höhe des objektiven forstlichen Zinsfußes nur dann zurückwirken, wenn die Konkurrenz dieser Käuferklasse so groß ist, daß dadurch die Erwerbung von Wald für andere, lediglich die Ertragsfähigkeit bemessende Käufer sehr erschwert ist (Waldhunger).

In der **sächsischen Staatsforstwirtschaft** wird, allerdings nach einer nicht einwandfreien Methode, jährlich das Verzinsungsprozent des Waldkostenkapitals (Buchwertes) für die einzelnen Reviere und für den Gesamtwaldbesitz des Staates berechnet. Der Wirtschafts- und Kapitalisierungszinsfuß ist 3% (s. Statik unter Wirtschaftserfolg). Das berechnete Verzinsungsprozent betrug durchschnittlich

1864/73	2,59	1897	2,72	1903	2,31	1909	2,18	1915	1,41
1874/83	2,57	1898	2,71	1904	2,45	1910	2,19	1916	3,14
1884/93	2,44	1899	2,48	1905	2,39	1911	2,44	1917	4,76
1894	2,39	1900	2,68	1906	2,21	1912	2,67	1918	5,37
1895	2,39	1901	2,31	1907	2,63	1913	2,63	1919	8,29
1896	2,53	1902	2,10	1908	2,42	1914	2,12		

Im Jahre 1913 schwankte das Verzinsungsprozent der 9 Forstbezirke zwischen 1,84% und 3,35%, der 110 Forstreviere zwischen 0,12% und 4,15%. Über 3% hatten 2 Forstbezirke, 39 Forstreviere; 2 Forstreviere erforderten Zuschuß.

Im Jahre 1899 wurde durch den **deutschen Landwirtschaftsrat** die Rentabilität von 1524 landwirtschaftlichen Betrieben des Deutschen Reiches mit zusammen 207 444 ha Fläche und einem Verkehrswert von 301,5 Mill. M. untersucht. Hiervon waren 86% bäuerliche Betriebe. Als durchschnittliche Gesamtverzinsung hat sich im ganzen Reich 2,1% ergeben. — In **Bayern** speziell war die Durchschnittsverzinsung nur 1,9%, in der Pfalz nur 1,5%. Von sämtlichen Betrieben haben nur 16 Betriebe eine Verzinsung von über 3% ergeben, 50% ergaben überhaupt keine Rente. — Die Richtigkeit dieser Berechnungen wurde allerdings vielfach bestritten. Mit Rücksicht auf den Zweck, höhere landwirtschaftliche Zölle zu erwirken, wurde die Berechnung als tendenziös bezeichnet. Zweifellos hat sich seit der Zollgesetzgebung von 1906 die Lage der Landwirtschaft erheblich gebessert. — Das **preußische Landesökonomiekollegium** hat in einer Denkschrift vom 21. August 1900 konstatiert, daß „die Berechnung der Produktionskosten für Getreide äußerst schwierig und einwandfrei nicht durchführbar ist." — Auf Veranlassung der **preußischen Regierung** berechnete **Aereboe** im Jahre 1910 die Verzinsung der geschlossenen Domänenvorwerke des preußischen Staates nach dem Wert des Jahres 1901, weil die Pachtzeit 18 Jahre beträgt und daher der Durchschnitt der letzten 18 Jahre genommen werden mußte. Danach ergab sich eine Bruttoverzinsung von 3,14%. Nach Abzug der Verwaltungskosten mit 3½% der Einnahmen und einer Amortisationsquote für Meliorationsbauten von ⅔% berechnete sich eine Nettoverzinsung von 2,73%. Im Jahre 1899 wurde die Verzinsung aller Domänen auf 2,26% berechnet. — Von freihändlerischer Seite wurde bisher geltend gemacht, daß die Landwirtschaft keinen hohen Zins abwerfen dürfe, weil bei hoher Rentabilität der Boden zum Spekulationsobjekt werde, sich in den kapitalkräftigsten Händen konzentriere durch Übergang zum Großbetrieb und dadurch der mittlere Bauernstand ausgeschaltet werde.

Geschichtliches. Der englische Merkantilist Thomas Culpeper hob schon im Jahre 1623 hervor, daß die Waldwirtschaft bei einem hohen Zinsfuß ihre Rechnung nicht findet (vgl. Tharander Forstl. Jahrb. 1890, S. 202). — In Stahls Forstmagazin 1765, Bd. VII (S. 212) wird die Berechtigung eines unter dem landesüblichen Zinsfuß von 4% stehenden forstlichen Zinsfußes mit denselben Erwägungen begründet, die heute noch als ausschlaggebend angesehen werden. Auch H. von Carlowitz hebt in seiner Sylvicultura oeconomica 1713 (S. 100) die Sicherheit des Waldertrags hervor. — Ähnlich auch Trunk, Forstlehrbuch 1789 (S. 385). — Dagegen will Burgsdorf, Forsthandbuch II. Teil, 2. Aufl. 1801 (S. 258) als Kapitalisierungszinsfuß 6% wegen „der Mühe und Besorgnisse". — Cotta, Waldwertrechnung 1818 (S. 33), und Hundeshagen, Enzyklopädie 2. Aufl. 1828 (S. 314) wollen den landesüblichen Zinsfuß zugrunde legen. — Nördlinger, Diana 1805 (S. 375), befürwortet im Durchschnitt 4%. — G. L. Hartig, der allerdings nur mit einfachen Zinsen rechnete, wollte einerseits das Holzalter, andererseits die Holzart maßgebend sein lassen für die Höhe des Zinsfußes. Er läßt mit Zunahme des Holzalters (Umtriebszeit) den Zinsfuß wachsen (6—10%), weil der Waldbesitzer für langes Warten auf Einkünfte und für die Gefahr, die mit steigender Umtriebszeit zunehme, entschädigt werden müßte. Für Nadelholzwaldungen soll an sich ein etwas höherer Zinsfuß angewendet werden als für Laubholz, weil erstere durch Insekten und Feuer mehr gefährdet werden als dieses. Letztere Auffassung teilte auch G. Heyer in den ersten Auflagen seiner „Waldwertrechnung", ließ sie aber später fallen.

VI. Die Unterstellung verschiedener Zinsfüße.

1. Nach der Länge der Verzinsungszeiträume.

Es wurde vorgeschlagen, daß für längere Verzinsungszeiträume (Umtriebszeiten) ein kleinerer Zinsfuß unterstellt werden soll als für kurze. Dabei hat man bald den Wirtschaftszinsfuß, bald den Kapitalisierungszinsfuß im Auge. Folgende Erwägungen sind hierfür maßgebend:

a) Je länger die Verzinsungszeiträume sind, in denen ein Kapital ununterbrochen mit Zinseszinsen arbeitet, um so seltener sind die Verluste gegenüber jenen Kapitalien, die im Verlaufe derselben Zeit ihre Anlage öfter wechseln müssen. Dieser Gesichtspunkt wurde bereits auf S. 26 hervorgehoben, aber nicht in dem Sinne, daß für verschiedene Umtriebszeiten auch verschiedene Zinsfüße gerechtfertigt wären, sondern daß der forstliche Zinsfuß als solcher etwas tiefer gegriffen werden kann als der landesübliche. — Ferner hat man im Auge, daß voraussichtlich der Abtrieb eines jetzt begründeten Bestandes in eine Zeit fallen wird, in welcher auch der landesübliche Zinsfuß unter dem gegenwärtigen steht.

Diese Erwägungen beruhen auf einer irrtümlichen Auffassung der wirtschaftlichen Gesetze, die den Wert eines Gutes bestimmen. Der Wert eines Gutes von dauernder Gebrauchs- oder Ertragsfähigkeit schließt immer auch den Nutzen oder Ertrag desselben in der Zukunft in sich. Dieser Nutzen oder Ertrag wird aber in der Gegenwart nicht nach den Preis- und Wirtschaftsverhältnissen der Zukunft eingewertet, sondern nach dem Maßstab der Gegenwart. Wer ein Haus kauft, bemißt den Kaufpreis nicht nach der Rente, die dasselbe nach 50 oder 100 Jahren abwerfen wird, sondern nach der jetzigen Rente. Durchschlagend für die Einhaltung dieses Grundsatzes ist die in der Begrenztheit des menschlichen Lebens und in dem berechtigten menschlichen Egoismus begründete Forderung, daß der Besitzer eines Gutes zur Bestreitung seiner Lebensbedürfnisse Anspruch auf den Nutzen hat, den es nach Lage der gegebenen wirtschaftlichen Verhältnisse j e w e i l s gewähren kann. Ändert sich der Ertrag, dann ändert sich auch der Wert. Deshalb hat jeder Wert nur Geltung für die Zeit, in die er hineinpaßt.

Der Zins ist der Preis für die Nutzung des Kapitals. Wer Kapital besitzt, fordert für dessen Nutzung den Preis der Gegenwart. Umgekehrt drückt dieser Preis dem Kapital den Stempel seiner gegenwärtigen Wertigkeit auf. Eine Waldnutzung, die erst nach 100 Jahren fällig wird, ist nach dem Erlös zu beurteilen, der jetzt von ihr erzielt würde. Und da sie einen Wechsel auf die Zukunft darstellt, ist sie mit dem Zinsfuß zu diskontieren, der dem jetzigen forstlichen Zinsfuß entspricht. Gibt ein Bankinstitut einem Grundbesitzer ein Darlehen, welches innerhalb der nächsten 50 Jahre durch Amortisation getilgt werden soll, dann wird die Höhe des Zinsfußes immer gleichmäßig für den ganzen Zeitraum festgesetzt, und zwar nach Maßgabe des bei der Beleihung geltenden Zinssatzes.

b) Diesem Vorschlag liegt zweifellos auch die Empfindung zugrunde, daß lange Umtriebszeiten unrentabel sind. Mit einer gewissen Resignation will man sich für solche Betriebe von vornherein mit einer geringeren Verzinsung begnügen. Dabei wird aber vergessen, daß man einen Trugschluß macht. Denn da jede Methode für die Wertberechnung des Waldes und seiner einzelnen Teile auf der Diskontierung beruht, so ergeben sich bei niedrigeren Zinsfüßen höhere Kapitalwerte als bei höheren. D a ß h e i ß t a l s o , j e w e n i g e r m a n v o n d e r R e n t a b i l i t ä t e i n e s B e t r i e b e s h ä l t , u m s o h ö h e r s c h l ä g t m a n d e n K a p i t a l w e r t d e s s e l b e n a n!

Beispiel 1. Liefert ein Bestand bei 80 jähriger Umtriebszeit 8000 M. Abtriebsertrag, so ist dessen Kapitalwert bei einem Zinsfuß von 3%

$$\frac{8\,000}{1{,}03^{80} - 1} = 830 \text{ M.}$$

Läßt man den Bestand 100 Jahre alt werden und liefert er bei der 100 jährigen Umtriebszeit einen Abtriebsertrag von 11 000 M., unterstellt man aber nur einen Zinsfuß von 2%, dann ist der Kapitalwert

$$\frac{11\,000}{1{,}02^{100} - 1} = 1761 \text{ M.}$$

Man berechnet also für die höhere, wahrscheinlich unrentablere Umtriebszeit einen höheren Kapitalwert wie für die günstigere Umtriebszeit.

Behält man dagegen für die 100jährige Umtriebszeit ebenfalls den Zinsfuß von 3% bei, wie es korrekt ist, dann ergibt sich ein Kapitalwert von nur

$$\frac{11\,000}{1{,}03^{100} - 1} = 604 \text{ M.}$$

Beispiel 2. Liefert eine normale Betriebsklasse von 80 ha bei 80jähriger Umtriebszeit einen jährlichen Waldreinertrag von 8000 M. und bei 100jähriger Umtriebszeit von $11\,000 \cdot \dfrac{80}{100} = 8800$ M., dann berechnet sich für die 80jährige Umtriebszeit, wenn $p = 3\%$, der Waldrentierungswert auf

$$\frac{8000}{0{,}03} = 266\,667 \text{ M.}$$

und für die 100jährige Umtriebszeit, wenn $p = 2\%$, auf

$$\frac{8800}{0{,}02} = 440\,000 \text{ M.}$$

Diese Wertunterschiede sind praktisch unmöglich.

Die frühere „**Anleitung zur Waldwertberechnung, verfaßt vom Königl. Preußischen Ministerialforstbureau**" (Berlin 1866 und 1888) bestimmte, daß der Zinsfuß für Diskontierungen auf kurze Zeiträume höher anzunehmen sei als für längere, und schrieb daher folgende Zinsfüße vor: für Umtriebszeiten von

30 bis 40 Jahren	$3^{1}/_{4}\%$,			10 bis 14 Jahren	$4^{1}/_{4}\%$,	
26 „ 33 „	$3^{1}/_{2}\%$,			4 „ 5 „	$4^{3}/_{4}\%$.	
15 „ 19 „	4%,					

Nach der **preußischen Ministerialverfügung** vom Jahre 1905 sind bis zu Umtriebszeiten von 80 Jahren 3%, bei höheren Abtriebsaltern in der Regel $2^{1}/_{2}\%$ Zinseszinsen auch für Kapitalisierungen in Ansatz zu bringen.

Die **elsaß-lothringische Forstverwaltung** bestimmte in den Vorschriften für die Aufstellung und die Revision der Forsteinrichtungswerke vom 25. Juni 1910, daß bei Ermittelung des Bodenwertes als Zinsfuß im allgemeinen anzunehmen ist: Beim Nadelholz für Umtriebszeiten bis zu 100 Jahren 2,5%, über 100 Jahre 2%; beim Laubholz für Umtriebszeiten bis zu 100 Jahren 2%, über 100 Jahre 1,5%. — Diese Vorschrift ist gänzlich verfehlt und führt zu unhaltbaren Rechnungsergebnissen (vgl. Pilz, Allg. Forst- und Jagdztg. 1904, S. 11 ff.).

F. Baur macht in seinem „Handbuch der Waldwertberechnung usw." (S. 78 ff.) den Vorschlag, mit wachsendem Verzinsungszeitraum den Zinsfuß fallen zu lassen. Demgemäß empfiehlt er, bei einem Verzinsungszeitraum von

1—40,	50,	60,	70,	80,	90	100—120 Jahren
mit einem Zinsfuß von $3^{1}/_{2}$,	3,	$2^{3}/_{4}$,	$2^{1}/_{2}$,	$2^{1}/_{2}$,	$2^{1}/_{4}$,	2%

zu rechnen. — Baur unterstellt nämlich, „daß ein Kapital nur höchstens 40 Jahre stehen bleiben darf, dann herausgenommen werden muß, um bei höheren als vierzigjährigen Umtrieben mit dem **Anfangswert** wieder verzinslich angelegt zu werden". Die Durchführung dieses Grundsatzes auf der Unterlage des für die ersten 40 Jahre angenommenen Zinsfußes von $3^{1}/_{2}\%$ hat ungefähr den gleichen Effekt, als wenn man für die verschiedenen Zeiträume mit den angegebenen fallenden Zinsfüßen mittels Zinseszinsrechnung durchrechnet.

2. Für die Durchforstungserträge und Betriebskosten.

Es wurde auch der Vorschlag gemacht, die Durchforstungserträge und die Betriebskosten mit einem höheren als dem forstlichen Zinsfuß zu verrechnen, und zwar mindestens mit dem landesüblichen Zinsfuß. Indem zunächst von der Formel des Bodenertragswertes ausgegangen wird, unterstellt man, daß die eingehenden Durchforstungserträge auf einer Bank zu dem landesüblichen Zinsfuß angelegt werden können und andererseits die jährlichen Verwaltungskosten als die Zinsen eines Kapitals zu betrachten sind, welches außerhalb des forstlichen Betriebes steht und die landesüblichen Zinsen abwirft. Daher wären diese dem forstlichen Betrieb aufzurechnen.

a) Durchforstungserträge. Dieselben bilden einen Ertrag wie die Abtriebsnutzung nur mit dem Unterschied, daß sie frühzeitiger eingehen. Wenn man eine Nutzung deswegen, weil sie frühzeitig eingeht, mit dem landesüblichen Zinsfuß verrechnen will, dann erfordert es die Konsequenz, daß man auch die frühzeitig eingehenden Abtriebserträge mit dem landesüblichen Zinsfuß behandelt, daß man also den Zinsfuß mit zunehmender Umtriebszeit sinken läßt. Die Unstimmigkeiten, zu denen ein solches Verfahren führt, wurden schon oben dargelegt. Aus denselben Gründen verbietet sich auch die gesonderte rechnerische Behandlung der Durchforstungserträge.

b) Betriebskosten. Der Vorschlag, dieselben mit einem höheren als dem forstlichen Zinsfuß in Rechnung zu setzen, beruht auf einer Verkennung der wirtschaftlichen Solidarität der in einem Unternehmen wirksamen Produktionsmittel. Ohne diese gibt es keine Produktion. Ein Geldbetrag, der zum Betrieb einer Unternehmung verwendet wird, in demselben also engagiert ist, teilt auch das Schicksal derselben. Da die Betriebs- und Verwaltungskosten einen notwendigen Bestandteil der Waldwirtschaft bilden, sind sie derselben verfallen. Sie können aus ihr nicht mehr heraus, bedingen ihre Leistungsfähigkeit und müssen aus derselben bestritten werden. — Die Atomisierung der in einem Unternehmen angelegten Kapitalstücke nach ihrer möglichen anderweitigen ergiebigeren Verwendung wird in keinem Unternehmen bei der Verlust- und Gewinnrechnung und der Bilanzaufstellung vorgenommen. In keinem industriellen Betrieb werden z. B. die auf die Besoldung der Beamten entfallenden Ausgaben als der Zinsertrag eines Kapitals in Rechnung gestellt, welches in einem anderen Unternehmen sich vielleicht mit $5-6\,\%$ verzinsen könnte.

Außerdem ist zu berücksichtigen, daß dieselben Folgerungen, welche aus dem Steigen der Holzpreise für die Festsetzung eines besonderen forstlichen Zinsfußes abgeleitet werden, sich auch für die Verwaltungskosten ergeben. Denn diese steigen ebenfalls, in einzelnen Zeitperioden oft stärker als die Holzpreise. Geht man von der gekünstelten Vorstellung aus, daß der Waldbesitzer nebenher ein Bankkapital hat, dessen landesübliche Zinsen zur Deckung der forstlichen Verwaltungskosten dienen, dann muß bei jeder Erhöhung der Verwaltungskosten auch dieses hinterlegte Kapital erhöht werden. Wird hingegen das Verwaltungskostenkapital auf den forstlichen Zinsfuß eingestellt, dann ist für die künftige Steigerung der jährlichen Ausgaben bereits Vorsorge getroffen.

Das Verwaltungskostenkapital beeinflußt nur die Größe des Bodenertragswertes (Bodenrente) und nicht auch die der Bestandswerte.

Die Ableitung mit dem landesüblichen Zinsfuß ergibt ein kleineres Verwaltungskostenkapital als die Ableitung mit dem forstlichen Zinsfuß. Im ersteren Falle werden daher die Bodenwerte größer als im letzteren. Werden nun gleichzeitig bei der Ermittelung des Bodenertragswertes die Einnahmebeträge durch die Anwendung des forstlichen Zinsfußes in die Höhe gesetzt, die Verwaltungsausgaben aber durch die Unterstellung des landesüblichen Zinsfußes niedrig bemessen, so gehen beide Rechnungsteile, nämlich der positive und der negative, aneinander vorbei mit der Folge, daß das Endergebnis, das ist der Bodenertragswert, zu hoch wird.

Roth, Forstakzessist in Darmstadt, schlug im Jahre 1874 in der „Monatsschrift für das Forst- und Jagdwesen" (S. 337) vor, in der Formel des Bodenertragswertes sowohl die Durchforstungserträge wie die Kultur- und Verwaltungskosten mit dem landesüblichen Zinsfuß in Rechnung zu stellen.

Der österreichische Professor Nossek griff in der „Österr. Vierteljahrsschrift für Forstwesen" 1906 (S. 143) und 1907 (S. 19) diesen Gedanken wieder auf, indem er in der Formel des Bodenertragswertes die Durchforstungserträge und die Verwaltungskosten (nicht auch die Kulturkosten) mindestens mit dem landesüblichen Zinsfuß in Rechnung stellen will. Die Prolongierung der Durchforstungserträge mit einem „genügend" größeren als dem forstlichen Zinsfuß habe zur Folge, daß der Bodenertragswert mit wachsender Umtriebszeit steige und damit die finanzielle Umtriebszeit (B_u max) ihre forststatische Bedeutung verliere.

Auch von Guttenberg neigte (Österr. Vierteljahrsschrift f. F. 1910, 28) der Ansicht zu, daß die Verwaltungskosten mit dem landesüblichen Zinsfuß zu kapitalisieren wären.

3. Nach der Holzart.

Eine Abstufung des Zinsfußes nach Holzarten, Betriebsarten und Standorten in der Weise, daß bei geringerer Ertragsfähigkeit auch ein kleinerer Zinsfuß unterstellt wird, wurde in der Literatur schon wiederholt befürwortet.

Wenn man diesen Gedanken weiter verfolgen will, muß die Funktion des forstlichen Zinsfußes als Wirtschaftszinsfuß einerseits und als Kapitalisierungszinsfuß andererseits streng auseinandergehalten werden.

Gewiß ist es zulässig, daß ein Waldbesitzer eine ertragsschwache Holzart, wie z. B. die Buche, mit einem geringeren Wirtschaftszinsfuß kalkuliert als eine ertragsreiche Holzart, z. B. die Fichte. Allein diese Differenzierung hat nur eine Bedeutung für den inneren Betrieb des Waldbesitzers. Weil ihn die Resultate, zu denen der allgemeine forstliche Zinsfuß wegen der geringen Ertragsfähigkeit einer Holzart führt, nicht befriedigen, gesteht er derselben von vornherein eine geringere Verzinsung durch die Unterstellung eines geringeren subjektiven Wirtschaftszinsfußes zu. Seine finanzwirtschaftliche Situation wird aber selbstverständlich dadurch nicht verbessert, daß er mit ertragsarmen Holzarten eine Art Sozialpolitik treibt. Nur auf dem Papier sieht das finanzielle Ergebnis besser aus. — Andererseits hat eine solche Differenzierung den Nachteil, daß die Vergleichsfähigkeit der tatsächlichen Verzinsungsprozente zwischen den ertragsreichen und ertragsschwachen Holzarten verloren geht. Schon aus diesem Grunde ist die unterschiedliche Behandlung der Holzarten nicht zweckmäßig. Hat der Waldbesitzer aus seinen persönlichen Verhältnissen heraus sich auf einen bestimmten Wirtschaftszinsfuß festgelegt, dann sollte derselbe auch für seinen ganzen Waldbesitz gelten. Kann er z. B. die sich damit für eine Holzart berechnende finanzielle Umtriebszeit nicht einhalten, dann wird das tatsächliche Verzinsungsprozent entsprechend niedriger, bleibt aber eine vergleichbare Größe. Nur der persönliche Wille des Waldbesitzers, nicht die Eigenart einer Holzart kann auf die Höhe des Wirtschaftszinsfußes bestimmend wirken. — Sinngemäß gilt das Vorstehende auch für die verschiedenen Betriebsarten und Standorte.

Der objektive Kapitalisierungszinsfuß darf unter keinen Umständen nach der Ertragsfähigkeit der Holzart, Betriebsart oder des Standorts verschieden angenommen werden. Denn dadurch würde der natürliche Unterschied zwischen dem Werte eines ertragsreichen und eines ertragsarmen Waldgrundstücks verwischt und dem Käufer zugemutet, für einen Wald mit geringer Rente ebensoviel zu zahlen wie für einen Wald mit hoher Rente. Kalkuliert man z. B. die Buche mit 2 %, die Fichte mit 3 %, dann hat eine Buchenbetriebsklasse mit einem jährlichen Reinertrag von 5000 M. einen Kapitalwert von $\dfrac{5000}{0,02} = 250\,000$ M. und eine Fichtenbetriebsklasse mit einem jährlichen Reinertrag von 7500 M. einen solchen von $\dfrac{7500}{0,03} = 250\,000$ M. Obwohl also ein jährlicher Einnahmeunterschied von 2500 M. besteht, berechnen sich unter diesen Voraussetzungen gleiche Kapitalwerte.

Da das Teuerungszuwachsprozent der ausschlaggebende Punkt für die Existenz des forstlichen Zinsfußes ist, müßte folgerichtig für die Holzarten, welche keinen oder einen nur geringen Teuerungszuwachs aufweisen, somit unrentabel sind oder fernerhin sicher unrentabel werden, ein höherer als der forstliche Zinsfuß, in der Regel der landesübliche Zinsfuß angewendet werden. Umgekehrt für die Holzarten mit lebhaftem Teuerungszuwachs ein bedeutend niedrigerer (Buche z. B. 4 %, Eiche 2 %).

4. Nach dem Besitzstand.

Preßler nahm in seinem „Rationellen Waldwirt" 1858 die Höhe des Wirtschaftszinsfußes bei der fiskalischen Forstwirtschaft zu 3½ %, bei dem Korporations- und großen Privatwaldbau zu 4 % und bei der kleinen und spekulativen Privatforstwirtschaft zu 4½ % an, mit eventuellen Abweichungen von ½ % nach oben und unten.

Preßler kannte den Unterschied zwischen Kapitalisierungs- und Wirtschaftszinsfuß nicht. Er hatte aber nur letzteren im Auge. Die vorgeschlagenen Zinsfüße konnten mit den niedrigen Holzpreisen zu Preßlers Zeiten unmöglich erwirtschaftet werden.

Es steht natürlich jedem Waldbesitzer frei, innerhalb der Leistungsfähigkeit seines Waldes seinen Wirtschaftszinsfuß zu bestimmen. Der objektive Wirtschaftszinsfuß ist dagegen für alle Waldbesitzarten unter sonst gleichen Verhältnissen der gleiche. Das Ergebnis der Wirtschaft kommt dann im Verzinsungsprozent zum Ausdruck. Im Staatsforstbetrieb wird dasselbe in der Regel niedriger sein als für Privatwaldungen.

5. Nach der Art des Bestandswertes.

Die amtliche badische „Dienstweisung für die Wildschadensschätzer" vom 20. Januar 1910 schreibt für die Berechnung des Bestandserwartungswertes einen Zinsfuß von $2^1/_2 \%$, des Bestandskostenwertes von $3^1/_2 \%$ vor. Als Bodenwert ist der gegendübliche Waldbodenverkaufswert einzusetzen. Diese Unterscheidung ist nicht vertretbar, weil der Bestand nur einen Wert haben kann und nicht zwei verschiedene, die sich ergeben, wenn man den Erwartungswert oder Kostenwert desselben Bestandes mit verschiedenen Zinsfüßen berechnet. Der Kostenwert wird bei diesem Verfahren gegenüber dem Erwartungswert zu hoch. Folgerichtig müßte im Kostenwert ein kleinerer Bodenwert eingesetzt werden als im Erwartungswert.

VII. Der Steuerzinsfuß und Forstrechtszinsfuß.

1. Bei der Berechnung des Steuerkapitalwertes eines Waldes ist mindestens von dem landesüblichen Zinsfuß auszugehen, weil der Steuerwert sich auf die durchschnittlichen Erträge der unmittelbaren Vergangenheit und nicht auf die erhöhten Erträge der Zukunft aufbaut. Der für den forstlichen Zinsfuß maßgebende Teuerungszuwachs des Holzes hat für den Steuerzinsfuß keine Geltung. Der Steuerwert ist ein Gegenwartswert, der die augenblickliche Leistungsfähigkeit des Vermögensobjektes darstellt, der Tauschwert ist ein Zukunftswert. Beide Wertarten sind deshalb voneinander zu trennen. Die grundsätzliche Erörterung der Frage gehört zur Forstpolitik[1]).

2. Bei Ablösung von Forstrechten hat die Kapitalisierung des Rentenwertes des Rechtsbezuges (Berechtigungsrente) ebenfalls nicht mit dem forstlichen, sondern mit einem höheren Zinsfuß zu erfolgen. Auch diese Frage gehört in die Forstpolitik[2]).

Dritter Abschnitt.

Die Rechnungsgrundlagen.

Forstliche Werts- und Rentabilitätsberechnungen können nur auf der Grundlage einer gewissenhaft geführten örtlichen Ertrags-, Kosten- und Preisstatistik, wie sie jede geordnete Buchführung verlangt, ausgeführt werden. Die Aufgabe, diese Grundlagen festzulegen, fällt in erster Linie der Forsteinrichtung zu. Über die Preisverhältnisse geben teilweise auch die von den Staatsforstverwaltungen veröffentlichten forststatistischen Mitteilungen allgemeine Aufschlüsse.

---

[1]) Ausführlich in meinem Handbuch der Forstpolitik, 2. Aufl. 1922, S. 878. — [2]) Daselbst S. 528.

I. Veranschlagung der Einnahmen.

1. Abtriebsertrag (Hauptnutzung).

Der Wert der Haubarkeits- oder Abtriebsnutzung ergibt sich aus der Holzmasse und dem für die anfallenden Sortimente geltenden Preis.

A. Holzertrag.

Derselbe kann ermittelt werden:

1. Im Anhalt an wirklich erzielte Hiebsergebnisse in dem gleichen Waldkomplex, wenn die Ertragsverhältnisse als gleichartig angenommen werden können. Indessen können in der Regel solche Durchschnittserträge nur für die Bodenwertsberechnung, nicht aber für die Bestandswertsberechnung ohne weiteres verwendet werden.

2. Durch spezielle Aufnahme haubarer Bestände mittels Auskluppierung.

3. Aus vorhandenen Holzertragstafeln, am besten von Lokalertragstafeln.

Die Wahl des einen oder anderen der genannten Verfahren richtet sich nach dem Zwecke der Wertsberechnung. Soll der Bodenwert auf Grund der gegenwärtig herrschenden Holz- und Betriebsart ermittelt werden, dann verdienen Verfahren 1 und 2 den Vorzug vor der Bestandsschätzung nach Ertragstafeln. Handelt es sich jedoch um eine Änderung der Holz- und Betriebsart, dann ist man in den meisten Fällen auf Zurateziehung der allgemeinen Holzertragstafeln angewiesen, wenn man nicht in nächster Nähe gelegene gleichartige normale Bestände, welche auf gleich gutem Boden stocken wie die nachzuziehenden, zum Anhaltspunkt nehmen kann.

Bei der Verwendung allgemeiner Holzertragstafeln muß man stets im Auge haben, daß dieselben den Holzgehalt vollständig normaler, geschlossen erwachsener und gesunder Bestände in verschiedenen Altern ohne Ernteverlust angeben und daher bei kleinen Waldflächen nur ausnahmsweise, bei größeren wohl niemals ohne Korrektur angewendet werden können. Diese Korrektur besteht in den Abzügen, welche nach der örtlichen Bestandsgüte auf Grund von Erfahrungssätzen oder genauer spezieller Ermittelung von der in der Tafel für das fragliche Bestandsalter angegebenen Holzmasse zu machen sind. Als normal kann ein Abzug von $10-15\,^0/_0$ gelten.

Für die Feststellung der Standortsgüte (Bonität) nach Ertragstafeln ist die Höhe des Bestandes in seinem jeweiligen Alter ein zuverlässiger Anhaltspunkt.

Die Bestandsgüte (Bestockungsgrad, Schlußgrad) wird in Zehnteln des gleich 1 gesetzten Vollbestandes oder in Prozenten ausgedrückt. Wurde dieselbe z. B. zu 0,9 eingeschätzt, und beträgt der Ertragstafelsatz für das gegebene Bestandsalter 400 fm, dann ist der Holzgehalt des vorhandenen Bestandes $400 . 0{,}9 = 360$ fm. — Hätte man umgekehrt die Holzmasse zu 360 fm ermittelt und wäre der normale Ertrag 400 fm, dann würde die Bestandsgüte $\dfrac{360}{400} = 0{,}9$ sein.

B. Geldertrag und Holzpreise.

Der in Geld ausgedrückte Abtriebsertrag, d. h. der Abtriebswert, ist gleich dem Gesamterlös, der durch den Verkauf des Holzes erzielt wird oder erzielt werden kann abzüglich der Werbungs- und Bringungskosten.

Liegt der Abtriebswert durch einen vollzogenen Verkauf nicht vor, so ist er für die vorhandene Holzmasse zu berechnen. Dies geschieht entweder mit Hilfe eines Durchschnittspreises je Festmeter für die Gesamtmasse oder durch Zerlegung derselben in die Sortimente.

Der Durchschnittspreis der Gesamtmasse, für jüngere Bestände, die noch nicht genutzt werden, auch Qualitätsziffer genannt, wird entweder durch Angleichung an das Ergebnis vollzogener Holzverkäufe von Beständen gleichen Alters, gleicher Zusammensetzung und gleicher Bonität sowie gleicher Absatzlage oder nach dem durchschnittlichen Sortimentenanfall ermittelt. Extreme und zufällige Preisbildungen bleiben unberücksichtigt.

Beispiel. A. Ein Holzschlag liefert 405 fm entrindetes Nutzholz (75 %) und 135 fm Brennholz (25 %), zusammen also 540 fm. Der erntekostenfreie Erlös beträgt 11 543 M., somit Durchschnittspreis je fm 21,38 M.

B. Berechnung nach dem Sortimentenanfall:

Langholz	I. Kl.	48 fm =	8,9 %,	je fm	30,00 M. =	1 440 M.
„	II. „	116 „ =	21,5 „,	„ „	28,00 „ =	3 248 „
„	III. „	145 „ =	26,9 „,	„ „	25,00 „ =	3 625 „
„	IV. „	64 „ =	11,9 „,	„ „	22,00 „ =	1 408 „
„	V. „	24 „ =	4,4 „,	„ „	20,00 „ =	480 „
Blochholz	I.—III. „	8 „ =	1,4 „,	„ „	26,00 „ =	208 „
Derbbrennholz		81 „ =	15,0 „,	„ „	10,00 „ =	810 „
Reisholz		54 „ =	10,0 „,	„ „	6,00 „ =	324 „

Zusammen 540 fm = 100,0 %, je fm 21,38 M. = 11 543 M.

oder

$$0,089 \cdot 30 + 0,215 \cdot 28 + 0,269 \cdot 25 + 0,119 \cdot 22 + 0,044 \cdot 20$$
$$+ 0,014 \cdot 26 + 0,15 \cdot 10 + 0,10 \cdot 6 = 21,38 \text{ M.}$$

Wird die Nutzholzrinde besonders verkauft, dann ist der Erlös in Ansatz zu bringen. Werden 10 % der rindenlosen Holzmasse als Rinde berechnet und beträgt der Preis des rindenlosen Holzes a, dann ist der Preis des Holzes mit Rinde $\dfrac{a \cdot 100}{110} = a \cdot 0,909$.

Die so berechneten Preise sind geometrische Durchschnittspreise. Sie stellen den tatsächlichen erntekostenfreien Durchschnittserlös je Festmeter vor.

Auch wenn der Durchschnittspreis aus mehreren Jahren zu berechnen ist, hat man sich in der Regel an die geometrische Berechnung, bei welcher die jeweils verwertete Holzmasse ins Gesicht fällt, zu halten.

Es kann aber Fälle geben, in denen das arithmetische Mittel mehrerer Jahre einen richtigeren Durchschnittspreis liefert. Solche Fälle liegen z. B. vor, wenn außergewöhnlich viele schwache oder sehr starke Sortimente in einem Jahre verkauft werden; alsdann würden diese Massen bei geometrischer Berechnung ein herrschendes Übergewicht im Durchschnittspreis erhalten. Auch ein Jahr mit einem unverhältnismäßig geringen Holzanfall kann bei geometrischer Berechnung des Durchschnittspreises mehrerer Jahre ein falsches Bild herbeiführen. Es müssen deshalb die Verhältnisse stets sorgfältig geprüft werden.

Bei gleicher Holz- und Betriebsart können die Durchschnittspreise haubarer Bestände in der Regel auch auf Bestände, welche der Haubarkeit nahe stehen, ohne großen Fehler bezogen werden, da infolge der geringeren Masse derselben der Gesamtwert an sich schon kleiner wird. Bestimmte Regeln lassen sich aber hierüber selbstverständlich nicht geben, da hier immer die örtlichen Preis- und Absatzverhältnisse maßgebend sind.

Wenn die örtliche Preisstatistik gewissenhaft geführt und mit Verständnis verarbeitet wird, kann die Abstufung der Qualitätsziffern der älteren Bestände nach verschiedenen Altern festgestellt werden. Zu diesem Zwecke ermittelt man in erster Linie die Nutzholzsortimente (von 10 zu 10 Jahren), dann die Brennholzsortimente und bestimmt nach obiger Methode die Qualitätsziffer jedes Alters. Die dazwischen liegenden Jahre können interpoliert werden.

Hat ein Bestand im Alter von m Jahren einen Gesamtwert von A_m, im Alter $m + 10$ einen solchen von A_{m+10}, dann erhält man aus $\dfrac{A_{m+10}}{A_m} = 1{,}0z^{10}$ durch Berechnung von z das **Wertzuwachsprozent**. Dasselbe dient hauptsächlich dazu, den zukünftigen Wert eines Bestandes auf Grund seiner bisherigen Wertszunahme zu veranschlagen. Näheres hierüber siehe unter „Weiserprozent“.

Für die Wertsermittelung größerer Waldkomplexe kann die Aufstellung lokaler

Geldertragstafeln

von Nutzen sein. Dieselben erhält man durch Multiplikation der Holzmasse eines Bestandes in verschiedenen Altersstufen mit dem Durchschnittspreis (Qualitätsziffer) der betreffenden Altersstufe. Um eine Geldertragstafel konstruieren zu können, muß bekannt sein:

a) Die Holzmasse des Bestandes im Alter von 40, 50, 60, 70 usw. Jahren;

b) der Sortimentenanfall (evtl. nach Prozenten) der Gesamtmasse;

c) der Einheits- (Festmeter-) Preis jedes Sortiments,

Die Feststellung der Punkte b) und c) leidet bei den jüngeren Beständen unter einer gewissen Unsicherheit, weil Sortimentenanfall und Preise wirklichen Betriebsergebnissen nur sehr selten entnommen werden können.

Eine Geldertragstafel kann daher nur von jenen Bestandsaltern ab Anspruch auf allgemeine Gültigkeit haben, in welchen die einzelnen Sortimente marktgängige und in größeren Mengen absetzbare Ware sind. Es wäre sinnlos, für zehn- und zwanzigjährige Bestände für praktische Zwecke maßgebende Wertsansätze in der Tafel machen zu wollen. In den meisten Fällen deckt der Erlös nicht einmal die Erntekosten.

Es braucht auch nicht besonders betont zn werden, daß eine Geldertragstafel nur für eine Holzart, eine bestimmte Zeit und einen ganz speziellen Wald aufgestellt werden kann. Sind die Preis- und Absatzverhältnisse derselben Holzart innerhalb desselben Wirtschaftsbezirkes verschieden, dann müssen verschiedene Geldertragstafeln, unter Umständen mehrere aufgestellt werden.

Bei Konstruktion der Geldertragstafeln sind auch die Zwischennutzungserträge in Ansatz zu bringen (s. unten).

Vom praktischen Standpunkt aus verlieren die Geldertragstafeln auch für die örtliche Verwendung dadurch an Bedeutung, daß der Verbrauchswert jüngerer and mittelalter Bestände niemals als der wahre wirtschaftliche Wert gelten kann. Letzterer ist vielmehr immer gleich dem Bestandserwartungs- oder Kostenwert.

Allgemeine aus den normalen Holzertragstafeln hergeleitete Geldertragstafeln haben nur als Anhaltspunkte über die Wertgrößen und Wertbildung in der Forstwirtschaft Bedeutung. Dieselben beziehen sich nur auf geschlossene Vollbestände.

2. Zwischennutzungserträge.

(Durchforstungserträge, Vornutzungserträge.)

Für die Wertbestimmung derselben gilt im allgemeinen das über den Haubarkeitsertrag Gesagte. Ihre Veranschlagung wird noch dadurch besonders erschwert,

a) daß die Zeit ihres Eingangs nicht genau voraus bestimmt werden kann, weil der Zeitpunkt des Beginns und der Wiederholung der Durchforstungen von Holz- und Betriebsart, Standort, Wirtschaftszwecken, Ansichten des Wirtschafters, den Holzabsatz- und Arbeiterverhältnissen abhängt.

Dasselbe gilt vom Grade der Durchforstung;

b) daß der Wert der Zwischennutzungserträge mehr von der Qualität und dem Sortimentenverhältnis der Holzmasse abhängig ist als von der Quantität;

c) daß die Nachfrage nach den einzelnen Sortimenten durch verschiedene unberechenbare äußere Verhältnisse bedingt wird (Konjunktur der Landwirtschaft, des Bergbaues, der Papierholzindustrie usw.);

d) daß man bei der Verwertung des schwächeren Durchforstungsholzes fast nur auf den Lokalmarkt angewiesen ist, wodurch eine gesunde Preisbildung oft unmöglich wird;

e) daß die allgemeine Regel, wonach die älteren und stärkeren Hölzer die wertvolleren sind, gegenüber dem Durchforstungsmaterial viele Einschränkungen erleidet.

Trotzdem müssen die Vorerträge bei den Waldwertberechnungen berücksichtigt werden, weil sie sehr erhebliche Einnahmeposten darstellen.

Den Anhalt für die Bezifferung ihres Wertes in den verschiedenen Bestandsaltern bieten oft die gegenwärtigen Durchforstungsergebnisse verschiedenaltriger Bestände derselben Bestandsart entweder in demselben Walde oder in benachbarten Beständen. In jedem größeren Waldkomplex werden jährlich oder periodisch jüngere und ältere Bestände durchforstet. Aus dem finanziellen Ergebnis dieser Hiebe lassen sich Durchschnittserträge nach Altersperioden entweder durch graphische oder arithmetische Interpolation ermitteln. Extrem hohe oder niedrige Erträge, die dauernd nicht zu erwarten sind, müssen vernachlässigt oder reduziert werden.

Im praktischen Betrieb fallen die Durchforstungserträge in den verschiedensten Bestandsaltern an (z. B. im Alter 32, 47, 54 usw.). Bei Ausführung umfangreicherer Wertsberechnungen kann indessen dieser unregelmäßige Eingang der Durchforstungserträge nicht berücksichtigt werden. Man ist vielmehr immer genötigt, hier mehr summarisch und schematisch zu verfahren in der Weise, daß man den durchschnittlichen Durchforstungsanfall für jedes volle Jahrzent veranschlagt und den Zeitpunkt des Eingangs auf die Mitte oder den Schluß desselben verlegt (z. B. auf das Alter 30, 40, 50 oder 35, 45, 55 usw.). Die Wertsberechnung erfolgt wie bei den Hauptnutzungserträgen nach dem Durchschnittspreis oder spezialisiert nach dem Sortimentenpreis.

Stehen örtliche Erfahrungssätze nicht in hinreichendem Maße zur Verfügung, dann muß man die allgemeinen Ertrags- und Vorertragstafeln zu Hilfe nehmen. Für viele Zwecke der Waldwertrechnung genügt es, die Zwischennutzungserträge in Prozenten des Abtriebsertrages einzuschätzen. (Näheres hierüber beim Bodenertragswert.)

3. Nebennutzungen.

Als solche sind alle Waldprodukte im Gegensatz zur Holznutzung anzusehen. Zur letzteren zählt auch die Rindennutzung. — Hierher gehören die Erträge für Jagd, Streu, Gras, Weide, Sämereien, Mast, Harz, Kräuter, Beeren, Pilze, Torf, Steine, Erden, Kies, Sand, aus dem Pflanzenverkauf und den landwirtschaftlichen Nutzungen.

Die Veranschlagung kann nur nach örtlichen Durchschnittssätzen erfolgen. Unter Umständen ist auch der Schaden in Betracht zu ziehen, der am Holzwuchs direkt oder indirekt durch die Nebennutzungen entsteht (Streu, Steigeisen beim Zapfenbrechen, Wildschaden usw.).

Durch den Bezug von Nebennutzungen kann die Rente und der Wert des Waldes bedeutend gesteigert werden. Schlechte Kiefernbestände liefern meistens nur durch die Streunutzung eine Rente.

II. Veranschlagung der Ausgaben.

1. Erntekosten.

Die Erntekosten werden stets vom Gelderlös des verwerteten Produktes direkt abgezogen. Da die Holzhauerlöhne nach Festmetern und Raummetern ausbezahlt werden ohne Rücksicht auf die Qualität des Holzes, so werden die geringwertigen Sortimente durch dieselben unverhältnismäßig höher belastet als die hochwertigen. Dieser Umstand wirkt auf den Unterschied der Rentabilität zwischen den besten und schlechtesten Standortsklassen erheblich ein.

Ist z. B. der Derbholz-Abtriebsertrag eines Fichtenbestandes I. Standortsklasse 770 fm, der Erlös hierfür 12 500 M. und der Hauerlohn pro fm 1,20 M., im ganzen also 924 M., dann beträgt dieser vom Erlös 7,4 %. In einem Fichtenbestand III. Standortsklasse mit 470 fm Derbholzertrag und einem Erlös von 6200 M. ergeben sich $1,20 \times 470 = 564$ M. Hauerlöhne, d. s. 9,1 % des Erlöses.

Am stärksten wird das Stockholz durch die Gewinnungskosten belastet.

Die Kosten für das Verbringen des Holzes an den Verkaufsort (Legestätte, Lagerplatz) werden ebenfalls von dem Erlös sofort abgezogen (Rückerlöhne).

2. Kulturkosten.

Die Kulturkosten richten sich nach der Kulturmethode, der Intensität der Bodenzurichtung, den Preisen des Samens und der Pflanzen, der Arbeitslöhne usw. Dieselben schwankten vor dem Kriege unter normalen Verhältnissen zwischen 80 und 200 M. pro Hektar.

Auch die natürliche Verjüngung verursacht wegen der notwendigen Ergänzungen, Bodenvorbereitungen und Schutzvorrichtungen Kulturkosten, teilweise von beträchtlicher Höhe. Am geringsten sind die Kulturkosten im Mittel- und Niederwaldbetrieb.

Schlechte Standorte erfordern höhere Kulturausgaben als gute und werden dadurch unverhältnismäßig stärker belastet als die guten Standorte.

3. Verwaltungskosten.

Dieselben umfassen in der Waldwertrechnung die Aufwendungen für das Verwaltungs- und Schutzpersonal, für die Dienstwohnungen, die Forsteinrichtung, die Wegunterhaltung und die Arbeiterversicherung.

In der Regel werden auch die Steuern den Verwaltungskosten zugezählt. Dabei ist aber zu berücksichtigen, daß nur die reinen Objektsteuern, wie die Grundsteuer und die Vermögenssteuer, soweit sie von der persönlichen Leistungsfähigkeit des Besitzers unabhängig sind und den Wald als solchen treffen, in Rechnung gestellt werden dürfen. Die subjektive Einkommensteuer zählt nicht zu den Verwaltungskosten, weil der Waldbesitzer das Einkommen aus seinem Vermögen besteuern muß, gleichviel ob es in Wald oder anderen verzinslichen Werten angelegt ist, außerdem aber auch, weil die Höhe der Einkommensteuer vermöge der progressiven Staffelung nicht bloß durch die Größe und Ergiebigkeit des Waldes, sondern auch durch das Einkommen des Waldbesitzers aus noch anderen steuerpflichtigen Einkünften bedingt ist.

Wenn bei einem Waldverkauf der Waldbesitzer vom vergüteten Geldkapital das gleiche reine Einkommen beziehen soll wie vom Waldkapital, dann sind drei Fälle zu unterscheiden:

a) Ist die jährliche Steuerabgabe von Wald und Geld gleich, dann sind die Steuern bei Berechnung des Waldwertes wegzulassen.

b) Lasten auf dem Geld höhere Steuern als auf dem Wald, dann ist die Differenz dem Waldertrag zuzuschlagen.

Beispiel. Waldertrag 1000 M., Steuern hiervon 100 M., somit Einkommen 900 M. Treffen auf 1000 M. Einkommen aus dem Geldkapital 150 M. Steuer, dann muß der Waldbesitzer $\dfrac{1000 + (150 - 100)}{0,03} = \dfrac{1050}{0,03} = 35\,000$ M. als Vergütung erhalten, um jährlich $35\,000 \cdot 0,03 - 150 = 900$ M. Einkommen zu beziehen.

c) Ist die Steuer auf den Wald höher als auf das Geld, dann ist die Differenz vom Waldertrag abzuziehen.

Beispiel. Waldertrag 1000 M., Steuern hiervon 150 M., mithin Einkommen 850 M. Treffen auf 1000 M. Einkommen aus dem Geldkapital 100 M. Steuer, dann hat der Waldbesitzer Anspruch auf eine Vergütung von

$$\frac{1000 - (150 - 100)}{0,03} = \frac{950}{0,03} = 31\,667 \text{ M.,}$$

damit er jährlich ein Einkommen von $31\,667 \cdot 0,03 - 100 = 950 - 100 = 850$ M. bezieht.

Anmerkung. Des allgemeinen Interesses wegen sei die Behandlung dieser Frage bei einer Waldexpropriation in der schweizerischen Gemeinde Kloten mitgeteilt (Schweiz. Zeitschr. f. Forstwesen 1913, 272; 1914, 16). Die Sachverständigen der Gemeinde ließen bei Ermittlung des Reinertrages des Waldes die Steuern außer Betracht und begründeten diese Auffassung gegenüber der eidgenössischen Schätzungskommission, die abweichender Ansicht war, wie folgt:

„Die eidgenössische Schätzungskommission beruft sich auf die Ansicht von forstlichen und landwirtschaftlichen Autoritäten; sie übersieht aber vollständig, daß es nicht dasselbe ist, ob man den Reinertrag als solchen berechnen will, oder ob man den Reinertrag nur benutzt, um Waldkapital in Geldkapital umzuwandeln. Bei Berechnung des forstlichen Reinertrages ist es üblich, die Steuern als jährliche Ausgaben in Rechnung zu stellen, weil man in der Regel feststellen will, was dem Waldbesitzer nach Abrechnung aller Ausgaben — also absolut netto — übrig bleibt. Wenn es sich dagegen darum handelt, Vermögenswerte einer Art in solche anderer Art umzuwandeln, und es haften auf beiden Arten Vermögen dieselben Abgaben — in vorliegendem Falle „Steuern" —, so können logischerweise für den Vergleich dieser Vermögensobjekte die genannten Ausgaben ausscheiden. Es darf daher, wenn man für die Umwandlung von Waldwert in Geldwert den Reinertrag des Waldes benützt, dieser Reinertrag nur unter Weglassung der Steuern berechnet werden. Der Wald wird nicht mit Geld bezahlt, das man nicht versteuern muß, vielmehr ist darauf hinzuweisen, daß Waldkapital gegenüber Geldkapital in bezug auf Versteuerung eine Vorzugsstellung genießt, indem das Waldkapital für Steuerzwecke immer niedriger eingeschätzt wird, als es dem Verkaufswerte nach angesprochen werden müßte; einem bestimmten Waldkapital wäre also — präzis gerechnet — nur ein entsprechend höheres Geldkapital ebenbürtig."

Das Gericht trat dieser Auffassung bei. — Eigentlich wäre aber Fall b einschlägig gewesen.

Die Veranschlagung der Verwaltungskosten erfolgt gewöhnlich durchschnittlich für das Hektar der Gesamtfläche.

Die Höhe der Verwaltungskosten übt auf die Größe der Bodenwerte einen großen Einfluß aus. Da sie, ausgenommen die Steuern, für ertragsreiche Waldungen ebenso hoch sind wie für ertragsarme — oft verursachen letztere sogar einen höheren Verwaltungsaufwand —, so werden die Bodenwerte der schlechteren Waldgrundstücke durch die gleichen Verwaltungskosten unverhältnismäßig mehr verkleinert als die der guten. Das gleiche gilt für die Rentabilität. Auf die Bestandswerte sind die Verwaltungskosten einflußlos.

Die Höhe der Verwaltungskosten hängt ferner nicht bloß von den örtlichen Verhältnissen des Waldes, sondern auch von der Persönlichkeit des Besitzers ab. Der Staat wirtschaftet immer teurer als der kleine bäuerliche Besitzer, dem außer den Steuern meistens gar keine Verwaltungskosten erwachsen. Der Staat wird also von diesem Gesichtspunkt aus einen kleineren Reinertrag erzielen als der kleinbäuerliche Besitzer. Der Reinertrag trägt somit in diesem Falle einen rein subjektiven Charakter und kann deshalb für die Festsetzung des objektiven Tauschwertes des Bodens bzw. des Waldes nicht maßgebend sein. Da dieser durch die Verschiedenheit der Höhe der Verwaltungskosten je nach der Persönlichkeit des Waldbesitzers nicht beeinflußt werden kann, müssen für die Berechnung des objektiven Tauschwertes stets mittlere Verwaltungskosten in Ansatz gebracht werden. Als Maßstab für die Höhe derselben kann der Aufwand gelten, der zur ordentlichen Bewirtschaftung eines größeren Privatwaldkomplexes unbedingt notwendig ist.

Der Verwaltungsaufwand der größeren Staatsforstverwaltungen enthält in der Regel Ausgaben, die mit der Bewirtschaftung des Waldes in keinem oder in einem nur sehr losen Zusammenhang stehen (Unterricht, Forstpolizei, Gemeindewaldungen usw.)[1]. Daher können die ausgewiesenen Beträge nicht ohne weiteres als Maßstab dienen. Andererseits ist zu berücksichtigen, daß von den deutschen Staatsforsten keine Staatssteuern erhoben werden.

III. Holzpreise.

In den süddeutschen Staatswaldungen besteht für das Nadellangholz die Heilbronner Sortierung, nämlich

I. Kl. Mindestlänge 18 m und bei dieser Länge 30 cm Mindestzopfdurchmesser
II. „ „ 18 „ „ „ „ „ 22 „ „
III. „ „ 16 „ „ „ „ „ 17 „ „
IV. „ „ 14 „ „ „ „ „ 14 „ „
V. „ „ 10 „ „ „ „ „ 12 „ „

Das Nutzholz wird ohne Rinde gemessen.

---

[1] Näheres in meinem Handbuch der Forstpolitik, 2. Aufl. 1922, S. 98.

Durchschnittserlöse aus den Holzverkäufen in den bayr. Staatswaldungen.

	1910	1911	1912	1913
		Mark je Festmeter		
A. Nadelholz.				
1. Nutzholz:				
Langholz	17,9	17,7	18,3	19,2
Blochholz	18,3	17,9	18,7	20,5
Schwellenholz	17,1	18,5	18,2	21,2
Papierholz	11,1	11,5	12,7	14,1
Grubenholz	10,7	9,9	10,8	11,0
Werkholz	18,4	17,6	16,1	19,9
Nutzholz im ganzen	17,9	17,7	18,3	19,2
2. Brennholz	8,0	7,9	7,8	8,1
3. Nutz- und Brennholz	15,3	15,5	16,0	17,0
B. Laubholz.				
Eichennutzholz	40,7	50,2	52,0	54,6
Eichenbrennholz	8,8	8,6	7,9	7,7
Buchennutzholz	14,9	15,7	16,4	17,6
Buchenbrennholz	10,0	9,9	9,5	9,4
Buchengesamtmenge	10,3	11,3	11,2	11,3

Klasse	Bayerische Staatswaldungen im Jahre 1913							Badische Domänenwaldungen							
	Nadelholz	Fichte	Tanne	Kiefer	Fichte	Tanne	Kiefer	Fichte und Tanne				Kiefer			
	Oberbayern	Oberpfalz			Oberfranken			1910	1911	1912	1913	1910	1911	1912	1913
	Mark je fm							Mark je fm							
I	25,0	27,1	25,7	29,1	28,0	27,4	38,5	24,5	24,4	24,5	25,9	34,4	33,6	35,3	35,1
II	23,1	24,8	22,7	26,5	27,3	24,8	30,7	23,1	23,3	23,0	24,2	27,0	27,0	28,6	30,0
III	20,4	21,8	20,2	21,9	24,7	22,6	24,7	21,5	21,8	21,5	22,4	22,1	21,5	22,7	23,4
IV	17,1	18,3	16,9	17,2	21,1	19,3	18,4	19,7	19,8	19,7	20,4	18,5	18,0	18,7	19,1
V	13,9	14,2	13,2	13,4	17,4	16,2	14,4	17,4	17,4	16,5	18,0	17,4	16,3	15,1	15,6

Württembergische Staatswaldungen					Preußische Staatsforste		
Durchschnittserlöse für					Durchschnittserlöse für Kiefernnutzholz		
Jahr	Eichenstämme	Nadelholzstämme	Scheiter und Prügel		Jahr	II. Kl. (über 1 bis 2 fm)	III. Kl. (über 0,5 bis 1 fm)
			Buche	Nadelholz			
	Mark je fm		Mark je fm			Mark je fm	
1909	39,9	21,1	9,4	7,0	1909	18,6	14,6
1910	45,7	22,6	9,1	6,6	1910	19,2	14,8
1911	44,8	22,8	9,3	6,7	1911	20,8	16,1
1912	44,7	21,7	9,1	6,5	1912	21,6	17,0

Von den aufgeführten Erlösen sind noch die Werbungskosten abzuziehen, die ausschließlich der Rückerlöhne in Süddeutschland 1—1,30 M. betrugen.

Vierter Abschnitt.

Die mathematischen Grundlagen (Zinseszinsrechnung).

I. Die Zinsberechnungsarten.

Jedes werbend angelegte Kapital wächst innerhalb eines Jahres um den Betrag seiner Zinsen zu. Werden dieselben vom Kapitalbesitzer alljährlich genutzt und verbraucht, dann vergrößert sich das Kapital nicht, sondern bleibt auf seinem ursprünglichen Betrag. Zins und Kapital sind in diesem Falle immer getrennte Größen.

Ist der Kapitalbesitzer nicht willens oder imstande, den jährlichen Zinsertrag zu nutzen, so wächst das Kapital um die Größe desselben zu. Der Zins nimmt Kapitaleigenschaft an und trägt wieder Zinsen.

Im ersteren Fall wirbt das Kapital mit einfachen Zinsen, im letzteren mit Zinseszinsen.

Da der Ertrag der Forstwirtschaft in erster Linie auf dem jährlichen Zuwachs des Baumes bzw. des Bestandes beruht und dieser Zuwachs nicht im Jahre seiner Gestehung genutzt werden kann, sondern bis zum Ende eines bestimmten Zeitraumes aufgespeichert, d. h. als Zins zu den zum Kapital gewordenen früheren Zinsen geschlagen werden muß, so ergibt sich, daß die Wertbildung in der Forstwirtschaft an die Gesetze der Zinseszinsrechnung gebunden ist. Auch die Ausgaben unterliegen auf die Dauer ihrer Gebundenheit im forstlichen Betrieb diesen Gesetzen.

Da die Vergrößerung eines Kapitals mit Zinseszinsen, namentlich bei Unterstellung eines hohen Zinsfußes, sehr beträchtlich ist und umgekehrt die Abrechnung von Zinseszinsen von einer Kapitalsumme innerhalb eines größeren Zeitraumes zu sehr kleinen Kapitalwerten führt, glaubte man früher, als die Holzpreise noch sehr nieder waren, bei Waldwertrechnungen die Zinseszinsrechnung fallen lassen oder einen vermittelnden Weg zwischen dieser und der einfachen Zinsrechnung einschlagen zu sollen. So traten G. L. Hartig und Pfeil (letzterer in besonderen Fällen) für die Rechnung mit einfachen Zinsen ein, H. Cotta, der anfangs mit Zinseszinsen rechnete, empfahl später die sog. „arithmetisch-mittleren Zinsen" (aus einfachen und Zinseszinsen). Die Anwendung der letzteren ordnet auch ein bayerisches Mandat vom Jahre 1820 an ($p = 5\,{}^0/_0$). Andere (Schramm pseudonym Moosheim, von Gehren, Hierl) empfahlen sog. „geometrisch-mittlere Zinsen" (d. i. das geometrische Mittel aus einfachen (a) und Zinseszinsen (b), also $\sqrt{ab}$). Burckhardt führte die früher in Preußen für die Ablösung von Bauholzrechten vorgeschriebenen „beschränkten Zinsen" in die Literatur ein. Diese Methode unterstellt, daß die jedesmaligen einfachen Zinsen des ursprünglich vorhandenen Kapitals von der Zeit ihres Eingangs an wieder einfache Zinsen tragen.

Alle diese Zinsberechnungsarten haben heutzutage nur mehr historisches Interesse. Sie rührten nicht von den forstlichen Schriftstellern her, sondern wurden anfangs des 19. Jahrhunderts allgemein angewendet. Mit der Entstehung der Kreditwirtschaft und der Lebensversicherung drang dann die Zinseszinsrechnung durch.

II. Die Formeln der Zinseszinsrechnung.

1. Prolongierung oder Bestimmung des Nachwerts.

Ein Kapital wird prolongiert (vernachwertet), wenn man den Wert desselben berechnet, auf welchen es nach einem bestimmten Zeitraum mit Zinseszinsen anwächst. Dieser Wert wird Nachwert genannt.

Formel I. Ein jetzt angelegtes Kapital k wächst binnen n Jahren mit Zinseszinsen bei einem Zinsfuß von p% an auf

$$K = k \cdot 1{,}0\,p^n \qquad (I)$$

Beweis. Da das Kapital 100 nach einem Jahre auf $100 + p$ anwächst, so ist

$$100 : (100 + p) = k : K_1,$$

hieraus $\qquad K_1 = k \cdot \dfrac{100 + p}{100} = k\left(1 + \dfrac{p}{100}\right) = k \cdot 1{,}0\,p,$

wenn $\dfrac{p}{100} = 0{,}0\,p$ und $\dfrac{100 + p}{100} = 1{,}0\,p$ gesetzt wird.

Nach zwei Jahren ist analog

$$100 : (100 + p) = k \cdot 1{,}0\,p : K_2$$

und $\quad K_2 = k \cdot 1{,}0\,p \cdot \dfrac{100 + p}{100}$

$$= k \cdot 1{,}0\,p \left(1 + \dfrac{p}{100}\right) = k \cdot 1{,}0\,p^2.$$

Nach n Jahren ist

$$100 : (100 + p) = k \cdot 1{,}0\,p^{n-1} : K_n$$

und

$$K_n = k \cdot 1{,}0\,p^{n-1} \cdot \dfrac{100 + p}{100}$$

$$= k \cdot 1{,}0\,p^{n-1} \cdot 1{,}0\,p = k \cdot 1{,}0\,p^n.$$

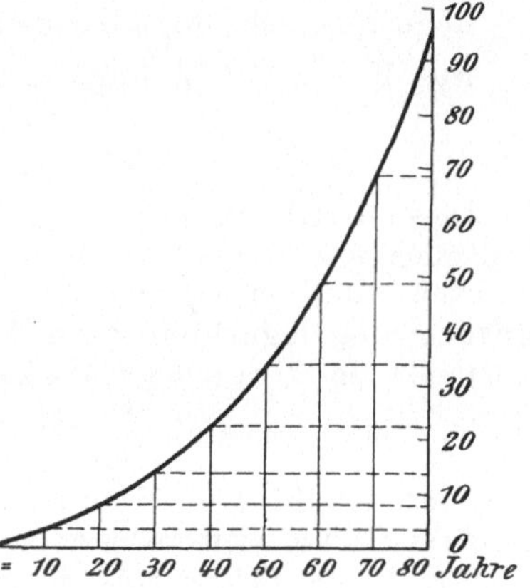

Abb. 1. Verlauf des Faktors $1{,}0\,p^n$ für $p = 3\%$.

Beispiel. Welchen Wert hat ein jetzt eingehender Durchforstungsertrag von 50 M. nach 30 Jahren, wenn $p = 3\,\%$?

Antwort: $K = 50 \cdot 1{,}03^{30} = 50 \cdot 2{,}4273 = 121{,}37$ M.
Für $p = 2\,\%$ wird $K = 50 \cdot 1{,}02^{30} = 50 \cdot 1{,}8114 = 90{,}57$ M.

Der Wert von $1{,}0\,p^n$ ergibt sich unmittelbar aus Tafel I (Nachwertstafel) im Anhang.

Logarithmisch: $\log K = \log k + n \log 1{,}0\,p$.

2. Diskontierung oder Bestimmung des Vorwerts.

Ein Kapital wird diskontiert, wenn man den zeitlich rückwärts liegenden Wert desselben unter Abrechnung von Zinseszinsen während des gegebenen Zeitraumes ermittelt. Da hier der Kapitalwert auf einen früheren Zeitpunkt bezogen wird, nennt man ihn Vorwert.

Formel II. Ein nach n Jahren eingehendes Kapital K hat gegenwärtig den Wert

$$k = \frac{K}{1{,}0\,p^n}. \tag{II}$$

Beweis folgt aus I.

Beispiel. Ein Fichtenboden liefert nach 100 Jahren einen Abtriebsertrag von 10000 M.; welchen Wert hat diese Einnahme im Zeitpunkt der Begründung des Bestandes, wenn $p = 3\%$?

Antwort: Es ist

$$k = \frac{10\,000}{1{,}03^{100}} = 10\,000 \cdot \frac{1}{1{,}03^{100}} = 10\,000 \cdot 0{,}05203 = 520{,}30 \text{ M.}$$

Für $p = 2\%$ wird

$$k = \frac{10\,000}{1{,}02^{100}} = 10\,000 \cdot \frac{1}{1{,}02^{100}} = 10\,000 \cdot 0{,}13803 = 1380{,}30 \text{ M.}$$

Der Wert des Quotienten (Diskontfaktors) $\dfrac{1}{1{,}0\,p^n}$ ergibt sich direkt aus Tafel II (Vorwertstafel) im Anhang.

Logarithmisch: $\log k = \log K - n \log 1{,}0\,p$.

Aus $K = k \cdot 1{,}0\,p^n$ folgt ferner:

$$\frac{K}{k} = 1{,}0\,p^n.$$

Diese Gleichung ist wichtig für die Waldwertberechnung und Statik, weil sich aus derselben mittels einer Nachwertstafel sehr leicht das jährliche oder periodische Zuwachsprozent ermitteln läßt mit Umgehung der logarithmischen Berechnung. Der Exponentialausdruck $1{,}0\,p^n$ ist der Nachwertsfaktor für das Kapital k und ist bestimmt durch den Quotienten $\dfrac{K}{k}$. Berechnet man den letzteren, so kann man aus der detaillierten Nachwertstafel (Tafel VI) mit hinreichender Genauigkeit ohne weitere Rechnung das Prozent ablesen, mit welchem k innerhalb des Zeitraumes n auf K angewachsen ist.

Beispiel. Wächst das Kapital 4000 innerhalb 10 Jahren auf den Betrag von 5120 an, so ist

$$\frac{5120}{4000} = 1{,}0\,p^{10} = 1{,}28.$$

Nun sucht man in der Nachwertstafel unter den Nachwertsfaktoren für 10 Jahre die Zahl 1,28 auf und liest am Kopfe der vertikalen Kolumne das Prozent (Wertszuwachsprozent) 2,5 ab.

Soll das Wertzuwachsprozent bis auf zwei Dezimalstellen bestimmt werden, dann gilt folgendes Verfahren: Ist z. B. $\dfrac{6000}{5000} = 1{,}200$, dann findet sich in Tafel VI für 10 Jahre

der Nachwertsfaktor 1,195 bei 1,8%,
       „   „   1,207 „ 1,9%.

Auf den Prozentanteil $1{,}9 - 1{,}8 = 0{,}1$ trifft somit die Differenz 1,207 minus $1{,}195 = 0{,}012$. Da die Differenz $1{,}200 - 1{,}195 = 0{,}005$ ist, hat man

$$0{,}012 : 0{,}005 = 0{,}1 : x,$$

woraus

$$x = \frac{0{,}005}{0{,}012} \cdot 0{,}1 = 0{,}04.$$

Das gesamte Wertzuwachsprozent ist daher $1{,}8 + 0{,}04 = 1{,}84\,\%$.
Mechanisch schreibe man also

$$1{,}200 - 1{,}195 = 0{,}005,$$
$$1{,}207 - 1{,}195 = 0{,}012,$$

dividiere mit der zweiten Differenz in die erste und multipliziere den Quotienten mit 0,1.

Für die logarithmische Berechnung ist ferner:

$$1{,}0\,p = \sqrt[n]{\frac{K}{k}}, \qquad \frac{100 + p}{100} = \sqrt[n]{\frac{K}{k}}, \qquad p = 100\left(\sqrt[n]{\frac{K}{k}} - 1\right),$$

$$\log 1{,}0\,p = \frac{\log K - \log k}{n}, \qquad n = \frac{\log K - \log k}{\log 1{,}0\,p}.$$

Hat man keine Logarithmentafel oder keine der im Anhang dieses Buches mitgeteilten Faktorentafeln zur Hand, dann kann man die vorstehenden Größen durch die **Preßlerschen Näherungsformeln** bestimmen, die allerdings zu ungenauen Ergebnissen führen können:

$$p = \frac{K - k}{K + k} \cdot \frac{200}{n}.$$

(Nach vorigem Beispiel wird $p = \dfrac{5120 - 4000}{5120 + 4000} \cdot \dfrac{200}{10} = 2{,}46\,\%$).

$$K = \frac{200 + p\,n}{200 - p\,n} \cdot k, \qquad k = \frac{200 - p\,n}{200 + p\,n} \cdot K, \qquad n = \frac{K - k}{K + k} \cdot \frac{200}{p}.$$

Für $n = 10$ oder $= 20$ Jahre können dieselben noch weiter vereinfacht werden (s. Weiserprozent).

3. Rentenrechnung.

Die Berechnung der Kapitalwerte von gleich großen Beträgen (Renten), welche zu verschiedenen Zeiten und wiederholt eingehen, geschieht ebenfalls durch Prolongierung oder durch Diskontierung.

Je nachdem die Renten alle Jahre eingehen oder immer erst nach Ablauf einer bestimmten Anzahl von Jahren (Periode), nennt man sie **jährliche** oder **periodische** (**aussetzende**) Renten. Sind dieselben fortdauernd bis in die fernsten Zeiten zu erwarten, so spricht man von einer **immerwährenden, unendlichen** (**ewigen**) Rente; erlöschen sie nach einer Anzahl von Jahren — von einer **endlichen** oder **zeitlichen** Rente (**Zeitrente**).

Die Summierung von Renten erfolgt nach den Summenformeln der **geometrischen Reihen**. Unter einer solchen versteht man eine Folge von Größen, von welchen die nachfolgende aus der vorhergehenden durch Multiplikation mit einem Quotienten q entsteht. Ist $q > 1$, so ist die Reihe **steigend**, ist $q < 1$, dann ist die Reihe **fallend**. Hat die Reihe eine bestimmte Anzahl von Gliedern, so ist sie **endlich**, im entgegengesetzten Falle **unendlich**. Der allgemeine Ausdruck für die geometrische Reihe lautet:

$$S = a + aq + aq^2 + aq^3 + \cdot\cdot$$

1. Für die **steigende endliche** Reihe lautet die Summenformel:

$$S = a \cdot \frac{q^n - 1}{q - 1}.$$

Denn es ist $S = a + aq + aq^2 + \ldots aq^n - 1$,
$$qS = aq + aq^2 + aq^3 + \cdot\cdot aq^n.$$
Zieht man die erste Gleichung von der zweiten ab, dann wird

$$qS - S = aq^n - a; \text{ mithin } S = a\frac{q^n - 1}{q - 1}.$$

Für die **fallende endliche** Reihe ist

$$S = a \cdot \frac{1 - q^n}{1 - q}.$$

Man erhält dieselbe aus $S - Sq = a - aq^n$.

2. Für die **fallende unendliche** Reihe ist

$$S = a \cdot \frac{1}{1 - q}.$$

Setzt man nämlich in $S = a \cdot \dfrac{1 - q^n}{1 - q}$ die Größe $n = \infty$, so ist

$$S = a \cdot \frac{1 - q^\infty}{1 - q} = a \cdot \frac{1}{1 - q}, \text{ da } q^\infty = 0 \text{ ist.}$$

3. **Steigende unendliche** Reihen kommen in der Waldwertrechnung nicht vor.

Formel III. Geht eine Rente r am Schlusse jedes Jahres fortdauernd (ewig) ein, so ist der Kapitalwert derselben bei einem Zinsfuß von $p \%$

$$K = \frac{r}{0{,}0\,p} = r \cdot \frac{100}{p} \quad \text{(Kapitalisierungsformel)} \qquad \textbf{(III)}$$

und hieraus $\qquad r = K \cdot 0{,}0\,p$ (Rentierungsformel).

Beweis. 1. Es ist nach Formel II der gegenwärtige Wert der Rente r, welche eingeht

$$\text{am Schlusse des 1. Jahres } \ldots = \frac{r}{1{,}0\,p},$$

$$\text{,, ,, ,, 2. ,, } \ldots = \frac{r}{1{,}0\,p^2},$$

$$\text{,, ,, ,, 3. ,, } \ldots = \frac{r}{1{,}0\,p^3},$$

usw. bis zum Jahre ∞.

Demnach ist

$$K = \frac{r}{1{,}0\,p} + \frac{r}{1{,}0\,p^2} + \frac{r}{1{,}0\,p^3} + \cdots \infty.$$

Die rechte Seite der Gleichung bildet eine fallende unendliche geometrische Reihe, worin $a = \dfrac{r}{1{,}0\,p}$, $q = \dfrac{1}{1{,}0\,p}$ ist; durch Substitution in $S = a \cdot \dfrac{1}{1-q}$ wird

$$K = \frac{r}{1{,}0\,p} \cdot \frac{1}{1 - \dfrac{1}{1{,}0\,p}} = \frac{\dfrac{r}{1{,}0\,p}}{\dfrac{1{,}0\,p - 1}{1{,}0\,p}} = \frac{r}{1{,}0\,p - 1} = \frac{r}{0{,}0\,p}.$$

Die Herleitung der Kapitalisierungsformel **auf diesem Wege**, d. h. mittels Anwendung der **Zinseszinsrechnung** und Diskontierung, ist besonders hervorzuheben, da der Waldrentierungswert auf dieser Formel beruht und somit auch eine Funktion der Zinseszinsrechnung ist.

2. Direkter erhält man die Formel aus der Proportion:

$$p : 100 = r : K,$$

woraus

$$K = \frac{100 \cdot r}{p} = \frac{100\,r \cdot \dfrac{1}{100}}{p \cdot \dfrac{1}{100}} = \frac{r}{\dfrac{p}{100}} = \frac{r}{0{,}0\,p}.$$

Beispiel. 1. Wenn ein Waldbesitzer aus seinem Walde jährlich fortdauernd 30 000 Mk. Reineinnahme hat, welches Kapital müßte derselbe mit $3\,\%$ Zinsen ausleihen, um dieselbe Einnahme zu erzielen?

Antwort: $K = \dfrac{30\,000}{0{,}03} = 1\,000\,000$ M.

2. Wenn die Verwaltungskosten für ein Hektar Wald jährlich 6 M. betragen, welches Kapital muß der Waldbesitzer mit $2{,}5\,\%$ anlegen, um aus den Zinsen desselben diese jährliche Ausgabe bestreiten zu können?

Antwort: $K = \dfrac{6}{0{,}025} = 240$ M.

3. Der Kapitalwert eines Hektars Waldboden berechnet sich auf 800 M.; welcher jährlichen Bodenrente entspricht dieser Bodenwert, wenn $p = 2\,\%$?

Antwort: $r = 800 \cdot 0{,}02 = 16$ M.

Aus $K = r \cdot \dfrac{100}{p}$ folgt, daß man das Kapital K erhält, wenn man die Rente multipliziert

für p =			Das Kapital ist gegenüber dem	
			höheren Zinsfuß größer um	kleineren Zinsfuß kleiner um
2 %	mit	50		
			25 %	20 %
2,5 %	„	40		
			20 %	16,67 %
3 %	„	33 $^1/_3$		
			16,67 %	14,29 %
3,5 %	„	28,57		
			14,29 %	12,5 %
4 %	„	25		
			12,5 %	11,11 %
4,5 %	„	22,22		
			11,11 %	10 %
5 %	„	20		

2 %	„	50		
			50 %	33,33 %
3 %	„	33 $^1/_3$		
			33,33 %	25 %
4 %	„	25		
			25 %	20 %
5 %	„	20		

Die Kapitalwerte werden also um so kleiner, je größer der Kapitalisierungszinsfuß ist.

Formel IV. Kapitalisierung von Periodenrenten. Eine Rente, welche zum ersten Male nach u Jahren und dann alle u Jahre fortdauernd eingeht, hat einen gegenwärtigen Kapitalwert von

$$K = \frac{R}{1{,}0\,p^u - 1} \qquad \textbf{(IV)}$$

(Kapitalisierung von periodischen Haubarkeitsnutzungen).

Beweis. Setzt man in Formel III an Stelle des einjährigen Zeitraumes, nach welchem die Rente r fällig wird, einen u jährigen, so erhält man die Summenreihe (wie bei III)

$$K = \frac{R}{1{,}0\,p^u} + \frac{R}{1{,}0\,p^{2u}} + \frac{R}{1{,}0\,p^{3u}} + \ldots \infty.$$

Da $a = \dfrac{R}{1{,}0\,p^u}$, $q = \dfrac{1}{1{,}0\,p^u}$, wird durch Substitution in $S = a \cdot \dfrac{1}{1-q}$

$$K = \frac{R}{1{,}0\,p^u} \cdot \frac{1}{1 - \dfrac{1}{1{,}0\,p^u}} = \frac{R}{1{,}0\,p^u} \cdot \frac{1}{\dfrac{1{,}0\,p^u - 1}{1{,}0\,p^u}} = \frac{R}{1{,}0\,p^u - 1}.$$

Aus Formel III und IV ergibt sich: Eine jährliche Rente wird kapitalisiert durch Division mit $0{,}0\,p$, eine periodische (aussetzende) Rente durch Division mit $1{,}0\,p^u - 1$. Formel IV geht über in III, wenn man in IV $u = 1$ setzt, da

$$\frac{R}{1{,}0\,p^1 - 1} = \frac{r}{0{,}0\,p}.$$

Anmerkung 1. Ein mit Zinseszinsen werbendes Kapital muß nach u Jahren auf eine solche Höhe angewachsen sein, daß außer dem Kapitale selbst noch die Rente R vorhanden ist. Nach u Jahren ist die erste Etappe des Produktionsprozesses abgeschlossen. Von da ab fängt das Kapital von neuem an zu werben, um nach 2 u Jahren derselben Aufgabe gerecht werden zu können. Die Rente R kommt also den Zinseszinsen gleich, welche ein Kapital K immer im Zeitraum von u Jahren aufbringen kann. Mithin ist:

$$R = K \cdot 1{,}0\,p^u - K = K\,(1{,}0\,p^u - 1),$$

ferner: $\qquad \dfrac{R}{K} = 1{,}0\,p^u - 1 \quad \text{und} \quad \dfrac{R}{K} + 1 = 1{,}0\,p^u.$

Anmerkung 2. Der Ausdruck $\dfrac{R}{1{,}0\,p^u - 1}$ läßt sich auch in der Form

$$\frac{R}{1{,}0\,p^u} + \frac{R}{1{,}0\,p^u\,(1{,}0\,p^u - 1)}$$

darstellen. Denn es ist

$$\frac{R}{1{,}0\,p^u} + \frac{R}{1{,}0\,p^{2u}} + \frac{R}{1{,}0\,p^{3u}} + \cdots = \frac{R}{1{,}0\,p^u} + \frac{1}{1{,}0\,p^u}\left(\frac{R}{1{,}0\,p^u} + \frac{R}{1{,}0\,p^{2u}} + \cdots\right).$$

Mit Hilfe dieses Ausdruckes kann die Formel des Bodenertragswertes in eine andere Form gebracht werden.

Beispiel. Eine mit Fichten bestockte Fläche liefert alle 100 Jahre einen Haubarkeitsertrag von 10 000 M.; welchen Kapitalwert repräsentieren diese Nutzungen gegenwärtig, wenn $p = 3\%$? (Vgl. das Beispiel bei Formel II.)

Antwort: $K = \dfrac{10\,000}{1{,}03^{100} - 1} = 10\,000 \cdot 0{,}05489 = 548{,}90$ M.

Hier handelt es sich um eine immerwährende periodische Einnahme, beim Beispiel der Formel II um eine einmalige.

Der Wert von $\dfrac{1}{1{,}0\,p^u - 1}$ ist in Tafel III direkt angegeben.

Formel V. Eine Rente, welche zum ersten Male nach m Jahren und von da ab alle u Jahre fortdauernd eingeht, hat den gegenwärtigen Kapitalwert von

$$K = \frac{R \cdot 1{,}0\,p^{u-m}}{1{,}0\,p^u - 1} \qquad\qquad \text{(V)}$$

(Kapitalisierung von Durchforstungserträgen).

Beweis. Die erste Rente, welche nach m Jahren eingeht, hat gegenwärtig den Wert $\dfrac{R}{1{,}0\,p^m}$ (nach II); vom Jahre m ab geht R alle u Jahre ein; die nach $(m + u)$ Jahren eingehende Rente hat daher gegenwärtig den Wert $\dfrac{R}{1,0\,p^{m\,+\,u}}$, die nach $(m+2u)$ Jahren eingehende

den Wert von $\dfrac{R}{1,0\,p^{m\,+\,2u}}$ usw. Es ist also

$$K = \frac{R}{1,0\,p^m} + \frac{R}{1,0\,p^{m\,+\,u}} + \frac{R}{1,0\,p^{m\,+\,u2}} + \cdots$$

Hierin ist $a = \dfrac{R}{1,0\,p^m}$, $\quad q = \dfrac{1}{1,0\,p^u}$; daher wird durch Substitution

in $S = a \cdot \dfrac{1}{1-q}$

$$K = \frac{R}{1,0\,p^m} \cdot \frac{1}{1 - \dfrac{1}{1,0\,p^u}} = \frac{R \cdot 1,0\,p^u}{1,0\,p^m\,(1,0\,p^u - 1)} = \frac{R\,1,0\,p^{u-m}}{1,0\,p^u - 1}.$$

Anmerkung. Es ist auch

$$\frac{R\,1,0\,p^{u\,-\,m}}{1,0\,p^u - 1} = \frac{\dfrac{R}{1,0\,p^m}}{1,0\,p^u - 1} + \frac{R}{1,0\,p^m} = \frac{R\,1,0\,p^u}{1,0\,p^m\,(1,0\,p^u - 1)}.$$

Ferner bestehen die Beziehungen

$$\frac{1,0\,p^m - 1,0\,p^u}{1,0\,p^u - 1} = \frac{1,0\,p^m - 1}{1,0\,p^u - 1} - 1;$$

$$\frac{1,0\,p^u - 1,0\,p^m}{1,0\,p^u - 1} = 1 - \frac{1,0\,p^m - 1}{1,0\,p^u - 1} = \frac{1 - 1,0\,p^m}{1,0\,p^u - 1} + 1.$$

Beispiel. Wie groß ist der gegenwärtige Kapitalwert eines Durchforstungs-ertrages von 70 M., der zum ersten Male nach 50 Jahren und dann alle 90 Jahre eingeht, wenn $p = 2{,}5\,\%$?

Antwort: $K = \dfrac{70 \cdot 1{,}025^{90-50}}{1{,}025^{90} - 1} = 70 \cdot 2{,}6851 \cdot 0{,}1215 = 22{,}84$ M.

Um Tafel I und III benützen zu können, schreibe man

$$R \cdot 1{,}0\,p^{u-m} \cdot \frac{1}{1,0\,p^u - 1}.$$

Formel VI. Ein Geldbetrag (Rente) R, welcher zum ersten Male augenblicklich, dann alle u Jahre vereinnahmt oder verausgabt wird, hat gegenwärtig den Kapitalwert

$$K = \frac{R \cdot 1{,}0\,p^u}{1,0\,p^u - 1} = R + \frac{R}{1,0\,p^u - 1} \tag{VI}$$

(Kapitalisierung der Kulturkosten).

Beweis. 1. Der augenblicklich verausgabte Betrag hat den Wert R; die ferneren, immer nach u Jahren fälligen Ausgaben haben nach Formel IV den Jetztwert

$$\frac{R}{1,0\,p^u - 1}; \quad \text{daher} \quad K = R + \frac{R}{1,0\,p^u - 1} = \frac{R\,1,0\,p^u}{1,0\,p^u - 1}.$$

2. Man prolongiert den jetzt fälligen Betrag auf das Jahr u und kapitalisiert den Betrag R $1{,}0\,p^u$ nach IV oder man setzt in (V) m = 0.

3. Direkt aus $K = R + \dfrac{R}{1{,}0\,p^u} + \dfrac{R}{1{,}0\,p^{2u}} + \dfrac{R}{1{,}0\,p^{3u}} + \cdots;$

durch Substitution in $S = a \cdot \dfrac{1}{1-q}$ wird

$$K = R \cdot \frac{1}{1 - \dfrac{1}{1{,}0\,p^u}} = R \cdot \frac{1}{\dfrac{1{,}0\,p^u - 1}{1{,}0\,p^u}} = \frac{R\,1{,}0\,p^u}{1{,}0\,p^u - 1}.$$

Beispiel. Für Anlage eines Waldes sind gegenwärtig 100 M. und jedesmal nach dem Abtriebe des Bestandes im 90jährigen Alter wieder 100 M. für Kulturkosten zu verausgaben; welchem Kapitalwert entspricht diese Ausgabe, wenn $p = 2{,}5\,\%$?

Antwort: $K = \dfrac{100 \cdot 1{,}025^{90}}{1{,}025^{90} - 1} = 100 \cdot 9{,}229 \cdot 0{,}1215 = 112{,}15$ M.

Oder einfacher: $K = 100 + 100 \cdot 0{,}1215 = 100 \cdot 1{,}1215 = 112{,}15$ M.

Den Wert von $\dfrac{1{,}0\,p^u}{1{,}0\,p^u - 1}$ erhält man aus Tafel III, wenn man

die darin enthaltenen Werte von $\dfrac{1}{1{,}0\,p^u - 1}$ um 1 erhöht, denn es ist

$$\frac{1{,}0\,p^u}{1{,}0\,p^u - 1} = \frac{1}{1{,}0\,p^u - 1} + 1.$$

Die Umwandlung periodischer Renten in jährliche Renten. Die Formeln IV, V und VI repräsentieren die Kapitalwerte immerwährender periodischer Renten; will man diese Kapitalwerte in **jährliche** Renten umwandeln, so multipliziert man dieselben (nach Formel III) mit $0{,}0\,p$. Wenn z. B. der Abtriebswert eines Bestandes im 100jährigen Alter jedesmal 10000 M. beträgt, so entspricht dieser aussetzende Rentenbetrag bei $p = 3\,\%$ einem gegenwärtigen Kapitalwert von $\dfrac{10\,000}{1{,}03^{100} - 1} = 549$ M.; die jährliche Rente dieses Kapitals ist demnach $549 \cdot 0{,}03 = 16{,}47$ M. Das heißt: **Wenn der Bestand alle 100 Jahre 10000 M. abwirft, so kommt dieser periodische Ertrag einer jährlichen ewigen Einnahme von 16,47 M. gleich.**

Formel VII. Aufhörende jährliche Renten. **Geht eine Rente r jährlich immer am Ende des Jahres ein und hört sie nach n Jahren auf, dann ist der Kapitalwert derselben**

a) **am Schlusse des Jahres n:**

$$K = \frac{r\,(1{,}0\,p^n - 1)}{0{,}0\,p} \quad \text{(Endwert);} \tag{VIIa}$$

b) **zu Anfang des ersten Jahres:**

$$k = \frac{r\,(1{,}0\,p^n - 1)}{1{,}0\,p^n \cdot 0{,}0\,p} \quad \text{(Anfangswert).} \tag{VIIb}$$

Beweis zu a. Es ist der Wert der Rente, welche eingegangen ist

$$
\begin{aligned}
\text{am Schlusse des Jahres n} \quad & = r, \\
\text{''} \quad \text{''} \quad \text{''} \quad \text{''} \quad (n-1) \quad & = r \cdot 1{,}0p, \\
\text{''} \quad \text{''} \quad \text{''} \quad \text{''} \quad (n-2) \quad & = r \cdot 1{,}0p^2, \\
& \qquad \vdots \\
\text{''} \quad \text{''} \quad \text{''} \quad \text{''} \quad 2 \quad & = r \cdot 1{,}0p^{n-2} \\
\text{''} \quad \text{''} \quad \text{''} \quad \text{''} \quad 1 \quad & = r \cdot 1{,}0p^{n-1},
\end{aligned}
$$

daher $\quad K = r + r\,1{,}0p + r\,1{,}0p^2 + \ldots r\,1{,}0p^{n-1}.$

Da diese Reihe steigend und endlich ist, gilt hier die Summenformel $S = a \cdot \dfrac{q^n - 1}{q - 1}$, worin $a = r$, $q = 1{,}0p$ und $n = n$ ist (nicht $n - 1$!); daher

$$
K = r \cdot \frac{1{,}0p^n - 1}{1{,}0p - 1} = \frac{r\,(1{,}0p^n - 1)}{0{,}0p}.
$$

Beweis zu b. 1. Man diskontiert den Endwert in a) auf die Gegenwart durch Division mit $1{,}0p^n$.

2. Es ist der gegenwärtige Wert der Rente r, welche eingehen wird

$$
\begin{aligned}
\text{am Schlusse des 1.} \quad \text{Jahres} \quad & = \frac{r}{1{,}0p} \\
\text{''} \quad \text{''} \quad \text{''} \quad 2. \quad \text{''} \quad & = \frac{r}{1{,}0p^2}, \\
& \quad \vdots \\
\text{''} \quad \text{''} \quad \text{''} \quad (n-1). \quad \text{''} \quad & = \frac{r}{1{,}0p^{n-1}}, \\
\text{''} \quad \text{''} \quad \text{''} \quad n \quad \text{''} \quad & = \frac{r}{1{,}0p^n},
\end{aligned}
$$

daher $\quad k = \dfrac{r}{1{,}0p} + \dfrac{r}{1{,}0p^2} + \dfrac{r}{1{,}0p^3} + \cdot\cdot\, \dfrac{r}{1{,}0p^n}.$

Diese Reihe ist fallend und endlich, daher

$$
S = a \cdot \frac{1 - q^n}{1 - q} = \frac{r}{1{,}0p} \cdot \frac{1 - \dfrac{1}{1{,}0p^n}}{1 - \dfrac{1}{1{,}0p}} = \frac{r\,(1{,}0p^n - 1)}{1{,}0p^n \cdot 0{,}0p}.
$$

Man merke sich den praktischen Wink, daß das letzte Glied in Prolongierungsreihen den Exponenten $n - 1$, in Diskontierungsreihen den Exponenten n hat; die Anzahl der Glieder ist aber in beiden Fällen $= n$.

Beispiel. Eine Waldwiese ist um 30 M. jährlich auf 20 Jahre verpachtet.

ad a) Welchen Wert hat diese Einnahme am Ende der Pachtperiode, wenn $p = 3\%$?

Antwort: $K = \dfrac{30\,(1{,}03^{20} - 1)}{0{,}03} = \dfrac{30 \cdot 0{,}8061}{0{,}03} = 806{,}10$ M.

oder direkt aus Tafel IV (Anhang): $K = 30 \cdot 26{,}870 = 806{,}10$ M.

ad b) Am Anfang der Pachtzeit?

Antwort:

$$K = \frac{30\,(1{,}03^{20} - 1)}{1{,}03^{20} \cdot 0{,}03} = 30 \cdot 0{,}8061 \cdot 0{,}5537 \cdot \frac{1}{0{,}03} = 446{,}33 \text{ M.}$$

oder direkt aus Tafel V (Anhang): $K = 30 \cdot 14{,}8775 = 446{,}33$ M.

Die Werte der Formel VII a sind in Tafel IV, der Formel VII b in Tafel V direkt angegeben. — Formel VII b dient auch zur Berechnung von Amortisationen.

Formel VIII. Aufhörende periodische Renten. Geht eine Rente R zum ersten Male nach m Jahren, dann alle m Jahre im ganzen n mal ein, dann ist der Kapitalwert derselben

a) am Schlusse des Eingangsjahres der letzten Rente (nach m n Jahren)

$$K = \frac{R\,(1{,}0\,p^{m\,n} - 1)}{1{,}0\,p^{m} - 1} \quad \text{(Endwert)}, \qquad\qquad \text{(VIII a)}$$

b) m Jahre vor dem Eingang der ersten Rente

$$K = \frac{R\,(1{,}0\,p^{m\,n} - 1)}{1{,}0\,p^{m\,n}\,(1{,}0\,p^{m} - 1)} \quad \text{(Anfangswert).} \qquad\qquad \text{(VIII b)}$$

Beweis zu a. Es ist analog der Formel VII a

$$K = R + R \cdot 1{,}0\,p^{m} + R\,1{,}0\,p^{2m} + \ldots R \cdot 1{,}0\,p^{(n-1)\,m}.$$

In der Summenformel $S = a \cdot \dfrac{q^{n} - 1}{q - 1}$ ist hier $a = R$, $q = 1{,}0\,p^{m}$; daher

$$K = R \cdot \frac{1{,}0\,p^{mn} - 1}{1{,}0\,p^{m} - 1}.$$

Beweis zu b. 1. Man diskontiert den Endwert in a) auf den Anfang des Zeitraumes durch Division mit $1{,}0\,p^{m\,n}$.

2. Analog der Formel VII b ist

$$K = \frac{R}{1{,}0\,p^{m}} + \frac{R}{1{,}0\,p^{2m}} + \frac{R}{1{,}0\,p^{3m}} + \ldots \frac{R}{1{,}0\,p^{m\,n}}.$$

In der Summenformel

$$S = a \cdot \frac{1 - q^{n}}{1 - q} \quad \text{ist} \quad a = \frac{R}{1{,}0\,p^{m}}, \quad q = \frac{1}{1{,}0\,p^{m}},$$

daher

$$K = \frac{R}{1{,}0\,p^{m}} \cdot \frac{1 - \dfrac{1}{1{,}0\,p^{m\,n}}}{1 - \dfrac{1}{1{,}0\,p^{m}}} = \frac{R\,(1{,}0\,p^{m\,n} - 1)}{1{,}0\,p^{m\,n}\,(1{,}0\,p^{m} - 1)}.$$

Die Formeln VIII a und VIII b sind für die praktischen Berechnungen entbehrlich, weil es zweckmäßiger und übersichtlicher ist, wenn die periodisch eingehenden Erträge einzeln wie die Durchforstungserträge behandelt werden.

Anmerkung. Setzt man $m = 1$, dann gehen beide Formeln in die analogen Formeln VII a und VII b über.

Beispiel. Ein Kiefernbestand liefert zum erstenmal im 35 jährigen Alter, dann alle 5 Jahre bis zum 75 jährigen Alter, mithin 9 mal einen Streunutzungsertrag von je 12 Wagen zu je 9 M. Wert $= 108$ M.

a) Wie groß ist der Kapitalwert am Ende des 75 jährigen Bestandsalters, wenn $p = 2,5 \%$?

Antwort:

$$K = \frac{108\,(1,025^{5\,\cdot\,9} - 1)}{1,025^5 - 1} = 108 \cdot 2,0379 \cdot 7,6099 = 1674,89 \text{ M.}$$

b) Wie groß ist der Kapitalwert 5 Jahre vor dem Eingange des ersten Ertrages, also am Ende des 30 jährigen Bestandsalters?

Antwort:

$$K = \frac{108\,(1,025^{5\,\cdot\,9} - 1)}{1,025^{5\,\cdot\,9}\,(1,025^5 - 1)} = 108 \cdot 2,0379 \cdot 7,6099 \cdot 0,3292 = 551,\overset{.}{3}7 \text{ M.}$$

Faktorentafeln im ganzen gibt es für diese Formeln nicht.

4. Zusammenstellung der Zinseszinsformeln.

Nr.		Formel	Erklärung
I		$K = k \cdot 1{,}0\,p^n$	Prolongierung oder Nachwertsbestimmung
II		$k = \dfrac{K}{1{,}0\,p^n}$	Diskontierung oder Vorwertsbestimmung
III		$K = \dfrac{r}{0{,}0\,p}$	Kapitalisierungs- oder Rentierungsformel; r jährlich und unendlich
IV		$K = \dfrac{R}{1{,}0\,p^u - 1}$	Kapitalisierung von periodischen Haubarkeitsnutzungen
V		$K = \dfrac{R \cdot 1{,}0\,p^{u-m}}{1{,}0\,p^u - 1}$	Kapitalisierung von periodischen Durchforstungserträgen
VI		$K = \dfrac{R \cdot 1{,}0\,p^u}{1{,}0\,p^u - 1}$	Kapitalisierung der Kulturkosten; in IV, V, VI ist R periodisch und unendlich
VII	a	$K = \dfrac{r\,(1{,}0\,p^n - 1)}{0{,}0\,p}$	Endwert einer zeitlichen jährlichen Rente
	b	$k = \dfrac{r\,(1{,}0\,p^n - 1}{1{,}0\,p^n \cdot 0{,}0\,p}$	Anfangswert einer zeitlichen jährlichen Rente

Fünfter Abschnitt.

Die Methoden zur Ermittelung des Bodenwertes, Bestandswertes und des Waldwertes.

Erstes Kapitel.

Die Ermittelung des Bodenwertes.

Dieselbe kann erfolgen

1. nach dem Ertragswert,
2. nach dem Tauschwert.

I. Bodenertragswert.

(Bodenerwartungswert.)

1. Begriff.

Der Bodenertragswert ist gleich der kapitalisierten Bodenrente oder dem kapitalisierten Reinertrag. Man erhält denselben direkt, wenn man von dem Kapitalwert der periodisch eingehenden Roherträge die Wirtschaftskosten abzieht.

2. Ableitung.

A. Berechnung des Rohertrages.

a) Abtriebsertrag oder Haubarkeitsertrag. Derselbe wird mit A (Abtrieb) oder H (Haubar) bezeichnet. Das wirtschaftliche Bestandsalter u, in welchem der Ertrag anfällt, wird dem Buchstaben A oder H als Index beigefügt.

Der Abtriebsertrag im Jahre u ist daher A_u.

b) Durchforstungserträge (Zwischennutzungserträge, Vorerträge). Werden dieselben mit $D_a, D_b \ldots D_q$ bezeichnet, wobei a, b $\ldots$ q das Jahr des Eingangs bedeuten, so ist ihr Wert bis zum Jahre u mit Zinseszinsen angewachsen (nach Formel I) auf

$$D_a\, 1{,}0\,p^{u-a} + D_b\, 1{,}0\,p^{u-b} + \ldots D_q\, 1{,}0\,p^{u-q}.$$

c) Nebennutzungen. Bezeichnet man dieselben mit $N_n, N_m \ldots N_r$, wobei n, m $\ldots$ r wieder das Jahr des Eingangs bedeuten, so ist ihr Wert im Jahre u:

$$N_n\, 1{,}0\,p^{u-n} + N_m\, 1{,}0\,p^{u-m} + \ldots N_r\, 1{,}0\,p^{u-r}.$$

Alle Nebennutzungen (S. 39), welche der Boden und der darauf stockende Bestand gewähren, müssen in Ansatz gebracht werden. Fallen dieselben nur während einer bestimmten Anzahl von Jahren an, dann werden sie am einfachsten wie die Durchforstungserträge behandelt. Fallen sie jährlich und dauernd an (Jagderträge), dann wird der Kapitalwert nach $\dfrac{N}{0{,}0\,p}$ berechnet und zweckmäßig als eigener Rechnungsposten ausgeschieden.

Wird der Bodenertragswert nur **zum Zweck der Festsetzung der finanziellen Umtriebszeit** berechnet, dann sind die Nebennutzungen nur insoweit in Rechnung zu stellen, als durch sie die Abtriebszeit der Bestände etwa beeinflußt wird.

B. Berechnung der Kosten.

a) **Kulturkosten.** Wurden dieselben vor u Jahren bei der Begründung des Bestandes in der Höhe von c Werteinheiten verausgabt, dann sind sie innerhalb von u Jahren angewachsen auf

$$c\,1{,}0\,p^u.$$

b) **Verwaltungskosten.** Dieselben werden jährlich in dem Betrage von v Werteinheiten verausgabt. Am Ende des Jahres u sind sie (nach Formel VIIa) angewachsen auf

$$\frac{v\,(1{,}0\,p^u - 1)}{0{,}0\,p}.$$

Setzt man $\dfrac{v}{0{,}0\,p} = V$ (Verwaltungskostenkapital), so wird

$$\frac{v}{0{,}0\,p}\,(1{,}0\,p^u - 1) = V\,(1{,}0\,p^u - 1).$$

c) Sind noch andere Ausgaben fällig, dann sind dieselben ebenfalls in Ansatz zu bringen.

d) **Erntekosten.** Dieselben werden von dem Roherlös unmittelbar abgezogen.

C. Formel des Bodenertragswertes.

Läßt man die Nebennutzungserträge der Einfachheit halber außer Betracht, dann beträgt der Reinertrag am Ende des Jahres u:

$$A_u + D_a\,1{,}0\,p^{u-a} + D_b\,1{,}0\,p^{u-b} + \ldots D_q\,1{,}0\,p^{u-q} - c\,1{,}0\,p^u$$
$$- V\,(1{,}0\,p^u - 1).$$

Derselbe kehrt alle u Jahre wieder, d. h. er bildet eine periodische Rente, deren Kapitalwert sich durch Division mit $(1{,}0\,p^u - 1)$ ergibt (Formel IV). Als Resultat der Kapitalisierung erhält man den Ausdruck für den Bodenertragswert:

$$B_u = \frac{A_u + D_a\,1{,}0\,p^{u-a} + \ldots D_q\,1{,}0\,p^{u-q} - c\,1{,}0\,p^u}{1{,}0\,p^u - 1} - V.$$

Da (nach Formel VI) $\dfrac{c\,1{,}0\,p^u}{1{,}0\,p^u - 1} = c + \dfrac{c}{1{,}0\,p^u - 1}$, kann man auch die für die Rechnung etwas bequemere Form wählen:

$$B_u = \frac{A_u + D_a\,1{,}0\,p^{u-a} + \ldots D_q\,1{,}0\,p^{u-q} - c}{1{,}0\,p^u - 1} - (c + V).$$

Dieselbe muß angewendet werden, wenn die erstmaligen Kulturkosten (c außerhalb des Bruchstriches) von den späteren (c im

Dividenden) verschieden sind (Ödlandsaufforstung, Eichenschälwald-
anlage usw.).

Andere Schreibweisen der Formel sind folgende: Aus den Anmerkungen zu
Formel IV und V (S. 51 f.) ergibt sich:

$$B_u = \frac{A_u}{1,0\,p^u} + \frac{A_u}{1,0\,p^u\,(1,0\,p^u - 1)} + \frac{D_a\,1,0\,p^u}{1,0\,p^a\,(1,0\,p^u - 1)} + \ldots - \frac{c\,1,0\,p^u}{1,0\,p^u - 1} - V$$

$$= \frac{1,0\,p^u}{1,0\,p^u - 1}\left(\frac{A_u}{1,0\,p^u} + \frac{D_a}{1,0\,p^a} + \ldots - c\right) - V.$$

Da ferner $\dfrac{1,0\,p^u}{1,0\,p^u - 1} = 1 + \dfrac{1}{1,0\,p^u - 1}$, so wird auch

$$B_u = \frac{A_u}{1,0\,p^u} + \frac{D_a}{1,0\,p^a} + \ldots - c + \left(\frac{A_u}{1,0\,p^u} + \frac{D_a}{1,0\,p^a} + \ldots - c\right)\frac{1}{1,0\,p^u - 1} - V*)$$

und auch

$$B_u = \frac{A_u + \dfrac{D_a}{1,0\,p^a} + \ldots - c}{1,0\,p^u - 1} + \frac{D_a}{1,0\,p^a} + \ldots - (c + V).$$

Siehe auch **Beispiel 4** (S. 64) und **Überhaltbetrieb**.

Multipliziert man die Formel des Bodenertragswertes mit 0,0 p,
so erhält man die jährliche **Bodenrente** oder den jährlichen **Bodenreinertrag**.

Läßt man das Verwaltungskostenkapital weg, dann entsteht der
Bodenbruttowert. Andererseits erhält man denselben, wenn zu
dem berechneten Bodenwert das Verwaltungskostenkapital addiert wird.
Der Bodenbruttowert ist verwendbar für die Berechnung des Bestandserwartungswertes und des Bestandskostenwertes sowie der finanziellen
Umtriebszeit. Durch Multiplikation mit 0,0 p erhält man die **Bodenbruttorente**. — Den Bodenertragswert mit Abzug des Verwaltungskostenkapitals nennt man im Gegensatz hierzu auch **Bodennettowert (Nettorente)**.

Preßler nannte den mit dem Steuer-(S) und sonstigen Verwaltungskapital
belasteten Bodenwert oder die Kapitalsumme B + V + S den „Bodenbruttowert"
oder „engeres Grundkapital". Unter „Produktions-Grundkapital" verstand er

die Kapitalsumme $B + V + S + C_u$, worin $C_u = \dfrac{c\,1,0\,p^u}{1,0\,p^u - 1}$ und das Steuer-

kapital gleich der kapitalisierten Bodenrentensteuer (nicht Waldrentensteuer) ist.

Aus der Formel des Bodenertragswertes erhält man ohne weiteres
die **Grundgleichung für das wirtschaftliche Gleichgewicht**

---

*) Diese Schreibweise der Formel ist der „Anleitung zur Waldwertberechnung,
verfaßt vom Königl. Preuß. Ministerialforstbureau 1866 und 1888" zugrunde
gelegt.

$$A_u + D_a\, 1{,}0\, p^{u-a} + \ldots D_q\, 1{,}0\, p^{u-q} = (B_u + V)\,(1{,}0\, p^u - 1) + c\, 1{,}0\, p^u$$

oder

$$A_u + D_a\, 1{,}0\, p^{u-a} + \ldots D_q\, 1{,}0\, p^{u-q} - c\, 1{,}0\, p^u - V\,(1{,}0\, p^u - 1)$$
$$= B_u\,(1{,}0\, p^u - 1).$$

Dieselbe bildet die Grundlage der forstlichen Statik.

Der Bodenertragswert wurde bis jetzt nach dem Vorgange Preßlers (1859) in der forstlichen Literatur allgemein Bodenerwartungswert genannt. Indem man nämlich vom nackten Boden ausgeht, erhält man auch obige Formel, wenn man von der Summe der Jetztwerte aller von einem Boden zu erwartenden Einnahmen die Jetztwerte aller auf jenen Einnahmen ruhenden Produktionskosten und Lasten abzieht. Mit diesem Satze definiert auch G. Heyer den Ausdruck Bodenerwartungswert. Es ist also:

a) der Jetztwert aller jedesmal am Schlusse der Umtriebszeit u eingehenden Abtriebserträge nach Formel $IV = \dfrac{A_u}{1{,}0\, p^u - 1}$;

b) der Jetztwert der Durchforstungserträge $D_a \ldots D_q$, welche zum ersten Male nach a . . . . . q Jahren und von da ab alle u Jahre eingehen, nach

$$\text{Formel } V = \frac{D_a\, 1{,}0\, p^{u-a}}{1{,}0\, p^u - 1} + \ldots + \frac{D_q\, 1{,}0\, p^{u-q}}{1{,}0\, p^u - 1};$$

c) der Jetztwert der Kulturkosten, welche zum ersten Male sofort und dann alle u Jahre zu verausgaben sind, nach Formel $VI = \dfrac{c\, 1{,}0\, p^u}{1{,}0\, p^u - 1}$

d) der Jetztwert der jährlich zu verausgabenden Verwaltungskosten nach

$$\text{Formel } III = \frac{v}{0{,}0\, p} = V.$$

Die Differenz a) + b) — c) — d) gibt die Formel für Bu.

Die Bezeichnung Bodenerwartungswert sollte man aus der forstlichen Sprache ausmerzen, weil sie der Laie nicht versteht. Die Gesetzgebung (Bürgerliches Gesetzbuch, Steuergesetzgebung) und die Nationalökonomie kennen nur den Ausdruck Ertragswert. Der Bodenwert ist ein wirtschaftlicher Begriff, aber kein rechnerischer. Durch die Art der rechnerischen Ableitung des forstlichen Bodenwertes wird dessen wirtschaftlicher Inhalt nicht geändert. Auch für den Wert eines landwirtschaftlichen Grundstückes sind die Erträge maßgebend, die dauernd von diesem erwartet werden können. Von jedem Gegenstand erwartet der Käufer, daß er ihm den Ertrag, Nutzen oder Genuß gewährt, den er der Preisbestimmung zugrunde legte. Die Benennung Erwartungswert paßt also keineswegs nur für den forstlichen Bodenwert.

Beispiel 1. Ein Hektar Fichtenwald II. Standortsgüte liefert

im Alter von   30   40   50   60   70   Jahren

Durchforstungserträge von 78,4   232,5   402,5   660,2   952,5 M.

und im 80jährigen Alter einen Abtriebsertrag von 9808,60 M. Die Begründung des Bestandes erfordert 120 M. Kulturkosten. Die Verwaltungskosten betragen jährlich 9 M. Wie hoch berechnet sich der Bodenertragswert für die 80jährige Umtriebszeit, wenn $p = 3\,\%$?

Auflösung. Es ist

$$B_{80} = (9808{,}6 + 78{,}4 \cdot 1{,}03^{80-30} + 232{,}5 \cdot 1{,}03^{80-40} + 402{,}5 \cdot 1{,}03^{80-50}$$
$$+ 660{,}2 \cdot 1{,}03^{80-60} + 952{,}5 \cdot 1{,}03^{80-70} - 120)\,\frac{1}{1{,}03^{80} - 1} - \left(120 + \frac{9}{0{,}03}\right).$$

Danach erhält man

$$9808,6 \ldots\ldots\ldots\ldots\ldots\ldots = 9\,808,60 \text{ M.}$$
$$78,4 \cdot 1,03^{50} = 78,4 \cdot 4,3839 \ldots\ldots\ldots\ldots = 343,69 \text{ „}$$
$$232,5 \cdot 1,03^{40} = 232,5 \cdot 3,2620 \ldots\ldots\ldots = 758,41 \text{ „}$$
$$402,5 \cdot 1,03^{30} = 402,5 \cdot 2,4273 \ldots\ldots\ldots = 976,96 \text{ „}$$
$$660,2 \cdot 1,03^{20} = 660,2 \cdot 1,8061 \ldots\ldots\ldots = 1\,192,39 \text{ „}$$
$$952,5 \cdot 1,03^{10} = 952,5 \cdot 1,3439 \ldots\ldots\ldots = 1\,280,09 \text{ „}$$

Summe der Gelderträge am Ende der Umtriebszeit . . . . . 14 360,14 M.

Hiervon ab die immer nach 80 Jahren zu verausgabenden Kulturkosten . . . . 120,00 M.

Differenz = 14 240,14 M.

Der Jetztwert dieser alle 80 Jahre eingehenden Einnahme ist

$$\frac{14\,240,14}{1,03^{80} - 1} = 14\,240,14 \cdot 0,103\,725 \ldots\ldots\ldots = 1\,477,05 \text{ M.}$$

Hiervon ab

die jetzt fälligen Kulturkosten . . . . 120 M. $=$ ⎫

das Verwaltungskapital $\dfrac{9}{0,03} = $ . . . . 300 „ $=$ ⎬ 420,00 „

⎭

Bodenertragswert = **1 057,05 M.**

Die jährliche Bodenrente (Bodenreinertrag) ist $1\,057,05 \cdot 0,03 =$ 31,71 M.

Beispiel 2. Es ist der Bodenertragswert für ein Hektar Kiefernwald bei Einhaltung einer 100 jährigen Umtriebszeit aus folgenden Grundlagen zu ermitteln:

A. Einnahmen.

a) Abtriebsertrag im Alter von 100 Jahren im ganzen 524 fm. Hiervon
treffen auf

α) das Derbholz 477 fm (91%) und hiervon

auf Nutzholz 80% = 381,6 fm zu 16,8 M. . . . . . . = 6 410,90 M.

auf Brennholz 20% = 95,4 fm zu 6 M. . . . . . = 572,40 „

Summe Derbholz = 6 983,30 M.

β) das Reisholz 47 fm zu 3 M.. . . . . = 141,00 M.

Haubarkeitsertrag (A_{100}) = 7 124,30 M.

b) Durchforstungserträge.

Jahr	fm				Jahr	fm			
30	31 zu 5,50 M.	= 170,50 M.			70	57 zu 8,50 M.	= 484,50 M.
40	62 „ 6,40 „	= 396,80 „			80	56 „ 9,50 „	= 532,00 „
50	63 „ 6,90 „	= 434,70 „			90	54 „ 10,50 „	= 567,00 „
60	59 „ 7,60 „	= 448,40 „					

c) Streunutzungsertrag.

Im 75. Jahre und im Abtriebsalter werden für die Nutzung der Bodenstreu je 150 M. erlöst.

d) Ertrag aus Beeren und Schwämmen.

Vom 50. bis zum 100. Jahre jährlich 0,50 M.

e) Zapfengewinnung.

Am Ende der Jahre 65, 70, 75, 80, 85, 90 und 95 ergibt sich ein Erlös
aus Kiefernzapfen von 4 M.

f) Vom Jagdpachtertrag entfallen auf das Hektar 1,20 M. jährlich.

B. Ausgaben.

a) **Kulturkosten** immer am Anfang der Umtriebszeit 100 M.

b) **Reinigungshieb** im 15. Jahre, Ausgaben über den Erlös 30 M.

c) **Für Verwaltung, Schutz, Steuern** jährlich 9 M. **Zinsfuß** 3%.

Ausrechnung.

A. Einnahmen.

a) u. b) **Abtriebsertrag und Durchforstungserträge.**

Es ist

der Abtriebswert im Jahre 100 . . . . $= 7\,124{,}30$ M.

der Nachwert der Durchforstungserträge

vom 30. Jahr	. . . . . .	$170{,}50 \cdot 1{,}03^{100-30}$	$= 170{,}5 \cdot 7{,}918 =$	$1\,350{,}00$ M.
„ 40. „	. . . . . .	$396{,}80 \cdot 1{,}03^{100-40}$	$= 396{,}8 \cdot 5{,}892 =$	$2\,337{,}95$ „
„ 50. „	. . . . . .	$434{,}70 \cdot 1{,}03^{100-50}$	$= 434{,}7 \cdot 4{,}384 =$	$1\,905{,}70$ „
„ 60. „	. . . . . .	$448{,}40 \cdot 1{,}03^{100-60}$	$= 448{,}4 \cdot 3{,}262 =$	$1\,462{,}70$ „
„ 70. „	. . . . . .	$484{,}50 \cdot 1{,}03^{100-70}$	$= 484{,}5 \cdot 2{,}427 =$	$1\,175{,}90$ „
„ 80. „	. . . . . .	$532{,}00 \cdot 1{,}03^{100-80}$	$= 532{,}0 \cdot 1{,}806 =$	$960{,}80$ „
„ 90. „	. . . . . .	$567{,}00 \cdot 1{,}03^{100-90}$	$= 567{,}0 \cdot 1{,}344 =$	$762{,}05$ „

Holzgelderträge am Ende der Umtriebszeit . . . . $= 17\,079{,}40$ M.

Jetztwert derselben $\dfrac{17\,079{,}40}{1{,}03^{100} - 1} = 17\,079{,}40 \cdot 0{,}0549$ . . . $=\quad 937{,}70$ M.

c) **Jetztwert der Streunutzung**

$$\frac{150 \cdot 1{,}03^{100-75} + 150}{1{,}03^{100} - 1} = (150 \cdot 2{,}094 + 150)\,0{,}0549 \quad . . . . = \quad 25{,}50 \text{ M.}$$

d) **Der Endwert der jährlichen Beerennutzung** vom 50. bis 100. Jahre ist am Schlusse des 100. Jahres nach Formel VII a

$$\frac{0{,}50\,(1{,}03^{50} - 1)}{0{,}03} = \frac{0{,}50 \cdot 3{,}384}{0{,}03} = 56{,}40 \text{ M.}$$

Da dieser Betrag am Ende jeder Umtriebszeit fällig wird, ist sein **Jetztwert**

$$\frac{56{,}40}{1{,}03^{100} - 1} = 56{,}4 \cdot 0{,}0549 \quad . . . . . . \quad . . = \quad 3{,}10 \text{ M.}$$

e) **Die Erträge aus dem Zapfenverkauf** berechnet man am besten wie die Durchforstungserträge; man hat demnach

$$4\,(1{,}03^{100-65} + 1{,}03^{100-70} + 1{,}03^{100-75} + 1{,}03^{100-80}$$
$$+ 1{,}03^{100-85} + 1{,}03^{100-90} + 1{,}03^{100-95})\,\frac{1}{1{,}03^{100} - 1}$$
$$= 4\,(2{,}814 + 2{,}427 + 2{,}094 + 1{,}806 + 1{,}558 + 1{,}344$$
$$+ 1{,}159)\,0{,}0549 = 4 \cdot 13{,}202 \cdot 0{,}0549 \quad . . . . = \quad 2{,}90 \text{ M.}$$

Oder man kann den Wert dieser Erträge nach Formel VIII a auf den Schluß des Jahres 95 berechnen; es ist $n = 7$, $m = 5$, daher

$$\frac{4\,(1{,}03^{5 \cdot 7} - 1)}{1{,}03^5 - 1} = 4 \cdot 1{,}814 \cdot 6{,}279 = 45{,}56 \text{ M.}$$

Dieser Betrag muß auf den Schluß des Jahres 100 prolongiert und dann als Jetztwert berechnet werden; daher

$$\frac{45{,}56 \cdot 1{,}03^{100-95}}{1{,}03^{100} - 1} = 45{,}56 \cdot 1{,}159 \cdot 0{,}0549 = 2{,}90 \text{ M.}$$

Diese zweite Berechnungsart ist umständlicher als die erste.

f) Der jährliche Jagdpachtertrag hat einen Kapitalwert

$$\text{von } \frac{1{,}20}{0{,}03} \quad \ldots \quad \ldots \quad \ldots \quad = \quad 40{,}00 \text{ M.}$$

Der Jetztwert der Einnahmen ist somit

$$937{,}70 + 25{,}50 + 3{,}10 + 2{,}90 + 40{,}00 \quad \ldots \quad \ldots \quad = \quad 1\,009{,}20 \text{ M.}$$

B. Ausgaben.

a) Den Kapitalwert der Kulturkosten berechnet man am einfachsten aus

$$100 + \frac{100}{1{,}03^{100} - 1} = 100 + 100 \cdot 0{,}0549 \quad \ldots \quad \ldots \quad = \quad 105{,}50 \text{ M.}$$

b) Die Kosten für den Reinigungshieb berechnen sich nach

$$\frac{30 \cdot 1{,}03^{100-15}}{1{,}03^{100} - 1} = 30 \cdot 12{,}336 \cdot 0{,}0549 \quad \ldots \quad \ldots \quad = \quad 20{,}30 \text{ M.}$$

c) Der Kapitalwert der Verwaltungskosten ist $\dfrac{9}{0{,}03}$ $\ldots$ $=$ 300,00 M.

$$\text{Jetztwert der Ausgaben} \quad = \quad 425{,}80 \text{ M.}$$

C. Demnach ist der Bodenertragswert oder

$$B_{100} = 1009{,}20 - 425{,}80 \quad \ldots \quad \ldots \quad \ldots \quad = \quad \mathbf{583{,}40 \text{ M.}}$$

Jährliche Bodenrente $583{,}40 \cdot 0{,}03$ $\ldots$ $\ldots$ $=$ 17,50 M.

Beispiel 3. In einem Fichtenwald sollen die Bestände ein Abtriebsalter von 80 Jahren erreichen. Nach dem Abtrieb wird die Fläche drei Jahre lang landwirtschaftlich benutzt, im dritten Jahre erfolgt jedoch mit der landwirtschaftlichen Bestellung auch die Einsaat des Waldsamens. Wie groß ist der Bodenertragswert, wenn der Abtriebsertrag des 80jährigen Bestandes 6600 M. ist, die auf das Abtriebsalter prolongierten Durchforstungserträge 50% des Abtriebsertrages, also $6600 \cdot 0{,}50 = 3300$ M. ausmachen, die Kulturkosten 70 M. und die jährlichen Verwaltungskosten 9 M. betragen, für die landwirtschaftliche Benutzung jährlich 40 M. Pacht und für die Grasnutzung vom Ende des 2. bis zum Ende des 6. Bestandsjahres jährlich 3 M. erlöst werden? Vorausgesetzt wird, daß der angegebene Betrieb bereits seit unvordenklichen Zeiten geübt wird. Zinsfuß 3%.

Ausrechnung. Wenn die forstliche Kultur immer erst im 3. Jahre nach dem Abtrieb des Bestandes statthat und der Bestand ein Nutzungsalter von 80 Jahren erreichen soll, dann wird der Abtriebsertrag tatsächlich erst nach 82 Jahren fällig, d. h. es ist u = 82 Jahre. Die landwirtschaftlichen Pachtzinse werden wie Durchforstungserträge behandelt, ebenso die Erlöse aus Grasnutzung.

Die Kulturkosten werden innerhalb des 82jährigen Zeitraumes immer am Anfang des 3. Jahres fällig. Rechnerisch fällt dieser Termin mit dem Ende des 2. Jahres zusammen. Man muß daher in diesem Falle Formel V anwenden.

Demnach ist

$$B_{82} = [6600 + 3300 + 40\,(1{,}03^{82-1} + 1{,}03^{82-2} + 1{,}03^{82-3}) + 3\,(1{,}03^{82-4}$$

$$+ 1{,}03^{82-5} + 1{,}03^{82-6} + 1{,}03^{82-7} + 1{,}03^{82-8})] \times \frac{1}{1{,}03^{82} - 1}$$

$$- \left(\frac{70 \cdot 1{,}03^{82-2}}{1{,}03^{82} - 1} + \frac{9}{0{,}03} \right)$$

$$= [6600 + 3300 + 40\,(10{,}960 + 10{,}641 + 10{,}331) + 3\,(10{,}030 + 9{,}738$$
$$+ 9{,}454 + 9{,}179 + 8{,}912)]\,0{,}0972 - (70 \cdot 10{,}641 \cdot 0{,}0972 + 300)$$
$$= [6600 + 3300 + 1277{,}30 + 141{,}90]\,0{,}0972 - (72{,}40 + 300)$$
$$= 1100{,}23 - 372{,}40 \; \ldots \ldots \ldots \ldots \ldots = \mathbf{727{,}83}\ \text{M.}$$

Unter Verwendung der Formel VIIa hätte man auch berechnen können:
Den Wert der landwirtschaftlichen Nutzung am Ende der Umtriebszeit

$$\frac{40\,(1{,}03^3 - 1)}{0{,}03} \cdot 1{,}03^{82-3} = 1277{,}30\ \text{M.}$$

und den Wert der Grasnutzung am Ende der Umtriebszeit

$$\frac{3\,(1{,}03^5 - 1)}{0{,}03} \cdot 1{,}03^{82-8} = 141{,}90\ \text{M.}$$

Beispiel 4. Ein neuangelegter Eichenschälwald wird das erste Mal nach
20 Jahren, dann alle 15 Jahre genutzt. Der erste Abtrieb liefert 70 Zentner Rinde
mit einem erntekostenfreien Erlös von 2,50 M. pro Zentner und 32 fm Schälholz
à 4 M., jeder weitere Abtrieb 95 Zentner Rinde und 37 fm Schälholz zu den
gleichen Preisen. Die erste Anlage erfordert 60 M. Kulturkosten, jede nachfolgende Ergänzung 16 M. Zinsfuß 3%. Verwaltungskosten 6 M.

Der Bodenertragswert berechnet sich nach der Formel (s. Überhaltbetrieb)

$$B = \frac{A_{20}}{1{,}0\,p^{20}} + \frac{A_{15}}{1{,}0\,p^{20}\,(1{,}0\,p^{15} - 1)} - \left(c' + \frac{c\,1{,}0\,p^{15}}{1{,}0\,p^{20}\,(1{,}0\,p^{15} - 1)} + \frac{v}{0{,}0\,p} \right).$$

Da $\quad\quad A_{20} = 70 \cdot 2{,}50 + 32 \cdot 4 = \quad 175 + 128 = 303$ M.

und $\quad\quad A_{15} = 95 \cdot 2{,}50 + 37 \cdot 4 = 237{,}5 + 148 = 385{,}5$ M.,

wird

$$B = \frac{303}{1{,}03^{20}} + \frac{385{,}5}{1{,}03^{20}\,(1{,}03^{15} - 1)} - \left(60 + \frac{16 \cdot 1{,}03^{15}}{1{,}03^{20}\,(1{,}03^{15} - 1)} + \frac{6}{0{,}03} \right) = \mathbf{265{,}80}\ \text{M.}$$

Beispiel 5. Siehe Bestandserwartungswert.

3. Die Größe des Bodenertragswertes.

Hier sind folgende Fälle zu unterscheiden:

A. Die Wirkung jedes einzelnen Rechnungsfaktors der
Formel auf die absolute Größe des Bodenwertes, wenn die übrigen
Faktoren sich gleich bleiben.

a) Abtriebsertrag. Mit demselben steigt und fällt der B_u.

b) Zwischennutzungen. Je größer dieselben, um so größer B_u.

c) Kulturkosten. Je höher dieselben, um so kleiner wird B_u.

d) Verwaltungskosten. Verhalten sich wie die Kulturkosten.

e) Zinsfuß. Hoher Zinsfuß liefert kleine, niedriger
Zinsfuß hohe Bodenertragswerte.

Dies folgt aus der Tatsache, daß der B_u nichts anderes ist als die kapitalisierte jährliche Bodenrente. Ist dieselbe $= r$, dann ist $B_u = \dfrac{r}{0{,}0\,p}$. Je größer p,
um so kleiner wird B_u. — Die Formel des Bodenertragswertes beruht, wie aus
den auf S. 59 mitgeteilten anderen Schreibweisen hervorgeht, auf Diskontierung. Je mehr man von den in Zukunft fälligen Einnahmen und Ausgaben an
Zinseszinsen wegnimmt, um so weniger bleibt für die Gegenwart übrig.

Wenn $p = 0$, wird B_u unendlich groß; wenn p sehr groß ist, wird B_u negativ.

f) Umtriebszeit. Unter der Voraussetzung, daß die unter a) bis e) aufgezählten Größen dieselben bleiben, nimmt der Wert von B_u mit wachsender Umtriebszeit ab, weil er auf Diskontierung beruht.

Diese Tatsache erfährt aber bei der wirklichen Berechnung des B_u insofern eine Abschwächung, als die Größe A_u eine Funktion von u ist und daher eine wesentliche Veränderung der Umtriebszeit stets eine Änderung des Abtriebsertrages zur Folge hat. Nur innerhalb kürzerer Perioden, namentlich in der Nähe des Abtriebsalters, kann A_u praktisch sich gleich bleiben, während u steigt oder fällt. Dagegen schließen sich sehr hohe Abtriebserträge und sehr niedrige Umtriebszeiten ebenso gegenseitig aus wie sehr niedrige Abtriebserträge und sehr hohe Umtriebszeiten (extreme und besondere Fälle ausgenommen).

B. Der Einfluß der Umtriebszeit auf die Größe des Bodenertragswertes:

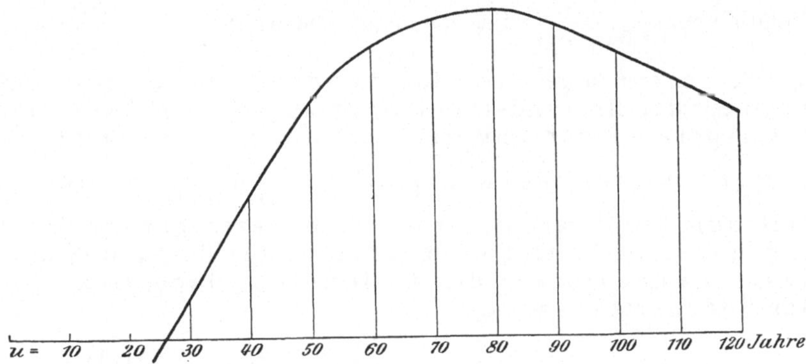

Abb. 2. Schema für den Verlauf des Bodenertragswertes.

a) Unter Berücksichtigung der Veränderungen der Abtriebserträge während derselben.

Vorhin wurde erwähnt, daß die Größe des Abtriebsertrages im allgemeinen eine Funktion des Alters ist, in welchem der Bestand genutzt wird. Der Abtriebswert der Holzmasse eines Bestandes wächst von der Bestandsbegründung bis in das hohe Alter und so lange, bis die natürliche Wuchskraft nachläßt und der Bestand durch Absterben und Faulwerden einzelner Bäume qualitativ und quantitativ rückgängig wird. Diesen Zeitpunkt der physischen Reife wartet eine geordnete Wirtschaft nicht ab. Die Wertzunahme ist nicht immer stetig, sondern erfolgt unter Umständen sprungweise, wobei auch nicht ausgeschlossen ist, daß das höhere Bestandsalter eine Zeitlang geringere Werte aufzuweisen hat als das niedrigere. Solche Rücksprünge sind dann möglich, wenn der jüngere Bestand aus Sortimenten besteht, nach welchen große lokale Nachfrage ist. Ein Fichtenstangenholz kann z. B. in Hopfengegenden, wo viele Hopfenstangen verbraucht werden, zeitlich mehr Wert haben als Fichtenbaumholz. Diese Werte können aber in den seltensten Fällen im großen realisiert werden, weil durch vollständigen

Abtrieb solcher Jungbestände der Markt überfüllt und die Nachfrage beschränkt würde. Daher kann man als Regel annehmen, daß der ältere Bestand auch den größeren Abtriebswert hat, d. h. daß A_u wächst mit zunehmendem u.

Der Quotient $\dfrac{A_u}{1{,}0\,p^u - 1}$ oder $A_u \cdot \dfrac{1}{1{,}0\,p^u - 1}$ besteht somit aus zwei Faktoren, deren absolute Wertsänderungen sich nach entgegengesetzten Richtungen vollziehen: Während A_u mit zunehmendem u steigt, fällt $\dfrac{1}{1{,}0\,p^u - 1}$ mit wachsendem u, weil der Nenner immer größer wird. Die Folge hiervon ist, daß der Wert von $\dfrac{A_u}{1{,}0\,p^u - 1}$ nur so lange der steigenden Tendenz von A_u folgen kann, als der verkleinernde Einfluß von $\dfrac{1}{1{,}0\,p^u - 1}$ dieselbe nicht überwiegt.

Oder konkret ausgedrückt: So lange das Prozent, um welches der Wert des Bestandes von Jahr zu Jahr oder von einer Altersperiode zur andern zunimmt, größer ist als das Prozent, um welches der Quotient $\dfrac{1}{1{,}0\,p^u - 1}$ im gleichen Zeitraum abnimmt, steigt der Bodenertragswert. Sinkt dagegen das Wertszunahmeprozent des Bestandes unter das Abnahmeprozent des Quotienten, dann sinkt auch der Bodenertragswert.

Nimmt A_u um z% zu, dann ist im Jahre $u+1$ $B_u = \dfrac{A_u \cdot 1{,}0\,z}{1{,}0\,p^{u+1} - 1}$. Solange $\dfrac{A_u \cdot 1{,}0\,z}{1{,}0\,p^{u+1} - 1} > \dfrac{A_u}{1{,}0\,p^u - 1}$ oder $1{,}0\,z > \dfrac{1{,}0\,p^{u+1} - 1}{1{,}0\,p^u - 1}$, steigt B_u; besteht Gleichheit, dann ist der Höchstbetrag erreicht; wird $1{,}0\,z < \dfrac{1{,}0\,p^{u+1} - 1}{1{,}0\,p^u - 1}$, dann sinkt B_u. — Für n Jahre gilt $1{,}0\,z^n \gtreqless \dfrac{1{,}0\,p^{u+n} - 1}{1{,}0\,p^u - 1}$.

Der Verlauf des Bodenertragswertes und der frühere oder spätere Eintritt der Kulmination desselben ist daher unter sonst gleichen Umständen von der Intensität der Zuwachstätigkeit des Bestandes, d. h. von der Größe des Zuwachsprozentes abhängig.

Folgende Übersicht auf S. 67 bringt dieses Verhältnis ziffernmäßig zum Ausdruck (Fichte II. Bonität).

Modifizierend auf den Eintritt des Maximums können wirken die Zwischennutzungserträge, Kulturkosten und vor allem der Zinsfuß (siehe unter 4 „Kulmination des Bodenertragswertes“).

Umtrieb u Jahre	$A_u + D_a\, 1{,}0\, p^{u-a} + ..$ Mark	Jährliches Zunahmeprozent	$\dfrac{1}{1{,}03^u - 1}$ Wert	Jährliches Abnahmeprozent	$\dfrac{A_u + D_a\, 1{,}0\, p^{u-a} + ..}{1{,}03^u - 1}$ Mark
30	874		0,701		612
		9,38		4,71	
40	2 143		0,442		948
		6,90		4,11	
50	4 171		0,296		1 232
		5,29		3,75	
60	6 983		0,204		1 428
		3,96		3,52	
70	10 298		0,145		1 489
		3,38		**3,37**	
80	14 360		0,104		**1 490**
		2,81		**3,27**	
90	18 950		0,075		1 425
		2,57		3,19	
100	24 433		0,055		1 341
		2,48		3,15	
110	31 228		0,040		1 258

b) Mit Rücksicht auf die Kulturkosten.

Der verkleinernde Einfluß der Kulturkosten auf die Größe des Bodenertragswertes sinkt mit zunehmender Umtriebszeit, weil dieselben auf einen größeren Zeitraum verteilt werden.

Je kürzer die Umtriebszeit ist, um so größer wird also das Kulturkostenkapital und um so mehr verkleinern die gleichen Kulturkosten die Größe des Bodenertragswertes. Ist $c = 1$, $p = 3\,^0/_0$, dann ist für die

$$\text{Umtriebszeit} \qquad c + \frac{c}{1{,}0\, p^u - 1}$$

$$40 \ . \ . \ . \ 1 + 0{,}442$$
$$60 \ . \ . \ . \ 1 + 0{,}204$$
$$80 \ . \ . \ . \ 1 + 0{,}104$$
$$100 \ . \ . \ . \ 1 + 0{,}055$$
$$120 \ . \ . \ . \ 1 + 0{,}030$$

Je geringer die Bonitäten und je niedriger die Holzpreise sind, um so stärker beeinflussen die Kulturkosten den Bodenwert.

Werden durch die natürliche Verjüngung die Kulturkosten vollständig erspart, so müssen trotzdem für den vorhandenen Bestand zum Zwecke der Festsetzung des objektiven Tauschwertes des Bodens Kulturkosten aufgerechnet werden. Den Maßstab bilden die Kulturaufwendungen, die zur künstlichen Kultur erforderlich wären (siehe 5. Abschnitt, 4. Kapitel).

Es geht nicht an, die Wirkung der Kulturkosten nur nach dem prolongierten Wert $c\, 1{,}0\, p^u$ zu beurteilen. Es muß vielmehr das Kulturkostenkapital, das kleiner ist, berücksichtigt werden.

C. Der Einfluß der Zeit, in welcher Zwischennutzungen eingehen und Kosten zu verausgaben sind.

a) Je frühzeitiger die Zwischennutzungserträge aller Art von dem Bestand bezogen werden können, um so größer wird unter sonst gleichen Umständen der Bodenertragswert.

Denn es ist allgemein $\dfrac{D_m \cdot 1{,}0\,p^{u-m}}{1{,}0\,p^u - 1} = \dfrac{D_m}{1{,}0\,p^m} + \dfrac{D_m}{(1{,}0\,p^u - 1)\,1{,}0\,p^m}$. Der

Quotient $\dfrac{1}{1{,}0\,p^m}$ ist bei gleichem p um so größer, je kleiner der Exponent m,

d. h. je kürzer der Diskontierungszeitraum ist.

Ein Durchforstungsertrag von 80 M., welcher jedesmal im 20jährigen Alter des Bestandes eingeht, hat, wenn $u = 100$, $p = 3\,^0/_0$, einen Kapitalwert von 46,73 M.; geht er aber erst immer im 40jährigen Bestandsalter ein, so ist sein Kapitalwert nur 25,87 M.

b) Je frühzeitiger bestimmte Kosten innerhalb der Umtriebszeit zu verausgaben sind, um so kleiner wird der Bodenertragswert. Dieser Satz fand schon seine Bestätigung bei den Kulturkosten.

Ferner gehören hierher alle Maßregeln der Bestandspflege, wie Reinigungshiebe, Entastungen, wenn der Materialanfall nicht die

Kosten deckt. Dieselben sind ebenfalls nach der Formel $\dfrac{K \cdot 1{,}0\,p^{u-m}}{1{,}0\,p^u - 1}$

zu berechnen und belasten den Bodenertragswert um so mehr, je frühzeitiger sie verausgabt werden.

4. Die Kulmination des Bodenertragswertes.

Auf Seite 66 wurde gezeigt, daß der Bodenertragswert für ein bestimmtes Bestandsalter seinen höchsten Betrag erreicht. Vor und nach diesem Zeitpunkt ist er kleiner. Als wahrer forstwirtschaftlicher Wert des Bodens kann nur das Maximum des Bodenertragswertes gelten. Denn nach den Gesetzen der Wirtschaftlichkeit ist der Bestand in dem Zeitpunkt zu nutzen, in welchem dieses Maximum eintritt. (Umtriebszeit des größten Bodenreinertrages oder finanzielle Umtriebszeit.)

Der frühere oder spätere Eintritt dieses Maximums ist nun abhängig:

a) Vom Zinsfuß. Je größer derselbe ist, um so früher kulminiert der Bodenertragswert[1]).

Dies folgt unmittelbar aus den Betrachtungen auf S. 66 ff. Der verkleinernde

Einfluß von $\dfrac{1}{1{,}0\,p^u - 1}$ ist um so intensiver, je größer p ist.

b) Von den Zwischennutzungserträgen. Dieselben kommen in Betracht:

α) hinsichtlich ihrer Größe. Je größer sie sind, um so früher kulminiert der Bodenertragswert.

Beweis. Solange der B_u im Steigen begriffen ist, ist die Differenz zwischen dem Bodenertragswert des nachfolgenden und des vorhergehenden Jahres, also allgemein $B_{u+n} - B_u$ stets positiv. Nehmen wir nun für den Bodenertragswert den Ausdruck:

---

[1]) Lehr konstatiert im Handbuch der Forstwissenschaft, 1. Aufl. II, 40, an einzelnen besonders konstruierten Fällen, daß unter Umständen ein größeres p die Kulmination des B_u hinausschieben kann, wenn die Durchforstungserträge im späteren Alter unverhältnismäßig groß gegenüber dem bleibenden Hauptbestand werden.

$$B_u = \frac{A_u + \dfrac{D_a}{1,0p^a} + \cdot\cdot \dfrac{D_q}{1,0p^q}}{1,0p^u - 1} = \frac{A_u}{1,0p^u - 1} + \frac{\dfrac{D_a}{1,0p^a} + \cdot\cdot \dfrac{D_q}{1,0p^q}}{1,0p^u - 1},$$

dann ist die Differenz:

$$B_{u+n} - B_u = \frac{A_{u+n}}{1,0p^{u+n} - 1} + \left(\frac{D_a}{1,0p^a} + \cdot\cdot \frac{D_q}{1,0p^q}\right)\frac{1}{1,0p^{u+n} - 1}$$
$$- \frac{A_u}{1,0p^u - 1} - \left(\frac{D_a}{1,0p^a} + \cdot\cdot \frac{D_q}{1,0p^q}\right)\frac{1}{1,0p^u - 1}$$

positiv, solange der Wert von B_{u+n} im Steigen begriffen ist.

Da es auf das Jahr des Eingangs der Durchforstungserträge hier nicht ankommt, setzen wir $\dfrac{D_a}{1,0p^a} + \cdot\cdot = D$. Der vorige Ausdruck läßt sich demnach auch in Form anschreiben.

$$B_{u+n} - B_u - \frac{A_{u+n}}{1,0p^{u+n} - 1} - \frac{A}{1,0p^u - 1} + \left(\frac{D}{1,0p^{u+n} - 1} - \frac{D}{1,0p^u - 1}\right).$$

Hierin ist $\dfrac{A_{u+n}}{1,0p^{u+n} - 1} - \dfrac{A_u}{1,0p^u - 1}$ $(= A)$ vor der Kulmination von

$\dfrac{A_{u+n}}{1,0p^{u+n} - 1}$ stets positiv, dagegen $D\left(\dfrac{1}{1,0p^{u+n} - 1} - \dfrac{1}{1,0p^u - 1}\right)$ $(= \varDelta)$ stets und jederzeit negativ.

Solange die positive Differenz A größer ist als die negative $\varDelta$, ist der B_u im Steigen begriffen, weil die Gesamtdifferenz positiv ist; und umgekehrt, sobald $\varDelta$ größer wird als A, ist der B_u im Fallen.

Nun ist klar, daß die Differenz $\varDelta$ um so früher größer wird als A, je größer D, d. h. je größer die Durchforstungserträge, um so früher kulminiert der Bodenertragswert. — Zur Veranschaulichung dient folgendes Beispiel:

u	$\dfrac{A_u}{1,03^u - 1}$	Differenz A	$\dfrac{100}{1,03^u - 1}$	Differenz $\varDelta$	$\dfrac{A_u + D}{1,03^u - 1}$	$\dfrac{200}{1,03^u - 1}$	Differenz $\varDelta$	$\dfrac{A_u + D}{1,03^u - 1}$
				D = 100			D = 200	
20	734		124		858	248		982
		+ 149		— 54			— 108	
30	883		70		953	140		1023
		+ 76		— 26			— 52	
40	959		44		1003	88		**1047**
		+ 21		— 14			— 28	
50	980		30		1010	60		1040
		+ 14		— 10			— 20	
60	**994**		20		**1014**	40		1034
		— 32		— 6			— 12	
70	962		14		976	28		990
		— 83		— 4			— 8	
80	879		10		889	20		899

β) hinsichtlich der Zeit ihres Eingangs. Je früher die Zwischennutzungserträge eingehen, um so früher kulminiert der Bodenertragswert.

Der Beweis hierfür folgt unmittelbar aus dem vorigen. $D = \dfrac{D_a}{1{,}0\,p^a} + \cdot\cdot$ ist um so größer, je kleiner a, d. h. je kürzer der Diskontierungszeitraum; die Differenz $\varDelta$ wird daher um so früher größer als die Differenz A, je kleiner a, weil dadurch D größer wird. Die Folgerung hieraus ist also dieselbe wie oben.

γ) hinsichtlich ihrer Wirkung auf den Zuwachs des Hauptbestandes. Wirken die Durchforstungen zuwachsfördernd, was in der Regel der Fall ist, dann können selbst große und frühzeitig eingehende Erträge die Kulmination des B_u hinausschieben wegen Erhöhung des Abtriebsertrages. Das Maß dieser Wirkung kann nicht allgemein, sondern nur von Fall zu Fall konstatiert werden.

c) Von der Höhe der Abtriebsnutzung. Je größer der Abstand zwischen dem Abtriebsertrag der höheren und der jüngeren Bestandsalter ist, um so später kulminiert der Bodenertragswert. Dieser Fall tritt hauptsächlich dann ein, wenn das stärkere Holz unverhältnismäßig höhere Preise erzielt als das jüngere (Qualitätszuwachs), oder wenn die Massen- und Qualitätsentwicklung erst in den höheren Altern einsetzt. Darauf ist es auch zurückzuführen, daß die finanzielle Umtriebszeit der schlechtwüchsigen Bestände höher ist als die der gutwüchsigen. Denn die geringen Standortsklassen erzeugen viel später marktgängige Nutzholzsortimente als die besseren Standortsklassen.

d) Von den Kulturkosten. Je größer dieselben sind, um so später kulminiert der Bodenertragswert. Diese verzögernde Wirkung fällt auf den besseren Standortsklassen kaum ins Gewicht. Auf geringwüchsigen Standorten dagegen kann die Umtriebszeit durch hohe Kulturkosten um 10—20 Jahre hinausgeschoben werden.

Beweis. Geht man wieder von der Gleichung

$$B_u = \left(A_u + \frac{D_a}{1{,}0\,p^a} + \cdot\cdot - c \right) \frac{1}{1{,}0\,p^u - 1}$$

aus, so steigt nach dem Beweis unter b_α B_u so lange, als

$$\frac{A_{u+n}}{1{,}0\,p^{u+n} - 1} - \frac{A_u}{1{,}0\,p^u - 1} + \frac{D}{1{,}0\,p^{u+n} - 1} - \frac{D}{1{,}0\,p^u - 1}$$

positiv ist. Je kleiner D ist, um so länger bleibt dieser Ausdruck positiv. Zieht man nun c direkt von D ab und setzt man an Stelle von D die Differenz (D — c), dann ist dieselbe offenbar um so kleiner, je größer c ist, d. h. je größer die Kulturkosten, um so länger bleibt obiger Ausdruck positiv und um so später kulminiert der Bodenertragswert.

e) Die Verwaltungskosten sind auf die Kulmination des Bodenertragswertes einflußlos. Sie können daher dann, wenn es sich nur um die Festsetzung der finanziellen Umtriebszeit handelt, außer Ansatz bleiben.

5. Zusammenstellung der Resultate über Größe und Kulmination des Bodenertragswertes.

Der Bodenertragswert ist um so größer:

Je kleiner der Zinsfuß.

Je größer der Abtriebsertrag.

Je größer die Zwischennutzungen und je frühzeitiger sie eingehen.

Je kleiner die Kulturkosten und je länger der Zeitraum ihrer Wiederholung.

Je kleiner die Verwaltungskosten.

Der Bodenertragswert kulminiert um so früher:

Je größer der Zinsfuß.

Je geringer der Unterschied zwischen dem Abtriebsertrag jüngerer und älterer Bestände.

Je größer die Zwischennutzungen und je frühzeitiger sie eingehen.

Je kleiner die Kulturkosten.

Die Verwaltungskosten sind einflußlos.

6. Der negative Bodenertragswert.

Für sehr kurze oder sehr lange Umtriebszeiten kann der Bodenertragswert negativ werden. Nicht minder kann dieser Fall auch für mittelhohe Umtriebszeiten eintreten, wenn die Kultur- und Verwaltungskosten unverhältnismäßig hoch und die Abtriebserträge niedrig sind. Je größer der Zinsfuß, um so eher ergeben sich negative Werte.

Der negative Bodennettowert kann, soweit nicht noch andere Kosten in Betracht kommen, höchstens die Höhe des Kultur- und Verwaltungskostenkapitals erreichen, der negative Bodenbruttowert höchstens die Höhe des Kulturkostenkapitals.

Ein negativer Bodenwert ergibt sich als Folge einer negativen Bodenrente. Diese ist der rechnungsmäßige Beweis dafür, daß mehr Kapital und Arbeit oder Nutzungsteile hiervon auf die Nutzbarmachung des Bodens verwendet wurden als derselbe nach seiner Ertragsfähigkeit zurückvergüten kann. Der jährliche Rohertrag ist kleiner als der jährliche Kostenaufwand. In Wirklichkeit ist daher nicht die Bodenrente negativ, sondern der auf das Kapital und die Arbeit treffende Anteil. Diese beiden Faktoren arbeiten mit Schulden, die der Boden nicht zu decken vermag. Die Bodenrente als solche kann mindestens nur gleich Null sein, denn weniger als nichts kann ein Boden nicht produzieren.

Wie die negative Bodenrente, so ist auch der aus derselben berechnete negative Bodenertragswert keine gemeinwirtschaftliche, sondern nur eine rechnerische Größe. Er hat nur ein persönliches Interesse für den Waldbesitzer, der durch denselben auf die Unrentabilität seiner Wirtschaft hingewiesen wird, nicht aber für dritte Personen bzw. für den Käufer des Bodens. Dieser wird, wenn unter gar keinen Umständen eine Bodenrente zu erhoffen ist, den Boden höchstens geschenkt nehmen, nicht aber den Verlust sich aufbürden. Daraus folgt, daß bei Bodenverkäufen und Schadenersatzrechnungen der sich negativ berechnende Bodenertragswert gegenstandslos und nur für Rentabilitätsberechnungen von Bedeutung ist.

Man wird vielmehr bei Waldverkäufen auch dann, wenn ein negativer Bodenwert selbst bei Einhaltung der finanziellen Umtriebszeit sich berechnet, immer einen gewissen, wenn auch noch so niedrigen Preis für den Boden annehmen müssen, einmal mit Rücksicht auf die Möglichkeit, daß durch den Eintritt günstigerer Verhältnisse dem Boden doch noch eine Rente abgewonnen werden kann, und dann auch deswegen, weil der Besitztitel an sich einen gewissen Wert darstellt (siehe Tauschwert).

Auch in der Landwirtschaft und beim Hausbesitz können sich negative Bodenrenten berechnen.

7. Die Rechnungsgrundlagen des Bodenertragswertes.

A. Allgemeine Gesichtspunkte.

Bei jeder Berechnung des Bodenertragswertes ist in erster Linie festzustellen, ob derselbe im Anhalt an die bestehenden Verhältnisse oder unter Zugrundelegung einer anderen einträglicheren Wirtschaftsweise ermittelt werden soll.

Im ersteren Falle, wenn entweder die vorhandene Holz- und Betriebsart standortsgemäß ist oder wenn dieselbe, ohne standortsgemäß zu sein, aus zwingenden Gründen beibehalten werden muß, bieten die Wuchsverhältnisse und die allenfalls vorliegenden Betriebsergebnisse Anhaltspunkte für die Festsetzung der rechnerischen Grundlagen. Im zweiten Falle, wenn der Bodenwert nach den Erträgen und Kosten einer erst zu begründenden Holz- und Betriebsart bemessen werden soll, sind Ertragstafeln und die Betriebsergebnisse benachbarter gleichartiger Bestände zu verwenden.

Grundsätzlich ist immer der höchstmögliche Bodenertragswert zu berechnen. Daher müssen die Abtriebserträge und Durchforstungserträge von mindestens drei Abtriebsaltern festgestellt werden.

B. Abtriebsertrag.

a) Im allgemeinen.

Ganz allgemein ist unter dem Abtriebs- oder Haubarkeitsertrag der Wert der Abtriebsnutzung eines normal beschaffenen Bestandes zu verstehen. Da der Bodenertragswert sich auf wirkliche, erreichbare Erträge stützen muß, ist der Abtriebswert als normal anzusehen, wenn die Mehrzahl der Bestände gleicher Standortsgüte im gleichen Abtriebsalter denselben erreicht. Ertragsausfälle infolge von Kalamitäten (Insekten, Wind, Schnee), welche nicht dem Standorte zuzuschreiben, sondern zufällig sind oder von falscher Wirtschaftsführung herrühren, dürfen bei Berechnung des Bodenertragswertes nicht berücksichtigt werden. (Wohl aber bei Bestimmung des Bestandserwartungswertes!) Denn der Bodenwert ist der ziffermäßige Ausdruck für den Grad der d a u e r n d e n Ertragsfähigkeit des Bodens. Auch ein Bauplatz wird dadurch nicht entwertet, daß ein altes oder baufälliges Haus auf ihm steht, und ein landwirtschaftlicher Boden nicht durch eine einmalige Mißernte.

Praktisch läßt sich die Frage allerdings nicht immer leicht beantworten, inwieweit Mindererträge gegenüber den normalen auf Rechnung des Standortes oder des Zufalles zu setzen sind, ob sie wirtschaftlich verschuldet oder vi majore eingetreten sind. Windbruch kann ebensogut durch die Lage (Standort) wie durch falsche Wirtschaftsführung oder Holzart bedingt sein. Auch die Insekten suchen die eine Gegend häufiger auf wie die andere. In vielen Fällen kann man aber durch waldbauliche Maßregeln den Gefahren vorbeugen (Mischbestände, Bestandspflege, andere Holzart usw.).

b) **Der Wert der Abtriebsnutzung in verschiedenen Zeiten.**

Eine wichtige Frage ist die, ob zur Bestimmung des Bodenertragswertes die **gegenwärtigen** oder die **voraussichtlich künftigen höheren Preise** der Abtriebsnutzung und der Durchforstungserträge in Ansatz zu bringen sind.

Es wurde beim forstlichen Zinsfuß dargelegt, daß dessen Größe in erster Linie durch die Aussicht auf das Steigen der Holzpreise und damit der Reineinnahmen bestimmt wird. Es wurde aber auch hervorgehoben, daß der Aufrechnung des vermutlichen vollen Teuerungszuwachses die Lebensinteressen des Waldbesitzers entgegenstehen (S. 22). Im forstlichen Zinsfuß wird demnach der Tatsache der Holzpreissteigerung nur im allgemeinen und praktisch nur auf absehbare Zeit Rechnung getragen.

Unabhängig davon steht hier die grundsätzliche Frage zur Erörterung, ob die auch in der fernsten Zukunft voraussichtlich fällig werdenden höheren Erträge in absoluten Ziffern der Berechnung des Bodenertragswertes zugrunde gelegt werden dürften. Der Einwand, daß dieselben nicht bekannt sind, könnte kein Grund sein, darauf grundsätzlich zu verzichten, wenn es sich um eine zwingende theoretische Forderung handeln würde.

Zur Beantwortung dieser Frage muß man von folgenden Gesichtspunkten ausgehen.

α) In der Formel des Bodenertragswertes ist

$$\frac{A_u}{1,0\,p^u - 1} = \frac{A_u}{1,0\,p^u} + \frac{A_u}{1,0\,p^u\,(1,0\,p^u - 1)}$$

$$= \frac{A_u}{1,0\,p^u} + \frac{A_u}{1,0\,p^{2u}} + \frac{A_u}{1,0\,p^{3u}} + \cdots$$

Die in dieser Gleichung liegende Theorie setzt voraus, daß einmal die Umtriebszeit u für alle Zeiten dieselbe bleibe und zweitens, daß alle u Jahre sich genau ein Abtriebsertrag von der Größe A_u ergebe. Diese mathematischen Voraussetzungen widersprechen naturgemäß den wirtschaftlichen Vorgängen. Selbst wenn die Umtriebszeit ewig dieselbe bliebe, müßte obige Summe eigentlich $\dfrac{A_u}{1,0\,p^u} + \dfrac{A'_u}{1,0\,p^{2u}}$

$+ \dfrac{A''_u}{1,0\,p^{3u}} + \cdots$ lauten, worin A'_u, $A''_u \ldots$ die Erträge am Schluß der Umtriebszeit von 2 u, 3 u ... Jahren bedeuten. Allein auch dieser Ausdruck leidet an inneren Unmöglichkeiten, weil niemand diese (wahrscheinlich) höheren Abtriebserträge kennt und ferner, weil niemand, auch keine juristische Person, in der Gegenwart einen Wechsel diskontieren wird, der erst nach 2 u, 3 u ... Jahren fällig wird. Die Rückwirkung von Erträgen der fernen Zukunft auf den gegenwärtigen Wert des Bodens findet eben ihre natürliche Grenze in dem Umstand, daß kein Waldbesitzer, auch nicht der Staat, das Interesse und die Kapitalkraft besitzt, um auf so entfernt liegende Einnahmen reflektieren zu können und zu wollen. Der Zinsenverlust setzt jeder Spekulation auf die höheren Erträge einer späteren Zukunft zeitliche Grenzen.

In Wirklichkeit tragen die Abtriebserträge, welche nach der 1. Umtriebszeit anfallen, zu der Größe des Bodenertragswertes sehr wenig bei, weil ihr Zinsenkonto sehr groß wird. Die Wiederholungswerte $\dfrac{1}{1,0\,p^{2u}}$, $\dfrac{1}{1,0\,p^{3u}}$ .. werden um so kleiner, je größer u und p ist.

Es ist z. B.:

$$\frac{1}{1,03^{60}-1} = 0,1697 + 0,0288 + 0,0049 + 0,0008 + \ldots \qquad = 0,2044,$$

$$\frac{1}{1,03^{80}-1} = 0,09398 + 0,00883 + 0,00083 + 0,00008 + \ldots \qquad = 0,10373,$$

$$\frac{1}{1,03^{100}-1} = 0,052033 + 0,002707 + 0,000140 + 0,000007 + \ldots \qquad = 0,054889.$$

Bei Umtriebszeiten von 80 Jahren und darüber ist, bei $p = 3\,^0/_0$, schon der Wert der dritten Abtriebsnutzung praktisch einflußlos auf die Größe des Bodenertragswertes.

Setzt man $A_u + D_a\,1,0\,p^{u-a} + \ldots - c\,1,0\,p^u = S$, dann wird

$$B_u = \underbrace{\frac{S}{1,0\,p^u}}_{=\,I} + \underbrace{\frac{S}{1,0\,p^u\,(1,0\,p^u - 1)}}_{=\,II} - V$$

In Prozenten verteilt sich der Anteil der ersten Umtriebszeit (I) und jener der folgenden Umtriebszeiten (II) am gesamten Bodenertragswert (ohne Verwaltungskosten) wie folgt (Lorey in Allg. Forst- und Jagdztg. 1895, Juliheft).

u =	60		80		100		120 J.	
	I	II	I	II	I	II	I	II
$p = 2\,^0/_0$	69,5	30,5	79,5	20,5	86,2	13,8	90,7	9,3
$p = 2^1/_2\,^0/_0$	77,3	22,7	86,1	13,9	91,5	8,5	94,8	5,2
$p = 3\,^0/_0$	83,0	17,0	90,6	9,4	94,8	5,2	97,1	2,9

β) Ein anderes Bedenken, die zukünftigen mutmaßlichen Preise der Bodenertragsermittelung zugrunde zu legen, ist in dem Gang der Bodenwertserhöhung begründet. Nimmt man z. B. an, der Abtriebswert eines sofort zu nutzenden 90 jährigen Bestandes sei 10 000 M. Unter Vernachlässigung aller anderen Größen berechnet sich hieraus, wenn

$p = 3\,^0/_0$, ein Bodenertragswert von $\dfrac{10\,000}{1,03^{90} - 1} = 752$ M. Unmittelbar
nach der Abholzung wird der Boden verkauft. Wüßte man nun genau,
daß sich nach weiteren 90 Jahren auf demselben bei gleichem Material-
ertrage ein Abtriebswert von 15 000 M. erzielen läßt wegen Steigens
der Holzpreise, dann würde sich für die nächste Umtriebszeit der Bodenertragswert zu $\dfrac{15\,000}{1,03^{90} - 1} = 1128$ M. berechnen. Es wäre also der
Bodenwert unmittelbar nach dem Abtriebe des Bestandes nur im Hinblick auf den entfernt liegenden höheren Abtriebsertrag um 1128 minus
752 = 376 M. gestiegen. Da vorstehende Annahme gegenüber allen
Bodenflächen in höherem oder minderem Maße geltend gemacht werden
kann, würde sich als allgemeine Regel ergeben, daß der Boden durch
die Tatsache des Abtriebes und den Beginn der Wiederaufforstung sofort im Werte steigen müßte. Dies wider-
spricht allen wirtschaftlichen Erfahrungen und Vorgängen.

γ) Wenn der Bodenwert auf Grund der künftigen Abtriebserträge
$\dfrac{A_u}{1,0\,p^u - 1}$ ist, dann beträgt die Bodenrente $\dfrac{A_u}{1,0\,p^u - 1} \cdot 0{,}0\,p$.
Nach unserem Beispiele ist dieselbe 33,84 M. Diese Summe hat aber in der
Gegenwart eine größere Kaufkraft als nach u Jahren. Wenn jemand den Boden nach u Jahren unter Zugrundelegung der Bodenrente
von 33,84 M. kauft, bezahlt er einen den Marktverhältnissen angemessenen Preis; würde der Käufer aber dieselbe Summe jetzt bezahlen,
so gibt er in derselben mehr als dem wirklichen Bodenwert entspricht,
weil diese späteren Preisverhältnisse in die Gegenwart nicht hinein-
passen.

δ) Als Folgerung aus vorstehenden Erörterungen ergibt sich daher,
daß für die Berechnung des Bodenertragswertes der Wert
der Abtriebsnutzung nach den gegenwärtigen marktgängigen durchschnittlichen Holzpreisen zu veranschlagen ist.

Die Bodenrenten- und Bodenwertsveränderungen folgen Schritt
für Schritt den Änderungen der Holzpreise. Das volkswirtschaftliche
Gesetz der allmählichen Bodenwertserhöhung ist auf diese Tatsache
gegründet. Die Erhöhung muß erlebt werden.

Eine weitere wichtige Folgerung ist die, daß die berechneten
Bodenertragswerte nur so lange Gültigkeit haben, als die
Einnahmen und Ausgaben dieselben bleiben, aus denen sie
hervorgingen. Die Bestimmung des Bodenertragswertes auf die
Dauer einer oder mehrerer Umtriebszeiten ist unmöglich. Wie die
Forsteinrichtung die jährliche Nutzungsgröße von Zeit zu Zeit neu zu
bestimmen hat, so muß auch der Bodenertragswert für statische Zwecke
von Periode zu Periode neu berechnet werden. Nur auf diese Weise
kann die Holzpreissteigerung in Rechnung gezogen werden.

Auch bei der Preisfestsetzung von anderen Immobilien bleiben die wahrscheinlichen höheren Erträge der ferneren Zukunft unberücksichtigt. Wer ein Haus
kauft, das einen jährlichen Reinertrag von 5000 M. abwirft, zahlt, wenn $p = 5\,^0/_0$,

$$\frac{5000}{0,05} = \frac{5000}{1,05^1} + \frac{5000}{1,05^2} + \frac{5000}{1,05^3} + \ldots \infty = 100\,000 \text{ M.}$$

Die zukünftigen Erträge werden also nur mit ihrem Gegenwartswert in Rechnung gestellt.

C. Zwischennutzungserträge.

Die auf das Ende der Umtriebszeit prolongierten Durchforstungserträge kann man auch in Teilen oder Prozenten des Abtriebsertrages ausdrücken.

Setzt man $D_a\,1{,}0\,p^{u-a} + \ldots D_q\,1{,}0\,p^{u-q} = D$, so erhält man aus $\frac{D}{A_u} \cdot 100$ das Prozent der Durchforstungserträge, welches auf je 100 Teile des Abtriebsertrages entfällt. Ist z. B. $D = 3250$ M., $A_u = 6630$ M., dann ist $\dfrac{3250 \cdot 100}{6630} = 49\,\%$.

Oder man kann auch schreiben:

$$\frac{A_u + D}{A_u} = \frac{6630 + 3250}{6630} = 1{,}49 \quad \text{(Endwert).}$$

Hat man daher auf Grund der örtlich herrschenden Durchforstungspraxis und der geltenden Holzpreise festgestellt, daß im Durchschnitt der Wert sämtlicher während der eingehaltenen Umtriebszeit eingehenden Durchforstungserträge innerhalb derselben Holzart und Bonität am Ende der Umtriebszeit $49\,\%$ vom Abtriebsertrag ausmacht, dann braucht man die Durchforstungserträge nicht für jeden einzelnen Bestand von neuem zu ermitteln. Wenn $A_u = 6630$ M., dann wird $A_u + D_a\,1{,}0\,p^{u-a} + \ldots = 6630 + 6630 \cdot 0{,}49$ oder $= 6630 \cdot 1{,}49 = 9879$ M.

Die sächsische Staatsforstverwaltung schreibt in ihrer „Anweisung zur Anfertigung von Wertsermittlungen usw." vom Jahre 1904 vor, daß die Zwischennutzung in Prozenten des Abtriebswertes nach folgenden Sätzen einzustellen ist ($p = 3\,\%$):

Umtrieb	60	70	80	90	100	110	120 J.
für Fichte und Tanne							
I. u. II. Bonität . . .	30	35	43	50	57	—	— %
III. „ . . .	36	46	55	63	70	—	— %
IV. u. V. „ . . .	40	53	65	75	85	—	— %
für Kiefer, Lärche und Laubholz							
I. u. II. Bonität . . .	20	23	27	31	37	43	50 %
III. „ . . .	15	17	20	23	27	31	36 %
IV. u. V. „ . . .	7	10	13	15	18	21	24 %

Für die im Anhang I dieses Buches mitgeteilten Geldertragstafeln, denen ein kräftiger, bis in das höhere Alter anhaltender Durchforstungsbetrieb zugrunde gelegt ist, berechnen sich folgende abgerundete Prozentsätze:

Umtrieb	60	70	80	90	100	110	120 J.
für Fichte							
I. Bonität	23	35	52	76	114	167	236 %
III. „	23	34	49	70	98	138	196 %
für Tanne							
I. Bonität	13	23	35	50	68	93	123 %
III. „	11	19	30	41	56	73	93 %
für Kiefer							
I. Bonität	37	53	72	86	127	164	212 %
III. „	37	55	76	102	134	173	228 %
für Buche							
I. Bonität	19	32	44	58	73	91	114 %
III. „	10	18	28	38	51	66	84 %

Die durchschnittlichen Prozentsätze oder „Endwerte" für jede Holz- und Betriebsart aufzustellen, ist Sache der örtlichen Statistik. Die Größe derselben hängt ab

a) von der Höhe des Zinsfußes, mit welchem die Vorerträge auf das Ende der Umtriebszeit prolongiert werden. Hoher Zinsfuß gibt hohe, niederer Zinsfuß kleine Endwerte, weil D mit demselben fällt und steigt;

b) von der Länge der Umtriebszeit. Mit derselben nimmt $\dfrac{D}{A_u}$ zu, weil die Vorerträge an sich und wegen des größeren Prolongierungszeitraums größer werden.

Für viele Zwecke genügt es, im Anhalt an periodisch durchgeführte wiederholte Berechnungen die Endwerte zu schätzen. Fehler in der Schätzung beeinflussen die Größe des Bodenertragswertes nur wenig. Ist z. B. $A_{100} = 10\,000$ M., der richtige Endwert 1,40, so ist $B = \dfrac{10\,000 \cdot 1,4}{1,03^{100} - 1} = 768$ M.; hätte man unrichtigerweise den Endwert nur zu 1,30 angenommen, so würde $B = 714$ M. (bei Vernachlässigung der Kultur- und Verwaltungskosten); der Fehler beträgt demnach 7 %.

D. Kulturkosten.

Unter denselben sind jene Ausgaben zu verstehen, welche für die Aufforstung eines Bodens nach Maßgabe der zweckmäßigsten Methode gegenwärtig zu machen sind. Bei einem bereits bestockten Boden ist demnach nicht die Summe maßgebend, welche die Bestandsbegründung gekostet hat, sondern jene, welche sie unter den gegenwärtigen Verhältnissen kosten würde. Nur so erhält man den gegenwärtigen objektiven Bodenertragswert.

Die für die Begründung des Bestandes seinerzeit wirklich ausgegebenen Kulturkosten kommen nur für Rentabilitätsrechnungen in Betracht.

Bei der Verrechnung der Kulturkosten kann man folgende Wege einschlagen:

1. Man hält genau den durch die allgemeine Formel vorgeschriebenen Weg ein.

2. Man drückt bei der Schreibweise $c + \dfrac{c}{1{,}0\,p^u - 1}$ den Wert $\dfrac{1}{1{,}0\,p^u - 1}$ im Prozent aus. Hierzu kann folgende Prozenttafel, welche die Werte von $\dfrac{100}{1{,}0\,p^u - 1}$ enthält, dienlich sein.

Umtriebs-zeit Jahre	Bei einem Wirtschaftsprozente von			Umtriebs-zeit Jahre	Bei einem Wirtschaftsprozente von		
	2	2,5	3		2	2,5	3
	ist c zu erhöhen um die Prozente				ist c zu erhöhen um die Prozente		
50	59	41	30	90	20	12	8
55	51	35	25	95	18	11	6
60	44	29	20	100	16	9	5
65	38	25	17	105	14	8	5
70	33	22	14	110	13	7	4
75	29	19	12	115	11	6	3
80	26	16	10	120	10	5	3
85	23	14	9				

Beispiel. Ist $c = 120$ M., $p = 3\,\%$, $u = 90$ Jahre, dann ist $\dfrac{120 \cdot 1{,}03^{90}}{1{,}03^{90} - 1}$

$$= 120 + \frac{120}{1{,}03^{90} - 1} = 120 + 120 \cdot 0{,}08 = 120 + 9{,}60 = 129{,}60 \text{ M.}$$

Oder $120 + 120 \cdot 0{,}08 = 120\,(1 + 0{,}08) = 120 \cdot 1{,}08 = 129{,}60$ M

3. Inwieweit es angezeigt ist, das Kulturkostenkapital gegen die Durchforstungserträge oder andere Einnahmen zu kompensieren, kann nur von Fall zu Fall entschieden werden.

E. Verwaltungskosten.

Es dürfen nur jene Beträge in Rechnung gestellt werden, die gegenwärtig fällig sind (s. Kulturkosten).

8. Der Bodenertragswert besonderer Betriebsformen.

Die oben entwickelte Formel bezieht sich zunächst auf den Kahlschlagbetrieb, bei welchem der Abtriebsertrag A_u auf einmal genutzt wird. Für andere Betriebsformen muß die Formel etwas modifiziert werden.

A. Schirmschlagbetrieb (Dunkelschlagwirtschaft).

In den Vollbestand wird der Vorbereitungshieb eingelegt, diesem folgt nach einiger Zeit der Besamungshieb, infolgedessen sich die ganze Fläche gleichmäßig verjüngt. Je nach dem Gedeihen

des jungen Bestandes wird das noch vorhandene Material auf dem
Wege der Nachhiebe nach und nach oder auch im ganzen genutzt.
Der letzte Nachhieb heißt Endhieb.

Der Abtriebsertrag A_u wird also nicht auf einmal, sondern im Verlauf des Verjüngungszeitraumes in Teilbeträgen fällig. Für die Berechnung des Bodenertragswertes muß indessen ein bestimmtes Jahr
als Umtriebszeit angenommen werden. Als solche hat grundsätzlich jenes Jahr zu gelten, in welchem der Besamungshieb
geführt wird. Denn von diesem ab wird der Boden in normalen
Fällen von der entstehenden jungen Baumgeneration in Anspruch genommen und schließt der Umtrieb des bisherigen Bestandes. Das noch
einige Zeit stehen bleibende Nachhiebsmaterial ist auf Rechnung des
alten Bestandes zu setzen.

Die dem Jahre des Besamungshiebes vorhergehenden Nutzungen
werden stets auf dasselbe prolongiert, also auch der Ertrag des Vorbereitungshiebes. Letzterer ist waldbaulich und rechnerich nichts
anderes als eine starke Durchforstung.

Bezüglich der Verrechnung des Samenhiebs und Nachhiebsmaterials gilt folgendes:

Wird im Jahre u der Besamungshieb, im Jahre u + x der Nachhieb geführt, dann hat der Ertrag des ersteren gegenwärtig den Wert

$$\frac{A_u}{1,0\,p^u - 1},$$

und der Ertrag des letzteren den gegenwärtigen Wert von

$$\frac{A_{u+x}}{1,0\,p^{u+x}} + \frac{A_{u+x}}{1,0\,p^{2u+x}} + \frac{A_{u+x}}{1,0\,p^{3u+x}} + \dots = \frac{A_{u+x}}{1,0\,p^x\,(1,0\,p^u - 1)}.$$

Wenn A_m den Ertrag des Vorbereitungshiebes im Jahre m bedeutet,
dann lautet die Formel des Bodenertragswertes

$$B_u = \frac{A_u}{1,0\,p^u - 1} + \frac{A_{u+x}}{1,0\,p^x\,(1,0\,p^u - 1)}$$

$$+ \frac{A_m\,1,0\,p^{u-m} + D_a\,1,0\,p^{u-a} + \dots - c}{1,0\,p^u - 1} - (c + V)$$

$$= \frac{A_u + A_{u+x} \cdot \dfrac{1}{1,0\,p^x} + A_m\,1,0\,p^{u-m} + D_a\,1,0\,p^{u-a} + \dots - c}{1,0\,p^u - 1} - (c + V).$$

Werden mehrere Nachhiebserträge fällig, dann sind dieselben in
gleicher Weise hinzuzufügen, d. h. sie werden auf das Jahr u diskontiert.

Falsch wäre es, wenn man den Ertrag des letzten Nachhiebes (Endhiebes)
als eigentlichen Abtriebsertrag, das Jahr des Einganges desselben als Umtriebszeit
zugrunde legen und die Erträge der vorhergehenden Verjüngungshiebe wie Durchforstungserträge auf diese unterstellte Umtriebszeit prolongieren würde. Dadurch
würde der Wertzuwachs des seit dem Besamungshieb vorhandenen jungen Bestandes außer Rechnung bleiben. Infolgedessen gibt diese Methode stets zu kleine
Bodenertragswerte.

Beispiel. In einem Buchenbestand wird im 90jährigen Alter die Verjüngung eingeleitet. Nach 8 Jahren folgt der Besamungshieb, nach 10 Jahren der erste und nach 15 Jahren der letzte Nachhieb. Die aus der Einschlagmasse der einzelnen Hiebe erzielten Erträge sind:

im 90jährigen Alter . . . . 1200 M. (A_{90})

„ 98 „ „ . . . . 4000 „ (A_{98})

„ 100 „ „ . . . . 800 „ (A_{100})

„ 105 „ „ . . . . 600 „ (A_{105})

Die auf das 90jährige Alter prolongierten Durchforstungserträge betragen 2500 M., die Kulturkosten (Bodenverwundung, Ergänzungen) 50 M., die jährlichen Verwaltungskosten 9 M., $p = 3\%$.

Der Bodenertragswert berechnet sich also auf

$$B_{98} = \frac{4000 + \dfrac{800}{1{,}03^2} + \dfrac{600}{1{,}03^7} + 1200 \cdot 1{,}03^8 + 2500 \cdot 1{,}03^8 - 50}{1{,}03^{98} - 1}$$
$$- (50 + 300) = \mathbf{227 \ M.}$$

Würde man unrichtigerweise das Jahr des letzten Nachhiebes als Umtriebszeit annehmen, dann wäre

$$B_{105} = \frac{600 + 1200 \cdot 1{,}03^{15} + 4000 \cdot 1{,}03^7 + 800 \cdot 1{,}03^5 + 2500 \cdot 1{,}03^{15} - 50}{1{,}03^{105} - 1}$$
$$- (50 + 300) = \mathbf{222 \ M.}$$

B. Femelschlagbetrieb (horstweise Verjüngung).

Der neue Bestand entsteht durch natürliche Verjüngung horst- oder gruppenweise unter Benutzung aller während einer 20—40jährigen Verjüngungsdauer eintretenden Samenjahre. Der Mutterbestand wird partienweise innerhalb des Verjüngungszeitraumes genutzt.

Für die Nutzung des einzelnen Baumes ist nicht dessen physisches Alter, sondern die waldbauliche Nützlichkeit maßgebend. Daher handelt es sich in erster Linie um Festsetzung des Zeitpunktes, der als durchschnittliches Nutzungsalter aller Stämme desselben Verjüngungsobjektes oder als Schluß der Umtriebszeit gelten kann. Eine gewisse Willkür ist dabei nicht zu umgehen.

Wie bei dem Schirmschlagbetrieb, so hat auch hier für Festlegung der Umtriebszeit die zeitliche Grenze zwischen der alten und jungen Baumgeneration grundsätzlich zum Anhaltspunkt zu dienen.

Beträgt der Verjüngungszeitraum n Jahre, das Bestandsalter, in welchem die Verjüngung eingeleitet wird, m Jahre, dann würde es unrichtig sein, das Jahr m als Umtriebszeit anzunehmen und alle folgenden Nutzungen auf dieselbe zu diskontieren. Denn da die Verjüngung sehr langsam und horstweise fortschreitet, ist der entstehende junge Bestand noch lange nicht imstande, die Produktionskraft des Bodens voll auszunützen, und außerdem kommt noch der Zuwachs des alten Bestandsrestes in Betracht. — Wollte man den Zeitraum von m + n Jahren, nach welchem der junge Bestand komplett und der alte Bestand aufgezehrt ist, als Umtriebszeitraum wählen, dann würde der Wertzuwachs des jungen Bestandes außer Ansatz bleiben.

Das Richtige ist daher, den Schluß der Umtriebszeit auf jenen Zeitpunkt zu verlegen, von welchem ab der neue Bestand mindestens die Hälfte der zu verjüngenden Fläche einnimmt. Alle vorhergehenden Nutzungen werden auf denselben prolongiert, alle nachfolgenden diskontiert. Bei regelmäßig fortschreitender Verjüngung wird dieser Zeitpunkt ungefähr nach $\dfrac{n}{2}$ Jahren eintreffen, so daß also $m + \dfrac{n}{2} = u$ ist. Dies vorausgesetzt, kann man nun je nach Umständen zur Berechnung des Wertes A_u in der Formel des B_u folgende Wege einschlagen:

a) Man prolongiert oder diskontiert jede einzelne Nutzung mit dem wirklichen Betrage und nach der Zeit ihres wirklichen Eingangs auf u. Dieses Verfahren setzt voraus, daß die Verjüngung bereits vollständig durchgeführt ist, und ist insofern nicht ganz einwandfrei, als die jetzigen Nutzungsbeträge und Eingangszeiten in den folgenden Umtriebszeiten nicht dieselben sein werden.

b) Man verteilt den gesamten Abtriebsertrag in gleichgroßen Beträgen auf die einzelnen Jahre des Verjüngungszeitraumes.

Ist $\dfrac{A_u}{n} = r$, dann ist der Nachwert aller bis zum Jahre u eingehenden Erträge nach Formel VII a

$$\frac{r\,(1{,}0\,p^{\frac{n}{2}} - 1)}{0{,}0\,p}$$

und der Vorwert aller nach dem Jahre u eingehenden Erträge nach Formel VII b

$$\frac{r\,(1{,}0\,p^{\frac{n}{2}} - 1)}{1{,}0\,p^{\frac{u}{2}} \cdot 0{,}0\,p}\,.$$

Durch Addition beider Ausdrücke wird

$$A_u = r \cdot \frac{1{,}0\,p^{n} - 1}{1{,}0\,p^{\frac{n}{2}} \cdot 0{,}0\,p}$$

Dieser Ausdruck[1] ist nahezu $= r \cdot n = A_u$.

Anstatt der jährlichen Verteilung könnte man auch die periodische wählen.

Beispiel. Beträgt der gesamte Abtriebsertrag während eines 30 jährigen Verjüngungszeitraumes 10 050 M., dann treffen auf 1 Jahr durchschnittlich $\dfrac{10\,050}{30}$ = 335 M., daher ist, wenn $p = 3\,\%$,

$$A_u = 335 \cdot \frac{1{,}03^{30} - 1}{1{,}03^{15} \cdot 0{,}03} = 10\,230 \text{ M.}$$

Kann die Umtriebszeit auf die Mitte des Verjüngungszeitraumes verlegt werden, dann begeht man keinen nennenswerten Fehler, wenn

---

[1] Siehe auch Wimmenauer, Allgem. Forst- und Jagdztg. 1888, 225.

man die Summe aller einzelnen Hauptnutzungserträge direkt als Größe für A_u in den Bodenertragswert einsetzt.

Bleiben einzelne Stämme zur Ausnutzung des Lichtungszuwachses länger stehen, als es die Schutzbedürftigkeit des jungen Bestandes erheischt, dann erhalten dieselben den Charakter von Überhältern. Daher ist deren Abtriebsertrag auf das Jahr u zu diskontieren. In keinem Falle darf die Abtriebszeit derselben maßgebend sein für die Bestimmung der Umtriebszeit u, denn mit der Verjüngung selbst haben sie nichts mehr zu tun.

C. Überhaltbetrieb.

Erreichen die Überhälter eine Umtriebszeit von 2 u Jahren und werden dieselben mit dem Grundbestand abgetrieben, dann wird ein Teil des Bodenertragswertes durch den Ertrag des Grundbestandes und der andere Teil durch den Ertrag der Überhälter gebildet.

1. Von der Begründung des Bestandes ab geht alle u Jahre der Abtriebsertrag des u jährigen Bestandes ein. Da bezüglich der Durchforstungserträge keine Besonderheiten bestehen, so ist

$$B_1 = \frac{A_u + D_a\,1{,}0\,p^{u-a} + \ldots D_q\,1{,}0\,p^{u-q}}{1{,}0\,p^u - 1}.$$

Der Abtriebsertrag der Überhälter H geht zum ersten Male nach der Begründung des Bestandes nach 2 u Jahren und dann alle u Jahre ein. Es ist daher

$$B_2 = \frac{H}{1{,}0\,p^{2u}} + \frac{H}{1{,}0\,p^{3u}} + \frac{H}{1{,}0\,p^{4u}} + \ldots = \frac{H}{1{,}0\,p^u\,(1{,}0\,p^u - 1)}.$$

Theoretisch müßten die erstmaligen Kulturkosten höher angenommen werden als die nach u, 2 u ... Jahren anfallenden, weil der Platz, auf welchem die Überhälter stehen, vom ersten Abtrieb des Bestandes ab als Kulturfläche in Wegfall kommt. Praktisch wird man aber diesen unbedeutenden Unterschied vernachlässigen können.

Demnach lautet die Formel des Bodenertragswertes, wenn man B_1 und B_2 addiert,

$$\mathbf{B_u = \left(A_u + D_a\,1{,}0\,p^{u-a} + \ldots + \frac{H}{1{,}0\,p^u} \right) \frac{1}{1{,}0\,p^u - 1}}$$
$$- \left(c + \frac{c}{1{,}0\,p^u - 1} \right) - \mathbf{V}.$$

Beispiel. In einem 100jährigen Kiefernbestand ist $A_{100} = 6000$ M., der Ertrag der 200jähr. Kiefernüberhälter $H = 2000$ M., $D_a\,1{,}0\,p^{u-a} + \ldots 2400$ M., $c = 80$ M., $v = 6$ M., $p = 3^0/_0$; es ist mithin

$$B_u = \left(6000 + 2400 + \frac{2000}{1{,}03^{100}} \right) \frac{1}{1{,}03^{100} - 1} - \left(80 + \frac{80}{1{,}03^{100} - 1} \right) - 200$$
$$= (8400 + 2000 \cdot 0{,}052)\,0{,}0549 - (80 + 80 \cdot 0{,}0549) - 200 = \mathbf{182{,}48}\ \text{M.}$$

Zu diesem Bodenertragswert tragen die Überhälter nur

$$\frac{2000}{1{,}03^{100}\,(1{,}03^{100} - 1)} = 2000 \cdot 0{,}052 \cdot 0{,}0549 = 5{,}71\ \text{M. bei.}$$

2. Eine andere, mit der ersten vollständig gleichwertige Formel kann man in folgender Weise ableiten:

Von der Begründung des Bestandes ab geht nach u Jahren der erste Abtriebsertrag A_u ein; dessen jetziger Wert ist

$$\frac{A_u}{1{,}0\,p^u}.$$

Nach $2\,u$, $3\,u \ldots$ Jahren wird der Ertrag $A_u + H$ fällig, dessen Jetztwert ist

$$\frac{A_u + H}{1{,}0\,p^{2u}} + \frac{A_u + H}{1{,}0\,p^{3u}} + \cdots = \frac{A_u + H}{1{,}0\,p^u\,(1{,}0\,p^u - 1)}.$$

Demnach wird

$$B_u = \frac{A_u}{1{,}0\,p^u} + \frac{A_u + H}{1{,}0\,p^u\,(1{,}0\,p^u - 1)} + \frac{D_a\,1{,}0\,p^{u-a} + \cdots}{1{,}0\,p^u - 1}$$
$$- \left(c + \frac{c}{1{,}0\,p^u - 1}\right) - V.$$

Beispiel.

$$B_u = \frac{6000}{1{,}03^{100}} + \frac{6000 + 2000}{1{,}03^{100}\,(1{,}03^{100} - 1)} + \frac{2400}{1{,}03^{100} - 1} - 284{,}39 = 182{,}48\ \text{M.}$$

Diese Formel muß ferner in allen jenen Fällen angewendet werden, in welchen die Erträge des ersten Umtriebs von denen der folgenden Umtriebe verschieden sind (Eichenschälwald, Ödlandsaufforstung).

D. Mittelwaldbetrieb [1].

Der Mittelwald besteht aus Unterholz und Oberholz. Ist der Unterholzumtrieb u, dann ist der Umtrieb der Oberholzklassen ein Vielfaches von u.

Wie beim Hochwaldbetrieb erhält man den Bodenertragswert des Mittelwaldes, wenn man vom Jetztwert der Erträge, die der Bestand von seiner Begründung ab bis in alle Zukunft liefert, die Kosten abzieht.

Ist der Ertrag des Unterholzes alle u Jahre α, dann ist der von demselben erzeugte Bodenrohertragswert oder

$$B_\alpha = \frac{\alpha}{1{,}0\,p^u - 1}.$$

Die $2\,u$ jährige Oberholzklasse liefert von der Begründung des Bestandes ab nach $2\,u$ Jahren und dann alle u Jahre den Abtriebsertrag A_2. Der von ihr erzeugte Bodenrohertragswert ist demnach

$$B_2 = \frac{A_2}{1{,}0\,p^{2u}} + \frac{A_2}{1{,}0\,p^{3u}} + \cdots = \frac{A_2}{1{,}0\,p^u\,(1{,}0\,p^u - 1)}.$$

Die $3\,u$ jährige Oberholzklasse liefert erstmals nach $3\,u$ Jahren und dann alle u Jahre den Ertrag A_3; der darauf fallende Bodenrohertragswert ist

$$B_3 = \frac{A_3}{1{,}0\,p^{3u}} + \frac{A_3}{1{,}0\,p^{4u}} + \cdots = \frac{A_3}{1{,}0\,p^{2u}\,(1{,}0\,p^u - 1)}.$$

---

[1] Vgl. meine Artikel in der Allgem. Forst- und Jagdzeitung 1898, S. 289 und im Forstwissenschaftlichen Zentralblatt 1899, S. 245. In der Allgem. Forst- und Jagdzeitung habe ich auch noch andere Formeln für den Bodenertragswert des Mittelwaldes entwickelt.

6*

Für die älteste Oberholzklasse ergibt sich der allgemeine Ausdruck

$$B_n = \frac{A_n}{1{,}0\,p^{(n-1)u}\,(1{,}0\,p^u - 1)}.$$

Die Kulturkosten der erstmaligen Bestandsanlage sind höher als jene, welche nach jeder Schlagstellung für die Ergänzung der Kernwüchse und der abgängig werdenden Ausschlagstöcke aufgewendet werden müssen. Streng genommen muß dieser Unterschied in der Rechnung zum Ausdruck gebracht werden. Andererseits ist es aber bei Mittelwaldflächen, die seit unvordenklichen Zeiten bereits vorhanden sind, Ermessenssache des Rechnenden, ob er diesen Unterschied respektieren will. Den Wert der Ausschlagstöcke in Rechnung zu stellen, ist unrichtig, weil derselbe in dem Kulturkostenaufwand schon inbegriffen ist. Würden die Stöcke nicht vorhanden sein, dann wären die Kulturkosten viel höhere und außerdem war jeder Ausschlagstock ursprünglich eine Kernpflanze oder ein Steckling, dessen Kosten im Kulturaufwand mit enthalten sind.

Unter Berücksichtigung der jährlichen Verwaltungskosten v und etwaiger Durchforstungserträge lautet daher die Formel für den Gesamtertragswert des Bodens

$$B_u = \left(\ddot{a} + D_a\,1{,}0\,p^{u-a} + \cdot\cdot + \frac{A_2}{1{,}0\,p^u} + \frac{A_3}{1{,}0\,p^{2u}} + \cdot\cdot \frac{A_n}{1{.}0\,p^{(n-1)u}} \right)$$

$$\times \frac{1}{1{,}0\,p^u - 1} - \left(c' + \frac{c}{1{,}0\,p^u - 1} + V \right).$$

Unter c' sind eventuell die Anlagekosten, unter c die späteren Kulturkosten zu verstehen.

Beispiel. Ein Hektar Mittelwald liefert alle 25 Jahre einen Haubarkeitsertrag von A = 2490 M.; hiervon entfallen

auf die 25 jährige Altersklasse (Unterholz) . . . . $a = 870$ M.

„   „   50   „   Oberholzklasse . . . . $A_2 = 770$ „

„   „   75   „   „   . . . . $A_3 = 350$ „

„   „ 100   „   „   . . . . $A_4 = 500$ „

Im 20. Jahre fällt ein Durchforstungsertrag von 20 M. an. Die Kulturkosten betragen alle 25 Jahre 30 M.; die erstmaligen höheren Anlagekosten bleiben unberücksichtigt. Jährliche Verwaltungskosten 6 M., p = 3 %. Es ist

$$B = \left(870 + 20 \cdot 1{,}03^5 + \frac{770}{1{,}03^{25}} + \frac{350}{1{,}03^{50}} + \frac{500}{1{,}03^{75}} \right) \frac{1}{1{,}03^{25} - 1}$$

$$- 30 - \frac{30}{1{,}03^{25} - 1} - \frac{6}{0{,}03} = 1018{,}27 \text{ M.}$$

Will man von dem alle u Jahre anfallenden Gesamtertrag A ausgehen, also von dem Ausdruck $\dfrac{A}{1{,}0\,p^u - 1,}$ so ist dies nur zulässig, wenn man den Wert des Oberholzvorrates als Vorwert in Abzug bringt. Denn der Waldbesitzer kann nur deswegen alle u Jahre den Ertrag A beziehen, weil der Oberholzvorrat vorhanden ist. Würde derselbe durch einen Zufall plötzlich verschwinden, dann würde der normale Haubarkeitsertrag A erst dann wieder anfallen, wenn der Oberholzvorrat von neuem auf der gegebenen Fläche nachgezogen wäre. Daraus geht hervor, daß der Holzvorrat wie der Kultur- und Verwaltungskostenaufwand zu den Produktionsmitteln zählt.

Der Vorwert des Oberholzvorrates ist:

$$\frac{A_2 + A_3 + \ldots A_n}{1,0\, p^u} + \frac{A_3 + A_4 + \ldots A_n}{1,0\, p^{2u}} + \ldots \frac{A_n}{1,0\, p^{(n-1)u}}.$$

Das Beispiel gestaltet sich in diesem Falle wie folgt:

$$B = \frac{2490 + 20 \cdot 1,03^5}{1,03^{25} - 1} - 30 - \frac{30}{1,03^{25} - 1} \cdot \frac{6}{0,03} - \left(\frac{770 + 350 + 500}{1,03^{25}} \right.$$

$$\left. + \frac{350 + 500}{1,03^{50}} + \frac{500}{1,03^{75}} \right) = 2297,80 - 1279,53 = \mathbf{1018,27}\ \mathbf{M.}$$

Läßt man den Oberholzvorrat außer Rechnung, dann würde der Bodenertragswert oder

$$B = \frac{2490 + 20 \cdot 1,03^5}{1,03^{25}} - 257,43 = 2040,37\ \text{M.}$$

sein, also um $2040,37 - 1018,27 = 1022,10$ M. zu hoch.

Unrichtig ist es auch, an Stelle der Vorwerte den Abtriebswert zu setzen, um so mehr, als beim Laubholz der Unterschied zwischen dem Wert des hiebsreifen und jüngeren Holzes sehr beträchtlich ist.

E. Plenterwald (Femelwald).

Im theoretischen Plenterwald sind auf der Flächeneinheit (Hektar) alle Altersstufen vertreten. Ist u die Umtriebszeit der Bäume der ältesten Altersstufe, A deren Abtriebsertrag, dann trifft auf die von denselben eingenommene Fläche ein Bodenteilwert von $\dfrac{A}{1,0\, p^u - 1}$. Da diese Fläche $\dfrac{1}{u}$ der Gesamtfläche ausmacht, ergibt sich für letztere der Wert $\dfrac{u \cdot A}{1,0\, p^u - 1}$. Stämme, welche vor dem Alter u genutzt werden, sind wie Durchforstungserträge zu behandeln.

Der Ertrag A wird am besten als Durchschnitt der von der Flächeneinheit in den letzten 10 Jahren bezogenen Haubarkeitsnutzung genommen. Hat der Wald u Flächeneinheiten, so ist deren jährlicher durchschnittlicher Ertrag an u jährigem Holze $= u\,A$.

Beispiel. Ein Hektar Weißtannenplenterwald lieferte in den letzten 10 Jahren einen durchschnittlich-jährlichen Abtriebsertrag an 100 jährigen Stämmen von 110 M. Vor 20 Jahren wurde außerdem für 70 M. 80 jähriges und vor 50 Jahren für 40 M. 50 jähriges Holz genutzt. Kulturkosten fallen wegen der natürlichen Verjüngung nicht an, Verwaltungskosten 6 M., $p = 3\,\%$. Demnach ist

$$B_{100} = \frac{100 \cdot 110 + 40 \cdot 1,03^{100-50} + 70 \cdot 1,03^{100-80}}{1,03^{100} - 1} - \frac{6}{0,03} = \mathbf{420}\ \mathbf{M.}$$

9. Würdigung des Bodenertragswertes.

1. Der forstliche Bodenertragswert ist der ziffernmäßige Ausdruck der Ertragsfähigkeit des Bodens nach der gegebenen oder möglichen

Bestockung und der Standortsgüte. Er ist gleich der kapitalisierten Bodenrente (Bodenreinertrag). Seine Größe wird also durch die Höhe des Reinertrages und die Höhe des Kapitalisierungszinsfußes bestimmt. Der Umstand, daß in der forstlichen Rechnung der Bodenertragswert direkt ermittelt und der Reinertrag aus diesem abgeleitet wird, ändert an dem Abhängigkeitsverhältnis des Bodenwertes zur Bodenrente nichts. Diese bildet immer den Ausgangspunkt des Ertragswertes.

Jede Benutzungsweise drückt dem Boden einen bestimmten Ertragswert auf, in der Forstwirtschaft jede Holz- und Betriebsart. In derselben kommt aber auch noch der wechselnde Einfluß des Produktionszeitraumes, d. h. der Umtriebszeit zur Geltung. Als objektiver Vermögenswert oder Tauschwert kommt nur der Bodenertragswert der finanziellen Umtriebszeit in Betracht. Bodenertragswerte anderer Umtriebszeiten sind lediglich Vergleichsgrößen bei Rentabilitätsberechnungen und für die persönlichen Interessen des Waldbesitzers von Bedeutung.

2. Innerhalb der forstlichen Benutzung wird der Bodenertragswert durch die betriebstechnisch mögliche Wirtschaftsart bestimmt, welche den größten Reinertrag liefert. Hieraus ergibt sich:

a) Ist oder wird der Boden mit jener Holz- und Betriebsart bestockt, welche den Standortsfaktoren angemessen ist (standortsgerechte Holzart), dann ist der der finanziellen Umtriebszeit entsprechende höchste Bodenertragswert maßgebend. Er bildet den niedersten Tauschwert und den Vermögenswert des Besitzers. Soll der einer anderen Umtriebszeit entsprechende Bodenertragswert als maßgebend angenommen werden, dann muß diese Abweichung durch die Besonderheit der gegebenen Verhältnisse begründet werden können.

b) Ist die Holz- und Betriebsart nicht standortsgemäß, dann ist der Bodenertragswert unter Zugrundelegung der Erträge und Kosten der standortsgemäßen Holz- und Betriebsart und der finanziell günstigsten Umtriebszeit zu berechnen. Dadurch erhält man den der Ertragsfähigkeit des Bodens entsprechenden Tauschwert. Stockt z. B. die Buche auf Fichtenboden, dann gilt der Fichtenbodenertragswert.

Kann der Boden aus irgendwelchen Gründen oder Rücksichten nicht sofort mit der standortsgemäßen Holzart bestockt werden, dann ist dem Waldbesitzer für die Übergangszeit die Differenz der Bodenrenten zu vergüten (s. Waldwirtschaftswert).

Der der vorhandenen nicht standortsgemäßen Holzart entsprechende höchste Bodenertragswert hat nur für die Berechnung des objektiven Vermögenswertes der finanziell noch nicht hiebsreifen Bestände Geltung (s. Bestandserwartungs- und Kostenwert).

3. Ist der Bodenertragswert richtig berechnet, dann stellt er die unterste Grenze des Tauschwertes vor. Wer den Boden um diesen Preis erwirbt, erleidet durch die Bewirtschaftung keinen Verlust, außer wenn der Reinertrag durch Änderung der Produktions- und Preisverhältnisse geschmälert wird.

Da der forstliche Bodenertragswert nur das Ertragsvermögen des Bodens bei forstwirtschaftlicher Benutzung wiedergibt, scheidet er als Wertmesser dann aus, wenn der Boden zu einer ergiebigeren Verwendung geeignet und dieselbe in absehbarer Zeit zu erwarten ist, z. B. zur landwirtschaftlichen Benutzung oder zu Baugelände. Denn der Verkehrswert des Bodens bemißt sich nach jener Ausnutzung, die den höchstmöglichen Reinertrag abwirft. Berechnet er sich für die forstliche Benutzung auf 600 M., für die landwirtschaftliche auf 2000 M. und für die Verwendung als Bauplatz auf 10000 M., dann ist der Verkehrswert 10000 M., natürlich unter der Voraussetzung, daß der Boden für diesen Zweck wirklich verkauft werden kann. — Bei der Umwandlung von forstlichem Boden in landwirtschaftlichen sind die bedeutenden Kosten für die Urbarmachung in Ansatz zu bringen.

4. Der Ertragswert bildet für die Feststellung des forstlichen Bodenwertes im öffentlichen Tauschverkehr und als Vermögensobjekt fast immer den einzigen Anhaltspunkt. Denn der Wald ist ein seltener Handelsgegenstand. Zudem sind die gezahlten Kaufpreise meistens von subjektiven Erwägungen stark beeinflußt. Diesem Umstande mußten auch die modernen Vermögenssteuergesetze Rechnung tragen. Während für die Veranschlagung des steuerbaren Vermögens grundsätzlich der gemeine Wert (Verkehrswert, Verkaufswert, Tauschwert) anzunehmen ist (S. 4), soll für die Bemessung des Vermögenswertes land- und forstwirtschaftlicher Grundstücke mangels ausreichender Verkaufspreise der Ertragswert zum Anhalt dienen. — Die Feststellung des Bodenwertes größerer Waldkomplexe ist ohne Berechnung des Ertragswertes überhaupt nicht denkbar.

Gerade von forstlicher Seite wurde gegen den Bodenertragswert geltend gemacht, daß die Bestimmung der Grundlagen, auf die er sich aufbaut, unsicher sei. Gemeint ist damit in erster Linie der Zinsfuß. Indem hier auf das früher Gesagte verwiesen wird, sei nur noch betont, daß es überhaupt keinen Wert in der heutigen Volkswirtschaft gibt, der vom Zinsfuß nicht direkt oder indirekt abhängig wäre. Wollte man wegen der Schwankungen des Zinsfußes im allgemeinen auf dessen Mitwirkung bei Wertsfestsetzungen verzichten, dann würde die ganze wirtschaftliche Welt aus den Angeln gehen. Auch die Bodenwirtschaft steht unter der Herrschaft ihres Zinsfußes.

Die Feststellung der Erträge und Kosten ist in der Forstwirtschaft viel einfacher und sicherer als in der Landwirtschaft. Denn erstere hat es in der Hauptsache nur mit einem Produkte, dem Holze, zu tun, letztere dagegen mit den verschiedensten Erzeugnissen. Die Erträge und Produktenpreise der Forstwirtschaft sind zudem viel stetiger als die der Landwirtschaft. Das Ineinandergreifen der einzelnen Betriebszweige (Ertragsquellen) in der Landwirtschaft, die Verwendung der Erzeugnisse im eigenen Betrieb erschwert erfahrungsgemäß die landwirtschaftliche Buchführung in hohem Maße. Alle diese die Sicherheit der Rechnung stark beeinflussenden Momente fallen in der Forstwirtschaft nahezu ganz fort.

F. Aereboe (Die Taxation von Landgütern und Grundstücken, Berlin 1912, S. 443) hebt hervor, daß man bei der Waldtaxierung auf den mit Holz bestandenen Flächen den Ertrag von Jahren oder Jahrzehnten vor Augen hat, in der Landwirtschaft aber nur höchstens einen Jahresertrag. Die Ernteertragsstatistik ist nicht zuverlässig. Bei der landwirtschaftlichen Taxierung ist man daher gezwungen, aus der Bodenbeschaffenheit auf die im Durchschnitt der Jahre erzielbaren Ernteerträge zu schließen, während man bei der Waldtaxierung umgekehrt aus den vorhandenen Ernteerträgen auf die durchschnittliche Ertragsfähigkeit schließen kann. Da die Düngung in der Forstwirtschaft wegfällt, gibt der Holzbestand ein unmittelbareres Bild von der natürlichen Ertragsfähigkeit als die Ernteerträge der Ackerländereien, Wiesen und Weiden. Ein Landgut kann man für den Verkauf frisieren.

Der forstliche Bodenertragswert kann seiner Natur nach immer nur ein Durchschnittswert sein. Denn er ist der ziffernmäßige Ausdruck der durchschnittlichen Ertragsfähigkeit des Bodens. Durch die fortschreitende Vervollkommnung der Holzertragstafeln und durch den Ausbau der örtlichen Ertragsstatistik lassen sich für die Berechnung Anhaltspunkte gewinnen, die die durchschnittlichen Ertragsverhältnisse genügend genau wiedergeben.

Geschichtliches. Die erste Berechnung des Bodenwertes auf Grund der wirtschaftlichen Leistungsfähigkeit des Bodens wurde von König in seiner „Anleitung zur Holztaxation" 1813 ausgeführt. An Stelle des Kulturkostenkapitals $\dfrac{c\,1{,}0\,p^u}{1{,}0\,p^u - 1}$ bringt König aber nur die einmaligen Kulturkosten c in Abzug, im übrigen stimmt seine Bodenwertsberechnung mit der obigen überein.

Vollständig richtig entwickelte Faustmann die Formel des Bodenertragswertes in der „Allgemeinen Forst- und Jagdzeitung" 1849, S. 441. Unter der Überschrift „Waldbodenrentenformel" leitete er zunächst hierfür die Gleichung

$$R = \frac{0{,}0\,p}{1{,}0\,p^u - 1}\,[E + r\,D - C\,1{,}0\,p^u] - A$$

ab, worin $R = B_u \cdot 0{,}0\,p$, $E = A_u$, $r\,D = D_a\,1{,}0\,p^{u-a} + \ldots$ und A das Verwaltungskostenkapital bedeutet. — Weiterhin entwickelte Faustmann die Formel auch direkt nach den Prinzipien der Erwartungswerte, welcher Weg nach Faustmann bisher allgemein gewählt wurde. Preßler, G. Heyer und Judeich gebührt das Verdienst, die Konsequenzen der Theorie des Bodenertragswertes für den Wirtschaftsbetrieb gezogen und mit Nachdruck verteidigt zu haben.

II. Der Tauschwert des Bodens.

(Verkaufswert, Verkehrswert, gemeiner Wert.)

Unter dem Tauschwert, Verkehrswert oder Verkaufswert des Bodens versteht man jenen Wert, der dem Boden nach Maßgabe der aus Verkäufen gleichartiger Grundstücke erzielten Preise zukommt (Marktpreis).

Gemeinhin bildet die Ertragsfähigkeit des Bodens die Grundlage für die Bildung des Tauschwertes. Denn wer einen Waldboden kauft, fragt zunächst nach dessen Erträgen. Insofern deckt sich der Tauschwert mit dem Ertragswert, nur mit dem praktischen Unterschied, daß derselbe nicht besonders berechnet, sondern im Anhalt an die erfahrungsgemäß erzielbaren Reinerträge nach Durchschnittssätzen gegriffen wird. In der Höhe dieses Verkehrswertes kommt die eingeschätzte Ertragstüchtigkeit des Bodens zum ziffernmäßigen Ausdruck und deshalb steht der Tauschwert auch nicht im Gegensatz zum Ertragswert. Auch andere Momente können noch auf den Verkehrswert

Einfluß haben, ohne daß derselbe den Charakter des gemeinen Wertes verliert, wenn dieselben für j e d e n Besitzer schätzbar sind, ein Fall, der gegenüber dem forstlichen Boden allerdings selten vorkommt. Kommen dagegen in dem gezahlten Kaufpreis Wertanschläge zum Ausdruck, die rein subjektiv sind, d. h. auf die persönliche Neigung oder wirtschaftliche Lage des Käufers zugeschnitten sind, dann deckt sich dieser Wert nicht mehr mit dem Ertragswert, sondern wird Liebhaberwert (Sonderwert).

Beim l a n d w i r t s c h a f t l i c h e n B o d e n steht .der Verkehrswert vielfach über dem augenblicklichen Ertragswert. Dies bedeutet nichts anderes, als daß der landwirtschaftliche Käufer in der Erwartung eines Teuerungszuwachses der Bodenproduktenpreise den gegenwärtigen Reinertrag mit einem entsprechend niedrigen Zinsfuß kapitalisiert. Er hat die Zuversicht, daß die zu dem hohen Ankaufspreis gehörige Rente sich mit der Zeit von selbst einstellen werde. Außerdem kommt auf der Seite der bäuerlichen Bevölkerung noch die Möglichkeit der Beschaffung weiterer Arbeitsgelegenheit, der Selbstversorgung und der Umstand in Betracht, daß die in der eigenen Wirtschaft geleistete Arbeit nicht voll angeschlagen wird. Der Preis für die Flächeneinheit.landwirtschaftlicher Grundstücke geht mit abnehmender Betriebsgröße unverhältnismäßig in die Höhe. Der „Landhunger" zeitigt oft Luxus- und Protzenpreise. Indirekt hat die Überwertung des Bodens in dessen monopolartigen Charakter ihren Hauptgrund.

In der F o r s t w i r t s c h a f t tritt ein Unterschied zwischen Verkehrswert und Ertragswert im großen und ganzen nicht hervor, im Gegenteil, es wird vielfach der forstliche Boden unter dem Ertragswert verkauft und erworben[1]). Der Hauptgrund liegt darin, daß die Konkurrenz des kleinen Mannes (Taglöhner, Handwerker) auf dem Markt der forstlichen Grundstücke ganz wegfällt. Nur der Wohlhabendere kann Wald besitzen. Denn die Forstwirtschaft bietet wenig Arbeitsgelegenheit und auf kleiner Fläche keine jährliche Rente. Im Tauschverkehr mit bestocktem Boden tritt der Bodenwert gegenüber dem Wert des Holzvorrates stark in den Hintergrund. Daher kann auch Wald nur zum kleinsten Teile auf Kredit gekauft werden. Beim nachhaltigen Betrieb treffen statistisch vom Waldwert ungefähr $80\,\%$ auf den Wert des Holzvorrats und nur $20\,\%$ auf den Bodenwert. Es waren bisher die Fälle nicht selten, in denen der Boden überhaupt gar nicht angeschlagen wurde, wenn er mit besonders wertvollen Beständen bestockt ist. Umgekehrt verliert jeder Waldboden an seinem Verkehrswert, wenn er unbestockt verkauft wird, weil der Käufer immer die Kosten der Aufforstung und das lange Zuwarten auf einen Ertrag im Auge hat. Psychologisch sind diese Vorgänge wohl erklärbar, rechnerisch aber nicht vertretbar.

Brauchbare Verkehrswerte können sich für den forstlichen Boden auch aus dem Grunde nicht herausbilden, weil forstliche Verkäufe verhältnismäßig selten vorkommen. Im Deutschen Reich waren bisher mindestens $65\,\%$ der Waldfläche in festen Händen (Staat, Ge-

---

[1]) Vgl. mein Handbuch der Forstpolitik, 2. Aufl. 1922, S. 49.

meinde, Stiftungen, Fideikommisse, Großgrundbesitz). Bei Ankäufen größerer Waldungen spielen die Affektionswerte eine große Rolle, da in der Regel nur kapitalkräftige Käufer in Betracht kommen.

Auch bei kleineren Waldankäufen können besondere Verhältnisse, wie günstige Arrondierung, Gewinnung von Holzabfuhrwegen, Anschluß an öffentliche Wege usw. Veranlassung zu erhöhten Preisbewilligungen geben.

Der bäuerliche Grundbesitzer braucht bei Waldankäufen nicht mit Verwaltungskosten zu rechnen, ausgenommen die Steuern, hat durch seine eigene Arbeitsbetätigung geringe Betriebskosten, schlägt die Streunutzung hoch an und nur den augenblicklichen Vorteil, rechnet nicht mit Zinseszinsen usw.

Im allgemeinen kann man sagen, daß der forstliche Boden besser ist als sein Ruf. Die guten Böden, namentlich die Fichtenböden, werden in der Regel viel zu gering eingeschätzt, namentlich seitens der Staatsforstverwaltungen. Es wird meistens die Steigerung der Holzpreise in den letzten Jahrzehnten nicht genügend berücksichtigt.

Bodenkostenwert. Unter demselben versteht G. Heyer „die Summe der Ausgaben, welche zur Erlangung eines kulturfähigen Bodens aufzuwenden sind. Diese Ausgaben können bestehen:
- a) in dem Kapitale, welches zum Ankauf oder zur Herstellung des Bodens erforderlich ist;
- b) in den Kosten der Urbarmachung;
- c) in den Interessen, welche an den unter a) und b) genannten Kosten bis zur Zeit der Kulturfähigkeit des Bodens erwachsen".

Die Einführung des Begriffes „Kostenwert" für die forstliche Bodenwertsermittelung ist in diesem Sinne keine ganz glückliche. Wenn für die „Urbarmachung" eines Bodens auch wirklich ungewöhnlich hohe Ausgaben zu machen sind, so verlieren dieselben trotzdem nicht den Charakter der Kulturkosten. Geschieht die Aufforstung solcher Grundstücke nicht im öffentlichen Interesse (Schutzwald, Wildbachverbauung), dann wird sie privatwirtschaftlich nicht unternommen werden, wenn kein Reinertrag zu erhoffen ist. Dieser Punkt ist auch maßgebend für den Käufer des Bodens.

Will man das Wort „Bodenkostenwert" beibehalten, dann empfiehlt es sich, dasselbe im Sinne von Bodenverkaufswert zu gebrauchen; der Käufer eines Bodens sagt einfach: „Dieser Boden hat mich beim Ankaufe so viel gekostet" (Gestehungskosten).

Einen ausgesprochenen Kostenwert verursacht die Herstellung von Weinbaugelände.

Zweites Kapitel.

Die Ermittelung des Bestandswertes.

Der Wert eines einzelnen Bestandes kann ermittelt werden

1. nach dem Abtriebswert (Abtriebsertrag, Einschlagswert, Nutzungswert, Holzwert, Handelswert),

2. nach dem Erwartungswert,

3. nach dem Kostenwert.

Diese drei Wertarten sind im objektivem Sinn Tauschwerte, Verkaufswerte, gemeine Werte, Verkehrswerte, Vermögenswerte.

Den Erwartungswert und den Kostenwert kann man im Gegensatz zum Abtriebswert auch als **wirtschaftliche** Werte bezeichnen, da sie die objektiven Verkaufswerte nicht hiebsreifer Bestände unter der Voraussetzung der Fortführung des Betriebes darstellen. Sie können als umschriebene, nach wirtschaftlichen Gesichtspunkten korrigierte Abtriebswerte aufgefaßt werden.

I. Der Abtriebswert (Abtriebsertrag).

Der Abtriebswert ist gleich dem erntekostenfreien Erlös, der durch den Abtrieb und Verkauf des Holzes erzielt werden kann. Die Höhe des Erlöses richtet sich nach dem wirtschaftlichen Gesetz von Angebot und Nachfrage, nicht nach den Produktionskosten des Holzes.

Er ist in den ersten Bestandsaltern klein, ja sogar negativ, wenn der Erlös aus der Holzmasse die Erntekosten nicht deckt. Sobald der Bestand aus marktgängigen Sortimenten besteht, steigt sein Abtriebswert anfangs langsam, später rascher. Er beginnt erst dann wieder zu sinken, wenn der Bestand wegen hohen Alters sich lichtet.

Die Ermittelung des Abtriebswertes wurde bereits bei den „Gelder[-]tragstafeln" gelehrt.

Der Abtriebswert jüngerer Bestände hat für den Waldbesitzer meistens nur untergeordnetes Interesse. Dieselben sind unreifem Getreide zu vergleichen, dessen gegenwärtiger Wert nur im Hinblick auf den späteren Ernteertrag oder auf Grund der aufgewendeten Kosten sich bemessen läßt. Selbst wenn ein Bestand von z. B. 30-jährigem Alter aus marktgängigen Sortimenten besteht, kann der hierfür gezahlte Preis nicht als allgemeiner Wertausdruck aller Bestände derselben Holzart und desselben Alters gelten, weil beim Abtriebe aller dieser Bestände der Markt wahrscheinlich überfüllt und der Preis gedrückt würde.

Eine zuverlässige Größe wird der Bestandsabtriebswert erst dann, wenn er sich auf Bestände bezieht, deren Holz in **großen Massen im allgemeinen Handelsverkehr** absetzbar ist (marktgängige Ware). Nur dann ist die Preisbildung eine natürliche und dauernde. In dieses Stadium treten die Bestände kaum vor dem 50. Lebensjahre (Papierholz), langsamwüchsige noch später. Von diesem Zeitpunkte ab **können** unter Umständen die Abtriebswerte den Werts- und Rentabilitätsberechnungen zugrunde gelegt werden. Von welchem Bestandsalter ab dieselben allein Geltung haben, hängt von der Höhe der angenommenen **Umtriebszeit** ab und von der **Qualitätssteigerung**, welche mit zunehmendem Alter zu erwarten ist. Ist der Abtriebswert eines 90jährigen Bestandes pro Masseneinheit unverhältnismäßig höher als der eines 70jährigen, dann kann derselbe für letzteren nicht mehr maßgebend sein. Der wahre wirtschaftliche Wert des 70jährigen Bestandes ist in diesem Falle der Erwartungs- oder Kostenwert. Ist umgekehrt der Preis pro Masseneinheit in beiden Beständen gleich oder nur wenig verschieden, dann wird es in den meisten Fällen gerechtfertigt sein, den Abtriebswert als wirtschaftlichen Wert zu nehmen. Die Entscheidung hierüber hängt von den örtlichen Wertzuwachsverhältnissen ab.

Bestände, welche das finanzielle Abtriebsalter überschritten haben, sind stets nach ihrem Abtriebswert zu veranschlagen.

Die Größe des Abtriebswertes jüngerer Bestände spielt im Einzelfalle nur dann eine Rolle, wenn die wirkliche Nutzung derselben anläßlich von notwendig gewordenen Ausstockungen (Eisenbahnbau z. B.) oder von stattgehabten Beschädigungen in Frage kommt. Das Nähere hierüber wird sich aus den folgenden Kapiteln ergeben.

Die in der forstlichen Literatur üblichen Bezeichnungen Verkaufswert, Gebrauchswert, Verbrauchswert und Vorratswert sind wissenschaftlich nicht ganz korrekt und auch irreführend.

Verkaufswerte (Tauschwerte) sind auch der Erwartungs- und Kostenwert, wenn der Bestand zur Weiterbewirtschaftung verkauft wird.

Gebrauchswert und Verbrauchswert haben einen vorwiegend subjektiven Sinn und deuten auf die Verwendung des Holzes in dem eigenen Haushalt des Waldbesitzers hin.

Vorratswert (von Preßler herrührend) ist unzutreffend, weil im Begriffe des Vorrates die Nichtnutzung des Bestandes liegt. Der Vorratswert deckt sich in den jüngeren und mittelalten Beständen mit dem Kosten- und Erwartungswert.

II. Der Bestandserwartungswert.

1. Begriff.

Der Erwartungswert eines m jährigen Bestandes ist gleich der Summe aller noch zu erwartenden, auf das Jahr m diskontierten Einnahmen, vermindert um die auf den gleichen Zeitpunkt diskontierten Produktionskosten.

2. Ableitung.

A. Berechnung der Einnahmen.

a) Abtriebs- oder Haubarkeitsertrag.

Erreicht derselbe im Jahre u den Betrag A_u, so ist sein Wert im Jahre m

$$\frac{A_u}{1{,}0\,p^{u-m}}.$$

b) Zwischennutzungen.

Zwischen dem Jahre m und u können noch Durchforstungserträge anfallen. Gehen dieselben im Jahre n im Betrage von D_n ein (wobei $n > m$), so ist ihr Wert im Jahre m

$$\frac{D_n}{1{,}0\,p^{u-m}}.$$

Oder: Man prolongiert D_n auf das Jahr u und diskontiert den so erhaltenen Wert $D_n . 1{,}0\,p^{u-n}$ auf das Jahr m; alsdann hat man

$$\frac{D_n . 1{,}0\,p^{u-n}}{1{,}0\,p^{u-m}}.$$

Alle weiteren im Jahre q, r, s ... eingehenden Nutzungen D_q. D_r, D_s ... werden ebenso behandelt.

c) Nebennutzungen.

Nebennutzungserträge werden wie die Durchforstungserträge behandelt. Alle Nebennutzungserträge, welche im Bodenertragswert verrechnet wurden, der in den Bestandserwartungswert eingestellt wird, müssen auch im Bestandserwartungswert in Anrechnung kommen. Nebennutzungen, welche mit der Erzeugung des Bestandes in keiner Beziehung stehen, kann man andererseits im Bestandserwartungswert vernachlässigen (z. B. Jagd), wenn dieselben auch in dem einzustellenden Bodenertragswert unberücksichtigt geblieben sind. Beide Verfahren führen zu dem gleichen Ergebnis.

d) Nutzungen, die vor dem Jahre m eingegangen sind, bleiben unberücksichtigt.

Der im Bestandsalter m selbst fällige Durchforstungsertrag ist in Ansatz zu bringen, wenn der Erwartungswert mit dem Abtriebswert im Jahre m vergleichsfähig sein soll. Läßt man ihn weg, dann korrespondiert der Erwartungswert nur mit dem Wert des Hauptbestandes (ohne Durchforstungsmasse). Wenn der Durchforstungsertrag im gegebenen Falle bereits bezogen wurde, kann er natürlich nicht mehr verrechnet werden.

B. Berechnung der Produktionskosten.

a) Bodenrente.

Solange der Bestand auf dem Boden stockt, kann dieser nicht anderweitig benutzt werden. Daher ist die Bodenrente, die der Bestand $u - m$ Jahre lang noch verbraucht, unter die Kosten der Produktion zu stellen. Beträgt dieselbe $B \cdot 0,0\,p$, so ist ihr Wert im Jahre m (nach Formel VII b):

$$\frac{B \cdot 0,0\,p\,(1,0\,p^{u-m} - 1)}{1,0\,p^{u-m} \cdot 0,0\,p} = \frac{B\,(1,0\,p^{u-m} - 1)}{1,0\,p^{u-m}} = B - \frac{B}{1,0\,p^{u-m}}.$$

Oder: α) Die Zinsen des Bodenkapitals B, welche der Bestand $u - m$ Jahre lang verzehrt, sind im Jahre u gleich $B \cdot 1,0\,p^{u-m} - B = B\,(1,0\,p^{u-m} - 1)$ und im Jahre m gleich $\dfrac{B\,(1,0\,p^{u-m} - 1)}{1,0\,p^{u-m}}$.

β) Da der Bodenwert erst im Jahre u nach dem Abtriebe des Bestandes realisiert werden kann, ist er im Jahre m auf $\dfrac{B}{1,0\,p^{u-m}}$ zu veranschlagen. Die Differenz $B - \dfrac{B}{1,0\,p^{u-m}}$ verbraucht der Bestand.

b) Verwaltungskosten.

Dieselben sind $u - m$ Jahre lang jährlich in der Höhe von v aufzuwenden. Ihr Gesamtwert im Jahre m beträgt (nach Formel VII b)

$$\frac{v\,(1,0\,p^{u-m} - 1)}{1,0\,p^{u-m} \cdot 0,0\,p} = \frac{V\,(1,0\,p^{u-m} - 1)}{1,0\,p^{u-m}} = V - \frac{V}{1,0\,p^{u-m}}.$$

Oder: Die Zinsen des $u - m$ Jahre lang zur Verfügung zu stellenden Verwaltungskapitales V sind zur Zeit u gleich $V\,(1{,}0\,p^{u-m} - 1)$ und zur Zeit m gleich

$$\frac{V\,(1{,}0\,p^{u-m} - 1)}{1{,}0\,p^{u-m}}.$$

Die Verwaltungskosten sind auf den Bestandserwartungswert einflußlos. Sie können außer Ansatz bleiben, wenn dieselben auch in dem Bodenertragswert vernachlässigt wurden. Es kommt also in Wirklichkeit nur die Rente des Bodenbruttowertes in Abzug. Einen Unterschied zwischen Netto- und Bruttowert gibt es bei den Bestandswerten nicht.

c) Die **Kulturkosten** kommen nicht mehr in Betracht, weil dieselben in den Bestand bereits aufgegangen sind.

C. Formel des Bestandserwartungswertes.

Zieht man von den Einnahmen die Produktionskosten ab, so ist der Erwartungswert eines m jährigen Bestandes:

$$\mathbf{HE_m} = \frac{\mathbf{A_u + D_n\,1{,}0\,p^{u-n} + \ldots - (B + V)\,(1{,}0\,p^{u-m} - 1)}}{\mathbf{1{,}0\,p^{u-m}}} \qquad (\alpha)$$

oder:

$$\mathbf{HE_m} = \frac{\mathbf{A_u + D_n\,1{,}0\,p^{u-n} + \ldots + B + V}}{\mathbf{1{,}0\,p^{u-m}}} - \mathbf{(B + V)}. \qquad (\beta)$$

Letztere Form ist für die Rechnung bequemer.

Außerdem läßt sich die Formel des Bestandserwartungswertes noch in folgender Weise schreiben:

$$HE_m = \frac{A_u + B + V}{1{,}0\,p^{u-m}} + \frac{D_n}{1{,}0\,p^{n-m}} - (B + V) \qquad (\gamma)$$

$$HE_m = \left(\frac{A_u + B + V}{1{,}0\,p^{u}} + \frac{D_n}{1{,}0\,p^{n}}\right) 1{,}0\,p^{m} - (B + V). \qquad (\delta)$$

Setzt man anstatt B die Formel des Bodenertragswertes in (α) ein, so erhält man für normale Bestände die Formeln:

$$HE_m = \frac{A_u + \dfrac{D_a}{1{,}0\,p^{a}} + \dfrac{D_n}{1{,}0\,p^{n}} - c}{1{,}0\,p^{u} - 1}\,(1{,}0\,p^{m} - 1) + \frac{D_n}{1{,}0\,p^{n}}(1{,}0\,p^{m} - 1) - \frac{D_a}{1{,}0\,p^{a}} + c\,[1]),$$

$$HE_m = (A_n + D_n\,1{,}0\,p^{u-n} - c)\,\frac{1{,}0\,p^{m} - 1}{1{,}0\,p^{u} - 1} + c - D_a\,1{,}0\,p^{m-a} \cdot \frac{1{,}0\,p^{u-m} - 1}{1{,}0\,p^{u} - 1}\,[2]).$$

Unter D_a sind alle Vorerträge begriffen, welche vor dem Jahre m eingegangen sind, unter D_n jene, welche nach dem Jahre m eingehen. Es sind daher sämtliche Zwischennutzungserträge während der Umtriebszeit zu erheben, weil in diesen Formeln der Bodenertragswert enthalten ist.

---

[1]) Diese Schreibweise rührt von Lehr her.
[2]) Nach Dr. Piehler (Münchener Diss.).

Beispiel 1. Ein 50jähriger Weißtannenbestand liefert im 80jährigen Bestandsalter einen Abtriebsertrag von 6332 M. und

im Alter von 40   50   60   70 Jahren

Durchforstungserträge von 70   195   330   460 M.

Der Bodenertragswert ist 611 M., der jährliche Verwaltungsaufwand 9 M., der Zinsfuß $2^3/_4 \%$. Danach berechnet sich der Bestandserwartungswert auf:

$$HE_{50} =$$

$$\left(6332 + 195 \cdot 1{,}0275^{80-50} + 330 \cdot 1{,}0275^{80-60} + 460 \cdot 1{,}0275^{80-70} + 611 + \frac{9}{0{,}0275} \right)$$

$$\times \frac{1}{1{,}0275^{80-50}} - \left(611 + \frac{9}{0{,}0275} \right)$$

$$= (6332 + 195 \cdot 2{,}257 + 330 \cdot 1{,}720 + 460 \cdot 1{,}312 + 611 + 327) \, 0{,}443$$

$$- (611 + 327) = \mathbf{3129} \text{ M.}$$

Der Abtriebswert des 50jährigen Bestandes ist 2227 M. Durch den Abtrieb würde also der Waldbesitzer einen Schaden von $3129 - 2227 = 902$ M. erleiden.

Beispiel 2. Ein durch Saat begründeter Kiefernbestand liefert bei einer Umtriebszeit von 80 Jahren für das Hektar einen Abtriebsertrag von 4024 M. und

im Alter von 25   35   45   55   65 Jahren

Durchforstungserträge von 40   137,5   245   340   400 M.,

ferner vom 35.—75. Jahr alle 5 Jahre eine Streunutzung von je 108 M. (d. h. 9mal) und einen jährlichen Ertrag an Jagd, Grasnutzung und Beerennutzung von durchschnittlich 2 M. für das Hektar. Die Kulturkosten betragen 120 M., die jährlichen Verwaltungskosten 4,5 M. Zinsfuß 2,5 %.

Der Bodenertragswert berechnet sich auf

$$B_{80} = [4024 + 40 \cdot 1{,}025^{55} + 137{,}5 \cdot 1{,}025^{45} + 245 \cdot 1{,}025^{35} + 340 \cdot 1{,}025^{25} + 400 \cdot 1{,}025^{15}$$

$$+ 108 \, (1{,}025^{45} + 1{,}025^{40} + 1{,}025^{35} + 1{,}025^{30} + 1{,}025^{25} + 1{,}025^{20} + 1{,}025^{15} + 1{,}025^{10}$$

$$+ 1{,}025^{5}) - 120] \, \frac{1}{1{,}025^{80} - 1} + \frac{2}{0{,}025} - \left(120 + \frac{4{,}5}{0{,}025} \right) = 1094{,}27 \text{ M.}$$

Der Erwartungswert für den 40jährigen Bestand ist:

$$HE_{40} = [4024 + 245 \cdot 1{,}025^{80-45} + 340 \cdot 1{,}025^{80-55} + 400 \cdot 1{,}025^{80-65} + 108$$

$$\times \, (1{,}025^{40} + 1{,}025^{35} + 1{,}025^{30} + 1{,}025^{25} + 1{,}025^{20} + 1{,}025^{15} + 1{,}025^{10} + 1{,}025^{5})$$

$$+ 1094{,}27 + 180] \times \frac{1}{1{,}025^{80-40}} + \frac{2 \, (1{,}025^{40} - 1)}{1{,}025^{40} \cdot 0{,}025} - (1094{,}27 + 180)$$

$$= [4024 + 1790{,}93 + 1566{,}87 + 1274{,}27] \, 0{,}3724 + 50{,}21 - 1274{,}27 = \mathbf{1999} \text{ M.}$$

Der Bestandserwartungswert des Mittelwaldes.

Wie beim Hochwaldbetrieb kommt auch beim Mittelwalde nur der gegenwärtig vorhandene Bestand in Betracht, nicht dagegen jener, welcher nach Entfernung des jetzigen Bestandes nachgezogen wird. Die Eigentümlichkeit des Mittelwaldbestandes liegt aber darin, daß die Gesamtheit aller Oberholzbäume bei Fortsetzung der Forstwirtschaft auf der gegebenen Fläche zu verschiedenen Zeiten zur Nutzung gelangt. Will man daher den wirtschaftlichen Wert aller den gegenwärtigen Bestand bildenden Bäume ermitteln, dann muß man jeden Baum bzw. jede Oberholzklasse bis zu dem Zeitpunkt verfolgen, in welchem bei regelmäßigem Betrieb die Nutzung erfolgt wäre.

Als Bodenertragswert darf nicht der nach dem Verfahren auf S. 84 berechnete Gesamtbodenwert unterstellt werden, sondern es können nur jene Bodenteilwerte in Rechnung gezogen werden, welche das Unterholz und die einzelnen Oberholzklassen von der Begründung des Mittelwaldes ab erzeugen, so oft diese Bestandsteile in derselben Verfassung auf derselben Fläche wiederkehren. Ist z. B. der Unterholzumtrieb 25 Jahre, das gegenwärtige Alter des Unterholzes $m = 10$ Jahre, dann enthält der jetzt 10 jährige Schlag von der 50 jährigen Oberholzklasse zwei Generationen: einmal das ältere, jetzt 35 jährige Holz, welches nach 15 Jahren zum Hiebe kommt, und dann die jüngere, vor 10 Jahren begründete Generation, welche nach 40 Jahren genutzt wird. Der Platz, auf welchem das jetzt 35 jährige Holz steht, gewährt nur alle 50 Jahre, nicht alle 25 Jahre einen Abtriebsertrag und ebenso jener Platz, welcher das 10 jährige Holz dieser Oberholzklasse trägt.

Bezeichnet man den auf das Unterholz treffenden Bodenteilwert mit B_α, die auf die einzelnen Oberholzklassen treffenden Bodenteilwerte mit b_2, b_3 .. b_n, so ist bei gleichzeitiger Einbeziehung des früheren Beispiels (S. 84)

$$B_\alpha = \frac{\alpha + D_n\,1{,}0\,p^{u-n} - c_\alpha}{1{,}0\,p^u - 1} - c_\alpha = \frac{870 + 20 \cdot 1{,}03^5 - 7{,}5}{1{,}03^{25} - 1} - 7{,}5 = 802{,}28 \text{ M.}$$

$$b_2 = \frac{A_2 - c_2}{1{,}0\,p^{2u} - 1} - c_2 = \frac{770 - 7{,}5}{1{,}03^{50} - 1} - 7{,}5 \;\;.\;\;.\;\;.\;\;.\;\;.\;\;.\;\; = 217{,}82 \text{ „}$$

$$b_3 = \frac{A_3 - c_3}{1{,}0\,p^{3u} - 1} - c_3 = \frac{350 - 7{,}5}{1{,}03^{75} - 1} - 7{,}5 \;\;.\;\;.\;\;.\;\;.\;\;.\;\;.\;\; = 34{,}39 \text{ „}$$

$$b_n = \frac{A_n - c_n}{1{,}0\,p^{nu} - 1} - c_n = \frac{500 - 7{,}5}{1{,}03^{100} - 1} - 7{,}5 \;\;.\;\;.\;\;.\;\;.\;\;.\;\;.\;\; = 19{,}54 \text{ „}$$

Die Kulturkosten müssen vom strengen theoretischen Standpunkte aus auf die einzelnen Altersklassen verteilt werden; dies ist natürlich praktisch nur näherungsweise möglich. Im obigen Beispiele wurden sie auf die vier Altersklassen gleichheitlich verteilt. Da die Wirkung dieser Verteilung auf das Rechnungsresultat sehr gering ist, genügt es übrigens auch, die gesamten Kulturkosten unter B_α zu verrechnen.

Die Verwaltungskosten können ganz unberücksichtigt bleiben unter der Voraussetzung, daß dies auch in der Formel des Bestandserwartungswertes geschieht.

Dieselbe lautet nun:

$$HE_m = \frac{A + D_n\,1{,}0\,p^{u-n} + B_\alpha + b_2 + b_3 + \cdot\cdot\, b_n}{1{,}0\,p^{u-m}} - (B_\alpha + b_2 + b_3 + \cdot\cdot\, b_n)$$

$$+ \frac{A_2 + A_3 + \cdot\cdot\, A_n + b_2 + b_3 + \cdot\cdot\, b_n}{1{,}0\,p^{2u-m}} - (b_2 + b_3 + \cdot\cdot\, b_n)$$

$$+ \frac{A_3 + A_4 + \cdot\cdot\, A_n + b_3 + b_4 + \cdot\cdot\, b_n}{1{,}0\,p^{3u-m}} - (b_3 + b_4 + \cdot\cdot\, b_n)$$

$$+ \cdot\cdot\cdot\cdot$$

$$+ \frac{A_n + b_n}{1{,}0\,p^{nu-m}} - b_n.$$

Beispiel.

$$HE_{10} = \frac{2490 + 20 \cdot 1{,}03^5 + 802{,}28 + 217{,}82 + 34{,}39 + 19{,}54}{1{,}03^{25-10}} - 1074{,}03$$

$$+ \frac{770 + 350 + 500 + 217{,}82 + 34{,}39 + 19{,}54}{1{,}03^{50-10}} - 271{,}75$$

$$+ \frac{350 + 500 + 34{,}39 + 19{,}54}{1{,}03^{75-10}} - 53{,}93$$

$$+ \frac{500 + 19{,}54}{1{,}03^{100-10}} - 19{,}54$$

$$= \mathbf{1632 \ M.}$$

Im Alter u ist HE_u nicht gleich dem Haubarkeitsertrag wie beim Hochwald, sondern größer als dieser, weil eben die später fällig werdenden Oberholzerträge zu dem Haubarkeitsertrag noch hinzugerechnet werden müssen.

Zweifellos ist diese theoretisch allein richtige Rechnung sehr umständlich. Praktisch kann man sich oft damit helfen, daß man die Oberholzmasse mit dem Durchschnittspreis der ältesten Oberholzklasse multipliziert. Dadurch wird der Idee des Erwartungswertes für die jüngeren Stämme Rechnung getragen.

3. Verlauf und Größe des Bestandserwartungswertes.

Während für die Berechnung des Bodenertragswertes nur das Jahr der Nutzung des Bestandes bzw. die Umtriebszeit in Betracht kommt, hat man beim Bestandserwartungswert zwei Zeitpunkte zu unterscheiden: nämlich das Bestandsalter und das Abtriebsalter (Umtriebszeit). Die Größe und der Verlauf des Bestandserwartungswertes ist von beiden Zeitpunkten wechselseitig abhängig und verschieden, je nachdem der eine oder andere fest gegeben ist.

A. Gegeben die Umtriebszeit, veränderlich das Bestandsalter m.

1. Verlauf des Erwartungswertes.

a) Ist u fest gegeben und werden für alle Bestandsalter von 1 bis zu u Jahren die Bestandserwartungswerte berechnet, dann bilden dieselben eine steigende Kurve. (S. Abb. 4 auf S. 103.)

Je älter also der Bestand ist, um so größer wird sein Erwartungswert, weil der Diskontierungszeitraum (u—m) immer kleiner wird.

Diese Regel kann eine Ausnahme erleiden, wenn im Jahre m oder unmittelbar vor demselben ein Durchforstungsertrag bezogen wurde. Wird z. B. im 50- und 60jährigen Alter des Bestandes der Durchforstungsertrag D_{50} und D_{60} fällig, dann ist

$$HE_{49} = \frac{A_u + D_{50} \cdot 1{,}0\,p^{u-50} + D_{60}\,1{,}0\,p^{u-60} + B + V}{1{,}0\,p^{u-49}} - (B + V)$$

und

$$HE_{50} = \frac{A_u + D_{60}\,1{,}0\,p^{u-60} + B + V}{1{,}0\,p^{u-50}} - (B + V).$$

Da in HE_{50} der Durchforstungsertrag $D_{50} \cdot 1{,}0\,p^{u-50}$ nicht mehr erscheint, kann $HE_{49} > HE_{50}$ sein, vorausgesetzt, daß der längere Diskontierungszeitraum

$(u - 49)$ in HE_{49} nicht einen größeren Einfluß hat als $D_{50} \cdot 1{,}0\,p^{u-50}$, welcher Fall bei kleinem D und großem p wohl möglich ist. Sind aber die Durchforstungserträge groß, dann kann z. B. HE_{55} kleiner sein als HE_{49}.

b) **Am Ende der Umtriebszeit**, wenn $m = u$, ist der Bestandserwartungswert stets gleich dem Haubarkeitsertrag A_u oder dem Abtriebswert. Denn da keine Zwischennutzungen mehr zu erwarten sind, ist

$$HE_u = \frac{A_u + B + V}{1{,}0\,p^0} - (B + V) = A_u, \quad \text{da } 1{,}0\,p^0 = 1.$$

c) **Zu Anfang der Umtriebszeit**, d. h. unmittelbar nach der Begründung des Bestandes, wenn m praktisch noch gleich 0 gesetzt werden kann, ist der Bestandserwartungswert gleich den aufgewendeten Kulturkosten c unter der Voraussetzung, daß die Bedingungsgleichung des Bodenertragswertes (s. S. 60):

$$A_u + D_a\, 1{,}0\, p^{u-a} + \ldots = c\, 1{,}0\, p^u + (B_u + V)(1{,}0\, p^u - 1)$$

erfüllt ist. Denn es wird hieraus

$$c = \frac{A_u + D_a\, 1{,}0\, p^{u-a} + \ldots - (B_u + V)(1{,}0\, p^u - 1)}{1{,}0\, p^u} = HE_0.$$

2. **Die absolute Größe des Bestandserwartungswertes.** Dieselbe hängt innerhalb der gleichen Umtriebszeit ab:

a) **Von der Größe der Einnahmen.** Je höher dieselben sind, um so größer wird der Bestandserwartungswert.

b) **Von der Größe des Bodenwertes** (Bodenbruttowertes).

α) Je höher der Bodenwert ist, um so kleiner wird der Bestandserwartungswert. Sehr hohe Bodenwerte führen zu negativen Bestandserwartungswerten.

β) **Legt man den größten Bodenertragswert und die demselben entsprechende Umtriebszeit zugrunde, dann sind diese Bestandserwartungswerte größer als jene, welche sich für andere Umtriebszeiten und die denselben entsprechenden Bodenertragswerte berechnen.**

Beweis s. S. 102.

Beispiel. Liefert ein Fichtenbestand

im Alter von	30	40	50	60	70	80	90	100	110	120 Jahren
Durchforstungs-erträge . .	78	233	403	660	953	1186	1 371	1 498	1 532	1 436 M.
Hauptnutzungs-erträge . .	796	1805	3314	5172	6911	8623	9 869	10 731	11 282	11 527 „
Abtriebserträge	874	2038	3717	5832	7864	9809	11 240	12 229	12 814	12 963 M.

betragen ferner die Kulturkosten 120 M., die jährlichen Verwaltungskosten 9, dann berechnen sich für $p = 3\,\%$ unter Zugrundelegung verschiedener Umtriebszeiten und der denselben entsprechenden Bodenertragswerte für die nachgenannten Bestandsalter folgende Bestandserwartungswerte:

Bestandsalter m	Umtriebszeit von Jahren								
	30	40	50	60	70	80	90	100	110
	Bodenertragswert in Mark								
	108	474	777	983	1051	**1057**	996	915	833
	Bestandserwartungswerte in Mark								
25	698	1 098	1 429	1 654	1 730	**1 737**	1 668	1 579	1 490
35		1 651	2 201	2 574	2 699	**2 710**	2 597	2 449	2 302
45			3 058	3 631	3 821	**3 838**	3 666	3 439	3 213
55				4 853	5 133	**5 158**	4 905	4 572	4 240
65					6 598	**6 634**	6 272	5 798	5 324
75						**8 277**	7 770	7 105	6 439
85							9 513	8 591	7 668
95								10 374	9 107
105									10 892

Anmerkung. Das Maß der Abweichung zweier Bestandserwartungswerte für das gleiche Bestandsalter, welchen verschiedene Bodenwerte zugrunde gelegt sind, beträgt

$$\delta\left(\frac{1}{1{,}0\,p^{u-m}} - 1\right),$$

wobei $\delta = B_1 - B$, d. h. die Differenz der Bodenwerte bedeutet. Man erhält diesen Ausdruck durch Subtraktion des HE_m (B) von HE_m (B_1).

Mit Hilfe dieser Formel lassen sich leicht die HE für verschiedene Bodenwerte berechnen. Nach der Tabelle auf S. 101 ist z. B., wenn $u = 80$,

$$HE_{25} = 1737 \text{ M. für } B = 1057 \text{ M.}$$

$$HE_{25} = 1381 \text{ „ „ } B_1 = 1500 \text{ „}$$

Da $\delta = 1500 - 1057 = 443$, so ist $\delta\left(\dfrac{1}{1{,}03^{80-25}} - 1\right) = 443\,(0{,}1968 - 1)$

$= 443 . - 0{,}8032 = - 356$. Wenn also $HE_{25} = 1737$ M. ist für $B = 1057$ M., dann ist für $B = 1500$ M. der Wert $HE_{25} = 1737 - 356 = 1381$ M.

c) **Vom Zinsfuß. Hoher Zinsfuß gibt kleine, niedriger Zinsfuß große Bestandserwartungswerte, weil der Erwartungswert auf Diskontierung beruht.**

d) **Die Verwaltungskosten sind einflußlos (S. 94).**

e) **Die Kulturkosten** erscheinen zwar im Erwartungswert nicht, haben aber indirekt die Wirkung, daß er um so größer wird, je höher die Kulturkosten sind, weil dadurch die Bodenrente verkleinert wird.

B. Gegeben das Bestandsalter m, veränderlieh die Umtriebszeit.

Berechnet man für einen (jüngeren) m jährigen Bestand unter Zugrundelegung steigender Umtriebszeiten und der denselben entsprechenden normalen Erträge die Erwartungswerte, dann erhält man eine anfangs rasch steigende und später langsam fallende Kurve ähnlich wie beim Bodenertragswert.

Man hat also hier zu unterscheiden zwischen dem Eintritt der Kulmination und der absoluten Größe des Bestandserwartungswertes.

1. Die Kulmination des Bestandserwartungswertes. Unter sonst gleichen Umständen hängt dieselbe ab von der Größe des Bodenwertes:

a) Legt man den größten Bodenertragswert zugrunde, welcher sich für den gegebenen Bestand berechnet, dann kulminiert der Bestandserwartungswert in dem gleichen Jahre wie der Bodenertragswert.

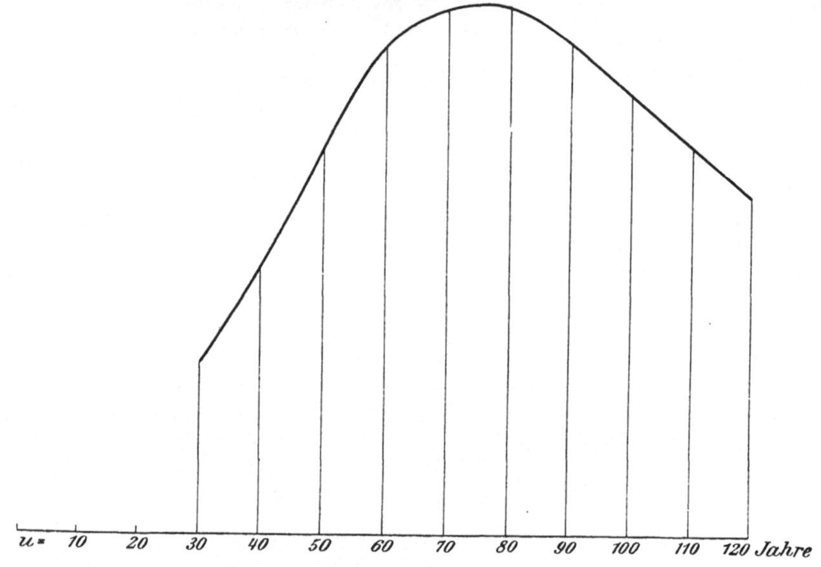

Abb. 3. Verlauf des Erwartungswertes eines 25jährigen Fichtenbestandes für verschiedene Umtriebszeiten (B_{80} max.).

Beweis. Es ist

$$B_u = \left(A_u + \frac{D_a}{1{,}0p^a} + \frac{D_n}{1{,}0p^n} - c \right) \frac{1}{1{,}0p^u - 1} + \left\{ \frac{D_a}{1{,}0p^a} + \frac{D_n}{1{,}0p^n} - c - V \right\}$$

und

$$HE_m = \left(A_u + \frac{D_a}{1{,}0p^a} + \frac{D_n}{1{,}0p^n} - c \right) \frac{1{,}0p^m - 1}{1{,}0p^u - 1}$$
$$+ \left\{ \frac{D_n}{1{,}0p^n} (1{,}0p^m - 1) - \frac{D_a}{1{,}0p^a} + c \right\}$$

Da die eingeklammerten Größen unabhängig von u sind, muß HE_m in demselben Jahre sein Maximum erreichen wie B_u (Lehr im Handbuch der Forstwissenschaft, 1. Aufl., II, 47).

b) Ist der eingestellte Bodenwert größer als der größte Bodenertragswert, dann kulminiert der Bestandserwartungswert in einem früheren Zeitpunkt als der größte Bodenertragswert.

Ist der eingestellte Bodenwert kleiner als der größte Bodenertragswert, dann kulminiert der Bestandserwartungswert in einem späteren Zeitpunkt als der größte Bodenertragswert.

Praktisch liegt der Fall meistens so, daß hohe Bodenwerte die Kulmination verhältnismäßig stärker erniedrigen als niedrige Bodenwerte dieselbe erhöhen.

Beweis. Geht man von der Formel (β) auf S. 94 aus, dann steigt HE_m so lange, als die Zunahme von $A_u + D_n\,1{,}0p^{u-n}$ größer ist als die Abnahme von $\dfrac{1}{1{,}0p^{u-m}}$.

Solange HE_m steigt, ist ferner $\dfrac{A_{u+n}+D+B+V}{1{,}0p^{u+n-m}} - \dfrac{A_u+D+B+V}{1{,}0p^{u-m}}$ positiv.

Hierin ist die Differenz $\dfrac{B+V}{1{,}0p^{u+n-m}} - \dfrac{B+V}{1{,}0p^{u-m}}$ stets negativ, weil $\dfrac{1}{1{,}0p^{u-m}}$

$> \dfrac{1}{1{,}0p^{u+n-m}}$.

Je größer B ist, um so mehr verkleinernd wirkt dieselbe auf die Gesamtdifferenz, d. h. um so eher wird dieselbe negativ, oder: um so eher beginnt HE_m zu sinken.

Beispiel. Für den 25jährigen Fichtenbestand (S. 99) berechnen sich unter Zugrundelegung eines Bodenwertes von 1057 M. (höchster Bodenertragswert im 80jährigen Bestandsalter), dann von 1500 M. und von 700 M. folgende Bestandserwartungswerte:

Für eine Umtriebszeit von Jahren	Bei einem Bodenwerte von		
	1057 M. (B_{80} max.)	1500 M.	700 M.
30	568	507	617
40	890	730	1017
50	1283	1052	1470
60	1607	1321	1837
70	1726	**1399**	1988
80	**1737**	1381	**2023**
90	1616	1238	1921
100	1452	1057	1770
110	1284	877	1612
120	1124	707	1459

c) Ist der Bestand abnorm beschaffen, dann ist der Zeitpunkt der Kulmination des Erwartungswertes durch Probieren in der Weise zu ermitteln, daß man unter Zugrundelegung des höchsten Bodenertragswertes, welcher sich für den normalen Bestand berechnet, und unter Zugrundelegung der in Aussicht stehenden abnormen Erträge für die folgenden Bestandsalter die Erwartungswerte berechnet. Die finanziell günstigste Abtriebszeit fällt auf jenes Abtriebsalter, für welches sich der größte Erwartungswert berechnet. Ergibt sich, daß kein Erwartungswert größer ist als der gegenwärtige Abtriebswert des Bestandes, so ist dieser sofort zu nutzen.

Beispiel. a) Ein jetzt 50 jähriger Fichtenbestand ist durch Schneedruck so durchlöchert worden, daß er anstatt der auf S. 98 angegebenen normalen Erträge nur folgende Abtriebserträge liefert:

$$A_{50} = 2000\,\text{M.}, \quad A_{60} = 3800\,\text{M.}, \quad A_{70} = 5700\,\text{M.}, \quad A_{80} = 7000\,\text{M.}$$

Dem normalen Bestand hätte bei 80 jähriger Umtriebszeit ein Bodenertragswert von 1057 M. entsprochen. Wenn $p = 3\%$ und $v = 9$ M., berechnen sich folgende Erwartungswerte:

für das 60 jährige Abtriebsalter . . . . 2480 M.

„ „ 70 „   „   . . . . **2552** „

„ „ 80 „   „   . . . . 2086 „

Da sich der höchste Bestandserwartungswert für das 70 jährige Alter berechnet, bedeutet dieses die finanzielle Abtriebszeit des abnormen Bestandes.

b) Ein 50 jähriger normaler Fichtenbestand hat einen jetzigen Abtriebswert von 3717 M. Infolge der Errichtung einer Fabrik in dessen Nähe wird sein Wachstum durch Rauchschaden so geschädigt, daß sich für den 50 jährigen Bestand nur folgende Erwartungswerte berechnen:

für das 60 jährige Abtriebsalter . . . . 3400 M.

„ „ 70 „   „   . . . . 2800 „.

„ „ 80 „   „   . . . . 2500 „

Da der gegenwärtige Abtriebswert mit 3717 M. größer ist als die Erwartungswerte, welche sich für die zukünftigen Abtriebsalter berechnen, ist der Bestand sofort zu nutzen.

2. **Für die absolute Größe des Bestandserwartungswertes bei verschiedenen Umtriebszeiten ergibt sich:**

Ist das Bestandsalter gegeben, dann berechnen sich unter sämtlichen Bodenertragswerten des Bestandes und den dazu gehörigen Umtriebszeiten für den größten Bodenertragswert und die dazu gehörige Umtriebszeit auch die größten Bestandserwartungswerte.

Beweis. Derselbe ergibt sich aus den unter 1 a (S. 100) mitgeteilten Formeln. Setzt man in HE_m für

$$\left(A_u + \frac{D_a}{1{,}0\,p^a} + \frac{D_n}{1{,}0\,p^n} - c\right) \frac{1}{1{,}0\,p^u - 1}$$

den Wert

$$B_u - \frac{D_a}{1{,}0\,p^a} - \frac{D_n}{1{,}0\,p^n} + c + V,$$

dann wird $HE_m =$

$$\left(B_u - \frac{D_a}{1{,}0\,p^a} - \frac{D_n}{1{,}0\,p^n} + c + V\right)(1{,}0\,p^m - 1) + \frac{D_n}{1{,}0\,p^n}(1{,}0\,p^m - 1) - \frac{D_a}{1{,}0\,p^a} + c$$

$$= (B_u + V)(1{,}0\,p^m - 1) + c\,1{,}0\,p^m - D_a\,1{,}0\,p^{m-a}.$$

Da alle anderen Größen fest gegeben sind, ist der Wert des HE_m von der Größe B_u abhängig. Ist nun B_u das Maximum des Bodenertragswertes, dann ergeben sich für alle anderen Bodenertragswerte kleinere HE_m, wie z. b. w. (Die letzte Gleichung stellt den Bestandskostenwert dar. G. Heyer bewies obigen Satz direkt durch Gegenüberstellung zweier Bestandskostenwerte.)

Als Beispiel dient die Tabelle auf S. 99, wenn man die Erwartungswerte in horizontaler Richtung von links nach rechts liest.

4. Das Verhältnis zwischen dem Bestandserwartungswert und dem Abtriebswert.

Es wurde gezeigt (S. 98), daß der Bestandserwartungswert am Schlusse der Umtriebszeit unter allen Umständen gleich ist dem Bestandsabtriebswert, unabhängig davon, wie hoch die Umtriebszeit und wie groß der Bodenwert ist.

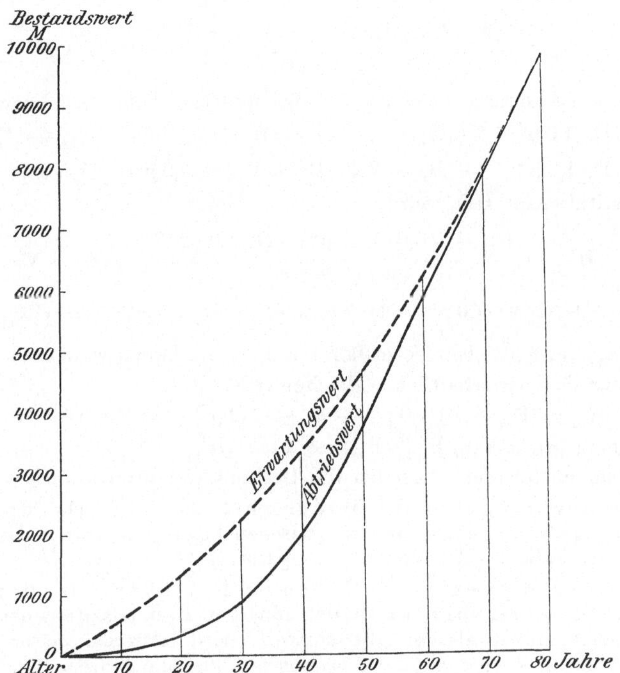

Abb. 4. Verhältnis zwischen Bestandserwartungs- und Abtriebswert für die finanzielle Umtriebszeit von 80 Jahren.

Der Bestandserwartungswert trifft in dem praktisch als Null angenommenen Bestandsalter nicht auf den Schnittpunkt der Abscissen- und Koordinatenachse, sondern, da er gleich ist den Kulturkosten (s. S. 98), auf den Punkt der Koordinate, der die Höhe der Kulturkosten anzeigt. In den Abb. 4, 5 und 6 kommt dieses Verhältnis wegen des kleinen Maßstabes nicht zum Ausdruck.

Das Verhältnis, welches zwischen beiden Wertarten v o r der Umtriebszeit u bzw. u_1 besteht, ist dagegen abhängig von der Höhe der Umtriebszeit und dem eingestellten Bodenwert. Hierbei sind folgende Fälle zu unterscheiden:

1. Die angenommene Umtriebszeit ist die finanzielle.

a) Wird als B o d e n w e r t der B o d e n e r t r a g s w e r t der finanziellen Umtriebszeit zugrunde gelegt, wie es die Regel ist, dann ist der Bestandserwartungswert vor dem Jahre u stets größer als der Abtriebswert.

Der Unterschied beider Wertarten wird mit wachsendem Bestandsalter immer geringer, bis er im Jahre u selber gleich Null wird. (Tabelle S. 106, Spalte 3; Abb. 4.)

Beweis. Bedeuten D_a die vor dem Jahre m eingehenden Durchforstungserträge, D_n die nach dem Jahre m eingehenden, so ist

$$1. \qquad HE_m = \frac{A_u + D_n\, 1{,}0\, p^{u-n} + B_u + V}{1{,}0\, p^{u-m}} - (B_u + V).$$

Nach der Bedingungsgleichung für das wirtschaftliche Gleichgewicht ist:

$$A_u + D_a\, 1{,}0\, p^{u-a} + D_n\, 1{,}0\, p^{u-n} = (B_u + V)\,(1{,}0\, p^u - 1) + c\, 1{,}0\, p^u,$$

$$A_u + D_n\, 1{,}0\, p^{u-n} + B_u + V = (B_u + V + c)\, 1{,}0\, p^u - D_a\, 1{,}0\, p^{u-a};$$

durch Substitution in HE_m wird

$$HE_m = \frac{(B_u + V + c)\, 1{,}0\, p^u - D_a\, 1{,}0\, p^{u-a}}{1{,}0\, p^{u-m}} - (B_u + V)$$

$$= (B_u + V)\,(1{,}0\, p^m - 1) + c\, 1{,}0\, p^m - D_a\, 1{,}0\, p^{m-a} = HK_m. \qquad (\alpha)$$

2. Ist A_m der Abtriebswert im Jahre m $(m \leqslant u)$, dann besteht die Bedingungsgleichung für das wirtschaftliche Gleichgewicht:

$$A_m = (B_m + V)\,(1{,}0\, p^m - 1) + c\, 1{,}0\, p^m - D_a\, 1{,}0\, p^{m-a}. \qquad (\beta)$$

Da nun in (α) und (β) $B_u > B_m$, ist auch $HE_m > A_m$.

(Gleichungen (α) und (β) stellen die Bestandskostenwerte dar.)

b) Ist der eingestellte Bodenwert kleiner als der größte Bodenertragswert, dann besteht zwischen beiden Wertarten dasselbe Verhältnis wie im Falle a (Tabelle S. 106, Spalte 4).

c) Ist der eingestellte Bodenwert größer als der größte Bodenertragswert, dann ist in den jüngeren Bestandsaltern der Bestandserwartungswert größer als der Abtriebswert, wird letzterem später gleich und und ist von da ab kleiner als der Abtriebswert bis zum Jahre u (Tabelle S. 106, Spalte 5)[1]).

2. Die angenommene Umtriebszeit ist niedriger als die finanzielle ($u_1 < u$).

Wird als Bodenwert der der angenommenen Umtriebszeit entsprechende Bodenertragswert zugrunde gelegt oder ein kleinerer Bodenwert, dann ist der Erwartungswert bis zum Jahre u_1 größer als der Abtriebswert (Tabelle S. 106, Spalte 6 u. 7).

Ist der Bodenwert größer als der der Umtriebszeit u_1 entsprechende, dann kann der Erwartungswert anfangs größer und später kleiner oder auch immer größer sein als der Abtriebswert (Tabelle S. 106, Spalte 8).

3. Die angenommene Umtriebszeit ist höher als die finanzielle ($u_1 > u$).

Unabhängig von der Größe des Bodenwertes ist alsdann der Bestandserwartungswert in den jüngeren Bestands-

---

[1]) Der mathematische Beweis zu b und c findet sich in der 1. Aufl. dieses Buches S. 104 f.

altern größer, in den höheren kleiner als der Abtriebswert. Beide Wertarten werden einander zweimal gleich,
einmal vor dem Jahre u_1 und dann im Jahre u_1.

Je größer der Bodenwert, um so eher sinkt der Bestandserwartungswert unter den Abtriebswert und umgekehrt (Tabelle S. 106, Spalte 9,
10, 11; Abb. 5).

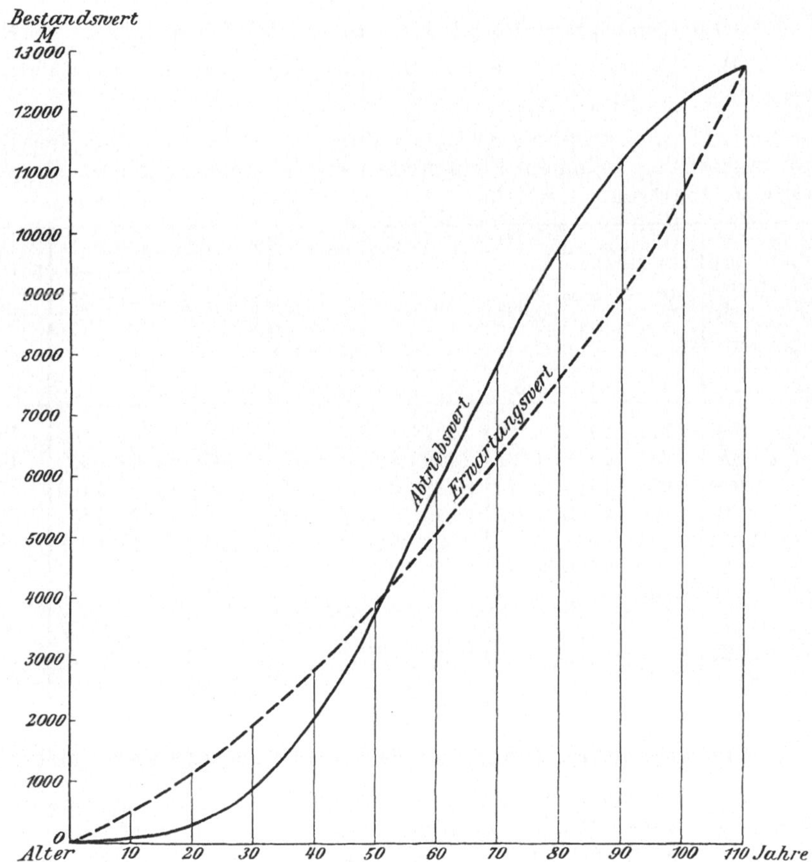

Abb. 5. Verhältnis zwischen Bestandserwartungs- und Abtriebswert für eine
höhere als die finanzielle Umtriebszeit (110 Jahre).

Beweis. a) Unterstellt man den Bodenertragswert der Umtriebszeit u_1,
dann wird

$$B_m (1{,}0\,p^{u_1} - 1{,}0\,p^{u_1 - m}) \lesseqgtr B_{u_1} (1{,}0\,p^{u_1} - 1) - B_{u_1} (1{,}0\,p^{u_1 - m} - 1)$$

oder $\qquad\qquad\qquad\qquad\qquad B_m \lesseqgtr B_{u_1}.$

Da B_{u_1} sich bereits auf dem absteigenden Ast der Bodenertragswertskurve befindet, also $B_{u_1} < B_u$ ist, wird in einem bestimmten Alter $B_m = B_{u_1}$ und $A_m = HE_m$. Vor diesem Zeitpunkt ist $B_m < B_{u_1}$, daher $A_m < HE_m$, nach diesem Zeitpunkt ist $B_m > B_{u_1}$, daher $A_m > HE_m$. Im Alter u_1 wird alsdann A_{u_1} zum zweiten Mal $= HE_{u_1}$.

b) Ist $B < B_{u_1}$, dann wird in dem Ausdruck

$$B_m (1{,}0\,p^{u_1} - 1{,}0\,p^{u_1 - m}) \lessgtr B_{u_1} (1{,}0\,p^{u_1} - 1) - B (1{,}0\,p^{u_1 - m} - 1)$$

die linke Seite etwas später größer als die rechte und dementsprechend $A_m > HE_m$.

Ist $B > B_{u_1}$, dann wird die linke Seite sehr bald größer als die rechte und demgemäß $A_m > HE_m$.

Beispiel. Verhältnis zwischen den Abtriebswerten und den Erwartungswerten in einem Fichtenbestande II. Standortsklasse (Grundlagen S. 98), wenn $p = 3\,\%$.

Bestands-alter	Ab-triebs-erträge	u = 80 Jahre			u = 60 Jahre			u = 110 Jahre			Boden-ertrags werte
		$B_{80} = 1057$	B = 500	$B = 1614$	$B_{60} = 983$	B = 500	$B = 1614$	$B_{110} = 833$	B = 500	$B = 1614$	
Jahre	M.	Bestandserwartungswerte in Mark									M.
1	2	3	4	5	6	7	8	9	10	11	12
20	300	1 311	1 774	798	1 251	1 586	813	1 130	1 439	403	− 197
30	874	2 229	2 659	1 731	2 122	2 406	1 751	1 908	2 210	1 200	108
40	2 038	3 358	3 744	2 879	3 188	3 404	2 907	2 849	3 140	2 166	474
50	3 717	4 666	4 993	4 215	4 413	4 537	4 252	3 905	4 182	3 257	777
60	5 832	6 196	6 444	5 781	5 832	5 832	5 832	5 096	5 353	4 493	983
70	7 864	7 907	8 049	7 541				6 352	6 583	5 810	1 051
80	9 809	9 809	9 809	9 809				7 645	7 841	7 186	1 057
90	11 240							9 070	9 219	8 721	996
100	12 229							10 737	10 823	10 537	915
110	12 814							12 814	12 814	12 814	833

5. Die Rechnungsgrundlagen des Bestandserwartungswertes.

Der Bestandserwartungswert stützt sich auf die in der Zukunft vom gegebenen Bestand noch zu erwartenden wirklichen Einnahmen und auf die noch zu leistenden Ausgaben. Je näher der Bestand seinem Haubarkeitsalter steht, um so sicherer lassen sich die zu erwartenden Einnahmen und Ausgaben veranschlagen.

a) Abtriebs- und Durchforstungsertrag. Maßgebend ist nur der Abtriebsertrag, den der Bestand nach seiner wahrscheinlichen Verfassung im Abtriebsalter tatsächlich liefern wird. Ebenso sind nur die wirklichen Durchforstungserträge in Ansatz zu bringen. Ein abnormer Bestand ist daher auch dann, wenn die Abnormität auf einen Zufall zurückzuführen ist, mit den abnormen Erträgen und unter Umständen auch mit dem außergewöhnlichen Kostenaufwand in Rechnung zu stellen. Infolgedessen kann der Abtriebsertrag, der für die

Ermittelung des Bodenertragswertes grundlegend ist, nicht unter allen Verhältnissen auch zur Berechnung des Bestandserwartungswertes verwendet werden. Denn der Bodenertragswert baut sich auf die möglichen Durchschnittserträge des jetzigen Bestandes und aller zukünftigen Bestände auf, der Bestandserwartungswert nur auf den wirklichen Ertrag des jetzigen Bestandes.

Den nächstliegenden Anhaltspunkt für die Einschätzung des Abtriebsertrages bildet der gegenwärtige Zustand des Bestandes. Nach diesem wird man unter Berücksichtigung der waldbaulichen Gesetze mit Hilfe von Ertragstafeln und in Anlehnung an die Fällungsergebnisse benachbarter gleichartiger Bestände die weitere Entwicklung in der Regel mit einiger Sicherheit ziffernmäßig festlegen können.

Wie beim Bodenertragswert können auch hier die prolongierten Zwischennutzungserträge in Teilen des gleich 1 gesetzten Abtriebsertrages ausgedrückt werden. Selbstverständlich dürfen aber nur jene berücksichtigt werden, welche noch zu erwarten sind. Ist der Endwert aller Holzerträge während einer bestimmten Umtriebszeit 1,40 und sind hiervon bis zum 60. Jahre 0,25 bezogen, so ist der Endwert für das Jahr 60 nur noch $1,40 - 0,25 = 1,15$. Indessen bietet dieses Verfahren hier weniger Vorteile als bei der Berechnung des Bodenertragswertes.

b) Umtriebszeit. Der Bestandserwartungswert stellt den Tauschwert der nicht hiebsreifen Bestände im öffentlichen Verkehr vor und zugleich den Vermögenswert des Waldbesitzers.

Anwendbar ist der Bestandserwartungswert seinem Wesen nach nur auf jene Bestände, welche die finanzielle Umtriebszeit noch nicht überschritten haben. Bestände, welche das finanzielle Abtriebsalter erreicht oder überschritten haben, können unter allen Umständen nur nach ihrem Abtriebswert eingewertet werden. Die Berechnung des Bestandserwartungswertes setzt daher voraus, daß zuvor die finanzielle Abtriebszeit festgestellt worden ist, und zwar auch dann, wenn dieselbe in dem gegebenen Wald tatsächlich nicht eingehalten wird. Denn der Tauschwert oder Vermögenswert eines Bestandes bemißt sich lediglich nach der finanziellen Umtriebszeit. Darauf weist schon das Verhältnis zwischen Erwartungs- und Abtriebswert hin (S. 105). Ein Erwartungswert, der dauernd kleiner ist als der Abtriebswert, ist ein wirtschaftliches Unding. Dieses Verhältnis ist aber gegeben, wenn die Umtriebszeit über der finanziellen steht, wenigstens für die höheren Bestandsalter.

Legt man eine andere Umtriebszeit als die finanzielle und den derselben entsprechenden Bodenertragswert zugrunde, dann ergeben sich zu niedrige Bestandserwartungswerte, d. h. der Verkäufer wird geschädigt und der Käufer zieht einen ungerechtfertigten Gewinn. Dies geht unmittelbar aus der Betrachtung der Tabelle auf S. 99 hervor. Ein 35 jähriger Fichtenbestand hat bei Unterstellung der finanziellen Umtriebszeit mit einem Bodenertragswert von 1057 M. einen Erwartungswert von 2710 M., — der Waldwert ist somit $1057 + 2710 = 3767$ M. Würde nun der Waldbesitzer von der vielleicht tatsächlich eingehaltenen Umtriebszeit von 110 Jahren ausgehen und den derselben zugehörigen Bodenertragswert von 833 M. unterstellen, dann berechnet sich ein

Bestandserwartungswert von nur 2302 M. Er würde also seinen Bestand um 2710 — 2302 = 408 M. zu billig verkaufen und den Bestand samt Boden um 3767 — (833 + 2302) = 632 M. zu billig.

c) **Bodenwert.** Wenn der Erwartungswert den Tausch- oder Vermögenswert des Bestandes zum Ausdruck bringen soll, so kann der Bestand nur für den Verbrauch jener Bodenrente verantwortlich gemacht werden, die er selber unter der Voraussetzung normaler Verfassung erzeugt, wenn seine Nutzung im finanziellen Abtriebsalter erfolgt oder erfolgen würde.

Es ist demnach der höchste Bodenertragswert der gegebenen Holz- und Betriebsart einzustellen. Würde man den Bestandserwartungswert mit einer Bodenrente belasten, die eine andere Holz- und Betriebsart erzeugen könnte, dann könnte der Besitzer für den Verkauf oder die Geltendmachung eines Schadenersatzes durch Annahme einer weniger einträglichen Bestockung und die dadurch bedingte kleinere Bodenrente den Bestandswert willkürlich erhöhen und umgekehrt der Erwerber oder Ersatzpflichtige durch Unterstellung einer ergiebigeren Holz- und Betriebsart und der entsprechenden höheren Bodenrente den Bestandswert willkürlich herabdrücken. Selbstverständlich scheiden auch alle Bodenwerte aus, die sich auf eine außerforstliche Benutzung des Bodens stützen (Landwirtschaft, Baugelände). Der Erwartungswert des 40jährigen Buchenbestandes berechnet sich z. B. für die 80jährige Umtriebszeit bei einem Buchenbodenertragswert von 350 M. auf 1542 M. Würde man den Fichtenbodenertragswert von 1057 M. unterstellen, dann erhielte man einen Erwartungswert von 1052 M.; ferner würde sich der Erwartungswert berechnen mit einem Bodenwert von 2000 M. auf 398 M , mit 4000 M. auf — 988 M. und mit 10000 M. auf — 5146 M. Richtig ist nur der Erwartungswert von 1542 M.

Auch ein gegebener Erwerbspreis des Waldbodens, der von dem höchsten Bodenertragswert der vorhandenen Holzart abweicht, hat außer Betracht zu bleiben.

Ist die Holz- und Betriebsart nicht standortsgemäß, so muß diesem Umstand bei der Ermittelung des Waldwertes Rechnung getragen werden (siehe Waldwirtschaftswert). Den mit den Zinsen des Bodenertragswertes der standortsgemäßeren Holz- und Betriebsart belasteten Bestandserwartungswert nennt man Bestandswirtschaftswert. Er hat nur als Bestandteil des Waldwertes Bedeutung.

6. Die Anwendung des Bestandserwartungswertes.

Theoretisch gilt der Bestandserwartungswert für alle Altersstufen, auch für die jüngsten. Aus praktischen Gesichtspunkten empfiehlt es sich aber, denselben erst für jene Altersstufen zu verwenden, in denen die Bestandsausscheidung sich bereits sichtlich vollzogen hat. Je nach Holzart und örtlichen Verhältnissen fällt dieser Vorgang in das 30 bis 40jährige Bestandsalter. In jüngeren Beständen wird die Festsetzung des Abtriebsertrages unsicher.

Andererseits kann man bei Beständen, die dem finanziellen Abtriebsalter bereits sehr nahe stehen, auf die Berechnung des Erwartungswertes verzichten und an dessen Stelle den Abtriebswert setzen, weil in diesen Altern der Unterschied zwischen beiden Wertarten sehr gering ist. Man muß aber immer im Auge behalten, daß dies nur ein praktisches Zugeständnis ist und der theoretisch richtige Wert nach wie vor der Erwartungswert bleibt. Ist dieser Unterschied nach den örtlichen Verhältnissen ausnahmsweise noch bedeutend, dann darf der Abtriebswert nicht an die Stelle des Erwartungswertes gesetzt werden.

Die Verwendung des Bestandserwartungswertes kommt hauptsächlich für folgende Fälle in Betracht:

1. Festsetzung des Wertes noch nicht hiebsreifer Bestände zum Zwecke des Verkaufs mit dem Boden.

2. Vergütung für den Abtrieb oder die Beschädigung hiebsunreifer Bestände. Nimmt der Waldbesitzer den Abtrieb auf eigene Rechnung vor (z. B. bei Enteignungen), dann hat er Anspruch auf die Differenz zwischen Erwartungswert und Abtriebswert.

3. Untersuchung der Hiebsreife abnormer Bestände (s. S. 101), wenn man nicht der Einfachheit halber der Methode des Weiserprozents, welches ebenfalls auf dem Bestandserwartungswert beruht, den Vorzug geben will. Die finanzielle Abtriebszeit normaler Bestände kann zwar ebenfalls mit dem Erwartungswert festgestellt werden (S. 100). Da man aber zuvor den höchsten Bodenertragswert berechnen muß, bedeutet diese Methode einen überflüssigen Umweg.

4. Festsetzung des Normalvorrates.

5. Statische Berechnungen.

Geschichtliches. Die erste richtige Formel des Bestandserwartungswertes stellte der nachmalige Sachsen-Koburg-Gothaische Oberforstmeister Georg Oetzel in der Allg. Forst- und Jagdzeitung 1854 auf, nachdem die grundlegenden Gedanken hierfür bereits König ausgesprochen hatte. Die Beziehungen zwischen Erwartungswert und Abtriebswert stellte Bose in seiner Schrift: „Beiträge zur Waldwertberechnung usw., Darmstadt 1863" klar.

III. Der Bestandskostenwert.

1. Begriff.

Der Kostenwert eines m jährigen Bestandes ist gleich der Summe aller seit der Begründung bis zum Jahre m aufgelaufenen Produktionskosten abzüglich der Einnahmen, welche der Bestand bis zum Jahre m geliefert hat.

2. Ableitung.

A. Bewertung der Produktionskosten.

Dieselben bestehen in der Regel in den Kulturkosten, den Verwaltungskosten und der aufgebrauchten Bodenrente.

a) Die Kulturkosten c sind bis zum Jahre m angewachsen auf $c\,1{,}0\,p^m$.

Kosten für spätere Nachbesserungen und Reinigungshiebe sind nach dem Jahre ihres Anfalles zu berechnen (z. B. $1{,}0\,p^{m-3}$).

b) **Die jährliche Bodenrente.** Der Bodenbesitzer konnte den Boden m Jahre lang nicht anderweitig benutzen. Die ihm entgehende jährliche Bodenrente $B \cdot 0,0\,p$ ist daher zu den Kosten der Produktion zu rechnen. Die Summe aller Bodenrenten samt Zinseszinsen beläuft sich bis zum Jahre m (nach Formel VII a) auf

$$\frac{B \cdot 0,0\,p\,(1,0\,p^m - 1)}{0,0\,p} = B\,(1,0\,p^m - 1).$$

Oder: Die Zinsen des Bodenkapitals B, welche der Bestand während m Jahren verbraucht, erhält man aus $B \cdot 1,0\,p^m - B = B\,(1,0\,p^m - 1)$.

c) **Die jährlich verausgabten Verwaltungskosten** v wachsen mit Zins und Zinseszinsen bis zum Jahre m an (nach Formel VII a) auf

$$\frac{v\,(1,0\,p^m - 1)}{0,0\,p} = V\,(1,0\,p^m - 1).$$

Oder: wie vorhin $V\,1,0\,p^m - V = V\,(1,0\,p^m - 1)$.

Die Verwaltungskosten können außer Ansatz bleiben, wenn dieselben auch im Bodenertragswert nicht berücksichtigt wurden. Tatsächlich wird also nur die Bodenbruttorente verrechnet.

B. Bewertung der Einnahmen.

Hat der Bestand bis zum Jahre m bereits Einnahmen geliefert, z. B. **Durchforstungserträge**, so entlasten dieselben die Produktionskosten und müssen daher in Abzug gebracht werden. Gehen sie in den Jahren a, b ... in der Höhe von D_a, D_b ... ein, so ist ihr Wert im Jahre m

$$D_a\,1,0\,p^{m-a} + D_b\,1,0\,p^{m-b} + \ldots$$

Ebenso sind die Nebennutzungen zu behandeln (S. 93).

Nutzungen, welche nach dem Jahre m eingehen, kommen bei Berechnung des Kostenwertes nicht in Betracht. Der im Bestandsalter m selbst fällige Durchforstungsertrag darf dann nicht angeschrieben werden, wenn der Kostenwert mit dem Abtriebswert im Alter m vergleichsfähig sein soll. Denn dieser enthält auch den Durchforstungsertrag. Zieht man ihn im Kostenwert ab, dann korrespondiert dieser nur mit dem Wert des Hauptbestandes. Ist die Durchforstung aber bereits ausgeführt, dann muß ihr Ertrag verrechnet werden.

C. Formel des Bestandskostenwertes.

Addiert man sämtliche Produktionskosten und zieht man von denselben die bereits erzielten Einnahmen ab, dann lautet die Formel des Bestandskostenwertes:

$$\mathbf{HK}_m = (\mathbf{B} + \mathbf{V})\,(1,0\,p^m - 1) + c\,1,0\,p^m - (D_a\,1,0\,p^{m-a} + \ldots)$$

oder

$$\mathbf{HK}_m = (\mathbf{B} + \mathbf{V} + c)\,1,0\,p^m - (\mathbf{B} + \mathbf{V}) - (D_a\,1,0\,p^{m-a} + \ldots).$$

Beispiel 1. Ein Fichtenboden ist mit 29 Jahre alten Fichten bestockt. Die Begründung erfolgte mit 4jährigen verschulten Pflanzen vor 25 Jahren. Die

Zeit, welche der Bestand auf dem Boden verbracht hat, beträgt demnach 25 Jahre Die Kulturkosten betragen 120 M., die jährlichen Verwaltungskosten 9 M., der Bodenertragswert der 80 jährigen (finanziellen) Umtriebszeit 1057 M. Ein Durchforstungsertrag fiel noch nicht an. Zinsfuß 3 %. Demnach ist

$$HK_{25} = \left(1057 + \frac{9}{0,03}\right) (1,03^{25} - 1) + 120 . 1,03^{25}$$

$$= (1057 + 300) \, 1,094 + 120 . 2,094 = 1484,56 + 251,28 = \mathbf{1736 \ M.}$$

Oder

$$HK_{25} = (1057 + 300 + 120) \, 1,03^{25} - (1057 + 300) = \mathbf{1736 \ M.}$$

Aus diesem Beispiel ist ersichtlich, daß für die Berechnung des Bestandskostenwertes **das wirtschaftliche und nicht das physische Alter** des Bestandes maßgebend ist. Wenn die Pflanzung vor 25 Jahren ausgeführt wurde, dann wurde das Boden- und Verwaltungskostenkapital vom Bestand tatsächlich nur 25 Jahre in Anspruch genommen, obwohl das physische Alter der Bäume 29 Jahre umfaßt. Der Zeitraum von 4 Jahren kommt in der Höhe der Kulturkosten zum Ausdruck.

Müßte der Bestand vom Waldbesitzer wegen Erbauung einer Eisenbahnlinie abgetrieben werden und würde der Abtriebswert 600 M. betragen, dann müßte der Eisenbahnfiskus dem Waldbesitzer den Unterschied zwischen dem Kostenwert und Abtriebswert, also 1736 − 600 = 1136 M. herausbezahlen.

Beispiel 2. Für den 40 jährigen Kiefernbestand, welcher die auf S. 95 verzeichneten Erträge liefert, berechnet sich bei Unterstellung des Bodenertragswertes für die 80 jährige Umtriebszeit von 1094,27 M. bei einem Zinsfuß von 2,5 % der Kostenwert auf

$$HK_{40} = (1094,27 + 180) \, (1,025^{40} - 1) + 120 . 1,025^{40}$$

$$- (40 . 1,025^{40-25} + 137,50 . 1,025^{40-35}) - 108 . 1,025^{40-35}$$

$$- \frac{2 \, (1,025^{40} - 1)}{0,025}$$

$$= 2147,20 + 322,20 - 213,43 - 122,15 - 134,81 = \mathbf{1999 \ M.}$$

Der Bestandskostenwert des Mittelwaldes.

Die Bodenwerte, welche für den Bestandserwartungswert maßgebend sind (S. 96), bilden auch die Unterlage für den Kostenwert. Auch hier können die Verwaltungskosten wegbleiben, wenn dieselben, wie geschehen, von den Bodenwerten nicht abgezogen worden sind. Unter c sind die gesamten Kulturkosten zu verstehen. Die Formel lautet:

$$HK_m = (B_\alpha + b_2 + b_3 + .. b_n) \, (1,0 \, p^m - 1) + c \, 1,0 \, p^m - D_a \, 1,0 \, p^{m-a}$$

$$+ (b_2 + b_3 + .. b_n) \, (1,0 \, p^{u+m} - 1) + (c_2 + c_3 + .. c_n) \, 1,0 \, p^{u+m}$$

$$+ (b_3 + b_4 + .. b_n) \, (1,0 \, p^{2u+m} - 1) + (c_3 + c_4 + .. c_n) \, 1,0 \, p^{2u+m}$$

$$+ .....$$

$$+ b_n \, (1,0 \, p^{(n-1) \, u+m} - 1) + c_n \, 1,0 \, p^{(n-1) \, u+m}$$

Beispiel.

$$HK_{10} = (802,28 + 217,82 + 34,39 + 19,54) \, (1,03^{10} - 1) + 30 . 1,03^{10}$$

$$+ (217,82 + 34,39 + 19,54) \, (1,03^{35} - 1) + 22,5 . 1,03^{35}$$

$$+ (34,39 + 19,54) \, (1,03^{60} - 1) + 15 . 1,03^{60}$$

$$+ 19,54 \, (1,03^{85} - 1) + 7,5 . 1,03^{85}$$

$$= \mathbf{1632 \ M.}$$

Kostenwert und Erwartungswert sind unter der Voraussetzung, daß die hier maßgebenden Bodenertragsteilwerte in beiden Formeln eingesetzt werden, wie beim Hochwald einander gleich. Andere Bodenwerte als diese haben für Wertsberechnungen keinen Sinn.

3. Verlauf und Größe des Bestandskostenwertes.

Der Bestandskostenwert ist an sich unabhängig von der Umtriebszeit.

Berechnet man für alle Bestandsalter die Kostenwerte, so bilden dieselben eine steigende Kurve, d. h. mit zunehmendem Alter wächst der Bestandskostenwert.

Eine Ausnahme hiervon kann sich wie beim Bestandserwartungswert dann ergeben, wenn im Jahre m ein Durchforstungsertrag bezogen wurde. Alsdann kann HK_{m-1} größer sein als HK_m, weil im Jahre $m-1$ der Durchforstungsertrag D_m nicht abgezogen wird. Denn es ist z. B., wenn im 40jährigen Bestandsalter der Durchforstungsertrag D_{40} fällig wird:

$$HK_{39} = (B + V)(1,0\,p^{39} - 1) + c\,1,0\,p^{39} - D_{30}\,1,0\,p^{39-30}$$

$$HK_{40} = (B + V)(1,0\,p^{40} - 1) + c\,1,0\,p^{40} - [D_{30}\,1,0\,p^{40-30} + D_{40}].$$

Auch hier ist vorausgesetzt, daß der längere Prolongierungszeitraum $(1,0\,p^{40}$ gegenüber $1,0\,p^{39})$ nicht stärker wirkt als D_{40} (vgl. S. 97).

Unmittelbar nach Begründung des Bestandes, wenn m praktisch noch $= 0$ gesetzt werden kann, ist der Bestandskostenwert gleich den aufgewendeten Kulturkosten c, denn es ist

$$HK_0 = (B + V)(1,0\,p^0 - 1) + c\,1,0\,p^0 = c.$$

Am Ende der Umtriebszeit, wenn $m = u$, ist der Bestandskostenwert gleich dem Haubarkeitsertrag A_u, wenn als Bodenwert der für das Jahr u sich berechnende Bodenertragswert eingestellt wird und alle Größen, welche zur Berechnung des Bodenertragswertes dienten, auch zur Bestimmung des Bestandskostenwertes verwendet werden. Denn betrachtet man in der Formel des Bodenertragswertes A_u als Unbekannte, so erhält man

$$A_u = (B + V)(1,0\,p^u - 1) + c\,1,0\,p^u - [D_a\,1,0\,p^{u-a} + ..].$$

Die rechte Seite der Gleichung ist gleich HK_u.

Berechnet man daher für alle Bestandsalter unter Zugrundelegung der hierfür gültigen Bodenertragswerte die Kostenwerte, so erhält man die Skala der Abtriebswerte.

Ist $B < B_u$, dann wird $HK_u < A_u$, d. h. der Ertrag ist größer als der Kostenaufwand.

Ist $B > B_u$, dann ist auch $HK_u > A_u$, d. h. der Kostenaufwand ist größer als der Ertrag.

Die Größe des Bestandskostenwertes hängt ab:

a) von der Größe der Ausgaben und Einnahmen. Je höher erstere und je kleiner letztere, um so größer wird der Bestandskostenwert und umgekehrt.

Der Unterschied zweier Bestandskostenwerte, welche für das gleiche Bestandsalter, aber unter Zugrundelegung verschiedener Bodenwerte berechnet werden, ergibt sich aus

$$\delta\,(1{,}0\,p^m - 1),$$

worin $\delta = B_1 - B$, d. h. die Differenz der Bodenwerte ist (s. S. 99).

Höhere Kulturkosten führen auch bei Unterstellung des Bodenertragswertes zu höheren Bestandskostenwerten, weil die Zinsen des im B_u negativ wirkenden Kulturkostenkapitals kleiner sind als die positive Größe $c\,1{,}0\,p^m$ im HK_m. Dieser Unterschied nimmt mit wachsendem Bestandsalter ab, weshalb die Wirkung der Größe der Kulturkosten auf den Wert junger Bestände stärker ist wie auf den Wert älterer [1]).

b) vom Zinsfuße. Ist der Bodenwert fest gegeben, dann liefert ein höherer Zinsfuß auch höhere Kostenwerte und umgekehrt.

Stellt man dagegen als Bodenwert den Bodenertragswert ein, dann gibt ein höherer Zinsfuß geringere Bestandskostenwerte und umgekehrt, weil in diesem Fall der Kostenwert gleich ist dem Erwartungswert und denselben Gesetzen unterworfen ist wie dieser (vgl. das Folgende).

4. Das Verhältnis zwischen Kostenwert und Erwartungswert.

a) Der Bestandskostenwert ist gleich dem Bestandserwartungswert, wenn man als Bodenwert den Bodenertragswert der gemeinsamen (rechnungsmäßigen) Umtriebszeit unterstellt.

Beweis s. S. 104.

In vorgenannter Beziehung ist demnach der Kostenwert auch von der Umtriebszeit beeinflußt, weil die Größe des Bodenertragswertes von derselben untrennbar ist.

Alle Gesetze, welche bezüglich der Abhängigkeit des Bestandserwartungswertes vom Bodenertragswert gelten, sind daher auch für den Bestandskostenwert maßgebend.

b) Unterstellt man im Kostenwert und Erwartungswert einen von der Umtriebszeit unabhängigen Bodenwert, dann besteht zwischen beiden Wertarten kein Zusammenhang mehr.

Ist der unterstellte Bodenwert größer als der Bodenertragswert der eingehaltenen Umtriebszeit, dann wird der Kostenwert größer als der Erwartungswert.

Ist der unterstellte Bodenwert kleiner, dann wird auch der Kostenwert kleiner als der Erwartungswert.

Je höher der unterstellte Bodenwert über dem Bodenertragswert der eingehaltenen Umtriebszeit steht, um so größer wird der Kostenwert und um so kleiner der Erwartungswert, — und umgekehrt.

---

[1]) W. Borgmann, Forstl. Rundschau 1918, S. 36.

Ist B_u der Bodenertragswert der eingehaltenen Umtriebszeit, B der im HK_m und HE_m unterstellte Bodenwert, dann beträgt der Unterschied[1])

$$HE_m - HK_m = \frac{(B_u - B)\,(1,0\,p^u - 1)}{1,0\,p^{u-m}}.$$

Unterstellt man nur im Kostenwert den Bodenwert B, im Erwartungswert dagegen den der eingehaltenen Umtriebszeit entsprechenden Bodenertragswert B_u, dann beträgt der Unterschied

$$HE_m - HK_m = (B_u - B)\,(1,0\,p^m - 1).$$

5. Das Verhältnis zwischen Kostenwert und Abtriebswert.

Setzt man in den Kostenwert als Bodenwert den B o d e n e r t r a g s - w e r t ein, so ist der Kostenwert, wie vorhin gezeigt, gleich dem Erwartungswert. Alle Sätze, welche für das Verhältnis zwischen Erwartungswert und Abtriebswert gelten, treffen daher auch für die gegenseitigen Beziehungen zwischen Kostenwert und Abtriebswert zu. Im Jahre u ist $HK_u = HE_u = A_u$. N a c h d e m J a h r e u w i r d d e r K o s t e n w e r t w i e d e r g r ö ß e r a l s d e r A b t r i e b s w e r t.

Ist der Bodenwert größer als der größte Bodenertragswert, dann i s t d e r K o s t e n w e r t i m m e r g r ö ß e r a l s d e r A b t r i e b s w e r t, a u c h i m J a h r e u. So berechnen sich für einen Fichtenbestand II. Standortsklasse, wenn $p = 3\,\%$ und $B = 1614$ M. ($B_{80} = 1057$ M. max.)

für die Alter von	30	40	50	60	70	80	90	100	110 J.
d. Bestandskostenw. .	3023	4616	6549	8919	11757	15178	19463	24973	32207 M.
Abtriebswerte . . .	874	2038	3717	5832	7864	9809	11240	12229	12814 M.

6. Der kombinierte Bestandskostenwert.

Derselbe kommt für statische Berechnungen in Betracht (s. unter Wirtschaftserfolg).

1. Soll aus dem Kostenwert des m jährigen Bestandes der Kostenwert des $(m + x)$ jährigen Bestandes abgeleitet werden, so gilt die Formel

$$HK_{m+x} = (B + V)\,(1,0\,p^m - 1)\,1,0\,p^x + (B + V)\,(1,0\,p^x - 1)$$
$$+ c\,1,0\,p^{m+x} - (D_a\,1,0\,p^{m+x-a} + \ldots)$$
$$= [(B + V)\,(1,0\,p^m - 1) + c\,1,0\,p^m]\,1,0\,p^x + (B + V)\,(1,0\,p^x - 1)$$
$$- (D_a\,1,0\,p^{m-a} \cdot 1,0\,p^x + \ldots).$$

Beispiel. Ist $B = 1057$ M, $V = 300$ M., $c = 120$ M., $D_{30} = 78$ M., $p = 3\,\%$, dann ist

$$HK_{15} = (1057 + 300)\,(1,03^{15} - 1) + c\,1,03^{15} = \textbf{944} \text{ M.}$$

$$HK_{25} = 944 \cdot 1,03^{10} + 1357\,(1,03^{10} - 1) = \textbf{1736} \text{ M.}$$

$$HK_{35} = 1736 \cdot 1,03^{10} + 1357\,(1,03^{10} - 1) - 78 \cdot 1,03^5 = \textbf{2710} \text{ M.}$$

---

[1]) Vgl. 1. Aufl. S. 113.

2. Ist entweder B oder V oder B + V (Bodenbruttowert) in den verschiedenen Zeiträumen des Bestandslebens verschieden zu bewerten, z. B. von 10 zu 10 Jahren, dann ist

$$HK_{10} = (1{,}0\,p^{10} - 1)\,(B_1 + V_1) + c\,1{,}0\,p^{10} - D_a\,1{,}0\,p^{10-a}$$

$$\begin{aligned}
HK_{20} &= (B_2 + V_2)\,(1{,}0\,p^{10} - 1) + (B_1 + V_1)\,(1{,}0\,p^{10} - 1)\,1{,}0\,p^{10} \\
&\quad + c\,1{,}0\,p^{20} - (D_a\,1{,}0\,p^{20-a} + \ldots) \\
&= (1{,}0\,p^{10} - 1)\,[B_2 + V_2 + (B_1 + V_1)\,1{,}0\,p^{10}] + c\,1{,}0\,p^{20} \\
&\quad - (D_a\,1{,}0\,p^{20-a} + \ldots)
\end{aligned}$$

$$\begin{aligned}
HK_{30} &= (B_3 + V_3)\,1{,}0\,p^{10} - 1) + (B_2 + V_2)\,(1{,}0\,p^{10} - 1)\,1{,}0\,p^{10} + (B_1 \\
&\quad + V_1)\,(1{,}0\,p^{10} - 1)\,1{,}0\,p^{20} + c\,1{,}0\,p^{30} - (D_a\,1{,}0\,p^{30-a} + \ldots) \\
&= (1{,}0\,p^{10} - 1)\,[B_3 + V_3 + (B_2 + V_2)\,1{,}0\,p^{10} + (B_1 + V_1) \\
&\quad \times 1{,}0\,p^{20}] + c\,1{,}0\,p^{30} - (D_a\,1{,}0\,p^{30-a} + \ldots)
\end{aligned}$$

$$\begin{aligned}
HK_{40} &= (B_4 + V_4)\,(1{,}0\,p^{10} - 1) + (B_3 + V_3)\,(1{,}0\,p^{10} - 1)\,1{,}0\,p^{10} \\
&\quad + (B_2 + V_2)\,(1{,}0\,p^{10} - 1)\,1{,}0\,p^{20} + (B_1 + V_1)\,(1{,}0\,p^{10} - 1) \\
&\quad \times 1{,}0\,p^{30} + c\,1{,}0\,p^{40} - (D_a\,1{,}0\,p^{40-a} + \ldots) \\
&= (1{,}0\,p^{10} - 1)\,[B_4 + V_4 + (B_3 + V_3)\,1{,}0\,p^{10} + (B_2 + V_2)\,1{,}0\,p^{20} \\
&\quad + (B_1 + V_1)\,1{,}0\,p^{30}] + c\,1{,}0\,p^{40} - (D_a\,1{,}0\,p^{40-a} + \ldots)
\end{aligned}$$

Setzt man die Bodenbruttowerte einander gleich, so gehen vorstehende Formeln in die Normalformeln über.

Beispiel. Der Boden eines jetzt 40jährigen Fichtenbestandes wurde vor 40 Jahren um 180 M. pro ha angekauft. Die jährlichen Verwaltungskosten betrugen

im	1. Jahrzehnt	2. Jahrzent	3. Jahrzehnt	4. Jahrzehnt
	1,65	1,95	5,46	9,63 M.
somit das Verwaltungskostenkapital V =				
	55	65	182	321 M.
und B + V = Bodenbruttowert =				
	235	245	362	501 M.

Die Kulturkosten betrugen 63 M., an Durchforstungserträgen gingen ein im Bestandsalter von 15 Jahren 1 M., von 25 Jahren 5 M., 35 Jahren 10 M. Zinsfuß 3%. Danach beträgt der (subjektive) Bestandskostenwert

$$\begin{aligned}
HK_{40} &= 501\,(1{,}03^{10} - 1) + 362\,(1{,}03^{10} - 1)\,1{,}03^{10} \\
&\quad + 245\,(1{,}03^{10} - 1)\,1{,}03^{20} + 235\,(1{,}03^{10} - 1)\,1{,}03^{30} \\
&\quad + 63\,.\,1{,}03^{40} - (1\,.\,1{,}03^{40-15} + 5\,.\,1{,}03^{40-25} + 10\,.\,103^{40-35}) \\
&= (1{,}03^{10} - 1)\,(501 + 362\,.\,1{,}03^{\,0} + 245\,.\,1{,}03^{20} + 235\,.\,1{,}03^{30}) \\
&\quad + 63\,.\,1{,}03^{40} - (1\,.\,1{,}03^{25} + 5\,.\,1{,}03^{15} + 10\,.\,1{,}03^{5}) = \mathbf{872}\ \text{M.}
\end{aligned}$$

Der objektive Bestandskostenwert berechnet sich unter der Voraussetzung, daß die Durchforstungserträge zu den gleichen Beträgen angenommen werden können und die jetzt aufzuwendenden Kulturkosten 179 M. betragen, auf

$$HK_{40} = 501\,(1{,}03^{40} - 1) + 179\,.\,1{,}03^{40} - (1\,.\,1{,}03^{25} + 5\,.\,1{,}03^{15} + 10\,.\,1{,}03^{5})$$
$$= \mathbf{1696}\ \text{M.}$$

Die Wertsteigerung des Bestandes beträgt daher $1696 - 872 = 824$ M.

7. Das Wesen und die Rechnungsgrundlagen des Bestandskostenwertes.

Die Grundlagen sind verschieden, je nach dem Wesen und Zweck der Wertsberechnung. Es ist zu unterscheiden:

A. Der objektive oder wirtschaftliche Bestandskostenwert.

Derselbe stellt den Tausch-, Verkaufs-, Verkehrs-, Vermögenswert oder den gemeinen Wert vor. Um ihn zu ermitteln, sind die Produktionskosten und die bereits erzielten Nutzungen mit dem Betrage einzusetzen, der den in der Gegenwart, d. h. im Rechnungsjahr, geltenden durchschnittlichen Preisverhältnissen entspricht. Hat der Boden, den der Besitzer vor 30 Jahren um 300 M. erstanden hat, jetzt einen Ertragswert von 600 M., so ist die Rente aus 600 M. und nicht die aus 300 M. in Rechnung zu setzen. In gleicher Weise sind die Kulturkosten mit dem Betrag einzusetzen, der aufgewendet werden müßte, wenn der Bestand im Rechnungsjahr begründet würde. Sollte der Bestand durch natürliche Verjüngung kostenlos entstanden sein, dann müssen gleichwohl Kulturkosten in Ansatz gebracht werden (s. 5. Abschnitt, 4. Kapitel). Die Verwaltungskosten sind, wenn man den Bodennettowert unterstellt, für die ganze Dauer des zurückgelegten Bestandslebens nach ihrer gegenwärtigen Höhe zu verrechnen. Auch das bereits genutzte Durchforstungsmaterial ist nach den gegenwärtigen Holzpreisen zu veranschlagen.

Nach der Anweisung der sächsischen Staatsforstverwaltung von 1904 sind als Nachwerte der Zwischennutzungen für 31—40jährige Fichten- und Tannenbestände I.—IV. Bonität und für 31—40jährige Kiefern-, Lärchen- und Laubholzbestände I.—III. Bonität in Abzug zu bringen

bei	60	70	80	90	100	110	120 jährigem Umtriebe
	4	3	2,5	2,0	1,5	1,4	1,3 %

des erntekostenfreien Geldwertes der Abtriebsmasse im Umtriebsalter.

Bezüglich des Bodenwertes sind die gleichen Gesichtspunkte maßgebend wie beim Bestandserwartungswert. Einzig und allein der Bodenertragswert, welcher sich für die finanzielle Umtriebszeit der gegebenen Holz- und Betriebsart berechnet, hat Sinn und Berechtigung. Unterstellt man den einer anderen Umtriebszeit zugehörigen Bodenertragswert, dann werden die Bestandskostenwerte wie die ihnen gleichstehenden Erwartungswerte zu klein (S. 98, 108).

Ein forstlicher Bodenwert, der einer anderen Holz- oder Betriebsart entspricht, oder ein Bodenwert, der von der forstwirtschaftlichen Benutzung unabhängig ist, führt zu unmöglichen Bestandskostenwerten, soweit dieselben den Tausch- oder Vermögenswert darstellen sollen. Die Wirkung solcher Bodenwerte äußert sich hier in entgegengesetzter Richtung wie beim Bestandserwartungswert: Je kleiner der Bodenwert, um so kleiner wird der Kostenwert. Wäre daher die Unterstellung beliebiger Bodenwerte angängig, dann könnte der Kostenwert je nach dem Standpunkt der Parteien beliebig verkleinert oder erhöht werden.

Würde man die bei der Begründung des Bestandes aufgewendeten oder fällig gewesenen Produktionskosten der Berechnung des Kostenwertes zugrunde legen, dann würde die Wertsteigerung des Holzes auf den Vermögenswert des Bestandes ohne Einwirkung bleiben. Der Besitzer würde nur die Zinsen seines ursprünglichen Anlagekapitals erhalten.

Der objektive Bestandskostenwert bringt zwar nach der Form seiner rechnerischen Ableitung die Gestehungskosten des Bestandes zum Ausdruck, seinem wirtschaftlichen Wesen nach ist er aber wie der Bestandserwartungswert ein Ertragswert. Seine Grundlage bildet die Bodenbruttorente, deren Höhe von den nach dem Gesetz von Angebot und Nachfrage sich bildenden Holzpreisen bedingt ist. Der Bestand ist kein Fabrikat, dessen Preis sich nach dem Aufwand von Arbeitslohn, Unternehmerlohn und Rohstoffen bemißt, sondern ein Naturerzeugnis, dessen zeitlicher Preis von der Nachfrage des Holzes abhängt. Der Bestandskostenwert stellt den Rückschluß aus der jeweiligen Preislage vor. Dies erhellt auch aus den unmittelbaren Beziehungen des Kostenwertes zum Erwartungswert.

Wenn man vom Bestandskostenwert gemeinhin spricht, ist darunter zunächst immer der objektive Wert zu verstehen.

B. Der subjektive Bestandskostenwert.

Derselbe ergibt sich durch Aufrechnung der Kosten, die dem Waldbesitzer entweder seit der Begründung oder dem Erwerb des Bestandes tatsächlich erwachsen sind oder durch die Aufrechterhaltung des Betriebs in der Gegenwart erwachsen.

Der subjektive Kostenwert hat nur für die Person des Waldbesitzers Interesse und kann daher nicht als Tauschwert oder Vermögenswert in Betracht kommen. Er erscheint in folgenden zwei Arten:

a) Der Buchwert oder Anlagewert. Denselben erhält der Waldbesitzer, wenn er die wirklichen Kosten und Einnahmen von der Begründung oder dem Erwerb des Bestandes bis zum gegenwärtigen Bestandsalter in Ansatz bringt. Hat er den Bestand vor 30 Jahren um 300 M. gekauft, dann rechnet er mit diesem Bodenwert auch dann, wenn inzwischen der Ertragswert des Bodens auf 600 M. gestiegen ist. Die Verwaltungskosten sind mit ihren wechselnden, in der Regel steigenden Beträgen anzusetzen und die Kulturkosten nach dem wirklichen früheren Aufwand. Als Durchforstungserträge werden die wirklichen erntekostenfreien Erlöse verrechnet.

Der Unterschied zwischen dem jetzigen objektiven Kostenwert und dem Buchwert des Bestandes weist dem Waldbesitzer den Gewinn oder Verlust aus, der ihm seit der Begründung des Bestandes bzw. seit dem Ankauf des Bodens mit oder ohne Bestand erwachsen ist (gemeiner Wertszuwachs, Konjunkturengewinn).

Vgl. die Formel und das Beispiel auf S. 115.

Der Buchwert des Bestandes deckt sich begrifflich mit den Gestehungskosten des Besitzsteuergesetzes (Vermögenszuwachssteuergesetz) vom Jahre 1913/1916. Nach § 30 sind zu den Gestehungskosten eines Grundstücks zu rechnen der Erwerbspreis, sonstige Anschaffungskosten sowie alle auf das Grundstück gemachten besonderen Aufwendungen während der Besitzzeit, soweit sie nicht zu den laufenden Wirtschaftsausgaben gehören. Die durch Verschlechterung (Abnutzung) entstandenen Wertminderungen sind abzuziehen. — Diese zunächst für den Waldwert gültigen Bestimmungen sind auch auf den Bestandskostenwert übertragbar.

b) **Der Betriebskostenwert.** Derselbe ergibt sich, wenn der Bodenwert mit seinem Verkehrswert und alle übrigen Aufwendungen nach ihrem gegenwärtigen tatsächlichen Betrag eingesetzt werden.

Kommt der Boden nur für die forstliche Benutzung in Betracht, dann gilt der höchstmögliche Bodenertragswert oder Tauschwert der standortsgemäßen Holz- und Betriebsart.

Kann der Boden in absehbarer Zeit zur Landwirtschaft oder als Baugelände verwendet werden, dann ist der dadurch erzielbare höhere Verkehrswert maßgebend.

Der so berechnete Betriebskostenwert stellt den Wert vor, den der Bestand haben müßte, wenn die tatsächliche verbrauchte Bodenrente in dem Bestandswert zurückerstattet werden sollte (s. Wirtschaftserfolg).

8. Die Anwendung des Bestandskostenwertes.

Der subjektive Kostenwert hat nur für forststatische Untersuchungen Bedeutung.

Hier handelt es sich daher nur um den objektiven Kostenwert. Dieser ist bei normalen Bestandsverhältnissen gleich dem Bestandserwartungswert, wenn als Bodenwert der Bodenertragswert der eingehaltenen Umtriebszeit unterstellt wird (S. 113). Der Bodenertragswert ist somit das Bindeglied beider Wertarten.

Unter dieser Voraussetzung ist es mithin bei normalen Bestandsverhältnissen gleichgültig, ob man den Bestandswert nach den rückwärts liegenden Ausgaben und Einnahmen als Kostenwert oder nach den zeitlich vorwärts liegenden Einnahmen und Ausgaben als Erwartungswert berechnet.

Aus praktischen Gründen empfiehlt es sich aber, die jüngeren, etwa bis 30—40jährigen Bestände ausschließlich nach dem Kostenwerte zu berechnen. Denn solange die Bestände noch nicht in das Stangenholzalter eingetreten sind, läßt sich der wirkliche Abtriebsertrag und der Zwischennutzungsanfall schwer vorausbestimmen.

Daraus darf man allerdings nicht den Schluß ziehen, daß der Abtriebsertrag und die Umtriebszeit im Bestandskostenwert ignoriert würden. Indirekt erscheinen beide Faktoren im Bodenertragswert. Und da dieser immer vom normalen Durchschnittsertrag ausgeht, so folgt schon daraus, daß der Kostenwert immer den Wert des normalen Bestandes angibt. Auch die Verwaltungs- und Kulturkosten beziehen sich, wenn nicht ausnahmsweise Verhältnisse vorliegen, auf die Normalität. Die Durchforstungserträge können zwar, wenn der Bestand nicht normal ist, verhältnismäßig geringer sein als in normalen Beständen, da es sich aber nur um jüngere Bestände handelt, fallen dieselben nicht ins Gewicht.

Theoretisch ist somit der Bestandskostenwert auf anormale Bestände überhaupt nicht anwendbar. Da aber gerade für diese Bestände im Alter bis zu 30—40 Jahren auch die rechnerischen Grundlagen des Bestandserwartungswertes nur mit einer gewissen Willkür festgesetzt werden können, ist es praktisch einfacher, den Bestandskostenwert mit der Modifikation anzuwenden, daß derselbe nach dem Verhältnis des wirklichen Bestockungsgrades zur Vollbestockung (in Zehnteln oder Prozenten ausgedrückt) reduziert wird. Zu einem theoretisch einwandfreien Rechnungsergebnis gelangt man dadurch nicht, aber immerhin noch zu einem praktisch brauchbaren.

Ist z. B. der Bestockungsgrad 0,8, dann müßte sein

$$0,8\,\mathrm{HK_m} = \frac{0,8\,\mathrm{A_u} + \mathrm{B} + \mathrm{V}}{1,0\,\mathrm{p^{u-m}}} - (\mathrm{B} + \mathrm{V}).$$

Diese Gleichheit wird nur zufällig gegeben sein.

Eine Reduktion auf den Bestockungsgrad ist aber dann nicht zulässig, wenn die Durchbrechung des Bestandsschlusses durch anormal hohe Zwischennutzungen (Kalamitäten) herbeigeführt wurde und diese bereits abgezogen sind. Der normale objektive Kostenwert setzt voraus, daß in ihm die gleichen Durchforstungserträge verrechnet werden wie im Bodenertragswert.

Bei der Einschätzung des Bestockungsgrades ist darauf Rücksicht zu nehmen, ob durch die vorhandenen Lücken nur die Durchforstungserträge oder auch der Abtriebsertrag beeinträchtigt werden.

Beispiel. Wäre die wirkliche Bestockung des 29 Jahre alten Fichtenbestandes (S. 110 f.) nur 0,8 der normalen, dann würde der Kostenwert 1736.0,8 = 1389 M. sein.

Geschichtliches. Der geistige Urheber der Theorie des Bestandskostenwertes ist König. Er benützte denselben, um den Betrag festzustellen, welcher bei „gänzlicher Verwüstung junger Holzwüchse" dem Eigentümer zu vergüten sei (Forstmathematik 3. Aufl. 1846). Die Durchforstungserträge berechnete er als jährlich eingehend nach der Formel $\dfrac{d\,(1,0\,\mathrm{p^m} - 1)}{0,0\,\mathrm{p}}$. — Vollständig richtig entwickelte Faustmann die Theorie des Bestandskostenwertes in der Allgemeinen Forst- und Jagdzeitung 1854.

Anhang.

Die Bestimmung des Bestandswertes nach dem Durchschnittsertrag.

Diese vor dem Ausbau der wissenschaftlichen Waldwertrechnung allgemein übliche Methode der Bestandswertberechnung ist unbrauchbar und führt immer zu zu hohen Ergebnissen. Das Verfahren besteht darin, daß der durchschnittlich-jährliche Ertrag nach dem Haubarkeitsertrag der angenommenen Umtriebszeit berechnet und der Wert der Bestände durch Multiplikation des Bestandsalters mit dem Durchschnittsertrag festgestellt wird $\left(\dfrac{\mathrm{A_u}}{\mathrm{u}}\cdot\mathrm{m}\right)$.

Ist $\mathrm{A_{80}} = 9809$ M., dann ist der Durchschnittsertrag pro Jahr $\dfrac{9809}{80} = 122,6$ M.

Danach berechnen sich folgende Bestandswerte, denen zum Vergleich die richtigen Bestandserwartungswerte (S. 106) gegenübergestellt werden.

Bestandsalter	Bestandswert nach dem Haubarkeitsertrag M.	Bestands- erwartungswert M.
20	$20 \cdot 122{,}6 = 2452$	1311
30	$30 \cdot 122{,}6 = 3678$	2229
40	$40 \cdot 122{,}6 = 4904$	3358
50	$50 \cdot 122{,}6 = 6130$	4666
60	$60 \cdot 122{,}6 = 7356$	6196
70	$70 \cdot 122{,}6 = 8582$	7907
80	$80 \cdot 122{,}6 = 9809$	9809

Da keine Zinsen, keine Durchforstungserträge, keine Kulturkosten und keine Verwaltungskosten verrechnet werden, muß dieses Verfahren zu falschen Ergebnissen führen. Zu einigermaßen annehmbaren Ergebnissen führt es nur für den Niederwald.

IV. Der Wert des laufenden und durchschnittlichen Bestandszuwachses.

Der Wert des einjährigen oder mehrjährigen laufenden Zuwachses kann sich je nach dem Zwecke der Wertbestimmung auf den Abtriebswert (Holzwert), Erwartungs- oder Kostenwert beziehen. Man erhält denselben, wenn man von dem Werte des $(m + x)$jährigen Bestandes den Wert des mjährigen abzieht.

Dabei ist zu beachten, daß normal der Wertzuwachs Z sich an dem durchforsteten Bestand, also an dem Hauptnutzungsertrag, anlegt. Ist der Bestand m aber undurchforstet, dann bezieht sich der Zuwachs auf die Differenz der Abtriebswerte (Hauptnutzungs- und Durchforstungsertrag).

A. Der mehrjährige Bestandszuwachs.

1. Zuwachs am Abtriebswert (Holzwert).

Ist A_{m+x} der Wert des Haupt- und Durchforstungsertrages (Abtriebswert) im Jahre $m + x$, A'_m der Wert des Hauptnutzungsertrages, D_m der Durchforstungsertrag im Jahre m, A_m der Wert des Hauptnutzungs- und Durchforstungsertrages (Abtriebswertes) im Jahre m, dann ist:

a) Für den durchforsteten Bestand m:

$$Z = A_{m+x} - A'_m.$$

b) Für den undurchforsteten Bestand m:

$$Z = A_{m+x} - A_m.$$

Beispiel. Ist $A_{60} = 5832$, $A'_{50} = 3314$, $D_{50} = 403$, $A_{50} = 3717$ M., dann wird a) $Z = 5832 - 3314 = \mathbf{2518}$ M.; b) $Z = 5832 - 3717 = \mathbf{2115}$ M.

Wenn der 50 jährige Bestand undurchforstet bis zum 60. Jahre weiterwächst, dann erreicht allerdings auch A_{60} nicht den normalen Betrag.

2. Zuwachs an Bestandserwartungswert.

Wenn die Bestandserwartungswerte mit den Abtriebswerten vergleichsfähig sein sollen, dann müssen die im Rechnungsalter selbst fälligen Durchforstungserträge in Ansatz gebracht werden (S. 93). Außerdem entspricht der Erwartungswert nur dem Wert des Hauptbestandes.

Zur Ermittelung des normalen Wertszuwachses kann als Anfangswert nur der Erwartungswert des m jährigen Bestandes **ohne** den im Jahre m fälligen Durchforstungsertrag gelten.

Im folgenden bedeuten $D_n \ldots$ die Durchforstungserträge im Alter $m + x$ und darüber, D_q den Durchforstungsertrag im Jahre m selbst oder zwischen m und $m + x$.

a) **Für den durchforsteten Bestand m:**

Der x jährige Zuwachs ist

$$Z = \frac{A_u + D_n \, 1{,}0 \, p^{u-n} + \ldots + B + V}{1{,}0 \, p^{u-m}} \cdot (1{,}0 \, p^x - 1)$$

$$= \left(\frac{A_u + B + V}{1{,}0 \, p^u} + \frac{D_n}{1{,}0 \, p^n} + \ldots \right) (1{,}0 \, p^{m+x} - 1{,}0 \, p^m).$$

Beispiel 1. Ist $A_{80} = 9809$, $D_{30} = 78$, $D_{40} = 233$, $D_{50} = 403$, $D_{60} = 660$, $D_{70} = 953$, $B_{80} = 1057$, $V = 300$, $c = 120$ M., $p = 3\,\%$, $u = 80$, $m = 50$, $m + x = 60$ Jahre, dann ist der 10 jährige Zuwachs vom Anfang des 51. bis zum Ende des 60. Jahres:

1. HE_{60} mit $D_{60} = 6196$ M., HE_{50} ohne $D_{50} = 4263$ M.,

somit $\qquad\qquad Z = 6196 - 4263 = \mathbf{1933}$ M.

2. $Z = \left(\dfrac{9809 + 1057 + 300}{1{,}03^{80}} + \dfrac{660}{1{,}03^{60}} + \dfrac{953}{1{,}03^{70}} \right) (1{,}03^{60} - 1{,}03^{50})$

$$= 1282 \cdot 1{,}508 = \mathbf{1933} \text{ M.}$$

b) **Für den undurchforsteten Bestand m:**

Der x jährige Zuwachs ist

$$Z = \left(\frac{A_u + B + V}{1{,}0 \, p^u} + \frac{D_n}{1{,}0 \, p^n} + \ldots \right) (1{,}0 \, p^{m+x} - 1{,}0 \, p^m) - \frac{D_q \cdot 1{,}0 \, p^{u-q}}{1{,}0 \, p^{u-m}}.$$

Beispiel 1. 1. HE_{60} mit $D_{60} = 6196$ M., HE_{50} mit $D_{50} = 4666$ M.,

somit $\qquad\qquad Z = 6196 - 4666 = \mathbf{1530}$ M.

2. $Z = 1933 - \dfrac{403 \cdot 1{,}03^{80-50}}{1{,}03^{80-50}} = 1933 - 403 = \mathbf{1530}$ M.

Beispiel 2. Ist $m = 55$ Jahre und $m + x = 60$ Jahre, dann treffen die Fälle a und b zusammen, da die nächste Durchforstung erst im Alter 60 eingeht.

Der Erwartungswert des Zuwachses vom Anfang des 56. bis zum Ende des 60. Jahres ist daher:

1. HE_{60} mit $D_{60} = 6196$ M., $HE_{55} = 5158$ M.,

somit $\qquad\qquad Z = 6196 - 5158 = \mathbf{1038}$ M.,

2. $Z = \left(\dfrac{9809 + 1057 + 300}{1{,}03^{80}} + \dfrac{660}{1{,}03^{60}} + \dfrac{953}{1{,}03^{70}} \right) (1{,}03^{60} - 1{,}03^{55})$

$$= 1282 \cdot 0{,}810 = \mathbf{1038} \text{ M.}$$

3. Zuwachs am Bestandskostenwert.

Im Bestandskostenwert dürfen die im Rechnungsalter selbst fälligen Durchforstungserträge nicht abgezogen werden, wenn derselbe mit dem Abtriebswert vergleichsfähig sein soll (S. 110). Außerdem entspricht dem Kostenwert nur der Wert des Hauptbestandes. Zur Ermittelung des normalen Wertzuwachses kann aber als Anfangswert nur der dem Wert des Hauptbestandes gegenüberstehende Kostenwert in Betracht kommen, d. h. es muß der Durchforstungsertrag des Jahres m abgezogen werden.

Im folgenden bedeuten D_a ... die Durchforstungserträge bis zum Alter m ausschließlich, D_q den Durchforstungsertrag im Jahre m selbst.

a) **Für den durchforsteten Bestand m:**

Der xjährige Zuwachs ist

$$Z = \left(B + V + c - \frac{D_a}{1{,}0\,p^a} \cdot\cdot - \frac{D_q}{1{,}0\,p^q} \right) (1{,}0\ p^{m+x} - 1{,}0\ p^m).$$

Beispiel 1. 1. HK_{60} ohne $- D_{60} = 6196$ M., HK_{50} mit $- D_{50} = 4263$ M., somit
$$Z = 6196 - 4263 = \mathbf{1933}\ \text{M.}$$

2. $Z = \left(1057 + 300 + 120 - \dfrac{78}{1{,}03^{30}} - \dfrac{233}{1{,}03^{40}} - \dfrac{403}{1{,}03^{40}} \right) (1{,}03^{60} - 1{,}03^{50})$
$$= 1282 \,.\, 1{,}508 = \mathbf{1933}\ \text{M.}$$

b) **Für den undurchforsteten Bestand m:**

Der xjährige Zuwachs ist

$$Z = \left(B + V + c - \frac{D_a}{1{,}0\,p^a} - \cdot\cdot \right) (1{,}0\ p^{m+x} - 1{,}0\ p^m)$$
$$- D_q \,.\, 1{,}0\ p^{m+x-q}$$

Beispiel 1. 1. HK_{60} ohne $- D_{60} = 6196$ M., HK_{50} ohne $- D_{50} = 4666$ M., somit
$$Z = 6196 - 4666 = \mathbf{1530}\ \text{M.}$$

2. $Z = \left(1057 + 300 + 120 - \dfrac{78}{1{,}03^{30}} - \dfrac{233}{1{,}03^{40}} \right) (1{,}03^{60} - 1{,}03^{50})$
$$- 403 \,.\, 1{,}03^{60-50} = 2072 - 542 = \mathbf{1530}\ \text{M.}$$

Beispiel 2. Ist $m = 55$ Jahre und $m + x = 60$ Jahre, dann kommt nur Fall a in Betracht, da der Bestand im 50. Jahre bereits durchforstet wurde.

1. HK_{60} ohne $D_{60} = 6196$ M, $HK_{55} = 5158$ M., somit
$$Z = 6196 - 5158 = \mathbf{1038}\ \text{M.}$$

2. Der Kostenwert des Zuwachses vom **Anfang des 56. bis zum Ende des 60. Jahres ist**

$$Z = \left(1057 + 300 + 120 - \frac{78}{1{,}03^{30}} - \frac{233}{1{,}03^{40}} - \frac{403}{1{,}03^{50}} \right) (1{,}03^{60} - 1{,}03^{55})$$
$$= 1282 \,.\, 0{,}810 = \mathbf{1038}\ \text{M.}$$

Alle Formeln geben den xjährigen Zuwachs im Jahre $m + x$ wieder. Soll derselbe auf das Jahr m bezogen werden, dann ist das Ergebnis mit $\dfrac{1}{1{,}0\,p^x}$ zu multiplizieren.

B. Der einjährige Bestandszuwachs.

1. Zuwachs am Abtriebswert.

Es ist $Z = A_{m+1} - A_m$. Bezüglich der Ermittelung siehe Weiserprozent.

2. Zuwachs am Bestandserwartungswert.

Für $x = 1$ wird

$$Z = \left(\frac{A_u + B + V}{1{,}0\,p^u} + \frac{D_n}{1{,}0\,p^n} + \cdot\cdot \right) 1{,}0\,p^m \cdot 0{,}0\,p.$$

3. Zuwachs am Bestandskostenwert.

Für $x = 1$ wird

$$Z = \left(B + V + c - \frac{D_a}{1{,}0\,p^a} - \cdot\cdot \frac{D_q}{1{,}0\,p^q} \right) 1{,}0\,p^m \cdot 0{,}0\,p.$$

Beispiel. Den einjährigen Zuwachs im 51. Jahre erhält man für 2 und 3 aus

$$1282 \cdot 1{,}03^{50} \cdot 0{,}03 = 1282 \cdot 0{,}13152 = \mathbf{168{,}61\ M.},$$

im 56. Jahre aus

$$1282 \cdot 1{,}03^{55} \cdot 0{,}03 = 1282 \cdot 0{,}15246 = \mathbf{195{,}45\ M.}$$

Der laufend-jährliche Bestandswertszuwachs im Bestandsalter $m + 1$, nach dem Erwartungs- oder Kostenwert berechnet, ist gleich der Rente des Walderwartungswertes, wenn man in dessen Formel das Verwaltungskostenkapital ganz wegläßt (also Bodenbruttowert).

Die Summe der laufend-jährlichen Zuwachse von der Begründung bis zum Abtrieb des Bestandes, nach dem Bestandserwartungs- oder Kostenwert mit Unterstellung des Bodenertragswertes der eingehaltenen Umtriebszeit berechnet, ist gleich dem Abtriebsertrag weniger den zu Anfang des Jahres 0 aufgewendeten Kulturkosten, also

$$A_u - c.$$

Im vorigen Beispiel ist somit die Summe aller Jahreszuwachse $9809 - 120 = 9689\ M.$

An dieses mathematische Ergebnis lassen sich indessen weiter keine Folgerungen knüpfen, weil der Abtriebsertrag für sich über die gesamte Zuwachsleistung des Bestandes nicht entscheidet.

Diese kommt nur in der Differenz

$$A_u + D_a\,1{,}0\,p^{u-a} + \cdot\cdot - c\,1{,}0\,p^u - V\,(1{,}0\,p^u - 1)$$

zum Ausdruck (S. 60). Durch Multiplikation derselben mit $\dfrac{0{,}0\,p}{1{,}0\,p^u - 1}$ erhält man den durchschnittlich-jährlichen Wertzuwachs, der gleich der Bodenrente ist.

C. Das Verhältnis zwischen dem Zuwachs der Abtriebswerte und der Erwartungs- und Kostenwerte.

Der Zuwachs am Holzwert oder Abtriebswert ist kein reiner Ertrag (Einkommen) des Waldbesitzers, sondern ein Rohertrag, zu dessen

Erzeugung jährlich die Bodenrente und die Verwaltungskosten aufgewendet werden müssen, d. h. die Bodenbruttorente. Da diese Spesen in diesem Zuwachs noch enthalten sind, während sie in dem aus den Erwartungs- oder Kostenwerten abgeleiteten Zuwachs abgezogen werden, ist ersterer größer als letzterer.

Beispiel. Zieht man in den auf S. 106 mitgeteilten Abtriebs- und Bestandserwartungswerten von dem m jährigen Anfangswert die in diesem Alter fälligen Durchforstungserträge ab, dann berechnen sich die 10 jährigen laufenden Zuwachse wie folgt:

Alter Jahre	Abtriebswerte Mark	Erwartungswerte Mark	Unterschied Mark
30—40	2038 — (874 — 78) = **1242**	3358 — (2229 — 78) = **1207**	. . . 35
40—50	3717 — (2038 — 232) = **1911**	4666 — (3358 — 232) = **1540**	. . . 371
50—60	5832 — (3717 — 403) = **2518**	6196 — (4666 — 403) = **1933**	. . . 585
60—70	7864 — (5832 — 661) = **2693**	7907 — (6196 — 661) = **2372**	. . . 321
70—80	9809 — (7864 — 953) = **2898**	9809 — (7909 — 953) = **2855**	. . . 43

Der Unterschied beider Zuwachsarten ist also vom 50.—60. Jahr am größten, vorher und nachher kleiner.

Die zehnjährige Bodenbruttorente beträgt $(1057 + 300)(1{,}03^{10} - 1) = 467$ M. Zieht man dieselbe von dem Zuwachs der Abtriebswerte ab, dann ist der Rest nur vom 50.—60. Jahr größer als der Zuwachs der Erwartungswerte, in den anderen Jahrzehnten kleiner.

Die Zinsen des m jährigen Abtriebswertes, die in die Bilanzgleichung des Weiserprozentes aufgenommen werden müssen, bilden einen Bestandteil des Wertzuwachses und können daher im vorliegenden Fall nicht als Produktionskosten betrachtet werden.

V. Die Bewertung des Normalvorrates.

1. Allgemeines und Methoden.

Der Wert des Holzvorrates eines größeren Waldkomplexes oder einer Betriebsklasse setzt sich zusammen aus den Werten der einzelnen Bestände.

Wie die Grundsätze der Forsteinrichtung zum Zwecke der Veranschaulichung und des Nachweises ihrer theoretischen Richtigkeit zunächst auf den Idealzustand einer normalen Betriebsklasse aufgebaut werden, so kann auch die Waldwertrechnung und forstliche Statik aus theoretischen Nützlichkeitsgründen auf die Wertsermittelung eines im Normalzustande befindlichen und für den strengsten nachhaltigen jährlichen Betrieb eingerichteten Bestandskomplexes nicht verzichten, namentlich zum Zwecke der Aufstellung der Rentabilitätsgesetze.

Im wirklichen Walde, der in seiner Gesamtheit niemals die idealnormale Bestandszusammensetzung aufweist, wie sie der Begriff des Normalvorrates — normaler Zuwachs und normale Bestandsalterssstufenfolge mit normalen gleichgroßen Flächenanteilen — voraussetzt, ist der Wert des Holzvorrates nach Einzelbeständen oder Altersklassen zu ermitteln.

Im Sinne der Waldwertrechnung besteht der Normalvorrat aus den Altersstufen 1, 2, 3 .... (u — 1). Der Wert der u jährigen ältesten Altersstufe bildet die Rente des Boden- und Materialkapitals und kann daher nicht mehr als Teil des Normalvorrates betrachtet werden. Nimmt man an, daß dieser älteste Bestand im Winter gefällt wurde, so hat man unmittelbar nach der Fällung, im Frühjahr, die Altersstufen 0 (eben genutzt) 1, 2 ... (u — 1). Die Anzahl der Flächenteile beträgt daher u (nicht u — 1).

Die Berechnung des normalen Vorrates kann erfolgen:

1. nach dem Abtriebswert,
2.   „   „   Erwartungswert,
3.   „   „   Kostenwert,
4.   „   „   Rentierungswert.

Die ersten drei Wertarten können auch kombiniert werden.

Es liegt im Begriff des Holzvorrates, daß bei seiner Bewertung die Nebennutzungen nicht berücksichtigt werden. Wenn sie allerdings im Bodenertragswert und im Waldreinertrag verrechnet werden, müssen sie auch im Wert des Holzvorrates mitgeführt werden.

2. Der Abtriebswert des Normalvorrates.

Wie der Abtriebswert des einzelnen Bestandes, so kann auch jener der normalen Altersstufenfolge nur dann in Betracht kommen, wenn es sich handelt:

> entweder um die Geldsumme, welche ein ganzer Bestandskomplex bei seinem Abtriebe resp. bei der Ausstockung liefern kann, oder um einen Vergleich mit dem Erwartungs- oder Kostenwert, oder um rasche näherungsweise Berechnung.

Den wahren wirtschaftlichen Wert kann der Abtriebswert theoretisch niemals, praktisch nur gegenüber den dem Haubarkeitsalter nahestehenden Beständen darstellen.

Die hierher gehörigen Verfahren sind dieselben, welche in der Forsteinrichtung zur Berechnung des Massenvorrates dienen:

a) Summierung der Abtriebswerte der einzelnen Bestände. (Berechnung nach Geldertragstafeln.)

α) Die Berechnung der Abtriebswerte jeder einzelnen Altersstufe hat keine praktische Bedeutung; es genügt dieselben in Abständen von 5 oder 10 Jahren festzustellen, d. h. eine örtliche Geldertragstafel zu konstruieren nach dem oben angegebenen Verfahren und die Glieder derselben nach der Preßlerschen Näherungsformel

$$N = \left(a + b + c + \frac{d}{2}\right) n - \frac{d}{2}$$

zu summieren. Hier bedeuten a, b, c ... die in der Geldertragstafel in einem Altersabstand von n Jahren angegebenen Abtriebserträge, d den Abtriebsertrag der u jährigen Altersstufe. Für $n = 10$ Jahre lautet daher die Formel:

$$N = \left(A_{10} + A_{20} + A_{30} + \ldots \frac{A_u}{2}\right) 10 - \frac{A_u}{2}.$$

Da diese Formel unterstellt, daß die Abtriebswerte innerhalb des Jahrzentes in einer geraden Linie ansteigen, während sie sich tatsächlich in einer (meistens konvexen) Kurve bewegen, werden die Ergebnisse etwas zu hoch. Bei 5 jährigen Altersabständen erzielt man eine größere Genauigkeit.

Beweis. Würde man die Glieder vom Alter Null bis mit A_{10} und dann von A_{10} bis A_{20} usw. summieren, so würde man nicht je 10, sondern 11 Glieder und dabei A_{10} doppelt nehmen. Man muß daher rechnen:

Summe aller Altersstufen von 0 bis an $A_{10} = (0 + A_{10}) \dfrac{10 + 1}{2} - A_{10}$,

     „   „   „   „ A_{10} „   „ $A_{20} = (A_{10} + A_{20}) \dfrac{10 + 1}{2} - A_{20}$,

$$\cdot \quad \cdot \quad \cdot \quad \cdot \quad \cdot \quad \cdot \quad \cdot \quad \cdot \quad \cdot \quad \cdot \quad \cdot \quad \cdot \quad \cdot \quad \cdot \quad \cdot$$

     „   „   „   „ A_{u-10} „   „ $A_u = (A_{u-10} + A_u)\dfrac{10 + 1}{2} - A_u$.

Die Summe aller Altersstufen beträgt demnach

$$\frac{10 + 1}{2}(0 + 2A_{10} + 2A_{20} + \ldots A_u) - (A_{10} + A_{20} + \ldots A_u)$$

$$= (10 + 1)\left(0 + A_{10} + A_{20} + \ldots \frac{A_u}{2}\right) - (A_{10} + A_{20} + \ldots A_u)$$

$$= \left(A_{10} + A_{20} + \ldots \frac{A_u}{2}\right) 10 - \frac{A_u}{2} \quad \text{(Frühjahrsstandpunkt)}.$$

Will man nur ein Stück des Normalvorrates berechnen, dann lautet die Formel für den Frühjahrsstandpunkt beispielsweise

a) für ein Jahrzehnt, z. B. für die 80—89 jährigen Bestände

$$(A_{80} + A_{90}) \frac{10 + 1}{2} - A_{90} = \frac{A_{80} + A_{90}}{2} \cdot 10 + \frac{A_{80} - A_{90}}{2},$$

b) für die 80—109 jährigen Bestände

$$(A_{80} + 2A_{90} + 2A_{100} + A_{110}) \frac{10 + 1}{2} - (A_{90} + A_{100} + A_{110})$$

$$= \left(\frac{A_{80} + A_{110}}{2} + A_{90} + A_{100}\right) 10 + \frac{A_{80} - A_{110}}{2},$$

c) für die 50—109 jährigen Bestände

$$(A_{50} + 2A_{60} + 2A_{70} + 2A_{80} + 2A_{90} + 2A_{100} + A_{110}) \frac{10 + 1}{2}$$

$$- (A_{60} + A_{70} + A_{80} + A_{90} + A_{100} + A_{110})$$

$$= \left(\frac{A_{50} + A_{110}}{2} + A_{60} + A_{70} + A_{80} + A_{90} + A_{100}\right) 10 + \frac{A_{50} - A_{110}}{2}.$$

Beträgt der Altersabstand 5 Jahre, dann tritt an Stelle von 10 die Zahl 5 (vgl. Preßler, Forstl. Zuwachs- usw. Tafeln, 2. Aufl. 1878).

Beispiel. Liefert ein Fichtenbestand

im Alter von	10	20	30	40	50	60	70	80 Jahren
Hauptnutzung	80	300	796	1806	3314	5171	6911	8623 M.
Zwischennutzung	—	—	78	232	403	661	953	1186 M.
Abtriebswerte	80	300	874	2038	3717	5832	7864	9809 M.

dann beträgt für eine Betriebsklasse mit 80 Altersstufen auf 80 ha der Wert des Normalvorrates

a) an Hauptnutzung

$$N = \left(80 + 300 + 796 + 1806 + 3314 + 5171 + 6911 + \frac{8623}{2}\right) 10 - \frac{8623}{2}$$
$$= 226\,895 - 4312 = \mathbf{222\,583\ M.},$$

b) an Zwischennutzung

$$N = \left(78 + 232 + 403 + 661 + 953 + \frac{1186}{2}\right) 10 - \frac{1186}{2}$$
$$= 29\,200 - 593 = \mathbf{28\,607\ M.},$$

c) an Gesamtnutzung (Abtriebswerte)

$$N = \left(80 + 300 + 874 + 2038 + 3717 + 5832 + 7864 + \frac{9809}{2}\right) 10 - \frac{9809}{2}$$
$$= 256\,095 - 4905 = \mathbf{251\,190\ M.}$$

β) Ein anderes Näherungsverfahren besteht darin, daß man je n Altersstufen zusammenfaßt, den Wert der mittleren mit n multipliziert und die Produkte addiert.

Beispiel. Nimmt man an, daß je 20 ha bzw. 10, 30, 50 und 70 jährig wären, dann wird der Abtriebswert
$$N = (80 + 874 + 3717 + 7864)\ 20 = \mathbf{250\,700\ M.}$$
Oder: Es wären je 40 ha 20 und 60 jährig, dann wird
$$N = (300 + 5832)\ 40 = \mathbf{245\,280\ M.}$$

Die schwache Seite der Berechnung des Abtriebswertes nach diesem Verfahren liegt darin, daß die Abtriebswerte der jüngsten Bestände mit einem Betrage eingesetzt werden, der sich beim wirklichen Abtriebe nur ganz ausnahmsweise erzielen läßt. In Wirklichkeit ist derselbe meistens gleich Null, ja sogar negativ, wenn die Erntekosten durch den Erlös aus dem Holze nicht gedeckt werden. Schon die Festsetzung dieser Abtriebswerte für theoretische Zwecke stößt wegen der Unsicherheit der Massen- und Preisbestimmung auf große Schwierigkeiten. — Auch der Gesichtspunkt ist nicht ganz von der Hand zu weisen, daß bei der Abholzung einer ganzen größeren Betriebsklasse das Holz der jüngeren Bestände wegen Überfüllung des Lokalmarktes gar nicht oder nur zu Schleuderpreisen abgesetzt werden kann.

b) Veranschlagung nach der österreichischen Kameraltaxe[1]) oder nach dem durchschnittlichen Haubarkeitsertrag.

Ist der Abtriebsertrag der ältesten Altersstufe $= A_u$, so beträgt der Normalvorrat:

$$N = \frac{u}{2} \cdot A_u - \frac{A_u}{2} = \frac{A_u}{2}(u - 1).$$

---

[1]) Über die Entstehung der Methode vgl. H. Wodera, Zentralblatt f. d. gesamte Forstwesen, Wien 1922, S. 209.

Ableitung. Ist A_u der Abtriebsertrag der u jährigen Altersstufe, dann beträgt der durchschnittliche arithmetische Wertzuwachs pro Flächeneinheit jährlich $\dfrac{A_u}{u} = z$; nach dem der österreichischen Kameraltaxe zugrunde liegenden Gedanken sollte nun sein

der Abtriebsertrag der   jüngsten   Altersstufe $= 0$
    „   „   „   1 jährigen   „ $= z$
    „   „   „   2 jährigen   „ $= 2\,z$.
    ·   ·   ·   ·   ·   ·
    „   „   „   (u — 1) jährigen   „ $= (u — 1)\,z$.

Demnach ist der Abtriebsertrag sämtlicher 0 bis (u — 1) jährigen Altersstufen oder der Normalvorrat

$$N = 0 + z + 2\,z + \ldots (u - 1)\,z.$$

Die Summe dieser arithmetischen Reihe ist nach der Summenformel

$$(a + \zeta)\,\frac{n}{2}$$

gleich

$$[0 + (u - 1)\,z]\,\frac{u}{2} = \frac{u}{2} \cdot u\,z - \frac{u}{2}\,z = \frac{u}{2} \cdot A_u - \frac{A_u}{2}.$$

Beispiel. Im vorigen Beispiel ist $A_{80} = 9809$ M., u $= 80$, daher Abtriebswert

$$N = \frac{80}{2} \cdot 9809 - \frac{9809}{2} = 387\,455 \text{ M.},$$

ein vollständig unbrauchbares Resultat.

Diese Methode liefert unrichtige Resultate:

α) weil der durchschnittliche Wertzuwachs der jüngeren Bestände ein anderer, meist geringerer ist als jener der haubaren Bestände;

β) weil die Wertbestimmung der nicht haubaren Bestände auf Grund des späteren Abtriebsertrages nur durch Diskontierung und nicht durch einfache Durchschnittsberechnung erfolgen kann.

c) In welchem Verhältnis die nach Verfahren a und b erzielbaren Resultate zueinander stehen, hängt (wie auch bei dem entsprechenden Massennormalvorrat) von der Kulmination des durchschnittlichen Wertszuwachses ab. Bis zu diesem Zeitpunkt gibt die österreichische Kameraltaxe immer größere Resultate als Verfahren a. Nach demselben nähern sich beide Resultate um so mehr, je höher die Umtriebszeit ist, weil der durchschnittliche Wertzuwachs immer kleiner wird. Bei sehr hohen Umtriebszeiten kann sogar Verfahren b kleinere Resultate geben als a. Da indessen im allgemeinen dieser Wertzuwachs sehr spät kulminiert, kann man als Regel den Satz aufstellen, daß die österreichische Kameraltaxe immer viel größere Werte liefert als die Summierung aller Abtriebswerte nach Verfahren a. Dies ist bei Wertschätzungen zu berücksichtigen.

Das Verhältnis des wirklich vorhandenen Holzmassenvorrates zu dem nach der Formel der österreichischen Kameraltaxe ermittelten hat Ph. Flury eingehend untersucht[1]). In der Formel $\dfrac{u}{2} \cdot u\,z = 0{,}5\,u \cdot u\,z$, worin u z $=$ Um-

---

[1]) Mitteilungen der Schweizerischen Centralanstalt f. d. forstliche Versuchswesen, herausg. von A. Engler, XI. Bd., 1. H., Zürich 1914, S. 95. — Ferner Schweiz. Zeitschr. f. Forstwesen 1913, S. 66.

triebszeit mal Haubarkeitsdurchschnittszuwachs bedeutet und der Herbststand-
punkt unterstellt ist, ist 0,5 keine konstante Größe, sondern schwankt nach Bonität
und Umtriebszeit. Will man mit Hilfe dieser Formel den wirklichen Ertragstafel-
vorrat ableiten, dann sind an Stelle von 0,5 folgende andere Reduktionszahlen
zu setzen:

Holzart	Bonität	Derbholzmasse				Gesamtmasse			
		für eine Umtriebszeit von Jahren							
		60	80	100	120	60	80	100	120
Kiefer	I	0,43	0,48	0,53	0,56	0,53	0,55	0,59	0,61
(Schwappach 1896)	II	0,41	0,47	0,52	0,55	0,52	0,55	0,58	0,60
	III	0,39	0,45	0,50	0,54	0,51	0,55	0,58	0,60
	IV	0,35	0,43	0,48	0,53	0,49	0,54	0,57	0,60
Fichte	I	0,42	0,51	—	—	0,48	0,55	—	—
(Schweiz)	II	0,39	0,49	—	—	0,46	0,54	—	—
	III	0,37	0,46	—	—	0,45	0,52	—	—
Tanne	I	0,27	0,36	0,44	0,48	0,33	0,40	0,47	0,51
(Eichhorn)	II	0,25	0,35	0,41	0,46	0,32	0,39	0,45	0,49
	III	0,23	0,32	0,38	0,44	0,31	0,38	0,43	0,47
Buche	I	0,30	0,39	0,45	0,49	0,41	0,46	0,50	0,53
(Schwappach)	II	0,26	0,35	0,41	0,46	0,37	0,42	0,46	0,50
	III	0,22	0,32	0,38	0,43	0,35	0,39	0,44	0,48

3. Der Erwartungswert des normalen Vorrates.

Derselbe ergibt sich durch Summierung der Erwartungswerte aller
Altersstufen.

a) Mit Unterstellung eines beliebigen Bodenwertes.

Nimmt man an, daß nur die $q$jährige Altersstufe eine Zwischennutzung D_q liefere, so ist der Erwartungswert aller Altersstufen von
$(u - 1)$ bis 0 Jahre:

$$HE_{(u-1)} = \frac{A_u + B + V}{1,0\,p^1} - (B + V),$$

$$HE_{(u-2)} = \frac{A_u + B + V}{1,0\,p^2} - (B + V),$$

$$\cdot\ \cdot\ \cdot\ \cdot\ \cdot\ \cdot\ \cdot\ \cdot\ \cdot\ \cdot\ \cdot\ \cdot$$

$$HE_q = \frac{A_u + B + V}{1,0\,p^{u-q}} - (B + V),$$

$$\mathrm{HE}_{q-1} = \frac{A_u + D_q\, 1{,}0\, p^{u-q} + B + V}{1{,}0\, p^{u-(q-1)}} - (B + V),$$

$$\cdot \quad \cdot \quad \cdot \quad \cdot \quad \cdot \quad \cdot \quad \cdot \quad \cdot \quad \cdot \quad \cdot \quad \cdot$$

$$\mathrm{HE}_0 = \frac{A_u + D_q\, 1{,}0\, p^{u-q} + B + V}{1{,}0\, p^{u-0}} - (B + V).$$

Durch Summierung der rechten Seiten erhält man:

$$\mathrm{NE} = (A_u + B + V)\left(\frac{1}{1{,}0\, p^1} + \frac{1}{1{,}0\, p^2} + \cdots \frac{1}{1{,}0\, p^u}\right)$$

$$+ D_q\, 1{,}0\, p^{u-q}\left(\frac{1}{1{,}0 p^{u-(q-1)}} + \frac{1}{1{,}0 p^{u-(p-2)}} + \cdots \frac{1}{1{,}0 p^{u-(q-q)}}\right) - u(B+V)$$

$$= \frac{(A_u + B + V)(1{,}0\, p^u - 1)}{1{,}0\, p^u \,.\, 0{,}0\, p} + \frac{D_q\, 1{,}0\, p^{u-q}(1{,}0\, p^q - 1)}{1{,}0\, p^u \,.\, 0{,}0\, p} - u(B+V),$$

woraus

$$\mathbf{NE = \frac{(A_u + B + V)(1{,}0\, p^u - 1) + D_q\, 1{,}0\, p^{u-q}(1{,}0\, p^q - 1)}{1{,}0\, p^u \,.\, 0{,}0\, p} - u(B + V)}$$

oder die für die Rechnung bequemere Form

$$\mathbf{NE = \left[(A_u + B + V)\left(1 - \frac{1}{1{,}0\, p^u}\right) + D_q\left(1 - \frac{1}{1{,}0\, p^q}\right) + \cdots\right]\frac{1}{0{,}0\, p} - u(B + V).}$$

Will man den Erwartungswert des normalen Vorrates berechnen, welcher durchschnittlich auf die **Flächeneinheit** trifft, so dividiert man vorstehende Formel durch u.

Die Verwaltungskosten kann man weglassen, wenn man den Boden-bruttowert einsetzt. Da das Verwaltungskostenkapital ohne Einfluß ist, gibt es weder einen **Nettowert** noch einen **Bruttowert**, sondern eben nur **einen** wirtschaftlichen Wert des Normalvorrates.

Beispiel. Im obigen Fichtenwald ist $A_{80} = 9809$ M., ferner $D_{30} = 78$, $D_{40} = 233$, $D_{60} = 402$, $D_{50} = 660$, $D_{70} = 953$ M. Der Bodenertragswert für die 80 jährige finanzielle Umtriebszeit beträgt 1057 M., $c = 120$, $v = 9$ M., $p = 3\%$. Der Erwartungswert des Normalvorrates der Betriebsklasse mit 80 Altersstufen im 80 jährigen Umtrieb berechnet sich auf

$$\mathrm{NE}_{80} = \left[(9809 + 1057 + 300)\left(1 - \frac{1}{1{,}03^{80}}\right) + 78\left(1 - \frac{1}{1{,}03^{30}}\right)\right.$$

$$+ 233\left(1 - \frac{1}{1{,}03^{40}}\right) + 402\left(1 - \frac{1}{1{,}03^{50}}\right) + 600\left(1 - \frac{1}{1{,}03^{60}}\right)$$

$$\left. + 953\left(1 - \frac{1}{1{,}03^{70}}\right)\right]\frac{1}{0{,}03} - 80(1057 + 300)$$

$$= (11166 \,.\, 0{,}90602 + 78 \,.\, 0{,}5880 + 233 \,.\, 0{,}6934 + 402 \,.\, 0{,}7719$$

$$+ 660 \,.\, 0{,}8303 + 953 \,.\, 0{,}8737)\frac{1}{0{,}03} - 80 \,.\, 1357$$

$$= 400\,500 - 108\,560 = \mathbf{291\,940}\ \mathbf{M.}$$

b) Mit Unterstellung des Bodenertragswertes.

Setzt man statt B die Formel des B_u in die vorigen Gleichungen ein, so erhält man:

$$NE = \frac{A_u + D_a + \ldots D_q - (c + u\,v)}{0,0\,p} - u\,B_u$$

und für die Flächeneinheit:

$$NE_{\frac{1}{u}} = \frac{A_u + D_a + \ldots D_q - (c + u\,v)}{u \cdot 0,0\,p} - B_u.$$

Der Ausdruck: $A_u + D_a + \ldots D_q - (c + u\,v)$ ist der sogenannte Waldreinertrag, welchen die im Normalzustande befindliche Betriebsklasse jährlich abwirft. Der kapitalisierte Waldreinertrag stellt den Wert des Bodens und Normalvorrates dar. Zieht man ersteren davon ab, dann erhält man den Wert des Normalvorrates.

Beispiel. Im vorigen Beispiel wird

$$NE_{80} = \frac{9809 + 78 + 233 + 402 + 660 + 953 - (120 + 80 \cdot 9)}{0,03} - 80 \cdot 1057$$

$$= \frac{9809 + 2326 - 840}{0,03} - 84\,560 = \mathbf{291\,940}\ \mathbf{M.}$$

Anmerkung. Der Größenunterschied zweier NE, welche unter Zugrundelegung verschiedener Bodenwerte berechnet wurden, beträgt

$$\frac{\delta\,(1,0\,p^u - 1)}{1,0\,p^u \cdot 0,0\,p} - u\,\delta,$$

worin $\delta = B_1 - B$ ist.

4. Der Kostenwert des normalen Vorrates.

Derselbe ergibt sich durch Summierung der Kostenwerte aller Altersstufen.

a) Mit Unterstellung eines beliebigen Bodenwertes.

Gehen die Zwischennutzungen im Betrage von D_a im Jahre a ein, so sind die Kostenwerte der Altersstufen von 0 bis $(u-1)$ Jahre:

$$HK_0 = (B + V)(1,0\,p^0 - 1) + c\,1,0\,p^0,$$

$$HK_1 = (B + V)(1,0\,p^1 - 1) + c\,1,0\,p^1,$$

$$\cdot\ \cdot\ \cdot\ \cdot\ \cdot\ \cdot\ \cdot\ \cdot\ \cdot\ \cdot\ \cdot\ \cdot$$

$$HK_a = (B + V)(1,0\,p^a - 1) + c\,1,0\,p^a - D_a,$$

$$HK_{(a+1)} = (B + V)(1,0\,p^{a+1} - 1) + c\,1,0\,p^{a+1} - D_a\,1,0\,p,$$

$$\cdot\ \cdot\ \cdot\ \cdot\ \cdot\ \cdot\ \cdot\ \cdot\ \cdot\ \cdot\ \cdot\ \cdot\ \cdot\ \cdot\ \cdot\ \cdot\ \cdot$$

$$HK_{(u-1)} = (B + V)(1,0\,p^{u-1} - 1) + c\,1,0\,p^{u-1} - D_a\,1,0\,p^{u-a-1}.$$

Durch Summierung wird

$$\mathrm{NK} = (\mathrm{B} + \mathrm{V} + \mathrm{c})\,(1{,}0\,\mathrm{p}^0 + 1{,}0\,\mathrm{p}^1 + \ldots 1{,}0\,\mathrm{p}^{\mathrm{u}-1}) - \mathrm{u}\,(\mathrm{B} + \mathrm{V})$$
$$\quad - \mathrm{D_a}\,(1 + 1{,}0\,\mathrm{p} + 1{,}0\,\mathrm{p}^2 + \ldots 1{,}0\,\mathrm{p}^{\mathrm{u}-\mathrm{a}-1})$$
$$= \frac{(\mathrm{B} + \mathrm{V} + \mathrm{c})\,(1{,}0\,\mathrm{p}^{\mathrm{u}} - 1)}{0{,}0\,\mathrm{p}} - \mathrm{u}\,(\mathrm{B} + \mathrm{V}) - \frac{\mathrm{D_a}\,(1{,}0\,\mathrm{p}^{\mathrm{u}-\mathrm{a}} - 1)}{0{,}0\,\mathrm{p}},$$

woraus

$$\mathbf{NK} = \frac{(\mathbf{B} + \mathbf{V} + \mathbf{c})\,(\mathbf{1{,}0\,p^{u}} - \mathbf{1}) - \mathbf{D_a}\,(\mathbf{1{,}0\,p^{u-a}} - \mathbf{1})}{\mathbf{0{,}0\,p}} - \mathbf{u}\,(\mathbf{B} + \mathbf{V}).$$

Den durchschnittlichen Wert für die Flächeneinheit erhält man durch Division der Formel mit u.

Die Verwaltungskosten kann man weglassen, wenn man den Bodenbruttowert einsetzt (siehe S. 130).

Beispiel. Es ist

$$\mathrm{NK}_{80} = [(1057 + 300 + 120)\,(1{,}03^{80} - 1) - 78\,(1{,}03^{80-30} - 1)$$
$$\quad - 233\,(1{,}03^{80-40} - 1) - 402\,(1{,}03^{80-50} - 1) - 660\,(1{,}03^{80-60} - 1)$$
$$\quad - 953\,(1{,}03^{80-70} - 1)]\,\frac{1}{0{,}03} - 80\,(1057 + 300)$$
$$= (1477 \cdot 9{,}6409 - 78 \cdot 3{,}3839 - 233 \cdot 2{,}2620 - 402 \cdot 1{,}4273$$
$$\quad - 660 \cdot 0{,}8061 - 953 \cdot 0{,}3439)\,\frac{1}{0{,}03} - 80 \cdot 1357$$
$$= 400\,500 - 108\,560 = \mathbf{291\,940}\ \mathbf{M}.$$

b) Mit Unterstellung des Bodenertragswertes.

Führt man anstatt B die Formel des Bodenertragswertes in die vorstehende Formel ein, so wird

$$\mathbf{NK} = \frac{\mathbf{A_u} + \mathbf{D_a} + \ldots \mathbf{D_q} - (\mathbf{c} + \mathbf{u\,v})}{\mathbf{0{,}0\,p}} - \mathbf{u\,B_u}.$$

Dieser Ausdruck ist derselbe wie der unter 3b gefundene. Der Kostenwert und der Erwartungswert des Normalvorrates stimmen also unter der Voraussetzung überein, daß in beiden Wertarten der der Umtriebszeit u entsprechende Bodenertragswert unterstellt wird.

Anmerkung 1. Der Unterschied der Kostenwerte zweier Normalvorräte, welche unter Zugrundelegung verschiedener Bodenwerte berechnet werden, beträgt

$$\frac{\delta\,(1{,}0\,\mathrm{p}^{\mathrm{u}} - 1)}{0{,}0\,\mathrm{p}} - \mathrm{u}\,\delta,$$

wenn $\delta = \mathrm{B}_1 - \mathrm{B}$ ist.

Anmerkung 2. Unterstellt man im Erwartungswert und Kostenwert des Normalvorrates denselben, von der Umtriebszeit jedoch unabhängigen Bodenwert B, so beträgt der Unterschied beider Wertarten oder

$$NE - NK = (B_u - B)\,\frac{(1{,}0\,p^u - 1)^2}{1{,}0\,p^u \cdot 0{,}0\,p}.$$

B_u ist der Bodenertragswert der Umtriebszeit u.

5. Berechnung des Normalvorrates aus der Summe der Kostenwerte der jüngeren und der Erwartungswerte der älteren Bestände.

Man kann den Normalvorratswert auch in der Weise kombinieren, daß man die jüngeren Bestände bis zum Alter von $(n-1)$ Jahren nach dem Kostenwert, die n bis $(u-1)$jährigen Bestände nach dem Erwartungswert berechnet[1]).

Ein theoretisch übereinstimmendes Resultat erhält man aber nur dann, wenn der Bodenertragswert der eingehaltenen Umtriebszeit unterstellt wird.

a) Kostenwert der jüngeren 0 bis $(n-1)$jährigen Bestände.

Derselbe ergibt sich dadurch, daß man sich alle Bestände von 0 bis $(n-1)$ Jahren als selbständige Betriebsklasse mit der Umtriebszeit n denkt. Daher ist nach der obigen Formel (S. 132)

$$NK_{0\text{ bis }(n-1)} = \frac{(B + V + c)\,(1{,}0\,p^n - 1) - D_a\,(1{,}0\,p^{n-a} - 1)}{0{,}0\,p} - n\,(B + V).$$

b) Erwartungswert aller älteren n bis $(u-1)$jährigen Bestände.

Da hier n Altersstufen als rückwärts liegend wegfallen, hat man in der Formel für den Erwartungswert des Normalvorrates an Stelle von u und q bzw. zu setzen $u - n$ und $q - n$; daher wird

$$NE_{n\text{ bis }(u-1)} = \left[(A_u + B + V)\left(1 - \frac{1}{1{,}0\,p^{u-n}}\right) + \left(1 - \frac{1}{1{,}0\,p^{q-n}}\right) + \cdots\right]\frac{1}{0{,}0\,p} - (u - n)\,(B + V).$$

Selbstverständlich ist hier $q > n$.

6. Berechnung des Normalvorrates nach dem Kosten- oder Erwartungswert der jüngeren und dem Abtriebswert der älteren Bestände.

Je nach Umständen empfiehlt es sich, den Wert der älteren dem Haubarkeitsalter nahestehenden Bestände anstatt nach dem Erwartungs- oder Kostenwerte nach dem Abtriebswerte zu berechnen.

Liegt die festgesetzte Altersgrenze beim Jahre n, dann erhält man den Kostenwert der $0 - (n-1)$jährigen Bestände nach der unter 5a angegebenen Formel.

Der Erwartungswert der 0 bis $(n-1)$jährigen Bestände ist

$$NE_{0\text{ bis }(n-1)} = \left[\frac{(A_u + B + V)\,(1{,}0\,p^n - 1)}{1{,}0\,p^u} + D_a\left(1 - \frac{1}{1{,}0\,p^a}\right) + \frac{D_q\,(1{,}0\,p^n - 1)}{1{,}0\,p^q}\right]\frac{1}{0{,}0\,p} - n\,(B + V).$$

Hierin bedeuten D_a die Durchforstungserträge, welche bis zum Jahre $(n-1)$ eingehen, D_q jene, welche im und nach dem Jahre n fällig werden.

Vorstehende Formel erhält man, wenn man von dem Erwartungswert des Normalvorrates der Betriebsklasse die Formel $NE_{n\text{ bis }(u-1)}$ abzieht.

---

[1]) Judeich, Die Forsteinrichtung, 6. Aufl. S. 141 ff.

Beispiel. a) Berechnet man die 0—59jährigen Bestände (Altersstufen) nach dem Kostenwert, die 60—79jährigen Bestände nach dem Erwartungswert, so ergibt sich:

α) Kostenwert der 0—59jährigen Bestände.

$$NK_{0-59} = [(1057 + 300 + 120)\,(1{,}03^{60} - 1) - 78\,(1{,}03^{60-30} - 1)$$
$$- 233\,(1{,}03^{60-40} - 1) - 402\,(1{,}03^{60-50} - 1)]\,\frac{1}{0{,}03}$$
$$- 60\,(1057 + 300) = \mathbf{144\,830}\ \textbf{M.}$$

β) Erwartungswert der 60—79jährigen Bestände.

$$NE_{60-79} = \Big[(9809 + 1057 + 300)\Big(1 - \frac{1}{1{,}03^{80-60}}\Big)$$
$$+ 660\Big(1 - \frac{1}{1{,}03^{60-60}}\Big) + 953\Big(1 - \frac{1}{1{,}03^{70-60}}\Big)\Big]\,\frac{1}{0{,}03}$$
$$- (80 - 60)\,(1057 + 300) = \mathbf{147\,110}\ \textbf{M.}$$

γ) Kostenwert und Erwartungswert zusammen ergeben mithin den Gesamtwert

$$144\,830 + 147\,110 = \mathbf{291\,940}\ \textbf{M.}$$

b) Der Abtriebswert

α) der 0—59jährigen Bestände ist (S. 126)

$$\Big(80 + 300 + 874 + 2038 + 3717 + \frac{5832}{2}\Big)\,10 - \frac{5832}{2} = \mathbf{96\,334}\ \textbf{M.}$$

β) der 60—79jährigen Bestände ist

$$\Big(\frac{5832 + 9809}{2} + 7864\Big)\,10 + \frac{5832 - 9809}{2} = \mathbf{154\,856}\ \textbf{M.}$$

γ) der Abtriebswert der 0—79jährigen Bestände ist somit

$$96\,334 + 154\,856 = \mathbf{251\,190}\ \textbf{M.}$$

Der Abtriebswert der 60—79jährigen Bestände berechnet sich im gegebenen Falle nach der Preßlerschen Formel unter Zugrundelegung von 10jährigen Altersabständen zu hoch, da der Abtriebswert kleiner sein muß als der Erwartungswert.

7. Rentierungswert des normalen Vorrates.

Ist ein Waldkomplex zum strengen nachhaltigen Betriebe eingerichtet, dann werden jährlich die Einnahmen $A_u + D_a + \ldots D_q$ fällig. Diesen stehen die jährlich zu verausgabenden Kulturkosten c und Verwaltungskosten v (pro Flächeneinheit) gegenüber.

Der jährliche Waldreinertrag ist somit bei u Flächeneinheiten

$$A_u + D_a + \ldots D_q - (c + u\,v).$$

Derselbe bildet die Rente oder den Zins des Vorratskapitals und des Bodenkapitals. Durch Kapitalisierung dieser Rente nach der Formel $K = \dfrac{R}{0{,}0\,p}$ erhält man daher den Wert des Normalvorrates und des Bodens oder den Waldwert.

Will man den Wert des normalen Vorrates allein bestimmen, so ist der Bodenwert, welcher hier stets als Bodenertragswert der eingehaltenen Umtriebszeit erscheint, vom Waldwert abzuziehen. Es ist also:

$$\frac{A_u + D_a + ..D_q - (c + uv)}{0,0\,p} = NR + u\,B_u$$

und

$$NR = \frac{A_u + D_a + ..D_q - (c + uv)}{0,0\,p} - u\,B_u.$$

Hieraus folgt:

a) daß Erwartungswert, Kostenwert und Rentierungswert des Normalvorrates gleich sind, wenn $B = B_u$;

b) daß der Rentierungswert des Normalvorrates nur dann richtig gefunden wird, wenn man den betreffenden Bodenertragswert und nicht irgendeinen anderen Bodenwert vom Waldwert abzieht.

Der Rentierungswert hat nur so lange Anspruch auf Gültigkeit, als die denselben bedingenden Wertgrößen sich gleich bleiben und vor allem die Umtriebszeit dieselbe ist. (Vgl. Waldrentierungswert.)

8. Das Verhältnis zwischen dem Erwartungs- oder Kostenwert und dem Abtriebswert des Normalvorrates.

Das Verhältnis zwischen Erwartungswert oder Kostenwert einerseits und dem Abtriebswert des Normalvorrates andererseits hängt von denselben Umständen ab, von welchen das gegenseitige Verhältnis dieser Wertarten beim Einzelbestande bedingt ist. Aus den auf S. 103 ff. mitgeteilten Sätzen geht insbesondere hervor, daß unter Zugrundelegung des Bodenertragswertes

a) bei Einhaltung der finanziellen Umtriebszeit der Erwartungs- und Kostenwert des Normalvorrates stets größer ist als der Abtriebswert;

b) da bei Einhaltung einer höheren als der finanziellen Umtriebszeit der Erwartungs- und Kostenwert beim Einzelbestande nur in den jüngeren Bestandsaltern größer, in den höheren Altern kleiner ist als der Abtriebswert, kommt es darauf an, in welchem Grade sich diese Differenzen in der Summe der betreffenden Wertarten aller Bestände, d. h. im Werte des Normalvorrates ausgleichen. In den meisten Fällen entscheiden die älteren Bestände über den Gesamtwert des Normalvorrates, d. h. der Abtriebswert wird größer als der Erwartungs- und Kostenwert. Bestimmte Regeln lassen sich hierüber nicht aufstellen.

Theoretisch richtig und praktisch brauchbar ist der Erwartungs- und Kostenwert des Normalvorrates nur bei Unterstellung der finanziellen Umtriebszeit. Die Bestände, welche dieselbe überschritten haben, müssen stets mit ihrem Abtriebswert verrechnet werden.

9. Der Normalvorratswert einer Mittelwaldbetriebsklasse.

Der Normalvorrat einer Mittelwaldbetriebsklasse ist vorhanden, wenn bei einem Unterholzumtrieb von u Jahren auf u Flächeneinheiten die normale Altersstufenfolge des Unterholzes und Oberholzes sich vorfindet und der Zuwachs jeder Flächeneinheit normal ist. In einer Betriebsklasse von 25 ha im 25jährigen Unterholzumtriebe sind z. B. unmittelbar nach der Schlagstellung vorhanden:

vom Unterholz   die Altersstufen von 1,2 . . . 24 Jahren
von der 50jährigen Oberholzkl. „   „   „ $1-25$ „
                                                                $26-49$ „
  „   „ 75jährigen Oberholzkl. „   „   „ $1-25$ „
                                                                $26-50$ „
                                                                $51-74$ „

von der 100jährigen Oberholzklasse die Altersstufen von $1-25$, $26-50$, $51-75$, $76-99$ Jahren.

Jede Oberholzklasse ist also mit so vielen Altersstufen vertreten, als die Zahl ihrer Umtriebsjahre beträgt.

1. Methode des Rentierungswertes.

Hierfür gilt dieselbe Formel wie beim Hochwald.

Der Bodenwert ist hier gleich dem ufachen Bodenertragswert, wie er oben (S. 84) ermittelt wurde. In unserem Beispiel (S. 84) wird für eine Betriebsklasse von 25 ha mit der alle Jahre erfolgenden Schlagstellung eines Hektars

$$NR = \frac{2490 + 20 - (30 + 25 \cdot 6)}{0,03} - 25 \cdot 1018,27 = \mathbf{52\,210}\ M.$$

2. Der Erwartungswert des Normalvorrates.

Es ist

$$NE = \frac{(\alpha + B + V)(1,0\,p^{u} - 1)}{1,0\,p^{u} \cdot 0,0\,p} + \frac{A_2(1,0\,p^{2u} - 1)}{1,0\,p^{2u} \cdot 0,0\,p} + \frac{A_3\,(1,0\,p^{3u} - 1)}{1,0\,p^{3u} \cdot 0,0\,p} + \cdots$$

$$+ \frac{A_n\,(1,0\,p^{nu} - 1)}{1,0\,p^{nu} \cdot 0,0\,p} + D_n \left(1 - \frac{1}{1,0\,p^n}\right) \frac{1}{0,0\,p} - u\,(B + V).$$

Beispiel.

$$NE_{25} = \frac{(870 + 1018,27 + 200)\,(1,03^{25} - 1)}{1,03^{25} \cdot 0,03} + \frac{770\,(1,03^{50} - 1)}{1,03^{50} \cdot 0,03}$$

$$+ \frac{350\,(1,03^{75} - 1)}{1,03^{75} \cdot 0,03} + \frac{500\,(1,03^{100} - 1)}{1,03^{100} \cdot 0,03}$$

$$+ 20 \left(1 - \frac{1}{1,03^{20}}\right) \frac{1}{0,03} - 25\,(1018,27 + 200)$$

$$= \mathbf{52\,210}\ M.$$

3. Der Kostenwert des Normalvorrates.

Es ist

$$NK = [(B_\alpha + c_\alpha)(1{,}0\,p^u - 1) + (b_2 + c_2)(1{,}0\,p^{2u} - 1) + (b_3 + c_3)(1{,}0\,p^{3u} - 1)$$

$$+ \ldots + (b_n + c_n)(1{,}0\,p^{nu} - 1) - D_\alpha (1{,}0\,p^{u-a} - 1)] \frac{1}{0{,}0\,p}$$

$$- u(B + V).$$

Beispiel.

$$NK_{25} = [(802{,}28 + 7{,}5)(1{,}03^{25} - 1) + (217{,}82 + 7{,}5)(1{,}03^{50} - 1)$$

$$+ (34{,}39 + 7{,}5)(1{,}03^{75} - 1) + (19{,}54 + 7{,}5)(1{,}03^{100} - 1)$$

$$- 20(1{,}03^5 - 1)] \frac{1}{0{,}03} - 25(1018{,}27 + 200) = \mathbf{52\,210}\ \mathbf{M.}$$

Es sei darauf aufmerksam gemacht, daß der Erwartungswert und Kostenwert des Normalvorrates nicht gleich sein kann der Summe der Erwartungswerte oder Kostenwerte der Einzelbestände, wie sie auf S. 97 und 111 festgestellt wurden. Der Normalvorrat verbraucht die Rente des gesamten Bodenertragswertes, den die einzelnen Altersklassen von der Begründung des Mittelwaldes ab erzeugen. Dem wirtschaftlichen Wert des gegebenen Einzelbestandes kann dagegen nur jene Bodenrente aufgerechnet werden, welche die jetzt vorhandenen Bestandsglieder von ihrer Begründung ab (also nicht von der Neuanlage des Waldes ab) auf derselben Fläche hervorbringen.

Drittes Kapitel.

Die Ermittelung des Waldwertes.

Der Waldwert ist gleich der Summe des Bestandswertes und des Bodenwertes. Hat man daher beide Wertarten berechnet, so ergibt sich der Waldwert durch einfache Addition derselben. Man kann denselben aber auch direkt ableiten.

Für die meisten Zwecke der Waldwertberechnung ist es geraten, die Bestands- und Bodenwertsberechnung getrennt vorzunehmen, auch schon deshalb, weil im allgemeinen der Bodenwert eine stetigere Größe bildet als der durch Preisschwankungen und Ertragsausfälle veränderliche Bestandswert.

Ferner hat man zu unterscheiden, ob es sich um den Waldwert eines Einzelbestandes oder um den eines Komplexes von Einzelbeständen, d. h. um den Waldwert einer Betriebsklasse handelt.

A. Der Waldwert des Einzelbestandes.

Es kommen folgende Wertarten in Betracht:
1. Der Waldabtriebswert (Ausstockungswert).
2. Der Walderwartungswert.
3. Der Waldkostenwert.
4. Der Waldwirtschaftswert (s. S. 158).

Diese Wertarten sind im objektiven Sinne ebenfalls Tauschwerte, Verkaufswerte, gemeine Werte, Verkehrswerte, Vermögenswerte.

Im engeren Sinne versteht man unter dem Waldverkaufs- oder Tauschwert auch den Wert, der einem Wald nach den bei wirklichen, in neuerer Zeit vollzogenen Waldverkäufen erzielten Erlösen zukommt. Zulässig ist eine solche Angleichung nur dann, wenn der in Betracht kommende Wald in allen seinen Bestandteilen genau dieselbe Beschaffenheit und dieselben Produktionsbedingungen aufweist wie der zuvor veräußerte. Dieser Fall trifft bei älteren Beständen niemals, bei sehr jungen Beständen (Kulturen) nur ausnahmsweise zu. Ist der Waldboden mit noch nicht haubaren Beständen bestockt, so muß sich auch der Waldverkaufswert auf dem Bestandserwartungs- oder Kostenwert aufbauen. Eine selbständige Methode stellt derselbe somit nicht vor. Seine Bedeutung erhält derselbe lediglich für statistische Zwecke und für rasche näherungsweise Einschätzungen.

In den sächsischen Staatsforsten wurde im Jahre 1894 (Tharander forstl. Jahrbuch S. 154) das nachstehende Verhältnis zwischen Boden-, Bestands- und Waldwert als Durchschnitt der einzelnen Forstbezirke ermittelt.

| Forstbezirk | Bodenwert | Bestandswert | Waldwert | Prozentischer Anteil des | |
| | | | | Bodenwertes | Bestandswertes |
	pro Hektar in Mark			%	%
Dresden	168,7	1114,9	1283,6	13,1	86,9
Moritzburg	228,3	924,1	1152,4	19,8	80,2
Schandau	307,6	1661,7	1969,3	15,6	84,4
Grillenburg	319,0	1792,3	2111,3	15,1	84,9
Bärenfels	286,8	1895,4	2182,2	13,1	86,9
Marienberg	434,5	1894,9	2329,4	18,7	81,3
Schwarzenberg	265,3	1653,9	1919,2	13,8	86,2
Eibenstock	231,0	1353,8	1584,8	14,6	85,4
Auerbach	213,3	1228,2	1441,5	14,8	85,2
Zschopau	370,7	1565,8	1936,5	19,1	80,9
Grimma	485,6	1468,3	1953,9	24,9	75,1

Statistisch kann man annehmen, daß bei größeren Nadelholzbetriebsklassen auf den Boden 20%, auf den Holzvorrat 80% des Waldwertes treffen. Je besser die Bonität und je höher die Umtriebszeit, um so mehr überwiegt der Prozentanteil des Holzvorratswertes.

Vor dem Kriege konnten als ungefähre Anhaltspunkte folgende Durchschnittswerte je Hektar für größere Waldkomplexe dienen:

Kiefer: 3000 M. beste, 2000 M. mittlere, 1000 M. schlechte. Fichte: 6000 M. vorzügliche, 5000 M. sehr gute, 4000 M. gute, 3000 M. mittlere. Tanne etwas weniger als Fichte. Buche: 2500 M. sehr gute, 2000 M. gute, 1500 M. mittlere.

I. Der Waldabtriebswert (Ausstockungswert).

Derselbe ergibt sich aus dem Wert des Bodens und dem Abtriebswert des Bestandes.

II. Der Walderwartungswert.

Ist m das Alter des Bestandes, so ist allgemein

$$WE_m = HE_n + B,$$

d. h. der Walderwartungswert ist gleich dem Bestandserwartungswert plus Bodenwert.

Bei Feststellung des Walderwartungswertes hat man zu beachten, ob der Bodenwert beliebig bzw. als Tauschwert oder als Ertragswert angenommen werden soll.

1. Mit Unterstellung eines beliebigen Bodenwertes.

Wird ein m jähriger Bestand nach u — m Jahren genutzt, so stehen dem Waldbesitzer im Jahre u folgende Werte zur Verfügung:

die Abtriebsnutzung A_u,
der Boden mit dem Werte B.

Der Jetztwert dieser verfügbaren Kapitalien beträgt

$$\frac{A_u + B}{1{,}0\,p^{u-m}}.$$

Hierzu kommen noch die Zwischennutzungserträge D_n, welche zwischen den Jahren m und u eingehen. Dieselben haben im Jahre u den Wert $D_n\,1{,}0\,p^{u-n}$ und im Jahre m den Jetztwert

$$\frac{D_n\,1{,}0\,p^{u-n}}{1{,}0\,p^{u-m}}.$$

Bezüglich der Nebennutzungen siehe S. 93.

Die Verwaltung des Waldes verursacht jährlich v Mark Kosten; der Kapitalwert derselben im Jahre m beträgt (nach Formel VII b)

$$\frac{v\,(1{,}0\,p^{u-m} - 1)}{1{,}0\,p^{u-m}.\,0{,}0\,p} = \frac{V\,(1{,}0\,p^{u-m} - 1)}{1{,}0\,p^{u-m}} = V - \frac{V}{1{,}0\,p^{u-m}}.$$

Demnach ist der Walderwartungswert im Jahre m:

$$WE_m = \frac{A_u + D_n\,1{,}0\,p^{u-n} + B - V\,(1{,}0\,p^{u-m} - 1)}{1{,}0\,p^{u-m}}$$

oder

$$WE_m = \frac{A_u + D_n\,1{,}0\,p^{u-n} + B + V}{1{,}0\,p^{u-m}} - V.$$

Direkt ergibt sich die Formel aus

$$WE_m = HE_m + B = \frac{A_u + D_n\,1{,}0\,p^{u-n} + B + V}{1{,}0\,p^{u-m}} - (B + V) + B.$$

2. Mit Unterstellung des Bodenertragswertes.

Will man den Bodenertragswert der zu unterstellenden Umtriebszeit und den Bestandserwartungswert durch eine Rechnung ermitteln, dann lautet die Formel

$$WE_m^{B\,=\,B_u} = \frac{1{,}0\,p^m \left(A_u + D_n\,1{,}0\,p^{u-n} + \cdots + \dfrac{D_a}{1{,}0\,p^a} + \cdots - c\right)}{1{,}0\,p^u - 1} - V.$$

Man erhält diese Formel, indem man in der obigen Formel an Stelle von B die Formel von B_u einführt. Infolgedessen erscheinen hier auch die sämtlichen Durchforstungserträge, und zwar bedeuten D_n die Zwischennutzungen, welche im und n a c h dem Jahre m eingehen, D_a die v o r diesem Jahre fällig werdenden. Erstere werden prolongiert, letztere diskontiert.

Diese Formel ist nur anwendbar, wenn als Bodenwert der Bodenertragswert der vorhandenen Holz- und Betriebsart und der unterstellten Umtriebszeit Geltung hat, weil nur dieser Bodenwert errechnet wird.

3. Verlauf und Größe des Walderwartungswertes.

Aus der Betrachtung der unter 1. gegebenen Formel geht hervor, daß der Verlauf des Walderwartungswertes denselben Gesetzen unterworfen ist wie jener des Bestandserwartungswertes.

a) Ist das Bestandsalter m gegeben und berechnet man für verschiedene Umtriebszeiten unter Zugrundelegung des Bodenertragswertes die Walderwartungswerte, d a n n k u l m i n i e r t d e r W a l d e r w a r t u n g s w e r t i n d e m s e l b e n J a h r e w i e d e r B o d e n e r t r a g s w e r t.

B e w e i s. Nach früherem ist:

$$B_u = \frac{A_u + D_n\,1{,}0\,p^{u-n} + \dfrac{D_a}{1{,}0\,p} - c}{1{,}0\,p^u - 1} + \frac{D_a}{1{,}0\,p^a} - c - V.$$

Hieraus wird

$$\frac{A_u + D_n\,1{,}0\,p^{u-n} + \dfrac{D_a}{1{,}0\,p^a} - c}{1{,}0\,p^u - 1} = B_u + V + c - \frac{D_a}{1{,}0\,p^a}.$$

Durch Substitution der rechten Seite in die unter 2. gegebene Formel des $WE_m^{B_u}$ erhält man:

$$WE_m^{B_u} = 1{,}0\,p^m (B_u + V + c) - D_a\,1{,}0\,p^{m-a} - V.$$

Der Wert der rechten Seite dieser Gleichung, die den Waldkostenwert darstellt, wird bei gegebenem p, m, V, c und D_a lediglich beeinflußt vom Bodenertragswert B_u. Erreicht dieser ein Maximum, dann kulminiert auch WE_m.

b) Für den A n f a n g d e r U m t r i e b s z e i t ist

$$WE = B_u + c,$$

wenn die Kultur eben ausgeführt wurde. Denn setzt man m = 0, dann ist

$$WE_0 = \frac{1,0\,p^0\,(A_u + D_a\,1,0\,p^{u-a} + \ldots D_n\,1,0\,p^{u-n} - c)}{1,0\,p^u - 1} - V - c + c$$

$$= B_u + c.$$

Vor der Bestandsbegründung ist $WE = B_u$.

c) Am Ende der Umtriebszeit, wenn $m = u$, ist stets

$$WE_u = \frac{A_u + B + V}{1,0\,p^{u-u}} - V = A_u + B.$$

Ist $B = B_u$, dann ist

$$WE_u = \frac{1,0\,p^u\left(A_u + \dfrac{D_n}{1,0\,p^n} + \dfrac{D}{1,0\,p^a} + \ldots - c\right)}{1,0\,p^u - 1} - V$$

$$= (B_u + V + c)\,1,0\,p^u - V - D_a\,1,0\,p^{u-a} - D_n\,1,0\,p^{u-n}\ldots$$

$$= \text{Waldkostenwert im Jahre } u = A_u + B_u.$$

Die Zwischennutzungserträge müssen hier insgesamt im Zähler diskontiert werden, weil auch n vor u liegt ($n < u$).

III. Der Waldkostenwert.

Derselbe setzt sich zusammen aus dem Bodenwerte und dem Kostenwerte des Bestandes. Es ist also allgemein

$$WK_m = HK_m + B.$$

Auch hier hat man zu unterscheiden, ob der Bodenwert beliebig ist, oder ob der Bodenertragswert zugrunde gelegt werden muß.

1. Mit Unterstellung eines beliebigen Bodenwertes.

Ist m das Bestandsalter, so ist

$$WK_m = HK_m + B$$
$$= (B + V + c)\,1,0\,p^m - V - D_a\,1,0\,p^{m-a}.$$

Der Unterschied zwischen Walderwartungswert und Waldkostenwert ist:

$$WE_m - WK_m = 1,0\,p^m\,(B_u - B).$$

2. Mit Unterstellung des Bodenertragswertes.

Unterstellt man für B die Formel des B_u, dann ergibt sich dieselbe Formel wie beim Walderwartungswert (S. 140), d. h. der Waldkostenwert ist gleich dem Walderwartungswert, wenn $B = B_u$. Deshalb gelten für den Verlauf und die Größe des Waldkostenwertes dieselben Sätze wie für den Walderwartungswert.

B. Der Waldwert der Betriebsklasse.

Unter Betriebsklasse versteht man die Gesamtheit der ein und derselben Altersstufenordnung zugewiesenen Waldteile, für welche ein eigener Nutzungssatz festgestellt wird[1]). Im Begriffe der Betriebsklasse liegt zugleich die Voraussetzung der Nachhaltigkeit der Wirtschaftsführung.

Die Betriebsklasse ist normal, wenn sie eine normale Altersstufenfolge mit normalen Flächenanteilen jeder Stufe enthält und normalen Zuwachs besitzt.

Allgemein setzt sich der Wert einer Betriebsklasse aus den Waldwerten der Einzelbestände zusammen. Jede rechnerische Formel, welche den Waldwert eines solchen Waldkomplexes direkt angibt, ist aufgebaut aus den einzelnen Bestands- und Bodenwerten, selbst wenn dies äußerlich nicht sofort erkenntlich ist.

Die Wertermittlung einer normalen Betriebsklasse hat zunächst wieder nur theoretische Bedeutung, weil die hier vorausgesetzte ideale Normalität in Wirklichkeit niemals vollständig zutrifft (s. auch „Normalvorrat").

Der Waldwert kann ermittelt werden

1. nach dem Waldabtriebswert (Ausstockungswert),
2. nach dem Walderwartungswert,
3. nach dem Waldkostenwert,
4. nach dem Waldrentierungswert.

I. Der Waldabtriebswert (Ausstockungswert).

Derselbe ergibt sich aus dem Wert des Bodens und dem Abtriebswert sämtlicher Bestände.

II. Der Walderwartungswert und der Waldkostenwert der normalen Betriebsklasse.

Diese Werte erhält man, wenn man zu den Werten des Normalvorrates den Bodenwert der u Altersstufen hinzufügt. Demnach lautet die Formel:

a) für den Walderwartungswert:

$$WE_{0\,bis\,(u-1)} = \frac{(A_u + B + V)(1{,}0\,p^u - 1) + D_q\,1{,}0\,p^{u-q}(1{,}0\,p^q - 1)}{1{,}0\,p^u \cdot 0{,}0\,p} - uV.$$

$$= \left[(A_u + B + V)\left(1 - \frac{1}{1{,}0\,p^u}\right) + D_q\left(1 - \frac{1}{1{,}0\,p^q}\right) + .. \right] \frac{1}{0{,}0\,p} - uV.$$

b) für den Waldkostenwert:

$$WK_{0\,bis\,(u-1)} = \frac{(B + V + c)(1{,}0\,p^u - 1) - D_a(1{,}0\,p^{u-a} - 1)}{0{,}0\,p} - uV.$$

Setzt man in die Formel a und b anstatt B die Formel des Bodenertragswertes der eingehaltenen Umtriebszeit ein, dann geht der Walderwartungswert und der Wald-

---

[1]) Heyer, Die Waldertragsregelung. 3. Aufl. 1883. S. 196.

kostenwert in den Waldrentierungswert über (siehe III). Bei Unterstellung des Bodenertragswertes ist demnach der Walderwartungswert der normalen Betriebsklasse gleich dem Waldkostenwert.

Die Anwendung der beiden Formeln kann daher auf jene Fälle beschränkt werden, in denen als Bodenwert nicht der Bodenertragswert der eingehaltenen Umtriebszeit unterstellt werden kann.

Für die Mittelwaldbetriebsklasse ergeben sich die Werte aus den auf S. 136f. entwickelten Formeln.

III. Der Waldrentierungswert der normalen Betriebsklasse (Waldertragswert).

1. Ableitung.

Wie eben bemerkt, erhält man denselben, wenn man in den Formeln für den Erwartungswert oder Kostenwert der normalen Betriebsklasse an Stelle von B die Formel des Bodenertragswertes, bezogen auf die Umtriebszeit u, setzt. Danach ist der Waldrentierungswert:

$$\mathbf{WR} = \frac{A_u + D_a + .. D_q - (c + u\,v)}{0{,}0\,p}$$

$$= \frac{A_u + D_a + .. D_q - c}{0{,}0\,p} - u\,V.$$

Den durchschnittlichen Waldwert für die Flächeneinheit erhält man durch Division mit u; daher ist

$$WR_{\frac{1}{u}} = \frac{A_u + D_a + .. D_q - c}{u\,.\,0{,}0\,p} - V.$$

In vorstehenden Ausdrücken bedeutet $A_u + D_a + .. D_q - (c + u\,v)$ den jährlichen Waldreinertrag oder die jährliche Waldrente, durch deren Kapitalisierung sich der Waldrentierungswert ergibt.

a) Die Ableitung des Waldrentierungswertes kann selbstverständlich auch direkt erfolgen. In einer im jährlichen Betrieb bewirtschafteten normalen Betriebsklasse kommt alle Jahre die älteste, u jährige Altersstufe zur Nutzung. Der Abtriebsertrag derselben ist bei Annahme gleichbleibender Holzpreise $= A_u$. Durchforstet werden alle Jahre die jeweils a, b ... q jährigen Bestände. Der Geldertrag derselben ist $D_a + D_b + ... D_q$.

Somit ist der jährliche Rohertrag $= A_u + D_a + ... D_q$.

Die genutzte Fläche wird jährlich mit einem Aufwand von c (Mark) wieder kultiviert. Die Verwaltungskosten pro Flächeneinheit betragen jährlich v, für u Flächeneinheiten demnach u v.

Somit betragen die jährlichen Unkosten $= c + u\,v$.

Durch Subtraktion derselben vom Rohertrag ergibt sich der Waldreinertrag oder die Waldrente und durch Division der letzteren mit 0,0 p der Waldrentierungswert.

b) Die Formel des WR erhält man auch durch Addition der WE aller Altersstufen nach der auf S. 140 unter 2 angegebenen Formel.

c) Die Formel gilt auch für die Mittelwaldbetriebsklasse.

2. Wesen und Inhalt des Waldrentierungswertes.

a) Der Waldrentierungswert birgt ebenso wie der Erwartungswert einer normalen Betriebsklasse alle zukünftigen Erträge und Kosten in sich. Er ist daher ein Ertragswert. Seine Ableitung fußt deshalb ebenfalls auf der Diskontierung und Zinseszinsrechnung. Setzt man

$$A_u + D_a + \ldots D_q - (c + u\,v) = r,$$

dann ist der gegenwärtige Wert des Waldreinertrags, welcher von jetzt ab eingeht,

$$\text{nach 1 Jahr} = \frac{r}{1{,}0\,p}, \quad \text{nach 2 Jahren} = \frac{r}{1{,}0\,p^2},$$

$$\text{nach 3 Jahren} = \frac{r}{1{,}0\,p^3}, \quad \text{usw. bis zum Jahre } \infty.$$

Daher ist

$$WR = \frac{r}{1{,}0\,p} + \frac{r}{1{,}0\,p^2} + \frac{r}{1{,}0\,p^3} + \ldots = \frac{r}{0{,}0\,p}.$$

Oder auch analog der Durchforstungsformel V

$$\frac{r}{1{,}0\,p^u - 1} + \frac{r \cdot 1{,}0\,p}{1{,}0\,p^u - 1} + \frac{r \cdot 1{,}0\,p^2}{1{,}0\,p^u - 1} + \ldots \frac{r \cdot 1{,}0\,p^{u-1}}{1{,}0\,p^u - 1}$$

$$= \frac{r}{1{,}0\,p^u - 1} \cdot \frac{1{,}0\,p^u - 1}{0{,}0\,p} = \frac{r}{0{,}0\,p},$$

wenn man die Eingänge r nach der Zeit ihres Eingangs als Periodenrente behandelt.

b) Der Waldreinertrag oder die Waldrente ist der jährliche Zins des Bodenkapitales und des Normalvorrates der Betriebsklasse. Daher stellt der Waldrentierungswert als kapitalisierter Waldreinertrag den Ertragswert des Bodens aller Altersstufen und den Wert des Normalvorrates vor und allgemein den Ertragswert des Waldes überhaupt.

c) Der Bodenwert im Waldrentierungswert ist ausschließlich und allein der Bodenertragswert, welcher sich für die unterstellte (eingehaltene) Umtriebszeit berechnet, mag dieselbe hoch oder nieder sein.

Der Wert des Normalvorrates erscheint im Waldrentierungswert ausschließlich und allein als Erwartungswert oder Kostenwert, also als Summe der Bestands- oder Kostenwerte aller Altersstufen, berechnet unter Zugrundelegung des Bodenertragswertes der eingehaltenen Umtriebszeit.

Die Abtriebswerte der Bestände sind im Waldrentierungswerte niemals enthalten.

d) Der Anteil des Bodenertragswertes einerseits und des Normalvorratswertes andererseits am Gesamtbetrage des Waldrentierungswertes kann nur durch spezielle Berechnung beider Teilwerte bestimmt werden.

Hat man den Bodenertragswert der gegebenen Umtriebszeit berechnet, dann erhält man in der Differenz zwischen Waldrentierungswert und Bodenertragswert den Wert des Normalvorrates.

e) Die Größe des Waldrentierungswertes gibt nicht den mindesten Aufschluß über die Rentabilität der Wirtschaft bzw. der Wirtschaftskapitalien. Der in demselben steckende Bodenertragswert kann gleich Null, ja sogar negativ sein, trotzdem der Waldrentierungswert sehr hoch steht.

Berechnet sich der Bodenertragswert negativ, dann ist der Waldrentierungswert um den Betrag des Bodenwertes kleiner als der Wert des Normalvorrates. Denn da allgemein

$$WR = NE + u\,B_u,$$

wird, wenn B_u negativ,

$$WR = NE - u\,B_u,$$

und

$$NE = WR + u\,B_u.$$

Diese anscheinende Anomalie hat ihre innere Berechtigung, wenn man bedenkt, daß der Boden in diesem Fall ein fressendes Kapital bildet, welches gleichsam auf Kosten des Normalvorrates lebt. Bei der Festlegung des Waldwertes muß daher der Normalwert für die Schulden des Bodens aufkommen und dem Waldbesitzer das Defizit hinausbezahlen. Dieser Wert kann aber nicht als Tauschwert gelten (s. Beispiel 2).

Für $B_u = 0$ wird $WR = NE$.

Ausführlichere mathematische Betrachtungen hierüber finden sich in der 1. Aufl. dieses Buches S. 139 f.

f) Der Waldrentierungswert hat nur Gültigkeit für die gegebene Holz- und Betriebsart und Wirtschaftsweise (Umtriebszeit) und so lange, als die darauf beruhenden Erträge und Kosten sich gleich bleiben.

Beispiel 1. Für eine normale Fichtenbetriebsklasse von 80 ha im 80 jährigen Umtrieb gelten die auf S. 130 angegebenen Grundlagen. Demnach ist der Waldrentierungswert

$$WR = \frac{9809 + 78 + 233 + 402 + 630 + 953 - (120 + 80 \cdot 9)}{0{,}03} = \mathbf{376\,500\ M.}$$

Dieser Wert setzt sich zusammen:

a) Aus dem Erwartungswert oder Kostenwert des Normalvorrates, der auf S. 130 und 132 zu 291 940 M. berechnet wurde.

b) Aus dem Bodenertragswert der 80 jährigen Umtriebszeit, der pro ha 1057 M., für 80 ha mithin $80 \cdot 1057 = 84\,560$ M. beträgt.

Die Summe aus a und b gibt den Waldrentierungswert, also

$$291\,940 + 84\,560 = 376\,500\ M.$$

Beispiel 2. Für eine Buchenbetriebsklasse III. Standortsklasse von 120 ha ist im 120 jährigen Umtrieb: $A_{120} = 5637$ M., $D_{40} + D_{50} + \cdots D_{110} = 1399$ M., $c = 50$ M., $v = 9$ M., $p = 3\,^0/_0$, $B_{120} = -43$ M., daher

$$WR_{120} = \frac{5637 + 1399 - (50 + 120 \cdot 9)}{0{,}03} = \mathbf{196\,867\ M.}$$

und

$$NE = 196\,867 - (-120 \cdot 43) = 196\,867 + 5160$$
$$= \mathbf{202\,027\ M.}, \text{ also größer als WR.}$$

Der richtige Tauschwert der Betriebsklasse berechnet sich dagegen in nachstehender Weise:

a) Die finanzielle Umtriebszeit fällt auf das 60. Jahr mit einem Bodenertragswert von **76 M.** pro ha, für 120 ha also $120 \cdot 76 = \mathbf{9120\ M.}$

b) **Der Wert der 0—59jährigen Bestände** ist
$$NR_{0-59} = \frac{1949 + 128 - (50 + 60 \cdot 9)}{0,03} - 60 \cdot 76 = 45\,007 \text{ M.}$$

Der Abtriebswert der 60—120jährigen Bestände ist, wenn $A_{60} = 1947$, $A_{70} = 2488$, $A_{80} = 3033$, $A_{90} = 3649$, $A_{100} = 4248$, $A_{110} = 4933$, $A_{120} = 5637$, nach der Preßlerschen Formel (S. 126)
$$(1947 + 2 \cdot 2488 + 2 \cdot 3033 + 2 \cdot 3649 + 2 \cdot 4248 + 2 \cdot 4933 + 5637)\,5,5 - (2488$$
$$+ 3033 + 3649 + 4248 + 4933 + 5637) = 219\,549 \text{ M.}$$

Somit ist der **Bestandswert der 0—119jährigen Altersstufen**
$$45\,007 + 219\,549 = \mathbf{264\,556} \text{ M.}$$

c) **Der Wert der Betriebsklasse** ist $= 9120 + 264\,556 = \mathbf{273\,676}$ **M.**

3. Die Anwendbarkeit des Waldrentierungswertes.

Aus den unter 2 aufgeführten Feststellungen geht hervor, daß der Waldrentierungswert nur unter folgenden Voraussetzungen den Wert eines größeren Waldkomplexes richtig wiedergibt:

1. Die Betriebsklasse muß sich im vollständigsten Normalzustande befinden, insbesondere darf sie keinen Holzvorratsüberschuß oder Holzvorratsmangel aufweisen.

2. Die eingehaltene Umtriebszeit muß die finanzielle, d. h. auf den Zeitpunkt verlegt sein, in welchem der Bodenertragswert seinen Höchstbetrag erreicht.

Da sich kein Waldkomplex in dem geforderten ideal-normalen Zustand befindet, so ergibt sich, daß der Waldrentierungswert für die Wertsberechnung von konkreten Waldungen nicht anwendbar ist, wenn deren Vermögenswert genau festgestellt werden soll. Seine Anwendung beschränkt sich daher auf jene Fälle, in denen es weniger auf die Bewertung der wirklich vorhandenen Holzmasse ankommt, als auf den durchschnittlichen Ertrag, den der Wald bei ordnungsmäßiger Bewirtschaftung nachhaltig gewähren kann (Besteuerung, Beleihung). Voraussetzung ist aber auch hier, daß sich die tatsächliche Umtriebszeit von der finanziellen nach oben nicht zu weit entfernt.

Ist die Umtriebszeit, auf welche sich der Waldrentierungswert stützt, höher als die finanzielle, dann erhält der Käufer sowohl den Boden wie den Holzvorrat zu einem Preis, der unter dem Tauschwert steht. Der Gewinn des Käufers ist um so größer, je mehr die tatsächliche Umtriebszeit die finanzielle überschreitet. Den Gesamtgewinn kann der Käufer dadurch realisieren, daß er auf die finanzielle Umtriebszeit heruntergeht und den dadurch frei werdenden Holzvorrat, d. h. alle Bestände, welche das finanzielle Abtriebsalter überschritten haben, einschlägt und verkauft.

Ist die eingehaltene Umtriebszeit die finanzielle, die vorhandene Holz- und Betriebsart aber nicht standortsgemäß, dann erzielt der Käufer dadurch einen Gewinn, daß er den Boden unter dem objektiven Ertragswert erwirbt. Ist die eingehaltene Umtriebszeit der nicht standortsgemäßen Holz- und Betriebsart höher als die finanzielle, dann kommt beim Boden zu dem Gewinn des Käufers aus der Holzart noch der Gewinn aus der zu hohen Umtriebszeit hinzu und außerdem erwächst dem Käufer noch der Gewinn aus dem Holzvorrat.

Ein im Verhältnis zur rechnungsmäßigen Umtriebszeit vorhandener Holzvorratsüberschuß wird durch den Waldrentierungswert nicht erfaßt; der Käufer erhält denselben also geschenkt. — Würde mit Rücksicht auf den vorhandenen Holzvorratsüberschuß der jährliche Abnutzungssatz über den Zuwachs hinaus bemessen, dann würde der Waldrentierungswert zu hoch, weil der unterstellte Waldreinertrag nicht nachhaltig eingeht. Ebenso würde bei einem vorhandenen Vorratsmangel der Waldrentierungswert zu hoch, wenn sich der Abnutzungssatz auf den normalen Zuwachs stützt.

3. Unter allen Umständen haftet dem Waldrentierungswert die Schwäche an, daß er eine Funktion des schwankenden Waldreinertrages ist, auf einem Schluß vom Kleinen auf das Große beruht, alle Fehler bei der Feststellung des Waldreinertrages auf alle Waldteile übertragen und durch die Kapitalisierung vergrößert werden.

Beispiel 1. Einer normalen Fichtenbetriebsklasse (S. 98) von 110 ha entspricht bei 110 jähriger Umtriebszeit ein Waldrentierungswert von

$$WR_{110} =$$
$$\frac{12\,814 + 78 + 233 + 402 + 660 + 953 + 1186 + 1371 + 1498 - (120 + 110.9)}{0{,}03}$$
$$= \frac{12\,814 + 6381 - 1110}{0{,}03} = \frac{18085}{0{,}03} = \mathbf{602\,833\ M.}$$

Geht nun der Käufer, der den Wald um diesen Preis gekauft hat, auf die 80 jährige Umtriebszeit, welche die finanzielle ist, herunter, dann erzielt er folgenden Nutzen.

1. Bei Einhaltung der 80 jährigen Umtriebszeit beträgt die jährliche Nutzungsfläche $\frac{110}{80} = 1{,}375$ ha. Für ein Hektar berechnet sich ein jährlicher Waldreinertrag von

$$9809 + 78 + 233 + 402 + 660 + 953 - (120 + 80.9)$$
$$= 9809 + 2326 - 840 = 11\,295\ M.,$$

somit für 1,375 ha jährliche Nutzungsfläche

$$1{,}375 \cdot 11\,295 = 15\,531\ M.$$

Der Waldrentierungswert für die 80 jährige Umtriebszeit ist somit

$$WR_{80} = \frac{15\,531}{0{,}03} = \mathbf{517\,700\ M.}$$

2. Infolge der Herabsetzung der Umtriebszeit wird ein Teil des Holzvorratskapitals frei, d. h. alle über 80 Jahre alten Bestände können sofort genutzt werden.

Es berechnet sich der wirkliche Wert (Vermögenswert) des Normalvorrates wie folgt:

a) Für die 110 jährige Umtriebszeit.

α) Die 0—79 jährigen Bestände sind so zu bewerten, als ob sie im finanziellen 80 jährigen Umtrieb bewirtschaftet würden. Ihr Normalvorratswert ergibt sich demnach aus dem Waldrentierungswert für 80 ha bei 80jährigem Umtrieb weniger Bodenertragswert des 80jährigen Umtriebs. Dieser beträgt 1057 M. pro Hektar. Demnach ist

$$NR_{0-79} = \frac{11\,295}{0,03} - 80 \cdot 1057 = 376\,500 - 84\,560 = 291\,940 \text{ M.}$$

β) Die 80—109jährigen Bestände sind nach ihrem Abtriebswert zu veranschlagen. Da

$$A_{80} = 9809, \quad A_{90} = 11\,240, \quad A_{100} = 12\,229, \quad A_{110} = 12\,814 \text{ M.,}$$

erhält man nach der Preßlerschen Formel (S. 126) den Abtriebswert aus

$$\left(\frac{9809 + 12\,814}{2} + 11\,240 + 12\,229\right) 10 + \frac{9809 - 12\,814}{2} = 346\,303 \text{ M.}$$

γ) Der Wert des Normalvorrates beläuft sich also auf
$$291\,940 + 346\,303 = \mathbf{638\,243} \text{ M.}$$

b) Für die 80jährige Umtriebszeit.

Da der Bodenertragswert von 1057 M. dieser Umtriebszeit entspricht, kann man den Normalvorrat als Rentierungswert berechnen. Es ist

$$NR_{0-79} = \frac{15\,531}{0,03} - 110 \cdot 1057 = 517\,700 - 116\,270 = \mathbf{401\,430} \text{ M.}$$

c) Somit kann der Waldbesitzer infolge des Übergangs von der 110jährigen zur 80jährigen Umtriebszeit den Holzvorratsüberschuß von
$$638\,243 - 401\,430 = \mathbf{236\,813} \text{ M.}$$
flüssig machen.

3. Sein Vermögen besteht daher
aus dem Waldrentierungswert bei der 80j. Umtriebszeit = 517 700 M.
aus dem herausgezogenen Holzvorratskapital . . . . = 236 813 „

im ganzen 754 513 M.

4. Da er den Wald um 602 833 M. gekauft hat, **hat er einen Gewinn von**
$$754\,513 - 602\,833 = \mathbf{151\,680} \text{ M.}$$
gemacht.

Dieser Gewinn gründet sich auf folgende Tatsachen:

Der Rentierungswert von 602 833 M. setzt sich zusammen:

a) Aus dem Bodenertragswert der 110jährigen Umtriebszeit, d. s. 110 . 833 = 91 630 M.

Da der Bodenertragswert der finanziellen Umtriebszeit 1057 M. pro Hektar, im ganzen also 110 . 1057 = 116 270 M. ist, profitiert der Käufer an dem Bodenwert allein
$$116\,270 - 91\,630 = 24\,640 \text{ M.}$$

b) Aus den Erwartungswerten aller Altersstufen, berechnet mit 833 M. Bodenwert. Dieselben erhält man unmittelbar aus
$$602\,833 - 91\,630 = 511\,203 \text{ M.}$$

Die Bestandserwartungswerte, welche nicht mit dem Bodenertragswert der finanziellen Umtriebszeit, sondern mit den einer anderen Umtriebszeit entsprechenden Bodenertragswerten berechnet werden, sind immer kleiner als die mit dem höchsten Bodenertragswert und der demselben entsprechenden Umtriebszeit berechneten (S. 98). Der reelle Wert des Normalvorrates ist 638 243 M. Da der Käufer den Vorrat aber nur um 511 203 M. übernommen hat, profitiert er an dem Normalvorrat

$$638\,243 - 511\,203 = 127\,040 \text{ M.}$$

Auf die Bestandsalter vor und nach der finanziellen Umtriebszeit verteilen sich die Holzvorratswerte in folgender Weise:

u = 110 Jahre, B_{110} = 833 M.	u = 80 Jahre, B_{80} = 1057 M.
Erwartungswerte nach der Formel auf S. 133.	Wirkliche Werte nach der Berechnung auf S. 148.
0— 79 jähr. Bestände 237 868 M.	291 940 M.
80—109 „ „ 273 340 „	346 303 „
Sa. 511 208 M.	638 243 M.

Demnach gewinnt der Käufer an den (Abb. 6)

$$0— 79 \text{ jährigen Beständen } \quad 291\,940 - 237\,868 = \quad 54\,072 \text{ M.}$$
$$80—109 \quad\quad „ \quad\quad\quad\quad „ \quad\quad 346\,303 - 273\,340 = \quad 72\,963 \text{ „}$$
$$127\,040 \text{ M.}$$

c) Der Gesamtgewinn ist demnach

$$24\,640 + 127\,040 = 151\,680 \text{ M.}$$

Beispiel 2. Eine im 100 jährigen Umtriebe bewirtschaftete normale Buchenbetriebsklasse von 100 ha liefert jährlich einen Abtriebsertrag von 6648 M. und die Durchforstungserträge $D_{30} = 47$, $D_{40} = 82$, $D_{50} = 227$, $D_{60} = 309$, $D_{70} = 345$, $D_{80} = 361$, $D_{90} = 372$ M. Kulturkosten 50 M., Verwaltungskosten 9 M., Zinsfuß 3 %.

Die finanzielle Umtriebszeit fällt auf das 70. Jahr mit einem Bodenertragswert von 354 M., der Bodenertragswert der 100 jährigen Umtriebszeit ist 278 M.

Die Betriebsklasse wird um den Waldrentierungswert auf Grund der bisherigen Wirtschaftsergebnisse verkauft. Derselbe berechnet sich auf

$$\mathrm{WR}_{100} = \frac{6648 + 1743 - (50 + 100 \cdot 9)}{0{,}03} = \mathbf{248\,033} \text{ M.}$$

Diese Summe setzt sich zusammen:

a) Aus dem Bodenertragswert der 100 jährigen Umtriebszeit, d. s. $100 \cdot 278 = 27\,800$ M.

b) Aus den Erwartungswerten der 0—99 jährigen Altersstufen, berechnet mit 278 M. Bodenwert, d. s. $248\,033 - 27\,800 = 220\,233$ M.

Der Käufer hat sich nach dem Kaufabschluß überzeugt, daß statt Buchenwirtschaft die Fichtenwirtschaft besser am Platze ist und daß die finanzielle Umtriebszeit der Buche die 70 jährige ist.

Infolge des Übergangs zur Fichtenwirtschaft beträgt sein Gewinn:

a) Er hat den Boden um $100 \cdot 278 = 27\,800$ M. übernommen, als Fichtenboden (S. 148) hat derselbe aber einen Wert von $100 \cdot 1057 = 105\,700$ M.; somit Gewinn $105\,700 - 27\,800$ M. $= \textbf{77\,900 M.}$

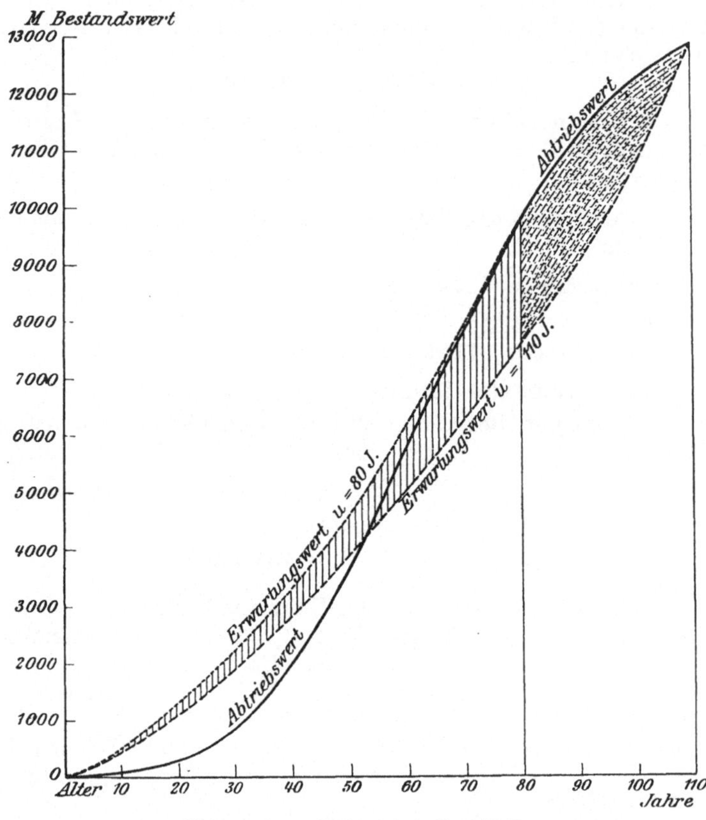

Abb. 6 (zum Beispiel 1 S. 147 ff.)

Der gestrichelte Zwischenraum bedeutet 54 072 M.
Der punktierte Zwischenraum bedeutet 72 963 M.

Der Wert des Holzvorrates im Waldrentierungswert und der wirkliche Wert.

b) Der Vermögenswert der 0—69 jährigen Buchenbestände ist, wenn $A_{70} = 3744$ M.,

$$\mathrm{NR} = \frac{3744 + 47 + 82 + 227 + 309 - (50 + 70 \cdot 9)}{0{,}03} - 70 \cdot 354$$

$$= 124\,300 - 24\,780 = 99\,520 \text{ M.}$$

(Da die 70jährige Umtriebszeit die finanzielle ist, kann man die 0- bis 70jährigen Altersstufen als eine Betriebsklasse betrachten.)

Der Abtriebswert der Bestände von

$$70 \qquad 80 \qquad 90 \qquad 100 \text{ Jahren}$$
$$\text{beträgt } 3744 \qquad 4659 \qquad 5601 \qquad 6648 \text{ M.}$$

Nach der Preßlerschen Formel (S. 126) ergibt sich der Abtriebswert der 70—99 jährigen Altersstufen aus

$$\left(\frac{3744 + 6648}{2} + 4659 + 5601 \right) 10 + \frac{3744 - 6648}{2} = 153\,108 \text{ M.}$$

Der **Vermögenswert des gesamten Normalvorrates** ist also $99\,520 + 153\,108 = 252\,628$ M.

Da der Käufer den Normalvorrat um 220 233 M. übernommen hat, steckt er einen Gewinn von $252\,628 - 220\,233$ M. $= \mathbf{32\,395}$ M. ein.

c) Der **Gesamtgewinn des Käufers** beträgt demnach

$$77\,900 + 32\,395 = \mathbf{110\,295} \text{ M.}$$

Oder: Wirklicher Bodenwert . . . . 105 700 M.
Wirklicher Wert des Holzvorrates . . . . . 252 628 „

Summe 358 328 M.

Ankaufspreis . . . . 248 033 „

Gewinn 110 295 M.

Bemerkung zu Beispiel 1 und 2. Die berechneten Gewinne des Käufers werden erst fällig, wenn die Umwandlung des Betriebes durchgeführt ist. Da hierzu ein längerer Zeitraum notwendig ist, werden die wirklichen Gewinne andere sein als die berechneten.

4. Der durchschnittliche Waldrentierungswert eines einzelnen Waldstückes.

Für ein einzelnes Waldstück kann man den durchschnittlichen Rentierungswert beispielsweise wie folgt berechnen:

Jährlicher durchschnittlicher Holzertrag (Haubar-
keitsertrag und Vorerträge) . . . . 11,423 fm
Erntekostenfreier Durchschnittswert je fm . . . 13,28 M.
Jährlicher durchschnittlicher Geldertrag
11,423 . 13,28 = ... 151,59 „
Jährliche durchschnittliche Auslagen:
Kulturkosten 1,5 M., Verwaltungskosten 9 M., zu-
sammen . . . . 10,50 „
Jährlicher Waldreinertrag . . . . 141,19 „
Kapitalwert $\dfrac{141,19}{0,03} = $ . . . . 4700,30 „

Der so für ein Hektar ermittelte Waldwert stellt einen Durchschnittswert vor, der dem Waldstück höchstens in einem bestimmten Jahr genau zukommt, in allen anderen Lebensjahren des Bestandes nicht mehr. Für die jüngeren Bestandsalter ist er zu hoch, für die ältesten zu niedrig.

Auf das einzelne Waldstück (Boden plus Bestand) angewendet, kann der auf den durchschnittlichen jährlichen Waldreinertrag aufgebaute Kapitalwert nicht den Tauschwert darstellen, sondern nur ein Gradmesser und Vergleichsmaßstab für die dauernde Ertragsfähigkeit des Waldstückes, unabhängig von seinem Bestockungsgrad und Alter, zum Zwecke der Besteuerung nach einem Ertragssteuersystem (Grundsteuer) sein, wenn durch die Steuer nicht bloß das Bodenkapital, sondern auch das Bestandskapital erfaßt werden soll.

Die Summe der Einzelwerte aller Waldstücke (Abteilungen) eines zur nachhaltigen Nutzung zusammengefaßten Waldkomplexes kommt nur dann dem Waldrentierungswert gleich, wenn das Ganze eine normale Betriebsklasse (vgl. S. 146) bildet und diese auf die finanzielle Umtriebszeit eingerichtet ist.

Ist die Betriebsklasse nicht normal aufgebaut, dann wird der Gesamtwert bei Überwiegen der jüngeren Altersklassen zu hoch, bei Überwiegen der älteren zu nieder.

Geschichtliches. Die Methode des Waldrentierungswertes ist die älteste Methode zur Berechnung des Wertes eines Waldkomplexes. Durch ihre Anwendung, die bis tief in das 19. Jahrhundert hinein geübt wurde, wurde den verkaufenden Waldbesitzern ein enormer Vermögensverlust zugefügt, namentlich in den Zeiten, in denen man einen Kapitalisierungszinsfuß von 4—6% unterstellte, und in den Fällen, in welchen die Waldungen große Holzvorratsüberschüsse enthielten.

Einzelne Forstschriftsteller haben das Gefährliche des Waldrentierungswertes schon im 18. Jahrhundert erkannt. So ist in W. G. Mosers Forstökonomie I. Bd. 1757, S. 76 darauf hingewiesen, daß der Käufer durch die Verwertung der Holzvorratsüberschüsse „die ganze Kaufsumme wiederbekommen und doch einen recht schönen Wald noch behalten" kann, „sonderlich, wenn es der Verkäufer nicht versteht". Und in Stahls Forstmagazin 1765, S. 212 wird bemerkt, daß der Waldrentierungswert „bei einer pfleglichen Bewirtschaftung" zu kleine Resultate gibt.

Nach von Guttenberg (Österr. Vierteljahrsschrift für Forstwesen 1894, S. 336) erfolgten die in den 1860er Jahren in Österreich durchgeführten Staatswaldverkäufe fast durchgehends nach dem Rentierungswert. Die Käufer erreichten hierbei einen um so größeren Vorteil, als die Wälder meist sehr wertvolle Holzvorratsüberschüsse enthielten und ein Kapitalisierungszinsfuß von 5% unterstellt wurde.

IV. Der kombinierte Waldrentierungswert einer anormalen Betriebsklasse oder eines größeren Waldkomplexes.

1. Ableitung.

Ein brauchbareres Ergebnis ergibt sich, wenn man den Waldrentierungswert auseinanderreißt und stückweise auf die vorhandenen Altersklassen anwendet. Dazu ist die Aufstellung eines Abnutzungsplanes notwendig. Die Grundlage desselben bildet der Zeitraum, innerhalb dessen die sämtlichen zum Rechnungsobjekt gehörigen Bestände nach Maßgabe ihres vermutlichen Abtriebsalters eingeschlagen werden. Dieser Zeitraum ist gleichbedeutend mit der rechnungsmäßigen Umtriebszeit. Er wird in 10- oder 20jährige Nutzungsperioden zerlegt und daraufhin wird festgestellt, welche Bestände in der 1., 2., 3. . . . Periode voraussichtlich genutzt werden und welche Abtriebswerte sie nach den jetzigen Holzpreisen liefern können. Es können dann zwei Verfahren eingeschlagen werden.

Erstes Verfahren.

Man addiert zu den Abtriebserträgen jeder Periode die in derselben fällig werdenden Durchforstungserträge des ganzen Waldkomplexes sowie die etwaigen Nebennutzungserträge, zieht hiervon die auf die Periode treffenden Kultur- und Verwaltungskosten ab und dividiert diesen periodischen Waldreinertrag durch die Zahl der Periodenjahre. Auf diese Weise erhält man den in jeder Periode zu erwartenden **jährlichen durchschnittlichen** Waldreinertrag.

Ist die Periodenlänge n Jahre, der gesamte Reinertrag der einzelnen Perioden A_I (älteste Altersklasse), A_{II}, A_{III} ... A_z, so treffen auf ein Jahr

$$\frac{A_I}{n}, \quad \frac{A_{II}}{n}, \quad \frac{A_{III}}{n} \cdots \frac{A_z}{n}.$$

Dieselben stellen innerhalb jeder Periode eine jährliche n mal eingehende Rente dar, deren Summenwert am Schlusse der Periode sich nach Formel VIIa berechnet auf

$$S_I = \frac{\frac{1}{n} A_I (1{,}0\,p^n - 1)}{0{,}0\,p}, \quad S_{II} = \frac{\frac{1}{n} A_{II} (1{,}0\,p^n - 1)}{0{,}0\,p}, \quad S_z = \frac{\frac{1}{n} A_z (1{,}0\,p^n - 1)}{0{,}0\,p}.$$

Da nun S_I nach n Jahren, S_{II} nach 2 n Jahren usw. rechnerisch fällig ist, so ist die Summe der Jetztwerte

$$\frac{S_I}{1{,}0\,p^n} + \frac{S_{II}}{1{,}0\,p^{2n}} + \cdots \frac{S_z}{1{,}0\,p^{zn}}$$

$$= \frac{\frac{1}{n} A_I (1{,}0\,p^n - 1)}{0{,}0\,p \,.\, 1{,}0\,p^n} + \frac{\frac{1}{n} A_{II} (1{,}0\,p^n - 1)}{0{,}0\,p \,.\, 1{,}0\,p^{2n}} + \cdots \frac{\frac{1}{n} A_z (1{,}0\,p^n - 1)}{0{,}0\,p \,.\, 1{,}0\,p^{zn}}$$

$$= \frac{1}{n} \cdot \frac{1{,}0\,p^n - 1}{0{,}0\,p \,.\, 1{,}0\,p^n} \left(A_I + \frac{A_{II}}{1{,}0\,p^n} + \frac{A_{III}}{1{,}0\,p^{2n}} + \cdots \frac{A_z}{1{,}0\,p^{(z-1)n}} \right).$$

Würde man nun den Waldwert nach vorstehender Formel allein bemessen, dann würde derselbe zu niedrig ausfallen. Denn in ihm sind außer dem Bodenwerte nur jene Bestandswerte berücksichtigt, welche im Laufe der ersten Umtriebszeit flüssig werden. Da wir es aber hier mit dem jährlichen Betrieb zu tun haben, müssen auch die in den späteren Umtriebszeiten fällig werdenden Erträge berücksichtigt werden. Nach Ablauf der ersten Umtriebszeit kann der Normalzustand mit **jährlich** gleichen Erträgen hergestellt sein. Sind dieselben abzüglich der Unkosten A'_u, dann ist der Waldwert nach

u Jahren $\dfrac{A'_u}{0{,}0\,p}$ und gegenwärtig

$$\frac{A'_u}{1{,}0\,p^u \,.\, 0{,}0\,p};$$

daher ist der **Waldwert im ganzen**

$$W = \frac{1}{n}\frac{1,0\,p^n - 1}{0,0\,p\,.\,1,0\,p^u}\left(A_I + \frac{A_{II}}{1,0\,p^n} + \frac{A_{III}}{1,0\,p^{2n}} + \cdot\cdot\,\frac{A_z}{1,0\,p^{(z-1)n}}\right) + \frac{A'_u}{1,0\,p^u\,.\,0,0\,p}$$

$$= \frac{1}{0,0\,p}\left[\frac{1}{n}\left(A_I + \frac{A_{II}}{1,0\,p^n} + \frac{A_{III}}{1,0\,p^{2n}} + \cdot\cdot\,\frac{A_z}{1,0\,p^{(z-1)n}}\right)\left(1 - \frac{1}{1,0\,p^n}\right) + \frac{A'_u}{1,0\,p^u}\right].$$

Der Wert von $\dfrac{1,0\,p^n - 1}{0,0\,p\,.\,1,0\,p^n}$ kann aus Tafel V entnommen werden.

Setzt man $A_I = A_{II} \ldots = A_z$, dann ist $\dfrac{A_I}{n} = \dfrac{A_{II}}{n} \ldots = \dfrac{A_z}{n} = A_u$ und $A_I = A_{II} \ldots = A_z = n\,A_u$; alsdann wird

$$W = \frac{1}{n}\cdot\frac{1,0\,p^n - 1}{0,0\,p\,.\,1,0\,p^n}\cdot\frac{n\,A_u\,(1,0\,p^{nz} - 1)\,1,0\,p^n}{1,0\,p^{nz}\,(1,0\,p^n - 1)} + \frac{A_u}{1,0\,p^u\,.\,0,0\,p}$$

$$= A_u\cdot\frac{1,0\,p^{nz} - 1}{1,0\,p^{nz}\,.\,0,0\,p} + \frac{A_u}{1,0\,p^u\,.\,0,0\,p}, \text{ da } u = nz, \text{ wird}$$

$$W = \frac{A_u}{0,0\,p}\left(\frac{1,0\,p^{nz} - 1 + 1}{1,0\,p^{nz}}\right) = \frac{A_u}{0,0\,p}.$$

Näherungsverfahren. Ohne einen großen Fehler zu begehen, kann man auch unterstellen, daß der ganze Ertrag in der Mitte der Periode fällig wird. Alsdann ist

$$W = \frac{A_I}{1,0\,p^{\frac{n}{2}}} + \frac{A_{II}}{1,0\,p^{n+\frac{n}{2}}} + \frac{A_{III}}{1,0\,p^{2n+\frac{n}{2}}} + \cdot\cdot\,\frac{A_z}{1,0\,p^{(z-1)n+\frac{n}{2}}} + \cdot\cdot\,\frac{A'_u}{1,0\,p^u\,.\,0,0\,p}$$

$$= \frac{1}{1,0\,p^{\frac{n}{2}}}\left(A_I + \frac{A_{II}}{1,0\,p^n} + \frac{A_{III}}{1,0\,p^{2n}} + \cdot\cdot\,\frac{A_z}{1,0\,p^{(z-1)n}}\right) + \cdot\cdot\,\frac{A'_u}{1,0\,p^u\,.\,0,0\,p}.$$

Der Wert von $\dfrac{1}{1,0\,p^{\frac{n}{2}}}$ weicht von dem Werte $\dfrac{1}{n}\cdot\dfrac{1,0\,p^n - 1}{0,0\,p\,.\,1,0\,p^n}$ nur wenig ab.

Beispiel. Für eine Fichtenbetriebsklasse von 800 ha wären bei normalen Verhältnissen bei 80 jähriger Umtriebszeit folgende Rechnungsgrundlagen je ha gegeben: $A_{80} = 9809$ M., $D_{30} = 78$, $D_{40} = 233$, $D_{50} = 402$, $D_{60} = 660$, $D_{70} = 953$ M., $c = 120$ M., $v = 9$ M., $B_{80} = 1057$ M.; $p = 3\,^0/_0$.

Für 800 ha würden normal betragen:

	Jährlich M.	Im Zeitraum von 80 Jahren M.
der Abtriebswert	98 090	7 847 200
die Durchforstungserträge	23 260	1 860 800
die Kulturkosten	1 200	96 000
die Verwaltungskosten	7 200	576 000
der Waldreinertrag	112 950	9 036 000

Infolge des gegebenen anormalen Altersklassenverhältnisses sieht der für die Wertsberechnung aufgestellte Abnutzungsplan folgende Waldreinerträge für die 10 jährigen Perioden des 80 jährigen Abnutzungszeitraumes vor:

A_I	1 700 000 M. $= 18,8\,^0/_0$	A_V	870 000 M. $= 9,6\,^0/_0$
A_{II}	1 400 000 M. $= 15,5\,^0/_0$	A_{VI}	950 000 M. $= 10,5\,^0/_0$
A_{III}	1 100 000 M. $= 12,2\,^0/_0$	A_{VII}	980 000 M. $= 10,9\,^0/_0$
A_{IV}	900 000 M. $= 9,9\,^0/_0$	A_{VIII}	1 136 000 M. $= 12,6\,^0/_0$
		Sa.	9 036 000 M. $= 100\,^0/_0$

Nachdem der Wald einmal durchgeschlagen ist, wird ein regelmäßiger jährlicher Reinertrag von 112 950 M. zu erwarten sein.

1. Der kombinierte Waldrentierungswert ist demnach

$$W = \frac{1}{10} \cdot \frac{1{,}03^{10} - 1}{0{,}03 \cdot 1{,}03^{10}} \left(1\,700\,000 + \frac{1\,400\,000}{1{,}03^{10}} + \frac{1\,100\,000}{1{,}03^{20}} + \frac{900\,000}{1{,}03^{30}} \right.$$

$$\left. + \frac{870\,000}{1{,}03^{40}} + \frac{950\,000}{1{,}03^{50}} + \frac{980\,000}{1{,}03^{60}} + \frac{1\,136\,000}{1{,}03^{70}} \right) + \frac{112\,950}{1{,}03^{80} \cdot 0{,}03}$$

$$= 0{,}853 \cdot 4\,515\,226 + 353\,910 = \mathbf{4\,205\,397\ M.}$$

2. Nach dem **Näherungsverfahren** wird
$$W = 0{,}863 \cdot 4\,515\,226 + 353\,910 = \mathbf{4\,250\,550\ M.}$$

3. Würde man annehmen dürfen, daß die **Durchforstungserträge jährlich gleichmäßig** wie in der normalen Betriebsklasse eingehen, dann könnte man dieselben aus den periodischen Waldreinerträgen ausscheiden und für sich berechnen. Die Summe aller Waldreinerträge innerhalb 80 Jahre ist alsdann 7 175 200 M. Verteilt man dieselben in dem angegebenen Prozentverhältnis auf die Perioden, dann wird

$$W = \frac{1}{10} \cdot \frac{1{,}03^{10} - 1}{0{,}03 \cdot 1{,}03^{10}} \left(1\,348\,938 + \frac{1\,112\,156}{1{,}03^{10}} + \frac{875\,374}{1{,}03^{20}} + \frac{710\,344}{1{,}03^{30}} + \frac{688\,819}{1{,}03^{40}} \right.$$

$$\left. + \frac{753\,396}{1{,}03^{50}} + \frac{782\,097}{1{,}03^{60}} + \frac{904\,076}{1{,}03^{70}} \right) + \frac{23\,260\,(1{,}03^{80} - 1)}{0{,}03 \cdot 1{,}03^{80}} + \frac{112\,950}{1{,}03^{80} \cdot 0{,}03}$$

$$= 0{,}853 \cdot 3\,584\,112 + 702\,452 + 353\,910 = \mathbf{4\,113\,610\ M.}$$

Dieses Ergebnis kommt jenem des 2. Verfahrens näher, da auch bei diesem die Durchforstungserträge als normal eingehend behandelt werden.

Zweites Verfahren.

Dasselbe nähert sich der Form nach mehr dem Walderwartungswert der Betriebsklasse.

Bedeuten A_1, A_2, A_3 .. A_z die während der n jährigen Perioden anfallenden **Abtriebswerte**, $\frac{1}{n}$ hiervon die jährlichen, so sind entsprechend der Ableitung des Erwartungswertes des Normalvorrates (S. 130) die Walderwartungswerte ohne Durchforstungserträge der

$$1.\ \text{Nutzungsperiode} = \left(\frac{1}{n} A_1 + B + V \right) \frac{1{,}0\,p^n - 1}{0{,}0\,p \cdot 1{,}0\,p^n} - n\,V$$

$$2.\ \text{Nutzungsperiode} = \left(\frac{1}{n} A_2 + B + V \right) \frac{1{,}0\,p^n - 1}{0{,}0\,p \cdot 1{,}0\,p^{2n}} - n\,V$$

$$\vdots$$

$$z.\ \text{Nutzungsperiode} = \left(\frac{1}{n} A_z + B + V \right) \cdot \frac{1{,}0\,p^n - 1}{0{,}0\,p \cdot 1{,}0\,p^{zn}} - n\,V.$$

Hierzu kommen noch die Durchforstungserträge mit

$$\frac{D_a\,(1{,}0\,p^a - 1)}{0{,}0\,p \cdot 1{,}0\,p^a} + \cdots \frac{D_q\,(1{,}0\,p^q - 1)}{0{,}0\,p \cdot 1{,}0\,p^q}$$

Durch Summierung wird, da $nz = u$,

$$W = \frac{1}{n} \frac{1{,}0\,p^n - 1}{0{,}0\,p \cdot 1{,}0\,p^n} \left(A_1 + \frac{A_2}{1{,}0\,p^n} + \frac{A_3}{1{,}0\,p^{2u}} + \cdots \frac{A_z}{1{,}0\,p^{(z-1)n}} \right)$$

$$+ \frac{D_a\,(1{,}0\,p^a - 1)}{0{,}0\,p \cdot 1{,}0\,p^n} + \cdots + \frac{(B + V)\,(1{,}0\,p^u - 1)}{0{,}0\,p \cdot 1{,}0\,p^u} - u\,V.$$

Setzt man $\frac{1}{n} A_1 = \frac{1}{n} A_2 = \cdots \frac{1}{n} A_z = A_u$ und führt man für B die Formel des B_u ein, dann erhält man die normale Formel des Waldrentierungswertes.

Beispiel. Wendet man das Beispiel des 1. Verfahrens sinngemäß auf vorstehende Formel an, dann verteilt sich der Abtriebswert von 7 847 200 M. nach dem gleichen Prozentverhältnis auf die einzelnen Perioden wie folgt:

$$A_1\ 1\,475\,274\ \text{M.} = 18{,}8\,\%\qquad A_5\ 753\,331\ \text{M.} = 9{,}6\,\%$$
$$A_2\ 1\,216\,316\ \text{M.} = 15{,}5\,\%\qquad A_6\ 823\,956\ \text{M.} = 10{,}5\,\%$$
$$A_3\ \ \ 957\,358\ \text{M.} = 12{,}2\,\%\qquad A_7\ 855\,345\ \text{M.} = 10{,}9\,\%$$
$$A_4\ \ \ 776\,873\ \text{M.} = \ 9{,}9\,\%\qquad A_8\ 988\,747\ \text{M.} = 12{,}6\,\%$$
$$\text{Sa. } 7\,847\,200\ \text{M.} = 100\,\%$$

Die Durchforstungserträge je ha gelten für die Betriebsklasse von 80 ha; für 800 ha müssen sie mit 10 multipliziert werden.

Ebenso erfolgt die Verrechnung von B + V in der Formel für die Betriebsklasse von 80 ha; für 800 ha muß der 10fache Wert genommen werden.

Der Waldwert ist demnach

$$W = \frac{1}{10} \cdot \frac{1{,}03^{10} - 1}{0{,}03 \cdot 1{,}03^{10}} \left(1\,475\,274 + \frac{1\,216\,316}{1{,}03^{10}} + \frac{957\,358}{1{,}03^{20}} + \frac{776\,873}{1{,}03^{30}} + \frac{753\,331}{1{,}03^{40}} \right.$$

$$\left. + \frac{823\,956}{1{,}03^{50}} + \frac{855\,345}{1{,}03^{60}} + \frac{988\,747}{1{,}03^{70}} \right) + \frac{780\,(1{,}03^{30} - 1)}{0{,}03 \cdot 1{,}03^{30}} + \frac{2330\,(1{,}03^{40} - 1)}{0{,}03 \cdot 1{,}03^{40}}$$

$$+ \frac{4020\,(1{,}03^{50} - 1)}{0{,}03 \cdot 1{,}03^{50}} + \frac{6600\,(1{,}03^{60} - 1)}{0{,}03 \cdot 1{,}03^{60}} + \frac{9530\,(1{,}03^{70} - 1)}{0{,}03 \cdot 1{,}03^{70}}$$

$$+ \frac{10\,(1057 + 300)\,(1{,}03^{80} - 1)}{0{,}03 \cdot 1{,}03^{80}} - 800 \cdot 300$$

$$= 0{,}853 \cdot 3\,919\,787 + 632\,780 + 409\,810 - 240\,000$$
$$= 4\,386\,168 - 240\,000 = \mathbf{4\,146\,168}\ \text{M.}$$

Man könnte die Rechnung zunächst auch für die Betriebsklasse von 80 ha durchführen und das Ergebnis mit 10 multiplizieren.

Die Abweichung des Ergebnisses von jenem des 1. Verfahrens ist darauf zurückzuführen, daß die Rechnungsgrundlagen beider Verfahren nicht ganz genau angeglichen werden können.

2. Wesen und Anwendbarkeit.

Die beiden Verfahren sind theoretisch einwandfrei, wenn der Abnutzungszeitraum der finanziellen Umtriebszeit entspricht. Setzt man die periodischen Erträge einander gleich, dann erhält man die Formel des normalen Waldrentierungswertes.

In der Formel des 1. Verfahrens ist der Bodenertragswert der gegebenen Holzart und unterstellten Umtriebszeit enthalten. Seine Größe muß durch besondere Rechnung ermittelt werden. Die Differenz gibt den Wert des Holzvorrates, der sich aus den Erwartungswerten zusammensetzt.

In der Formel des 2. Verfahrens erscheint der Bodenwert für sich; er muß zuvor berechnet werden, und zwar für die finanzielle Umtriebszeit der gegebenen Holz- und Betriebsart, wenn diese standortsgemäß ist. Ist sie nicht standortsgemäß, dann ist, wenn der objektive Vermögenswert in Frage kommt, der Bodenwert der kommenden ergiebigeren Holzart einzusetzen unter Abrechnung der Bodenrentendifferenz für die Übergangszeit (s. Waldwirtschaftswert). In diesem Falle kann nur das 2. Verfahren, nicht auch das erste angewendet werden.

Das 1. Verfahren geht von den Waldreinerträgen aus, das 2. Verfahren von den Abtriebs- und Durchforstungserträgen je für sich.

Beide Verfahren bieten gegenüber der Normalformel des Waldrentierungswertes den Vorteil, daß sie auch die im Verhältnis zur unterstellten Umtriebszeit vorhandenen Holzvorratsüberschüsse packen und einen vorhandenen Vorratsmangel berücksichtigen.

Als Holzpreise dürfen nur die Gegenwartswerte unterstellt werden. Das gleiche gilt für die Ausgaben.

Der Waldwert wird um so größer, je frühzeitiger die Nutzung des Altholzes angesetzt wird. Denn das Wertzuwachsprozent, mit dem die Altholzbestände weiterwachsen, ist der Regel nach geringer als der forstliche Rechnungszinsfuß. Ist z. B. der jetzige Abtriebswert 10000 M. und das Wertzuwachsprozent in den nächsten 20 Jahren durchschnittlich $2\,^0/_0$, dann beträgt der Abtriebswert nach 20 Jahren $10000 \cdot 1{,}02^{20} = 14859$ M. Wird nun dieser Betrag mit $3\,^0/_0$ auf die Gegenwart diskontiert, dann erscheint der Bestand im Waldrentierungswert nur mit einem rechnungsmäßigen Abtriebsertrag von

$$\frac{14859}{1{,}03^{20}} = 8227 \text{ M.}$$

Beim Lichtungsbetrieb der Tanne und Buche kann allerdings das Zuwachsprozent auch haubarer Stämme eine Zeitlang höher sein als der Wirtschaftszinsfuß. Ob dadurch der Wert des gesamten Bestandes, der allein ausschlaggebend ist, entsprechend erhöht wird, hängt von der Zahl der Zuwachsträger (Stammzahl) ab.

Der so berechnete Waldwert schließt deshalb für alle Bestände, welche die finanzielle Umtriebszeit überschritten haben, den Wirtschaftswert oder Betriebswert in sich, der ihnen nach Maßgabe der im Abnutzungsplan vorgesehenen Reihenfolge des Einschlages zukommt (vgl. Waldwirtschaftswert).

Die praktische Anwendung beider Verfahren leidet unter der Unsicherheit der Festsetzung der Rechnungsgrundlagen. Das Ergebnis der Rechnung wird von der Art der Verteilung der ältesten und älteren Bestände auf die Nutzungsperioden wesentlich beeinflußt. Hierbei steht aber der Willkür ein ziemlich weiter Spielraum offen. Die Festsetzung der Haubarkeitserträge der jüngeren Bestände und die Einschätzung der Durchforstungserträge ist nicht minder unsicher. Die Weiterentwickelung der bereits haubaren Bestände bis zum angenommenen

Nutzungsalter wird am zweckmäßigsten mittelst des Zuwachsprozentes eingeschätzt.

Als Schlußfolgerung ergibt sich, daß die Methode des kombinierten Waldrentierungswertes die tatsächliche Verteilung der Altersklassen zwar erfaßt, den genauen Vermögenswert aber nicht feststellen kann. Sie darf daher nur angewendet werden, wenn der Wert des vorhandenen Holzvorrates samt Boden nach Maßgabe einer jährlichen allmählichen Abnutzung überschlägig rasch ermittelt werden soll, z. B. für Steuerzwecke (Zinsfuß S. 34), Vermögensinventarisierung, Waldbeleihung.

C. Der Waldwirtschaftswert.

Der Waldwirtschaftswert ist keine selbständige aus dem Rahmen des Waldwertes herausfallende Wertart, sondern stellt nur eine Umformung des Waldwertes zur Erfassung eines vorübergehenden Mißverhältnisses zwischen dem Bodenwert und der Bestandsleistung dar. Er kommt dann zur Geltung, wenn ein vorhandener Bestand vermöge seiner Holzart und Verfassung durch seinen Wertzuwachs den Produktionsaufwand nicht voll zu decken vermag, aber trotzdem aus verschiedenen Rücksichten nicht sofort genutzt werden soll.

Diese Fälle sind gegeben, wenn die Holz- oder Betriebsart nicht standortsgemäß ist und wenn standortsgemäße Bestände nach ihrer finanziellen Hiebsreife noch längere Zeit weiter wachsen sollen.

Der rechnerische Weg ergibt sich aus folgendem Gedankengang. Der Bodenertragswert bemißt sich nach der finanziellen Umtriebszeit der standortsgemäßen Holz- und Betriebsart. Dieser Bodenwert ist der Verkehrs- oder Vermögenswert des Bodens. Solange ein nicht standortsgemäßer Bestand auf dem Boden stockt, kann aber der Waldbesitzer diese höchstmögliche forstliche Bodenrente nicht erwirtschaften. Er erhält in der Wuchsleistung des ertragsärmeren Bestandes nur die diesem entsprechende kleinere Bodenrente; der Unterschied zwischen der höchstmöglichen Bodenrente, auf die der Bodenwert aufgebaut ist und der tatsächlich erreichbaren muß dem Erwerber des Waldstückes vergütet werden. Rechnungsmäßig kann dies dadurch geschehen, daß man entweder die Differenz der Bodenrenten bzw. Bodenwerte in Rechnung stellt oder daß man die höhere Bodenrente dem Bestandswert allein zur Last legt.

1. Der Waldwirtschaftswert noch nicht hiebsreifer Bestände, wenn die Holz- oder Betriebsart dem Standort nicht angepaßt ist.

Grundlagen für das Rechnungsbeispiel:

Ein 25 jähriger Buchenbestand der I. Standortsklasse stockt auf einem Fichtenboden II. Standortsklasse und soll noch bis zum Alter von 70 Jahren stehen bleiben. Nach seinem Abtrieb folgt die Fichte. Der Bodenertragswert der Buche ist 355 M., jener der Fichte bei 80 jähriger Umtriebszeit 1057 M.

Die Erträge der Buche sind: $A_{70} = 3741$ M., $D_{30} \cdot 1{,}03^{70-30}$ $+ \ldots \ldots \ldots D_{60} \, 1{,}03^{70-60} = 1186$ M.; $c = 50$ M., $v = 9$ M., $p = 3\,^0/_0$.

Der wirkliche Verkehrswert des Bodens ist 1057 M., der wirkliche wirtschaftliche Vermögenswert des Bestandes (Erwartungswert) 819 M. Die Summierung beider Werte würde einen Waldwert von $1057 + 819 = 1876$ M. ergeben.

Müßte der 25jährige Buchenbestand sofort abgetrieben werden, weil der Boden zum Bau einer Eisenbahn benötigt wird, dann müßte dem Besitzer dieser Waldwert als Vergütung gewährt werden.

Wird aber der Bestand samt Boden zur Weiterbewirtschaftung verkauft, dann kann der Waldwert von 1876 M. nicht der Kaufpreis sein, weil der Käufer die Fichtenbodenrente erst dann bezieht, wenn der vorhandene Buchenbestand sein 70jähriges Abtriebsalter erreicht hat und an seine Stelle die Fichte getreten ist.

1. Verfahren.

Man berechnet den **Bestandserwartungswert** mit dem der gegebenen Holzart entsprechenden Bodenertragswert, setzt den der standortsgemäßen, wenn auch nicht vorhandenen Holzart angemessenen Bodenertragswert hinzu und zieht hiervon für den Zeitraum, in welchem die nicht standortsgemäße Holzart den Boden noch in Anspruch nimmt, den Vorwert der Differenz der beiden Bodenertragswerte ab.

$$\text{a)} \quad HE_{25} = \frac{3741 + 1186 + 355 + 300}{1,03^{70-25}} - (355 + 300)$$

$$= 5582 \cdot 0,264 - 655 = 1474 - 655 = 819 \text{ M.}$$

b) Fichtenbodenwert 1057 M.

c) Während der nächsten 45 Jahre geht jährlich die Differenz der Bodenrenten, nämlich $(1057 - 355)\, 0,03$ M. verloren. Der Jetztwert ist (Formel VII b)

$$-\frac{(1057 - 355)\, 0,03\, (1,03^{70-25} - 1)}{1,03^{70-25} \cdot 0,03} = -21,06 \cdot 24,519 = -517 \text{ M.}$$

d) Waldwirtschaftswert $819 + 1057 - 517 = \mathbf{1359}$ **M.**

Dieses Verfahren ist mit der Formel des Walderwartungswertes nicht durchführbar. Es hat gegenüber den beiden folgenden Verfahren den Vorzug, daß der Bestandswert und der Bodenwert mit ihrem wirklichen Vermögenswert erscheinen und die während der Übergangszeit zu Verlust gehende Bodenrente, die dem Käufer gutgeschrieben werden muß, klar hervortritt.

Den Vorwert der Bodenrentendifferenz, um den der ganze Waldvermögenswert verkleinert wird, kann man auch in Beziehung bringen entweder nur zu dem Bodenwert, der im gegebenen Beispiel dann nicht 1057 M., sondern nur $1057 - 517 = 540$ M. beträgt, oder nur zu dem Bestandswert, der dann anstatt mit 819 M. nur mit $819 - 517 = 302$ M. zu veranschlagen ist.

2. Verfahren.

1. Man berechnet den **Bestandserwartungswert** mit dem der vorhandenen Holzart entsprechenden Bodenertragswert, fügt den gleichen Bodenwert hinzu und außerdem noch den auf die Gegenwart diskontierten Mehrwert, den der Boden nach der Entfernung des jetzigen Bestandes durch die Aufforstung mit der standortsgemäßen Holzart erlangen wird.

a) HE_{25} wie beim 1. Verfahren $= 819$ M.

b) Buchenbodenwert $= 355$ M.

c) Unterschied der Bodenwerte der Fichte und Buche nach $70-25 = 45$ Jahren, diskontiert auf die Gegenwart:

$$\frac{1057 - 355}{1{,}03^{70-25}} = 702 \cdot 0{,}264 = 185 \text{ M.}$$

d) Waldwirtschaftswert $819 + 355 + 185 = \mathbf{1359}$ M.

Bei diesem Verfahren bleibt dem Bestandswert seine Größe als objektiver Vermögenswert gewahrt, der Bodenwert hingegen entspricht nicht dem wirklichen Verkehrswert. Da dieser bei der späteren Bestockung mit der Fichte zur Geltung kommt, muß dem **Verkäufer** der Sprung vom Buchenbodenwert auf den Fichtenbodenwert gutgeschrieben werden.

2. Man unterstellt in der Formel des **Walderwartungswertes** den Bodenertragswert der vorhandenen Holzart und fügt dem Ergebnis den diskontierten Mehrwert des Bodens wie vorhin hinzu.

a) $WE_{25} = \dfrac{3741 + 1186 + 355 + 300}{1{,}03^{70-25}} - 300$

$= 5582 \cdot 0{,}264 - 300 = 1474 - 300 = 1174$ M.

b) Unterschied der Bodenwerte wie vorhin $= 185$ M.

c) Waldwirtschaftswert $1174 + 185 = \mathbf{1359}$ M.

3. Verfahren.

1. Man unterstellt in der Formel des **Bestandserwartungswertes** den wirklichen höchsten, wenn auch der vorhandenen Holzart nicht angemessenen Bodenertragswert und fügt dem Ergebnis diesen Bodenwert hinzu.

a) $HE_{25} = \dfrac{3741 + 1186 + 1057 + 300}{1{,}03^{70-25}} - (1057 + 300)$

$= 6284 \cdot 0{,}264 - 1357 = 1659 - 1357 = 302$ M.

b) Fichtenbodenwert 1057 M.

c) Waldwirtschaftswert $302 + 1057 = \mathbf{1359}$ M.

Der Bestandswert, den man so erhält (302 M.), ist nicht der objektive Vermögenswert des Bestandes, sondern der **Bestandswirtschaftswert**, d. h. eine **Hilfsgröße**, die nur in Verbindung mit dem eigentlichen Vermögenswert des Bodens Sinn und Berechtigung hat. Da der Buchenbestand die Fichtenbodenrente nicht aufbringen kann, wird er zum Schuldner des Bodens und wird zur Bezahlung der Fichtenbodenrente verurteilt. Daher erscheint der Vermögenswert hier nur mit 302 M. anstatt mit 819 M.

Für sich allein ist dieser Bestandswert dann nicht brauchbar, wenn aus Anlaß einer vorzeitigen Nutzung oder einer Beschädigung des Bestandes der Schadenersatz berechnet werden soll.

2. Man unterstellt in der Formel des W a l d e r w a r t u n g s w e r t e s den wirklichen höchsten, wenn auch der vorhandenen Holzart nicht angemessenen Bodenertragswert.

$$WE_{25} = \frac{3741 + 1186 + 1057 + 300}{1{,}03^{7c-25}} - 300$$

$$= 6284 \cdot 0{,}264 - 300$$

$$= 1659 - 300 = \mathbf{1359 \ M.}$$

2. Der Waldwirtschaftswert hiebsreifer Bestände.

Hat ein Bestand die finanzielle Umtriebszeit überschritten, so ist lediglich sein Abtriebswert maßgebend. Der Waldwert setzt sich aus diesem und dem Bodenwert zusammen.

Kann oder soll indessen der Bestand aus bestimmten Rücksichten, z. B. um die Nachhaltigkeit der jährlichen Nutzung aufrecht zu erhalten, wegen bestehender Rechtholzabgaben usw., nicht sofort eingeschlagen werden, dann entsteht die Frage, ob der Erwerber des Waldes in der Lage ist, diesen Waldwert anzuerkennen, oder ob er nur den Wirtschaftswert bieten kann.

Es sind zwei Fälle zu unterscheiden:

1. Fall. Die vorhandene Holz- und Betriebsart wird nach dem Abtrieb des Bestandes wieder nachgezogen.

Der Bodenwert bemißt sich in diesem Falle nach dem Ertrag der vorhandenen Holz- und Betriebsart. Hat der Bestand aber die finanzielle Umtriebszeit überschritten, dann ist sein jährlicher Wertszuwachs kleiner als der Produktionsaufwand. Diese Unterbilanz wird noch vergrößert, wenn der normale Schlußgrad nicht mehr vorhanden ist und die Qualität des Holzes rückgängig wird.

Entscheidend ist die Verfügungsfreiheit des Erwerbers und die Stellungnahme des Verkäufers. Daher hat in diesem Fall der Wirtschaftswert einen stark subjektiven Charakter.

Der Erwerber kann geltend machen, daß nach seiner Wirtschaftsgebarung die vorhandenen abtriebsreifen Bestände wegen des Grundsatzes der jährlichen nachhaltigen Nutzung, der Gefahr der Überfüllung des Holzmarktes, der Schwierigkeit der Wiederaufforstung usw. nicht auf einmal, sondern nur allmählich zur Nutzung kommen können. Für ihn könne nicht der Abtriebswert bei sofortiger Nutzung, sondern nur der Wirtschaftswert in Betracht kommen. Steht der Wald unter Staatsaufsicht (Gemeinde-, Stiftungswald), dann kann der allmähliche Abtrieb sogar bindend sein.

Der Verkäufer kann einwenden, daß für ihn die persönlichen Gründe des Erwerbers gleichgültig sind. Er selbst würde die Bestände sofort auf einmal nutzen oder er könnte sie an einen Holzhändler zur sofortigen Nutzung verkaufen. Werfe in der nächsten Zeit der Sturmwind die Bestände zu Boden oder müßten sie infolge einer anderen Kalamität eingeschlagen werden oder würden die Bestandsflächen für öffentliche Zwecke enteignet, dann erhalte der Erwerber den Unterschied zwischen Wirtschaftswert und Abtriebswert als Geschenk.

Stichhaltig sind die Gründe beider Interessenten. Die Entscheidung kann nur durch einen Vergleich getroffen werden.

Für beide Teile gleichbindend kann der Wirtschaftswert unter Umständen bei Schutzwaldungen sein.

Will sich der Erwerber des Waldes gegen den aus der Verzögerung des Abtriebes entstehenden Verlust schützen, dann darf er den Bestand nicht nach seinem gegenwärtigen Abtriebswert, sondern nur nach seinem dem Erwartungswert gleichkommenden Wirtschaftswert einwerten.

Hier liegt also der Ausnahmefall vor, daß der Bestandserwartungswert auch noch auf Bestände angewendet wird, die die finanzielle Umtriebszeit bereits hinter sich haben.

Beispiel: Ein 70jähriger Buchenbestand I. Standortsklasse mit einem Abtriebswert von 3741 M. wird mit dem Boden, dessen höchster Ertragswert für die Buchenwirtschaft 355 M. ist, verkauft. Die Buche wird auch später wieder nachgezogen. Wird der Bestand sofort genutzt und verjüngt sich die Buche infolge eines reichlichen Samenjahres sofort wieder, dann kann der Käufer einen Preis von $3741 + 355 = 4096$ M. zahlen.

Will der Käufer den Bestand aber ein Abtriebsalter von 100 Jahren erreichen lassen, dann kommt für ihn nur der Wirtschaftswert in Betracht.

Im 100jährigen Alter beträgt der Abtriebswert je ha 6637 M. An Durchforstungserträgen gehen ein: $D_{70} = 347$ M., $D_{80} = 359$ M., $D_{90} = 371$ M.; prolongiert auf das Abtriebsjahr $= 1989$ M. Verwaltungskosten 9 M., $p = 3\,\%$. Der Bodenertragswert für die 100jährige Umtriebszeit ist 278 M.

An sich ist das gegenwärtige Alter des Altbestandes gleichgültig, es kommt nur auf seine Holzmasse und deren Wert an. Maßgebend ist der Zeitraum, den der Bestand noch auf dem Boden verbringt und der Abtriebswert im Jahre der Nutzung. Im vorliegenden Falle beträgt die Übergangszeit 30 Jahre.

1. Verfahren.

Man berechnet den Bestandserwartungswert mit dem dem tatsächlichen Abtriebsalter entsprechenden Bodenertragswert, setzt den Bodenertragswert der finanziellen Umtriebszeit hinzu und zieht hiervon für die Anzahl der Jahre, die der Altbestand auf dem Boden noch verbringt, den Vorwert der Differenz beider Bodenertragswerte ab.

$$\text{a)}\ HE_{70} = \frac{6637 + 1989 + 278 + 300}{1,03^{100-70}} - (278 + 300)$$

$$= 9204 \cdot 0,412 - 578 = 3792 - 578 = 3214\ \text{M.}$$

b) Bodenertragswert der finanziellen Umtriebszeit = 355 M.

c) Während der nächsten 30 Jahre büßt der Besitzer jährlich die Differenz der Bodenrenten, nämlich $(355 - 278)\,0{,}03$ M. ein. Der Jetztwert ist nach Formel VII b

$$-\frac{(355 - 278)\,0{,}03\,(1{,}03^{100-70} - 1)}{1{,}03^{100-70}\,.\,0{,}03} = -\,2{,}31\,.\,19{,}6 = -\,45\ \text{M.}$$

d) Waldwirtschaftswert $3214 + 355 - 45 = \mathbf{3524}$ M.

2. Verfahren.

Man berechnet den Bestandserwartungswert wie beim 1. Verfahren mit dem für das Abtriebsalter sich ergebenden Bodenertragswert, addiert den gleichen Bodenwert hinzu und außerdem noch die auf die Gegenwart diskontierte Differenz des Bodenertragswertes der finanziellen Umtriebszeit und der tatsächlichen Abtriebszeit.

a) HE_{70} wie beim 1. Verfahren = 3214 M.

b) Bodenertragswert der 100 jährigen Abtriebszeit = 278 M.

c) Unterschied der Bodenertragswerte der finanziellen und der 100 jährigen Abtriebszeit, diskontiert auf die Gegenwart:

$$\frac{355 - 278}{1{,}03^{100-70}} = 77\,.\,0{,}412 = 32\ \text{M.}$$

d) Waldwirtschaftswert $3214 + 278 + 32 = \mathbf{3524}$ M.

Bemerkung: Für a) und b) könnte man auch den Walderwartungswert direkt ableiten.

3. Verfahren.

Man unterstellt in der Formel des Bestandserwartungswertes den Bodenertragswert der finanziellen Umtriebszeit und fügt dem Ergebnis den gleichen Bodenwert hinzu.

a) $HE_{70} = \dfrac{6637 + 1989 + 355 + 300}{1{,}03^{100-70}} - (355 + 300)$

$$= 9281\,.\,0{,}412 - 655 = 3824 - 655 = 3169\ \text{M.}$$

b) Bodenertragswert der finanziellen Umtriebszeit = 355 M.

c) Waldwirtschaftswert $3169 + 355 = \mathbf{3524}$ M.

Bemerkung: Man könnte auch den Walderwartungswert direkt ableiten.

2. Fall. Die vorhandene Holz- und Betriebsart ist nicht standortsgemäß, nach dem Abtrieb des Bestandes wird eine andere Holzart begründet.

Der Bodenwert bemißt sich in diesem Fall nach dem Ertrag der kommenden Holz- und Betriebsart. Solange der ertragsärmere Bestand den Boden noch bestockt, ist sein jährlicher Wertszuwachs kleiner als der Produktionsaufwand, der infolge des höheren Bodenwertes noch größer ist als im 1. Fall.

Der Wirtschaftswert des vorhandenen Bestandes deckt sich daher nicht mit seinem gegenwärtigen Abtriebswert. Wie im 1. Fall kommt der Wirtschaftswert dem Erwartungswert gleich.

Beispiel: Der 70jährige Buchenbestand stockt auf einem Fichtenboden mit einem Ertragswert von 1057 M.

Wird der Bestand sofort genutzt und die Fichte sofort kultiviert, dann ist der reelle Waldwert

$$3741 + 1057 = 4798 \text{ M.}$$

Soll aber der Buchenbestand 100 Jahre alt werden, dann ist der Wirtschaftswert maßgebend.

1. Verfahren.

Man berechnet den Bestandserwartungswert mit dem höchsten Bodenertragswert des vorhandenen Bestandes, fügt den Bodenertragswert der künftigen Holzart hinzu und zieht den Vorwert der Differenz der Bodenrenten für die Zahl der Jahre, die der Altbestand noch auf dem Boden zubringt, ab.

a) $$HE_{70} = \frac{6637 + 1989 + 355 + 300}{1,03^{100-70}} - (355 + 300)$$

$$= 9281 \cdot 0,412 - 655 = 3824 - 655 = 3169 \text{ M.}$$

b) Fichtenbodenwert $= 1057$ M.

c) Während der nächsten $100 - 70 = 30$ Jahre büßt der Besitzer jährlich $(1057 - 355) \, 0,03$ M. Bodenrente ein. Jetztwert

$$- \frac{(1057 - 355) \, 0,03 \, (1,03^{100-70} - 1)}{1,03^{100-70} \cdot 0,03} = - 21,06 \cdot 19,6 = - 413 \text{ M.}$$

d) Waldwirtschaftswert $3169 + 1057 - 413 = \mathbf{3813}$ **M.**

Bemerkung. Anstatt mit dem Bodenertragswert der finanziellen Umtriebszeit der Buche von 355 M. könnte man die Rechnung auch mit dem Bodenertragswert der 100jährigen Umtriebszeit von 278 M. durchführen. Alsdann würde

a) $HE_{70} = 3214$, b) 1057, c) 458, d) $3214 + 1057 - 458 = 3813$ M.

2. Verfahren.

Man berechnet den Bestandserwartungswert wie beim 1. Verfahren mit dem höchsten Bodenertragswert des vorhandenen Bestandes, fügt den gleichen Bodenwert hinzu und außerdem noch die auf die Gegenwart diskontierte Differenz der Bodenertragswerte der jetzigen und künftigen Holzart.

a) HE_{70} wie beim 1. Verfahren $= 3169$ M.

b) Höchster Buchenbodenertragswert $= 355$ M.

c) Unterschied des Fichtenboden- und des Buchenbodenwertes, diskontiert auf die Gegenwart:

$$\frac{1057 - 355}{1,03^{100-70}} = 702 \cdot 0,412 = 289 \text{ M.}$$

d) Waldwirtschaftswert $3169 + 355 + 289 = \mathbf{3813}$ M.

Bemerkung. 1. Würde man anstatt des Bodenertragswertes von 355 M. den der 100 jährigen Umtriebszeit von 278 M. unterstellen, dann würde

a) $HE_{70} = 3214$, b) 278, c) 321, d) $3214 + 278 + 321 = 3813$ M.

2. Für a) und b) könnte man auch den Walderwartungswert direkt ableiten.

3. Verfahren.

Man berechnet den Bestandserwartungswert mit dem Bodenertragswert des künftigen Bestandes und fügt dem Ergebnis den gleichen Bodenwert hinzu

$$\text{a) } HE_{70} = \frac{6637 + 1989 + 1057 + 300}{1{,}03^{100-70}} - (1057 + 300)$$

$$= 9983 \cdot 0{,}412 - 1357 = 4113 - 1357$$

$$= 2756 \text{ M. (Bestandswirtschaftswert).}$$

b) Fichtenbodenwert $= 1057$ M.

c) Waldwirtschaftswert $2756 + 1057 = \mathbf{3813}$ M.

Bemerkung. Man könnte auch den Walderwartungswert direkt ableiten.

Zur Ermittelung des künftigen Abtriebswertes kann man mangels anderer Anhaltspunkte zweckmäßig vom Wertszuwachsprozent oder Durchschnittszuwachs ausgehen. Die noch in Aussicht stehenden Zwischennutzungen dürfen nicht vergessen werden.

Die Diskontierung des späteren Abtriebsertrages für sich allein gibt zu hohe Ergebnisse, weil die Rente des Bodenbruttowertes dem Bestand noch zur Last gelegt werden muß. Daher muß eben der Bestandserwartungswert abgeleitet werden. Würde man in dem Beispiel des 1. Verfahrens die Bodenbruttorente vernachlässigen, dann würde die Diskontierung der Erträge 3554 M. ergeben, während der volle Bestands-erwartungswert sich auf 3169 M. berechnet. Die Differenz von 385 M. entfällt auf die Bodenbruttorente.

Nehmen die hiebsreifen und überhiebsreifen Altholzbestände, die noch länger stehen bleiben sollen, eine größere Fläche ein, dann erhält man das zuverlässigste Ergebnis, wenn der Wirtschaftswert für die in den einzelnen Betriebsjahren voraussichtlich zum Abtrieb gelangenden Bestandteile besonders berechnet wird. Oder man bildet kurze Perioden und wendet das beim kombinierten Waldrentierungswert angegebene 2. Verfahren an (S. 156).

Ein mehr summarisches Verfahren, das aber wegen der Unsicherheit der Festlegung des Nutzungsganges wohl gerechtfertigt sein kann, besteht darin, daß man unterstellt, der Einschlag der ganzen Altholzfläche erfolge auf einmal in der Mitte des hierfür in Aussicht genommenen Zeitraumes. Man berechnet dann den Wirtschaftswert für ein Hektar nach einem der angegebenen Verfahren und multipliziert das Ergebnis mit der Gesamtfläche.

Beispiel. Eine mit Buchenaltholz bestockte Fläche von 150 ha soll im Rahmen des nachhaltigen Betriebes innerhalb von 30 Jahren abgenutzt werden. An die Stelle der Buche tritt die Fichte. Der gegenwärtige Abtriebswert eines Hektars beträgt durchschnittlich 3741 M. Das Wertzuwachsprozent kann für die nächsten 10 Jahre auf 2,2%, von da ab auf 1,8% veranschlagt werden. Es wird für die Rechnung angenommen, daß die ganze Fläche nach $\frac{30}{2} = 15$ Jahren auf einmal abgetrieben wird. Nach 10 Jahren fällt je ha ein Durchforstungsertrag von 371 M. an. Der Bodenertragswert der Buche ist 355 M. jener der Fichte 1057 M., $v = 9$ M., $p = 3\%$.

Der Wirtschaftswert eines Hektars berechnet sich für 1 ha nach dem 1. Verfahren wie folgt:

Der Abtriebswert nach 15 Jahren ist

$$3741 \cdot 1{,}022^{10} \cdot 1{,}018^5 = 3741 \cdot 1{,}243 \cdot 1{,}093 = 5082 \text{ M.}$$

$$\text{a)} \quad HE = \frac{5082 + 371 \cdot 1{,}03^{15-10} + 355 + 300}{1{,}03^{15}} - (355 + 300)$$

$$= (5082 + 430 + 355 + 300)\, 0{,}642 - 655$$
$$= 6167 \cdot 0{,}642 - 655 = 3959 - 655 = 3304 \text{ M.}$$

b) Fichtenbodenwert $= 1057$ M.

c) Diskontierte Differenz der Bodenrenten

$$- \frac{(1057 - 355)\, 0{,}03\, (1{,}03^{15} - 1)}{1{,}03^{15} \cdot 0{,}03} = - 21{,}06 \cdot 11{,}938 = - 251 \text{ M.}$$

d) Waldwirtschaftswert $3304 + 1057 - 251 = \mathbf{4110}$ **M.**

Für 150 ha ergibt sich ein Wirtschaftswert von $150 \cdot 4110 = 616500$ M. gegenüber einem gegenwärtigen Vermögenswert von $150\,(3741 + 1057) = 719700$ M. Die beiden anderen Verfahren würden zu demselben Ergebnis führen.

Viertes Kapitel.

Natürliche Verjüngung und Kulturkosten.

Wenn durch die natürliche Verjüngung die Kulturkosten ganz erspart werden sollten, dann müssen gleichwohl solche für die Feststellung der objektiven Boden-, Bestands- und Waldwerte verrechnet werden. Dies ergibt sich aus folgenden Erwägungen.

Ist $A_{100} = 10000$ M., $V = 300$ M., $c = 100$ M., $p = 3\%$, $u = 100$ J., $m = 40$ J., dann berechnen sich bei Vernachlässigung der Durchforstungserträge folgende Werte:

B_{100}	ohne Kulturkosten $=$ 249 M.,	mit Kulturkosten $=$ 144 M.,
HE_{40} u. HK_{40} „ „ $=$ 1243 M.,	„ „ $=$ 1330 M.,
WE_{40} u. WK_{40} „ „ $=$ 1492 M.,	„ „ $=$ 1474 M.

Ob ein Bestand natürlich verjüngt wird, hängt nicht bloß von der technischen Möglichkeit ab (Samenjahr, Bodenverfassung), sondern auch von dem Willen und Können des Wirtschafters. Die Ersparung der Kulturkosten durch natürliche Verjüngung trägt somit einen zufälligen und subjektiven Charakter. Umstände dieser Art müssen aber bei der Festsetzung objektiver Tauschwerte ausscheiden. Außerdem kommt bei einem Holzartenwechsel die natürliche Verjüngung überhaupt nicht in Betracht.

Der Bodenwert berechnet sich ohne Kulturkosten entsprechend höher. Wird der holzleere Boden verkauft, dann ist die natürliche Verjüngung unmöglich geworden und dem Käufer kann nicht zugemutet werden, diesen höheren Bodenwert zu bezahlen.

Muß für einen noch nicht hiebsreifen Bestand Vergütung oder Schadenersatz geleistet werden, dann erhält der Besitzer bei natürlicher Verjüngung weniger als bei künstlicher.

Ein 4jähriger Tannenanflug hat nach obigen Voraussetzungen einen Kostenwert von $(249 + 300)(1{,}03^4 - 1) = 69$ M., während eine 4jährige Pflanzung mindestens 150 M. kostet.

Beim Waldwert sind die Unterschiede weniger groß, doch ist jener ohne Kulturkosten etwas höher.

Aus diesen Gegenüberstellungen geht hervor, daß der persönliche Gewinn, der dem Waldbesitzer aus der natürlichen Verjüngung erwachsen kann, auf die objektiven Boden- und Bestandswerte nicht übertragen werden darf, ebensowenig wie der Verlust, den der Waldbesitzer durch unnötig hohe Kulturkosten erleidet.

Selbstverständlich sind die indirekten Ausgaben und Einnahmeausfälle, die zur natürlichen Verjüngung in Beziehung stehen, in Ansatz zu bringen.

Sechster Abschnitt.

Praktische Gesichtspunkte für die Durchführung von Wertsberechnungen.

I. Die Berechnung des Wertes größerer Waldflächen.

1. Allgemeines.

Die Festsetzung des Wertes größerer oder kleinerer Waldflächen ist in Wirklichkeit viel einfacher und leichter als es nach der Theorie erscheint. Denn in dem konkreten Waldzustand sind die Mittel und Wege in natürlicher Weise vorgezeichnet, deren Anwendung und Einhaltung zum Ziele führt. Die Theorie muß alle möglichen und denkbaren Fälle erschöpfen. In der Praxis dagegen liegt in der Regel nur ein ganz bestimmter Fall vor, über dessen Behandlung man meistens sofort im klaren ist, wenn man eben die Theorie beherrscht.

Ferner muß man bedenken, daß jede Waldwertsberechnung in letzter Linie auf eine Schätzung hinausläuft, für welche die Formeln und ziffernmäßigen Ansätze nur die Unterlagen bilden. Wenn zehn Sachverständige unabhängig voneinander den Wert des gleichen Waldes berechnen, werden zehn verschiedene Resultate herauskommen. Dieses Schicksal teilt indessen die Waldwertrechnung mit den Rechnungsverfahren aller anderen Gewerbe. Der Wert eines landwirtschaftlichen Gutes ist noch viel schwieriger festzustellen als der eines Waldgutes. Auch der Wert eines Hauses beruht auf schwankenden Rechnungsgrundlagen. Der Wert eines jeden Gutes fußt schließlich auf der Anerkennung seitens des Besitzers oder Käufers, d. h. auf subjektiven Erwägungen, jede Preisfestsetzung zuletzt auf einem Kompromiß unter den Interessenten.

Das sicherste Verfahren zur Berechnung des Wertes größerer Waldungen besteht darin, daß man die Werte aller Waldteile einzeln berechnet und die Ergebnisse addiert. Dabei sind die Grundsätze des Waldwirtschaftswertes zu beachten. Die Methoden des Waldrentierungswertes bieten keine Garantie für zuverlässige genaue Ergebnisse.

Die Sonderberechnung der einzelnen Waldteile bietet zugleich den äußeren Vorteil, daß die Rechnung durchsichtig und leicht kontrollierbar ist.

Inwieweit es, ohne die Genauigkeit zu beeinträchtigen, möglich ist, mehrere Waldteile zusammenzuwerfen und als ein Rechnungsobjekt zu betrachten, muß der gesunde Menschenverstand von Fall zu Fall entscheiden. Da eine oberflächliche und hastige Behandlung von Waldwertsberechnungen zu großen Vermögensverlusten führen kann, darf der Zeitverbrauch keine Rolle spielen. Die ausführlichste, wenn auch vielleicht umständlichste Rechnungsart, ist in der Regel auch die beste. Merkwürdigerweise werden aber in der Regel die Werte umfangreicher Waldkomplexe in der Praxis summarischer, also weniger genau berechnet als die Werte einzelner Flächen.

Jede Waldwertsberechnung muß mit der Festsetzung des Bodenwertes beginnen. Erst dann folgt die Berechnung des Bestandswerte.

Die direkte Ableitung des Waldwertes mit Hilfe der einschlägigen Formeln ist direkt zu widerraten. Denn einmal können dabei leicht Fehler und Fehlschlüsse mit unterlaufen, dann aber läßt der en bloc hergeleitete Waldwert die erste Anforderung an jede Rechnung, die Durchsichtigkeit, vermissen. Jeder Interessent will wissen, wieviel vom Waldwert auf den Bodenwert einerseits und auf den Bestandswert andererseits trifft. Schon deswegen, weil der Boden ein dauerndes Produktionselement ist, der Bestand dagegen ein flüssiges, aufzehrbares Kapital.

Der formelle Gang einer größeren Waldwertsberechnung wird zweckmäßig in folgender Weise geordnet.

Der Rechner geht unter Zuziehung der ortskundigen Beamten, der Besitzer usw. von Bestand zu Bestand und macht sich vorläufige Notizen über: Bodengüte, Holz- und Betriebsart, Alter, Wüchsigkeit und Bestockungsgrad (Schneebruchlöcher usw.), ferner nach welcher Methode der Bestandswert zu berechnen ist, ob als Kosten-, Erwartungs- oder Abtriebswert; ob in einem Bestand wegen wahrnehmbarer Verschiedenheiten örtliche Ausscheidungen nötig sind; welche Bestände gekluppt werden müssen und welche eventuell nach Ertragstafeln eingeschätzt werden können; wo besondere Höhenmessungen angezeigt sind usw.

Mit Hilfe dieser Feststellungen, die zunächst noch unverbindlich sind, gewinnt man die Anhaltspunkte für das weitere Vorgehen. Die vorzunehmenden Flächenmessungen und Bestandsaufnahmen, die darauf folgen, führen zu den tatsächlichen Feststellungen und geben Veranlassung, die vorläufigen Feststellungen nach der einen oder anderen Richtung hin zu korrigieren. Dem Hilfspersonal ist seine Aufgabe genau vorzuschreiben.

2. Die Feststellung der Bodenwerte.

Die Regel ist die Berechnung des Bodenertragswertes. Ob sich die Parteien von vornherein auf einen bestimmten Verkehrswert einigen wollen, ist natürlich Ermessenssache. Rätlich erscheint dieser Weg nicht ohne weiteres.

Bezüglich des Bodenertragswertes ist auf die früheren Ausführungen zu verweisen. Auch die Veranschlagung des Tauschwertes des Bodens kann grundsätzlich nur unter Anlehnung an den Bodenertragswert erfolgen, der sich nach Maßgabe der technisch möglichen und rätlichen günstigsten Bewirtschaftung ergibt. Das ist der Bodenertragswert der finanziellen Umtriebszeit der standortsgemäßen Holz- und Betriebsart. Ein niedrigerer Bodenertragswert kann nur die Ausnahme bilden, die wohl begründet werden muß.

Unter Umständen muß man aber für den gleichen Bestand noch einen zweiten Bodenertragswert berechnen zum Zwecke der Ermittelung des Bestandskosten- und Erwartungswertes. Wie auf S. 108 ausgeführt wurde, kann der Bestand nur für Aufzehrung der Bodenrente verantwortlich gemacht werden, die er selber bei Einhaltung der finanziellen Umtriebszeit erzeugt oder wenigstens erzeugen könnte. Daher darf in die genannten Bestandswerte auch nur der der gegebenen Holz- und Betriebsart entsprechende höchste Bodenertragswert eingesetzt werden, wenn es sich um die Festsetzung des Tauschwertes handelt.

Der Bodenertragswert stützt sich immer auf die durchschnittlichen normalen Erträge. Infolgedessen hat es keinen Zweck, bei der Festsetzung derselben in umfangreicheren Waldgebieten jeden kleinen Unterschied in der Bodenqualität zu respektieren. In Waldungen mit verschiedenen Holzarten und wechselnden Standortsverhältnissen wäre eine solche peinliche Ausscheidung geradezu unausführbar. Zudem würde sie die Sicherheit des Rechnungsergebnisses gewiß nicht erhöhen, schon deswegen, weil man z. B. die Fortentwicklung der jüngeren Bestände nicht mit absoluter Gewißheit voraussagen kann.

Die erste Frage ist immer die: Welche Holzart ist die standortsgemäße? Hat man es nach den gegebenen Boden- und Klimaverhältnissen mit Laubholz oder mit Nadelholzboden zu tun? Welche Holz- und Betriebsart muß als die führende betrachtet werden? Wenn man vom Laubholz ausgeht, dann ist die Voraussetzung, daß diese Bestockung nach Lage der Verhältnisse dauernd beibehalten werden kann oder muß. Bei reinen Buchenwaldungen wird man diese Voraussetzung regelmäßig nicht machen dürfen. Bemerkt sei, daß die Beschaffung der Gelderträge für das Laubholz schwieriger ist als für das Nadelholz. Schon die Massenberechnung beim Laubholz ist unsicherer (Derbholz und Reisholz). Dann bewegt sich die Ausscheidung der Sortimente und die Preisfeststellung für das Nutzholz in viel weiteren Grenzen als beim Nadelholz. Wenn es daher möglich und angemessen ist, den jetzt mit Laubholz bestockten Boden als Nadelholzboden anzusprechen, dann gewinnt die Rechnung an Einfachheit und Sicherheit.

Beim ausgesprochenen Nadelholzboden ist zunächst festzustellen, ob es sich um Fichten- oder um Kiefernboden handelt. Wo die Weißtanne heimatberechtigt ist, kann natürlich auch diese die Führung übernehmen.

Innerhalb jeder standortsgemäßen Holzart sind dann die erkennbaren Bodenqualitäten (Standortsklassen, Bonitäten) auszuscheiden. Den zuverlässigsten Anhaltspunkt hierfür bildet die Baumhöhe.

Sehr oft wird man mit drei Abstufungen der Bodenqualität auskommen. Jedenfalls tut man gut, die erste vorläufige Ausscheidung nach den drei Graden: sehr gut (I), gut (II), schlecht (III) vorzunehmen. Im Zweifelsfall kann man sich auch mit Zwischennoten (I—II, II—III) helfen. Mit Hilfe dieser vorläufigen Bewertung erlangt man einen Überblick, wieviel Standortsklassen überhaupt in Betracht kommen. Auf Grund der tatsächlichen Erhebungen (Bodeneinschläge, Bestandsaufnahmen) ist es dann leicht, die vorhandenen Bodenunterschiede an die allgemeinen Ertragstafeln anzugleichen oder Lokalertragstafeln, wenigstens für die älteren Bestände, zur Erhebung der Durchschnittserträge jeder Standortsklasse zu entwerfen.

Je weniger Standortsklassen ausgeschieden werden müssen, um so besser. Oft ist es tunlich, für verschiedene Standortsklassen mehrerer Holzarten gemeinsame Bodenwerte festzustellen, unter Umständen z. B. Fichte III = Kiefer I. Fünf Standortsklassen kommen praktisch überhaupt nur für die Kiefer in Betracht. Ein Fichten- oder Weißtannenboden IV. und V. Klasse ist eben kein Standort für diese Holzarten, an ihre Stelle muß meistens die Kiefer treten. Ebenso gibt es für die Buche nur ausnahmsweise einen dauernden Standort IV. und V. Klasse.

Es kann übrigens vorkommen, daß außer der Massenbonität auch noch eine Wertbonität ausgeschieden werden muß. Dieser Fall ist gegeben, wenn ein Bestand von geringer Massenerzeugung Sortimente liefert, die wegen ihrer bestimmten Form oder ihres besonderen Gebrauchswertes besonders begehrt und höher bezahlt werden als die Sortimente des besseren und massenreicheren Bestandes. Der massenärmere Bestand kann dann einen gleichen oder höheren Bodenertragswert liefern als die höhere Massenbonität. Dieses Verhältnis überträgt sich dann auch auf die Bestandswerte. Auch bei Kiefern und Eichen, deren Holzqualitäten bei gleichen Ausmaßen weit auseinander liegen können, kann bei gleichem Massengehalt eine Unterscheidung nach Wertbonitäten nötig werden.

Betriebsformen, deren Fortbestand für die Zukunft zweifelhaft ist, wie z. B. schlechtwüchsige Eichenschälwaldungen, zur Umwandlung

in Hochwald bestimmte Mittelwaldungen, werden bei der Bodenwertsermittelung am besten gar nicht berücksichtigt. Man schätzt solche
Böden nach dem Ertrag einer Hauptholzart ein.

In hügeligem und bergigem Gelände spielt die Neigung zur
Himmelsrichtung (Exposition) eine ausschlaggebende Rolle. Nord-
und Osthänge sind bei gleicher mineralischer Beschaffenheit der
Bodenkrume wegen ihrer größeren Bodenfrische in der Regel ertrags-
reicher als Süd- und Westseiten. Darauf ist Rücksicht zu nehmen
(Kompaß!).

Besondere Vorsicht erheischt die Einschätzung von Kulturflächen. Man darf sich weder durch den üppigen Wuchs junger
Kulturen zu allzu hohen Schätzungen noch durch vorhandene Lücken
und geringere Wüchsigkeit zu besonders niedrigen Schätzungen ohne
weiteres verleiten lassen. Das Gedeihen von Kulturen hängt vielfach
von der Art der Begründung und von vorübergehenden Verhältnissen
ab und läßt nicht immer einen Schluß auf die spätere Bestandsentwickelung zu (Pflanzenmaterial, schlechte Ausführung, Füllerde, Hu-
mus in den oberen Schichten, Witterung, Frost und Hitze, Insekten
und Pilze, zu dichte Saat oder Pflanzung, Herkunft des Samens,
Wildverbiß, Beschädigung bei der Holzausbringung usw.). Kiefern-
kulturen gedeihen in der Regel auch auf armen Sandböden in den
ersten Jahren vortrefflich, bis sich das Heidekraut einstellt. Sehr
trügerisch ist die Lärche und Laubholzstockausschlag. Einen guten
Anhaltspunkt geben vorhandene Bestandsreste (Überhälter), die angrenzenden Bestände, die Erträge des früheren Bestandes.

Mit Bodeneinschlägen soll man in zweifelhaften Fällen nicht
sparen. Vorzügliche Dienste leistet der Erdbohrstock von Gerson.

3. Die Feststellung der Bestandswerte.

Als Regel gilt, daß der Wert der jüngeren Bestände als objektiver
Kostenwert, der Wert der mittelalten und älteren Bestände als Er-
wartungswert und der Wert der nahezu haubaren und aller jener
Bestände, welche das finanzielle Abtriebsalter hinter sich haben, als
Abtriebswert erhoben wird.

Bei Fichten- und Tannenbeständen ist es nicht ausgeschlossen,
daß der Abtriebswert jüngerer Bestände vorübergehend höher ist als
der Erwartungs- und Kostenwert, wenn das Holz als Papierholz hohe
Preise erzielt. In diesem Falle unterstellt man den höheren Abtriebswert. Auch beim Verkauf von Christbäumen, Gartenpflanzen usw.
kann dieser Fall gegeben sein.

Als zweite Regel ist zu merken, daß jeder Bestandswert nur die
Werte umfassen kann, die wirklich vorhanden bzw. zu erwarten
sind, aber nicht auch jene, die über die vorhandenen hinaus noch
vorhanden sein könnten oder sollten. Für Lücken bezahlt kein
Käufer einen Holzwert. Daraus folgt, daß nur der gegenwärtige
Bestand Gegenstand der Rechnung ist, und zwar so, wie er ist. Dadurch unterscheidet sich die Bestandswertsberechnung wesentlich von
der Bodenwertsberechnung. Diese geht immer nur von Durchschnitts-

erträgen aus und läßt unter Umständen den Ertrag der jetzt vorhandenen Bestockung ganz unberücksichtigt.

Kostenwert und Erwartungswert sind gleich, wenn als Bodenwert der Bodenertragswert der eingehaltenen Umtriebszeit unterstellt wird. Praktisch kann nur die finanzielle Umtriebszeit in Betracht kommen, weil alle anderen Umtriebszeiten und die dazu gehörigen Bodenwerte zu kleine Bestandswerte liefern. Die theoretische Gleichheit beider Wertarten bezieht sich aber nur auf normale Bestände, — wenn der Abtriebsertrag des Bodenertragswertes und des Bestandserwartungswertes derselbe ist — und tritt außerdem nur dann ein, wenn der Bodenertragswert mit dem für die vorhandene Holz- und Betriebsart und die gegebene Umtriebszeit sich berechnenden m a t h e m a t i s c h g e n a u e n Betrage (mit mindestens zwei Dezimalstellen!) in die beiden Bestandswertsformeln eingesetzt wird. Dies würde voraussetzen, daß für j e d e n Einzelbestand der Bodenertragswert ermittelt wird. Da eine derartige peinlich genaue Ausscheidung der Bodenwerte aus praktischen Gründen sich von selbst verbietet, wird in Wirklichkeit sich der Erwartungs- und Kostenwert des gleichen Bestandes nicht immer genau decken.

Bezüglich der Einschätzung des Bestockungsgrades zum Zwecke der Reduktion des Kostenwertes sei auf das auf S. 119 Gesagte verwiesen.

Zur Feststellung des Abtriebsertrages im Erwartungswert kann auch die Massenaufnahme mittelalter Bestände von Nutzen sein, weil sich aus dem bisherigen Gang der Bestandsentwickelung mit Hilfe von Ertragstafeln usw. mit größerer Sicherheit auf die Größe des zu erwartenden Abtriebsertrages schließen läßt.

Ist die Bestockung mittelalter Bestände, für die nur der Erwartungswert in Betracht kommen kann, so unregelmäßig (z. B. Laub- und Nadelholz in verschiedenen Altersgruppen durcheinander), daß der Abtriebsertrag nicht einmal mit einiger Wahrscheinlichkeit richtig eingeschätzt werden kann, dann ermittelt man den gegenwärtigen A b t r i e b s w e r t und e r h ö h t d e n s e l b e n u m d e n P r o z e n t s a t z, u m w e l c h e n d e r E r w a r t u n g s w e r t in d e m g e g e b e n e n durchschnittlichen B e s t a n d s a l t e r ü b e r d e m A b t r i e b s w e r t s t e h t. Dieser Zuschlag ist an normalen Beständen zu ermitteln und kann selbstverständlich nur als ein ungefährer Durchschnittssatz angesehen werden.

In solchen ganz unregelmäßigen Beständen empfiehlt sich außerdem auch die speziellere Zuwachsuntersuchung einzelner typischer Bestandsgruppen, um aus dem Ergebnis auf die zukünftige Entwickelung schließen zu können.

4. Die Feststellung der Rechnungsgrundlagen.

a) Flächenfestsetzung. Die Größe der Distrikte und Abteilungen (Bestände) wird vorhandenen Forsteinrichtungswerken entnommen oder auf Grund der neuesten Vermessungen festgestellt. Die innerhalb der Distrikte oder Abteilungen (Unterabteilungen) vorzunehmenden Ausscheidungen der Bestandsverschiedenheiten können mit Winkeltrommel und Meßband gemacht werden. Drei Dezimalstellen genügen.

Die erfolgten Ausscheidungen sind auf der Karte bzw. auf einer Pausleinwandskizze einzuzeichnen und im Bestande durch Pflöcke oder Winkelgräben festzulegen.

b) Bestandsaufnahmen. Die Erhebung der Holzmasse und der Sortimente nach Probeflächen ist nur ausnahmsweise angängig, wenn es sich um Wertsberechnungen handelt. Denn in älteren Beständen können selbst kleine Bestockungsverschiedenheiten den Gesamtwert wesentlich beeinflussen.

Die Kluppierung kann nach Stärkestufen von 2 cm erfolgen, die Massenberechnung nach dem Draudt-Urichschen Verfahren, und zwar entweder auf Grund von Probestammfällungen oder nach Massentafeln. Es werden fünf Stammklassen gebildet, in unregelmäßigen wertvollen Beständen aber bis zu zehn. Weniger als fünf Klassen sind nur in kleineren regelmäßig erzogenen und gleichalterigen Beständen zulässig. Aus der Division der Klassenstammzahl in die Klassenstammgrundfläche ergibt sich die Kreisfläche des Klassenmodellstammes und aus dieser dessen Durchmesser.

Ob der Kubikinhalt des Klassenmodellstammes durch Probefällungen oder mittels Massentafeln zu ermitteln ist, hängt von den gegebenen Bestandsverhältnissen ab.

Probestammfällungen haben den Vorzug, daß sie zugleich über das Sortimentenergebnis Aufschluß geben. Dasselbe bildet die unerläßliche Grundlage für die Ermittelung des Abtriebswertes der Bestände. Andererseits erfordern aber Probestammfällungen viel Zeit und die Verwertung des über den ganzen Wald zerstreuten Holzmaterials kann störend auf den Betrieb wirken. In unregelmäßigen Beständen, namentlich in Laubholzbeständen mit mittelwaldartigem Charakter, führen Probestammfällungen in der Regel nicht zum Ziel. Je regelmäßiger und gleichartiger ein Bestand ist, um so sicherer wird das Resultat.

In jüngeren Beständen müssen mehr Probestämme für jede Klasse gefällt werden als in älteren, mindestens aber immer drei. Die Auswahl muß mit der größten Sorgfalt von dem Gesichtspunkt aus erfolgen, daß sie nicht nur die durchschnittliche Masse, sondern auch den durchschnittlichen Sortimentenanfall angeben sollen. Man muß sich daher hüten, nur Stämme von tadelloser Schaftbildung auszuwählen.

Erfolgt die Massenberechnung der Klassenmodellstämme nach Massentafeln, dann kommen zunächst die bayerischen Massentafeln in Betracht, die sich erfahrungsgemäß gut bewährt haben. Da dieselben aber für Fichte, Tanne und Lärche nur die Schaftholzmassen ergeben, so müssen für diese Holzarten die Reisholzmassen noch zugeschlagen werden (am besten nach Prozenten). Die gesamte Holzmasse geben dagegen die nach den Ermittelungen des Vereins deutscher forstlicher Versuchsanstalten bearbeiteten Massentafeln für Buche (von Grundner), Fichte (Grundner), Kiefer (Schwappach) und Weißtanne (Schuberg). Für den praktischen Gebrauch sind dieselben zusammengefaßt in: „Massentafeln zur Bestimmung des Holzgehaltes stehender Waldbäume und Waldbestände. Herausgegeben von Grundner und Schwappach. 6. Aufl. Berlin 1922."

Die Massenermittelung nach Massentafeln setzt die Bildung von Stammklassen nicht notwendig voraus, es kann vielmehr die Massenberechnung auch nach den einzelnen Stärkestufen direkt erfolgen. Die Klassenbildung hat aber den Vorteil, daß man das Sortimentenergebnis nach den Klassenmodellstämmen einschätzen kann.

Im übrigen ist die Waldwertberechnung an keine bestimmte Methode der Massenermittelung gebunden. Diejenige Methode ist die beste, welche unter den gegebenen Verhältnissen am raschesten sichere Resultate ergibt.

c) Höhenmessungen. Werden ausgekluppte Bestände nach Massentafeln berechnet, dann sind möglichst viele Höhen für verschiedene Stärkestufen im ganzen Bestande mittels Höhenmesser zu messen. Hieraus wird die Höhenkurve des Bestandes auf der Grundlage der Durchmesserstufen konstruiert. Wird mit Stammklassen (D r a u d t - U r i c h) gearbeitet, dann werden die mittleren Höhen der Klassenmodellstämme, außerdem die Höhen aller Durchmesserstufen aus dieser Höhenkurve abgelesen.

Die Konstruktion von Höhenkurven im Anhalt möglichst vieler Höhenmessungen ist übrigens auch nützlich, wenn die Massenberechnung nach Probestammfällungen geschieht oder wenn die Holzmasse nach Ertragstafeln eingeschätzt wird.

d) Altersermittelung. Darauf ist die größte Sorgfalt zu verwenden bei den Beständen, die nach dem Erwartungs- oder Kostenwert oder nach Ertragstafeln berechnet werden. Für jeden Bestand, der ein Rechnungsobjekt bildet, ist das Alter besonders festzustellen. Die Altersangaben der Forsteinrichtungswerke sind in der Regel für Wertsberechnungen nicht zuverlässig genug.

Das Alter der haubaren Bestände, die mit ihrem Abtriebsertrag in Rechnung gestellt werden, ist für die Festsetzung der Umtriebszeit von Wichtigkeit.

Die Größe des Bestandserwartungswertes und des Bestandskostenwertes ist unter sonst gleichen Umständen lediglich vom Bestandsalter abhängig.

Zu beachten ist, daß als Bestandsalter nur jene Zeit in Anrechnung gebracht werden darf, die der Bestand auf dem gegebenen Boden verbracht hat. Denn nur während dieses Zeitraumes hat er die Bodenrente und die Verwaltungskosten für sich in Anspruch genommen. Ein Fichtenbestand, der 30 Jahrringe am Wurzelknoten aufweist, aber mit 4 jährigen Pflanzen seinerzeit begründet wurde, hat für die Waldwertrechnung (und auch für die Forsteinrichtung!) nicht ein Alter von 30 Jahren, sondern nur von 26 Jahren. Das Alter und der Wert der 4 jährigen Pflanzen kommt in den Kulturkosten zum Ausdruck. In Pflanzbeständen muß also das Alter der Pflanzen, mit welchen kultiviert wurde, immer abgezogen werden. Soweit sich dasselbe aus den Wirtschaftsbüchern nicht mehr nachweisen läßt, ist es gutachtlich einzuschätzen.

In Kulturen mit viel Nachbesserungen nimmt man als Alter das Bestandsflächenalter, wenn es sich um die Berechnung des objektiven Tauschwertes handelt. Sind z. B. 70⁰/₀ der Fläche mit Pflanzen bestockt, die vor 6 Jahren eingebracht wurden, 20% der Fläche mit Pflanzen, die vor 4 Jahren, und 10%, die vor 2 Jahren eingebracht wurden, dann ist das rechnungsmäßige Alter

$$\frac{70 \cdot 6 + 20 \cdot 4 + 10 \cdot 2}{70 + 20 + 10} = 5 \text{ Jahre oder}$$

$$0,70 \cdot 6 + 0,20 \cdot 4 + 0,10 \cdot 2 = 5 \text{ Jahre.}$$

Für Rentabilitätsrechnungen, die den Verlust nachweisen sollen, den der Waldbesitzer durch wiederholtes Mißlingen der künstlichen oder natürlichen Verjüngung erleidet, ist dagegen stets die obere Altersgrenze bzw. der Zeitpunkt maßgebend, von welchem ab die Verjüngung eingeleitet wurde.

Das gleiche gilt auch für die Altersfestsetzung ungleichalteriger älterer Bestände. Soweit für diese der Bestandserwartungswert in Betracht kommt, ist das Alter jener Altersstufe ausschlaggebend, nach welcher sich das Abtriebsalter richtet. Ist z. B. der größere Teil der Bäume 50jährig, der kleinere 40jährig, und soll eine 90jährige Umtriebszeit eingehalten werden, dann wird voraussichtlich die Nutzung des ganzen Bestandes erfolgen, wenn die jetzt 50jährigen Bäume 90 Jahre alt geworden sind. Es haben also auch die jetzt 40jährigen Bäume nur noch eine Lebenszeit von 90 — 50 = 40 Jahren. Das zu unterstellende Bestandsalter ist demnach 50 Jahre.

Bei Beständen, deren Entwickelung im Jugendstadium durch überschirmende alte Bäume (natürliche Verjüngung), durch Wildverbiß, Frost usw. zurückgehalten wurde, muß, wenn es sich um die Berechnung des Tauschwertes (Kosten- oder Erwartungswert) handelt, vom sog. wirtschaftlichen Alter ausgegangen werden. Darunter versteht man diejenige Zeit, innerhalb deren der Baum bei vollständig ungestörtem Wachstum dieselbe Höhe und Stärke erreicht hätte, die er bis jetzt bei gehemmter Entwickelung tatsächlich erreicht hat. Die Feststellung des wirtschaftlichen Alters erfolgt bei jungen Beständen durch Angleichung an Bestände mit normaler Entwickelung, bei älteren Beständen dadurch, daß man die Jahrringe von außen herein bis zum Anfang des engringigen Kernes abzählt und dazu — ohne Berücksichtigung der faktischen Jahrringzahl des engen Kernes — nur so viel Jahre hinzufügt, als zur Erzeugung des Durchmessers dieses Kernes unter normalen Verhältnissen nötig gewesen wären. Bei Weißtannen kann die Differenz zwischen physischem und wirtschaftlichem Alter eine sehr erhebliche sein.

Wird nach dem Kostenwert gerechnet, dann ist das wirtschaftliche Alter allein maßgebend. Wendet man den Erwartungswert an, dann ist das wirtschaftliche Alter zu nehmen, wenn auch die Höhe der Umtriebszeit nach demselben bemessen wird, dagegen das physische Alter, wenn die Umtriebszeit sich ebenfalls auf dasselbe bezieht.

Anders liegt die Sache aber wieder bei Rentabilitätsrechnungen. Allgemeine Regeln lassen sich hier nicht aufstellen. Bei natürlichen Verjüngungen, die lange unter dem Drucke der Mutterbäume stehen, wird man bei der Berechnung der Bestandswerte in der Regel dann das wirtschaftliche Alter zugrunde legen müssen, wenn das Maß des Zuwachsverlustes der jungen Generation durch den erhöhten Zuwachs des Mutterbestandes wieder ersetzt wird. Das Alter des Umtriebes richtet sich nach den auf S. 175 angegebenen Richtpunkten. Handelt es sich dagegen um Zuwachsverluste durch Wildverbiß, Frost usw., dann ist das physische Alter maßgebend.

Die Altersermittelung des Bestandes geschieht entweder aus den zum Zwecke der Massenberechnung gefällten Probestämmen oder indem man eigens Stämme für die Altersbestimmung fällt. Von jedem Stamm ist Brusthöhendurchmesser und Höhe zu vermerken. Die Anzahl der Jahre, welche die Pflanze bis zur Erreichung der Stockhöhe gebraucht hat, ist einzuschätzen und zu der am Stockabschnitte gezählten Jahrringzahl hinzuzufügen (Zuschlag zum Stockabschnitt). Hierbei ist aber das im vorausgehenden bezüglich der Pflanzbestände und des wirtschaftlichen Alters Gesagte zu berücksichtigen. — Bereits vorhandene grüne frische Stöcke können natürlich auch benützt werden, ebenso zuverlässige aktenmäßige Angaben.

e) Bestockungsgrad. Derselbe ist für jeden Bestand festzustellen und wird in Zehnteln des gleich 1 gesetzten Vollbestandes (also 0,95, 0,90 usw.) oder in Prozenten (95 %, 90 % usw.) ausgedrückt. Bei der Berechnung der Bestandskostenwerte und bei der Einschätzung der durchschnittlichen Haubarkeitserträge nach Ertragstafeln spielt derselbe eine ausschlaggebende Rolle. In jüngeren Beständen ist die Einschätzung leichter als in älteren. Bei Kulturflächen empfiehlt es sich, die Lücken herauszumessen (durch Abschreiten der Längsseiten). — Man hüte sich aber, lückige Bestände zu tief einzuschätzen. Ein Bestockungsgrad von 0,8 oder 80 % bedeutet, daß von 10 ha der Gesamtfläche 2 ha vollständig unbestockt sind und von 100 ha Gesamtfläche 20 ha. Wenn man diese räumliche Vorstellung immer im Auge behält, wird man den Fehler der Unterschätzung des Bestockungsgrades leicht vermeiden. Außerdem müssen die örtlichen Wuchsverhältnisse und die Holzart (Kiefer!) berücksichtigt werden.

f) Die Rechnungsgrundlagen für den Mittelwald. Dieselben müssen durch eingehende Erhebungen festgestellt werden, weil in bezug auf die Verteilung der Holzarten und Altersklassen sowie auf den Sortimentenanfall und die Preise die größte Mannigfaltigkeit herrscht.

Bei der Berechnung des Bodenwertes darf die Ausscheidung der Holzarten und Altersklassen im Haubarkeitsertrag nicht nach dem Ergebnis einer Schlagstellung erfolgen, sondern es muß der Zustand des gesamten Bestandes unmittelbar vor dem Hiebe zum Anhaltspunkt genommen werden. Zu diesem Zwecke kluppiere man alle Nutzholzstämme bis herab zum Laßreidel aus und stelle nach Maßgabe der ermittelten Masse oder Kreisfläche das Prozentverhältnis fest, mit welchem jede Holzart im Gesamtbestande vertreten ist. Auf diesem Wege erhält man den durchschnittlichen Anfall der vorhandenen Holzarten bei den nächsten Schlagstellungen. Für die jetzige Bodenertragswertfeststellung ist derselbe allein maßgebend unter der Voraussetzung, daß die jetzige Bestockung den Anforderungen einer ordnungsmäßigen Wirtschaft entspricht. Ist letzteres nicht der Fall, dann müssen die Ansätze entsprechend reguliert werden, wobei man natürlich nur auf mutmaßliche Schätzungen angewiesen ist.

Ist das Prozentverhältnis der einzelnen Holzarten festgestellt, dann ermittle man die Masse des durchschnittlichen Haubarkeitsertrages jeder Schlagstellung. Hier geben natürlich die bisherigen Hiebsergebnisse die zuverlässigsten Anhaltspunkte; sollten solche ausnahmsweise nicht vorliegen bzw. nicht mit genügender Genauigkeit festgesetzt werden können, dann zeichne man den Schlag, wie er demnächst gestellt werden wird, aus und setze die Masse durch Auskluppierung fest.

Das weitere Verfahren ist nun aus folgendem Beispiele ersichtlich.

Haubarkeitsertrag alle 25 Jahre pro Hektar 170 fm; hiervon treffen auf das Unterholz 80 fm, Oberholz 90 fm.

1. Der Unterholzertrag.

Durchschnittspreis pro Festmeter 8,35 M.; daher $a_{25} = 80 . 8,35 = 668,00$ M.

2. Der Oberholzertrag.

Von der gesamten Oberholzmasse entfallen auf

Eiche	$36\,\% = 32,4$ fm
Erle	$33\,\,\text{„} = 29,7\,\,\text{„}$
Ulme	$13\,\,\text{„} = 11,7\,\,\text{„}$
Esche	$10\,\,\text{„} = 9,0\,\,\text{„}$
Hainbuche	$3\,\,\text{„} = 2,7\,\,\text{„}$
Pappeln	$3\,\,\text{„} = 2,7\,\,\text{„}$
Linde, Birke, Maßholder	$2\,\,\text{„} = 1,8\,\,\text{„}$
	$100\,\% = 90,0$ fm.

Jede einzelne Holzart muß nun weiter besonders behandelt werden. Der Gang der Rechnung soll an der Erle gezeigt werden.

Erle. Gesamtanfall 29,7 fm.

a) Altersklassen.

Stämme mit einem Brusthöhendurchmesser bis zu 30 cm sind 25 Jahre alt (wirtschaftliches Alter), über 30 cm 50 Jahre.

Von der Gesamtmasse treffen

$30\,\%$ oder 8,91 fm auf die Altersklasse von 25 Jahren
$70\,\,\text{„} \quad \text{„} \quad 20,79\,\,\text{„} \quad \text{„} \quad \text{„} \quad \text{„} \quad \text{„} \quad 50 \quad \text{„}$

b) Brenn- und Nutzholz.

In der 25jährigen Altersklasse fallen $40\,\%$, in der 50jährigen $45\,\%$ Nutzholz an.

c) Preisklassen.

Alles Nutzholz der 25jährigen Altersklasse fällt in die III. Preisklasse.

Von der 50jährigen fallen

$15\,\%$ in die I. Preisklasse zu 40 M. pro Festmeter
$50\,\,\text{„} \quad \text{„} \quad \text{„} \quad \text{II.} \quad \text{„} \quad \text{„}\,34\,\,\text{„} \quad \text{„} \quad \text{„}$
$35\,\,\text{„} \quad \text{„} \quad \text{„} \quad \text{III.} \quad \text{„} \quad \text{„}\,27\,\,\text{„} \quad \text{„} \quad \text{„}$

Somit Durchschnittspreis (Qualitätsziffer):

$$0,15 . 40 + 0,50 . 34 + 0,35 . 27 = 32,45 \text{ M.}$$

d) Die Werte des Haubarkeitsertrages:

1. Der Wert der 25jährigen Oberholzklasse (A_{25}).

Masse 8,91 fm; hiervon

$40\,\%$ Nutzholz $= 3,56$ fm III. Kl. à 27,00 M. $= 96,12$ M.
$60\,\,\text{„}$ Brennholz $= 5,35\,\,\text{„} $ à $8,35\,\,\text{„} = 44,67\,\,\text{„}$

$$A_{25} = 140,79 \text{ M.}$$

2. Der Wert der 50jährigen Oberholzklasse (A_{50}).

Masse 20,79 fm; hiervon

$$45\,^{0}/_{0}\ \text{Nutzholz} \ \ = \ \ 9{,}36\ \text{fm à } 32{,}45\ \text{M.} \ = \ 303{,}73\ \text{M.}$$
$$55\ \text{„ Brennholz} = 11{,}43\ \text{„ à } \ 8{,}35\ \text{„} \ = \ \ 95{,}44\ \text{„}$$
$$A_{50}\ \cdot\ \cdot\ = 399{,}17\ \text{M.}$$

Bei Eiche und Ulme, die teilweise 100 und mehr Jahre alt werden, sind natürlich mehr Altersklassen auszuscheiden, bei Esche drei usw.

II. Ermittelung der Vergütung für die Abtretung von Wald zu öffentlichen Zwecken (Enteignung).

1. Der Bodenwert.

1. Kommt nur die forstliche Benutzung des Bodens in Betracht, dann gilt grundsätzlich der höchste Bodenertragswert der standortsgerechten Holz- und Betriebsart. Ist diese zur Zeit nicht vorhanden, dann kann der höchste Bodenertragswert der gegebenen Holz- und Betriebsart nur dann in Frage kommen, wenn zwingende Gründe für die Beibehaltung dieser weniger rentablen Holz- und Betriebsart vorliegen (Forstberechtigungen, Rücksichten auf das örtliche Gewerbe usw.) oder wenn die Enteignungsgesetze vorschreiben, daß für den Bodenwert nur die bisherige Wirtschaftsweise maßgebend sein darf.

Bei der Berechnung des Bodenertragswertes dürfen nur die Verwaltungskosten in Abzug gebracht werden, die der Waldbesitzer durch die Abtretung des Waldteiles tatsächlich erspart.

Bezüglich der Steuern s. S. 40 f.

2. Eignet sich der Boden für andere Verwendungszwecke, z. B. als Baugrund, landwirtschaftliches Gelände, besser als für die forstliche Benutzung, dann gilt dieser höhere Bodenwert, wenn diese Verwendungsweise „in absehbarer Zeit zu erwarten ist" (Urteil des Reichsgerichts v. 8. März 1912) oder gesetzliche Bestimmungen nichts anderes verfügen.

2. Der Bestandswert.

Als Umtriebszeit ist immer die finanzielle zu unterstellen, und zwar auch dann, wenn dieselbe tatsächlich zur Zeit nicht eingehalten wird.

Als Bodenwert darf in den Kosten- und Erwartungswert nur der höchste Bodenertragswert der gegebenen Holz- und Betriebsart eingesetzt werden (S. 108, 116).

Der Unterschied zwischen dem Kosten- und Erwartungswert und dem Abtriebswert ist dem Waldbesitzer dann zu vergüten, wenn er den Holzbestand selber nutzt und auf seine Rechnung verwertet.

Als Abtriebswert gilt der wirkliche erntekostenfreie Erlös für das Holz. Bei jenen älteren Beständen, die grundsätzlich nur nach dem Abtriebswert veranschlagt werden, kann unter Umständen der wirkliche Erlös unter dem normalen stehen, wenn dieselben in Jahren mit sinkenden Holzpreisen oder in einem Jahre, in welchem infolge von Kalamitäten der Markt überfüllt ist usw., eingeschlagen werden müssen. Dieser Mindererlös ist dem Waldbesitzer zu vergüten.

3. Entschädigung für besondere Nachteile, welche dem Waldbesitzer erwachsen (Nebenentschädigungen).

Erstreckt sich die Waldabtretung nicht auf den ganzen Waldkomplex, sondern nur auf Teile desselben, dann können dem Waldbesitzer in bezug auf Zuwachsleistung und Bewirtschaftung der ihm verbleibenden Teile noch direkte oder indirekte Nachteile entstehen, für welche Entschädigung beansprucht werden kann. Solche sind unter Umständen:

a) **Die Gefährdung der Randbäume durch Windbruch oder Sonnenbrand.** Der Schadenersatz besteht für den gefährdeten Teil der Fläche aus der Differenz der Erwartungswerte des normalen und des beschädigten Bestandes. Man hat zu diesem Zwecke gutachtlich einzuschätzen, wie viele Stämme in den nächsten Jahren vorzeitig zur Nutzung anfallen und wie sich die Erträge des durchlöcherten Bestandes in der Zukunft weiter gestalten werden, eventuell ob er vorzeitig abgetrieben werden muß (vgl. S. 101). — Einfacher und praktischer ist es aber, den Schaden nach Prozenten des Erwartungswertes des normalen Bestandes einzuschätzen. Berechnet sich derselbe für das gegenwärtige Bestandsalter auf 2500 M. und ist der Schaden infolge des vorzeitigen Anfalles eines Teils des Bestandes (Nutzholzausfall!) auf $30^0/_0$ einzuschätzen, dann hat der Waldbesitzer $2500 \cdot 0{,}30 = 750$ M. pro ha zu beanspruchen.

b) **Erschwerung des Holztransportes.** Wird der Holztransport aus dem dem Waldbesitzer verbleibenden Waldteil durch die Einlegung einer Eisenbahnlinie, eines Kanals, Schießstandes usw. dauernd beeinträchtigt (Mangel an Übergängen, Brücken, Umwege), dann berechne man, wieviel Holz der betreffende Waldteil jährlich nachhaltig liefert und wieviel der Mindererlös für den Festmeter betragen wird. Der Kapitalwert des jährlichen ganzen Mindererlöses bildet die Entschädigungssumme.

c) **Gefährdung der Standortsgüte durch Einschnitte, Böschungen.** Tiefe Einschnitte in den Boden, wie sie beim Eisenbahnbau vorkommen, wirken auf die nächste Umgebung drainierend. Wenn hierdurch eine dauernde Verminderung der Bodengüte herbeigeführt wird, ist dem Waldbesitzer die Differenz der Bodenertragswerte zu vergüten (z. B. in Zukunft III. Bonität anstatt der bisherigen II. Bonität).

Ist für den vorhandenen Bestand eine Zuwachsminderung vorauszusehen oder bereits nachgewiesen, dann ist außerdem die Differenz der Bestandserwartungswerte zu vergüten.

d) **Die besonderen Auslagen**, die dem Waldbesitzer einmal oder dauernd erwachsen durch die notwendige Anlage von **neuen Wegen, Gräben, Umfriedigungen, Durchlässen**, durch **Abänderung der Forsteinrichtungs- und Kartenwerke, Neuvermarkung**, ferner durch die Bestellung eines besonderen **Forst- und Jagdschutzorganes** usw. müssen selbstverständlich nach Anfall vergütet werden.

4. Rechnerische Behandlung der Sicherheitsstreifen längs der Eisenbahnlinien, von Waldgrund für Starkstromleitungen und sonstiger Bodenverleihungen.

1. Bleiben die Sicherheitsstreifen längs einer Eisenbahnlinie im Eigentum des Waldbesitzers, dann wird ihm in der Regel die Auflage gemacht, daß sie nur zur Niederwaldwirtschaft oder zum landwirtschaftlichen Betrieb verwendet werden. Die Entschädigung besteht einmal in der Vergütung für den Abtrieb hiebsunreifer Bestände und dann in der Differenz zwischen dem bisherigen forstlichen Bodenertragswert und dem der zukünftigen forst- oder landwirtschaftlichen Benutzung entsprechenden Bodenertragswert. Sollte sich ein solcher Unterschied zur Zeit rechnungsmäßig nicht ergeben, so wird dem Waldbesitzer trotzdem eine kleine Entschädigung zuzubilligen sein, einmal, weil seine Verfügungsfreiheit über den Sicherheitsstreifen eingeschränkt ist, und dann mit Rücksicht darauf, daß die Produktionsverhältnisse sich ändern können.

2. Werden zur Anlegung von Starkstromleitungen durch Waldungen Waldstreifen in Anspruch genommen, dann ist dem Waldbesitzer zu vergüten:

a) Die Entschädigung für den vorzeitigen Abtrieb der Bestände (Differenz zwischen Erwartungs- oder Kostenwert und Abtriebswert).

b) Der Entgang an jährlicher Bodenbruttorente auf der Fläche des kahlen Streifens (Durchhiebes).

c) Der Schaden durch Wind und Sonnenbrand, unter Umständen auch durch Bodenaushagerung in den angrenzenden Beständen und Behinderung des Fällungs- und Wirtschaftsbetriebes (S. 179).

Ob die Vergütungen unter b und c in jährlichen Beträgen oder in einer einmaligen Abfindung für die Dauer der Konzession geleistet werden sollen, hängt von besonderer Vereinbarung ab.

3. Überläßt der Waldbesitzer einen Teil des Waldbodens einer Betriebsklasse einem anderen zur nichtforstlichen Verwendung oder Nutznießung, ohne damit auf das Eigentumsrecht zu verzichten, dann hat er Anspruch auf die Vergütung der Bodenbruttorente und des Schadens, den er durch den vorzeitigen und außerplanmäßigen Abtrieb der Bestände sowie durch die Folgen für die Nachbarbestände und durch die Betriebsstörungen erleidet.

Wenn man von dem Einfluß auf den Durchforstungsertrag und dem etwaigen Einfluß auf die Verwaltungskosten absieht, dann geht der Waldreinertrag der Betriebsklasse in dem bisherigen Betrag weiter ein. Er setzt nur in jenen Jahren ganz oder teilweise aus, in welchen die abgetretene Fläche planmäßig zum Abtrieb bestimmt gewesen wäre. In dieser Zeit bieten die Bodenbruttorenten samt aufgelaufenen Zinsen und die Bestandsrenten aus dem Reinerlös der abgetriebenen Bestände samt Zinsen den Ersatz für den Waldreinertrag.

Die Unterstellung, daß durch den Ausschluß eines Bodenstückes von der Holzerzeugung der jährliche Waldreinertrag der Betriebsklasse sofort herabgedrückt würde, trifft nicht zu. Denn diese Minderung könnte nur durch die Herabsetzung der jährlichen Hiebsfläche nach Maßgabe der noch vorhandenen zur Holzzucht bestimmten Fläche erfolgen. Dadurch würden aber die vorhandenen Bestände nicht mehr rechtzeitig zum Einschlag kommen und diese Verschiebung des Abtriebsalters gegenüber der normalen Umtriebszeit hätte Zuwachsverluste zur Folge, die den neu berechneten Waldreinertrag immer mehr herabdrücken.

Die Vergütung darf daher nicht nach dem jährlichen durchschnittlichen Waldreinertrag bemessen werden. Würde das Waldstück aus der Betriebsklasse wegverkauft, dann könnte der Besitzer für den Boden auch nicht den kapitalisierten durchschnittlichen Waldreinertrag als Preis fordern, sondern nur den Wert des Bodens und des aufstehenden Bestandes.

III. Vergütung für die Benutzung des Bodens zur Gewinnung von Bodenschätzen.

Wird Waldboden zur Gewinnung von Steinen, Lehm, Kies, Mergel, Sand, Erzen usw. einem anderen zeitweise überlassen, dann kann der Waldbesitzer mindestens folgende Entschädigungen verlangen:

1. Die Bodenrente, solange der Boden der forstlichen Benutzung entzogen ist, und zwar die Rente des höchsten Bodenertragswertes der gegebenen Holz- und Betriebsart.

2. Die Verwaltungskosten, wenn dieselben für den ganzen Waldkomplex nach wie vor die gleichen bleiben, d. h. es ist die Bodenbruttorente zu vergüten.

3. Den Bestandswert.

4. Die Vergütung für den Minderwert, den der Boden durch die Zerstörung erleidet. Dieselbe ist gleich dem Unterschied zwischen dem bisherigen und späteren Bodenertragswert.

Außerdem können noch Vergütungen für die Einebnung der Bodenfläche, Abnützung der Wege, Wasserableitung, Verlust von Nebennutzungen (Jagd) usw. in Betracht kommen.

Der Wert, den das Bodengut für sich hat, ist natürlich noch besonders zu veranschlagen.

Beispiel. Ein mit 45jährigen Fichten bestockter Boden wird auf 20 Jahre zur Lehmgewinnung vergeben. Nach diesem Zeitraum kann der Boden vom Waldbesitzer nur mehr mit Kiefern kultiviert werden. Die Verwertung des Bestandes obliegt dem Waldbesitzer.

Die Entschädigung für 1 ha berechnet sich, wenn $p = 3\%$, wie folgt:

1. Der höchste Bodenertragswert der Fichte ist für die 80jährige Umtriebszeit 1057 M. Somit beträgt nach Formel VII b die Bodenrentenvergütung

$$\frac{1057 \cdot 0,03 \, (1,03^{20} - 1)}{1,03^{20} \cdot 0,03} = 471,78 \text{ M.}$$

2. Die jährlichen Verwaltungskosten sind 9 M., somit Vergütung

$$\frac{9 \, (1,03^{20} - 1)}{1,03^{20} \cdot 0,03} = 133,90 \text{ M.}$$

Da der Bodenbruttowert $1057 + 300 = 1357$ M. ausmacht, könnte man die Entschädigung von 1 und 2 auch erhalten aus

$$\frac{1357 \cdot 0{,}03\,(1{,}03^{20} - 1)}{1{,}03^{20} \cdot 0{,}03} = 605{,}68 = 471{,}78 + 133{,}90 \text{ M.}$$

3. Der **Erwartungswert** des 45 jährigen Bestandes ist nach S. 99 $= 3838$ M., der Abtriebswert 2880 M. Somit sind für den vorzeitigen Abtrieb des Bestandes zu vergüten

$$3838 - 2880 = 958 \text{ M.}$$

4. Nach 20 Jahren ist der Boden infolge des Abbaues als Kiefernboden nur mehr 400 M. wert. Der **Minderwert** beträgt somit

$$1057 - 400 = 657 \text{ M.}$$

Derselbe ist, wenn er sofort erlegt werden muß, auf 20 Jahre zu diskontieren. Mithin hat man

$$\frac{657}{1{,}03^{20}} = 657 \cdot 0{,}554 = 363{,}98 \text{ M.}$$

5. Somit Gesamtentschädigung

$$471{,}78 + 133{,}90 + 958{,}00 + 363{,}98 = \mathbf{1927{,}66 \text{ M.}}$$

IV. Berechnung des Schadens bei Bestandsvernichtungen.

1. Allgemeine Gesichtspunkte.

Wird ein Bestand oder Bestandsteil durch Feuer, Rauchgase, Wild, Insekten usw. gänzlich zum Absterben gebracht oder vernichtet, dann ist je nach dem Alter der Bestandskostenwert oder der Erwartungswert oder der Abtriebswert zu berechnen und das noch verwertbare Holz in Gegenrechnung zu stellen. Alle Bestandswerte sind als objektive Vermögenswerte zu berechnen, also mit dem Bodenertragswert der finanziellen Umtriebszeit der betroffenen Holz- und Betriebsart und für diese Umtriebszeit.

Muß infolge der Fortdauer der schädigenden Einwirkung die bisherige Holzart aufgegeben und durch eine weniger einträgliche ersetzt werden, dann ist der Unterschied der Bodenertragswerte noch außerdem zu vergüten. Wenn die neue Holzart gedeiht und nicht wieder beschädigt wird, ist der Waldbesitzer damit abgefunden. In gleicher Weise ist zu verfahren, wenn die Standortsgüte für die gegebene und verbleibende Holzart dauernd herabgedrückt wird, z. B. durch Entwässerung oder Versumpfung.

Wird dem Waldbesitzer der Wert des vernichteten Bestandsteiles voll ersetzt, dann dürfen die Kosten für die Wiederaufforstung nur insoweit noch besonders aufgerechnet werden, als sie das normale Maß überschreiten (Verwendung besonders starker Pflanzen, Ballenpflanzen, viele Nachbesserungen usw.).

Kann der Boden nicht sofort wieder in Bestockung gebracht werden (Verzögerung der Holzabfuhr, der Abräumung usw.), dann ist dem Waldbesitzer für die Jahre, in denen die Fläche zuwachslos ist, die

Bodenbruttorente $(B + V) \, 0{,}0 \, p$ zu ersetzen. Der **Vorwert** berechnet sich nach Formel VIIb aus

$$\frac{(B + V) \, 0{,}0 \, p \, (1{,}0 \, p^n - 1)}{0{,}0 \, p \cdot 1{,}0 \, p^n} = \frac{(B + V) \, (1{,}0 \, p^n - 1)}{1{,}0 \, p^n},$$

Der **Nachwert** nach Formel VIIa aus

$$\frac{(B + V) \, 0{,}0 \, p \, (1{,}0 \, p^n - 1)}{0{,}0 \, p} = (B + V) \, (1{,}0 \, p^n - 1).$$

2. Vernichtung einer Kultur durch Wildverbiß [1]).

a) **Die Kultur ist vollständig vernichtet.** Schadenersatz: Bestandskostenwert unter Zugrundelegung des höchsten Bodenertragswertes der gegebenen Holzart und unter Berücksichtigung des Schlußgrades.

b) **Ein Teil der Kultur ist vernichtet.** Ist die Fläche zusammenhängend so groß, daß sie wieder aufgeforstet werden kann, dann erfolgt für die vernichtete Fläche die Berechnung wie unter a.

Sind über die ganze Fläche hin einzelne Pflanzen zerstört, dann zählt man dieselben und bestimmt danach nach dem Bestockungsgrad (Pflanzenverband) die in Betracht kommende Fläche. Schadenersatz wie unter a. Können die entstandenen Lücken wegen des vorgeschrittenen Alters des Bestandes nicht mehr aufgeforstet werden, dann ist außerdem für die Zeit bis zum Abtrieb des Bestandes die Bodenbruttorente zu vergüten.

Sind nur einzelne Pflanzen vernichtet (z. B. durch Fegen), dann berechnet man für diese den Nachwert der Kulturkosten oder auch deren Verkaufswert mit einem geringen Zuschlag für den Aufwand an Bodenrente, wenn man diese nicht ganz außer Betracht lassen will.

Beispiel 1. Von einer vor 5 Jahren ausgeführten Fichtenkultur sind 10% der Fläche wegen Verbisses nachzupflanzen. Gesamtfläche 1,5 ha, Bodenertragswert 800 M., $V = 300$ M., Kulturkosten 330 M. je ha, $p = 3\%$. Es ist

$$HK_5 = [(800 + 300) \, (1{,}03^5 - 1) + 330 \cdot 1{,}03^5] \, 1{,}5 \cdot 0{,}10 = 84 \text{ M.}$$

Beispiel 2. Von einer 10 jährigen Fichtenkultur wurden fleckweise 0,5 ha vernichtet. Hiervon können nur 0,20 ha mit Erfolg wieder aufgeforstet werden, 0,30 ha bleiben unbestockt. Ist $B = 595$ M., $V = 300$ M., $c = 120$ M., $u = 80$ Jahre, $p = 3\%$, so besteht der Schadenersatz:

1. In dem Bestandskostenwert

$$HK_{10} = [(595 + 300) \, (1{,}03^{10} - 1) + 120 \cdot 1{,}03^{10}] \, 0{,}5 = 325 \text{ M.}$$

---

[1]) Eine zutreffende Abhandlung über die Berechnung des Wildschadens verfaßte Landforstmeister Pilz in Straßburg in der Allg. Forst- und Jagdztg. 1905. S. 4, 37. Derselben sind wir hier in der Hauptsache gefolgt. — In Baden ist eine amtliche „Dienstweisung für die Wildschadenschätzer" v. 20. 1. 1910 erschienen (vgl. Forstwirtsch. Zentralbl. 1910. S. 541, von Gretsch). — K. Simon, Bürgermeister a. D., Der Wildschaden, seine rechtliche Behandlung, seine Ermittelung und Berechnung im Gebiete des Königreichs Preußen, Neudamm 1912 (behandelt mehr die rechtliche Seite).

2. In dem Jetztwert der $80 - 10 = 70$ jährigen Bodenbruttorente von 0,30 ha nach der Formel VII b:

$$\frac{(595 + 300)\,0,03\,(1,03^{70} - 1)}{0,03 \cdot 1,03^{70}} \cdot 0,30 = 234 \text{ M.}$$

3. Im ganzen $235 + 234 = \mathbf{469\ M.}$

3. Berechnung von Waldbrandschäden.

Bei der Berechnung von Waldbrandschäden sind folgende Gesichtspunkte zu beobachten:

1. Soweit der Bodenwert in Betracht kommt, darf nur der Bodenertragswert der finanziellen Umtriebszeit der vorhandenen Holz- und Betriebsart verwendet werden, auch dann, wenn die wirkliche Umtriebszeit eine andere ist.

2. Den Wert der jüngeren Bestände berechnet man als Kostenwert, den der älteren als Erwartungswert. Für Bestände, welche die finanzielle Umtriebszeit nahezu erreicht oder überschritten haben, gilt der Abtriebswert. Der wirkliche Schlußgrad des Bestandes muß stets berücksichtigt werden.

Der nach dem Brande noch vorhandene verwertbare Holzrest ist mit dem dafür erzielten oder erzielbaren Erlös in Gegenrechnung zu stellen.

3. Alle zu berechnenden Werte sind Gegenwartswerte. Es sind daher alle Einnahmen und Ausgaben nach ihrem gegenwärtigen Preisstand zu veranschlagen, auch die Kulturkosten.

4. Der Kulturkostenaufwand für die Wiederaufforstung der abgebrannten Fläche und die Pflege der neuen Kultur (Schutz gegen Wildverbiß, Rüsselkäfer) darf nicht in Rechnung gestellt werden, da derselbe als neue Vermögensanlage in den neuen Bestand übergeht. Die auf den vernichteten Bestand treffenden Kulturkosten werden in dem Bestandswert vergütet.

Dagegen hat der Ersatzpflichtige den Mehraufwand an Kulturkosten zu vergüten, der durch die durch den Brand etwa hervorgerufenen besonderen Verhältnisse veranlaßt wird. Dazu gehören auch die Kosten für Räumung des Bodens von Brandresten, soweit sie nicht durch den Verkaufserlös gedeckt werden. Ist die Kulturfläche sehr groß, dann kann die Aufbringung der Kultur einen Mehraufwand durch viele Nachbesserungen verursachen.

5. Wird die Ertragsfähigkeit des Bodens durch das Feuer beeinträchtigt, dann ist für die Zeit der voraussichtlichen Wirksamkeit dieses Zustandes die Differenz der Bodenrente zu vergüten. Intensive Bodenfeuer können die Bodenkrume durch Ausglühen auf mehrere Jahre steril machen. Oft aber wiegt die zurückbleibende Asche als Dünger den Schaden auf. Es gibt auch Fälle, in denen die neuen Kulturen auf Brandflächen besonders gut gedeihen.

6. Hat die Bodenstreu örtlich einen Nutzwert, dann ist derselbe im Bodenertragswert zu verrechnen. Unter Umständen ist aber auch der Schaden der Streuentnahme für den Holzwuchs zu veranschlagen.

Im Bestandskostenwert sind die bereits bezogenen, im Erwartungswert die noch in Aussicht stehenden Streuerträge zu verrechnen, in haubaren Beständen der vorhanden gewesene Ertrag.

Auch andere verwertbare Nebennutzungen sind in Ansatz zu bringen.

7. Die Löschungskosten sind nach den baren Auslagen zu vergüten.

Die Beschädigungen der umliegenden Bestände durch Gassenhauen und Gräbenziehen sind für sich zu berechnen.

8. Je nach den gegebenen Verhältnissen können auch besondere Vergütungen wegen erhöhter Windgefahr für die angrenzenden Bestände, Entfernung von Bestandsresten, Neuaufstellung der Forsteinrichtungswerke usw. in Betracht kommen.

V. Ermittelung des Schadens bei Waldbeschädigungen.

Allgemein ist zu bemerken, daß geringe Waldschäden seitens des Waldbesitzers dem Augenschein nach in der Regel zu hoch eingewertet werden. Es wird übersehen, daß der Wert jüngerer Holzbestände an sich nicht sehr hoch ist und daß es sich bei teilweisen Beschädigungen nicht um den Ersatz des vollen Bestandswertes, sondern nur um den Unterschied zwischen der normalen und anormalen Erzeugung (Zuwachs) handelt. Auch die Erholungsfähigkeit der Holzart muß in Betracht gezogen werden.

Ist infolge des Aushiebes beschädigter Bäume eine Verlichtung des Bestandes in dem Grad eingetreten, daß der Abtriebsertrag im Umtriebsalter dadurch verkleinert wird, dann ist die ertragslose Fläche festzustellen und hierfür die Bodenbruttorente als Schadenersatz bis zur Abtriebszeit des Bestandes, sofern nicht ein kürzerer Zeitraum ausdrücklich bestimmt ist, aufzurechnen.

A. Feststellung des Schadens nach dem gegenwärtigen Bestandszustand.

1. Allgemeines.

Soll festgestellt werden, um wieviel der beschädigte Bestand in seinem jetzigen Alter weniger wert ist als der normale, dann ist es gleichgültig, auf wie lange die Schädigung zurückgeht. Es sind lediglich die Bestandswerte abzugleichen und für ertraglos gewordene Lücken die Bodenrentenverluste in Ansatz zu bringen.

Der so festgestellte Schaden trifft unter der Voraussetzung zu, daß die Beschädigung in der Zukunft nicht weiter um sich greift und ihre Wirkung auf die Fortentwickelung des Bestandes in den angenommenen Grenzen bleibt.

Der Bestandskostenwert ist zur Berechnung eines Zuwachsverlustes durch Beschädigung des Bestandes nur dann verwendbar, 1. wenn das Maß des Schadens nach Prozenten abgeschätzt werden kann oder 2. wenn infolge der Beschädigung in dem Bestande Nutzungen vorgenommen werden mußten, die über die regelmäßigen Durchforstungen hinausgehen, oder 3. wenn dem physischen Bestandsalter das wirtschaftliche gegenübergestellt werden kann.

In allen anderen Fällen **muß** nach dem **Bestandserwartungswert** gerechnet werden.

2. Rauchschaden.

Bei Rauchschäden darf man nicht in den Fehler verfallen, für jede gelbe Nadel und jede anormale und krankhafte Erscheinung am Baum die Rauchquelle als Ursache zu halten. Es ist vielmehr immer erst zu untersuchen, ob nicht auch andere schädigende Einflüsse mitwirken[1]).

Beispiel 1. Der Kostenwert eines 35jährigen normalen Fichtenbestandes berechnet sich unter Zugrundelegung von Durchforstungserträgen im 30. und 35. Jahr von 29 und 62 M. auf 2690 M. Infolge von Rauchbeschädigung mußten aber im 25. und dann wieder im 32. Bestandsalter für 120 und 90 M. dürr gewordene Bäume herausgenommen werden. Der Kostenwert des beschädigten Bestandes berechnet sich auf 2526 M. Der Zuwachsverlust ist demnach

$$HK_{35} - HK'_{35} = 2690 - 2526 = \textbf{164 M.}$$

Der Schaden beträgt $\dfrac{164 \cdot 100}{2690} = 6,1\%$ des Kostenwertes.

Beispiel 2. Ein durchschnittlich 48jähriger Weißtannenbestand ist durch die wegen Raucherkrankung notwendig gewordene, über das normale Maß hinausgehende Durchforstung so stark mit Lücken durchsetzt, daß sein jetziger Schlußgrad nur mehr 75% des normalen beträgt. Dies bedeutet, daß auf je einem Hektar 0,25 ha vorzeitig abgetrieben werden mußten.

Da die Aushiebe in den letzten 12 Jahren allmählich erfolgten, kann man annehmen, daß das Durchschnittsalter der genutzten Stämme 42 Jahre war.

Der Schaden berechnet sich wie folgt:

1. Unterschied zwischen Bestandserwartungs- und Abtriebswert. $A_{80} = 6300$ M., $D_{5)} = 190$ M., $D_{60} = 330$ M., $D_{70} = 620$ M.; $B_{80} = 500$ M., $V = 367$ M., $p = 3\%$, $u = 80$ Jahre.

$HE_{42} = 2077$ M., $A_{42} = 1040$ M., daher Schadenersatz $2077 - 1040 = 1037$ M. je ha und für 0,25 ha

$$0,25 \cdot 1037 = 259 \text{ M.}$$

Dieser Betrag ist vom 42. auf das 48. Jahr zu prolongieren, somit Schadenersatz

$$259 \cdot 1,03^6 = \textbf{309 M.}$$

2. Da die entstandenen Lücken bis zum Abtrieb des Bestandes nicht mehr aufgeforstet werden können, ist die Bodenbruttorente zu ersetzen, und zwar einmal für die verflossenen 6 Jahre und dann für den Rest der Umtriebszeit von $80 - 48 = 32$ Jahre. Danach erhält man für 1 ha

$$\frac{(500 + 367)\,0,03\,(1,03^6 - 1)}{0,03} + \frac{(500 + 367)\,0,03\,(1,03^{32} - 1)}{0,03 \cdot 1,03^{32}} = 168 + 530 = 698 \text{ M.}$$

und für 0,25 ha

$$0,25 \cdot 698 = \textbf{175 M.}$$

3. Gesamtentschädigung

$$309 + 175 = \textbf{484 M.}$$

In **haubaren Beständen** kann sich ein Einnahmeverlust dadurch ergeben, daß sich aus den wegen der Raucheinwirkung abgestorbenen oder erkrankten Stämmen weniger Nutzholz aushalten läßt als in gesunden Beständen, der Blochholzanfall größer ist und für trockenes Holz geringere Preise erzielt werden als für frisches. Auch der Ausfall von Reisholz kann ins Gewicht fallen.

---

[1]) Vgl. auch C. Baltz, Zeitschr. f. Forst- und Jagdwesen. 1914. S. 158.

3. Wildverbiß.

Es ist zu beachten, daß die Folgen des Verbisses von Kulturen nicht für alle Holzarten gleich sind. Das Laubholz hat eine so große Reproduktionskraft, daß eine einmalige Beschädigung in der Regel rechnerisch kaum erfaßt werden kann, namentlich wenn nur einzelne Pflanzen in Betracht kommen. Vom Nadelholz ersetzen Tanne und auch die Fichte den abgebissenen Gipfeltrieb rasch wieder ohne großen Schaden, die Kiefer dagegen nimmt meist sperrigen Wuchs an. Tanne, Fichte und Laubhölzer vertragen das Verbeißen jahrelang und erholen sich rasch wieder, wenn die Beschädigung aufhört. Der Schaden besteht in diesem Falle in dem Zuwachsverlust und unter Umständen in der Beeinträchtigung des Sortimentenwertes.

Wird durch jahrelanges Verbeißen die Entwickelung des Bestandes verzögert, dann können folgende Verfahren eingeschlagen werden:

a) Man berechnet den Bestandskostenwert für die Zeit, die der Bestand auf der Fläche verbracht hat und für das wirtschaftliche Alter (S. 175). Schadenersatz = Differenz der beiden Kostenwerte.

Beispiel. Ein Kiefernbestand, welcher vor 15 Jahren begründet wurde, wurde ständig so stark verbissen, daß er nur die Höhe einer unbeschädigten Kultur von 5 Jahren hat. Ist $B = 741$ M., $V = 300$ M., $c = 100$ M., $p = 3\%$, dann beträgt der Schadenersatz für das Hektar

$$HK_{15} - HK_5 = (741 + 300)(1{,}03^{15} - 1) + 100 \cdot 1{,}03^{15}$$
$$- [(741 + 300)(1{,}03^5 - 1) + 100 \cdot 1{,}03^5] = \mathbf{455 \ M.}$$

b) Man schätzt den Zuwachsverlust in Prozenten des normalen Bestandskostenwertes oder des Bestandswertszuwachses (S. 120 f.) ein.

c) Verfahren a und b setzen voraus, daß sich der beschädigte Bestand nach dem Aufhören der Beschädigung normal weiter entwickelt. Ist dies vermutlich nicht der Fall, dann ergibt sich der Schadenersatz aus der Differenz der Erwartungswerte des normalen und des beschädigten Bestandes.

Beispiel. Ein 15jähriger Weißtannenbestand wurde durch wiederholtes Verbeißen in seiner Entwickelung 5 Jahre zurückgesetzt. In seinem 80jährigen finanziellen Abtriebsalter liefert er nur die Erträge eines 75jährigen Bestandes, sämtliche Durchforstungserträge gehen 5 Jahre später ein. Es ist $A_{80} = 6348$ M., $A_{75} = 5680$ M., $D_{40} = 70$ M., $D_{50} = 195$ M., $D_{60} = 330$ M., $D_{70} = 462$ M., $v = 9$ M., $B = 447$ M.

Da die Umtriebszeit sich nicht ändert, kann das Boden- und Verwaltungskostenkapital außer Ansatz bleiben. Es ist demnach

1. Der Schaden am Abtriebsertrag in der Gegenwart

$$\frac{6348 - 5680}{1{,}03^{80-15}} = 668 \cdot 0{,}146 = 98 \ M.$$

2. Der Schaden an den Durchforstungserträgen

a) Der normale Durchforstungswert wäre

$$\frac{70 \cdot 1{,}03^{80-40} + 195 \cdot 1{,}03^{80-50} + 330 \cdot 1{,}03^{80-60} + 462 \cdot 1{,}03^{80-70}}{1{,}03^{80-15}} = 280 \ M.$$

b) Durch die Hinausschiebung der Durchforstungserträge um 5 Jahre verringert sich ihr Wert auf

$$\frac{280}{1,03^5} = 242 \text{ M. oder}$$

$$\frac{70 \cdot 1,03^{80-45} + 195 \cdot 1,03^{80-55} + 330 \cdot 1,03^{80-65} + 462 \cdot 1,03^{80-75}}{1,03^{80-15}} = 242 \text{ M.}$$

c) Somit Schaden am Durchforstungswert

$$280 - 242 = \textbf{38 M.}$$

3. Gesamtschaden $98 + 38 = \textbf{136 M.}$

4. Schälschaden.

Das Schälen des Rotwildes erfolgt hauptsächlich in Stangenhölzern, bei Kiefern nur in älteren Kulturen. Der Schaden bezieht sich auf Zuwachsverlust, unregelmäßige Stammbildung, Fäulnis, Stärkezuwachsrückgang, Nutzholzeinbuße, Schnee-, Eis- und Windbruch.

Nach H. Reuß (Der Forsthaushalt 1918, S. 73, 475) ergeben Fichtenschälbestände im 60 jährigen Alter 44—56%, im 80 jährigen Alter nur 28—46% vom Geldertrage nicht geschälter Bestände. Das Nutzholzprozent des geschälten Bestandteiles betrug 40, des ungeschälten 78. Die Rotfäule erstreckte sich bis 4 m Durchschnittshöhe. Der Stärkezuwachsrückgang betrug im folgenden Jahrzehnt nach der Schälung 18—20%.

Th. Micklitz (Zentralbl. f. d. g. Forstw. 1915, S. 188) stellte für einen 65 jährigen Fichtenbestand, der vor 37 Jahren geschält wurde, fest: 1. Der Stärkezuwachs wurde in geringem Maße herabgedrückt. 2. Die mittlere Höhe betrug 91% der normalen. 3. Die gesamte Masse betrug 75% der normalen, die Nutzholzmasse des Hauptbestandes 61% der normalen, der Abtriebswert 61% des normalen.

1. Beschädigung ganzer Bestände.

a) Der Bestand erreicht sein normales Haubarkeitsalter, erleidet aber Zuwachsverluste an Masse und Wert. Unterschied der Bestandserwartungswerte, wobei $B + V$ vernachlässigt werden kann. Der Mindererlös an Haupt- und Zwischennutzung kann oft auch in Prozenten der Normalwerte ausgedrückt werden.

Beispiel. In einem 40 jährigen Fichtenbestand sind sämtliche Stangen geschält. Im finanziellen Abtriebsalter würde bei einem mittleren Brusthöhendurchmesser von 27 cm und einer mittleren Höhe von 26 m die Derbholzmasse des Mittelstammes 0,74 fm, für 700 Stämme 518 fm, der Nutzholzanfall (80%) 413 fm mit Rinde, 372 fm ohne Rinde (10%) und der Brennholzanfall 105 fm betragen. Durchschnittspreis je fm Nutzholz 20 M., Brennholz 7 M., daher Abtriebswert $372 \cdot 20 + 105 \cdot 7 = 8175$ M.

Infolge der Schälverwundung scheiden über den normalen Durchforstungsanfall hinaus 100 Stämme durch Schnee und Wind vor dem Abtriebsalter aus, so daß beim Abtrieb nur mehr 600 Stämme vorhanden sind. Ihr mittlerer Brusthöhendurchmesser steigt auf 29 cm und die Masse des Mittelstammes auf 0,84 fm; Derbholzmasse für 600 Stämme demnach 504 fm. Da das Erdstück aller Stämme von 2 m Länge zu Brennholz verschnitten werden muß, gehen bei einem Mittendurchmesser dieses Stückes von 29 cm 0,066 (Kreisfläche) mal 2 = 0,13 fm an

Nutzholz verloren. Der Nutzholzanfall des Mittelstammes beträgt demnach, wenn das normale Nutzholzprozent 80 ist, $0.84 . 0.8 - 0.13 = 0.54$ fm und für 600 Stämme 324 fm mit Rinde und 292 fm ohne Rinde (10%). Brennholzertrag $504 - 324 = 180$ fm. Das Nutzholzprozent ist mithin auf 64,3 gesunken.

Da das wertvolle Erdstück wegfällt, beträgt der durchschnittliche Nutzholzpreis nur 18 M. je fm, der Brennholzwert dagegen, weil mehr Scheitholz anfällt, 8 M. Mithin Abtriebswert $292 . 18 + 180 . 8 = 6696$ M.

(Kann die Rinde des Nutzholzes verkauft werden, dann ist dieser Erlös hinzuzusetzen.)

Die prolongierten Durchforstungserträge würden vom 40. Jahre ab für den unbeschädigten Bestand 50% des Abtriebswertes ausmachen, also $8175 . 0.5 = 4088$ M. Durch den Schälschaden werden die Durchforstungserträge der Masse nach größer, dem Werte nach aber kleiner, weil durch die Verletzungen der Nutzholzwert herabgedrückt wird. Ihr prolongierter Ertrag kann auf 40% des anormalen Abtriebswertes, also auf $6696 . 0.4 = 2678$ M. eingewertet werden.

Nach der Differenz der Erwartungswerte berechnet sich danach der Schaden je ha auf

$$\frac{8175 + 4088 - (6696 + 2678)}{1{,}03^{80-40}} = 887 \text{ M.}$$

b) Der Bestand muß vor dem normalen Haubarkeitsalter abgetrieben werden. Schaden: Unterschied der Erwartungswerte. Der Ausfall an Nutzholz nach Menge uud Qualität ist zu berücksichtigen. Das finanzielle Abtriebsalter des geschälten Bestandes ist nach S. 101 festzustellen, wenn man es nicht gutachtlich einschätzen will.

Vgl. das vorhergehende und folgende Beispiel.

2. Beschädigung von Bestandsteilen.

a) Können die beschädigten Bestandsteile das normale Haubarkeitsalter nicht erreichen, dann ist die Differenz der Bestandserwartungswerte zu berechnen und außerdem der Schaden, den die Bestandsdurchlöcherung im Gefolge hat (Bodenrückgang, Windschaden, Verlust an der Bodenbruttorente).

Beispiel (nach Pilz). In einem 40jährigen Fichtenstangenholz von 3 ha sind $10\% = 0{,}3$ ha so stark geschält, daß sie schon im 60. Jahre anstatt im normalen Alter von 80 Jahren abgetrieben werden müssen. Ist $A_{80} = 11\,100$ M., $D_{50} = 250$ M., $D_{60} = 275$ M., $D_{70} = 360$ M., ferner $A_{60} = 5830$ M. (mit Rücksicht auf die Qualitätsverschlechterung), $B = 600$ M., $V = 500$ M., $p = 3\%$, dann beträgt der Schadenersatz:

$$1. \left(\mathrm{HE}_{40}^{u=80} - \mathrm{HE}_{40}^{u=60} \right) 0{,}3$$

$$= \left[\frac{11\,100 + 250 . 1{,}03^{30} + 275 . 1{,}03^{20} + 360 . 1{,}03^{10} + 600 + 500}{1{,}03^{40}} \right.$$

$$\left. - \frac{5830 + 250 . 1{,}03^{10} + 600 + 500}{1{,}03^{20}} \right] 0{,}3$$

$$= (4233 - 4025) \, 0{,}3 = 208 . 0{,}3 = 62{,}40 \text{ M.}$$

2. Verlust durch Windwurf auf 20% der Fläche vom 60.—80. Jahr. Es werden im durchschnittlichen Alter von 70 Jahren $(3{,}0 - 0{,}3) \, 0{,}20 = 0{,}54$ ha

geworfen. Der Schaden ergibt sich aus der Differenz $\mathrm{HE}_{40}^{u=80} - \mathrm{HE}_{40}^{u=70}$. Ist $A_{70} = 7800$ M., dann wird

$$\left(\mathrm{HE}_{40}^{u=80} - \mathrm{HE}_{40}^{u=70}\right) 0{,}54$$

$$= \left[4233 - \frac{7800 + 250 \cdot 1{,}03^{20} + 275 \cdot 1{,}03^{10} + 600 + 500}{1{,}03^{30}}\right] 0{,}54$$

$$= (4233 - 4005)\, 0{,}54 = 228 \cdot 0{,}54 = 123{,}10 \text{ M.}$$

3. Verlust der produktionslos gewordenen Lücken.

Während 20 Jahren sind 0,3 ha und während 10 Jahren 0,54 ha produktionslos. Die jährliche Bodenbruttorente beträgt

$$(600 + 500)\, 0{,}03 = 1100 \cdot 0{,}03 = 33 \text{ M.}$$

a) Der Anfangswert der während 20 Jahren entgehenden Rente ist

$$33 \cdot 0{,}3 \cdot \frac{1{,}03^{20} - 1}{1{,}03^{20} \cdot 0{,}03} = 9{,}9 \cdot 14{,}877 = 147{,}28 \text{ M.}$$

Dieselbe auf die Gegenwart diskontiert:

$$\frac{147{,}28}{1{,}03^{60-40}} = 147{,}28 \cdot 0{,}554 = 81{,}40 \text{ M.}$$

b) In gleicher Weise ergibt sich der Produktionsverlust auf 0,54 ha aus

$$33 \cdot 0{,}54 \cdot \frac{1{,}03^{10} - 1}{1{,}03^{10} \cdot 0{,}03} \cdot \frac{1}{1{,}03^{70-40}} = 62{,}55 \text{ M.}$$

Zusammen $81{,}40 + 62{,}55 = 143{,}95$ M.

4. Unter Umständen kann auch eine Entschädigung wegen Bodenrückganges in Frage kommen.

Tritt auf den $0{,}30 + 0{,}54 = 0{,}84$ ha eine Bodenverschlechterung in der Weise ein, daß vom nächsten Umtrieb ab auf die Dauer von 80 Jahren der Bodenwert um 100 M. sinkt, dann beträgt die Vergütung

$$\left(\frac{100 \cdot 0{,}03\, (1{,}03^{80} - 1)}{1{,}03^{80} \cdot 0{,}03} \cdot \frac{1}{1{,}03^{40}}\right) 0{,}84$$

$$= 3 \cdot 30{,}201 \cdot 0{,}307 \cdot 0{,}84 = 23{,}35 \text{ M.}$$

5. Der gesamte Schadenersatz beträgt demnach

$$62{,}40 + 123{,}10 + 143{,}95 + 23{,}35 = \mathbf{352{,}80} \text{ M.}$$

b) Können die beschädigten Bestandsteile nicht genutzt werden, weil dieselben noch nicht verwertbar sind (z. B. Stockausschläge in Mittel- und Niederwaldungen), und wird durch das allmähliche Absterben der beschädigten Teile weder der übrige Bestand noch der Boden beeinflußt, so ist lediglich der Ausfall an Ertrag zu diskontieren.

Beispiel. In einem Mittelwald mit 20 jährigem Unterholzumtrieb werden 0,3 ha Stockausschläge im 12. Jahre durch Kaninchen so benagt, daß sie dürr werden. Der Normalertrag des Unterholzes ist 300 M. Demnach beträgt der Schadenersatz

$$\frac{300 \cdot 0{,}3}{1{,}03^{20-12}} = 90 \cdot 0{,}7894 = \mathbf{71} \text{ M.}$$

B. Feststellung des Schadens für einen bestimmten Zeitraum (Verlust an laufendem Wertszuwachs).

Ist der Schaden für einen bestimmten zurückliegenden Zeitraum, z. B. für die letzten 10 Jahre zu berechnen, dann ist der Verlust an Wertszuwachs festzustellen, unter Umständen auch der Verlust an Bodenbruttorente.

Hinsichtlich der Verwendung des Kostenwertes gelten die auf S. 185 angegebenen Gesichtspunkte.

Sind durch das Absterben oder die Verkrüppelung von einzelnen Bäumen oder Bestandsteilen Lücken entstanden, die wegen des vorgeschrittenen Alters der Bestände nicht mehr bestockt werden können, dann ist für diese die Summe der Bodenbruttorenten für die Zeit von der Entstehung der Lücken bis zum Abtriebsalter nach Formel VII a und VII b zu vergüten. Dieser Schadenersatz wird sofort im ganzen fällig auch dann, wenn der Schaden für die Bestandsbeschädigung nur für eine bestimmte Anzahl von vergangenen Jahren festzustellen ist. Denn die Ausschaltung eines Teiles der produktiven Fläche von der Zuwachsarbeit des Bestandes bildet einen Schadenersatzanspruch, der in seiner vollen Höhe in der Zeit beglichen werden muß, in der der Schaden als vollendete Tatsache vorliegt. Sollte ausnahmsweise aus bestimmten Gründen die Berechnung der Bodenrenten für eine bestimmte Anzahl von Jahren gefordert sein, so erfolgt dieselbe nach Formel VII a nur für diesen Zeitraum. Für den Rest der Abtriebszeit wird dann später eine neue Berechnung notwendig.

Erstreckt sich der Zuwachsverlust nur auf einzelne Bäume oder auf mehrere nur in geringem Grade, dann schätzt man zweckmäßig die Größe des Schadens nach Prozenten des normalen Wertzuwachses ein.

Beispiel 1. Der Kostenwert eines 34 jährigen Fichtenbestandes ist 2634 M., der des 28 jährigen 2042 M., der normale 5 jährige Wertzuwachs somit 592 M. Wird der Ausfall an dem normalen Zuwachs auf 5 % veranschlagt, dann ergibt sich ein Schaden von $592 . 0{,}05 = \textbf{29{,}60}$ **M.**

Wäre der Bestand schon vor 5 Jahren nur zu 0,9 geschlossen gewesen, dann erhielte man $592 . 0{,}9 . 0{,}05 = \textbf{26{,}64}$ **M.**

Beispiel 2. Für einen durch Insektenbeschädigung und nachfolgenden Windwurf gelichteten 62 jährigen Fichtenbestand soll der Schaden der letzten 10 Jahre festgestellt werden. Der Bestockungsgrad war schon vor 10 Jahren nur noch 0,58 und beträgt jetzt infolge von weiteren Windwürfen 0,46. Für letztere wurden 650 M. in verschiedenen Jahren vereinnahmt; rechnerisch werden sie so behandelt, als ob sie vor 5 Jahren auf einmal eingegangen wären. Der normale Abtriebsertrag im 70. Jahre wäre 7727 M., der Bodenertragswert ist 763 M., das Verwaltungskostenkapital 447 M. Der Schaden berechnet sich wie folgt:

1. **Zuwachsverlust.** Wäre der Bestand auf seinem Bestockungsgrad von 0,58 geblieben, so wäre sein Abtriebsertrag im 70. Jahre $7727 . 0{,}58 = 4480$ M. und

$$\mathrm{HE}_{62} = \frac{4480 + 763 + 447}{1{,}03^{70 - 62}} - (763 + 447) = 3279 \text{ M.}$$

$$\mathrm{HE}_{52} = \frac{4480 + 763 + 447}{1{,}03^{70 - 52}} - (763 + 447) = 2130 \text{ M.}$$

und der Sollwertszuwachs $\mathrm{HE}_{62} - \mathrm{HE}_{52} = 3279 - 2130 = 1149$ M.

Da der Bestockungsgrad auf 0,46 gesunken ist, beträgt der Abtriebsertrag $7727 . 0,46 = 3554$ M. und

$$HE'_{62} = \frac{3554 + 763 + 447}{1,03^{70 - 62}} - (763 + 447) = 2549 \text{ M.}$$

Für den 52 jährigen Bestand wird unter Einrechnung des Windfallertrages von 650 M. im 57. Bestandsalter

$$HE'_{52} = \frac{3554 + 650 . 1,03^{70 - 57} + 763 + 447}{1,03^{\,70 - 52}} - (763 + 447) = 2147 \text{ M.}$$

Der wirkliche Wertzuwachs ist demnach
$$HE'_{62} - HE'_{52} = 2549 - 2147 = 402 \text{ M.}$$

Der Zuwachsverlust der letzten 10 Jahre berechnet sich demnach auf
$$1149 - 402 = 747 \text{ M.}$$

2. **Bodenbruttorente.** Vor 10 Jahren waren $1,00 - 0,58 = 0,42$ ha der Fläche unbestockt, gegenwärtig sind es $1,00 - 0,46 = 0,54$ ha. Die unbestockte Fläche hat also um $0,54 - 0,42 = 0,12$ ha zugenommen. Da der Zwischenertrag von 650 M. nach rechnerischer Annahme im 57 jährigen Bestandsalter angefallen ist, kann der Zeitraum für den Entgang an Bodenbruttorente nur mit $62 - 57 = 5$ Jahren bemessen werden.

Die Bodenbruttorente je ha beträgt $(763 + 447) 0,03 = 36,30$ M., für 5 Jahre
$$\frac{36,30\,(1,03^5 - 1)}{0,03} = 36,3 . 5,309 = 193 \text{ M.}$$

Für 0,12 ha beträgt der Verlust an Bodenbruttorente $0,12 . 193 = \mathbf{23}$ **M.**

3. **Der Gesamtschaden** ist $747 + 23 = \mathbf{770}$ **M.**

Die Berechnung des Schadenersatzes nach dem tatsächlichen **Verlust an dem laufenden Zuwachs des Abtriebswertes**, d. h. an Holzwertszuwachs, ist theoretisch für Bestände, welche das finanzielle Umtriebsalter noch nicht erreicht haben, nicht richtig (S. 124). Das Verfahren läuft darauf hinaus, daß an die Stelle der Differenz der Bestandserwartungswerte die Differenz der für die gegebenen Bestandsalter in Frage kommenden Abtriebswerte gesetzt wird. Da letztere größer ist als erstere, wird der Schadenersatz zu hoch berechnet (vgl Wertszuwachs S. 124).

Trotzdem ist die Berechnung nach diesem laufenden Wertszuwachs dann nicht zu umgehen, wenn in älteren durchlichteten Beständen die Festsetzung der für die Erwartungswerte nötigen Grundlagen auf Schwierigkeiten stößt. Auch in allen jenen Fällen, in denen die Verfassung und Zusammensetzung eines Bestandes greifbare Anhaltspunkte für seine weitere Entwickelung nicht bietet, kann die Verwendung des laufenden Wertszuwachses notwendig werden.

In jungen und jüngeren Beständen kann umgekehrt der laufende Wertszuwachs nicht ermittelt werden, weil das Sortimentenverhältnis und die Holzpreise nicht greifbar sind.

Die Beschaffung der Grundlagen erfolgt in der Weise, daß man durch Stammanalysen (Zuwachsbohrungen in Brusthöhe unzuverlässig!), die graphisch dargestellt werden, den Beginn und das Maß der Zuwachsminderung in Prozenten ermittelt. Im Anhalt an den Wuchs benachbarter unbeschädigter Bestände oder an die Angaben von Ertragstafeln stellt man alsdann den Wert fest, den der Bestand oder Bestandsteil normal haben sollte, und unter Zugrundelegung des ermittelten wirklichen Zuwachsprozentes den Wert, den der beschädigte Bestand bis zum Anfang der Zuwachsminderung tatsächlich hatte.

Beispiel 1. Ist der normale Abtriebswert des 40jährigen Bestandes 2038 M., des 50jährigen 3717 M., dann erhält man das normale jährliche Zuwachsprozent aus $\frac{3717}{2038} = 1{,}824 = 1{,}0 z^{10}$, woraus $z = 6{,}2\,^0/_0$. Wurde nun das Zuwachsprozent des beschädigten Bestandes zwischen dem 40. und 50. Jahr durch die Stammanalysen zu $4\,^0/_0$ ermittelt, der Abtriebswert des beschädigten 50jährigen Bestandes durch Auskluppierung zu 3016 M., dann betrug dessen Abtriebswert vor 10 Jahren $\frac{3016}{1{,}04^{10}} = 2038$ M. Der Zuwachsverlust beträgt demnach

$$3717 - 2038 - (3016 - 2038) = 3717 - 3016 = \mathbf{701}\ \mathbf{M.}$$

oder direkt

$$\frac{3016 \cdot 1{,}062^{10}}{1{,}04^{10}} - 3016 = 3717 - 3016 = \mathbf{701}\ \mathbf{M.}$$

Beispiel 2. Ein lichter jetzt 80jähriger Eichenbestand steht unter Rauchschaden. Es soll der Zuwachsverlust der letzten 10 Jahre berechnet werden. Die jetzige Derbholzmasse wurde durch Kluppierung zu 670 fm ermittelt, das wirkliche Massenzuwachsprozent in den letzten 10 Jahren zu $1{,}5\,^0/_0$.

Die Derbholzmasse des 70jährigen Hauptbestandes betrug somit

$$\frac{670}{1{,}015^{10}} = 670 \cdot 0{,}862 = 578\ \text{fm.}$$

In den letzten 10 Jahren wurde eine Durchforstungsmasse von 50 fm genutzt. Somit berechnet sich der wirkliche Zuwachs auf $670 + 50 - 578 = 142$ fm.

Ohne die Rauchbeschädigung hätten die vor 10 Jahren vorhanden gewesenen 578 fm mit $3{,}74\,^0/_0$ weiterwachsen und danach im 80. Bestandsalter einen Betrag von $578 \cdot 1{,}0374^{10} = 578 \cdot 1{,}443 = 834$ fm erreichen sollen. Somit wäre der normale Zuwachs $834 - 578 = 256$ fm.

Der 10jährige Zuwachsverlust ist demnach $256 - 142 = 114$ fm oder, wenn der Durchschnittswert je fm 20 M. beträgt, $114 \cdot 20 = \mathbf{2280}\ \mathbf{M.}$

War der verlichtete Zustand des Bestandes bereits vor 10 Jahren vorhanden und ist durch die Raucheinwirkung in den letzten 10 Jahren keine neue unproduktive Fläche entstanden, dann kann für die vorhandene unproduktive Fläche der Verlust an Bodenbruttorente nur dann in Rechnung gesetzt werden, wenn dieselbe ihre Ursache in früheren Rauchbeschädigungen hat. Da aber im gegebenen Fall vom Zuwachs des Abtriebswertes die Bodenbruttorente nicht abgezogen wurde, kann der Entgang derselben auf der unbestockten Fläche dadurch als gedeckt gelten (siehe S. 124).

Die Schadenersatzberechnung nach dem durchschnittlichen Haubarkeitszuwachs ergibt immer zu hohe Resultate (S. 119 f.).

VI. Vergütung für Herabsetzung der Standortsgüte durch äußere Einflüsse.

Ein 50jähriger Fichtenbestand I. Bonität ist durch Rauchschaden oder Entwässerungen oder andere äußere Einwirkungen in seiner Entwickelung gehemmt oder gefährdet.

1. Fall.

Der Schaden ist nicht so beträchtlich, daß die Fortsetzung der Fichtenwirtschaft für die Zukunft unmöglich wird.

1. Voraussichtlich wird nicht bloß der vorhandene, sondern auch jeder zukünftige Bestand anstatt der Erträge der I. Bonität nur die Erträge der III. Bonität liefern.

Der Schadenersatz erstreckt sich auf den Bestand und auf den Boden. Seine Berechnung kann auf zwei Wegen erfolgen:

A. a) Differenz der größten Bestandserwartungswerte des normalen und des beschädigten Bestandes. Für den normalen Bestand ergibt sich HE_{50} unter Zugrundelegung der finanziellen Umtriebszeit und des derselben entsprechenden B_u, für den beschädigten Bestand unter Zugrundelegung der finanziellen Umtriebszeit der III. Bonität und des derselben entsprechenden B_u.

Ist für I. Bonität $A_{80} = 14\,000$, $c = 120$, $V = 300$ M., $p = 3\,\%$, dann ist $B_{80} = 1024$ M. Ist ferner für III. Bonität $A_{80} = 7000$ M., dann wird $B_{80} = 296$ M.

Für den normalen Bestand wird

$$HE_{50} = \frac{14\,000 + 1024 + 300}{1,03^{80-50}} - (1024 + 300) = 4989 \text{ M.}$$

Für den beschädigten Bestand wird

$$HE_{50} = \frac{7000 + 296 + 300}{1,03^{80-50}} - (296 + 300) = 2533 \text{ M.}$$

Der Schadenersatz beträgt $4989 - 2533 = 2456$ M.

b) In dem Erwartungswert des beschädigten Bestandes wird dem Waldbesitzer nur die Bodenrente des beschädigten Bestandes vergütet. Er hat aber Anspruch auf die Bodenrente des normalen Bestandes. Deshalb ist ihm die Differenz der Bodenertragswerte sofort zu vergüten, also $1024 - 296 = 728$ M.

c) Der gesamte Schadenersatz beträgt demnach $2456 + 728 = \mathbf{3184}$ M.

B. a) Differenz der größten Bestandserwartungswerte des normalen und des beschädigten Bestandes. Beide Erwartungswerte werden aber mit dem Bodenertragswert des normalen Bestandes berechnet.

Demnach ist für den normalen Bestand wie unter A

$$HE_{50} = 4989 \text{ M.,}$$

für den beschädigten Bestand

$$HE_{50} = \frac{7000 + 1024 + 300}{1,03^{80-50}} - (1024 + 300) = 2105 \text{ M.}$$

Der Schadenersatz beträgt $4989 - 2105 = 2884$ M.

b) In dem Erwartungswert des beschädigten Bestandes wird in diesem Falle dem Waldbesitzer die Bodenrente des normalen Bestandes auf 30 Jahre hinaus vergütet. Erst wenn der jetzige Bestand geschlagen ist, bezieht er daher die Bodenrente des beschädigten Bestandes, d. h. es wird erst nach 30 Jahren der Minderwert des

Bodens fällig. Die **Differenz der Bodenertragswerte** ist also auf 30 Jahre zu diskontieren:

$$\frac{1024-296}{1{,}03^{30}} = \frac{728}{1{,}03^{30}} = 300 \text{ M.}$$

c) Der gesamte Schadenersatz beträgt demnach $2884 + 300 = \mathbf{3184}$ M. (wie unter A).

2. Die Beschädigung trifft nur den jetzt vorhandenen Bestand. Die künftigen Bestände werden wieder normal sein.

Schadenersatz: Differenz der größten Bestandserwartungswerte des normalen und des beschädigten Bestandes unter Zugrundelegung des Bodenertragswertes des normalen Bestandes in beiden Fällen.

Im vorigen Beispiel beträgt also der gesamte Schadenersatz

$$4989 - 2105 = \mathbf{2884} \text{ M.}$$

2. Fall.

Die Nadelholzzucht muß aufgegeben werden. An ihre Stelle tritt Laubholzwirtschaft.

1. Der vorhandene Bestand muß sofort abgetrieben werden.

Schadenersatz:

a) Differenz des Bestandserwartungswertes (finanzielle Umtriebszeit und höchster B_u der Fichte I. Bonität) und des Abtriebswertes.

b) Differenz der höchsten Bodenertragswerte der bisherigen Fichtenwirtschaft und der künftigen Laubholzwirtschaft.

2. Der beschädigte Fichtenbestand bleibt vorläufig noch stehen; nach seinem Abtrieb wird die Fläche mit Laubholz bestockt.

Schadenersatz: Wie beim 1. Fall unter 1 (vgl. Waldwirtschaftswert).

VII. Die Berechnung des Waldsteuerwertes.

Steuern und Abgaben vom oder auf das Waldvermögen bedingen die Festsetzung des Steuerkapitalwertes nach den gesetzlichen Richtlinien. Nach den bestehenden Vermögenssteuergesetzen wird bei land- und forstwirtschaftlichen Grundstücken anstatt des gemeinen Wertes der Ertragswert zugrunde gelegt, der dem 25 fachen des Reinertrages entspricht. Der Kapitalisierungszinsfuß ist somit 4 %. Das Reichsnotopfergesetz vom 31. Dezember 1919 ließ sogar einen Zinsfuß von 5 % zu.

Gegenüber der Kapitalisierung einer Rente mit 3 % (forstlichem Zinsfuß) bedeutet die Kapitalisierung mit 4 % die Herabminderung des Kapitalwertes (Ertragswertes) um 25 %, die Kapitalisierung mit 5 % die Herabminderung um 40 %.

Für Waldungen im jährlichen Nachhaltsbetrieb, deren Steuerwert als Rentierungswert berechnet werden kann, ergibt sich die kapitalverkleinernde Wirkung des höheren Zinsfußes ohne weiteres.

Ist z. B. die jährliche Rente 3000 M. und der forstliche Zinsfuß 3 %, dann berechnet sich der Verkehrswert des Waldes auf $\dfrac{3000}{0,03} = 100\,000$ M., der Steuerwert dagegen bei einem Steuerzinsfuß von 4 % auf $\dfrac{3000}{0,04} = 75\,000$ M.

Für Waldungen im aussetzenden Betrieb muß aber ein besonderes Verfahren angewendet werden, das darin besteht, daß man den Bodenertragswert und den Bestandserwartungs- oder Kostenwert auf der Grundlage der finanziellen Umtriebszeit mit dem forstlichen Zinsfuß von 3 % berechnet und die sich ergebenden Werte bei einem Steuerzinsfuß von 4 % um 25 %, von 5 % um 40 % ermäßigt.

Beispiel: Eine Waldparzelle ist je auf einem Hektar mit 35-jährigen, 80jährigen und 90jährigen Fichten bestockt. Mit dem forstlichen Zinsfuß zu 3 % berechnet sich für die finanzielle Umtriebszeit von 80 Jahren der Bodenertragswert auf 1057 M. und der Bestandserwartungswert des 35jährigen Bestandes auf 2710 M. (S. 99). Der Verkehrswert des 80jährigen Bestandes ist gleich dem Abtriebswert von 9809 M., des 90jährigen Bestandes gleich dem Abtriebswert von 11 240 M. Schreibt nun das Vermögenssteuergesetz einen Kapitalisierungszinsfuß von 4 % vor, so sind für die Steuerveranlagung alle diese Werte um 25 % zu kürzen. Es beträgt also der Steuerwert für den Boden je Hektar 1057 . 0,75 = 792,75 M., für den 35jährigen Bestand 2710 . 0,75 = 2032,50 M., für den 80jährigen 9809 . 0,75 = 7356,75 M., für den 90jährigen 11 240 . 0,75 = 8430 M.

Für die praktische Durchführung der Waldbesteuerung werden zweckmäßige örtliche schematische Tabellen entworfen.

Wollte man die Steuerwerte des Bodenertragswertes und des Bestandserwartungs- oder Kostenwertes direkt mit dem Steuerzinsfuß berechnen, dann würde die finanzielle Umtriebszeit, die auch hier grundlegend ist, auf ein sehr frühes Bestandsalter fallen. Sowohl das auf das letzte Jahr dieser Umtriebszeit fallende Bestandsalter wie alle darüber hinausliegenden würden von dem Erwartungs- oder Kostenwert nicht mehr erfaßt und müßten dann folgerichtig mit ihrem Abtriebswert zur Steuer herangezogen werden. Sie würden also der Vorteile, die der Gesetzgeber allen Beständen durch die Gewährung eines hohen Steuerzinsfußes einräumen will, verlustig gehen. Dieselben Bestände würden aber andererseits diese Vorteile von selbst genießen, wenn sie in den Rahmen einer auf den jährlichen Nachhaltsbetrieb eingerichteten Betriebsklasse eingespannt wären.

Dazu kommt noch, daß die infolge des hohen Steuerzinsfußes über den Erwartungs- oder Kostenwert hinausfallenden Bestände forsttechnisch und forstlich finanziell tatsächlich, wenigstens der Regel nach, noch nicht haubar sind, ihr Abtriebswert daher schwer festzustellen ist und überdies als wirtschaftlicher Wert nicht in Betracht kommt. Gegenüber dem mit dem forstlichen Zinsfuß berechneten maßgebenden Erwartungs- oder Kostenwert sind diese Abtriebswerte zu klein. Wollte man nun von diesen auch noch den Abzug von 25 % bzw. 40 % machen, so würde der Steuerwert zu gering.

VIII. Teilung von Waldungen.

Nach welchen Gesichtspunkten die Teilung erfolgen soll, wird in der Regel von den Parteien im voraus bestimmt. Die Festsetzung des Wertes der einzelnen Waldteile geschieht nach den gewöhnlichen Regeln.

Allgemein kommen folgende Verfahren in Betracht:

1. Teilung des Bodens auf Grund der berechneten Ertragswerte und Ausgleichung des Unterschiedes der Bestandswerte durch Geldvergütung. Die Fläche eines jeden Teilhabers muß arrondiert sein. Das Verfahren setzt voraus, daß die Teilhaber, denen die größten Bestandswerte zufallen, Geldkapital zur Ausgleichszahlung zur Verfügung haben. Oft ist es zweckmäßig, daß die haubaren Bestände vor der Teilung genutzt werden, bzw. daß der Erlös zur Ausgleichung verwendet wird.

An sich hat das Verfahren den Vorzug, daß jeder Teilhaber die gleiche Bodenfläche erhält und in derselben ein fixes, im Werte steigendes Kapital.

Nach der Preußischen Gemeinheitsteilungsordnung vom 7. Juli 1821 §§ 112, 113 soll bei Naturalteilung eines gemeinschaftlichen Waldes jeder Miteigentümer seinen Anteil tunlichst in Grund und Boden und in stehendem Holze erhalten. Ist dies unausführbar, so muß derjenige, der einen Überschuß an stehendem Holz erhält, dem Benachteiligten Holz zum Abtriebe anweisen oder ihn durch Holzlieferungen oder Geld entschädigen.

2. Man berechnet den Waldwert des ganzen Komplexes und teilt jedem Teilhaber so lange Wald, d. h. Boden mit darauf stockendem Bestand zu, bis sein Guthaben erfüllt ist. Derjenige, dem die wertvollsten Bestände zufallen, erhält die geringste Bodenfläche und umgekehrt. Maßgebend ist die wirtschaftliche Situation der einzelnen Teilhaber. Der kapitalkräftige Teilhaber (Staat, Gemeinde, Großgrundbesitzer) wird die größere Bodenfläche vorziehen, der kapitalbedürftige Private die höheren Bestandswerte, weil er sich durch die Nutzung der älteren Bestände flüssige Geldmittel verschaffen kann [1]).

3. Man teilt jede einzelne, in bezug auf Standorts- und Bestandsgüte und Alter gleichartige Abteilung. Dieses Verfahren führt zu einer Zerstückelung des Waldbesitzes.

Es wurde bei den Aufteilungen der Gemeindewaldungen in früherer Zeit allgemein angewendet und führte die beklagenswerte Parzellierung des Privatwaldbesitzes herbei. Vgl. mein Handbuch der Forstpolitik, 2. Aufl. 1922, S. 404.

---

[1]) Im Regierungsbezirk Kassel wurde die Naturalteilung der Halbengebrauchswaldungen nach Waldwerten vorgenommen. Vgl. Borgmann, Allgem. Forst- und Jagdzeitung 1890, Juniheft.

IX. Zusammenlegung von Teilforsten.

Zumeist handelt es sich um Bildung von Waldgenossenschaften. Die maßgebenden Gesichtspunkte hierfür sind forstpolitischer Natur (vgl. mein Handbuch der Forstpolitik, 2. Aufl. S. 477). Grundlegend ist der Waldwert, den jeder Genosse einwirft. Nach Verhältnis desselben erfolgt auch die Verteilung der Erträge und der Lasten.

Anhang.

Anweisungen zur Vornahme von Waldwertsrechnungen der Staatsforstverwaltungen von Sachsen, Preußen und Bayern.

1. Sachsen.

„Anweisung zur Anfertigung von Wertsermittelungen bei Erwerbung und Veräußerung von Grundstücken durch die Staatsforstverwaltung" vom Jahre 1904. (Ohne Tabellen abgedruckt im Tharander Forstl. Jahrbuch 1906, 184; separat zu beziehen von der sächs. Forsteinrichtungsanstalt.)

Zinsfuß durchgängig 3%.

1. Forstlicher Bodenwert. Es wird zunächst der Bodenertragswert unter Weglassung der Verwaltungskosten berechnet — „Bodenbruttowert".

Als Umtrieb ist der Normalumtrieb des Reviers oder der Betriebsklasse anzunehmen, zu welcher die zu erwerbende Fläche treten soll — besondere Verhältnisse ausgenommen.

Als Bonität ist anzunehmen a) für Blößen und Flächen, deren Bestockung nach Holzart, Betriebsform und Beschaffenheit so unvollkommen ist, daß die Verjüngung geboten und binnen der nächsten 10 Jahre ausführbar erscheint, die Bestandsbonität, welche der nachzuziehende Bestand im Umtriebsalter mutmaßlich aufweisen wird, b) für alle anderen bestockten Flächen die Bestandsbonität des vorhandenen Bestandes im Umtriebsalter. (Die Vorschrift b kann zu wesentlich unrichtigen Bodenwerten führen, wenn der vorhandene Bestand nicht standortsgemäß ist!)

Die einzustellende Abtriebsmasse für Fichte und Kiefer ist der der Anweisung beigegebenen Ertragstafel zu entnehmen.

Die Zwischennutzungserträge sind in Prozenten des Wertes der Abtriebsmasse nach den angegebenen Sätzen einzustellen (siehe S. 76).

Der Anweisung sind Tafeln beigegeben, welche die Bodenbruttowerte für 1 ha Fichten (Tannen) und Kiefern (Lärchen) bei Umtrieben von 60—100 Jahren in 10 jährigen Abstufungen und bei Kulturkosten von 60—250 M. in Abstufungen von 10 M. sowie bei verschiedenen Durchschnittspreisen für die 5 Bonitäten enthalten.

2. Der Bestandswert wird als Bestandsvorrats-, Kosten- oder Erwartungswert ermittelt.

a) Der Vorratswert (= Abtriebswert) ist in der Regel anzuwenden für Hochwaldbestände von über 40 Jahren, für das über 40 jährige Oberholz im Mittelwalde und für jüngere verjüngungsbedürftige Bestände. Haben über 40 jährige Bestände (schwache Stangenhölzer) einen unverhältnismäßig niedrigen Verkaufswert und sind wesentliche Preissteigerungen zu erwarten, dann tritt an Stelle des Vorratswertes der Erwartungswert.

b) Der Bestandskostenwert (mit Bodenbruttowert und deshalb mit Weglassung des Verwaltungskapitals) ist in der Regel auf die 1—40 jährigen

Bestände anzuwenden. — Eine für alle Holzarten gültige, der Anweisung beigegebene Tafel gibt die Kostenwerte für die Bestandsalter 5, 10 .... und 40 an, ohne Abzug der Zwischennutzungen. Als Nachwerte derselben sind die auf S. 116 angegebenen Prozente abzuziehen.

c) Der Bestandserwartungswert (ebenfalls nur mit dem Bodenbruttowert zu berechnen) kommt nur ausnahmsweise zur Bewertung schwacher über 40jähriger Stangenhölzer, dann jüngerer Niederwaldorte und des jüngeren Unterholzes und des bis 40 Jahre alten Oberholzes im Mittelwalde zur Anwendung.

3. Abzüge. Da der Bodenwert zunächst als Bruttowert berechnet wird, müssen von dem nach den geschilderten Verfahren ermittelten Gesamtwert noch die Verwaltungsausgaben abgezogen werden. Dazu zählen nach der Anweisung

a) die kapitalisierten Steuern und Abgaben,

b) die kapitalisierten Kosten für Verwaltung, Schutz und Forsteinrichtung in der durchschnittlichen Höhe von 12 M. für 1 ha,

c) die Ausgaben für Entwässerung, Unterhalt öffentlicher Wege, Strombauten usw.

2. Preußen.

I. Nach einer allgemeinen Verfügung des preußischen Ministeriums für Landwirtschaft, Domänen und Forsten vom 15. Mai 1905 gelten für die Ausführung von Waldwertsberechnungen folgende allgemeine Vorschriften:

1. In der Regel sind der Boden- und der Bestandswert getrennt zu berechnen.

2. Für den Boden ist der ortsübliche Verkaufswert bzw. der bei früheren, von der Forstverwaltung abgeschlossenen Ankäufen gezahlte Verkaufswert oder der für jede Bodenklasse zu ermittelnde Erwartungswert in Rechnung zu stellen.

3. Die unter 40 bis 50 Jahre alten Bestände sind in der Regel nach dem Erwartungswerte oder dem Kostenwerte zu berechnen.

Ältere und alle hiebsreifen Bestände sind nach ihrem Verkaufswerte zu veranschlagen.

4. Bei Berechnung der Erwartungs- und Kostenwerte sind sämtliche Aufwendungen für die Beamten und den Betrieb, insbesondere auch die für den Wegebau und die Steuern, und alle Einnahmen aus Holz, den Nebennutzungen und der Jagd, ferner, soweit es sich um Bestände handelt, die Vor- oder Nachwerte der Bodenrenten in Anrechnung zu bringen.

Die Holzwerbungskosten werden unmittelbar von den Holzeinnahmen abgezogen.

5. Enthalten die zu veranschlagenden Kulturen und Jungbestände noch nachbesserungsbedürftige Stellen oder bleibende, auf den künftigen Ertrag einwirkende Unvollkommenheiten, so sind die noch aufzuwendenden Nachbesserungskosten bzw. die Ertragsausfälle entsprechend zu veranschlagen.

6. Für Kusselbestände, welche einen Holzverkaufswert nicht besitzen, aber als willkommener Bodenschutz erhalten werden müssen, ist ein solcher Preis einzusetzen, daß der Verkäufer des Grund und Bodens es vorzieht, dieselben mit abzutreten.

7. Zur Ermittelung haubarer Holzmassen findet stammweises Auskluppen, in geeigneten Fällen die Berechnung nach dem Mittelstammverfahren statt.

Die Massenberechnung nach Probeflächen ist nur für sehr gleichmäßige Bestände anzuwenden.

8. Die Vornutzungserträge und die künftigen Abtriebsmassen sind nach bewährten Ertragstafeln unter Berücksichtigung der Bestands-Unvollkommenheiten zu veranschlagen.

9. Bei Berechnung der den Wertsermittelungen zugrunde zu legenden Holzpreise sind die in den Nachbar-Oberförstereien erzielten Preise tunlichst in Betracht zu ziehen.

Der Einfachheit wegen können Durchschnittspreise je Festmeter Derbholz nebst dem darauf entfallenden Reisig und Stockholz in Anwendung gebracht werden.

Wie solche Durchschnittspreise ermittelt sind, ist in dem Erläuterungsberichte nachzuweisen.

10. Bei Zugrundelegung eines 80jährigen und kürzeren Abtriebsalters sind in der Regel 3%, bei Annahme eines höheren Abtriebsalters in der Regel $2\,{}^{1}/_{2}\%$ Zinzeszinsen auch für Kapitalisierungen in Ansatz zu bringen.

11. Wenn die Berechnung ein einem größeren Forstkomplexe hinzutretendes Waldgrundstück betrifft, so ist bei der Veranschlagung der Kosten für die Beamten und den Betrieb hierauf Rücksicht zu nehmen.

12. Jeder etwas umfangreichen Waldwertsermittelung ist ein kurzer, die allgemeinen Verhältnisse des geschätzten Waldes schildernder Erläuterungsbericht, in welchem auch das bei der Berechnung angewendete Verfahren auseinandergesetzt ist, beizufügen.

13. Bei größeren für den Fiskus anzukaufenden Waldungen kann der Wertsberechnung ein Betriebsplan zugrunde gelegt werden, bei welchem es aber nicht auf eine sorgfältige periodische Ausgleichung ankommt. Im übrigen sind die für die Aufstellung von Betriebsplänen bei der Staats-Forstverwaltung geltenden Grundsätze zur Anwendung zu bringen. Eine getrennte Berechnung des Boden- und Bestandswertes kann in diesem Falle unterbleiben.

14. Die Faktoren der Zinstafeln können auf zwei Dezimalen und die Geldwerte auf ganze Mark abgerundet werden.

II. Nach einer Verfügung des gleichen Ministeriums betreffend die „Führung elektrischer Hochspannungsleitungen durch Forstbestände" vom 8. August 1910 sind für die Benutzung der Aufhiebsflächen jährlich mindestens 50 M. Mietzins je Hektar zu fordern. Bei Bemessung desselben ist dafür Sorge zu tragen, daß der Forstfiskus nicht nur für die Nutzungsentziehung, sondern auch für Verluste und Nachteile, die durch Windwurf, Windbruch, Bodenverödung Bodenverangerung, Sonnenbrand, Erschwerung des Wirtschaftsbetriebes usw. zu erwarten sind, angemessen entschädigt wird. — Gehen die Leitungen über Freiflächen oder finden keine nennenswerte Aufhiebe oder nur Aufästungen statt, dann wird ein jährlicher Mietzins von mindestens 10 M. je Kilometer erhoben.

Die einmaligen Entschädigungen für Verluste durch vorzeitigen Abtrieb noch nicht hiebsreifer Bestandsteile sind aus dem Kosten- oder Erwartungswert unter Abzug des erntekostenfreien Erlöses aus dem verkauften Holz mit einem Zinsfuß von 3% zu berechnen.

3. Bayern.

I. „Instruktion zur Ermittelung der Entschädigung für die Überlassung von Staatswaldgrund zum Bau und Betrieb von Eisenbahnen vom 14. Juli 1884." (Abgedruckt in „Mitteilungen aus der Staatsforstverwaltung Bayerns", 3. Heft, München 1903, S. 77 ff.)

Die Entschädigungen werden in „Hauptentschädigungen" und „Nebenentschädigungen" eingeteilt. Zu ersteren zählt die Entschädigung für dauernde Abtretung des Bodens, für die Schmälerung der Nutzung auf den im Eigentum des Forstfiskus verbleibenden Sicherheitsstreifen und für den vorzeitigen Abtrieb der Holzbestände. Als „Nebenentschädigungen" können in Betracht kommen die Vergütung für Neuanlage oder Verlegung von Wegen, Gräben usw. sowie die Entschädigung für Durchlichtung von Holzbeständen gelegentlich der Projektierungsarbeiten, unter Umständen auch eine Abfindung wegen erhöhter Windgefahr für die benachbarten Bestände. — Eine Entschädigung wird n i c h t verlangt für erhöhte Feuersgefahr der anliegenden Bestände, für Erschwerung des Forst- und Jagdbetriebes, für die Abänderung der Betriebs- und Kartenwerke.

Der Bodenwert ist zu erheben als B o d e n e r t r a g s w e r t („Bodenerwartungswert"), welcher sich für die bisherige Betriebsart und die durch die Forsteinrichtung festgesetzte Umtriebszeit berechnet. Die Haubarkeits- und Vornutzungserträge, letztere auf volle Jahrzehnte bezogen, sind mittels Angleichung an die Hiebsergebnisse haubarer bzw. durchforsteter jüngerer Bestände derselben Holz- und Betriebsart und der gleichen Standortsgüte festzustellen, außerdem nach Ertragstafeln. — Als Holzpreise sind die 3 bis 10jährigen örtlichen Durchschnittspreise in Ansatz zu bringen, unter Umständen unter Berücksichtigung einer zu erwartenden Preisänderung in der nächsten Zukunft. Dasselbe gilt für die Bestimmung des Nutzholzprozentes und für Festsetzung der Kulturkosten. — Nebennutzungen sind nach lokalen Erfahrungssätzen zu verrechnen, eventuell gegen Ausgabeposten zu kompensieren. — Die jährlichen Verwaltungskosten sind nach 3 bis 10jährigen Durchschnittssätzen pro Hektar der Gesamtwaldfläche des betreffenden Forstverwaltungsbezirkes in Anrechnung zu bringen. D e r R e c h n u n g s z i n s f u ß b e t r ä g t 2%.

Die E n t s c h ä d i g u n g f ü r S c h m ä l e r u n g d e r N u t z u n g auf den längs der Bahnkörper sich hinziehenden S i c h e r h e i t s s t r e i f e n ist gleich dem forstlichen Bodenertragswert abzüglich des Kapitalwertes des Reinertrages, welcher bei Unterstellung der örtlich und zeitlich am zweckmäßigsten erscheinenden forst- o d e r landwirtschaftlichen Benutzung (Grasnutzung, Weidenzucht, Feldbau) dauernd zu erwarten ist.

Bei der Ermittelung des Entschädigungsbetrages für den vorzeitigen Abtrieb der Bestände hat der unter Zugrundelegung des berechneten Bodenertragswertes ermittelte wirkliche B e s t a n d s k o s t e n w e r t zum Anhalt zu dienen. Ist letzterer größer als der Erlös aus der abgetriebenen Holzmasse, dann bildet die Differenz die von der Eisenbahnverwaltung zu leistende Entschädigung. Ist dagegen der Kostenwert gleich oder kleiner als der Verkaufswert, dann fällt die Entschädigung weg. Die Untersuchung des Verhältnisses zwischen Kosten- und Verkaufswert hat sich beim Hochwaldbetriebe für die Regel auf die Holzbestände zu beschränken, welche drei Vierteile der betriebsplangemäßen Umtriebszeit noch nicht zurückgelegt haben, kann aber auch auf alle Bestände, welche die volle Umtriebszeit noch nicht erreicht haben, ausgedehnt werden. Zu unterbleiben hat sie gegenüber den Beständen, welche die Umtriebszeit überschritten haben, und jenen, welche aus betriebstechnischen Erwägungen in den speziellen Wirtschaftsplan aufgenommen waren.

Da der Bodenertragswert und der Produktionsaufwand auf der Vollbestockung fußt, so sind auch die Einnahmeposten des Bestandskostenwertes und der Bestandsverkaufswert auf die V o l l b e s t o c k u n g zu beziehen.

Zu dieser Instruktion ist zu bemerken, daß infolge der Unterstellung eines Zinsfußes von 2% sich zu hohe Boden- und Bestandswerte berechnen. Ist die Umtriebszeit höher als die finanzielle, dann wird deren Höhe allerdings etwas herabgedrückt. Die Instruktion ist veraltet und führt zu unrichtigen Ergebnissen.

II. „A n w e i s u n g v o m 1. A p r i l 1911 z u r B e r e c h n u n g d e s V e r m ö g e n s - w e r t e s d e r b a y e r i s c h e n S t i f t u n g s w a l d u n g e n." Herausgegeben vom bayer. Finanzministerium (Finanz-Minist.-Blatt 1911. Nr. 9, S. 263 ff.).

Bei annähernd normalem Altersklassenverhältnis ist der Waldrentierungswert zu berechnen.

„Bei sehr abnormem Altersklassenverhältnis wird jede Altersklasse als Wirtschaftsperiode betrachtet, deren Gesamtertrag aus den Angaben des Wirtschaftsplanes berechnet und durch Abzug der in der ganzen Periode aufzuwendenden Kultur- und Verwaltungskosten in den Reinertrag umgewandelt wird." Dieser wird als in der Mitte der Periode eingehend angesehen und als immerwährende Periodenrente nach der (Durchforstungs-) Formel V berechnet.

Nach unserer Bezeichnung beim kombinierten Waldrentierungswert (S. 153) ergibt sich danach die Formel

$$W = \frac{1{,}0\,p^{u-\frac{n}{2}}}{1{,}0\,p^{u}-1}\left(A_I + \frac{A_{II}}{1{,}0\,p^{n}} + \frac{A_{III}}{1{,}0\,p^{2n}} + \cdots \frac{A_z}{1{,}0\,p^{(z-1)n}}\right).$$

Diese Formel geht von dem Gesichtspunkt aus, daß das jetzt vorhandene abnorme Altersklassenverhältnis auch in den folgenden Umtriebszeiten wiederkehrt, also die jetzt vorhandenen Vorratsüberschüsse oder Vorratsmängel in allen Umtriebsperioden in gleicher Größe vorhanden sein werden. Da diese Annahme nicht berechtigt ist, ist die Formel verfehlt.

Als Zinsfuß sind 3% vorgeschrieben.

III. Anweisung zur Berechnung der Entschädigung bei Führung von Starkstromleitungen über forstärarialisches Gelände vom 3. April 1914.

Vergütungen werden nur für wirklichen Schaden beansprucht, nämlich:

1. Durch den Entgang von Nutzungen auf der Durchhiebsfläche, durch Bodenaushagerung, Verangerung, Sonnenbrand, Windwurf und -Bruch in den angrenzenden Bestandsteilen und durch die Erschwerung des Wirtschaftsbetriebes. Hierfür ist eine jährliche Entschädigung zu bedingen auf Grund des durchschnittlichen Waldreinertrages des Forstamtsbezirkes, mindestens 15 M. je ha. Bei sehr schmalen Aufhieben kann eine einmalige Abfindung für die Dauer der Konzession mit 3% vereinbart werden.

2. Durch vorzeitigen Abtrieb noch nicht hiebsreifer Bestandteile (Kostenoder Erwartungswert mit 3% bis 60 Jahre).

3. Durch Zuwachsentgang auf den Lichtungsstreifen nach Ablauf des Vertrages bzw. Aufgabe oder Verlegung von Leitungen, sofern die Flächen nicht sofort aufgeforstet werden können. Der Ersatz ist in den Verträgen vorzubehalten.

Zweiter Teil

Forststatik.

Erster Abschnitt.

Begriff und Geschichte der Forststatik.

Unter Forststatik (forstlicher Statik) versteht man die Lehre vom Abwägen zwischen Ertrag und Kosten des forstlichen Betriebes („Rentabilitätsberechnung forstlicher Wirtschaftsverfahren" nach G. Heyer).

Dieselbe bringt daher das wirtschaftliche Moment der Produktion zum Ausdruck, indem sie unter mehreren forsttechnisch möglichen Wirtschaftsweisen diejenige erkennen läßt, welche vorübergehend oder dauernd den größten Überschuß des Ertrages über die Kosten sichert.

Die Wege, auf denen diese Aufgabe gelöst werden kann, sind verschieden je nach den gegebenen Voraussetzungen. In der allgemeinen Grundgleichung für das wirtschaftliche Gleichgewicht:

$$A_u + D_a \, 1{,}0 \, p^{u-a} + .. = B \, (1{,}0 \, p^u - 1) + V \, (1{,}0 \, p^u - 1) + c \, 1{,}0 \, p^u$$

bedingen sich die Größen p, u und B gegenseitig in der Art, daß immer die eine durch die beiden anderen bestimmt wird. Das heißt:

a) Einem bestimmten Zinsfuß (p) und einer bestimmten Umtriebszeit (u) entspricht für die gegebenen Verhältnisse ein ganz bestimmter Bodenwert (B) und somit eine bestimmte Bodenrente. Durch Vergleichung dieser erwirtschafteten Bodenrente mit jener anderer Wirtschaftsverfahren ergibt sich die Größe des erzielten Wirtschaftserfolges bzw. die finanzielle Überlegenheit des einen Betriebes über den anderen.

b) Ist der Bodenwert und die Umtriebszeit gegeben, dann arbeitet die Wirtschaft mit einem bestimmten Wirtschaftsprozent. Das Verhältnis desselben zu dem vom Waldbesitzer geforderten Wirtschaftszinsfuß gibt daher Aufschluß, ob der Ertrag die Kosten deckt oder nicht.

c) Ist der Bodenwert und der Zinsfuß gegeben, dann fragt es sich, welche Umtriebszeit einzuhalten ist, um die Wirtschaft im finanziellen Gleichgewicht zu erhalten. Theoretisch handelt es sich um einen ganz bestimmten Zeitpunkt, in welchem der Produktionsprozeß abgeschlossen werden muß, wenn Ertrag und Kosten sich ausgleichen sollen.

Mit diesen allgemeinen Umrissen ist im großen und ganzen der rechnerische Weg gekennzeichnet, dessen sich die forstliche Statik zur Lösung ihrer Aufgaben bedienen muß. Da Bodenrente, Verzinsungsprozent und Umtriebszeit direkt abhängig sind von der Größe der Haubarkeitsnutzung und des Durchforstungsertrages, und da die Gesamtleistung eines Bestandes durch den Durchforstungsbetrieb wesentlich beeinflußt wird, gehören im weiteren Sinne des Wortes alle Fragen in das Gebiet der Statik, welche sich mit dem Ertrag und Zuwachs des Waldes beschäftigen, außerdem auch alle Maßnahmen, welche den Betriebs- und Verwaltungsaufwand beeinflussen. Als wissenschaftliche Disziplin muß sich aber die forstliche Statik auf die Methoden der Rechnung beschränken, wenn sie sich nicht ins Uferlose verlieren will.

Geschichtliches. Die erste forststatische Idee enthält die Forstordnung für das Fürstentum Neuburg a. D. (Bayern) vom Jahre 1577, erneuert 1690, indem verfügt wird, daß, wenn die Lehen- und Zinswaldungen von den Nutznießern überhauen wurden, diese den halben Erlös von dem in den letzten sechs Jahren verkauften Holz herauszahlen müssen. Diese Geldsumme wird verzinslich angelegt und „bleibt ewig bei dem lehen- oder zinsbaren Gehölz". Der jeweilige Inhaber desselben erhält nur den Zins „von wegen des beschädigten Holzes". (Forstreservefonds!)

H. von Carlowitz, Sylvicultura oeconomica 1713, S. 100, gleicht die Erträge bei land- und forstwirtschaftlicher Benutzung des Bodens ab.

Reaumur betont 1721, daß man einen ansehnlichen Verlust erleide, wenn man die Bäume zu alt werden lasse (Stahls Forstmagazin, I. Bd., S. 274). Buffon weist 1742 auf den Einfluß der langen forstlichen Produktionszeiträume hin (Weber im Handb. d. Forstw., 1. Aufl., I, 81).

In Stahls Forstmagazin und in Mosers Forstarchiv (2. Hälfte des 18. Jahrhunderts) werden wiederholt Rentabilitätsprobleme behandelt. Von besonderer Bedeutung ist eine im Forstmagazin 1764, IV. Bd., vom Stolberg-Wernigerodeschen Oberforstmeister von Zanthier aufgestellte Rentabilitätsrechnung. Zuerst wird untersucht, ob die Buche im 120jährigen Umtrieb oder im 40jährigen („Stangenholz" = Mittelwald) größere Erträge liefert (a. a. O. S. 68), dann, welche Erträge sich innerhalb von 200 Jahren vom Eichen-, Buchen- und sonstigen Laubholz-Hochwald und Mittelwald und vom Fichtenhochwald erwarten lassen (S. 156 ff.), indem alle von einem Morgen innerhalb von 120 bzw. 200 Jahren beziehbaren Roherträge auf das Ende dieser Zeiträume prolongiert werden, und zwar mit einer Art von mittleren Zinsen. Die Rechnungsmethode ist vollständig zweckentsprechend und führt zu dem Ergebnis, daß der Buchenmittelwald höhere Erträge liefert als der Hochwald und der Fichtenhochwald den meisten Nutzen abwirft. Damit hat von Zanthier die erste brauchbare Rentabilitätsrechnung und die ersten Geldertragstafeln aufgestellt.

Beachtenswert ist auch ein Artikel über die Rentabilität der Starkholzzucht („Holländertanne") im Forstarchiv 1790, VII. Bd., S. 161 und eine Abhandlung des Forstkommissärs Moser in Bechsteins „Diana", Bd. 2, 1801.

Mit scharfem Blick betonte Pfeil das Moment des Zinsenverbrauchs in der forstlichen Produktion und lehrte schon 1823, daß die vorteilhafteste Umtriebszeit diejenige sei, für welche sich der größte Bodenwert berechnet. Den rechnerischen Weg hierfür zeigte er aber nicht (vgl. Schwappach, Forstgeschichte, S. 823 f.).

Von J. Ch. Hundeshagen rührt der Ausdruck „forstliche Statik" her. Er verstand darunter „die Meßkunst der forstlichen Kräfte und Erfolge" (Enzyklopädie, 2. Aufl., II. Abt. 1828). Bereits im Jahre 1821 (Enzyklopädie, 1. Aufl., I. Abt., S. 753f.) stellte er in klarer Weise die Beziehungen zwischen Holzvorratskapital und Umtriebszeit dar.

G. König behandelte in seiner Forstmathematik auch die Rentabilitätslehre. Er führte zuerst den Ausdruck „Unternehmergewinn" in die forstliche Literatur ein sowie die Lehre des durchschnittlich-jährlichen Verzinsungsprozentes. Letzteres nannte er das „Wertnutzungsprozent". Seine Methode der „Ermittelung der reinen Wertzunahme der Holzbestände" liefert das gleiche Ergebnis wie die Kraftsche Weiserprozentformel, aber in umständlicher Weise. Das Prinzip des Weiserprozentes stammt von König her.

Faustmann gebührt das Verdienst, zuerst nachgewiesen zu haben, daß den einzigen Vergleichsmaßstab für den Erfolg verschiedener Wirtschaftsverfahren die erwirtschaftete Bodenrente bilde und zwischen dem jährlichen und aussetzenden Betriebe in dieser Richtung kein Unterschied bestehe.

Preßler, auf den Lehren Königs weiterbauend, gab durch Herausgabe seines „Rationellen Waldwirthes" im Jahre 1858 und durch die nachfolgenden Werke den Anstoß zum Ausbau der gesamten Rentabilitätslehre, die er als Forstfinanzrechnung, Waldbau des höchsten Ertrages, Reinertragswaldbau bezeichnete. Das Hauptverdienst Preßlers liegt in der Einführung des von ihm so benannten „Weiserprozentes". Den grundlegenden Gedanken hierfür sprach allerdings schon König aus.

Gleichzeitig mit Preßlers Werken wirkten die Arbeiten Gustav Heyers epochemachend für die Einführung und Durcharbeitung der forstlichen Statik. In der „Anleitung zur Waldwertrechnung" von 1865 behandelte G. Heyer einige Fragen der Statik anhangsweise. Im Jahre 1871 erschien sein „Handbuch der forstlichen Statik", erste Abteilung: „Die Methoden der forstlichen Rentabilitätsrechnung". Er baute die Methode des Unternehmergewinnes aus und die Lehre von der durchschnittlich-jährlichen und laufend-jährigen Verzinsung.

Unvergängliche Verdienste um die praktische Verwirklichung der Grundsätze der Statik haben sich Judeich mit seiner „Forsteinrichtung" und die Sächsische Staatsforstverwaltung erworben, die bereits seit dem Jahre 1867 nach den Grundsätzen der Bodenreinertragswirtschaft wirtschaftet.

Von den neueren Schriftstellern kommen die Arbeiten von Kraft, Lehr, Stötzer, Lorey, Wimmenauer, Neumeister, Martin, v. Guttenberg, Borgmann, H. Weber in Betracht.

Als Gegner der statischen Richtung traten u. a. auf: Bose, Borggreve, Braun, Urich, Baur, Frey.

Zweiter Abschnitt.

Der Wirtschaftserfolg.

Erstes Kapitel.

Begriff und Zweck.

Unter Wirtschaftserfolg versteht man das finanzielle Ergebnis der Wirtschaftsführung.

Ein ausschlaggebender Gradmesser für den Stand des Wirtschaftserfolges ist die erwirtschaftete Bodenrente. Unter sonst gleichen

Umständen ist jenes Wirtschaftsverfahren das einträglichste, welches die größte Bodenrente gewährt.

Die erwirtschaftete Bodenrente an sich ist indessen nur eine relative Größe. Sie bringt nur den Wirtschaftserfolg zum Ausdruck, der ist, aber nicht den, der sein sollte oder könnte. Sie kann ziffermäßig hoch sein und doch den, der sie bezieht, nicht befriedigen.

Maßgebend ist die Frage, ob die nach Lage der Verhältnisse mögliche oder die ausbedungene Bodenrente, mithin diejenige, die der Waldbesitzer fordern kann und oft fordern muß, durch die tatsächlich erwirtschaftete mindestens gedeckt wird.

Da die durchschnittliche, von jedem Besitzer des Bodens unter Wahrung des Grundsatzes der Wirtschaftlichkeit erzielbare Bodenrente den Bodenwert bestimmt, bildet dieser auf einen bestimmten ziffermäßigen Betrag eingewertete Bodenwert die Grundlage für die Berechnung des Wirtschaftserfolges. Der Bodenwert erscheint hier als Anlagekapital, seine Zinsen, d. h. die Bodenrente, werden als Betriebskosten oder Produktionsaufwand behandelt. Ihnen steht die erwirtschaftete Bodenrente und der derselben entsprechende Bodenertragswert gegenüber.

Die Gründe, die jedem Boden einen bestimmten zeitlichen Wert verleihen oder den Waldbesitzer veranlassen, demselben einen bestimmten Wert für seine Bilanz beizulegen, ergeben sich aus folgendem:

a) Selbst wenn die Holz- und Betriebsart standortsgemäß ist und beim Betrieb der Grundsatz der Wirtschaftlichkeit voll gewahrt wird, besteht zwischen der erwirtschafteten Bodenrente und der dem Bodentauschwert entsprechenden doch ein gewisses Spannungsverhältnis, weil der Bodenwert im öffentlichen Verkehr nicht unmittelbar allen Schwankungen folgt, denen die Bodenrente infolge der jährlichen oder periodischen Änderungen der Einnahmen und Ausgaben unterliegt. Der Verkehrswert des Bodens ist träger als die Bodenrente. Innerhalb kürzerer oder längerer Zeiträume ist daher der Bodenwert eine konstante Größe.

b) Ist die Holz- und Betriebsart nicht standortsgemäß oder kann aus zwingenden Gründen (Belastung mit Forstrechten, Transportschwierigkeiten usw.) die zweckmäßigste Wirtschaft nicht durchgeführt werden, dann muß der Waldbesitzer dem durch die jetzige Wirtschaft realisierten Bodenwert den beim Wegfall aller Hemmungen möglichen gegenüberstellen, wenn er den Verlust berechnen will, der ihm aus der jetzigen Wirtschaft erwächst.

c) Hat der Waldbesitzer den Boden um einen bestimmten Preis gekauft, dann bildet dieser für ihn die rechnungsmäßige Grundlage (Erwerbspreis) und den Vergleichsmaßstab zwischen der früheren und jetzigen Bodenrente.

Als fester Bodenwert kann daher sowohl der objektive Tauschwert (Verkehrswert, gemeiner Wert, Vermögenswert, Veräußerungspreis) in Betracht kommen als auch der subjektive Wert auf seiten des Waldbesitzers (Anlagewert, Buchwert, Gestehungswert, Erwerbspreis).

In Betracht zu ziehen ist ferner, daß auch in einem gut geordneten Betrieb eine Abweichung von der unterstellten finanziellen Umtriebszeit nicht ganz zu vermeiden ist. Dadurch wird die Bodenrente beeinträchtigt und schwankend. Wird die finanzielle Umtriebszeit grundsätzlich nicht eingehalten, dann verliert der Waldbesitzer einen Teil der Bodenrente. Auch für diese Fälle gibt die Methode des Wirtschaftserfolges Aufschluß über das Maß des Verlustes.

In einem zum jährlichen nachhaltigen Betrieb eingerichteten Wald kann der Wirtschaftserfolg auch durch den objektiven oder subjektiven Wert des Holzvorratskapitals beeinflußt werden.

Die Berechnung des Wirtschaftserfolges kann auf zwei Wegen erfolgen: entweder durch Abgleichung der jährlichen Einnahmen und Kosten (arithmetisch) oder durch Berechnung des durchschnittlichen Verzinsungsprozentes des Bodenkapitals beim aussetzenden Betrieb und des Boden- und Holzvorratskapitals beim jährlichen Betrieb (geometrisch). Den Vergleichsmaßstab hierzu bildet der geforderte, d. h. unterstellte Wirtschaftszinsfuß.

Die Ermittelung des durchschnittlichen Verzinsungsprozentes hat nicht bloß für den Waldbesitzer, sondern auch für die Allgemeinheit ein großes Interesse. In der Größe des Wirtschaftserfolges kommen alle Komplikationen des forstlichen Betriebes zum Ausdruck, die teils auf die Persönlichkeit des Waldbesitzers, teils auf die Eigenartigkeit und Schwerfälligkeit der Forstwirtschaft an sich, teils auf unabwendbare äußere Einflüsse zurückzuführen sind.

Zweites Kapitel.

Die Methoden
zur Ermittelung des Wirtschaftserfolges.

Dieselben bestehen
1. in der Berechnung des absoluten Wirtschaftserfolges,
2. in der Berechnung des durchschnittlich-jährlichen Verzinsungsprozentes.
Sie sind für den aussetzenden und für den jährlichen Betrieb getrennt zu behandeln.

I. Aussetzender Betrieb.

1. Der absolute Wirtschaftserfolg des aussetzenden Betriebes.

Das Maß des Wirtschaftserfolges, ausgedrückt in absoluten Geldbeträgen, ist gleich der Differenz zwischen Einnahmen und Kosten. Dieselben müssen gleichnamige Größen sein, also entweder Kapital oder Rente. Übersichtlicher ist die Rentenrechnung.

Am zweckmäßigsten ist es, wenn man die Rechnung auf immerwährende (ewige) Renten aufbaut. Die Begrenzung des Rechnungszeitraumes auf einen Umtriebszeitraum ist nur dann angängig, wenn die Betriebe, welche miteinander verglichen werden, die gleiche Umtriebszeit haben (vgl. G. Heyer, Waldwertrechnung usw., 3. Aufl., S. 116).

Sind die Einnahmen gleich den Kosten, dann wird der Wirtschaftserfolg gleich Null, d. h. die Wirtschaft befindet sich im Gleichgewicht (bilanziert) und rentiert sich zu dem unterstellten Wirtschaftszinsfuß.

Sind die Einnahmen größer als die Kosten, dann wird der Wirtschaftserfolg positiv, d. h. die Wirtschaft bringt einen Überschuß (Unternehmergewinn) und damit eine über den unterstellten (geforderten) Zinsfuß hinausgehende Verzinsung des Kostenkapitals.

Sind die Einnahmen kleiner als die Kosten, dann wird der Wirtschaftserfolg negativ, d. h. die Wirtschaft arbeitet mit Verlust und rentiert sich nicht mehr zu dem unterstellten Wirtschaftszinsfuß.

Ist B der gegebene Bodenwert, dann stehen am Schlusse der Umtriebszeit

$$\text{die Einnahmen } A_u + D_a\, 1{,}0\, p^{u-a} + \ldots$$

$$\text{den Ausgaben } (B + V)(1{,}0\, p^u - 1) + c\, 1{,}0\, p^u$$

gegenüber.

Die Bedingungsgleichung für das wirtschaftliche Gleichgewicht lautet daher

1) $A_u + D_a\, 1{,}0\, p^{u-a} + \ldots = (B + V)(1{,}0\, p^u - 1) + c\, 1{,}0\, p^u$

oder

2) $A_u + D_a\, 1{,}0\, p^{u-a} + \ldots - c\, 1{,}0\, p^u - V(1{,}0\, p^u - 1) = B(1{,}0\, p^u - 1)$.

Einnahmen und Ausgaben können als Endwert ($= K$) eines während der Umtriebszeit u jährlich eingehenden und ausgehenden Betrages angesehen werden. Nach Formel VII a ist

$$K = \frac{r(1{,}0\, p^u - 1)}{0{,}0\, p} \quad \text{und hieraus } r = \frac{K}{1{,}0\, p^u - 1} \cdot 0{,}0\, p.$$

Man erhält also den durchschnittlich-jährlichen Betrag der Einnahmen und Kosten, wenn man den Endwert mit $1{,}0\, p^u - 1$ dividiert und mit $0{,}0\, p$ multipliziert.

Demnach beträgt der jährliche Wirtschaftserfolg nach Gleichung (1)

$$WG = \frac{A_u + D_a\, 1{,}0\, p^{u-a} + \cdots}{1{,}0\, p^u - 1} \cdot 0{,}0\, p - (B + V + C_u)\, 0{,}0\, p,$$

wenn $\dfrac{c\, 1{,}0\, p^u}{1{,}0\, p^u - 1} = C_u$ gesetzt wird,

oder nach Gleichung (2)

$$WG = \frac{A_u + D_a\, 1{,}0\, p^{u-a} + \ldots - c\, 1{,}0\, p^u - V(1{,}0\, p^u - 1)}{1{,}0\, p^u - 1} \cdot 0{,}0\, p - B \cdot 0{,}0\, p.$$

Da der Minuend den Bodenertragswert darstellt, so geht dieser Ausdruck über in

$$\mathbf{WG = (B_u - B)\, 0{,}0\, p.}$$

Der jährliche Wirtschaftserfolg ist daher gleich dem Unterschied zwischen der Rente des Bodenertragswertes und des Bodentauschwertes (unterstellten Bodenwertes)

oder zwischen der tatsächlich erwirtschafteten und der Soll-Bodenrente.

Ist die Holz- und Betriebsart standortsgemäß und die eingehaltene Umtriebszeit die finanzielle, dann ist der erwirtschaftete Bodenertragswert auch der gegebene Bodenwert, also $B_u = B$. Es wird daher

$$WG = (B_u - B_u)\,0{,}0\,p = 0,$$

d. h. die Wirtschaft steht im Gleichgewicht und gewährt die Rente des Bodenertragswertes.

Beispiel. Ein im 100jährigen Umtriebe bewirtschafteter Buchenhochwald I. Standortsklasse liefert für das Hektar einen Abtriebsertrag von 6648 M. und an Durchforstungserträgen

im Alter von   30   40   50   60   70   80   90 Jahren
              47   82   227   309   345   361   372 M.

Die Kulturkosten betragen 50 M., die jährlichen Verwaltungskosten 9 M. Wirtschaftszinsfuß $3\,{}^0/_0$ (Rechnungsgrößen $D_{30}\,1{,}03^{100-30} + \ldots D_{90}\cdot 1{,}03^{100-90}$ $= 4848$ M., $C_{100} = 53$ M., $V = 300$ M.).

Die finanzielle Umtriebszeit fällt auf das 60.—70. Jahr mit einem Bodenertragswert von **354 M.**

Der Bodenertragswert der 100jährigen Umtriebszeit berechnet sich auf 278 M. Die tatsächlich erwirtschaftete Bodenrente beträgt daher $278\cdot 0{,}03 = 8{,}34$ M. Es werden nun folgende zwei Fälle unterstellt.

A. Es ist nachgewiesen, daß der Boden sich für die Fichtenwirtschaft eignet und die Erträge der II. Standortsklasse der Fichte liefern wird. Der höchste Bodenertragswert der Fichte berechnet sich für die 80jährige Umtriebszeit auf **1057 M.** Unter diesen Umständen ist der Tauschwert des Bodens 1057 M. Der Bodenertragswert der Buche kommt als Tauschwert nicht mehr in Betracht. Es soll untersucht werden, ob sich die Buchenwirtschaft auf dem Fichtenboden lohnt.

B. Die Buchenwirtschaft muß aus irgendwelchen Gründen beibehalten werden. Es ist daher zu untersuchen, welchen Verlust der Waldbesitzer dadurch erleidet, daß er anstatt der finanziellen die 100jährige Umtriebszeit einhält.

Der jährliche Wirtschaftserfolg berechnet sich in folgender Weise:

Zu **A.** Es betragen die Einnahmen, berechnet für jedes Jahr des Produktionszeitraumes,

$$\frac{6648 + 4848}{1{,}03^{100} - 1}\cdot 0{,}03 = 631\cdot 0{,}03 = 18{,}93\ \text{M.},$$

die jährlichen Kosten

$$(1057 + 300 + 53)\,0{,}03 = 1410\cdot 0{,}03 = 42{,}30\ \text{M.}$$

Der jährliche Wirtschaftserfolg ist demnach $18{,}93 - 42{,}30 = -\,\textbf{23,37}$ M., d. h. die Buchenwirtschaft verursacht dem Waldbesitzer einen jährlichen Verlust von 23,37 M.

Das gleiche Resultat hätte man kürzer durch die Gegenüberstellung der Bodenrenten erhalten; es ist

$$WG = (278 - 1057)\,0{,}03 = -\,779\cdot 0{,}03 = -\,23{,}37\ \text{M.}$$

Zu **B.** Durch Nichteinhaltung der finanziellen Umtriebszeit erleidet der Waldbesitzer bei Fortführung der Buchenwirtschaft einen jährlichen Verlust von

$$(278 - 354)\,0{,}03 = -\,76\cdot 0{,}03 = -\,\textbf{2,28}\ \text{M.}$$

Der im vorstehenden entwickelte Wirtschaftserfolg erstreckt sich auf den ganzen Produktionszeitraum (Umtriebszeit). Soll die Bilanz für ein bestimmtes Bestandsalter gezogen werden, dann ergibt sich der Wirtschaftserfolg aus der Differenz zwischen dem Bestandserwartungswert oder objektivem Bestandskostenwert und dem sub-

jektiven Bestandskostenwert (Buchwert oder Betriebskostenwert).
Diese Differenz ist gleich

$$\frac{(B_u - B)\,0{,}0\,p\,(1{,}0\,p^m - 1)}{0{,}0\,p} = (B_u - B)\,(1{,}0\,p^m - 1).$$

Beispiel. Ein 40 jähriger Buchenbestand mit den vorhin genannten Erträgen
hat einen tatsächlichen Bestandserwartungswert (Vermögenswert) für $u = 70$ Jahre
von

$$HE_{40} = \frac{3741 + 227 \cdot 1{,}03^{70-50} + 309 \cdot 1{,}03^{70-60} + 354 + 300}{1{,}03^{70-40}} - (354 + 300)$$

$$= 1496\ \text{M.}$$

oder

$$HK_{40} = (354 + 300 + 50)\,1{,}03^{40} - (354 + 300) - 48 \cdot 1{,}03^{40-30} - 82 = 1496\ \text{M.}$$

Da der Buchenbestand auf einem Fichtenboden stockt, den der Besitzer vor
40 Jahren um 1057 M. gekauft hat, sollte der Bestand wert sein (Buchwert):

$$HK_{40} = (1057 + 300 + 50)\,1{,}03^{40} - (1057 + 300) - 48 \cdot 1{,}03^{40-30} - 82 = 3086\ \text{M.}$$

Der seit der Bestandsbegründung aufgewachsene V e r l u s t beträgt demnach

$$HE_{40} - HK_{40} = (1496 - 3086) = -1590\ \text{M.}$$

Der jährliche Verlust während des ganzen Produktionszeitraumes (Umtriebszeit) ist für die finanzielle Umtriebszeit

$$(B_{70} - B)\,0{,}03 = (354 - 1057)\,0{,}03 = -21{,}09\ \text{M.}$$

Bis zum Jahre 40 ist derselbe angewachsen auf

$$-\frac{21{,}09\,(1{,}03^{40} - 1)}{0{,}03} = -21{,}09 \cdot 75{,}401 = -1590\ \text{M.}$$

Der V e r m ö g e n s w e r t des Bestandes samt Boden ist $1496 + 1057 = 2553$ M.;
er sollte sein $3086 + 1057 = 4143$ M. Daher Vermögensverlust $2553 - 4143$
$= -1590$ M.

2. Das durchschnittlich-jährliche Verzinsungsprozent des aussetzenden Betriebes.

Zur Beurteilung der Rentabilität an sich ist der in einer absoluten
Zahl berechnete Wirtschaftserfolg nicht immer geeignet, weil d e r -
s e l b e Gewinn und d e r s e l b e Verlust im Verhältnis zu den aufgewendeten Kosten bald groß, bald klein sein kann. Man wird z. B. das
Maß eines positiven Wirtschaftserfolges (Überschusses) von 1000 M.
verschieden günstig ansprechen, je nachdem derselbe mit einem Produktionskapital von 25 000 M. oder von 50 000 M. erzielt wurde.

Bessere Anhaltspunkte für den Grad der Rentabilität gewinnt man,
wenn man das Prozent berechnet, zu welchem sich die kapitalisierten
Kosten verzinsen.

Erhält man durch die Rechnung z. B. ein Verzinsungsprozent von
2,5, so weiß man zunächst noch nicht, ob dasselbe eine gute oder
schlechte Rentabilität bedeutet. Es kommt eben darauf an, welche
Verzinsung der Besitzer von seinem im Walde steckenden Kapital
fordert. Den Vergleichsmaßstab bildet der Wirtschaftszinsfuß p, der
der Rechnung von vornherein unterstellt wird.

Nennen wir das gesuchte durchschnittlich-jährliche Verzinsungsprozent $\mathfrak{p}$, dann bedeutet

$\mathfrak{p} = p$ Gleichgewichtszustand, d. h. das Produktionskapital verzinst sich zu $p\,^0/_0$,

$\mathfrak{p} > p$ Überschuß, d. h. die Verzinsung des Produktionskapitals ist höher als p,

$\mathfrak{p} < p$ Verlust, d. h. das Produktionskapital verzinst sich zu weniger als $p\,^0/_0$.

Die jährlichen Reineinnahmen betragen

$$\frac{A_u + D_a\,1{,}0\,p^{u-a} + \ldots - c\,1{,}0\,p^u - V\,(1{,}0\,p^u - 1)}{1{,}0\,p^u - 1} \cdot 0{,}0\,p.$$

Dieser Ausdruck ist gleich der Rente des Bodenertragswertes, also $= B_u \cdot 0{,}0\,p$.

Als Kapital steht den Einnahmen der gegebene Bodenwert gegenüber. Daher ist das durchschnittlich-jährliche Verzinsungsprozent oder

$$\mathfrak{p} = \frac{B_u \cdot 0{,}0\,p}{B} \cdot 100 = \frac{B_u}{B} \cdot p.$$

Das durchschnittliche Verzinsungsprozent ergibt sich also aus dem Verhältnis der Rente des Bodenertragswertes, d. h. der erwirtschafteten Bodenrente, zum Bodentauschwert (unterstellten Bodenwert).

Kann $B = B_u$ gesetzt werden (S. 209), dann wird

$$\mathfrak{p} = \frac{B_u}{B_u} \cdot p = p,$$

d. h. das Bodenkapital verzinst sich zu dem Wirtschaftszinsfuß.

Der absolute Wirtschaftserfolg ergibt sich aus

$$\frac{\mathfrak{p} - p}{100} \cdot B.$$

Berechnet man die durchschnittlichen Verzinsungsprozente für alle Bestandsalter, dann bilden dieselben eine anfangs steigende und später fallende Kurve. **Das höchste Prozent ergibt sich für die finanzielle Umtriebszeit. Ist der unterstellte (gegebene) Bodenwert gleich dem Bodenertragswert der finanziellen Umtriebszeit, dann wird das durchschnittliche Verzinsungsprozent im Jahre der finanziellen Umtriebszeit gleich dem Wirtschaftszinsfuß (s. auch Weiserprozent).**

Beispiel (S. 209). **A.** Die durchschnittlich-jährliche Verzinsung ergibt sich ohne weiteres aus

$$\mathfrak{p} = \frac{278 \cdot 0{,}03}{1057} \cdot 100 = \mathbf{0{,}79\,^0/_0}.$$

Da $3\,^0/_0$ der geforderte Wirtschaftszinsfuß ist, erleidet der Waldbesitzer pro Jahr und je 100 M. des Bodenkapitals einen Verlust von $3{,}00 - 0{,}79 = 2{,}21$ M.

Danach kann man auch den jährlichen Verlust, in absoluter Zahl ausgedrückt, berechnen; derselbe beträgt, wie auf S. 209 bereits festgestellt wurde,

$$\frac{0,79-3}{100} \cdot 1057 = -23,37 \text{ M.}$$

B. Muß die Buchenwirtschaft im 100jährigen Umtrieb beibehalten werden,
dann entsteht die Frage, wie hoch die tatsächliche Verzinsung ist im Vergleich
zu jener, welche die finanzielle Umtriebszeit abwerfen würde. Da $B_{70} = 354$ M.,
$B_{100} = 278$ M., wird

$$p = \frac{278 \cdot 0,03}{354} \cdot 100 = \frac{834}{354} = 2,36\,\%.$$

Da die finanzielle Umtriebszeit den Wirtschaftszinsfuß von 3% realisieren
würde, beträgt der Verlust pro Jahr und je 100 M. Bodenkapital $3,00 - 2,36$
$= 0,64$ M.

In absoluter Zahl beträgt danach der jährliche Verlust

$$\frac{2,36-3}{100} \cdot 354 = -2,28 \text{ M.}$$

II. Jährlicher Betrieb (normale Betriebsklasse).

1. Der absolute Wirtschaftserfolg des jährlichen Betriebes.

Da die normale Betriebsklasse jährlich einen Ertrag gewährt, so
muß auch die Abgleichung zwischen Einnahmen und Kosten nach
dem jährlichen Anfall erfolgen.

Die jährliche Einnahme ist:

$$A_u + D_a + \ldots D_q.$$

Die jährlichen Kosten bestehen

in den Kosten für die Wiederkultur der abgeholzten Fläche $= c$
in den jährlichen Verwaltungskosten für u Flächeneinheiten . . . . $= u\,v$
in der Bodenrente der u Flächeneinheiten . . . . $= u\,B \cdot 0,0\,p$
in den Zinsen des Holzvorratskapitals (Normalvorrats) der
u Altersstufen . . . . $= N \cdot 0,0\,p.$

Die Bedingungsgleichung für das wirtschaftliche Gleichgewicht lautet daher:

1) $A_u + D_a + \ldots D_q = c + u\,v + (u\,B + N)\,0,0\,p$
oder

2) $A_u + D_a + \ldots D_q - (c + u\,v) - N \cdot 0,0\,p = u\,B \cdot 0,0\,p$
oder

3) $\mathbf{A_u + D_a + \ldots D_q - (c + u\,v) = (u\,B + N)\,0,0\,p.}$

Da $A_u + D_a + \ldots D_q - (c + u\,v)$ der Waldreinertrag oder die Rente
des Waldrentierungswertes ist, also $= (u\,B_u + NE)\,0,0\,p$, so kann die
Bedingungsgleichung (3) auch in der Form geschrieben werden:

$$(u\,B_u + NE)\,0,0\,p = (u\,B + N)\,0,0\,p.$$

Der jährliche Wirtschaftserfolg ergibt sich aus

$$\mathbf{WG} = \mathbf{A_u} + \mathbf{D_a} + \ldots \mathbf{D_q} - (\mathbf{c} + \mathbf{u\,v}) - (\mathbf{u\,B} + \mathbf{N})\,\mathbf{0{,}0\,p}$$
$$= (\mathrm{u\,B_u} + \mathrm{NE})\,0{,}0\,\mathrm{p} - (\mathrm{u\,B} + \mathrm{N})\,0{,}0\,\mathrm{p}.$$

Es entsteht nun die Frage, wie der Normalvorrat N einzuwerten ist. Es sind folgende Fälle auseinanderzuhalten.

1. Bewertung des Normalvorrates nach dem Tauschwert oder Vermögenswert.

Darunter ist jener Wert zu verstehen, der zugrunde zu legen wäre, wenn der Wald als Ganzes zur Weiterbewirtschaftung verkauft würde. Dies ist der Erwartungswert oder der objektive Kostenwert des Normalvorrates, welcher sich bei Unterstellung der finanziellen Umtriebszeit der gegebenen Holz- und Betriebsart und des derselben entsprechenden höchsten Bodenertragswertes berechnet. Ist die tatsächlich eingehaltene Umtriebszeit höher als die finanzielle, dann werden die Bestände, welche das finanzielle Abtriebsalter überschritten haben, mit ihrem Abtriebswert eingesetzt.

Der so berechnete Holzvorratswert stellt zusammen mit dem Bodentauschwert das **Waldkapital** oder das **Waldvermögen** vor, über welches der Waldbesitzer verfügt.

Der Wirtschaftserfolg ist demnach

$$\mathrm{WG} = (\mathrm{u\,B_u} + \mathrm{NE})\,0{,}0\,\mathrm{p} - (\mathrm{u\,B} + \mathrm{NE})\,0{,}0\,\mathrm{p}$$
$$= \mathbf{u\,(B_u - B)\,0{,}0\,p.}$$

Der Wirtschaftserfolg des jährlichen Betriebes beträgt mithin stets das ufache des aussetzenden.

Damit ist auch der Beweis geliefert, daß finanzwirtschaftlich zwischen dem aussetzenden und dem jährlichen Betrieb kein grundsätzlicher Unterschied besteht.

Ist die Holz- und Betriebsart der gegebenen Betriebsklasse standortsgerecht und ist diese auf die finanzielle Umtriebszeit eingerichtet, dann ist der erwirtschaftete Bodenertragswert zugleich der gegebene Bodenwert, also $\mathrm{B_u} = \mathrm{B}$. Der Wirtschaftserfolg wird in diesem Falle

$$\mathrm{WG} = (\mathrm{u\,B_u} + \mathrm{NE})\,0{,}0\,\mathrm{p} - (\mathrm{u\,B_u} + \mathrm{NE})\,0{,}0\,\mathrm{p} = 0,$$

d. h. die Wirtschaft steht im Gleichgewicht und gewährt die volle Rente des Bodenkapitals und des Holzvorratskapitals.

An Stelle von NE kann man auch den objektiven NK setzen.

2. Bewertung des Normalvorrates nach dem subjektiven Kostenwert.

Wie beim subjektiven Bestandskostenwert (S. 117) können hier zwei Rechnungsarten gewählt werden.

a) Veranschlagung des Normalvorrates nach dem **Buchwert** oder **Anlagewert.**

Die Berechnung erfolgt nach den auf S. 115 angegebenen Gesichtspunkten. Sie setzt eine genaue Buchführung voraus.

Bedeutet NK den Buchwert, dann ist der Wirtschaftserfolg oder

$$\begin{aligned}
WG &= A_u + D_a + ..D_q - (c + u\,v) - (u\,B + NK)\,0{,}0\,p \\
&= (u\,B_u + NE)\,0{,}0\,p - (u\,B + NK)\,0{,}0\,p \\
&= (u\,B_u - u\,B)\,0{,}0\,p + (NE - NK)\,0{,}0\,p.
\end{aligned}$$

b) **Veranschlagung des Normalvorrates nach dem Betriebskostenwert (Selbstkosten).**

Derselbe ergibt sich, wenn man den Normalvorratswert mit der jetzigen Rente des gegebenen Bodenwertes und mit den gegenwärtig fälligen Verwaltungskosten belastet. Der Bodenertragswert, den die vorhandene Holz- und Betriebsart verwirklicht, wird also hier nicht berücksichtigt, außer wenn er zugleich den Bodentauschwert darstellt.

Im übrigen gilt das auf S. 118 Gesagte.

Als Formel gilt die unter a) angegebene, wenn man unter NK den Betriebskostenwert versteht.

Ist die Wirtschaft nach den Grundsätzen der Bodenreinertragswirtschaft bereits eingerichtet und die standortsgerechte Holz- und Betriebsart vorhanden, dann ist der mit dem Vermögenswert berechnete Wirtschaftserfolg und der mit dem Betriebskostenwert ermittelte der gleiche, weil der Normalvorrat in beiden Fällen mit dem Bodenertragswert der finanziellen Umtriebszeit zu berechnen ist.

Der subjektive Normalvorratskostenwert (a und b) stellt zusammen mit dem Bodentauschwert das **Waldkostenkapital** vor.

Beispiel (S. 209). **A.** Die **jährlichen Einnahmen** der Buchenbetriebsklasse betragen

$$6648 + 47 + 82 + 227 + 309 + 345 + 361 + 372 = 6648 + 1743 = 8391 \text{ M.,}$$

die **jährlichen Kosten:**

für Kultur und Verwaltung

$$50 + 100 \cdot 9 = 950 \text{ M.,}$$

für Verzinsung des Kapitals

$$(100 \cdot 1057 + N)\,0{,}03.$$

1. **Berechnung des Tausch- oder Vermögenswertes** des Normalvorrates.

Die finanzielle Umtriebszeit der Buche fällt auf das 70. Jahr mit einem Bodenertragswert von 354 M.

a) Die 0—69jährigen Bestände sind so zu bewerten, als ob sie in der 70jährigen Umtriebszeit genutzt würden. Der Normalvorratswert derselben kann also als Rentierungswert berechnet werden.

Demnach ist

$$NR_{70} = \frac{3744 + 47 + 82 + 227 + 309 - (50 + 70 \cdot 9)}{0{,}03} - 70 \cdot 354$$

$$= 124\,300 - 24\,780 = 99\,520 \text{ M.}$$

b) Die 70—99jährigen Bestände sind mit ihrem Abtriebswert einzusetzen. Derselbe beträgt

im Alter von	70	80	90	100 Jahren
	3744	4659	5601	6648 M.

Nach der auf Seite 126 mitgeteilten Formel berechnet sich der Wert der 70 bis 99jährigen Bestände auf

$$\left(\frac{3744 + 6648}{2} + 4659 + 5601\right) 10 + \frac{3744 - 6648}{2} = 153\,108 \text{ M.}$$

Oder nach Jahrzehnten:

$$70-79\,\mathrm{j.\ Bestände}\ (3744 + 4659)\,\frac{11}{2} - 4659 = 41\,558\ \mathrm{M.}$$

$$80-89\,\mathrm{j.\ Bestände}\ (4659 + 5601)\,\frac{11}{2} - 5601 = 50\,829\ \mathrm{M.}$$

$$90-99\,\mathrm{j.\ Bestände}\ (5601 + 6648)\,\frac{11}{2} - 6648 = \underline{60\,721\ \mathrm{M.}}$$
$$153\,108\ \mathrm{M.}$$

c) Der Vermögenswert des Normalvorrates beträgt also
$$99\,520 + 153\,108 = 252\,628\ \mathrm{M.}$$

Mithin ist der jährliche Wirtschaftserfolg, nach dem Vermögenswert berechnet, oder
$$WG = 8391 - 950 - (100 . 1057 + 252\,628)\,0{,}03 = 7441 - 358\,328 . 0{,}03$$
$$= -\mathbf{3309\ M.}$$

Der jährliche Verlust beträgt demnach 3309 M.

Nach der Formel $WG = u\,(B_u - B)\,0{,}0\,p$ kann im vorliegenden Beispiel der Wirtschaftserfolg nicht berechnet werden, weil wegen der Nichteinhaltung der finanziellen Umtriebszeit der Wert des Normalvorrates nicht als Erwartungswert (= Rentierungswert) für alle Altersstufen, sondern aus Erwartungswert und Abtriebswert kombiniert festgestellt werden muß.

Würde die 100jährige Umtriebszeit mit dem Bodenertragswert von 278 M. die finanzielle sein, dann betrüge

$$N = \frac{7441}{0{,}03} - 100 . 278 = 248\,033 - 27\,800 = 220\,233\ \mathrm{M.}$$

und
$$WG = 7441 - (100 . 1057 + 220\,233)\,0{,}03 = -2337\ \mathrm{M.}$$

Unter dieser Voraussetzung wird auch
$$WG = 100\,(278 - 1057)\,0{,}03 = -2337\ \mathrm{M.}$$

Der Verlust berechnet sich also auf das 100fache des aussetzenden Betriebes (S. 209).

2. Berechnung des subjektiven Kostenwertes des Normalvorrates.

Da für die Berechnung des Buchwertes die nötigen Anhaltspunkte fehlen, kann hier nur der Betriebskostenwert berechnet werden. Derselbe kann natürlich nicht dem Rentierungswert gleichgestellt werden, weil als Bodenwert nicht der Ertragswert der Buche eingestellt werden darf. Es ist daher

$$NK_{100} = [(1057 + 300 + 50)\,(1{,}03^{100} - 1) - 47\,(1{,}03^{70} - 1)$$
$$- 82\,(1{,}03^{60} - 1) - 227\,(1{,}03^{50} - 1) - 309\,(1{,}03^{40} - 1)$$
$$- 345\,(1{,}03^{30} - 1) - 361\,(1{,}03^{20} - 1) - 372\,(1{,}03^{10} - 1)]\,\frac{1}{0{,}03}$$
$$- 100\,(1057 + 300)$$
$$= (25\,634 - 3105)\,\frac{1}{0{,}03} - 135\,700 = 615\,270\ \mathrm{M.}$$

(NK_{100} ist nicht der Wert des Fichtennormalvorrates, weil die Durchforstungserträge der Buche verrechnet sind.)

Mithin ist der jährliche Wirtschaftserfolg, nach dem Betriebskostenwert berechnet, oder

$$WG = 8391 - 950 - (100 . 1057 + 615\,270)\,0{,}03$$
$$= 7441 - 720\,970 . 0{,}03 = -\mathbf{14\,188\ M.}$$

Der Kostenwert von 615 270 M. stellt den Wert vor, den der Normalvorrat der Buche haben müßte, wenn die Buche die Fichtenbodenrente aufbringen sollte.

B. Muß die Buchenwirtschaft im 100 jährigen Umtrieb fortgesetzt werden, dann gilt als der gegebene Bodenwert der Bodenertragswert der finanziellen Umtriebszeit zu 354 M.

Der Wirtschaftserfolg ergibt sich aus

$$WG = 8391 - 950 - (100 . 354 + N) 0{,}03.$$

1. Der **Vermögenswert** des Normalvorrates wurde unter A auf 252 628 M. berechnet.

Daher beträgt der **jährliche Wirtschaftserfolg**

$$WG = 8391 - 950 - (100 . 354 + 252 628) 0{,}03 = 7441 - 288 028 . 0{,}03$$
$$= -\mathbf{1200\ M.}$$

Der jährliche **Verlust** beträgt also 1200 M.

2. Der **subjektive Kostenwert** des Normalvorrates in Form des **Betriebskostenwertes** berechnet sich auf

$$NK_{100} = [(354 + 300 + 50)(1{,}3^{100} - 1) - 3105]\frac{1}{0{,}03} - 100 (354 + 300)$$

$$= (12 826 - 3105)\frac{1}{0{,}03} - 65 400 = 258 633\ \text{M.}$$

Daher beträgt der **jährliche Wirtschaftserfolg**

$$WG = 8391 - 950 - (100 . 354 + 258 633) 0{,}03 = 7441 - 294 033 . 0{,}03$$
$$= -\mathbf{1380\ M.}$$

Der jährliche **Verlust** beträgt also 1380 M. Derselbe ist größer als der nach 1 berechnete, weil der Kostenwert der 70—99 jährigen Bestände größer ist als der Abtriebswert.

Würde man unrichtigerweise den Kostenwert des Normalvorrates mit dem Bodenertragswert der 100 jährigen Umtriebszeit, also mit 278 M. berechnen, so würde derselbe mit dem Rentierungswert zusammenfallen. Es wäre mithin

$$NK_{100} = NR_{100} = \frac{7441}{0{,}03} - 100 . 278 = 220 233\ \text{M.}$$

und

$$WG = 8391 - 950 - (100 . 354 + 220 233) 0{,}03 = 7441 - 255 633 . 0{,}03$$
$$= -\mathbf{228\ M.}$$

2. Das durchschnittlich-jährliche Verzinsungsprozent des jährlichen Betriebes.

Der jährliche **Waldreinertrag** der Betriebsklasse ist

$$A_u + D_a + . . D_q - (c + uv).$$

Das Kapital, welches denselben hervorbringt, ist das Bodenkapital und das Holzvorratskapital (Normalvorrat).

Das jährliche und zugleich durchschnittliche Verzinsungsprozent ergibt sich demnach aus

$$p = \frac{A_u + D_a + . . D_q - (c + uv)}{u\,B + N} . \mathbf{100}$$

$$= \frac{(u\,B_u + NE)\,0{,}0\,p}{u\,B + N} . 100.$$

Der **absolute Wirtschaftserfolg** ergibt sich aus

$$\frac{\mathfrak{p} - p}{100} \, (u\,B + N).$$

Wie beim absoluten Wirtschaftserfolg kann auch hier der Wert des **Normalvorrates** im Divisor nach verschiedenen Gesichtspunkten veranschlagt werden.

1. Bewertung des Normalvorrates nach dem Tauschwert oder Vermögenswert (S. 213).

In diesem Falle ergibt sich das Verzinsungsprozent aus

$$p = \frac{A_u + D_a + \ldots D_q - (c + u\,v)}{u\,B + NE} \cdot 100$$

$$= \frac{(u\,B_u + NE)\,0{,}0\,p}{u\,B + NE} \cdot 100.$$

An Stelle von NE kann auch der objektive NK gesetzt werden.

Zieht man vom Waldreinertrag auch noch die Rente des Normalvorrates ab, dann bleibt als Produktionskapital nur mehr der Bodenwert übrig und es wird

$$p = \frac{A_u + D_a + \ldots D_q - (c + u\,v) - NE\,.\,0{,}0\,p}{u\,B} \cdot 100$$

$$= \frac{(u\,B_u + NE)\,0{,}0\,p - NE\,.\,0{,}0\,p}{u\,B} \cdot 100$$

$$= \frac{u\,B_u\,.\,\mathbf{0{,}0\,p}}{u\,B} \cdot \mathbf{100} = \frac{B_u}{B} \cdot \mathbf{p}.$$

Die Verzinsung des Bodenkapitales ist also beim jährlichen Betrieb die gleiche wie beim aussetzenden.

Ist die Holz- und Betriebsart der Betriebsklasse standortsgerecht und ist diese auf die finanzielle Umtriebszeit eingerichtet, so daß also $B = B_u$ ist, dann wird

$$p = \frac{(u\,B_u + NE)\,0{,}0\,p}{u\,B_u + NE} \cdot 100 = p.$$

Das erwirtschaftete Verzinsungsprozent ist mithin gleich dem unterstellten Wirtschaftszinsfuß, weil der Divisor gleich ist dem kapitalisierten Dividenden. Bodenkapital und Holzvorratskapital verzinsen sich zu dem geforderten Wirtschaftszinsfuß.

Berechnet man für die gleiche Betriebsklasse unter Zugrundelegung verschiedener Umtriebszeiten und des gegebenen Bodenwertes die durchschnittlichen Verzinsungsprozente, dann bilden dieselben eine anfangs steigende und später fallende Kurve. Das höchste Prozent ergibt sich für die finanzielle Umtriebszeit. Ist der unterstellte (gegebene) Bodenwert gleich dem Bodenertragswert der finanziellen Umtriebszeit, dann wird im Jahre der finanziellen Umtriebszeit $\mathfrak{p} = p$.

2. Bewertung des Normalvorrates nach dem subjektiven Kostenwert.

Das Verzinsungsprozent kann bezogen werden (S. 213) auf den:

a) **Buchwert oder Anlagewert.**

Die grundlegende Formel ist

$$p = \frac{A_u + D_a + \ldots D_q - (c + uv)}{u\,B + NK} \cdot 100$$

$$= \frac{(u\,B_u + NE)\,0{,}0\,p}{u\,B + NK} \cdot 100.$$

Unter $u\,B$ und NK ist der Buchwert oder Anlagewert zu verstehen.

b) **Betriebskostenwert.**

Die Formel ist dieselbe wie unter a), wenn NK den Betriebskostenwert des Normalvorrates bedeutet.

Ist die Wirtschaft nach den Grundsätzen der Bodenreinertragswirtschaft bereits eingerichtet und die standortsgerechte Holz- und Betriebsart vorhanden, dann deckt sich dieses Verzinsungsprozent mit dem des Waldvermögenswertes, weil der Normalvorrat in beiden Fällen mit dem Bodenertragswert der finanziellen Umtriebszeit zu berechnen ist.

Beispiel (S. 209). **A.** Es ist

$$p = \frac{6648 + 1743 - (50 + 100 \cdot 9)}{100 \cdot 1057 + N} \cdot 100.$$

1. Berechnung des **Tausch- oder Vermögenswertes** des Normalvorrates. Nach S. 215 beträgt derselbe 252 628 M. Daher ist

$$p = \frac{6648 + 1743 - (50 + 100 \cdot 9)}{100 \cdot 1057 + 252\,628} \cdot 100$$

$$= \frac{7441 \cdot 100}{358\,328} = \mathbf{2{,}08}\,\% \ \text{(genau } 2{,}0766\,\%\text{)}.$$

Der jährliche **Verlust** beträgt demnach für je 100 M. des Waldvermögenswertes, da $3\,\%$ das verlangte Verzinsungsprozent ist, $3{,}00 - 2{,}08 = 0{,}92$ M.

In absoluter Zahl beträgt danach der jährliche Verlust im ganzen

$$\frac{2{,}0766 - 3}{100} \cdot 358\,328 = -\,3309 \ \text{M.}$$

Bezüglich der Anwendung der Formel $p = \dfrac{u\,B_u}{u\,B} \cdot p$ gelten die Erörterungen auf S. 215. Würde die 100 jährige Umtriebszeit mit dem Bodenertragswert von 278 M. die finanzielle sein, dann wäre

$$p = \frac{100 \cdot 278}{100 \cdot 1057} \cdot 3 = 0{,}79\,\%.$$

2. Berechnung des **subjektiven Kostenwertes** des Normalvorrates.

Für die Berechnung des **Buchwertes** fehlen die nötigen Grundlagen (siehe das sächsische Verfahren).

Der Betriebskostenwert ist nach S. 215 615270 M. Daher wird

$$p = \frac{6648 + 1743 - (50 + 100 \cdot 9)}{100 \cdot 1057 + 615270} \cdot 100$$

$$= \frac{7441 \cdot 100}{720970} = 1{,}03\,\%\ \text{(genau } 1{,}032\,\%\text{)}.$$

Der jährliche Verlust beträgt demnach für je 100 M. des Waldkostenkapitals $3{,}00 - 1{,}03 = 1{,}97$ M.

In absoluter Zahl erhält man den jährlichen Verlust im ganzen aus

$$\frac{1{,}032 - 3}{100} \cdot 720970 = -14188\ \text{M.}$$

B. Muß die Buchenwirtschaft im 100jährigen Umtrieb fortgesetzt werden, dann ist $B = 354$ M.

Das Verzinsungsprozent ergibt sich aus

$$p = \frac{6648 + 1743 - (50 + 100 \cdot 9)}{100 \cdot 354 + N} \cdot 100.$$

1. Der Vermögenswert des Normalvorrates ist 252628 M.; daher

$$p = \frac{6648 + 1743 - (50 + 100 \cdot 9)}{100 \cdot 354 + 252628} \cdot 100$$

$$= \frac{7441 \cdot 100}{288028} = 2{,}58\,\%\ \text{(genau } 2{,}5834\,\%\text{)}.$$

Der jährliche Verlust infolge Nichteinhaltung der finanziellen Umtriebszeit ist also für je 100 M. des Waldvermögenswertes $3 - 2{,}58 = 0{,}42$ M.

In absoluter Zahl beträgt der jährliche Verlust im ganzen

$$\frac{2{,}5834 - 3}{100} \cdot 288028 = -1200\ \text{M.}$$

2. Der subjektive Kostenwert des Normalvorrates in der Form des Betriebskostenwertes ist 258633 M. (S. 216). Daher wird

$$p = \frac{6648 + 1743 - (50 + 100 \cdot 9)}{100 \cdot 354 + 258633} \cdot 100$$

$$= \frac{7441 \cdot 100}{294033} = 2{,}53\,\%\ \text{(genau } 2{,}53067\,\%\text{)}.$$

Der jährliche Verlust beträgt demnach für je 100 M. des Waldkostenkapitals $3 - 2{,}53 = 0{,}47$ M.

In absoluter Zahl beträgt der jährliche Verlust im ganzen

$$\frac{2{,}53067 - 3}{100} \cdot 294033 = -1380\ \text{M.}$$

Würde unrichtigerweise der Normalvorrat mit $B_{100} = 278$ M. berechnet, dann wäre $NK = 220233$ M. und

$$p = \frac{7441 - 100}{255633} = 2{,}91\,\%\ \text{(genau } 2{,}9108\,\%\text{)}$$

und daraus der Verlust in absoluter Zahl im ganzen

$$\frac{2{,}9108 - 3}{100} \cdot 255633 = -228\ \text{M.}$$

Drittes Kapitel.

Die Feststellung und das Wesen der Kapitalwerte.

Im wirklichen Walde muß die Feststellung der Kapitalwerte bestandsweise erfolgen. Das Idealbild der normalen Betriebsklasse wird dadurch aber nicht gegenstandslos. Denn das derselben entsprechende Waldkapital bildet den Vergleichsmaßstab zu dem wirklich vorhandenen. Außerdem können die grundsätzlichen Fragen bezüglich der Rentabilität des einen oder anderen Wirtschaftsverfahrens zunächst immer nur unter Zugrundelegung eines Normalwaldes beantwortet werden.

I. Das Bodenkapital.

Hier handelt es sich nur um das Bodenkapital, welches den Wert des Bodens als solchen darstellt (also um das B in (B + N)).

1. Im Waldvermögenswert und im Betriebskostenwert ist das Bodenkapital gleich dem gegenwärtigen Tauschwert des Bodens. Kommt nur die forstliche Benutzung in Betracht, dann gilt als solcher der durchschnittliche höchstmögliche forstliche Ertragswert.

Der einmal festgesetzte Bodentauschwert ist nicht dauernd derselbe. Er steigt und fällt mit der forstlichen Konjunktur. Die Regel ist, daß er steigt. Es fragt sich nun, innerhalb welcher Zeiträume das Bodenkapital neu einzuwerten ist. Beim Privatwaldbesitz ergeben sich bei jedem Besitzwechsel neue Anhaltspunkte. Wenn aber der Wald den Besitzer nicht wechselt (Staatswald, Gemeindewald), dann muß die Neueinschätzung periodisch ad hoc vorgenommen werden. Der geeignetste Zeitpunkt hierfür ist die meistens alle zehn Jahre wiederkehrende Waldstandsrevision. Bei dieser Gelegenheit sind die Bodenwerte nachzuprüfen und den geänderten Verhältnissen entsprechend zu korrigieren.

2. Der Buchwert des Bodens ist zunächst gleich dem Erwerbspreis. Liegt ein solcher nicht vor, dann ist der Bodentauschwert maßgebend, der dem Boden bei der ersten Inventuraufnahme, also bei Beginn der geordneten Buchführung in Anlehnung an den höchstmöglichen Bodenertragswert beizumessen ist. Der so festgelegte Bodenwert ist vorerst eine unabänderliche Größe. Aber auch hier entsteht die Frage, wie lange an diesem Bodenwert festgehalten werden kann, ohne daß das darauf begründete Verzinsungsprozent seine Bedeutung als Gradmesser der Rentabilität verliert. Denn denken wir uns, daß der erste Bodenwert mehrere Umtriebszeiten lang durchgehalten wird, während die Reinerträge des Waldes fort und fort steigen, dann gelangt man schließlich zu einem Verzinsungsprozent, das wegen seiner sinnlosen Höhe nicht einmal mehr vom Standpunkt des Waldbesitzers aus Interesse bietet. Es wird wirtschaftlich unwahr. Auf der einen Seite steht also die im Begriffe des Buchwertes liegende Forderung, daß an dem festgestellten Bodenwert nichts geändert wird, auf der anderen Seite ist es ein Gebot der praktischen Überlegung, daß

man an Werten, die der fernen Vergangenheit angehören, in der Gegenwart nicht dauernd festhalten kann. Um hier einen gangbaren Mittelweg zu finden, darf man nicht vergessen, daß kein anderes kapitalistisches Unternehmen so lange Produktions- und Abrechnungszeiträume kennt wie die Forstwirtschaft. In jedem kaufmännischen oder industriellen Großbetrieb entstehen durch Besitzwechsel, Kapitalveränderungen, Neuanschaffungen, Änderung der Produktionszweige usw. innerhalb kurzer Zeiträume wiederholt Gelegenheiten zur zeitgemäßen Fortführung des Buchwertes. Da beim staatlichen und gemeindlichen Waldbesitz äußere Veranlassungen analoger Art sich nicht einstellen, müssen zunächst umwälzende Vorgänge im inneren Betrieb für die Festsetzung eines neuen Zeitabschnittes wahrgenommen werden.

Als solche können grundlegende Änderungen der Wirtschaftsgrundsätze waldbaulicher Natur, der Absatzverhältnisse, der Bestandsverfassung (Kalamitäten), der Rechtsverhältnisse, der Verwaltungsorganisation usw., kurz alle Ereignisse, die eine neue Inventuraufnahme notwendig erscheinen lassen, angesehen werden. Fehlt es auch an diesen, dann bleibt nichts anderes übrig, als nach freiem Ermessen die Zeitabschnitte für den Beginn einer neuen Buchführung durch Neufestsetzung des Bodenkapitals zu begrenzen. Nach dem Reichs-Erbschaftssteuergesetz von 1906 findet die Ermittelung des Werts von gebundenen Grundstücken in 30 jährigen Zeitabschnitten statt.

II. Das Holzvorratskapital.

1. Der Bodenwert im Holzvorratskapital.

Insoweit das Holzvorratskapital sich aus den Erwartungs- und Kostenwerten der Einzelbestände zusammensetzt, braucht man zur Berechnung einen Bodenwert.

a) Zur Feststellung des Vermögenswertes und des Betriebskostenwertes kann der Bodentauschwert nur dann benützt werden, wenn die gegebene Holz- und Betriebsart standortsgerecht ist, d. h. wenn der Bodentauschwert mit dem höchsten Bodenertragswert zusammenfällt. Ist die Holz- und Betriebsart nicht standortsgerecht, dann ist

α) im Vermögenswert der höchste Bodenertragswert der vorhandenen Holz- und Betriebsart einzustellen,

β) der Betriebskostenwert aber unter Zugrundelegung des Bodentauschwertes (der standortsgemäßen Holzart) zu berechnen.

b) Die Feststellung des Buchwertes erfolgt auf der Grundlage des Buchwertes des Bodenkapitals.

2. Das Verwaltungskostenkapital.

Das Verwaltungskostenkapital erscheint im Vermögens-, Betriebskosten- und Buchwert des Holzvorrats mit dem Betrage, den es im Rechnungsjahre bzw. in der Rechnungsperiode tatsächlich hat. Hierbei kommt aber in Betracht, daß im Bestandserwartungs- und Kostenwert nur die Bodenbruttorente verrechnet wird, da das Verwaltungskapital, welches in der Formel des Bodenertragswertes als negative Größe erscheint, im Bestandserwartungs- und im Kostenwert dem Bodennettowert wieder zugezählt wird. Da nun bei der Festsetzung des Buchwertes des Bodenkapitals (Nettowertes) das in diesem Zeitraum gültige Verwaltungskostenkapital berücksichtigt werden muß, darf in den folgenden Zeiträumen nur der Mehrbetrag des Verwaltungskapitals in Anrechnung kommen.

In dem in der sächsischen Anweisung von 1892 (s. S. 227) gegebenen Beispiel ist der Bodennettowert auf 180 M. festgesetzt, das Verwaltungskostenkapital für das Jahrzehnt 1850—1859 auf 55 M., 1860—1869 65 M., 1870—1879 182 M., 1880—1889 321 M. Es betrug daher der

	Bodenbruttowert	$B + V$
1850—1859	$180 + 55 = 235$	$235 - 55 + 55$
1860—1869	$180 + 65 = 245$	$245 - 65 + 65$
1870—1879	$180 + 182 = 362$	$362 - 182 + 182$
1880—1889	$180 + 321 = 501$	$501 - 321 + 321.$

Der Mehrbetrag des Verwaltungskapitals im Jahrzehnt 1880—1889 gegenüber 1850—1859 ist also z. B. $321 - 55 = 266$ M. Setzt man denselben dem Bruttowert des Jahrzehnts 1850—1859 hinzu, so erhält man jenen des Jahrzehnts 1880—1889, also $235 + 266 = 501$ M.

III. Das Waldkapital und Waldkostenkapital.

1. Der Vermögenswert des Waldes stellt das Kapital vor, welches der Waldbesitzer durch den Verkauf des ganzen Waldes jederzeit in bare Münze umsetzen kann (Veräußerungspreis). Die Grundlage des auf den Holzvorrat entfallenden Teiles bildet die vorhandene Bestockung.

Die Feststellung des Waldvermögenswertes hat viele Vorteile für den Waldbesitzer. Da in der Höhe desselben seine Vermögenslage zum Ausdruck kommt, bildet er für den Privatwaldbesitzer zugleich die Unterlage für die Kreditfähigkeit, für die Erbteilungen und entsprechend modifiziert auch für die Steuerveranlagung. Für den Staat und die Gemeinden gewinnt der Waldvermögenswert praktische Bedeutung durch Gegenüberstellung des Passivvermögens (Schuldenlast) und für die Kreditfähigkeit.

2. Der Buchwert des Waldes gibt dem Waldbesitzer den wirklichen Erwerbspreis (Selbstkostenpreis) an und dient hauptsächlich als Vergleichsgröße zum Vermögenswert. Um den Unterschied beider Kapitalwerte ist der Waldbesitzer seit der Aufstellung des ersten Buchwertes reicher geworden. Dieser Wertszuwachs kann „unverdient“ sein, wenn die Kapitalwertszunahme lediglich auf die bessere Marktkonjunktur zurückzuführen ist, er kann aber auch „verdient“ sein, wenn der Waldbesitzer durch umsichtige Wirtschaft den Kapitalwert des Waldes zu heben vermochte. Beide Ursachen können auch Hand in Hand gehen.

3. Der Betriebskostenwert des Waldes hat hauptsächlich dann praktische Bedeutung, wenn die Bestandsverhältnisse dem Standorte und den Anforderungen an einen geregelten Betrieb nicht entsprechen. Je mehr er vom Vermögenswert abweicht, um so größer sind die Mängel, die dem Walde anhaften. In demselben Grade, in welchem dieselben abgestellt werden können, nähert sich der Betriebskostenwert dem Vermögenswert.

Viertes Kapitel.

Die praktische Bedeutung des Verzinsungsprozentes.

Das Wesen des Verzinsungsprozentes wurde bereits auf S. 17 f. dargelegt. Es kann dienen

1. zur Kontrolle der Wirtschaftlichkeit des laufenden Forstbetriebs,

2. zum Nachweis der Gewinn- und Vermögensmehrung oder auch des Verlustes des Waldbesitzers nach Maßgabe des Reinertrages zu verschiedenen Zeiten.

Im ersten Fall bildet der Vermögenswert, im zweiten der Buch- oder Betriebskostenwert (Anlagewert) den Ausgangspunkt der Rechnung.

1. Das Verzinsungsprozent des Waldvermögenswertes.

Das Verzinsungsprozent des Vermögenswertes ist ein statisches Instrument, welches das Verhältnis zwischen Nutzung (Reinertrag) und Kapital kontrolliert. Den Vergleichsmaßstab bildet der unterstellte und geforderte Wirtschaftszinsfuß. Die Wirtschaft ist für den gegebenen Waldzustand finanziell in Ordnung, wenn dieser Zinsfuß realisiert wird.

Theoretisch folgt der Vermögenswert des Waldes unmittelbar der Bewegung der Reinerträge. Werden diese mit dem geforderten forstlichen Zinsfuß kapitalisiert, dann ist auch das Verzinsungsprozent gleich dem forstlichen Zinsfuß. Die Mehrung oder Verminderung des Vermögenswertes kommt demnach im Verzinsungsprozent nicht zum Ausdruck. Die Vermögenswertsverschiebung kann nur durch den Vergleich der Größe des Vermögenswertes selbst zu verschiedenen Zeiten festgestellt werden. War z. B. der Waldreinertrag im Jahre 1920 3000 M. und wächst derselbe mit einem jährlichen Zuwachsprozent von 1,5 weiter, dann ist der Waldreinertrag im Jahre 1930 3482 M., im Jahre 1940 4041 M., im Jahre 1950 4689 M. Kapitalisiert man diese Erträge mit $3\,^0/_0$, dann berechnet sich der Vermögenswert bzw. auf 100000, 116067, 134700, 156300 M. Vom Jahre 1920 bis 1950 wird also der Waldbesitzer um 156300 — 100000 = 56300 M. reicher, die Verzinsung der Vermögenswerte ist aber immer $3\,^0/_0$.

Praktisch läßt sich das Verzinsungsprozent des Vermögenswertes nicht immer genau auf die Höhe des forstlichen Zinsfußes einstellen.

Seine tatsächliche Höhe ist abhängig einerseits von der Größe der jährlichen Abnutzung und andererseits von der Größe des Kapitals. Den wesentlichsten Bestandteil des Produktionskapitals bildet das Holzvorratskapital. Ein hohes Verzinsungsprozent kann sich z. B. ergeben, wenn die jährliche Abnutzung sich auf die Aufzehrung überschüssiger Altholzvorräte erstreckt, und ein geringes, wenn in einem Waldkomplex mit überschüssigem Altholzvorrat nur der jährliche Zuwachs genutzt wird. Auch in jenen Fällen, in welchen an Stelle einer nicht standortsgemäßen Holzart eine ertragsreichere nachgezogen wird, ergibt sich bis zur völligen Abräumung der bisherigen Holzart ein niedriges Verzinsungsprozent, weil der Vermögenswert ständig wächst (z. B. Nadelholz nach Buche). Daraus folgt, daß ein berechnetes Verzinsungsprozent nach den Verhältnissen beurteilt werden muß, auf die es sich gründet.

Einen normalen Maßstab bildet das durchschnittliche Verzinsungsprozent nur dann, wenn der Waldkomplex, auf welchen es sich bezieht, einen im angemessenen Verhältnis zum jährlichen Abnutzungssatz stehenden Holzvorrat auf der Grundlage eines im grossen und ganzen regelmäßigen Altersklassenverhältnisses aufweist. Bestehen diese Voraussetzungen nicht und soll trotzdem ein zum regelmäßigen jährlichen Betrieb nicht geeigneter Waldkomplex als Rechnungseinheit behandelt werden, dann gewährt die durchschnittliche Verzinsung der Einzelbestände ein zuverlässiges Bild als die Verzinsung des ganzen Komplexes. Im Großwaldbesitz werden sich aber in der Regel so viele Reviere zusammenfassen lassen, daß dieselben eine im allgemeinen regelmäßige Betriebsklasse ausmachen.

Beim Staatswaldbesitz wie beim Großwaldbesitz überhaupt ist ferner der Unterschied zu beachten, der zwischen der durchschnittlichen Verzinsung der einzelnen Verwaltungsbezirke und der des gesamten Waldbesitzes besteht. Abgesehen von dem Einfluß, den, wie eben erwähnt, ein unregelmäßigeres Altersklassenverhältnis auf das Verzinsungsprozent ausübt, können auch die mannigfaltigsten sonstigen Umstände zu einer niedrigen oder hohen Verzinsung des Einzelreviers vorübergehend führen.

Aber auch dann, wenn in einem Reviere alles in bester Ordnung ist und die finanzielle Umtriebszeit grundsätzlich eingehalten wird, kann die durchschnittliche Verzinsung des ganzen Reviers unter dem Wirtschaftszinsfuß stehen. Der natürliche Grund hierfür liegt darin, daß aus Rücksichten auf die Betriebstechnik nicht jeder Einzelbestand genau im Jahre seiner finanziellen Hiebsreife genutzt werden kann, daß der Bodenwert des Waldkapitals nur ein Durchschnittswert ist, und ferner, daß in jedem Reviere zufällige Ausgaben anfallen, die den durchschnittlichen Waldreinertrag schmälern.

In noch stärkerem Grade treten diese das durchschnittliche Verzinsungsprozent beeinträchtigenden Momente im schließlichen Verzinsungsprozent des gesamten Waldbesitzes hervor. Denn alle großen Forstverwaltungen, besonders die Staatsforstverwaltungen, haben Ausgaben allgemeiner Natur zu leisten, die den Gesamtertrag wesentlich beeinflussen, auf die einzelnen Verwaltungsbezirke aber nicht ausgeschlagen werden können.

Wenn der Waldkomplex umfangreiche rückständige Kulturflächen enthält oder ein Teil der Bestände durch Kalamitäten gelichtet ist, versagt das Verzinsungsprozent. Schreitet in diesem Falle die Nutzung nach Maßgabe der vorhandenen hiebsreifen Bestände ohne Rücksicht auf den Vorratsmangel in den jüngeren Altersklassen fort, dann wird das Verzinsungsprozent zu hoch und gibt ein irreführendes Bild.

2. Das Verzinsungsprozent des Buchwertes.

Im Verzinsungsprozent des Buchwertes drückt sich der Gewinn oder Verlust aus, der sich nach dem Verhältnis des Reinertrages zum Anlagekapital ergibt. Hat der Besitzer den Wald im Jahre 1920 auf der Grundlage eines jährlichen Reinertrages von 3000 M. und eines forstlichen Zinsfußes von 3% um 100000 M. gekauft, dann bildet bis auf weiteres dieser Kaufpreis den Buchwert oder das Anlagekapital. Steigt nun der Reinertrag um jährlich 1,5%, dann ergibt sich

im Jahre	1920	1930	1940	1950
ein Reinertrag von	3000	3482	4041	4689 M.
und eine Verzinsung von	3,00	3,48	4,04	4,69 %

Während das Verzinsungsprozent des Vermögenswertes nur das Gleichgewicht des Betriebes an sich ausweist, läßt das Verzinsungsprozent des Buchwertes den Waldbesitzer die Zu- oder Abnahme der Rentabilität seines Anlagekapitals zu verschiedenen Zeiten erkennen (vgl. S. 18). Es ist ein Rechnungsergebnis, das zunächst nur für den Waldbesitzer selbst Interesse hat.

Die natürliche Grundlage des Buchwertes ist der Erwerbspreis des Waldes. Es kann aber auch der Waldbesitzer, der den Wald seit langer Zeit im Besitz hat, in einem bestimmten Zeitpunkt den Vermögenswert festlegen und fortan als fixes Anlagekapital betrachten.

Die Änderung des Verzinsungsprozentes des Anlagekapitals ist an kein statisches Gesetz gebunden und läßt keinen Schluß darüber zu, ob sich der Wald im objektiven finanzwirtschaftlichen Gleichgewicht befindet. Steigen die Reineinnahmen stark, dann kann das Verzinsungsprozent hoch über dem forstlichen Zinsfuß stehen, auch wenn das Altersklassenverhältnis unregelmäßig ist, weil der Buchwert eben immer derselbe bleibt. Hat der Besitzer den Wald unter dem objektiven Vermögenswert erworben, dann kann das Verzinsungsprozent schon im ersten Betriebsjahr über dem forstlichen Zinsfuß stehen.

3. Das Verzinsungsprozent des Betriebskostenwertes.

Dieses gewinnt für den Waldbesitzer subjektiv dann praktische Bedeutung, wenn die vorhandene Holz- und Betriebsart nicht standortsgemäß oder der Betrieb auch nach anderer Richtung nicht ordnungsgemäß ist. Es bringt die Unwirtschaftlichkeit besonders scharf zum Ausdruck, namentlich auch dann, wenn der jetzt forstlich benutzte Boden für eine andere Benutzung (Landwirtschaft, Bauplatz) geeigneter wäre.

Fünftes Kapitel.

Das Verzinsungsprozent der sächsischen Staatsforstwirtschaft.

Für die sächsischen Staatsforsten wird bereits seit dem Jahre 1860 eine jährliche „Reinertragsübersicht" für jedes Revier geführt, welche außer den Einnahmen, Ausgaben und Überschüssen auch das Waldkapital und dessen Verzinsung enthält.

Nach der Geschäftsordnung der sächsischen Staatsforstverwaltung von 1910 werden folgende Reinertragsübersichten gefertigt:

1. Revier-Reinertragsübersichten. In dieselben sind nur solche Einnahmen und Ausgaben aufzunehmen, die mit der Bewirtschaftung des Holzbodens in unmittelbarem Zusammenhang stehen und auf deren Höhe der Revierverwalter innerhalb seines Wirkungskreises Einfluß auszuüben vermag. Nicht aufzunehmen sind die Kosten für Waldbrand, für Inspektion, das Forstrentamt, die Waldarbeiterunterstützungskassen, Bauaufwand, Umzugskosten usw., sowie die Jagdeinkünfte.

2. Summarische Reinertragsübersichten. Dieselben werden vom Finanzministerium jährlich nach Forstbezirken auf Grund der Staatshaushaltrechnungen aufgestellt. Sie umfassen sämtliche Einnahmen und Ausgaben und weisen den wirklichen Reinertrag der einzelnen Forstbezirke und des gesamten Staatsforstbesitzes, sowie den für die Forsteinrichtungsanstalt erforderlichen Zuschuß nach. Verrechnet werden auch die Jagdeinkünfte, die Kosten für den forstlichen Unterricht, Bücheranschaffungen usw.

Die Berechnung des Waldkapitals erfolgt nach dem Buchwert.

Nach der jetzt gültigen „Anweisung zur Berechnung des Waldkapitals" vom Jahre 1892 ist das Verfahren folgendes.

Der Rechnungszinsfuß (Wirtschaftszinsfuß) ist $3\,^0/_0$.

Der Bodenwert (Nettowert) wurde in Anlehnung an den Bodenertragswert gutachtlich festgesetzt und ist „vorläufig" als unveränderliche Größe anzusehen. Bei Ankäufen wird der bezahlte Preis in Rechnung gestellt.

Das Verwaltungskostenkapital begreift die Ausgaben für Verwaltung, Schutz, Betrieb, Entwässerungen und Wegbau in sich nach Abzug der Erlöse für Nebennutzungen und wird für jedes Jahrzehnt gesondert nach dem Durchschnitt für das Revier berechnet. Es wird nur für diejenigen Zeiträume zugrunde gelegt, für welche es Gültigkeit hat. — Bodenwert und Verwaltungskostenkapital zusammen bilden den Bodenbruttowert.

Die Berechnung des Holzvorrates erfolgt zunächst so, daß nur die 1—40jährigen Bestände, und zwar getrennt nach 10 Jahrgänge umfassenden Altersgruppen, nach der Methode der Bestandskostenwerte, alle übrigen Bestände einstweilen nach der Methode der Verkaufswerte (Abtriebswerte) zu berechnen sind. Da nach Verlauf jedes weiteren Wirtschaftsjahrzehnts die Kostenwertsmethode auf die nächsthöhere 10jährige Altersgruppe auszudehnen ist, werden zur Zeit die bis 60jährigen Bestände mit ihrem Kostenwert eingestellt. Für die Ermittelung des Verkaufswertes der älteren Bestände werden die aus den Bestandslagerbüchern (s. unten) aus den Beständen der verschiedenen Altersstufen und Bonitäten gewonnenen erntekostenfreien Gelderlöse für die Holzpreise zum Anhalt genommen. Der Holzvorrat wird nach 10jähriger Altersabstufung der Bestände ermittelt. Ebenso werden für die Bezifferung der Vornutzungserträge — abweichend von Judeich — die nach den Bestandslagerbüchern erlangten durchschnittlichen Massenerträge und erntekostenfreien Gelderlöse benutzt.

Die bei jeder alle 10 Jahre erfolgenden Hauptrevision (Forsteinrichtung) notwendig werdende Neuermittelung des Holzvorratskapitals geschieht in der Weise, daß nur die Kostenwerte der 1—10jährigen Bestände neu berechnet werden. Für die älteren Bestände werden die früher berechneten Kostenwerte der Flächeneinheit prolongiert, der sich ergebende Betrag um den 10jährigen Endwert des Bodenbruttozinses erhöht und um die eingegangenen Vorerträge vermindert. Das rechnerische Verfahren ergibt sich aus den auf S. 115 mitgeteilten Formeln.

Die Kostenwerte der 1—10jährigen Bestände werden auf die Mitte des Zeitraumes bezogen (HK_5, HK_{15} usw.). Die Durchforstungen gelten als auf einmal in der Mitte des Jahrzehnts vereinnahmt.

Unter Zugrundelegung der auf S. 115 angegebenen Rechnungsunterlagen gibt die erwähnte Anweisung folgendes Beispiel:

Wirkliche Kulturkosten der jetzt 1—10jährigen Bestände 179 M., der 11- bis 20jährigen 111 M., der 21—30jährigen 69 M., der 31—40jährigen 63 M. pro Hektar.

a) Kostenwerte der 1—10jährigen Bestände zu 222,76 ha.

$$1 \text{ ha}: 501 \,(1{,}03^5 - 1) + 179 \cdot 1{,}03^5 = 287{,}80 \text{ M.,}$$
$$\text{im ganzen } 222{,}76 \cdot 287{,}80 = 64\,110 \text{ M.}$$

b) Kostenwerte der 11—20jährigen Bestände zu 182,56 ha.

$$1 \text{ ha}: 501 \,(1{,}03^{10} - 1) + 362 \,(1{,}03^5 - 1)\, 1{,}03^{10} + 111 \cdot 1{,}03^{15} - 1 \cdot 1{,}03^5 = 419{,}95 \text{ M.,}$$
$$\text{im ganzen } 182{,}56 \cdot 419{,}95 = 76\,666 \text{ M.}$$

c) Kostenwerte der 21—30jährigen Bestände zu 218,47 ha.

$$1 \text{ ha}: 501 \,(1{,}03^{10} - 1) + 362 \,(1{,}03^{10} - 1)\, 1{,}03^{10} + 245 \,(1{,}03^5 - 1)\, 1{,}03^{20}$$
$$+ \, 69 \cdot 1{,}03^{25} - (5 \cdot 1{,}03^5 + 1 \cdot 1{,}03^{15}) = 543{,}07 \text{ M.,}$$
$$\text{im ganzen } 218{,}47 \cdot 543{,}07 = 118\,645 \text{ M.}$$

d) Kostenwerte der 31—40jährigen Bestände zu 124,51 ha.

$$1 \text{ ha}: 501 \,(1{,}03^{10} - 1) + 362 \,(1{,}03^{10} - 1)\, 1{,}03^{10} + 245 \,(1{,}03^{10} - 1)\, 1{,}03^{20} + 235 \cdot$$
$$(1{,}03^5 - 1)\, 1{,}03^{30} + 63 \cdot 1{,}03^{35} - (10 \cdot 1{,}03^5 + 5 \cdot 1{,}03^{15} + 1 \cdot 1{,}03^{25}) = 732{,}95 \text{ M.,}$$
$$\text{im ganzen } 124{,}51 \cdot 732{,}95 = 91\,260 \text{ M.}$$

Das so berechnete Waldkapital wird innerhalb des 10jährigen Zeitraumes als gleich angenommen. Aus dem prozentischen Verhältnis desselben zum jährlichen Einnahmeüberschuß („Reinertrag") ergibt sich das jährliche Verzinsungsprozent eines jeden Reviers und sämtlicher Staatsforsten.

Bis zum Jahre 1892 wurde der Holzvorrat aller Altersstufen nach dem Erwartungswert berechnet und das Waldkapital mit dem Ausdruck „Waldbestandsvermögen" bezeichnet. Es wurde also im Prinzip die Verzinsung des Vermögenskapitals ermittelt. Auf die Anregung Judeichs hin entschloß man sich aber, vom „Anlagekapital", also vom subjektiven Kostenwert des Holzvorrates auszugehen. Der Erwartungswert ist damit gegenstandslos geworden.

Zur richtigen Beurteilung des sächsischen Verfahrens ist im Auge zu behalten, daß die sächsischen Staatsforsten seit dem Jahre 1867 nach den Grundsätzen der Bodenreinertragswirtschaft bewirtschaftet werden, daß also das Holzvorratskapital eines jeden Reviers in einem ungefähren Gleichgewichtsverhältnis zu den jährlichen Reineinnahmen steht. Auch vor dem Jahre 1867 waren die Umtriebe nicht viel höher als die finanziellen. Dazu kommt, daß in den sächsischen Staatsforsten das Nadelholz 97% der Fläche einnimmt (78% Fichte und Tanne, 19% Kiefer) und deshalb die vorhandene Bestockung dem Standorte angemessen ist.

Wenn trotzdem das durchschnittliche Verzinsungsprozent der sächsischen Staatsforstwirtschaft hinter dem Wirtschaftszinsfuß von 3% nicht unerheblich zurückbleibt, so liegt der Grund hierfür darin, daß die stets neu hinzutretenden Ankaufsflächen dem Waldkapital zugerechnet werden, obwohl sie noch keine Einnahme liefern, daß eine große Forstverwaltung Ausgaben allgemeiner Natur hat, die sich auf das einzelne Revier nicht ausschlagen lassen, und endlich, daß in einem großen Betrieb nicht jeder Bestand genau in seinem finanziellen Abtriebsalter genutzt werden kann. Dazu kommt noch der Einfluß von Kalamitäten und der Änderung der Holzpreise.

Das sächsische Verfahren ist näher dargestellt in der „Forsteinrichtung" von Judeich-Neumeister, 6. Aufl. 1904, S. 503 ff., ferner von Schulze im Bericht über die 44. Vers. d. Sächsischen Forstvereins, Tharandt 1899. Außerdem standen mir briefliche Mitteilungen der sächsischen Forsteinrichtungsanstalt zur Verfügung.

Bestandslagerbücher. In der sächsischen Staatsforstverwaltung wird schon seit längerer Zeit von der Ermittelung des finanziellen Haubarkeitsalters nach dem Weiserprozent abgesehen, da man genaue Unterlagen hierfür durch die seit dem Jahre 1897 eingeführten „Bestandslagerbücher" erhält. In diesen sind auf jedem Revier von einer rund 100 ha großen Fläche, die nach Maßgabe der vertretenen Hauptholzarten und Standortsbonitäten sowie der mittleren Absatzlage ausgewählt worden ist und möglichst normal erwachsene Bestände aufweist, die Massenerträge und Gelderträge bestandsweise nach Abtriebs- und Vornutzung sowie sämtliche Kosten zu buchen. Mittels dieser Bestandslagerbücher sollen Unterlagen über die Bestandsbegründungs- und Erziehungskosten sowie über die Massen- und Gelderträge der für Sachsen wichtigsten Holzarten, getrennt nach Altersstufen und Bonitäten, einesteils nach großen Durchschnitten aus dem ganzen Lande, andernteils aber für bestimmte Wuchs- und Absatzgebiete gewonnen werden[1]).

Für die Einführung der Bestandslagerbücher war die Erwägung maßgebend, daß die spezielle Buchung von Wirtschaftsergebnissen für ganze Reviere in solcher Genauigkeit, wie sie nach den in Sachsen gewonnenen Erfahrungen notwendig ist, sehr zeitraubend ist und deshalb nicht mit der nötigen Sorgfalt durchgeführt wird.

---

[1]) V. v. 23. April 1897, s. Tharander Forstl. Jahrb. 1898, 255 ff. Ferner Geschäftsordnung für die sächs. Staatsforstverwaltung 1910, II, 21.

Dritter Abschnitt.

Die laufende Verzinsung oder das Weiserprozent.

I. Wesen und allgemeine Ableitung.

Das laufende Verzinsungsprozent oder das Weiserprozent gibt das prozentische Verhältnis an, in welchem der jährliche oder periodische Wertzuwachs eines Bestandes (Baumes) zu dem Produktionskapital steht, welches zu seiner Erzeugung in Tätigkeit sein muß.

Die erstere Benennung rührt von G. Heyer her, den Ausdruck Weiserprozent wählte Preßler, weil dieses Prozent auf die finanzielle Hiebsreife der Bestände hinweist. Heyer entwickelte seine Theorie in den von ihm herausgegebenen Werken „Anleitung zur Waldwertrechnung" 1865 und „Die Methoden der forstlichen Rentabilitätsrechnung" 1871, — Preßler die Methode des Weiserprozentes schon im Jahre 1860 in der „Allgemeinen Forst- und Jagdzeitung".

Die laufende Verzinsung bezieht sich zunächst auf einen unbestimmten Zeitraum, die laufend-jährliche dagegen auf den Zeitraum eines Jahres. Die erstere Bezeichnung trifft daher auf alle Fälle zu.

Die laufende Verzinsung des jährlichen Betriebes fällt mit der durchschnittlichen zusammen.

Der Wertzuwachs eines Bestandes (Baumes) von einem Jahre zum anderen oder von einer Altersperiode zur anderen ist nicht gleich. Anfangs sehr klein, steigt derselbe in den mittleren Lebensjahren des Bestandes sehr rasch und nimmt im höheren Alter wieder ab.

Von dem allgemeinen nationalökonomischen Grundsatz ausgehend, daß der Wert einer produzierten Ware mindestens die Kosten der Erzeugung decken soll, hat der Bestand vom finanzwirtschaftlichen Standpunkte aus in dem Augenblicke keine Existenzberechtigung mehr, von welchem ab sein Wertzuwachs dauernd kleiner wird als der Kostenaufwand.

Ist A_x der Bestandswert im Bestandsalter x, A_{x+1} jener im Alter $x+1$, so beträgt der einjährige Wertzuwachs vom Jahre x bis zum Jahre $x+1$

$$A_{x+1} - A_x.$$

Die Kosten, welche zur Erzeugung desselben aufgewendet werden müssen, bestehen in den Zinsen des vorhandenen Holzkapitals A_x, des Bodenkapitals B und des Verwaltungskapitals V und betragen somit

$$(A_x + B + V)\,0{,}0\,p.$$

Die Grundgleichung oder allgemeine Bedingungsgleichung des Weiserprozentes lautet daher
für den einjährigen Wertzuwachs:

$$A_{x+1} - A_x = (A_x + B + V)\,0{,}0\,p,$$

für den mehr- oder njährigen Wertzuwachs:

$$A_{x+n} - A_x = (A_x + B + V)\,(1{,}0\,p^n - 1).$$

Letztere Formel kann auch in der Form geschrieben werden:

$$A_{x+n} = A_x\, 1{,}0\,p^n + (B + V)\,(1{,}0\,p^n - 1)$$

oder

$$A_{x+n} - A_x\, 1{,}0\,p^n = (B + V)\,(1{,}0\,p^n - 1).$$

Wie bei Berechnung des Wirtschaftserfolges gibt daher auch hier die Gleichung oder Ungleichung

$$A_{x+1} - A_x \gtreqless (A_x + B + V)\,0{,}0\,p$$

oder

$$A_{x+n} - A_x \gtreqless (A_x + B + V)\,(1{,}0\,p^n - 1)$$

darüber Auskunft, ob der vorhandene Bestand im Zeitpunkt der Untersuchung dem Waldbesitzer gerade seine Kosten oder Gewinn oder Verlust einbringt.

Solange die linke Seite der Gleichung größer ist als die rechte, oder solange sich hoffen läßt, daß sie größer wird als diese, wäre es unwirtschaftlich, den Bestand zu nutzen. Denn niemand fällt es ein, ein Kapital, welches mehr Zinsen trägt, als sich landesüblich erwarten lassen, aus der bisherigen Anlage herauszuziehen. Die jährlichen Wertszuwachse werden in dem Bestand bis zum Abtriebsalter admassiert.

Der kritische Moment tritt dann ein, wenn die Größe des Wertszuwachses $A_{x+1} - A_x$ dauernd kleiner wird als die Größe der Kosten. Alsdann hat der finanzwirtschaftlich rechnende Waldbesitzer alle Veranlassung, sein Produktionskapital der bisherigen Wirtschaft zu entziehen und anderweitig nutzbringend zu verwenden, oder mit anderen Worten: er muß den vorhandenen Bestand nutzen und an seiner Stelle einen anderen, die Produktionskosten wieder voll ersetzenden erziehen.

Daraus ergibt sich, daß vorstehende Gleichungen zur Bestimmung der finanziellen Hiebsreife eines gegebenen Bestandes dienen.

Dieselben sind nicht willkürlich aufgestellt, sondern lassen sich direkt aus dem Walderwartungs- oder Bestandserwartungswerte oder aus der Grundgleichung des Bodenertragswertes ableiten:

1. Soll ein jetzt mjähriger Bestand nicht im Jahre x, sondern im Jahre $x \pm n$ genutzt werden, dann ist diese spätere oder frühere Nutzung nur gerechtfertigt, wenn der für das Alter $x \pm n$ sich berechnende Wald- oder Bestandserwartungswert größer oder wenigstens gleich ist dem für die Abtriebszeit x gültigen. Denn allgemein ist diejenige Abtriebszeit die rentablere, welche den größten Walderwartungswert oder, was dasselbe ist, den größten Bestandserwartungswert liefert. Nimmt man an, daß die prolongierten Durchforstungserträge bereits A_x und A_{x+n} zugezählt sind, dann ist für die Abtriebszeit x

$$HE_m = \frac{A_x + B + V}{1{,}0\,p^{x-m}} - (B + V)$$

und für die Abtriebszeit $(x + n)$

$$HE_m = \frac{A_{x+n} + B + V}{1{,}0\,p^{x+n-m}} - (B + V).$$

Setzt man beide Werte einander gleich, dann wird

$$A_{x+n} + B + V = (A_x + B + V)\,1{,}0\,p^n$$

und, wenn beiden Seiten der Gleichung $- A_x$ zugesetzt wird:

$$A_{x+n} - A_x = (A_x + B + V)(1{,}0\,p^n - 1).$$

2. Ist der Abtriebswert des x jährigen Bestandes A_x, so ist dessen Nutzung finanziell gerechtfertigt, wenn der für das Abtriebsjahr $x + n$ sich berechnende Bestandserwartungswert nicht größer ist als A_x.

Die Bedingungsgleichung für das finanzielle Gleichgewicht lautet daher

$$A_x = \frac{A_{x+n} + B + V}{1{,}0\,p^n} - (B + V),$$

woraus wie vorhin

$$A_{x+n} - A_x = (A_x + B + V)(1{,}0\,p^n - 1).$$

Hieraus folgt, daß die Grundgleichung des Weiserprozentes auch gleich ist der Differenz zwischen dem Bestandsabtriebswert und dem für das Abtriebsalter $(x + n)$ sich berechnenden Bestandserwartungswert.

3. Legt man die Grundgleichung des Bodenertragswertes zugrunde, dann hat man

$$A_x = (B + V)(1{,}0\,p^x - 1) + c\,1{,}0\,p^x$$

oder

$$(A_x + B + V) = (B + V + c)\,1{,}0\,p^x$$

$$A_{x+n} = (B + V)(1{,}0\,p^{x+n} - 1) + c\,1{,}0\,p^{x+n}$$

oder

$$A_{x+n} + B + V = (B + V + c)\,1{,}0\,p^x \cdot 1{,}0\,p^n.$$

Hieraus wird

$$A_x + B + V = \frac{A_{x+n} + B + V}{1{,}0\,p^n}$$

und wie vorhin

$$A_{x+n} - A_x = (A_x + B + V)(1{,}0\,p^n - 1).$$

Halten wir zunächst an der Form der Grundgleichung

$$A_{x+n} = A_x\,1{,}0\,p^n + (B + V)(1{,}0\,p^n - 1)$$

fest, dann sagt uns dieselbe, daß der Abtriebsertrag A_{x+n} außer dem Werte A_x selbst noch die n jährigen Zinsen desselben und die Zinsen des Boden- und Verwaltungskapitales $B + V$ aufbringen muß, wenn das Stehenlassen des x jährigen Bestandes auf die Dauer von weiteren n Jahren finanziell gerechtfertigt sein soll.

Genügt der Abtriebsertrag A_{x+n} dieser Bedingung, dann ist das laufende Verzinsungsprozent p gleich dem unterstellten Wirtschaftszinsfuß. Ist dagegen

$$A_{x+n} \gtrless A_x\,1{,}0\,p^n + (B + V)(1{,}0\,p^n - 1),$$

dann kann diese Ungleichung nur dann in eine Gleichung übergeführt werden, wenn p auf den Betrag von w entsprechend erniedrigt oder erhöht wird.

Indem man also den Wert von p bzw. w bestimmt, erhält man Auskunft darüber, ob der Wertszuwachs des Bestandes das Produktionskapital zu dem geforderten Wirtschaftszinsfuß verzinst oder nicht. In dem Zeitpunkt, in welchem w kleiner wird als p, hat der Bestand seine Hiebsreife bereits überschritten. So lange $w \geqq p$, verzinst der Bestand mit seinem Wertszuwachs das Produktionskapital noch genügend und kann daher weiter stehen bleiben.

Bei der Herleitung des Weiserprozentes aus der Grundgleichung kann man nun zwei Wege einschlagen:

1. Man fragt sich, zu welchem Prozent verzinsen sich die Produktionskapitalien A_x, B und V, wenn dieselben noch n Jahre im Walde werbend belassen werden und A_x auf den Betrag von A_{x+n} anwächst? Um diese Frage zu beantworten, bestimmt man aus der Grundgleichung einfach den Wert von p bzw. w, welchen Buchstaben wir nun hier an Stelle von p setzen wollen.

Es ist alsdann

$$1{,}0\,w^n = \frac{A_{x+n} + B + V}{A_x + B + V} = \frac{A_{x+n} - A_x}{A_x + B + V} + 1$$

und

$$w = 100 \left(\sqrt[n]{\frac{A_{x+n} + B + V}{A_x + B + V}} - 1 \right)$$

oder wenn $n = 1$,

$$w = \frac{A_{x+1} - A_x}{A_x + B + V} \cdot 100.$$

Diesen Weg schlugen Preßler, Heyer und Judeich ein, wenn auch von verschiedenen Voraussetzungen ausgehend.

2. Der zweite Weg ergibt sich durch folgende Fragestellung: Wenn wir verlangen, daß das Boden- und Verwaltungskapital sich unter allen Umständen zu dem Wirtschaftszinsfuße p verzinst, und wenn der Abtriebsertrag nach n Jahren den bestimmten Wert A_{x+n} erreicht, mit welchem Prozent w wächst dann A_x weiter, um die Größe $A_{x+n} - (B+V)(1{,}0\,p^n - 1)$ aufzuwiegen? In diesem Falle lautet die Grundgleichung:

$$A_{x+n} = A_x\,1{,}0\,w^n + (B+V)(1{,}0\,p^n - 1),$$

woraus

$$1{,}0\,w^n = \frac{A_{x+n}}{A_x} - \frac{(B+V)(1{,}0\,p^n - 1)}{A_x}$$

und

$$w = 100 \left(\sqrt[n]{\frac{A_{x+n}}{A_x} - \frac{(B+V)(1{,}0\,p^n - 1)}{A_x}} - 1 \right),$$

oder wenn $n = 1$,

$$w = \frac{A_{x+1} - A_x - (B+V)\,0{,}0\,p}{A_x}\,100.$$

Vorstehenden Weg wählte G. Kraft bei Ableitung seiner Weiserprozentformel.

Beide Wege führen zu demselben Ziele, d. h. im Zeitpunkte der finanziellen Hiebsreife ist nach beiden Methoden $w = p$.

II. Die Größe des Weiserprozentes.

A. Unterstellt man als Bodenwert das Maximum des Bodenertragswertes, dann wird in demselben Jahre, in welchem B_u kulminiert, das Weiserprozent gleich dem

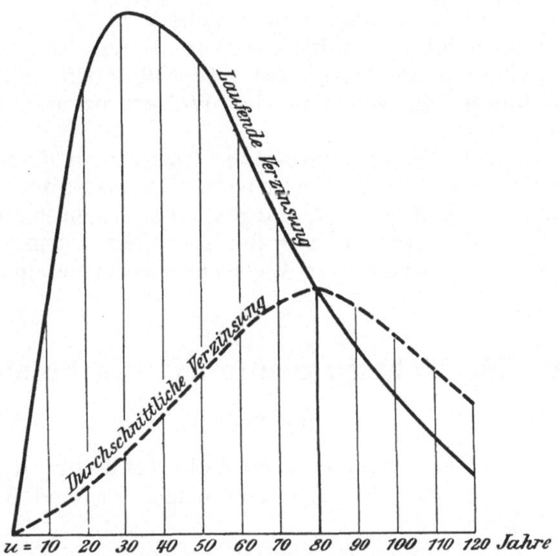

Abb. 7. Verlauf des laufend-jährlichen und durchschnittlich-jährlichen Verzinsungsprozentes.

Wirtschaftszinsfuß. Vor diesem Zeitpunkt ist w größer als p, nach demselben kleiner[1]).

B. Das Weiserprozent trifft in dem Zeitpunkt, in welchem es dem unterstellten Wirtschaftszinsfuß gleich wird, mit dem höchsten durchschnittlich-jährlichen Verzinsungsprozent zusammen, wenn man als Bodenwert den Bodenertragswert der finanziellen Umtriebszeit unterstellt.

Zwischen dem Weiserprozent und dem durchschnittlich-jährlichen Verzinsungsprozent besteht, wie G. Heyer nachgewiesen hat, das gleiche Verhältnis wie zwischen dem laufend-jährlichen und dem durchschnittlich-jährlichen Holzzuwachs.

---

[1]) Der mathematische Beweis hierfür wurde in der 1. Auflage S. 196 geführt.

Das Weiserprozent bewegt sich im Sinne des Wertszuwachses. Es ist in den jüngeren Bestandsaltern klein, steigt dann rasch, erreicht einen Höchstbetrag und fällt dann wieder.

Denselben allgemeinen Verlauf weist die durchschnittliche Verzinsung auf. Dieselbe ist aber vor ihrer Kulmination kleiner als das Weiserprozent, steigt auch dann noch, wenn dieses bereits zu sinken beginnt, ist im Zeitpunkt ihrer Kulmination gleich und danach größer als das Weiserprozent.

Vgl. das Zahlenbeispiel am Schluß und Abb. 7.

C. **Es ist zu beachten, daß beim Weiserprozent nicht der Höchstbetrag (Kulminationspunkt) ausschlaggebend ist,** sondern jener Zeitpunkt, von welchem ab es kleiner wird als der Wirtschaftszinsfuß. Unmittelbar vor diesem Zeitpunkt liegt die finanzielle Hiebsreife des Bestandes. Dieselbe trifft mithin auf das Ende jenes Jahres, in welchem das Weiserprozent gleich ist dem Wirtschaftszinsfuß.

Mit Hilfe des Weiserprozentes kann man das finanzielle Hiebsalter normaler und abnormer Bestände bestimmen. Dies folgt aus den auf S. 230 f. dargestellten Ableitungen.

Im nachfolgenden werden nun die speziellen Formen, die **Preßler**, **G. Heyer** und **Kraft** der Weiserprozentformel gegeben haben, besprochen.

III. Die Weiserprozentformel von Preßler.

1. Die Formel.

Die von **Preßler** zuerst aufgestellte und für die praktische Anwendung empfohlene Weiserprozentformel ist eine **Näherungs**formel und lautet:

$$w = (a + b + c)\,\frac{H}{H + G}. \tag{1}$$

Hierin bedeutet:

$$\left.\begin{array}{l} a \text{ das Quantitätszuwachsprozent} \\ b \text{ das Qualitätszuwachsprozent} \\ c \text{ das Teuerungszuwachsprozent} \end{array}\right\} \begin{array}{l} \text{innerhalb der } n\text{ jährigen} \\ \text{Zuwachsperiode,} \end{array}$$

H das „mittlere Holzkapital", d. h. das arithmetische Mittel aus dem im Jahre x vorhandenen und dem im Jahre x + n zu erhoffenden Bestandsabtriebswert; nach unserer Bezeichnung ist also

$$H = \frac{A_{x+n} + A_x}{2}.$$

G ist das („ertragsrechte") Grundkapital $B_u + V + S + C_u$, welches dem ermittelten vorteilhaftesten Umtriebe u entspricht (B_u also Maximum des Bodenertragswertes).

Obige Formel veränderte **Preßler** noch weiter, indem er den „relativen Holzwert" $r = \dfrac{H}{G}$ in dieselbe einführte. Da hieraus $r \cdot G = H$, so zeigt r an, wievielmal größer das Holzkapital H gegenüber seinem Grundkapitale G ist. Durch Substitution geht also obiger Ausdruck über in

$$w = (a + b + c)\,\frac{r}{r+1}. \tag{2}$$

Neben diesen beiden Hauptformeln stellte Preßler noch folgende Formeln auf (nach unserer Bezeichnung):

$$w = \frac{A_{x+n} - A_x}{A_{x+n} + A_x + 2\,G} \cdot \frac{200}{n} \tag{3}$$

$$1{,}0\,w^n = \frac{A_{x+n} + G}{A_x + G}. \tag{4}$$

Formel (3) ist dem Ausdruck $\dfrac{M-m}{M+m} \cdot \dfrac{200}{n}$ nachgebildet und gibt wie dieser ein etwas zu kleines Resultat; in Formel (4) soll der Quotient direkt für n Jahre in der Nachwertstafel aufgesucht werden.

In allen Fällen sind dem Abtriebswerte A_{x+n} die innerhalb der n Jahre anfallenden Durchforstungserträge vernachwertet zuzurechnen.

2. Die einzelnen Größen der Formel.

a) Die Wertszunahmeprozente Preßlers.

Preßler drückte bei Aufstellung der Formel der laufenden Verzinsung oder, wie er sich ausdrückt, des Weiserprozentes die periodische Wertszunahme eines Baumes oder Bestandes nicht in absoluter Zahl aus, sondern im Prozente desjenigen mittleren Holzkapitales, welches die Wertsmehrung hervorbringt. Nennen wir dieses Prozent z, so ist

$$1{,}0\,z^n = \frac{A_{x+n}}{A_x},$$

und hieraus

$$z = 100\left(\sqrt[n]{\frac{A_{x+n}}{A_x}} - 1\right). \tag{*}$$

Ist A_{x+n} und A_x bekannt, dann bietet also die Bestimmung von z nicht die geringste Schwierigkeit. Will man sich aber über den Zeitpunkt der Hiebsreife eines Bestandes vergewissern, dann steht zunächst nur der gegenwärtige Abtriebswert A_x fest, während der seinerzeitige Wert A_{x+n} erst bestimmt werden muß. Den Anhaltspunkt hierzu bietet nun die Zuwachstätigkeit des vorhandenen Bestandes mit dem Werte A_x. Die Wertsmehrung desselben ist bedingt durch den Zuwachs an Masse und den hierfür zu erzielenden Preis.

Ist m die gegenwärtige Holzmasse, q der durchschnittliche Preis derselben pro Festmeter (Qualitätsziffer), dann ist der gegenwärtige Wert

$$A_x = m\,.\,q.$$

Wächst nun m um $a\,^0/_0$, q um $b\,^0/_0$, dann wird innerhalb n Jahren

$$A_{x+n} = (m\,.\,1{,}0\,a^n)(q\,.\,1{,}0\,b^n) = mq\left(1 + \frac{a}{100}\right)^n\left(1 + \frac{b}{100}\right)^n$$

und hieraus

$$\sqrt[n]{\frac{A_{x+n}}{mq}} = \left(1 + \frac{a}{100}\right)\left(1 + \frac{b}{100}\right)$$

oder

$$\sqrt[n]{\frac{A_{x+n}}{A_x}} = 1 + \frac{a}{100} + \frac{b}{100} + \frac{a \cdot b}{100 \cdot 100},$$

$$100\left(\sqrt[n]{\frac{A_{x+n}}{A_x}} - 1\right) = a + b + \frac{a \cdot b}{100}. \tag{**}$$

Aus Formel (*) und (**) wird daher

$$z = a + b + \frac{a \cdot b}{100}$$

und, wenn man $\dfrac{a \cdot b}{100}$ als sehr klein vernachlässigt,

$$z = a + b.$$

Wird die Wertsmehrung noch von einem dritten Faktor c (Teuerungszuwachsprozent) beeinflußt, dann erhält man in analoger Weise die Gleichung

$$A_{x+n} = mq\left(1 + \frac{a}{100}\right)^n\left(1 + \frac{b}{100}\right)^n\left(1 + \frac{c}{100}\right)^n,$$

woraus

$$100\left(\sqrt[n]{\frac{A_{x+n}}{A_x}} - 1\right) = a + b + c + \frac{ab + ac + bc}{100} + \frac{abc}{100 \cdot 100}$$

$$= a + b + c \text{ (näherungsweise).}$$

Durch Zerlegung des Wertszuwachses in seine einzelnen Elemente gelingt es daher, synthetisch aus den einzelnen wertsbildenden Faktoren den Verbrauchswert A_{x+n} und somit die Wertszunahme $A_{x+n} - A_x$ zu bestimmen.

Wir haben nun im folgenden diese einzelnen Elemente und deren prozentischen Wertsausdruck nach dem Verfahren Preßlers näher zu verfolgen. Man unterscheidet:

1. Das Quantitäts- oder Massenzuwachsprozent, von Preßler mit a bezeichnet (Volumzuwachs).

Wächst ein Baum oder Bestand innerhalb eines Jahres von der Masse m auf die Masse M, so beträgt der absolute Jahreszuwachs M — m und das Zuwachsprozent, ausgedrückt im Verhältnis zu m,

$$a = \frac{M - m}{m} \cdot 100 = \left(\frac{M}{m} - 1\right) 100.$$

Diese Gleichung läßt sich auch in der Form schreiben:

$$\frac{M}{m} = 1{,}0\,a \quad \text{und} \quad M = m \cdot 1{,}0\,a.$$

Braucht die Masse oder das Holzkapital m **mehrere**, also n **Jahre**, um auf den Betrag von M anzuwachsen, so erhält man das durchschnittlich-jährliche Prozent aus

$$M = m\,1,0\,a^n \text{ oder } \frac{M}{m} = 1,0\,a^n,$$

woraus

$$a = 100\left(\sqrt[n]{\frac{M}{m}} - 1\right).$$

Beispiel. Hat ein Bestand im 90 jährigen Alter 600 fm Masse, im 100 jährigen 640 fm, so ist n = 10 Jahre und

$$a = 100\left(\sqrt[10]{\frac{640}{600}} - 1\right) = 0,6475\,\%.$$

Oder mit Hilfe der Nachwertstafel ist

$$\frac{640}{600} = 1,0\,a^{10} = 1,067, \text{ woraus } a = 0,65\,\%.$$

In der Zeile „10 Jahre" der **Zuwachsprozenttafel** (Tafel VI im Anhang) steht 1,062 in der Vertikalspalte für 0,6% und 1,072 in der Spalte für 0,7%. Da 1,067 in der Mitte liegt, ist a = 0,65%.

Um die logarithmische Berechnung zu umgehen, hat **Preßler** folgenden **Näherungsweg** vorgezeichnet. Es ist:

$$\frac{M - m}{n} \text{ der durchschnittliche Zuwachs während n Jahren,}$$

$$\frac{M + m}{2} \text{ die durchschnittliche Größe des laufenden Vorrates.}$$

Das prozentische Verhältnis zwischen beiden Größen ergibt sich daher aus

$$\frac{M + m}{2} : \frac{M - m}{n} = 100 : a, \text{ woraus } a = \frac{M - m}{M + m} \cdot \frac{200}{n}.$$

Beispiel.
$$a = \frac{640 - 600}{640 + 600} \cdot \frac{200}{10} = 0,6451\,\%.$$

Diese Näherungsformel[1] gibt **kleinere** Resultate als der mathematisch genaue Zinseszins-Ausdruck $100\left(\sqrt[n]{\frac{M}{m}} - 1\right)$. Der Fehler wird um so größer, je größer n und das Zuwachsprozent überhaupt ist (siehe die nachfolgenden Beispiele unter 3).

Fallen innerhalb der n Jahre Zwischennutzungen an, dann sind dieselben M zuzurechnen.

Ferner stellte **Preßler** folgenden Satz auf:

Das im ganzen fortwährend abnehmende Massenzuwachsprozent der Hölzer ist im Alter A des höchsten

---

[1] Über den mathematischen Charakter derselben vgl. **Baule** im Forstw. Zentralblatt 1908, S. 85. — Ferner N. **Gennimatás**-Athen, daselbst 1915, S. 60 ff. 1916, S. 410.

Durchschnittsertrages auf einen Wert herabgesunken, der sich genau durch die Formeln

1. $p = \dfrac{100}{A}$ für den Hauptertrag (Hauptbestand),

2. $p' = \dfrac{100 + d}{A'} = \dfrac{100}{A'}\left(1 + \dfrac{D}{M'}\right)$ für den Gesamtertrag beziffern läßt.

(d = der Prozentanteil der Vorerträge am Abtriebsertrag,
D = absolute Summe der Durchforstungserträge,
M' = Masse des Hauptbestandes.)

Findet man also bei der Untersuchung, daß das Prozent des laufenden Zuwachses noch größer ist als p oder p', dann hat der Bestand den größten Durchschnittszuwachs noch nicht erreicht und umgekehrt[1]).

2. Das Qualitätszuwachsprozent, von Preßler mit b bezeichnet. Unter Qualitätszuwachs versteht man die Preisdifferenz verschiedener Sortimente zu derselben Zeit. Er wird gebildet durch den höheren Preis der stärkeren (älteren) Hölzer pro Verkaufseinheit gegenüber den schwächeren (jüngeren) und durch die verhältnismäßige Verminderung der Erntekosten des älteren und wertvolleren Holzes. Letzterer Umstand kommt bei der Berechnung des Qualitätszuwachses nicht direkt zum Ausdruck, da der Einheitspreis meist erntekostenfrei in Rechnung gestellt wird.

Steigt innerhalb n Jahren die Qualitätsziffer von q auf Q, so ist Q − q der Qualitätszuwachs und das durchschnittlich-jährliche Zuwachsprozent desselben analog dem Massenzuwachsprozent

$$\frac{Q}{q} = 1{,}0\,b^n \quad \text{oder} \quad b = 100\left(\sqrt[n]{\frac{Q}{q}} - 1\right)$$

und näherungsweise

$$b = \frac{Q - q}{Q + q} \cdot \frac{200}{n}.$$

Beispiel 1. Der Festmeterpreis eines Nutzholzstammes 1. Klasse (18 m lang, 30 cm Zopfdurchmesser) beträgt 25 M., der eines Stammes 2. Klasse (18 m lang, 22 cm Zopfstärke) 22 M., somit der Qualitätszuwachs $25 - 22 = 3$ M. Hat nun der Baum 20 Jahre gebraucht, um vom Stamm 2. Klasse zum Stamm 1. Klasse heranzuwachsen, so ist das Qualitätszuwachsprozent oder

$$b = \frac{25 - 22}{25 + 22} \cdot \frac{200}{20} = 0{,}64\,\%.$$

Beispiel 2. Wenn der durchschnittliche Verkaufspreis oder die Qualitätsziffer eines 70 jährigen Bestandes pro Festmeter 12 M. beträgt, der eines 80 jährigen gleichartigen Bestandes 14 M. pro Festmeter, dann ist

$$b = \frac{14 - 12}{14 + 12} \cdot \frac{200}{10} = 1{,}54\,\%$$

oder $\dfrac{14}{12} = 1{,}0\,b^{10} = 1{,}167$; nach der Zuwachsprozenttafel ist $b = 1{,}55\,\%$.

---

[1]) Beweis siehe 1. Aufl. S. 202.

Der Qualitätszuwachs kann nicht von Jahr zu Jahr, sondern nur für größere Zeiträume bzw. Altersunterschiede der Bestände festgesetzt werden. Als jährlichen Betrag desselben nimmt man dann das arithmetische Mittel.

In vielen Fällen ist der Zwischenbestand getrennt vom Hauptbestand auf seinen Qualitätszuwachs hin zu prüfen, namentlich wenn in Nadelholzbeständen die Durchforstungshölzer innerhalb kurzer Perioden zu wertvollen Sortimenten heranwachsen. Um dann die mittleren Qualitätsziffern des Gesamtbestandes zu erhalten, berechnet man den Prozentanteil des Zwischenbestandes und Hauptbestandes an der Gesamtmasse, multipliziert denselben mit der Qualitätsziffer und addiert die beiden Produkte.

Beispiel. In einem 30 jährigen Bestand sei die Qualitätsziffer des Zwischenbestandes bei einem Anteil von 15 % an der Gesamtmasse 3 M., die Qualitätsziffer des Hauptbestandes bei einem Prozentanteil von 85 % 5 M. Die durchschnittliche Qualitätsziffer des Gesamtbestandes beträgt daher $0{,}15 \cdot 3 + 0{,}85 \cdot 5 = 4{,}70$ M. Sind im 40. Jahre bei gleichen Prozentanteilen die bez. Qualitätsziffern 5 und 6, dann ist die mittlere Qualität $0{,}15 \cdot 5 + 0{,}85 \cdot 6 = 5{,}85$ M. Somit ist das Qualitätszuwachsprozent

$$ b = \frac{5{,}85 - 4{,}70}{5{,}85 + 4{,}70} \cdot \frac{200}{10} = 2{,}180 \,\%. $$

3. **Das Teuerungszuwachsprozent**, von Preßler mit c bezeichnet. Unter Teuerungszuwachs versteht man den Unterschied in den Verkaufspreisen desselben Sortiments zu verschiedenen Zeiten, bezogen auf die Verkaufseinheit (fm). Derselbe stützt sich somit auf die Preisveränderungen des Holzes, welche durch die Änderungen der Marktverhältnisse hervorgerufen werden. Er kann daher sowohl positiv als negativ sein.

Judeich unterscheidet zwischen absolutem und relativem Teuerungszuwachs. Ersterer ist eine tatsächliche Änderung des Holzwertes infolge gesteigerter oder verminderter Nachfrage nach demselben Sortiment, letzterer wird bedingt durch die Änderung des Geldwertes. Beide Arten des Teuerungszuwachses lassen sich allerdings schwer voneinander trennen, müssen aber ideell festgehalten werden, wenn man die Ursachen der Preisverschiebungen ergründen will.

Faßt man, wie es eigentlich nur zweckentsprechend ist, längere Zeitperioden ins Auge, so ist der Teuerungszuwachs fast immer positiv, weil die Holzpreise absolut und relativ steigen.

Die Berechnung des durchschnittlich jährlichen Teuerungszuwachsprozentes geschieht wieder nach den Formeln:

$$ \frac{T}{t} = 1{,}0\, c^n \quad \text{oder} \quad c = 100 \left(\sqrt[n]{\frac{T}{t}} - 1 \right) $$

und näherungsweise:

$$ c = \frac{T - t}{T + t} \cdot \frac{200}{n}. $$

Beispiel 1. Im Jahre 1890 betrug der Preis eines Festmeters Eichennutzholz
1. Klasse 80 M., im Jahre 1910 dagegen 190 M.; wie hoch ist das Teuerungszuwachsprozent? Es ist

$$c = \frac{190 - 80}{190 + 80} \cdot \frac{200}{20} = 4{,}07\,\%$$

oder $\frac{190}{80} = 1{,}0\,c^{20} = 2{,}375$; nach der Zuwachsprozenttafel ist $c = 4{,}4\,\%$.

Beispiel 2. Betrug im Jahre 1914 der Preis für Nadelnutzholz 20 M. je fm,
1919 80 M., dann berechnet sich das Teuerungszuwachsprozent auf

$$c = 100 \left(\sqrt[5]{\frac{80}{20}} - 1 \right); \quad {}^{1}/_{5} \log 4 = 0{,}120\ 4120 \text{ und } N = 1{,}3195,$$

daher $c = 100\,(1{,}3195 - 1) = \mathbf{31{,}95\,\%}$.

Nach der Näherungsformel würde

$$c = \frac{80 - 20}{80 + 20} \cdot \frac{200}{5} = \mathbf{24\,\%}, \text{ also viel zu klein!}$$

Wurde das Steigen der Holzpreise bereits durch die Wahl eines
niedrigen Zinsfußes berücksichtigt (siehe S. 19), dann kommt das
Teuerungszuwachsprozent nicht mehr besonders in Anrechnung.
Näheres hierüber beim „forstlichen Zinsfuß".

$$\text{b) Der Reduktionsbruch } \frac{H}{H + G}.$$

Innerhalb derselben Holzart, derselben Bonität, derselben Altersklasse und desselben Preisgebietes bildet der Ausdruck $\frac{H}{H + G}$ für
Vollbestände eine ziemlich konstante Größe. Dieselbe ist stets
kleiner als 1; deshalb wirkt sie auf die Größe des Wertszuwachsprozentes reduzierend oder verkleinernd und läßt sich auch kurzweg
als Reduktionsbruch bezeichnen. Für normale Verhältnisse lassen
sich daher Reduktionstabellen aufstellen, die den örtlichen Verhältnissen
angepaßt sind und die Berechnung des Weiserprozentes erleichtern.

Durch eine Königl. Sächsische Verordnung vom Jahre 1876 wurden z. B.
folgende Reduktionsbrüche zur Anwendung empfohlen:

für die 50—60 jährige Periode 0,773	für die 90—100 jährige Periode 0,926
„ „ 60—70 „ „ 0,829	„ „ 100—110 „ „ 0,944
„ „ 70—80 „ „ 0,867	„ „ 110—120 „ „ 0,958
„ „ 80—90 „ „ 0,901	

Diese Reduktionsbrüche sind noch in Geltung, sind jedoch nur für annähernd
normal erwachsene Bestände anzuwenden. Für anormale Bestände sind dieselben neu zu berechnen.

Preßlers Grundkapital. Dasselbe lautet ursprünglich $B_u + V + S + C_u$,
setzt sich also zusammen aus Boden-, Verwaltungs-, Steuer- und Kulturkostenkapital. Begreift man, wie es sonst üblich, unter dem Verwaltungskapital auch
das Steuerkapital, dann unterscheidet sich das Preßlersche Grundkapital von
dem gemeinhin als solchem bezeichneten noch durch die Aufrechnung des Kulturkostenkapitals. Diese Unterstellung ist nicht richtig, weil nach dem Begriffe
des Weiserprozentes (bzw. des Bestandserwartungswertes) nur die zukünftigen,
nicht die rückwärtsliegenden Einnahmen und Ausgaben in Betracht gezogen
werden können. Letztere sind bereits in den Bestandswert übergegangen. Später

ließ **Preßler** auch die Kulturkosten unberücksichtigt[1]), wenn auch nur ungern. Er suchte gleichsam einen Kompromiß zu schließen, indem er vorschlug, „das volle Grundkapital nach dem kulturfreien hin dadurch abzurunden, daß man es um den ca. halben Kulturaufwand mindert"[2]).

Preßler versteht ferner unter G „dasjenige ertragsrechte Grundkapital (pro Hektar), das dem mehr und minder durch wirklich örtliche Zuwachsforschung oder Schätzung ermittelten vorteilhaftesten Umtriebe u und dessen Gesamtertrage entspricht, das also kurz und einfach zu finden, wenn man den Gesamtertrag mit $\dfrac{1}{1{,}0\,p^u - 1}$ multipliziert[2])". Formelmäßig ausgedrückt ist also

$$B_u + V + S + C_u = \frac{A_u + D_a\,1{,}0\,p^{u-a} + \cdots}{1{,}0\,p^u - 1} = G,$$

d. h. das Grundkapital ist gleich dem Anfangswert des Rohertrages, woraus die Übereinstimmung mit der Grundgleichung des Bodenertragswertes ohne weiteres hervorgeht.

Da der Einfluß des Grundkapitals auf die Höhe des Weiserprozentes ein verhältnismäßig geringer ist und um so kleiner wird, je größer der Bestandsabtriebswert ist, genügt es für die praktischen Zwecke, dasselbe nach ortsüblichen Erfahrungssätzen einzuschätzen.

3. Die mathematische Prüfung der Formel.

Das **Preßler**sche Weiserprozent fußt ebenfalls auf der früher entwickelten allgemeinen Bedingungsgleichung. Setzt man $H = A_x$, $a + b + c = z$, dann ist

$$w\,(H + G) = (a + b + c)\,H$$

und, wenn man jede Seite mit 100 dividiert,

$$\frac{w}{100}\,(A_x + B + V) = \frac{z}{100}\,A_x.$$

Da $A_{x+1} = A_x + A_x\,0{,}0\,z$, wird

$$0{,}0\,w\,(A_x + B + V) = A_{x+1} - A_x.$$

Hierbei ist allerdings vorausgesetzt, daß $\dfrac{A_{x+1}}{A_x} = 1{,}0\,z$ ist. Wir haben aber gesehen, daß das Wertzuwachsprozent $(a + b + c)$ um die Summe $\dfrac{ab + ac + bc}{100} + \dfrac{abc}{100^2}$ zu klein ist und in diesem Sinne auch das Gesamtresultat beeinflußt.

Leitet man die Prozente $a + b + c$ aus der Näherungsformel $\dfrac{M - m}{M + m} \cdot \dfrac{200}{n}$ usw. ab, so beziehen sich dieselben nicht auf den Anfangswert A_x, sondern auf den mittleren Bestandswert $\dfrac{A_{x+n} + A_x}{2}$. Dies ist der Grund, warum Preßler in seiner Weiserprozentformel (1) unter H diesen mittleren Bestandswert und nicht den Anfangswert A_x versteht.

---

[1]) Der rationelle Waldwirt, 8. Heft, 1880, S. 109.
[2]) IV. Heft zur Forstfinanzrechnung 1886, S. 35.

Theoretisch genau müßte die Preßlersche Grundgleichung lauten:

$$A_x \, 1{,}0\,a^n \cdot 1{,}0\,b^n \cdot 1{,}0\,c^n - A_x = (A_x + G)\,(1{,}0\,w^n - 1),$$

woraus, wenn $(1{,}0\,a \cdot 1{,}0\,b \cdot 1{,}0\,c)^n = 1{,}0\,z^n$ gesetzt wird,

$$1{,}0\,w^n = \frac{A_x\,(1{,}0\,z^n - 1)}{A_x + G} + 1 = \frac{A_x \cdot 1{,}0\,z^n + G}{A_x + G}$$

oder, da $A_x \, 1{,}0\,z^n = A_{x+n}$,

$$1{,}0\,w^n = \frac{A_{x+n} + G}{A_x + G}.$$

Diesen Ausdruck stellte Pre ß l e r auch nebenbei als „die zinseszinsrechtere Formel" auf. Dieselbe ist gleich der J u d e i c h schen.

IV. Das laufend-jährliche Verzinsungsprozent und das Weiserprozent von G. Heyer [1].

H e y e r stellte seine Weiserprozentformel nicht direkt auf, sondern leitete dieselbe aus der von ihm für die laufend-jährige Verzinsung entwickelten Formel ab:

$$w = (p_1) = \frac{(A_{x+1} - A_x)\,100}{(B + V + c)\,1{,}0\,p^x - (D_a\,1{,}0\,p^{x-a} + D_b\,1{,}0\,p^{x-b} + \ldots)}$$

Er stellte also dem Wertszuwachs den Produktionsaufwand gegenüber, der sich von der Begründung des Bestandes bis zum Anfang des Jahres x angesammelt hat. Die Durchforstungserträge, welche der Bestand vor dem Jahre x geliefert hat, müssen ihm gutgeschrieben werden (e n t l a s t e t e r Produktionsaufwand).

Für praktische Berechnungen der Hiebsreife ist diese Formel nicht brauchbar. Selbst für normale Bestände führt dieselbe nur dann auf den richtigen Zeitpunkt, wenn der Bodenwert g e n a u dem Bodenertragswert der finanziellen Umtriebszeit entspricht. Man bewegt sich also wieder in einem Zirkelschluß. Ist $B > B_u$, dann wird w vor der richtigen Hiebsreife bereits kleiner als p, ist $B < B_u$, dann ergibt sich die Hiebsreife für einen zu späten Zeitpunkt. Für abnorme Bestände wird der Produktionsaufwand in der Regel zu groß, infolgedessen ist w zur Zeit der Hiebsreife bereits kleiner als p. Dadurch, daß der Produktionsfonds $(B + V + c)$ mit $1{,}0\,p^x$ multipliziert wird, wird die Formel auch für die kleinsten Schwankungen in der Festsetzung des B o d e n w e r t e s, der Verwaltungskosten und der Kulturkosten s e h r   e m p f i n d l i c h, so theoretisch richtig sie auch ist. Auch der Umstand, daß alle bereits bezogenen Durchforstungserträge ermittelt werden müssen, beeinträchtigt die Anwendungsfähigkeit der Formel [2].

Um über diese Schwierigkeiten hinwegzukommen, transformierte H e y e r die Formel in nachstehender Weise.

Nach S. 141 ist

$$WK_m = (B + V + c)\,1{,}0\,p^m - V - (D_a\,1{,}0\,p^{m-a} + \ldots).$$

---

[1] G. H e y e r, Die Methoden der forstlichen Rentabilitätsrechnung. Leipzig 1871.
[2] Vgl. auch L e h r im Handb. der Forstwissenschaft, 1. Aufl., II, 73.

Setzt man $WK_m = HK_m + B$, dann wird

$$HK_m + B + V = (B + V + c)\,1{,}0\,p^m - (D_a\,1{,}0\,p^{m-a} + \ldots)$$

und, da hier $m = x$, durch Substitution

$$w = p_1 = \frac{(A_{x+1} - A_x)\,100}{HK_x + B + V}.$$

Da nun in den höheren Bestandsaltern der Bestandskostenwert dem Abtriebswert sehr nahe kommt (S. 103), setzt Heyer an Stelle von HK_x den Abtriebswert A_x. So gelangt er zu der Formel

$$w = p_1 = \frac{(A_{x+1} - A_x)\,100}{A_x + B + V}.$$

Diese Formel entspricht unserer allgemeinen Bedingungsgleichung des Weiserprozentes.

Anmerkung. Die Weiserprozentformel, welche Judeich in seiner Forsteinrichtung (6. Aufl., S. 62 ff.) aufgestellt hat, nämlich

$$1{,}0\,w^n = \frac{A_{x+n} + D_q\,1{,}0\,p^{x+n-q} + G}{A_x + G},$$

worin $G = B_u + V + S$ (Boden-, Verwaltungs- und Steuerkapital), unterscheidet sich von der Preßlerschen Formel (4) (S. 234) nur durch die besondere Namhaftmachung der Durchforstungserträge, welche zwischen dem Jahre $(x + n)$ und x etwa eingehen. Darin liegt aber nichts Grundsätzliches, weil in jeder Weiserprozentformel diese Durchforstungserträge A_{x+n} zugezählt werden müssen.

V. Die Weiserprozentformel von G. Kraft[1]).

Kraft geht wie König bei Herleitung des Weiserprozentes von dem richtigen Gedanken aus, daß die Verzinsung des „Schuldkapitales" $B + V$ mit dem Wirtschaftszinsfuße und nicht, wie Preßler und Heyer unterstellen, mit dem Weiserprozente erfolgen soll. Seine Grundgleichung lautet daher:

$$A_{x+n} = A_x\,1{,}0\,w^n + (B + V)(1{,}0\,p^n - 1),$$

woraus

$$1{,}0\,w^n = \frac{A_{x+n}}{A_x} - \frac{B + V}{A_x}(1{,}0\,p^n - 1)$$

oder, da $\dfrac{A_{x+n}}{A_x} = 1{,}0\,z^n$,

$$1{,}0\,w^n = 1{,}0\,z^n - \frac{B + V}{A_x}(1{,}0\,p^n - 1).$$

Letztere Schreibweise setzt voraus, daß das Wertszuwachsprozent z schon bekannt ist.

Für $n = 1$ erhält man die Formel

$$w = z - \frac{B + V}{A_x} \cdot p.$$

------

[1]) Kraft, Zur Praxis der Waldwertrechnung und forstlichen Statik. — Beiträge zur forstl. Zuwachsrechnung und zur Lehre vom Weiserprozente, 1885. — Beiträge zur forstlichen Statik und Waldwertrechnung, 1887.

Zur Umgehung der logarithmischen Berechnung ist der Wert von $1{,}0\,w^n$ in der Zuwachsprozenttafel (Tafel VI im Anhang) aufzusuchen und das Weiserprozent w am Kopfe derselben abzulesen.

Der Quotient $\dfrac{B + V}{A_x}$ wird um so kleiner, je größer A_x oder je älter der Bestand wird. Bei gleichartigen Bestandsverhältnissen kann derselbe altersklassenweise berechnet und innerhalb eines nicht zu langen Zeitraumes als Konstante behandelt werden.

Für $n = 10$ Jahre gibt Kraft für mittlere Verhältnisse bei der Hochwaldwirtschaft als Werte für den Ausdruck $\dfrac{B_u + V}{A_x}\,(1{,}0\,p^u - 1)$ an:

	wenn $p = 3\,\%$	$p = 2\,\%$
für Umtriebe von 60— 80 Jahren	0,05	0,07
„ „ „ 90—100 „	0,04—0,03	0,06—0,05
„ „ „ 120 „	0,02	0,04

Zur näherungsweisen Berechnung schlägt Kraft vor, $\dfrac{B_u + V}{A_x} + \dfrac{1}{1{,}0\,p^u - 1}$ zu setzen. Alsdann wird

$$1{,}0\,w^n = 1{,}0\,z^n - \frac{1{,}0\,p^n - 1}{1{,}0\,p^u - 1}.$$

Die Resultate werden hier etwas zu groß.

VI. Vergleichung der Weiserprozentformeln.

Bezieht man der Einfachheit halber sämtliche Ausdrücke für das Weiserprozent auf den einjährigen Wertszuwachs und drückt man denselben in Prozenten des Wertes A_x aus, indem $\dfrac{A_{x+1}}{A_x} = 1{,}0\,z$, $A_{x+1} = A_x \cdot 1{,}0\,z$ und $A_{x+1} - A_x = A_x \cdot 0{,}0\,z$ gesetzt wird, dann ergibt sich für die Weiserprozentformel von Preßler und Heyer übereinstimmend der Ausdruck:

$$w = z \cdot \frac{A_x}{A_x + B + V} = z - \frac{(B + V)\,w}{A_x} \tag{1}$$

und für die Weiserprozentformel von G. Kraft:

$$w = z - \frac{(B + V)\,p}{A_x}. \tag{2}$$

In der Gleichung (1) wird also das Grundkapital $B + V$ mit dem Weiserprozent oder dem tatsächlich erzielten Verzinsungsprozent verzinst, in Gleichung (2) mit dem geforderten Wirtschaftszinsfuß p. Letzterer Weg ist der logischere, weil sich vom Boden- und Verwaltungskapital durch anderweitige Verwendung jederzeit ein Zinsertrag von $p\,\%$ erzielen läßt und derselbe vom Waldbesitzer voll und ganz unter die Produktionskosten gestellt werden muß, solange der vorhandene Bestand dieses Kapital in Anspruch nimmt. Daher bildet auch nur das Kraftsche Weiserprozent das Analogon zur durchschnittlichen Verzinsung des Produktionsaufwandes.

Im Zeitpunkte der finanziellen Hiebsreife des Bestandes wird in beiden Ausdrücken w = p. Solange w > p, gibt aber die Kraftsche Formel in der Regel ein größeres, wenn w < p wird, ein kleineres Resultat als die Formeln Preßlers und Heyers. Dies geht unmittelbar aus der Betrachtung obiger Gleichungen hervor.

Daher ist die Kraftsche Formel für die praktische Anwendung brauchbarer. Sie ist empfindlicher in bezug auf den zeitlich bestehenden Unterschied zwischen dem Weiserprozent und dem geforderten Wirtschaftszinsfuß, namentlich wenn letzterer sehr niedrig ist. Sie warnt energischer.

Die Preßlersche Formel hat den Vorzug größerer Einfachheit bei der Berechnung, welcher aber der Kraftschen Formel gegenüber fast verschwindet, wenn man für dieselbe die Nachwertstafel (Tafel VI) benutzt.

VII. Wertszuwachsprozent und Weiserprozent.

Aus den Formeln

$$w = (a + b + c)\frac{H}{H + G} = z \cdot \frac{H}{H + G} \quad (Preßler)$$

und

$$w = z - \frac{B + V}{A_x} \cdot p \quad (Kraft)$$

geht übereinstimmend hervor, daß das Zuwachsprozent z stets größer ist als das Weiserprozent, weil in beiden Formeln z um einen bestimmten, mit der Zunahme des Bestandsalters sich verringernden Betrag verkleinert wird, der zur Deckung der Spesen dient. Wenn also die finanzielle Hiebsreife noch nicht überschritten, mithin w noch mindestens = p ist, dann ist das Zuwachsprozent auch größer als der Wirtschaftszinsfuß.

Daraus kann man nun für Vollbestände die praktische Regel ableiten, daß in älteren Beständen die Wirtschaft sich noch im Zustande des finanziellen Gleichgewichts befindet, wenn das Wertszuwachsprozent z noch um einige Zehntel über dem Wirtschaftszinsfuß p steht.

Diese Regel gilt aber nur für Vollbestände. Für Bestände, die nicht mehr geschlossen sind (Lichtwuchsbetrieb), hat ein über dem Wirtschaftszinsfuß stehendes Wertszuwachsprozent lediglich die Bedeutung, daß die noch vorhandenen Bäume außer ihrem eigenen Wert den von ihnen in Anspruch genommenen Teil des Boden- und Verwaltungskostenkapitales durch ihren Wertszuwachs genügend verzinsen; dagegen gibt ihr Wertszuwachsprozent keinen Aufschluß darüber, ob die Wirtschaft an sich rentabel ist, d. h. ob die Zahl der vorhandenen Zuwachsträger noch imstande ist, die Rente des ganzen auf die Flächeneinheit (Hektar) treffenden Boden- und Verwaltungskostenkapitales samt ihrer eigenen Zinsenlast aufzubringen. In diesem

Falle bietet das Zuwachsprozent keinen Anhaltspunkt mehr, sondern nur das Weiserprozent.

Für die Einschätzung der finanziellen Hiebsreife eines einzeln stehenden Baumes bietet das Wertszuwachsprozent wieder eine zuverlässige Grundlage.

Die für den finanziellen Gleichgewichtszustand noch notwendige Höhe des Wertszuwachsprozentes ergibt sich aus folgendem:

Aus der Grundgleichung

$$A_{x+n} = A_x\, 1{,}0\,p^n + (B + V)(1{,}0\,p^n - 1)$$

erhält man

$$\frac{A_{x+n}}{A_x} = 1{,}0\,p^n + \frac{(B + V)(1{,}0\,p^n - 1)}{A_x};$$

da $\dfrac{A_{x+n}}{A_x} = 1{,}0\,z^n$, so wird

$$1{,}0\,z^n = 1{,}0\,p^n + \frac{(B + V)(1{,}0\,p^n - 1)}{A_x} \tag{1}$$

oder, wenn $n = 1$,

$$z = p + \frac{B + V}{A_x} \cdot p.$$

Aus der Preßlerschen Formel erhält man

$$a + b + c = z = \frac{H + G}{H} \cdot p. \tag{2}$$

Mit Hilfe der Formeln (1) und (2) läßt sich bei gleichartigen Bestandsverhältnissen für jede Altersklasse das Zuwachsprozent z bestimmen, mit welchem dieselbe mindestens weiterarbeiten muß, wenn der Wirtschaftszinsfuß eingebracht werden soll.

Beispiel. 1. Ein Fichtenvollbestand hat im 70 jährigen Alter einen Abtriebsertrag von 6911 M., im 80 jährigen Alter einen Abtriebsertrag von 9809 M.; ferner ist $B = 1057$, $V = 300$ M., $p = 3\,\%$.

Das Wertszuwachsprozent ergibt sich aus $\dfrac{9809}{6911} = 1{,}0\,z^{10}$, woraus $z = 3{,}58\,\%$.

Der Mehrbetrag des Zuwachsprozentes von $3{,}58 - 3{,}00 = 0{,}58$ gegenüber dem Wirtschaftszinsfuß genügt noch für die Aufrechterhaltung des finanziellen Gleichgewichts, da sich das Weiserprozent zwischen dem 70. und 80. Jahr nach der Kraftschen Formel auf $3{,}06\,\%$ berechnet (s. das Beispiel am Schlusse).

Das noch notwendige Zuwachsprozent berechnet sich nach der oben angegebenen Formel auf

$$1{,}0\,z^{10} = 1{,}03^{10} + \frac{(1057 + 300)(1{,}03^{10} - 1)}{6911} = 1{,}411,$$

woraus $z = 3{,}5\,\%$.

2. Nimmt man an, daß der 70 jährige Bestand in einen Lichtungsbetrieb übergeführt wurde, so daß sein Abtriebswert nach der Lichtung nur mehr 3000 M. beträgt, daß er ferner vom 70. bis zum 80. Jahre infolge der Lichtung mit einem jährlichen Wertszuwachsprozent von $4\,\%$ arbeitet, dann berechnet sich das Weiserprozent auf

$$1{,}0\,w^{10} = 1{,}04^{10} - \frac{(1057 + 300)(1{,}03^{10} - 1)}{3000} = 1{,}324,$$

woraus $w = 2{,}84\,\%$.

Obwohl also das Zuwachsprozent um ein volles Prozent über dem Wirtschaftszinsfuß steht, genügt es nicht zur Aufrechterhaltung des finanziellen Gleichgewichtes, weil das auf der Fläche zurückgebliebene Bestandskapital zu klein, d. h. die Zahl der Zuwachsträger zu gering ist.

Das noch notwendige Mindestzuwachsprozent müßte sein:

$$1{,}0\,z^{10} = 1{,}03^{10} + \frac{(1057 + 300)\,(1{,}03^{10} - 1)}{3000} = 1{,}500,$$

woraus $z = 4{,}14\,\%$.

VIII. Die Rechnungsgrundlagen des Weiserprozentes.

1. Bodenwert und Verwaltungskosten. Theoretisch ist grundsätzlich der größte Bodenertragswert einzustellen, und zwar

a) wenn die bisherige Holz- und Betriebsart beibehalten werden kann oder soll, der größte Bodenertragswert, welchen diese gegebene Holz- oder Betriebsart verwirklichen kann,

b) wenn die bisherige Holz- oder Betriebsart nicht standortsgemäß ist, der größte Bodenertragswert der vorteilhafteren künftigen Wirtschaft unter der Voraussetzung, daß die vorhandenen Bestände so rasch als möglich abgetrieben werden sollen, d. h. daß sie nur noch so lange stehen bleiben sollen, als sie den höheren Bodenertragswert der künftigen Wirtschaft verzinsen.

Ist der einzusetzende Bodenwert größer als der größte Bodenertragswert der jetzigen Wirtschaft, dann wird das Weiserprozent schon früher gleich dem Wirtschaftszinsfuß, d. h. die Abtriebszeit wird verkürzt. Ist $B < B_u$, dann wird die Abtriebszeit hinausgeschoben.

Die Weiserprozentformel würde indessen an ihrer praktischen Anwendungsfähigkeit eine wesentliche Einbuße erleiden, wenn man zuvor den größten Bodenertragswert in jedem Einzelfall berechnen müßte. Bei normalen Bestandsverhältnissen würde die nachfolgende Berechnung des Weiserprozentes völlig zwecklos sein. Im Wesen des Weiserprozentes ist es begründet, daß der Bodenwert auf die mutmaßliche Höhe des größten Bodenertragswertes eingeschätzt wird. Dies ist deswegen zulässig, weil die Größe des Bodenwertes im Weiserprozent eine verhältnismäßig geringe Rolle spielt. Will man sehr vorsichtig sein, dann schätzt man B lieber etwas zu nieder als zu hoch.

Nach der Kraftschen Formel stellt sich z. B. der Weiserprozentausdruck zwischen dem 80. und 90. Jahr für einen Fichtenbestand II. Bonität (s. das Beispiel am Schlusse) auf

$$1{,}0\,w^{10} = \frac{11240}{8623} - \frac{B + 300}{8623}\,(1{,}03^{10} - 1).$$

Setzt man nun abwechselnd den Wert von

B = 0   500   800   900   1000 **1057** 1100 1200 1500 2000 M.,

dann wird w = 2,55 2,40 2,30 2,28 2,24 **2,19** 2,20 2,17 2,08 1,90 %.

Selbst innerhalb der Bodenwerte zwischen 0 und 2000 M. gibt das Weiserprozent immer noch richtig an, daß die finanzielle Hiebsreife für $p = 3\,\%$ überschritten ist. Selbstverständlich darf man aber daraus nicht schließen, daß bei der Festsetzung des Bodenwertes alle Sorgfalt außer acht gelassen werden dürfe.

Der Grund für den geringen Einfluß des Bodenwertes liegt darin, daß die führende Größe im Weiserprozent das Zuwachsprozent ist. Dessen Energie ist ausschlaggebend. Auch die Kulmination des Bodenertragswertes selbst hängt, wie auf S. 65 gezeigt wurde, in erster Linie von dem Verlauf des Zuwachsprozentes in den verschiedenen Lebensperioden des Bestandes ab. Die finanzielle Abtriebszeit wird daher tatsächlich vom Wertszuwachsprozent regiert.

Hat man die Bodenertragswerte für einige Musterbestände berechnet, so geben dieselben einen hinreichend sicheren Anhaltspunkt, um die für die Berechnung des Weiserprozentes nötigen Bodenwerte des ganzen Waldkomplexes einzuschätzen.

Eine sorgfältigere und spezielle Bestimmung des Bodenwertes ist dann geboten, wenn die Bestände nicht mehr als geschlossene Vollbestände gelten können. Je verlichteter ein Bestand ist, um so einflußreicher wird der Bodenwert auf die Höhe des Weiserprozentes.

Da in jeder Weiserprozentformel der Bodenwert neben dem Verwaltungskostenkapital erscheint, so kann man letzteres ganz weglassen, wenn man es auch bei der Berechnung des Bodenertragswertes vernachlässigt (Bodenbruttowert). Daraus geht hervor, daß, wie nach der Methode des Bodenertragswertes, so auch nach der Methode des Weiserprozentes die Verwaltungskosten auf den Eintritt der finanziellen Hiebsreife keinen Einfluß haben.

2. Wertszuwachsprozent. Die Berechnung des Wertszuwachsprozentes z aus seinen Elementen $a + b + c$ ist nur auf Grund vielfältiger und eingehender Untersuchungen möglich. Dazu können entweder Stammanalysen dienen, indem man an haubaren typischen Stämmen den Massen- und Qualitätszuwachs auf 4—5 Jahrzehnte rückwärts ermittelt, oder die bei jeder Waldstandsrevision sorgfältig zusammengestellten Betriebsübersichten und Massenermittelungen. Auf die mit dem Zuwachsbohrer in Brusthöhe gewonnenen Resultate kann man sich nicht immer verlassen. Das Teuerungszuwachsprozent kann nur auf der Grundlage einer fortlaufenden Preisstatistik bestimmt werden.

Die Herleitung des Wertszuwachsprozentes aus seinen drei Bestandteilen hat das Mißliche, daß man vom Kleinen auf das Große schließen muß und deshalb schon kleine Irrungen das Gesamtprozent wesentlich beeinflussen. Sicherer kommt man zum Ziele, wenn man z aus dem jetzigen und zukünftigen Wert des ganzen Bestandes nach den Formeln $1{,}0z^n = \dfrac{A_{x+n}}{A_x}$ oder auch $z = \dfrac{A_{x+n} - A_x}{A_{x+n} + A_x} \cdot \dfrac{200}{n}$ bestimmt. Der gegenwärtige Wert A_x ergibt sich durch Aufnahme der Holzmasse nach Sortimenten und Multiplikation jeder Sortimentenmasse mit dem Einheitspreis derselben. Den zukünftigen Wert A_{x+n} erhält man durch Aufrechnung des erfahrungsgemäßen Durchschnittszuwachses oder des Zuwachsprozentes während der folgenden n Jahre und Multiplikation der nach Sortimenten geschiedenen Masse M_{x+n} mit den entsprechenden Durchschnittspreisen. Da in dem um n Jahre älteren Bestande wertvollere Sortimente anfallen werden, ergibt sich die Berücksichtigung des b von selbst. Für normale Bestände sind örtliche Geldertragstafeln zu verwenden. Wurde der Teuerungszuwachs nicht schon durch die Anwendung eines niedrigeren Wirtschaftszinsfußes berücksichtigt, dann entscheidet für kürzere Perioden die jeweilige Marktlage, ob ein solcher für einzelne oder alle Sortimente in Rechnung gestellt werden kann. Für längere Perioden ist ein solcher auf alle Fälle anzunehmen.

Hat man zwei um n Jahre im Alter differierende gleichartige Bestände nebeneinander, dann kann man annehmen, daß der jüngere nach n Jahren Masse und Wert des älteren erreichen wird.

Auch diese Grundlagen zu liefern, ist Sache der periodischen Forsteinrichtungsarbeiten.

IX. Die Anwendbarkeit des Weiserprozentes.

1. Das Weiserprozent ist eine einseitige Hilfsgröße der forstlichen Statik. Es dient lediglich dem Zwecke der Bestimmung der finanziellen Abtriebszeit eines gegebenen Bestandes oder eines Baumes. Es gibt daher nur den Zeitpunkt an, der bei den gegebenen Verhältnissen für die Erreichung des größten finanziellen Erfolges ausschlaggebend ist. ·Ob aber diese Verhältnisse an sich die finanziell vorteilhaftesten sind, darüber kann das Weiserprozent keinen Aufschluß geben. Für die Bestimmung der rentabelsten Holz- und Betriebsart, der rentabelsten Benutzung des Bodens überhaupt (forst- oder landwirtschaftlich), des günstigsten Durchforstungsbetriebes, der ergiebigsten Verjüngungsmethode (Saat, Pflanzung, natürliche Verjüngung) usw. kommt das Weiserprozent nicht in Betracht.

Über den eigentlichen Erfolg der Wirtschaft entscheidet lediglich die Höhe der Bodenrente oder an deren Stelle auch der absolute Wirtschaftserfolg oder das durchschnittliche Verzinsungsprozent.

Nach dem Zeitpunkt der finanziellen Hiebsreife bleibt das Weiserprozent unter dem durchschnittlichen Verzinsungsprozent. Dieses fällt weniger stark ab als das Weiserprozent (siehe Abb. S. 233). Wenn daher das Weiserprozent auch schon tief unter dem Wirtschaftszinsfuß steht, dann kann das durchschnittliche Verzinsungsprozent immer noch eine Höhe haben, die dem Wirtschaftszinsfuß ziemlich nahe ist. Ein tiefes Weiserprozent braucht demnach nicht ohne weiteres zu bedeuten, daß der Bestand bereits mit einer sehr starken Unterbilanz arbeitet. Denn ausschlaggebend für die Gesamtleistung ist das durchschnittliche Verzinsungsprozent. Der Stand des Weiserprozentes gibt also auch einen Anhaltspunkt für den Stand der durchschnittlichen Verzinsung.

· Innerhalb der durch die vorhandene Holz- und Betriebsart gegebenen Verhältnisse ist für die Beurteilung der finanziellen Zulässigkeit

einer Betriebsmaßnahme nur jenes Weiserprozent entscheidend, welches
auf die Zuwachsleistung und auf das Produktionskapital des ganzen
Bestandes der Flächeneinheit (Hektar) bezogen wird. Der einzelne
Baum für sich kann nach Maßgabe des von ihm in Anspruch genommenen Standraumes und der darauf treffenden Produktionskosten
ein noch befriedigendes Weiserprozent aufweisen, während dies vielleicht auf die Gesamtheit der Bestockung des ganzen Bestandes nicht
mehr zutrifft. Daß in gelichteten Beständen das Weiserprozent mit
dem Zuwachsprozent nicht immer parallel läuft, wurde schon auf
S. 245 hervorgehoben.

Im Weiserprozent erscheinen nur die Erträge der Gegenwart und
der Zukunft, nicht die der Vergangenheit. Die gesamte Leistung des
Bestandes von der Begründung des Bestandes bis zum Abtrieb, also
auch die Vornutzungen und Nebennutzungen kommen im Bodenwert
zum Ausdruck. Da das Weiserprozent in Vollbeständen auf den
Bodenwert nicht empfindlich reagiert, sind schon Fälle denkbar, in
denen die Wirkung eines bedeutenden Durchforstungsanfalles auf die
Höhe der Umtriebszeit durch das Weiserprozent nicht scharf angezeigt
wird. Bei der Festsetzung der allgemeinen Umtriebszeit eines Waldkomplexes ist es daher rätlich, zur Kontrolle die Umtriebszeit auch
nach dem Bodenertragswert zu berechnen.

2. Ist nur ein einzeln stehender Baum, z. B. ein Überhälter,
auf seine finanzielle Hiebsreife zu untersuchen, dann gibt das Wertszuwachsprozent allein schon genügend sichere Anhaltspunkte (S. 246).
Will man das Weiserprozent berechnen, dann ist B + V mit jenem
Teilbetrag einzusetzen, der auf den Einzelbaum tatsächlich trifft. —
Zur Berechnung des Weiserprozentes eines einzelnen Baumes im Voll-
bestande muß bei der Verwendung der Preßlerschen oder Kraftschen

Formel der Quotient $\dfrac{H}{H + G}$ bzw. $\dfrac{B + V}{A_x}$ auf die Verhältnisse des ganzen

Bestandes bezogen werden.

3. Die auf einen Zeitraum von n Jahren sich beziehenden Formeln
geben die durchschnittlich-jährliche Größe des w während
dieses Zeitraumes an. Wenn das Weiserprozent seine Kulmination
bereits hinter sich hat, ist am Anfang des Zeitraumes w in Wirklichkeit größer, am Ende kleiner als dieser Durchschnittswert. Dieser
Umstand ist dann zu berücksichtigen, wenn n sehr groß, z. B.
= 20 Jahre ist. Dann kann im ersten Dezennium w = 3,5 % und
im zweiten 2,5 % sein, während sich als durchschnittliches Weiserprozent 3 % ergeben haben. Die finanzielle Hiebsreife des Bestandes
tritt daher tatsächlich nach 10 Jahren ein und nicht, wie das Durch-
schnittsprozent angibt, nach 20 Jahren.

Daraus erhellt, daß der Berechnungszeitraum nicht zu groß, keines-
falls über 10 Jahre sein soll. Noch sicherer sind 5 jährige Zeiträume.

Um das Einzeljahr der Hiebsreife zu bestimmen, kann folgendes Verfahren eingeschlagen werden: Sind z. B. bei einem Wirtschaftszinsfuß von 3 % die Weiserprozente $w_{80} = 3,7$ % und $w_{90} = 2,7$ %,

dann treffen auf ein Jahr $\dfrac{3,7-2,7}{10}=\dfrac{1}{10}$ Abnahme; die finanzielle Umtriebszeit fällt also auf das 87. Jahr, weil $3,7-0,7=3\%$ ist.

Ist die Größe des Weiserprozentes nicht unbedingt erforderlich, dann genügt schon die Vergleichung des Wertes von $1,0\,w^n$ mit $1,0\,p^n$.

4. Die Formeln, welche von dem einjährigen Wertszuwachs ausgehen (Heyersche und Kraftsche Formel für $n=1$), sind mit Vorsicht anzuwenden und gewähren deshalb keinen besonderen Vorteil, weil man den wirklichen laufenden Wertszuwachs im Bestande selbst nicht feststellen kann. Man ist immer darauf angewiesen, den einjährigen Wertszuwachs aus dem periodischen Wertszuwachs abzuleiten.

Das Verfahren ist folgendes: Man berechne aus $\dfrac{A_{x+n}}{A_x}=1,0\,z^n$ oder nach der Preßlerschen Methode das Zuwachsprozent z. Mit demselben bestimme man den Abtriebswert für das innerhalb der Periode liegende Bestandsalter, z. B. für den 75jährigen Bestand aus $A_{70}.1,0\,z^5$. Den absoluten Wertzuwachs zwischen dem 75. und 76. Jahr erhält man aus $A_{70}.1,0\,z^5.0,0\,z$ oder auch aus $A_{70}.1,0\,z^6-A_{70}.1,0\,z^5=A_{70}(1,0\,z^6-1,0\,z^5)$. — Die Verwendung des durchschnittlichjährlichen periodischen Wertszuwachses aus $\dfrac{A_{x+n}-A_x}{n}$ und des durch Aufrechnung desselben gewonnenen Abtriebswertes kann zu erheblichen Irrtümern in der Festsetzung des Abtriebsalters führen (s. Beispiel).

Beispiel für die Berechnung des Weiserprozentes.

Ein Hektar Fichtenwald II. Standortsklasse liefert folgende Erträge:

Alter:	30	40	50	60	70	80	90	100	110	J.
Hauptbestand:	796	1806	3314	5171	6911	8623	9869	10731	11282	M.
Zwischenbestand:	78	232	403	661	953	1186	1371	1498	1532	„
Abtriebsertrag:	874	2038	3717	5832	7864	9809	11240	12229	12814	M.
Bodenertragswert:	108	474	777	983	1051	1057	996	915	833	„

Für $p=3\%$, $V=300$, $c=120$ M. berechnet sich der höchste Bodenertragswert für das 80jährige Alter mit 1057 M. Das ist mithin der Tausch- oder Vermögenswert des Bodens.

Es soll nun untersucht werden, wie hoch sich das Weiserprozent stellt:

I. zwischen dem 70. und 80. Jahre,
II. zwischen dem 80. und 90. Jahre.

Dabei sei darauf aufmerksam gemacht, daß dem Hauptnutzungsertrag (Hauptbestand) des jeweils höheren Bestandesalters immer der Durchforstungsertrag (Nebenbestand), welcher in diesem Alter fällig ist, zugezählt werden muß (Abtriebswert), während der Anfangswert des Bestandes nur mit dem Hauptnutzungsertrag, also ohne den in diesem Alter fälligen Durchforstungsertrag anzusetzen ist. Der im 70jährigen Bestand nach der Durchforstung stehenbleibende Abtriebsertrag von 6911 M. wächst z. B. bis zum 80jährigen Alter auf den Abtriebswert $8623+1186=9809$ M. an.

I. Allgemeine Bedingungsgleichung.

I.
$$A_{80}-A_{70}=(A_{70}+B+V)(1,0\,p^{10}-1)$$
$$9809-6911=(6911+1057+300)(1,03^{10}-1)$$
$$2898=8268.0,344$$
$$\mathbf{2898>2844.}$$

Der Wertszuwachs beträgt also zwischen dem 70. und 80. Jahre 2898 M., der Kostenaufwand 2844 M. Der Bestand ist deshalb in diesem Zeitraum noch nicht hiebsreif.

II.
$$A_{90} - A_{80} = (A_{80} + B + V)(1{,}0\,p^{10} - 1)$$
$$11240 - 8623 = (8623 + 1057 + 300)(1{,}03^{10} - 1)$$
$$2617 = 9980 \cdot 0{,}344$$
$$\mathbf{2617 < 3433.}$$

Der Wertszuwachs beträgt mithin zwischen dem 80. und 90. Jahre 2617 M., der Kostenaufwand 3433 M. Der Bestand hat also in diesem Zeitraum seine Hiebsreife überschritten.

2. Allgemeine Weiserprozentformel.

I.
$$1{,}0\,w^{10} = \frac{A_{80} + B + V}{A_{70} + B + V} = \frac{9809 + 1057 + 300}{6911 + 1057 + 300} = \frac{11166}{8268} = 1{,}350.$$

Nach der Zuwachsprozenttafel VI ergibt sich $w = 3{,}1\,^0/_0$. Der Bestand bringt also noch mehr ein als $3\,^0/_0$ und ist deshalb noch nicht hiebsreif.

II.
$$1{,}0\,w^{10} = \frac{A_{90} + B + V}{A_{80} + B + V} = \frac{11240 + 1057 + 300}{8623 + 1057 + 300} = \frac{12597}{9980} = 1{,}262;$$

hieraus wird $w = 2{,}4\,^0/_0$. Die Hiebsreife ist überschritten.

3. Preßlers Weiserprozent.

$$w = (a + b + c)\frac{H}{H + G}.$$

I. Die Zuwachsprozente $a + b + c$ erhält man zusammen aus der Preßlerschen Formel

$$\frac{9809 - 6911}{9809 + 6911} \cdot \frac{200}{10} = \frac{2898 \cdot 80}{16720} = \frac{57960}{16720} = 3{,}47\,^0/_0.$$

Das mittlere Holzkapital H ergibt sich aus $\frac{9809 + 6911}{2} = 8360$ M. Das Grundkapital G ist $1057 + 300 = 1357$ M.

Demnach wird

$$w = 3{,}47 \cdot \frac{8360}{8360 + 1357} = 3{,}47 \cdot \frac{8360}{9717} = 3{,}47 \cdot 0{,}8603 = 2{,}985\,^0/_0.$$

Hier zeigt sich, daß das Preßlersche Prozent etwas zu kleine Werte gibt. An der Grenze des finanziellen Abtriebsalters ist darauf Rücksicht zu nehmen. Setzt man das aus $\frac{9809}{6911} = 1{,}0\,z^{10}$ sich ergebende Zuwachsprozent oder $z = 3{,}58\,^0/_0$ ein, dann wird

$$w = 3{,}58 \cdot \frac{8360}{9717} = 3{,}58 \cdot 0{,}8603 = 3{,}08\,^0/_0.$$

II. Es ist

$$a + b + c = \frac{11240 - 8623}{11240 + 8623} \cdot \frac{200}{10} = \frac{2617 \cdot 20}{19863} = \frac{52340}{19863} = 2{,}63\,^0/_0.$$

$$H = \frac{11240 + 8623}{2} = \frac{19863}{2} = 9931 \text{ M.,}$$

$$w = 2{,}63 \cdot \frac{9931}{9931 + 1057 + 300} = 2{,}63 \cdot \frac{9931}{11288} = 2{,}63 \cdot 0{,}88 = 2{,}31\,^0/_0.$$

Die Hiebsreife ist überschritten.

4. Das Weiserprozent von Kraft.

I.
$$1{,}0\,w^{10} = \frac{A_{80}}{A_{70}} - \frac{B + V}{A_{70}}\,(1{,}03^{10} - 1)$$

$$= \frac{9809}{6911} - \frac{1057 + 300}{6911}\,(1{,}03^{10} - 1)$$

$$= 1{,}419 - 0{,}196 \cdot 0{,}344 = 1{,}419 - 0{,}067 = 1{,}352.$$

Hieraus $w = \mathbf{3{,}1\,^0/_0}$.

Der Bestand ist noch nicht hiebsreif.

II.
$$1{,}0\,w^{10} = \frac{A_{90}}{A_{80}} - \frac{B + V}{A_{80}}\,(1{,}03^{10} - 1)$$

$$= \frac{11240}{8623} - \frac{1057 + 300}{8623}\,(1{,}03^{10} - 1)$$

$$= 1{,}299 - 0{,}157 \cdot 0{,}344 = 1{,}299 - 0{,}054 = 1{,}245.$$

Hieraus $w = \mathbf{2{,}2\,^0/_0}$.

Die Hiebsreife ist überschritten:

Oder nach der Kraftschen Näherungsformel:

I. $\;\;1{,}0\,w^{10} = 1{,}0\,z^{10} - \dfrac{1{,}03^{10} - 1}{1{,}03^{80} - 1} = 1{,}419 - 0{,}344 \cdot 0{,}104 = 1{,}419 - 0{,}036 = 1{,}383.$

Hieraus $w = \mathbf{3{,}39\,^0/_0}$.

II. $\;\;1{,}0\,w^{10} = 1{,}0\,z^{10} - \dfrac{1{,}03^{10} - 1}{1{,}03^{80} - 1} = 1{,}299 - 0{,}036 = 1{,}263.$

Hieraus $w = \mathbf{2{,}4\,^0/_0}$.

5. Das Weiserprozent oder die laufend-jährige Verzinsung G. Heyers.

$$w = p_1 = \frac{(A_{x+1} - A_x)\,100}{A_x + B + V}\,.$$

I. Wenn man den einjährigen Wertszuwachs genau bestimmen will, muß man folgenden Weg wählen.

Es ist $\dfrac{A_{80}}{A_{70}} = \dfrac{9809}{6911} = 1{,}4193 = 1{,}0\,z^{10}$. Durch logarithmische Berechnung wird $z = 3{,}564\,^0/_0$. Den Abtriebswert A_x eines zwischen dem Jahre 70 und 80 liegenden Bestandsalters erhält man daher aus $A_{70} \cdot 1{,}03564^{x}$. Demnach ist

$$A_{79} = 6911 \cdot 1{,}03564^{9} = 6911 \cdot 1{,}3705 = 9471{,}53 \text{ M.}$$

Der Wertszuwachs zwischen dem 79. und 80. Jahre ist also $9809 - 9472 = 337$ M. oder $9472 \cdot 0{,}03564 = 337$ M. und das Weiserprozent oder

$$w = \frac{337 \cdot 100}{9472 + 1057 + 300} = \frac{33700}{10829} = \mathbf{3{,}11\,^0/_0}.$$

Würde man den jährlichen Wertszuwachs aus $\dfrac{A_{80} - A_{70}}{n}$ bestimmen, also $\dfrac{9809 - 6911}{10} = 289{,}80$ M., dann würde $A_{79} = 9809 - 289{,}80 = 9519{,}20$ M. und

$$w_{79} = \frac{289{,}80 \cdot 100}{9519{,}20 + 1057 + 300} = \frac{28980}{10876{,}2} = 2{,}66\,^0/_0.$$

Diese Rechnung wäre daher irreführend. Zwischen dem 74. und 75. Jahr würde $w = 3{,}07\,^0/_0$, zwischen dem 75. und 76. Jahr $w = 2{,}70\,^0/_0$. Das finanzielle Abtriebsalter würde also hier fälschlich schon auf das 75. Jahr fallen.

II. Es ist $\dfrac{A_{90}}{A_{80}} = \dfrac{11240}{8623} = 1{,}2989 = 1{,}0\,z^{10}$;   hieraus logarithmisch $z = 2{,}6497\,^0/_0$.

Im 81. Jahre hat somit der Bestand einen Abtriebsertrag von $8623 \cdot 1{,}0265^1 = 8852$ M. und der Wertszuwachs zwischen dem 80. und 81. Jahr beträgt $8852 - 8623 = 229$ M.; daher

$$w = \frac{229 \cdot 100}{8623 + 1057 + 300} = \frac{22900}{9980} = \mathbf{2{,}30\,^0/_0}.$$

Der arithmetische durchschnittlich-jährliche Wertszuwachs zwischen dem 80. und 90. Jahr beträgt $\dfrac{11240 - 8623}{10} = 261{,}7$ M. Unterstellt man diesen, dann wird

$$w = \frac{261{,}7 \cdot 100}{8623 + 1057 + 300} = \frac{26170}{9980} = 2{,}62\,^0/_0.$$

Nach der **Kraft**schen **Näherungsformel** für den einjährigen Wertszuwachs

$$w = z - \frac{B + V}{A_{79}} \cdot p$$

ist:

I. $w = 3{,}58 - \dfrac{1057 + 300}{9472} \cdot 3 = 3{,}58 - 0{,}43 = \mathbf{3{,}15\,^0/_0}.$

II. $w = 2{,}65 - \dfrac{1057 + 300}{8623} \cdot 3 = 2{,}65 - 0{,}47 = \mathbf{2{,}18\,^0/_0}.$

6. Das Zuwachsprozent, Weiserprozent und durchschnittliche Verzinsungsprozent in den verschiedenen Bestandsaltern.

Jahrzehnt	Zuwachsprozent (logarithmisch) $1{,}0\,z^n = \dfrac{A_{x+n}}{A_x}$	Weiserprozent nach Kraft (logarithmisch)	Jahr	Durchschnittliches Verzinsungsprozent $p = \dfrac{B_u}{1057} \cdot 3$
30— 40	9,87	7,05	30	0,31
40— 50	7,48	6,05	40	1,35
50— 60	5,81	4,94	50	2,21
60 — 70	4,28	3,65	60	2,79
70— 80	3,58	3,06	70	2,98
80— 90	2,65	2,22	80	**3,00**
90—100	2,16	1,77	90	2,83
100—110	1,79	1,42	100	2,60
110—120	1,40	1,03	110	2,36
			120	2,15

Vierter Abschnitt.

Bestimmung der Umtriebszeit und Abtriebszeit.

I. Vorbemerkungen.

Unter Umtriebszeit oder Umtrieb versteht man jenen Zeitraum, welcher unter normalen Verhältnissen zwischen der Begründung und Nutzung eines Bestandes liegt. Für die Bestände einer Betriebsklasse umfaßt die Umtriebszeit den durchschnittlichen Produktionszeitraum, welcher den Berechnungen des Forsteinrichtungsplanes zugrunde gelegt wird.

Das Abtriebs- oder Haubarkeitsalter ist jenes Alter, in welchem ein vorhandener Bestand tatsächlich genutzt wird. Dasselbe kann von der Umtriebszeit mehr oder weniger abweichen (Abtriebszeit). Veranlassung hierzu können sein die Rücksichten auf Hiebsfolge, Verjüngung, Absatz, der abnorme Zustand der Bestände infolge von Elementarereignissen, die finanzwirtschaftlichen Leistungen der Bestände überhaupt.

Aufgabe der forstlichen Statik ist es, Mittel und Wege anzugeben, die zur rechnerischen Festsetzung der Umtriebszeit oder Abtriebszeit dienlich sind. Die zeitliche und räumliche Ordnung der Nutzung der Bestände innerhalb des Wirtschaftsganzen festzustellen, ist Sache der Forsteinrichtung.

Nach den gegenwärtig herrschenden Ansichten kommen folgende zwei Umtriebszeiten in Frage:

1. Die Umtriebszeit des größten Bodenreinertrages oder die finanzielle Umtriebszeit;

2. die Umtriebszeit des größten durchschnittlichen Waldreinertrages.

II. Finanzielle Umtriebszeit und Abtriebszeit.

1. Begriff und Berechnung.

Unter der finanziellen Umtriebszeit versteht man diejenige Umtriebszeit, welche unter Zugrundelegung eines bestimmten Wirtschaftszinsfußes den höchsten Bodenreinertrag oder die höchste Bodenrente gewährt.

Daher nennt man die darauf begründete Wirtschaft Bodenreinertragswirtschaft. Ihr Ziel ist die Erreichung des höchsten Bodenreinertrages.

a) Die finanzielle Umtriebszeit einzelner Bestände.

Die Bestimmung der finanziellen Umtriebszeit des Einzelbestandes kann nach folgenden Verfahren erfolgen:

1. Durch Ermittelung jenes Bestandsalters, für welches sich der größte ·Bodenertragswert berechnet. Diese Methode kann indessen nur für normale Bestände angewendet werden.

Da das Verwaltungskostenkapital auf den Eintritt der Kulmination des Bodenertragswertes gar keinen Einfluß ausübt, kann es hier vernachlässigt werden.

2. Durch Berechnung des Weiserprozentes oder des größten Bestandserwartungswertes. Diese Methoden gelten sowohl für normale wie für abnorme Bestände.

Als Bodenwert ist im Weiserprozent wie im Bestandserwartungswert unter allen Umständen der größte auf durchschnittlich normale Erträge sich aufbauende Bodenertragswert zu unterstellen. Daß derselbe auch durch Einschätzung festgesetzt werden kann, wurde auf S. 247 bereits dargelegt. Soll die bisherige Holz- und Betriebsart beibehalten werden, so ist der dieser entsprechende größte Bodenertragswert einzusetzen. Ist aber die jetzige Holz- und Betriebsart nicht standortsgemäß und soll dieselbe, sobald es wirtschaftlich möglich ist, durch die einträglichere Holz- und Betriebsart ersetzt werden, dann ist der Bodenertragswert der letzteren zu unterstellen. Ist z. B. ein Fichtenboden mit der Buche bestockt und soll die Buchenwirtschaft zugunsten der Fichte aufgegeben werden, so ist das Abtriebsalter der Buche durch Einstellung des Fichtenbodenwertes zu bestimmen. Die Folge wird in der Regel sein, daß die Buche vor dem Umtriebsalter, welches sich für die Buchenwirtschaft bei Unterstellung des größten Buchen-Bodenertragswertes berechnet, abgetrieben werden muß.

Ist durch anderweitige Benutzung des Bodens (landwirtschaftlicher Betrieb, Bauplatz usw.) ein höherer Bodenertragswert (Tauschwert) zu erzielen als durch die forstliche und soll festgestellt werden, ob und wie lange der vorhandene Bestand diesen höheren Bodenwert noch zu verzinsen vermag, dann ist das Abtriebsalter mit Hilfe dieses Bodenwertes zu berechnen. Ist dieser Bodenwert bedeutend höher als der forstliche, dann wird das sich berechnende finanzielle Abtriebsalter mit dem gegenwärtigen Bestandsalter zusammenfallen, d. h. der Bestand ist sofort abzutreiben.

Wegen seiner Einfachheit verdient das Weiserprozent in der Regel den Vorzug vor der Methode des Bestandserwartungswertes.

b) Die finanzielle Umtriebszeit der Betriebsklasse.

Die finanzielle Umtriebszeit der Betriebsklasse ist gleich der durchschnittlichen finanziellen Umtriebszeit bzw. Abtriebszeit aller Einzelbestände.

Für einen nach den Grundsätzen der Bodenreinertragswirtschaft bewirtschafteten Waldkomplex braucht eine durchschnittliche Umtriebszeit an sich nicht festgesetzt zu werden. Denn wenn die höchste Bodenrente von der Gesamtfläche erwirtschaftet werden soll, muß jeder Bestand in jenem Alter genutzt werden, für welches sich die höchste Bodenrente berechnet. In diesem Sinne führt die Bodenreinertragswirtschaft zur „Bestandswirtschaft", d. h. die Einheit des Betriebes ist nicht die Betriebsklasse im ganzen, sondern jeder einzelne Bestand innerhalb der Betriebsklasse.

Vom praktischen Gesichtspunkt der Forsteinrichtung aus und zum Zwecke der Durchführung von Rentabilitätsuntersuchungen ist indessen die Unterstellung einer allgemeinen Umtriebszeit (Rechnungszeitraumes) in der Regel nicht zu umgehen.

A. Wollte man die finanzielle Umtriebszeit der Betriebsklasse nach einem besonderen Rechnungsverfahren bestimmen, so wäre dies nur unter der Annahme des Normalzustandes möglich.

Theoretisch kämen folgende Verfahren in Betracht:

1. Die Berechnung des absoluten Wirtschaftserfolges unter Zugrundelegung des Vermögenswertes des Holzvorrates (S. 213). Da derselbe $= u(B_u - B) 0{,}0 p$ ist, so fällt die finanzielle Umtriebszeit auf jenes Alter, für welches sich die günstigste Differenz der Bodenrenten berechnet. Diese ergibt sich dann, wenn B_u der höchste Bodenertragswert ist. Da der letztere für sich berechnet werden muß und damit das finanzielle Abtriebsalter schon bekannt wird, hat es keinen Zweck, auch noch den Wirtschaftserfolg besonders zu berechnen.

2. Die Berechnung der durchschnittlichen Verzinsung des nach dem Vermögenswert berechneten Waldkapitals (S. 216). Die finanzielle Umtriebszeit fällt auf jenes Abtriebsalter, für welches die durchschnittliche Verzinsung gleich dem angenommenen Wirtschaftszinsfuß wird ($p = p$). Diese Gleichheit tritt dann ein, wenn als Bodenwert der höchste Bodenertragswert unterstellt wird. Die Berechnung desselben führt aber schon vorher zur Kenntnis der finanziellen Umtriebszeit. Daher bedeutet auch dies Verfahren einen unnötigen Umweg.

3. Die Berechnung nach dem Quotienten

$$\frac{A_u + D_a + .. D_q - (c + u\,v) - NE . 0{,}0\,p}{u}.$$

Die finanzielle Umtriebszeit fällt danach auf jenen Zeitpunkt, in welchem dieser Quotient ein Maximum wird. Auch dieser Zeitpunkt trifft mit der Kulmination des Bodenertragswertes zusammen, weil

$$\frac{(u\,B_u + NE) 0{,}0\,p - NE . 0{,}0\,p}{u} = B_u . 0{,}0\,p;$$

da NE unter Zugrundelegung des größten Bodenertragswertes berechnet werden muß, entsteht der gleiche Zirkelschluß wie unter 1 und 2.

H. Martin (Die forstliche Statik) empfiehlt diese Formel zur Ermittelung der finanziellen Umtriebszeit der Betriebsklasse mit der Abänderung, daß an Stelle des Erwartungs- oder Kostenwertes der Abtriebswert des Normalvorrates gesetzt werden soll. Dies ist theoretisch unzulässig. Auch praktisch ist damit nichts gewonnen, weil der Abtriebswert der jüngeren Bestände sich zuverlässig nicht berechnen läßt.

Aus dem Vorstehenden geht hervor, daß es zwecklos ist, die finanzielle Umtriebszeit der normalen Betriebsklasse nach einem der drei genannten Verfahren zu bestimmen, da die Berechnung des größten Bodenertragswertes schon früher zum Ziele führt.

B. Die finanzielle Umtriebszeit einer Betriebsklasse, die sich nicht im Normalzustande befindet, läßt sich nach einer Formel überhaupt nicht bestimmen.

Immerhin aber gewinnt der Waldbesitzer durch die Berechnung des durchschnittlichen Verzinsungsprozentes einen Anhaltspunkt, ob die bisher eingehaltene Umtriebszeit sich mehr oder weniger weit von der finanziellen entfernt. Es ist aber auch hier notwendig, daß mindestens für mehrere typische Musterbestände der erreichbare größte Bodenertragswert schon vorher berechnet wird.

2. Die Höhe der finanziellen Umtriebszeit.

A. Die finanzielle Umtriebszeit fällt theoretisch auf ein bestimmtes Bestandsalter, praktisch aber bedeutet dieselbe einen kleineren oder größeren Zeitraum, innerhalb dessen die Nutzung der Bestände den finanzwirtschaftlichen Anforderungen noch Genüge leistet. In welchem Alter der einzelne Bestand im Rahmen der finanzwirtschaftlich umgrenzten Altersperiode tatsächlich zu nutzen ist, darüber entscheiden die zwingenden Rücksichten auf die Gesetze der Forsteinrichtung und des Waldbaues sowie auf den Holzabsatz und die Bedürfnisse des Waldbesitzers, Rücksichten, denen sich kein Wirtschaftssystem entziehen kann.

Die Länge dieses finanziellen Zeitraumes beträgt mindestens ein Jahrzehnt. In großen Forstbetrieben kann es angezeigt sein, mit der tatsächlichen Umtriebszeit an die obere Grenze zu gehen, ja selbst dieselbe in einzelnen Beständen zu überschreiten, wenn von denselben in den höheren Altern noch eine bessere Wertsmehrung zu erwarten ist. Die finanzielle Folge solcher Abweichungen ist die, daß das erwirtschaftete Verzinsungsprozent um einige Zehntel herabgedrückt wird.

B. Die Höhe der finanziellen Umtriebszeit wird von allen jenen Faktoren beeinflußt, welche die frühere oder spätere Kulmination des Bodenertragswertes bedingen (S. 71 ff.). Von wesentlichem Einfluß ist der Wirtschaftszinsfuß. Je höher derselbe ist, um so niedriger wird die Umtriebszeit.

Für reine gleichalterige Nadelholzbestände berechnen sich mit einem Wirtschaftszinsfuß von 3 % und den vor dem Kriege in Geltung gewesenen Holzpreisen Umtriebe von 60—100 Jahren, ebenso für reine geschlossene Buchenbestände. Wird der Schluß der Bestände noch im wuchskräftigen Alter infolge der natürlichen Verjüngung oder aus anderen waldbaulichen Gründen gelockert, dann kann die Abtriebszeit etwas hinausgeschoben werden, wenn der Lichtungszuwachs bedeutend ist.

Im allgemeinen gilt die Regel, daß die finanzielle Hiebsreife um so später eintritt, je geringer der Standort und je langsamer der Holzwuchs ist (Gebirgswaldungen). Der Grund hierfür liegt darin, daß auf den schlechteren Böden die Stämme erst in höherem Alter in die Nutzholzsortimente hineinwachsen, der Wertszuwachs, insbesondere der Qualitätszuwachs, sich daher auf das höhere Alter konzentriert.

In den sächsischen Staatsforsten fällt das finanzielle Haubarkeitsalter der Fichte für $p = 3\%$ (Schulze, Bericht d. sächs. Forstvereins 1899)

auf 11% der Fläche auf das 55.— 65. Jahr,
„ 67% „ „ „ „ 65.— 80. „
„ 18% „ „ „ „ 80.— 90. „
„ 4% „ „ „ „ 90.—105. „

Im großen und ganzen stellt sich das Weiserprozent der Fichte in den sächsischen Staatsforsten

zwischen 50— 60 Jahren auf 5,0%
„ 60— 70 „ „ 3,7%
„ 70— 80 „ „ 3,2%
„ 80— 90 „ „ 2,6%
„ 90—100 „ „ 2,2%.

C. Der Massenverbrauch verschiedener Industriezweige an bestimmten Nutzholzsortimenten drängt in neuerer Zeit zur Differenzierung der Umtriebszeiten. Mit einer Umtriebszeit kann die Nachfrage nach verschiedenen Sortimenten nur sehr mangelhaft befriedigt werden. So ist der Anfall von Papierholz in den Staatswaldungen bisher nur ein zufälliges Ergebnis des Durchforstungsbetriebes gewesen. Die Großwaldbesitzer, in erster Linie die Staatsforstverwaltungen, sollten bestimmte Forstbezirke zur Erziehung von Starkholz, Bauholz, Papierholz und Grubenholz bestimmen und nach diesen besonderen Zwecken die Umtriebszeiten festsetzen.

Es ist sehr wohl möglich, daß sich mit Rücksicht auf die wellenförmige Bewegung der Bestandswerte in den verschiedenen Bestandsaltern für denselben Bestand zwei und mehr finanzielle Umtriebszeiträume mit ungefähr gleich großen Bodenrenten berechnen. Das wirtschaftliche Prinzip erfordert nur, daß man über die späteste dieser Umtriebszeiten nicht hinausgeht.

D. Durch die Bodenreinertragswirtschaft wurde der alte forstliche Glaubenssatz zerstört, daß die Wirtschaft um so einträglicher wäre, je mehr Starkholz produziert wird. Die Starkholzzucht ist vom finanziellen Gesichtspunkt aus nur dann gerechtfertigt, wenn der Preis für das starke Nutzholz so hoch ist, daß der zur Erzeugung desselben notwendige größere Zeitaufwand sich lohnt. Im allgemeinen traf diese Voraussetzung bisher bei keiner Holzart zu (s. 5. Abschnitt).

Die Verhältnisse liegen folgendermaßen:

1. Beim Fichten- und Tannenholz hat sich die Starkholzzucht in großen Massen schon seit den 1870er Jahren überlebt, weil der Holzhandel dieselben nur widerwillig aufnimmt. Der Bedarf an starkem Nutzholz ist gesunken, weil

a) das Baugewerbe anstatt starker Balken Eisenträger und Eisenbetonkonstruktionen verwendet,

b) im Schiffbau das Holz ebenfalls durch das Eisen verdrängt wurde,

c) sehr breite Bretter und Dielen nur noch ausnahmsweise Verwendung finden. In Süddeutschland und am Rhein ist die größte regelmäßige Bretterbreite 29 cm (12 Zoll).

In sehr geringen Mengen wird Fichten- und Tannenstarkholz nur für Brückenbauten, Wasserbauten (Seehäfen) und von der sog. schweren Industrie für Gerüstbauten begehrt.

Im Schwarzwald, namentlich im badischen, werden von den größeren Sägewerken bedeutende Mengen sog. Spundwandbohlen für Tiefbau und Seehäfen hergestellt, wozu nur starkes Holz I. Klasse verwendet werden kann. Daher ist dort die Nachfrage nach Starkholz größer als in Bayern.

In früheren Jahren, als aus Süddeutschland noch viele Eichen nach Holland exportiert wurden, benötigte auch der Holzhandel sehr viel Nadelholz I. Klasse als Tragholz für die Eichenflöße auf dem Rhein, Neckar und Main. Mit dem Rückgang der Eichenausfuhr ist auch der Bedarf von Stämmen I. Klasse zurückgegangen.

Graf zu Törring-Jettenbach stellte zum Zwecke der Begründung seines im Februar 1908 an die bayerische Kammer der Reichsräte gestellten Antrages betreffend die Erhöhung der Nutzungen in den bayerischen Staatswaldungen an 16 größere Holzhandlungen und Sägewerke die Anfrage, welche Fichten- und Tannennutzholzsortimente für den Langholzhandel, das Baugewerbe und die Sägeindustrie am brauchbarsten wären. Die Antworten[1] lauteten übereinstimmend dahin, daß das brauchbarste Sortiment der Stamm III. Klasse nach Heilbronner Sortierung ist (16 m lang, 17 cm Mindestzopfdurchmesser ohne Rinde); nächst diesem ist, wenn auch in minderem Grade, Langholz II. und IV. Klasse gesucht. Zum Einschnitt von Bauholz eignen sich Stämme II. und III. Klasse am besten. Auf dem rheinischen Markt werden diese Sortimente zum größten Teil als „Meßholz“ gehandelt (ohne Rinde).

Diese brauchbarsten Sortimente werden von Bäumen mit einem Brusthöhendurchmesser (in 1,3 m) von 25—37 cm (mit Rinde) gewonnen. Die günstigsten Durchmesser sind die zwischen 29 und 32 cm.

Aus der folgenden, nach M. Behringer, „Schätzung stehenden Fichtenholzes usw., Berlin 1900“ zusammengestellten Übersicht ergeben sich die Brusthöhendurchmesser mit Rinde, welche je nach Bonität für die einzelnen Langholzklassen nach Heilbronner Sortierung für die Fichte erforderlich sind, ferner die durchschnittlichen Massengehalte.

Langholz-klassen nach Heilbronner Sortierung	Oberbonität		Mittelbonität		Unterbonität	
	Brusthöhen-Durch-messer	Durch-schnitts-masse pro Stamm	Brusthöhen-Durch-messer	Durch-schnitts-masse pro Stamm	Brusthöhen-Durch-messer	Durch-schnitts-masse pro Stamm
	cm	fm	cm	fm	cm	fm
I	46 u. mehr	2—3,5	48 u. mehr	2,5—3	51 u. mehr	2—3
II	34—45	1,60	37—47	1,71	39—50	1,80
III	27—33	0,87	29—36	0,97	32—38	1,05
IV	22—26	0,50	24—28	0,56	26—31	0,64
V	17—21	0,27	18—23	0,30	19—25	0,33

Die für die Erzeugung von marktgängigem Nutzholz günstigste Verteilung der Stärkeklassen ergibt sich für die Fichte und Tanne für die Altersklassen zwischen 70 und 90 Jahren. Nur auf schlechteren

---

[1] Mitgeteilt im Allg. Anzeiger f. d. Forstproduktenverkehr 1908, Nr. 18.

Standorten und bei langsamem Wuchs in den Hochlagen sind höhere Nutzungsalter unter Umständen gerechtfertigt.

Die Erlöse für den Festmeter Fichten- und Tannenstarkholz sind im Verhältnis zu dem längeren Produktionszeitraum immer kleiner als die Erlöse für die marktgängigen mittelstarken Sortimente.

Die Fichte ist die rentabelste Hauptholzart des deutschen Waldes. Sie hat von allen Holzarten die größte Liquidität, weil sie in jedem Alter begehrte Nutzholzsortimente liefert (vom Christbaum bis zum Holländerstamm). Als Brett- und Hobelware hat sie den Vorzug vor der Tanne wegen ihres weißen Holzes, ihres geringeren Gewichtes, ihrer schwächeren Äste, die sich in der Farbe kaum vom anderen Holzkörper unterscheiden und im Brett nicht durchfallen. Die Tanne hat sehr viele harte Äste, die beim Hobeln leicht ausspringen. Sie ist aber zäher und tragfähiger als Fichte. Im hohen Alter verliert das Tannenholz an Güte. Tannenholz wird besonders zu Bauholz (Balken) und Bohlen verwendet, Fichte zu Brettern. Tannenholz ist um 10—15% billiger als Fichtenholz.

2. Bei der Kiefer liegen die Verhältnisse ebenso wie bei der Fichte und Tanne, soweit es sich um Bauholz und die gewöhnliche Bretterware handelt. Einzelne Industrien, insbesondere die Waggonbaufabriken, dann die Bau- und Möbelschreinereien haben aber einen nicht unerheblichen Bedarf an rotkernigem Kiefernstarkholz. Die Preise hierfür stehen höher als bei Fichte und Tanne, erreichen aber bei einem Brusthöhendurchmesser von etwa 55 cm ihren Höchststand. Schwache Sortimente sind billiger als bei Fichte und Tanne. Auch die Starkholzpreise sind nicht so hoch, daß es sich lohnt, ganze Kiefernreviere auf die Starkholzzucht einzurichten[1]). Nächst dem Eichenholz weist das Kiefernholz nach Wuchsgebieten und Alter die größten Qualitätsunterschiede auf (Verkernung, Harzgehalt, Jahrringbreite, Astreinheit).

Auf etwa die gleiche Stufe ist die Lärche zu stellen.

3. Beim Laubholz steigen die Holzpreise mit dem Durchmesser. Schwaches Holz (Durchforstungsmaterial) hat geringen Wert. Das Ziel der Wirtschaft muß auf die Erziehung von Starkholz innerhalb möglichst kurzer Zeiträume gerichtet sein (starke Durchforstungen, Lichtwuchsbetrieb). Für sehr starkes Holz nimmt der Preis wieder ab. Lange Produktionszeiträume saugen den Gewinn auf.

a) Die Buche ist und bleibt die unrentabelste Holzart des deutschen Waldes. Reine Buchenbestände haben keine Existenzberechtigung. Selbst dann, wenn es gelingt, das in begrenzten Mengen absetzbare Buchenstarkholz im 120jährigen Umtrieb zu erziehen, bleibt ihre Rentabilität hinter der des Nadelholzes wegen der geringen Durchforstungserträge, der geringen Derbholzproduktion im allgemeinen und der geringen Nutzholzproduktion im besonderen weit zurück. Höhere als 120jährige Umtriebe können für die Buche, auch im Einzelstande und im Lichtstande, selbst bei günstigen Holzpreisen

---

[1]) Vgl. W. Kuhn, Die Kiefernstarkholzzucht. Ansbach 1916 (Diss.).

finanziell niemals gerechtfertigt werden. Die technische Hiebsreife beginnt mit 40 cm Brusthöhendurchmesser, der allein ausschlaggebend ist.

b) Die Eiche nimmt unter allen Holzarten insofern eine Sonderstellung ein, als bei ihr mit Gewißheit mit einem bedeutenden Teuerungszuwachs gerechnet werden kann[1]). Die Preise nehmen mit dem Durchmesser stärker zu als beim Buchenholz. Die durch die Wuchsgebiete bedingten Qualitätsunterschiede des Eichenholzes sind durch sehr weit auseinandergehende Preise gekennzeichnet.

c) Die Laubholzarten Esche, Ahorn, Ulme, Erle, Birke, Aspe und Pappel sind schon physiologisch für hohe Umtriebszeiten nicht veranlagt. Unter den edlen Laubhölzern erzeugt die Esche in Umtriebszeiten von 75—100 Jahren die größten Werte. Eine sehr einträgliche Holzart ist die kanadische Pappel mit Umtriebszeiten von 40—50 Jahren.

3. Durchführbarkeit und Wesen der Bodenreinertragswirtschaft.

A. Die Durchführung der Bodenreinertragswirtschaft setzt voraus, daß das betreffende Waldgebiet dem Verkehr vollständig erschlossen ist, alle Holzsortimente zu einem angemessenen Preise abgesetzt werden können und technische wie gesetzliche Schranken die freie Wirtschaft nicht hindern. Waldungen, auf welche die Voraussetzungen nicht zutreffen, scheiden aus dem Bereich dieses wirtschaftlichen Systems aus. In diesem Sinne kann man auch von erwerbsfähigen und erwerbsunfähigen Waldungen sprechen.

Zu den erwerbsunfähigen Waldflächen sind ferner auch alle diejenigen Standorte zu rechnen, die so arm an Produktionskraft sind, daß sich ihr Anbau privatwirtschaftlich nicht mehr lohnt und nur noch vom landeskulturellen Standpunkt aus in Betracht kommt (ärmste Kiefernböden). Der vorhandene Baumwuchs bedeutet keine Forstwirtschaft mehr und entzieht sich jeder Rentabilitätsrechnung.

Nicht wenige Waldgebiete sind zwar an sich voll erwerbsfähig, gewähren aber trotzdem eine geringe Bodenrente, weil die älteren Bestände eine schlechte Jugendzeit hinter sich haben. Lückenhaft begründet, in der frühesten Jugend von Wild und Weidevieh verbissen, ohne jede Pflege im Dickungs- und Stangenholzalter (Durchforstung), durch Frevel durchlöchert, im ungeregelten Plenterbetrieb durchhauen — weisen diese Bestände nicht nur keine Vollbestockung mehr auf, sondern sie liefern auch wenig Nutzholz. Da der Wertszuwachs derselben sehr gering, wenn nicht gleich Null ist, berechnen sich die finanziellen Umtriebszeiten entsprechend nieder. Diese Verhältnisse dürfen bei der Beurteilung der oft die Praxis nicht befriedigenden Resultate der Bodenreinertragswirtschaft nicht außer acht gelassen werden.

B. Das Wesen der Bodenreinertragswirtschaft und ihres hauptsächlichsten Merkmals, der finanziellen Umtriebszeit, liegt nicht in

---

[1]) Über den Teuerungszuwachs der Spessarteichen vgl. Trübswetter im Allg. Anzeiger f. d. Forstproduktenverkehr 1910, Nr. 19 ff., und Vanselow, Die ökonomische Entwickelung der bayerischen Spessartstaatswaldungen 1814 bis 1905. Leipzig 1909.

einer pedantischen Respektierung ihrer rechnerischen Ergebnisse, sondern in dem wirtschaftlichen Geist, der aus ihr atmet. Ihr Programm ist auch mit der Einhaltung der finanziellen Umtriebszeit nicht erschöpft. Denn diese verbürgt nur die relativ höchste, aber nicht die absolut höchste Bodenrente. Um den größten Wirtschaftserfolg zu erreichen, müssen alle forsttechnischen Maßnahmen auf ihre Wirtschaftlichkeit hin geprüft werden, d. h. es müssen die Einnahmen möglichst gesteigert und die Ausgaben möglichst verringert werden, sowie die Standortsfaktoren bis zur äußersten Grenze ausgenutzt werden. Die Wahl der richtigen Holzart ist oft wichtiger als die Umtriebszeit. Deshalb ist die Bodenreinertragswirtschaft auch nicht auf bestimmte waldbauliche Betriebssysteme eingeschworen. Jedes System, welches die unter den gegebenen Verhältnissen erreichbare höchste Bodenrente garantiert, ist auch ihr System. Je komplizierter und arbeitsintensiver ein waldbauliches Verfahren ist (Baumwirtschaft), um so strenger sollte die statische Kontrolle sein.

Die Berechnung der finanziellen Umtriebszeit und des erreichbaren höchsten Bodenreinertrages gehört mit zum Wesen eines geordneten Forsthaushaltes auch dann, wenn die jetzige Wirtschaft sich in anderen Bahnen bewegt. Denn auf keinen Wirtschafter wird der Vergleich zwischen dem tatsächlichen und dem idealen Wirtschaftsergebnis ohne Eindruck bleiben, sein wirtschaftliches Gewissen wird geschärft und seine wirtschaftliche Urteilsfähigkeit gehoben. Deshalb ist jede finanzwirtschaftliche Untersuchung, auch wenn sie noch so primitiv ist, von Nutzen. Wo man nicht eine lückenlose Rechnung aufmachen und den Betrieb im ganzen finanzwirtschaftlich gestalten kann, braucht man noch lange nicht auf jede rechnerische Überlegung zu verzichten. Schon die Feststellung der Wertzuwachsprozente für einzelne Stämme und Bestände gewährt wertvolle Anhaltspunkte für die weitere Ausgestaltung des Betriebes. Auf alle Fälle bietet die Festsetzung der finanziellen Umtriebszeit auch da, wo sie die Unterlage der Wirtschaft nicht bilden kann oder soll, ein Vorbeugungsmittel gegen die plan- und uferlose Gefühlswirtschaft. An dem mathematisch festen und unantastbaren Gefüge der Bodenreinertragswirtschaft zerschellt der auf Unkenntnis, vorgefaßte Meinungen, Gewohnheit oder Bequemlichkeit sich stützende Holzhauereibetrieb. Wenn ein Wirtschafter nach Lage der Umstände das Ziel der Bodenreinertragswirtschaft nicht erreichen kann, dann sollte er sich wenigstens Rechenschaft zu geben suchen, um wieviel sein Wirtschaftsergebnis hinter dem wünschenswerten und möglichen zurückbleibt.

Zu betonen ist, daß nur die finanzielle Umtriebszeit die Interessen des Waldbesitzers bei Ersatzansprüchen wegen Enteignung oder Beschädigung des Waldes voll wahrt.

C. Man hat der Bodenreinertragswirtschaft den Vorwurf gemacht, daß durch ihre kürzeren Umtriebszeiten die Nachhaltigkeit der Wirtschaft bedroht sei. Dieses Urteil beruht auf einer völligen Verkennung der forstlichen Produktionstechnik. Der Begriff der Nachhaltigkeit kann sich sowohl auf die Nutzung wie auf die Bestockung beziehen.

Vom **Nutzungsstandpunkt** aus versteht man unter Nachhaltigkeit den Gleichgewichtszustand zwischen Massenhiebssatz und Massenzuwachs. In der normalen Betriebsklasse ist der jährliche Hiebssatz gleich dem jährlichen Zuwachs. Dieses Gesetz ist völlig unabhängig von der Länge der Umtriebszeit. Auch bei der Christbaumzucht kann man eine jährliche nachhaltige Wirtschaft treiben. Dagegen ist bei sehr alten Beständen die Nachhaltigkeit des Holzbezuges wegen der Gefährdung durch Sturm und Fäulnis sehr häufig in Frage gestellt. — Im übrigen ist die Forderung des Bezuges einer jährlich gleichen Holzmasse ein überwundener Standpunkt.

Vom **Produktionsstandpunkt** aus ist, wie schon Judeich hervorgehoben hat, eine Wirtschaft dann nachhaltig, wenn alle abgeholzten Flächen wieder in gute Bestockung gebracht und darin erhalten werden. Nun steht fest, daß mittelalte Bestände sich natürlich und künstlich leichter wieder verjüngen lassen als alte gelichtete Bestände. Durch die Umtriebszeiten der Bodenreinertragswirtschaft ist daher für die nachhaltige und volle Ausnutzung des Bodens besser gesorgt als durch die hohen Umtriebszeiten der Waldreinertragswirtschaft.

Im allgemeinen entspringt der Einwand bezüglich der Nachhaltigkeit der irrigen Vorstellung, daß sich ein Wald nur dann in gutem Zustand befinde, wenn er möglichst viele alte Bestände aufweise, und daß eine möglichst geringe Abnutzung identisch sei mit einer nachhaltigen oder konservativen Wirtschaft. Nicht selten ist auch die Abneigung gegen niedrigere Umtriebszeiten auf den Umstand zurückzuführen, daß die dadurch bedingte größere Holznutzung und ausgedehntere Kulturfläche größere Anforderungen an die Tätigkeit des Wirtschafters stellen.

Charakteristisch ist die im Jahre 1861 von der bayerischen Staatsforstverwaltung kundgegebene Auffassung, daß der hohe Umtrieb „das Gepräge der Wohlhabenheit mit all ihren Vorzügen an sich trägt, während der niedere bloß ein notdürftiges Auskommen gewährt und jeder Hilfsquelle für unvermeidliche Wechselfälle bar ist". (Die Forstverwaltung Bayerns. München 1861, S. 204. Derselbe Gedanke fast wörtlich schon im Forsteinrichtungswerk für den „Fränkischen Wald" 1832.)

III. Umtriebszeit des größten Waldreinertrages oder der größten Waldrente.

1. Begriff und Berechnung.

Die Umtriebszeit des größten Waldreinertrages fällt auf jenen Zeitpunkt, für welchen sich nach arithmetischem Durchschnitt der **höchste jährliche Waldreinertrag (Waldrente) für die Flächeneinheit (Hektar)** berechnet.

Die danach eingerichtete Wirtschaft nennt man die **Waldreinertragswirtschaft.**

A. Rechnungsmäßig fällt also diese Umtriebszeit auf jenes Bestandesalter u, in welchem der Quotient

$$\frac{A_u + D_a + \ldots D_q - (c + u\,v)}{u} \quad \text{oder} \quad \frac{A_u + D_a + \ldots D_q - c}{u} - v$$

seinen Höchstbetrag erreicht.

Aus der zweiten Schreibweise geht hervor, daß auch hier die Verwaltungskosten keinen Einfluß auf die Höhe der Umtriebszeit ausüben, da der Verlauf des durchschnittlichen Waldreinertrages nur vom Quotienten abhängt. Man könnte dieselben daher auch weglassen.

B. Bedeutet F die Gesamtfläche der Betriebsklasse, u die Umtriebszeit, dann erhält man den **jährlichen Waldreinertrag der Betriebsklasse** aus

$$\frac{A_u + D_a + \ldots D_q - (c + u\,v)}{u} \cdot F = (A_u + D_a + \ldots D_q - (c + u\,v))\frac{F}{u}.$$

$\dfrac{F}{u}$ ist die normale jährliche Abnutzungsfläche. Dieselbe ist um so kleiner, je höher die Umtriebszeit ist. Ändert man die Umtriebszeit, dann muß man im Auge behalten, daß damit nicht auch die Gesamtfläche geändert wird.

Der Waldreinertrag der Betriebsklasse ergibt sich mithin entweder durch Multiplikation des durchschnittlich-jährlichen Waldreinertrages pro Hektar mit der Gesamtfläche oder durch Multiplikation des Waldreinertrages pro Hektar mit der normalen jährlichen Abnutzungsfläche.

Beispiel. Der Waldreinertrag eines Hektars Fichtenwald beträgt bei 80-jähriger Umtriebszeit 11 295 M. Für eine Betriebskasse von 110 ha beträgt demnach der jährliche Waldreinertrag

$$\frac{11\,295}{80} \cdot 110 = 141,19 \cdot 110 = 15\,531 \text{ M.}$$

oder
$$11\,295 \cdot \frac{110}{80} = 11\,295 \cdot 1,375 = 15\,531 \text{ M.}$$

Falsch wäre $141,19 \cdot 80 = 11\,295$ M., weil die Fläche der Betriebsklasse nicht 80 ha, sondern 110 ha beträgt. Der Quotient $\dfrac{110}{80} = 1,375$ ha ist die jährliche Abnutzungsfläche.

Für die **normale** Betriebsklasse mit u Altersstufen auf u Flächeneinheiten ergibt sich für die u jährige Umtriebszeit ein jährlicher Waldreinertrag von

$$\frac{A_u + D_a + \ldots D_q - (c + u\,v)}{u} \cdot u = A_u + D_a + \ldots D_q - (c + u\,v).$$

Derselbe ist **für die gegebene Fläche** unter der Voraussetzung, daß jede Altersstufe im Alter u des höchsten durchschnittlichen Waldreinertrages genutzt wird, der höchste Waldreinertrag, welchen die Gesamtfläche jährlich liefern kann.

C. Theoretisch fällt das Maximum des durchschnittlichen Waldreinertrages genau auf den Zeitpunkt, in welchem derselbe mit dem laufend-jährigen Waldreinertrag zusammentrifft. Zwischen beiden

Kategorien besteht dasselbe Verhältnis wie zwischen dem durchschnittlich-jährlichen und laufend-jährigen Holzmassenzuwachs.

Der laufend-jährige Waldreinertrag eines normalen, gleichaltrigen, geschlossenen Bestandes ist anfangs klein, steigt von da an rasch, erreicht ein absolutes Maximum und fällt dann wieder.

Denselben allgemeinen Verlauf hat der durchschnittlich-jährliche Waldreinertrag. Derselbe, anfangs kleiner als der laufend-jährige, steigt aber auch dann noch, wenn der laufend-jährige bereits zu sinken beginnt, erreicht sein Maximum in dem Alter, in welchem er dem laufend-jährigen gleich wird, und ist nach diesem Zeitpunkt größer als der laufend-jährige.

Zur Erläuterung dient folgende Tabelle. Die Umtriebszeit des größten Waldreinertrages fällt hierin auf das 110. Jahr.

Berechnung des Waldreinertrages
für **ein Hektar** Fichtenwald II. Standortsklasse.

Um-triebs-zeit Jahre	Einnahmen			Ausgaben			Waldreinertrag			Boden-ertrags-wert
	A_u	$Da + \dots Dq$	Summa	c	uv $v = 9\,M$	Summa	im ganzen	durch-schnittlich-jährlicher	laufend-jähri-ger	
	Mark			Mark			Mark			Mark
30	874	—	874	120	270	390	484	16,15		108
									115,2	
40	2 038	78	2 116	120	360	480	1 636	40,90		474
									182,2	
50	3 717	311	4 028	120	450	570	3 458	69,16		777
									242,7	
60	5 832	713	6 545	120	540	660	5 885	98,08		983
									260,3	
70	7 864	1 374	9 238	120	630	750	8 488	121,26		1 051
									280,7	
80	9 809	2 326	12 135	120	720	840	11 295	141,19		1 057
									252,7	
90	11 240	3 512	14 752	120	810	930	13 822	153,58		996
									227,0	
100	12 229	4 883	17 112	120	900	1 020	16 092	160,92		915
									199,3	
110	12 814	6 381	19 195	120	990	1 110	18 085	**164,41**		833
									159,1	
120	12 963	7 913	20 876	120	1 080	1 200	19 676	163,97		756

Dieses Verhältnis bietet der Waldreinertragswirtschaft ein Mittel, um das **Wertszunahmeprozent** festzustellen, welches der Bestand im Zeitpunkt seiner Hiebsreife aufweisen muß. Es ist nämlich der **laufend-jährige** Waldreinertrag zwischen dem Jahre $(u + 1)$ und dem Jahre u

$$A_{u+1} + D_a + \dots D_q - c - (u + 1)\,v - [A_u + D_a + \dots D_q - c - uv]$$
$$= A_{u+1} - A_u - v.$$

Vor, nach und in dem Jahre der Kulmination des durchschnittlichen Waldreinertrages ist demnach beziehungsweise

$$A_{u+1} - A_u \gtreqless \frac{A_u + D_a + \dots D_q - c}{u}.$$

Beim Gleichheitszustand unter der Voraussetzung, daß $(u + 1) - u$ nur einen (**Zeitpunkt**, kein ganzes Jahr bedeutet.)

Da $A_{u+1} - A_u = A_u \cdot 0{,}0\,z = A_u \cdot \dfrac{z}{100}$ ist, erhält man durch Substitution

$$A_u \cdot \frac{z}{100} = \frac{A_u + D_a + \ldots D_q - c}{u},$$

woraus
$$z = \frac{100}{u}\left(1 + \frac{D_a + \ldots D_q - c}{A_u}\right). \tag{1}$$

Dieser Ausdruck ist die **Weiserprozentformel der Waldreinertrags-wirtschaft**[1]). Sie fußt auf der zuerst von **Preßler** für das Massenzuwachs-prozent aufgestellten Regel, daß das Wertszunahmeprozent im Alter a des höchsten durchschnittlichen Waldreinertrages auf einen Wert herabgesunken ist, der sich durch die Formeln $z = \dfrac{100}{a}$, bzw. $z = \dfrac{100 + d}{a} = \dfrac{100}{a}\left(1 + \dfrac{D}{m}\right)$ ausdrücken läßt. Formel (1) kann daher in gleicher Weise wie diese hergeleitet werden.

Vernachlässigt man nämlich die Vorerträge und Kulturkosten vollständig, dann wird nach unserer Bezeichnung

$$z = \frac{100}{u}. \tag{2}$$

Drückt man aber die Differenz $(D_a + \ldots D_q - c)$ in Prozenten d von A_u aus, so daß $\dfrac{D_a + \ldots D_q - c}{A_u} \cdot 100 = d$, dann wird

$$z = \frac{100 + d}{u}. \tag{3}$$

Solange daher in den Gleichungen (1, 2, 3) der Wert von z größer ist als die rechte Seite, ist der Bestand noch nicht hiebsreif, weil der durchschnittliche Waldreinertrag noch im Steigen begriffen ist; sobald z kleiner wird, ist die Hiebsreife überschritten.

Beispiel. 1. Nach voriger Tabelle fällt die Umtriebszeit auf das 110. Jahr. Das Wertszunahmeprozent in diesem Zeitpunkt beträgt

$$z = \frac{100}{110}\left(1 + \frac{6\,381 - 120}{12\,814}\right) = 1{,}353\,^0/_0.$$

2. Für $u = 100$ wird

$$z = \frac{100}{100}\left(1 + \frac{4\,883 - 120}{12\,229}\right) = 1{,}389\,^0/_0.$$

Der Bestand ist mithin noch nicht hiebsreif, da $1{,}389 > 1{,}353$.

3. Für $u = 120$ wird

$$z = \frac{100}{120}\left(1 + \frac{7\,913 - 120}{12\,963}\right) = 1{,}334\,^0/_0.$$

Der Bestand hat somit die Hiebsreife überschritten, da $1{,}334 < 1{,}353$.

Für die **Bodenreinertragswirtschaft** lautet der analoge Ausdruck für das Wertszunahmeprozent (S. 246)

$$z = p + \frac{D + V}{A_u} \cdot p.$$

Wenn $p = 3$, $B_{80} = 1057$, $V = 300$, wird für $u = 110$

$$z = 3 + \frac{1\,057 + 300}{12\,814} \cdot 3 = 3{,}318\,^0/_0,$$

d. h. wenn der Bestand das Grundkapital $1057 + 300$ mit $3\,^0/_0$ durch seinen Werts-zuwachs im 110. Jahre noch verzinsen sollte, müßte der Wertszuwachs noch

---

[1]) In vorstehender Form wurde dieselbe von **Lehr** entwickelt; vgl. Handb. der Forstwissenschaft, 1. Aufl., 1887, II, 92.

3,318% sein. Tatsächlich beträgt derselbe aber zwischen dem 100. und 110. Jahre nur 1,79% und zwischen dem 110. und 120. Jahre nur 1,40% (S. 254). Die finanzielle Hiebsreife ist also längst überschritten.

2. Die Höhe und das Wesen der Umtriebszeit der Waldreinertragswirtschaft.

A. Die Umtriebszeit des größten Waldreinertrages ist höher als die des größten Bodenreinertrages, und zwar auf den besseren Bonitäten um ungefähr 30—40 Jahre, auf den schlechteren Bonitäten um 40—60 und mehr Jahre. Auch für diese Umtriebszeit gilt die Regel, daß sie auf ein um so späteres Bestandsalter fällt, je geringer die Standortsgüte bzw. je langsamer der Wuchs ist.

Der tatsächliche Unterschied zwischen dem höchsten Waldreinertrag und dem der nachfolgenden nächsten Abtriebszeiten ist in der Regel so gering, daß auch hier praktisch mehr ein Zeitraum als ein bestimmtes Jahr in Betracht kommt.

Die hohen Umtriebszeiten der Waldreinertragswirtschaft bedeuten an sich eine Verlustwirtschaft, weil auch unter der Voraussetzung, daß die Bestände bis zu ihrem Abtriebe gesund und geschlossen bleiben, ihr Wertszuwachs in den hohen Altern geringer ist als die hierfür aufzuwendenden Produktionskosten. Dieser Verlust wird aber im wirklichen Wald noch dadurch vergrößert, daß in den alten Beständen in der Regel viel Faulholz und Trockenholz anfällt, wodurch auch die Zahl der Zuwachsträger sich vermindert, und daß die künstliche und natürliche Verjüngung auf den infolge der Lichtstellung mit Gras und Unkräutern sich bedeckenden Böden in hohem Grade erschwert wird. Hohe Umtriebszeiten schwächen die Produktivität des Waldbodens.

Volkswirtschaftlich kommt der Umstand in Betracht, daß mit den hohen Umtriebszeiten der Waldreinertragswirtschaft weniger Holzmasse auf der gegebenen Waldfläche durchschnittlich-jährlich erzeugt wird als mit den niedrigeren Umtriebszeiten der Bodenreinertragswirtschaft.

B. Der Waldreinertrag ist das Einkommen des schuldenfreien Waldbesitzers und enthält das Einkommen aus dem Bodenkapital (Bodenrente) und aus dem Holzvorratskapital.

Der jährliche Waldreinertrag der normalen Betriebsklasse setzt sich zusammen aus den Zinsen des Bodenertragswertes der eingehaltenen Umtriebszeit und den Zinsen des Erwartungs- oder Kosten- oder Rentierungswertes des Normalvorrates, welcher sich unter Zugrundelegung des Bodenertragswertes der eingehaltenen Umtriebszeit berechnet (S. 144). Der Anteil der Bodenrente einerseits und des Normalvorratszinses andererseits ist für jede Umtriebszeit eine gegebene Größe.

Für unseren Fichtenwald ergeben sich folgende Verhältnisse durchschnittlich für das Hektar:

$u =$	40	50	60	70	80	90	100	110	120 Jahre
Waldreinertrag	40,90	69,16	98,08	121,26	141,19	153,58	160,92	**164,41**	163,97 M.

Hiervon treffen auf (vgl. Anhang Fichte II. Bonität)

	40	50	60	70	80	90	100	110	120
Bodenrente	14,22	23,31	29,49	31,53	**31,71**	29,88	27,45	24,99	22,68 M.
Holzkapitalzins	26,68	45,85	68,59	89,73	109,48	123,70	133,47	139,42	141,29 „

Wenn man vom Waldreinertrag die Rente des Bodenertragswertes abzieht, erhält man den Zins des Holzvorratskapitals.

Bei der 80jährigen Umtriebszeit verhält sich die erwirtschaftete Bodenrente zum Holzvorratszins wie $100:345$, bei der 110jährigen Umtriebszeit wie $100:558$.

Vom Waldreinertrag der 80jährigen Umtriebszeit treffen auf den Holzvorratszins $77,6\,^0/_0$, bei der 110jährigen Umtriebszeit $84,8\,^0/_0$.

Um eine Mark Bodenrente zu erzielen, müssen aufgewendet werden: bei der 80jährigen Umtriebszeit 3,45 M., bei der 110jährigen 5,58 M. Holzkapitalzins.

C. Die Größe des Waldreinertrages kann an sich niemals einen Maßstab für die Rentabilität der Wirtschaft bilden. Zwei Betriebsklassen, die jährlich genau den gleichen Reinertrag liefern, können eine ganz verschiedene Verzinsung aufweisen, ebenso kann der höhere Waldreinertrag der einen Betriebsklasse zu einem kleineren Verzinsungsprozent führen als der niedrigere Waldreinertrag einer anderen Betriebsklasse. Ausschlaggebend für die Rentabilität eines Betriebes ist eben nicht der Reinertrag allein, sondern die Größe des Kapitals, welches den Reinertrag hervorbringt.

Beispiel [1]). Von zwei Buchenbetriebsklassen zu je 100 ha wird die eine im gewöhnlichen Hochwaldbetrieb, die andere im Lichtungsbetrieb bewirtschaftet. Jede im 100jährigen Umtrieb.

Die jährlichen Erträge sind

A. Hochwaldbetrieb	B. Lichtungsbetrieb
$A_{100} = 4500$ M.	$A_{100} = 3600$ M.
$D_{30} = 80$ „	$D_{30} = 80$ „
$D_{50} = 150$ „	$D_{50} = 150$ „
$D_{70} = 320$ „	$D_{70} = 1030$ „
$D_{80} = 350$ „	$D_{80} = 540$ „
Sa. $= 5400$ M.	Sa. $= 5400$ M.

Die Kultur- und Verwaltungskosten können, weil sie für beide Betriebe als gleich angenommen werden, außer Ansatz bleiben.

1. Untersuchung der Rentabilität mit Hilfe der Bodenertragswerte.

Es berechnen sich, wenn $p = 3\,^0/_0$, als Bodenertragswerte (brutto) für den

A. Hochwaldbetrieb 395,27 M.
B. Lichtungsbetrieb 459,31 M.

Damit ist schon entschieden, daß der Lichtungsbetrieb rentabler ist als der Hochwaldbetrieb, wenn an der 100jährigen Umtriebszeit festgehalten wird.

2. Untersuchung der Rentabilität durch Feststellung der durchschnittlichen Verzinsung.

I. In der Annahme, daß der Bodenertragswert des Lichtungsbetriebes von 459,31 M. der höchste Ertragswert ist, welcher durch den forstlichen Betrieb

---

[1]) Dieses besonders charakteristische Beispiel hat Lorey gegen Boses „Aichpfahl“ in der Allg. Forst- und Jagdzeitung 1898, Märzheft, entwickelt.

realisiert werden kann, bedeutet derselbe zugleich den Tauschwert und Vermögenswert. Ein anderer forstlicher Bodenwert kommt nicht mehr in Betracht, d. h. 459,31 M. sind d e r Bodenwert.

A. H o c h w a l d b e t r i e b. Die durchschnittliche Verzinsung erhält man aus

$$p = \frac{5400 \cdot 100}{100 \cdot 459{,}31 + N}.$$

Den N o r m a l v o r r a t N kann man nun entweder als Vermögenswert oder als Betriebskostenwert veranschlagen.

a) Berechnung des V e r m ö g e n s w e r t e s. Unterstellt man, daß der Bodenertragswert der 100 jährigen Umtriebszeit des Hochwaldbetriebes von 395,27 M. für diesen Betrieb ein Maximum ist, dann kann man den Normalvorrat nach dem Rentierungswert berechnen. Es ist demnach

$$N = \frac{5400}{0{,}03} - 100 \cdot 395{,}27 = 180\,000 - 39\,527 = 140\,473 \text{ M.}$$

und

$$p = \frac{5400 \cdot 100}{45\,931 + 140\,473} = \frac{540\,000}{186\,404} = 2{,}90\,\%.$$

b) Berechnung des B e t r i e b s k o s t e n w e r t e s. In diesem Falle ist der Bodenwert von 459,31 M. zu unterstellen. Es ist

$$NK = \left[459{,}31\,(1{,}03^{100} - 1) - 80\,(1{,}03^{70} - 1) - 150\,(1{,}03^{50} - 1) - 320\,(1{,}03^{30} - 1)\right.$$

$$\left. - 350\,(1{,}03^{20} - 1)\right]\frac{1}{0{,}03} - 100 \cdot 459{,}31 = 172\,985 \text{ M.}$$

und

$$p = \frac{5400 \cdot 100}{45\,931 + 173\,015} = \frac{540\,000}{218\,946} = \mathbf{2{,}47\,\%.}$$

B. L i c h t u n g s b e t r i e b. Die durchschnittliche Verzinsung erhält man aus

$$p = \frac{5400 \cdot 100}{100 \cdot 459{,}31 + N}.$$

Ein Unterschied zwischen Vermögenswert und Betriebskostenwert des Normalvorrates besteht hier nicht, da der Bodenertragswert von 459,31 M. auf diesen Betrieb zutrifft. Man kann daher den Normalvorrat ohne weiteres als Rentierungswert berechnen. Es ist

$$N = \frac{5400}{0{,}03} - 100 \cdot 459{,}31 = 180\,000 - 45\,931 = 134\,069 \text{ M.}$$

und

$$p = \frac{5400 \cdot 100}{45\,931 + 134\,069} = \frac{540\,000}{180\,000} = \mathbf{3\,\%.}$$

II. Die Berechnung nach I ergibt die tatsächlichen Verzinsungsprozente. Kommt es nur darauf an, festzustellen, welcher der beiden Betriebe r e l a t i v rentabler ist, dann kann man auch bei beiden Betrieben von dem Bodenwert des Hochwaldbetriebes zu 395,27 M. ausgehen.

A. H o c h w a l d b e t r i e b. Die durchschnittliche Verzinsung erhält man aus

$$p = \frac{5400 \cdot 100}{100 \cdot 395{,}27 + N}.$$

Ein Unterschied zwischen Vermögenswert und Kostenwert besteht nun hier nicht, weil der Bodenertragswert dem Betriebe entspricht. Man berechnet demnach den Normalvorrat als Rentierungswert aus

$$N = \frac{5400}{0,03} - 100 . 395,27 = 180\,000 - 39\,527 = 140\,473 \text{ M.;}$$

demnach ist

$$p = \frac{5400 . 100}{39\,527 + 140\,473} = \frac{540\,000}{180\,000} = 3\,^0/_0.$$

B. Lichtungsbetrieb. Die durchschnittliche Verzinsung erhält man aus

$$p = \frac{5400 . 100}{100 . 395,27 + N} .$$

Der Unterschied zwischen Vermögenswert und Kostenwert des Normalvorrates tritt hier in die Erscheinung, weil der eingesetzte Bodenertragswert diesem Betrieb nicht entspricht.

a) Berechnung des Vermögenswertes. Derselbe ergibt sich, wenn man den Bodenertragswert des Lichtungsbetriebs unterstellt, und zwar als Rentierungswert. Es ist

$$N = \frac{5400}{0,03} - 100 . 459,31 = 134\,069 \text{ M.}$$

und

$$p = \frac{5400 . 100}{39\,527 + 134\,069} = \frac{540\,000}{173\,596} = 3,11\,^0/_0.$$

b) Berechnung des Betriebskostenwertes. Derselbe ergibt sich aus

$$NK = \left[395,27\,(1,03^{100} - 1) - 80\,(1,03^{70} - 1) - 150\,(1,03^{50} - 1) - 1030\,(1,03^{30} - 1) \right.$$
$$\left. - 540\,(1,03^{20} - 1) \right] \frac{1}{0,03} - 100 . 395,27 = 101\,624 \text{ M.}$$

Demnach wird

$$p = \frac{5400 . 100}{39\,527 + 101\,624} = \frac{540\,000}{141\,151} = 3,83\,^0/_0.$$

III. Unrichtig wäre es, die Verzinsung eines jeden der beiden Betriebe mit dem von jedem verwirklichten Bodenertragswert zu berechnen. In diesem Falle würde man für beide Betriebe $3\,^0/_0$ erhalten.

IV. Vergleichung der Bodenreinertragswirtschaft und Waldreinertragswirtschaft in bezug auf den jährlichen Betrieb (Betriebsklasse).

1. Die Verzinsung der Produktionskapitalien.

Der Begriff des Waldreinertrages ist an keine bestimmte Umtriebszeit gebunden, sondern nur an den jährlichen nachhaltigen Ertrag der Betriebsklasse. Jede normale Betriebsklasse kann einen jährlichen Waldreinertrag liefern, gleichgültig, auf welche Umtriebszeit sie sich aufbaut und nach welchen Gesichtspunkten dieselbe festgestellt wurde.

Die Bezeichnung „Waldreinertragswirtschaft" darf daher nicht so gedeutet werden, als ob nur diese beim nachhaltigen Betrieb jährlich einen Waldreinertrag erziele. Auch die nach den Grundsätzen der Bodenreinertragswirtschaft bewirtschaftete Betriebsklasse liefert jährlich einen Waldreinertrag. Der grundsätzliche Unterschied zwischen beiden Wirtschaftssystemen liegt aber darin, daß die Waldreinertragswirtschaft den Waldreinertrag als solchen als führende Größe betrachtet, die Bodenreinertragswirtschaft dagegen nur die im Waldreinertrag enthaltene Bodenrente. Erstere verlegt daher den Umtrieb auf jenes Bestandesalter, für welches sich der durchschnittliche Höchstbetrag des Waldreinertrages berechnet, und stellt keine Untersuchung darüber an, wie groß der Anteil der Bodenrente einerseits und des Holzvorratszinses andererseits in demselben ist. Wenn nur der Waldreinertrag an sich und als Ganzes ein Maximum ist. Die Bodenreinertragswirtschaft dagegen nimmt den Waldreinertrag nicht unbesehen hin und läßt sich durch seine Größe an sich nicht täuschen. Sie ist nur mit dem Waldreinertrag zufrieden, der den Höchstbetrag der erwirtschaftbaren Bodenrente in sich enthält. Ist dies der Fall, dann verzinst sich auch das Holzvorratskapital zu dem unterstellten Wirtschaftszinsfuß. Die Bodenreinertragswirtschaft analysiert also die beiden Bestandteile des Waldreinertrages.

Besonders klar tritt der Unterschied beider Wirtschaftssysteme hervor, wenn man die Verzinsung der Produktionskapitalien miteinander vergleicht.

Bei der Bodenreinertragswirtschaft verzinst sich das Boden- und Holzvorratskapital zu dem unterstellten Wirtschaftszinsfuß, die Waldreinertragswirtschaft dagegen erzielt ein geringeres Verzinsungsprozent. Denn die Bodenreinertragswirtschaft duldet grundsätzlich keinen Bestand im Walde, dessen Wertszuwachs dauernd kleiner ist als der zu seiner Erzeugung aufzuwendende Kostenaufwand (s. Weiserprozent). Daher steht auch bei der Bodenreinertragswirtschaft die Größe des Holzvorratskapitals in einem finanziellen Gleichgewichtsverhältnis zu dem jährlich anfallenden Waldreinertrag. Die Waldreinertragswirtschaft dagegen muß, um den höchsten Waldreinertrag zu erreichen, sehr hohe Umtriebszeiten einhalten und deshalb einen unverhältnismäßig großen Holzvorrat dauernd anhäufen. Die Bestände des Holzvorrates aber, welche die finanzielle Abtriebszeit bereits hinter sich haben, sind ein fressendes Kapital, weil ihr jährlicher Wertzuwachs kleiner ist als ihr Unterhaltungsaufwand („Faule Gesellen" nach Preßler). Sie drücken daher mit ihrer Unterbilanz das durchschnittliche Verzinsungsprozent des ganzen Waldes unter den Wirtschaftszinsfuß herab.

Kaufmännisch gesprochen ist die Waldreinertragswirtschaft überkapitalisiert. Der Zinsendienst ihres Holzvorratskapitals schmälert dauernd die Dividende. Im Verhältnis zu diesem ist auch der größte Waldreinertrag noch zu klein.

Folgendes analoge Beispiel dient zur Erläuterung. Ein Hausbesitzer hat sein zweistöckiges Haus auf Grund eines jährlichen reinen Mietsertrags von 4000 M. um 100000 M. gekauft. Sein Anlagekapital verzinst sich also zu $\dfrac{4000 \cdot 100}{100000}$ = 4%. Er entschließt sich nun, ein drittes Stockwerk mit einem Kapitalaufwand von 30000 M. aufzubauen, und verspricht sich von demselben einen Mietsertrag von 1200 M. In Wirklichkeit erzielt er aber nur 600 M. Sein Anlagekapital verzinst sich also nur mehr zu $\dfrac{(4000 + 600)\,100}{100\,000 + 30\,000} = 3{,}54\,\%$. Diese geringere Verzinsung rührt davon her, daß das Anlagekapital für das dritte Stockwerk sich nur zu $\dfrac{600\,.\,100}{30\,000} = 2\,\%$ verzinst. Dadurch wird die gesamte Verzinsung des Hauses heruntergedrückt, so daß dieselbe nur mehr $\dfrac{100\,000\,.\,4 + 30\,000\,.\,2}{130\,000} = 3{,}54\,\%$ beträgt. Sollten $4\,\%$ realisiert werden, dann müßte das dritte Stockwerk 1200 M. abwerfen; alsdann wäre $\dfrac{(4000 + 1200)\,100}{130\,000} = 4\,\%$. — Das dritte Stockwerk entspricht dem Teil des Holzvorrates der Waldreinertragswirtschaft, welcher sich nicht mehr voll verzinst. Das zweistöckige Haus gewährt jährlich nur 4000 M. Einnahme, dagegen aber auch die verlangte 4proz. Verzinsung des Anlagekapitals von 100 000 M. — Bodenreinertragswirtschaft. Das dreistöckige Haus gewährt zwar eine Einnahme von 4600 M., aber das Anlagekapital ist auch um 30 000 M. höher, und die gesamte Verzinsung beträgt nur $3{,}54\,\%$ — Waldreinertragswirtschaft.

B e i s p i e l. A. Eine normale Fichtenbetriebsklasse von 110 ha liefert folgende Waldreinerträge (S. 147, 266; vgl. Abb. 6 S. 150)

a) bei 110jährigem Umtrieb . . . . 110 . 164,41 = 18 085 M.

b) bei 80jährigem Umtrieb . . . . 110 . 141,19 = 15 531 M.

Der Bodenertragswert der finanziellen 80jährigen Umtriebszeit ist für $p = 3\,\%$ 1057 M. pro Hektar, für 110 ha also 116 270 M. Da dies der höchste erreichbare Bodenwert ist, ist er zugleich auch der Bodentausch- und Vermögenswert.

Der Vermögenswert des Normalvorrates wurde auf S. 148 berechnet:

a) für die 110jährige Umtriebszeit auf 638 243 M.,

b) für die 80jährige Umtriebszeit auf 401 430 M.

Die durchschnittliche Verzinsung ist daher:

a) für die 110jährige Umtriebszeit

$$p = \frac{18\,085\,.\,100}{116\,270 + 638\,243} = \frac{18\,085\,.\,100}{754\,513} = \mathbf{2{,}40\,\%};$$

Dieses Verzinsungsprozent stellt das Mittel aus folgenden Teilverzinsungen vor:

α) Verzinsung der 1—79jährigen Bestände (I. u. II. Stockwerk)

$$p = \frac{11\,295\,.\,100}{80\,.\,1057 + 291\,940} = \frac{11\,295\,.\,100}{376\,500} = \mathbf{3\,\%}.$$

β) Verzinsung der 80—109jährigen Bestände (III. Stockwerk).

Auf die 80—109jährigen Bestände entfallen von dem Waldreinertrag 18 085 — 11 295 = 6 790 M. und von dem gesamten Holzvorratswert

$638\,243 - 291\,940 = 346\,303$ M. (S. 148); daher

$$p = \frac{6\,790\,.\,100}{30\,.\,1\,057 + 346\,303} = \frac{6\,790\,.\,100}{378\,010} = \mathbf{1{,}80\,^0/_0}.$$

Sollte sich das Kapital zu 3% verzinsen, dann müßte der Wald-reinertrag 22 635 M. sein.

b) für die 80jährige Umtriebszeit

$$p = \frac{15\,531\,.\,100}{116\,270 + 401\,430} = \frac{15\,531\,.\,100}{517\,700} = \mathbf{3\,^0/_0}.$$

Anstatt des Vermögenswertes könnte man beim 110jährigen Umtrieb auch den Betriebskostenwert des Normalvorrates einsetzen. Da letzterer größer ist als ersterer, wird $p < 2{,}40\,^0/_0$.

B. Dieselbe Rechnung kann man auch für ein Hektar durch-führen. Es ist der Waldreinertrag pro Hektar

    bei der 110jährigen Umtriebszeit . . . . 164,41 M.,
    bei der 80jährigen Umtriebszeit . . . . 141,19 M.,

ferner der durchschnittliche Normalvorratswert pro Hektar

$$\text{für die 110j. Umtriebszeit } \frac{638\,243}{110} = 5\,802{,}21 \text{ M.,}$$

$$\text{,, \quad ,, \quad 80j. \qquad ,, } \quad \frac{401\,430}{110} = 3\,649{,}36 \text{ M.}$$

Mithin ist die durchschnittliche Verzinsung pro Hektar

$$\text{für die 110j. Umtriebszeit: } p = \frac{164{,}41\,.\,100}{1\,057 + 5\,802{,}21} = \frac{16\,441}{6\,859{,}21} = \mathbf{2{,}40\,^0/_0}$$

$$\text{,, \quad ,, \quad 80j. \qquad ,, } : p = \frac{141{,}19\,.\,100}{1\,057 + 3\,649{,}36} = \frac{14\,119}{4\,706{,}36} = \mathbf{3\,^0/_0}.$$

Zur Verzinsung von 3% wäre bei der 110jährigen Umtriebszeit ein Waldreinertrag von 205,78 M. je ha nötig.

2. Die Höhe des Einkommens.

Die Bodenreinertragswirtschaft gewährt dem Wald-besitzer aus dem Kapital, welches er zur Durchführung der Waldreinertragswirtschaft anlegen muß, ein größeres Gesamteinkommen als die Waldreinertragswirtschaft. Von der gegebenen Waldfläche aber erzielt der Wald-besitzer durch Einhaltung der Waldreinertragswirtschaft ein größeres Einkommen als durch Einhaltung der Boden-reinertragswirtschaft.

Das ist so zu verstehen. Die höhere Umtriebszeit der Waldrein-ertragswirtschaft führt auch zu einem höheren jährlichen Waldrein-ertrag. Aber diese höheren jährlichen Bareinnahmen sind nicht groß genug, um das auch höhere Holzvorratskapital voll zu verzinsen. Wenn die volle Verzinsung gegeben sein sollte, müßte der Wald-reinertrag noch viel größer sein als er tatsächlich ist und sein kann. Die Unterbilanz rührt eben von den Beständen her, welche die finanzielle Umtriebszeit bereits hinter sich haben. Geht nun der Waldbesitzer von der Umtriebszeit der Waldreinertragswirtschaft auf die der Bodenreinertragswirtschaft herunter, dann genügt ein viel kleinerer Holzvorrat zur Aufrechterhaltung des jährlichen Betriebes. Denn je höher die Umtriebszeit, um so größer muß der vorhandene Holzvorrat sein. Der Vorratsüberschuß, der sich durch den Übergang von der höheren Umtriebszeit zu der niedrigen finanziellen ergibt und der aus den Beständen besteht, welche sich nicht mehr zu dem unterstellten Wirtschaftszinsfuß verzinsen, wird mithin frei zum Verkauf. Legt der Waldbesitzer das Geld aus dem so flüssig gemachten Holzvorratsüberschuß durch Ankauf einer anderen Waldfläche oder sonst in irgend einer Weise vollverzinslich an, dann erhält er mehr Rente, als wenn er denselben im Walde belassen hätte. Somit gewährt die Bodenreinertragswirtschaft ein größeres Gesamteinkommen als die Waldreinertragswirtschaft, weil sie von dem Vermögen des Waldbesitzers nur so viel zur Waldwirtschaft verwendet als sich zu dem geforderten Wirtschaftszinsfuß wirklich verzinst und den übrigen nicht mehr verzinslichen Teil dem Waldbesitzer zur anderweitigen Verwendung überläßt.

Beispiel. Die vorige Fichtenbetriebsklasse von 110 ha liefert
beim 110 jährigen Umtrieb 18085 M. Waldreinertrag,
beim 80 jährigen Umtrieb 15531 M. Waldreinertrag,
somit beim finanziellen 80 jährigen Umtrieb um

$$18085 - 15531 = 2554 \text{ M. weniger}$$

als beim 110 jährigen Umtrieb.

Diese Mindereinnahme wird aber durch den Zins des durch die Umtriebsherabsetzung frei werdenden Holzvorratskapitals reichlich wieder wett gemacht.

Es beträgt der Wert des Normalvorrates
beim 110 jährigen Umtrieb . . . . 638243 M.,
beim 80 jährigen Umtrieb . . . . 401430 M.

Wenn der Waldbesitzer von der 110 jährigen auf die 80 jährige Umtriebszeit heruntergeht, kann er den Holzvorratsüberschuß von

$$638243 - 401430 = 236813 \text{ M.}$$

aus dem Walde herausziehen. Legt er denselben mit 3% anderweitig verzinslich an, dann erhält er hiervon eine jährliche Rente von

$$236813 \cdot 0,03 = 7104 \text{ M.}$$

Das Gesamteinkommen aus dem Vermögen des Waldbesitzers beträgt demnach jährlich bei Einhaltung
des 110 jährigen Umtriebes . . . . 18085 M.,
des 80 jährigen Umtriebes = 15531 + 7104 = . 22635 M.

Somit jährliches Mehreinkommen infolge des
80 jährigen Umtriebes . . . . **4550 M.**

Bei einem Waldkomplex von 1100 ha macht also die jährliche Mehreinnahme 45500 M. aus.

Es ist selbstverständlich, daß man in einem größeren Waldkomplex den Übergang von der höheren zur niedrigeren Umtriebszeit und den Einschlag des dadurch entstehenden Holzvorratsüberschusses nicht von einem Jahre auf das andere ausführen kann. Wenn auch eine Überfüllung des Holzmarktes, namentlich mit Nadelholz, infolge erhöhten Angebotes in Deutschland nicht mehr zu befürchten ist, so wird man doch andererseits die jeweilige Marktkonjunktur immer im Auge behalten müssen. Auch die Rücksichten auf die Hiebsfolge, den Transport des Holzes, auf die Wiederverjüngung usw. dürfen nicht außer acht gelassen werden.

Finanzpolitisch ist ein flüssig gemachter Holzvorratsüberschuß keine Rentennutzung (Einkommen), sondern eine Kapitalnutzung; denn um den Betrag desselben wird das Waldkapital kleiner. Vom Standpunkt einer gesunden Finanzpolitik aus muß daher der Waldbesitzer das herausgezogene Kapital als solches reservieren und sich nur mit dem Zinsengenuß begnügen. Darauf beruht die Idee des Forstreservefonds.

Wenn die Nutzung eines Vorratsüberschusses nach forstwirtschaftlichen Regeln erfolgt, so ist namentlich beim Großwaldbesitz nicht zu befürchten, daß die theoretisch sich berechnende Mindereinnahme der Bodenreinertragswirtschaft — wenn die Ergänzung durch die Rente des herausgezogenen Holzvorratskapitals außer Ansatz bleibt — tatsächlich auf die Dauer eintritt. Der Waldbesitzer wird in Wirklichkeit auch aus seinem nach den Grundsätzen der Bodenreinertragswirtschaft bewirtschafteten Wald ungefähr dasselbe Einkommen (Waldreinertrag) beziehen wie bei der Einhaltung der Umtriebszeit der Waldreinertragswirtschaft. Denn die finanzielle Umtriebszeit neigt mit zwingender Konsequenz nach jenen Bestandsaltern, in welchen die marktgängigsten Sortimente erzeugt werden. Fällt der Wettbewerb derjenigen Sortimente, welche vom Handel eigentlich nicht begehrt sind, aber weil sie zum Verkauf kommen, auch mit gekauft werden, weg (Starkholz), dann werden die Preise des eigentlichen marktgängigen Holzes steigen und den Ausfall decken.

Zu dieser Annahme berechtigt auch der Umstand, daß die durchschnittliche Massenproduktion bei Einhaltung der finanziellen Umtriebszeit in der Regel größer ist als bei Einhaltung der Umtriebszeit der Waldreinertragswirtschaft. Unsere Fichtenbetriebsklasse zu 110 ha liefert bei 110jährigem Umtrieb jährlich einen Holzertrag (mit Durchforstungen) von 11 fm pro Hektar, also im ganzen von 1 209 fm, bei der 80jährigen Umtriebszeit einen Holzertrag von 12,6 fm pro Hektar, also im ganzen von 1 386 fm. Das sind jährlich 177 fm oder 14,7 % mehr Holzmasse bei der 80jährigen Umtriebszeit.

V. Die rechnerischen Grundlagen
der Waldreinertragswirtschaft im Vergleich zu jenen der Bodenreinertragswirtschaft.

A. Läßt man die Durchforstungserträge und die Kosten außer Betracht, dann lautet die grundsätzliche Formel der Bodenreinertragswirtschaft $\dfrac{A_u}{1{,}0\,p^u - 1}$ oder auch $\dfrac{A_u - NE \cdot 0{,}0\,p}{u}$,

der Waldreinertragswirtschaft $\dfrac{A_u}{u}$.

Beide Systeme gehen also bei der Berechnung der Umtriebszeit von der Flächeneinheit (Hektar) aus. Beim jährlichen Betrieb besteht der Unterschied darin, daß die Bodenreinertragswirtschaft die Zinsen des Holzvorratskapitals abzieht, die Waldreinertragswirtschaft dagegen nicht.

B. Die Bodenreinertragswirtschaft rechnet mit Zinseszinsen, die Waldreinertragswirtschaft bringt auch für die zu verschiedenen Zeiten fällig werdenden Erträge und Ausgaben keine Zinsen in Anrechnung.

Um ihrer Theorie „ein mathematisches Mäntelchen umzuhängen", wie G. Kraft sich ausdrückt, haben die Verteidiger der Waldreinertragswirtschaft den Versuch gemacht zu beweisen, daß auch die Waldreinertragswirtschaft auf der Zinseszinsrechnung beruhe und nur sie die volle Verzinsung des Waldkapitales herbeiführe. Zu diesem Zwecke wird der höchste Waldreinertrag in die Bodenrente und den Holzvorratszins zerlegt, jedes dieser beiden Elemente mit dem angenommenen Wirtschaftszinsfuß kapitalisiert und das so erhaltene Bodenkapital und Holzvorratskapital zusammen als Waldkapital in den Divisor der Formel für die durchschnittliche Verzinsung eingesetzt. Da dieses Waldkapital nichts anderes ist als der kapitalisierte, im Dividenden stehende Waldreinertrag, so muß das sich ergebende Verzinsungsprozent immer gleich dem unterstellten Wirtschaftszinsfuß werden, und zwar für jeden Umtrieb und bei jedem Zinsfuß.

In unserem Beispiel setzt sich der Waldreinertrag der 110 jährigen Umtriebszeit von 164,41 M. pro Hektar zusammen aus 24,99 M. Bodenrente und 139,42 M. Kapitalzins (S. 268 f.). Demnach wird nach dem Zirkelschluß der Waldreinertragswirtschaft

$$p = \frac{164{,}41 \cdot 100}{\dfrac{24{,}99}{0{,}03} + \dfrac{139{,}42}{0{,}03}} = \frac{164{,}41 \cdot 100}{833 + 4647} = 3\,\%.$$

Die Bodenreinertragswirtschaft rechnet (S. 274)

$$p = \frac{164{,}41 \cdot 100}{1057 + 5802} = 2{,}4\,\%.$$

Den Maximalwert $\dfrac{A_u}{u}$ nannte Bose den „Aichpfahl".

C. Die ziffermäßigen Grundlagen sind für die Bodenreinertragswirtschaft dieselben wie für die Waldreinertragswirtschaft. Auch die letztere muß, um ihre Umtriebszeit zu bestimmen, die mutmaßlichen Massenerträge, die z. B. ein jetzt 35 Jahre alter Bestand in Zukunft liefern wird, einschätzen.

D. **Das Steigen oder Fallen der Erträge und Kosten** hat auch bei der Waldreinertragswirtschaft stets die Änderung der Umtriebszeit zur Folge. Eine Erhöhung der Kulturkosten und des Wertes der Abtriebsnutzung schiebt die Umtriebszeit hinaus und umgekehrt. Eine Zunahme der Durchforstungserträge drückt die Umtriebszeit herab, eine Verminderung derselben erhöht sie[1]). Die Verwaltungskosten haben auf die Höhe der Umtriebszeit keinen Einfluß.

VI. Die sonstigen Umtriebszeiten.

1. Die Umtriebszeit des größten Holzmassenertrages.

Darunter ist die Umtriebszeit zu verstehen, bei deren Einhaltung der Bestand den größten jährlichen Durchschnittsertrag an Holzmasse liefert. Sie fällt auf den Zeitpunkt, in welchem

$$\frac{M_u + m_a \ldots m_q}{u}$$

kulminiert (M_u = Abtriebsmasse, $m_a \ldots$ Durchforstungsmasse). In diesem Zeitpunkt wird der jährliche Durchschnittszuwachs gleich dem laufend-jährigen Zuwachs (analog Abb. 7 S. 233, ferner zu vergleichen S. 266).

Nach den neueren Ertragstafeln fällt diese Umtriebszeit auf folgende Bestandsalter:

Standorts-klasse	Kiefer (Schwappach 1908)	Fichte (Schwappach 1902)	Tanne (Eichhorn 1902)	Buche (Grundner 1904)
I	60	90—100	80	110
II	60	90—100	80—100	110—120
III	60—70	90	100	110—120
IV	70—80	100	120	110—120

Die Umtriebszeit des größten Massenertrages beherrschte die Forstwirtschaft bis in die 2. Hälfte des 19. Jahrhunderts hinein.

Die Formulierung ihres Prinzips reicht in das 18. Jahrhundert zurück, als man den Eintritt einer Holznot befürchtete. Da die Aufgabe der Forstwirtschaft fast ausschließlich auf die Erzeugung von Brennholz gerichtet war, hatte dieses Wirtschaftsziel eine innere Berechtigung. Man war aber über die Mittel, es zu erreichen, im unklaren. Solange die Ertragsverhältnisse der einzelnen Holzarten wissenschaftlich nicht festgelegt waren, glaubte man die größte Holz-

---

[1]) **Lehr** im Handbuch der Forstwissenschaft, 1. Aufl., II, 91; 2. Aufl., III, 156.

masse auf der gegebenen Fläche durch Einhaltung möglichst hoher Umtriebszeiten zu gewinnen. Erst durch die seit den 1870er Jahren veröffentlichten Holzertragstafeln wurde bekannt, daß die Kulmination des durchschnittlichen Massenzuwachses eher eintritt, als man vermutete, und zwar im allgemeinen um so früher, je besser der Standort ist.

Durch die epochemachende Wandlung, die in den Zielen der forstlichen Produktion mit den 1860er Jahren dadurch eintrat, daß die Mineralkohle den Brennholzverbrauch einschränkte und die aufstrebende Industrie einen rasch steigenden Bedarf an Nutzholz hatte, wurde der Waldwirtschaft ein anderer Weg vorgezeichnet: ihr Ziel war von da an die Erzeugung von Nutzholz. Damit wurde die Massenumtriebszeit an sich gegenstandslos, weil es bei der Nutzholzwirtschaft nicht sowohl auf die Masse als auf deren Wert ankommt. Mit der vollen Entfaltung der modernen Volkswirtschaft wurde außerdem auch die Waldwirtschaft ihres naturalwirtschaftlichen Charakters entkleidet und in die Klasse der privatwirtschaftlichen Erwerbszweige versetzt. Ausschlaggebend ist nunmehr die Wertserzeugung, nicht die Massenerzeugung.

2. Die technische Umtriebszeit.

Darunter versteht man jene Umtriebszeit, bei welcher der Bestand das für die verschiedenen Verwendungszwecke brauchbarste Material liefert. Dieser Grundsatz ist kameralistischen Ursprungs und hat nur das Bedürfnis der Holzverbraucher im Auge. Vor der Erbauung der Eisenbahnen und Wasserstraßen war jedes Gebiet auf die Holzproduktion seiner nächsten Umgebung angewiesen. Deshalb war die volkswirtschaftliche Forderung, daß die Waldwirtschaft, in erster Linie die Staatswaldwirtschaft, Gewerbe und Industrie mit den notwendigen Holzsortimenten versorgt, wohl gerechtfertigt. Bei der herrschenden Bestandsform, der Plenterwirtschaft, war dieselbe leicht zu erfüllen, und bei gleichalterigen Beständen suchte man dem Prinzip durch möglichst hohe Umtriebszeiten gerecht zu werden. In einzelnen Fällen kann für die Bewirtschaftung der Staatswaldungen dieser Gesichtspunkt auch heute noch Berücksichtigung verdienen, wenn der Staat seinen Waldbesitz mittelbar zur Erfüllung örtlicher sozialpolitischer Aufgaben heranziehen muß.

Der der technischen Umtriebszeit zugrunde liegende Gedanke, die Holzsortimentenerzeugung den Bedürfnissen des Marktes und der Nachfrage anzupassen, ist zweifellos ein gesunder und stimmt auch mit den Forderungen der Bodenreinertragswirtschaft überein. Nur muß man noch einen Schritt weitergehen und auch die Produktionskosten in Rechnung ziehen.

3. Die physische (physikalische) Umtriebszeit.

Dieselbe wurde früher nach verschiedenen Gesichtspunkten definiert. Die einen verstanden darunter jenen Umtrieb, bei dessen Einhaltung die natürliche Wiederverjüngung am sichersten sei. Bei Hochwaldungen wäre demnach das Alter der ausgiebigsten Samenproduktion und die Zeit der günstigsten Bodenverfassung, bei Mittel- und Niederwaldungen die Dauer der Ausschlagfähigkeit der Stöcke zu berücksichtigen. Von diesem Gesichtspunkte aus dürfte in Hochwaldungen der Umtrieb kein sehr hoher sein, da erfahrungsgemäß alte Bestände sich nur mehr schwer natürlich verjüngen lassen. — Andere verstanden unter dieser Umtriebszeit den Zeitpunkt, in welchem die natürliche „Reife“ des Holzes oder das Aufhören der natürlichen Lebensfunktionen des Baumes eingetreten ist. Nach der Holzordnung für Oberbayern vom Jahre 1536 sollte nur „erwachsen und zeitig Holz“ gehauen werden.

Fünfter Abschnitt.

Der Einfluß der Zeit auf die Rentabilität der Forstwirtschaft.

Der wichtigste Faktor für die Rentabilität der Forstwirtschaft ist bei sonst gleichen Umständen die Zeit. Von zwei Wirtschaftsverfahren ist allgemein jenes das rentablere, welches die gleichen Einnahmen in der kürzeren Zeit einbringt. Der Zinsenverbrauch langer Produktionszeiträume hebt in der Regel die höheren Bareinnahmen derselben vollständig auf. Dies beweisen folgende schematische Beispiele.

I.

Ein Haubarkeitsertrag von 10 000 M. gibt bei Vernachlässigung der Durchforstungserträge und der Ausgaben nach der Formel $\dfrac{10\,000}{1{,}03^{u}-1}$ folgende Bodenertragswerte, d. h. folgende Gegenwartswerte, wenn $p = 3\,\%$:

Umtriebszeit		Bodenwert	Bodenrente
80 Jahre	10 000 . 0,10 372 =	1 037,20 M.	31,12 M.
100 „	10 000 . 0,05 489 =	548,90 „	16,47 „
120 „	10 000 . 0,02 966 =	296,60 „	8,90 „
150 „	10 000 . 0,01 201 =	120,10 „	3,60 „
200 „	10 000 . 0,00 271 =	27,10 „	0,80 „

Das heißt also: Wenn die gleiche Fläche alle 80 Jahre 10 000 M. liefert, so entspricht dies einer jährlichen Rente von 31,12 M.; müssen aber 200 Jahre abgewartet werden, bis 10 000 M. eingehen, dann schmilzt die jährliche Rente auf 0,80 M. zusammen.

II.

1. Liefert ein Boden alle 100 Jahre einen Abtriebsertrag von 10 000 M., dann ergibt sich bei Weglassung der Durchforstungserträge und der Ausgaben für $p = 3\,\%$ ein

$$\text{Bodenertragswert von } \frac{10\,000}{1{,}03^{100}-1} = 548{,}90 \text{ M.}$$

und eine jährliche Bodenrente von 548,90 . 0,03 = 16,47 M.

a) Will man durch Einhaltung einer 120jährigen Umtriebszeit dieselbe Bodenrente erzielen wie mit der 100jährigen Umtriebszeit, dann ergibt sich der notwendige Abtriebsertrag der 120jährigen Umtriebszeit aus der Gleichung

$$\frac{A_{120}}{1,03^{120} - 1} = \frac{10\,000}{1,03^{100} - 1}, \quad A_{120} = 10\,000 \cdot \frac{1,03^{120} - 1}{1,03^{100} - 1},$$

woraus $A_{120} = 10\,000 \cdot 1,8504 = \mathbf{18\,504}$ **M.**

Das heißt: Zur Erwirtschaftung einer jährlichen Bodenrente von 16,47 M. bedarf es bei einer 100jährigen Umtriebszeit eines Abtriebsertrages von 10 000 M., bei einer 120jährigen Umtriebszeit eines Abtriebsertrages von 18 503,57 M. Selbst dann, wenn der Wertszuwachs des Bestandes vom 100. bis zum 120. Jahre 8503,57 M. betragen würde, hätte der Waldbesitzer aus dieser 20jährigen Umtriebsverlängerung noch keinen Gewinn.

b) Bei Einhaltung einer 150jährigen Umtriebszeit müßte der Abtriebsertrag

$$A_{150} = 10\,000 \cdot \frac{1,03^{150} - 1}{1,03^{100} - 1} = 10\,000 \cdot 4,5697 = \mathbf{45\,697}\ \mathbf{M.,}$$

c) bei Einhaltung einer 200jährigen Umtriebszeit

$$A_{200} = 10\,000 \cdot \frac{1,03^{200} - 1}{1,03^{100} - 1} = 10\,000 \cdot 20,2173 = \mathbf{202\,173}\ \mathbf{M.}$$

sein, wenn die 150- bzw. 200jährige Umtriebszeit die gleiche Bodenrente liefern sollte wie die 100jährige.

2. Legt man eine 80jährige Umtriebszeit und einen Abtriebsertrag von 10 000 M. zugrunde, so müßte, wenn die gleiche Bodenrente erzielt werden soll, der Abtriebsertrag betragen für eine Umtriebszeit von

90	Jahren	13 796 M.	130	Jahren	47 349 M.
100	„	18 897 „	140	„	63 990 „
110	„	25 753 „	150	„	86 354 „
120	„	34 967 „	200	„	382 077 „

3. Vergleicht man z. B. den Ertrag der Fichte im 80jährigen Umtrieb mit dem der Eiche im 300- und 400jährigen Umtrieb, so entspricht dem Abtriebsertrag der Fichte von 10 000 M. ein Abtriebsertrag der Eiche

a) im 300jährigen Umtrieb

$$\text{von } A_{300} = 10\,000 \cdot \frac{1,03^{200} \cdot 1,03^{100} - 1}{1,03^{80} - 1} = \mathbf{7{,}36\ Millionen\ M.;}$$

b) im 400jährigen Umtrieb

$$\text{von } A_{400} = 10\,000 \cdot \frac{1,03^{200} \cdot 1,03^{200} - 1}{1,03^{80} - 1} = \mathbf{141{,}50\ Millionen\ M.}$$

4. Liefert ein Eichenbestand beim 150 jährigen Umtrieb einen Abtriebsertrag von 25 000 M., so entspricht demselben

für den 200 jährigen Umtrieb ein Abtriebsertrag von   110 600 M.,
„   „   300   „   „   „   „   „   „   2 131 025 „
„   „   400   „   „   „   „   „   „   40 960 000 „

Diese Abtriebserträge zu leisten, geht über die Kraft des Bodens.

Die folgende Tabelle gibt den Faktor an, mit welchem man für $p = 3\%$ den Abtriebsertrag der 80, 90 .... jährigen Umtriebszeit multiplizieren muß, um den für die Bodenrentenbildung gleichwertigen Abtriebsertrag einer höheren Umtriebszeit zu erhalten

$$\left(A_{u+x} = A_u \cdot \frac{1{,}03^{u+x} - 1}{1{,}03^u - 1}\right).$$

Umtrieb $u + x$	$u = 80$ J. $\dfrac{1{,}03^{u+x} - 1}{1{,}03^{80} - 1}$	$u = 90$ J. $\dfrac{1{,}03^{u+x} - 1}{1{,}03^{90} - 1}$	$u = 100$ J. $\dfrac{1{,}03^{u+x} - 1}{1{,}03^{100} - 1}$	$u = 110$ J. $\dfrac{1{,}03^{u+x} - 1}{1{,}03^{110} - 1}$	$u = 120$ J. $\dfrac{1{,}03^{u+x} - 1}{1{,}03^{120} - 1}$
90	1,3796	—	—	—	—
100	1,8897	1,3698	—	—	—
110	2,5753	1,8667	1,3628	—	—
120	3,4967	2,5346	1,8504	1,3578	—
130	4,7349	3,4321	2,5056	1,8386	1,3541
140	6,3990	4,6383	3,3862	2,4848	1,8300
150	8,6354	6,2594	4,5697	3,3532	2,4696
200	38,2077	27,6950	20,2173	14,8363	10,9269

Beispiel. Ist der Abtriebsertrag eines 80 jährigen Bestandes 8000 M., dann muß ein 100 jähriger Bestand einen Abtriebsertrag von $8000 \cdot 1{,}8897 = 15\,118$ M. haben, wenn der Bodenertragswert oder die Bodenrente beider Bestände gleich sein soll.

III.

Die Ersparung der Kulturkosten bei der natürlichen Verjüngung wirkt nur dann bodenrentenerhöhend, wenn der natürlich verjüngte Bestand in dem gleichen Produktionszeitraum dieselben Erträge liefert wie der künstlich verjüngte Bestand. Diese Voraussetzung trifft selten zu, weil das Zuwarten auf eine ausgiebige Besamung mit Zeitverlust verknüpft ist und die Entwickelung der fertigen Verjüngung wegen des dichten Standes der Pflanzen sehr langsam vor sich geht. Dadurch entsteht ein Zeitverlust, der finanziell die Vorteile der natürlichen Verjüngung wieder aufheben kann. — Auf den schlechteren Standorten fällt allerdings eine Kulturkostenersparung mehr ins Gewicht; aber gerade bei dieser versagt die natürliche Verjüngung.

1. Liefert ein natürlich verjüngter Bestand bei einer Umtriebszeit von 100 Jahren einen Abtriebsertrag von 10 000 M., braucht dagegen ein mit einem Kulturkostenaufwand von 120 M. künstlich verjüngter

Bestand nur 90 Jahre, um denselben Abtriebsertrag zu liefern, dann stellt sich der Bodenwert bei der

natürlichen Verjüngung auf $\dfrac{10\,000}{1,03^{100} - 1} = 548,90$ M.

künstlichen „ „ $\dfrac{10\,000 - 120 \cdot 1,03^{90}}{1,03^{90} - 1} = 622,80$ M.

Trotz eines Kulturkostenaufwandes von 120 M. ergibt sich für den künstlich verjüngten Bestand ein höherer Bodenwert von 73,90 M. wenn 10 Jahre Produktionszeit erspart werden.

2. Würde in unserem Fichtenwald II. Bonität (Anhang) der Ertrag von 14360 M. nicht in einer 80jährigen, sondern in einer 90jährigen Umtriebszeit unter Wegfall der Kulturkosten von 120 M. erzeugt werden, so würde der Bodenertragswert nur 758 M. ausmachen gegenüber einem solchen von 1057 M. bei 80jähriger Umtriebszeit trotz eines Kulturkostenaufwandes von 120 M.

3. Bei der natürlichen Verjüngung sind ferner noch in Rechnung zu setzen die erhöhten Kosten für das Ausrücken des Holzes, der Verlust, der dadurch entsteht, daß Langholz in Sägeblöcke zerschnitten werden muß, die Kosten für die Eingatterung von Jungwuchshorsten usw.

Sechster Abschnitt.

Berechnung des Schadens, der durch die Hinausschiebung der Wiederaufforstung entsteht (Schlagruhe).

1. Erfolgt die Begründung eines Bestandes nicht unmittelbar nach dem Abtrieb des alten Bestandes, dann beträgt für die Einzelfläche der jährliche Verlust $(B + V)\,0{,}0\,p$

und der Verlust nach n Jahren

$$\frac{(B + V)\,0{,}0\,p\,(1{,}0\,p^{n} - 1)}{0{,}0\,p} = (B + V)\,(1{,}0\,p^{n} - 1)$$

Dazu kommt noch der Schaden, der infolge der Verunkrautung und Verhagerung des Bodens durch die Erhöhung der Kulturkosten und unter Umständen durch die langsamere Entwickelung der Kultur entsteht.

Beispiel. 1. Werden nach einer Insektenkalamität die Kahlflächen erst nach 20 Jahren aufgeforstet, dann beträgt der Verlust nach 20 Jahren, wenn $B = 600$, $V = 300$ M.,

$$(600 + 300)\,1{,}03^{20} - 1) = 725{,}40 \text{ M.}$$

2. Wartet man 10 Jahre lang vergebens auf die natürliche Verjüngung, dann beträgt der Schaden nach 10 Jahren

$$(600 + 300)\,1{,}03^{10} - 1) = 309{,}60 \text{ M.}$$

2. Erfolgt die Wiederaufforstung der einer Betriebsklasse zugehörigen Fläche nicht unmittelbar nach dem Abtrieb des Bestandes, z. B. wegen der Rüsselkäfergefahr oder wegen Verzögerung

der Holzausbringung, und ist der Betrieb auf diesen regelmäßigen Ausfall an produktiver Fläche eingerichtet, dann erstreckt sich die Altersstufenfolge, der Holzvorrat und die jährliche Hiebsfläche (Hiebssatz) bereits auf die reduzierte Fläche. Jeder Bestand kann zur festgesetzten Umtriebszeit genutzt werden.

Der Waldreinertrag entspricht den Zinsen des vorhandenen Holzvorratskapitals und des Wertes des bestockten Bodens. Für die bestockte Fläche ist die Verzinsung gleich dem Wirtschaftszinsfuß.

Der Verlust des Waldbesitzers besteht in dem Entgang der Bodenbruttorente der jeweils holzleeren Fläche. Der Waldreinertrag verzinst den Kapitalwert derselben nicht mit, und die Verzinsung des Holzvorratskapitals und des gesamten Bodenkapitals (bestockte und holzleere Fläche) bleibt daher unter dem Wirtschaftszinsfuß.

Oft wird geltend gemacht, daß der Verlust des Waldbesitzers dem durchschnittlichen, auf die holzleere Fläche entfallenden Waldreinertrag gleich sei, der sich ergeben würde, wenn die Gesamtfläche bestockt wäre. Denn infolge der Schlagruhe wird die Möglichkeit genommen, das der Gesamtfläche zukommende Holzvorratskapital voll zu veranlagen. Zur Würdigung dieser Frage ist zu beachten, daß es sich hier um den gleichen Vorgang handelt, wie wenn einer Betriebsklasse holzleere Flächen neu hinzugefügt werden. In diesem Falle ist es nicht, wie oft vermutet wird, angängig, den Hiebssatz der Betriebsklasse sofort um den Durchschnittszuwachs der neuen Fläche zu erhöhen. Würde dies geschehen, dann würde die jährliche Hiebsfläche vergrößert mit der Folge, daß die Bestände vor der festgesetzten Umtriebszeit eingeschlagen werden müßten (vgl. S. 180 f.). Verluste wären unvermeidlich. Der K. Heyersche Satz, daß sich ein normales Altersklassenverhältnis von selbst herstellt, wenn man jährlich den normalen Zuwachs nutzt, bezieht sich nur auf die Holzmasse. Die finanziellen Verluste, welche durch die Verschiebung der wirtschaftlichen Abtriebsalter hierbei erwachsen, sind dabei nicht berücksichtigt.

Wird die Schlagruhe aufgegeben, dann treten die bisher holzleer gebliebenen Flächenteile in den Verband der Betriebsklasse ein, aber nicht mit der Wirkung der sofortigen Erhöhung des Hiebssatzes, d. h. des Waldreinertrages. Den der vergrößerten nutzbaren Fläche entsprechenden Waldreinertrag kann der Waldbesitzer erst dann beziehen, wenn das normale Altersklassenverhältnis und der dazu gehörige Holzvorrat hergestellt ist. Darüber vergeht aber ein über die erste folgende Umtriebszeit hinausgehender Zeitraum.

Wenn mithin der tatsächliche Verlust nur in der Bodenbruttorente besteht, dann ist es trotzdem erlaubt, durch Gegenüberstellung der Waldreinerträge von Betriebsklassen mit und ohne Schlagruhe den Ausfall an Waldreinertrag festzustellen, der sich allgemein durch die Schlagruhe ergibt. Der volkswirtschaftliche Schaden der Schlagruhe besteht in der Minderung der Holzproduktion.

Beispiel. Auf einer zum nachhaltigen Betrieb eingerichteten Fichtenbetriebsklasse von 80 ha werden die Kulturflächen erst nach 2 jähriger Schlagruhe aufgeforstet.

Umtriebszeit 80 Jahre, $A_{80} = 9809$, $D_{30} = 78$, $D_{40} = 232$, $D_{50} = 403$, $D_{60} = 660$, $D_{70} = 953$ M., $v = 9$, $c = 120$ M., $p = 3\,\%$, $B_{80} = 1057$ M.

Bleibt die abgeholzte Fläche 2 Jahre lang unkultiviert liegen, dann liefert sie nur alle 82 Jahre einen 80jährigen Abtriebsertrag.

Die jährliche Nutzungsfläche wäre ohne Schlagruhe $\dfrac{80\ \text{ha}}{80\ \text{Jahre}} = 1$ ha, mit der Schlagruhe ist sie $\dfrac{80\ \text{ha}}{82\ \text{Jahre}} = 0,9756$ ha. Somit werden jährlich $1 - 0,9756 = 0,0244$ ha weniger genutzt und während der Umtriebszeit von 80 Jahren $80 \cdot 0,0244 = 1,952$ ha.

Unbestockt sind demnach jährlich im ganzen 1,952 ha, bestockt $80 - 1,952 = 78,048$ ha.

1. Verlust an Bodenbruttorente.

Da keine Verwaltungskosten erspart werden, ist die Bodenbruttorente maßgebend. Der Verlust beträgt jährlich

für 1 ha $\qquad (B + V)\,0,0\,p = (1\,057 + 300)\,0,03 = 40{,}71$ M.

und für 1,952 ha $\qquad\qquad\qquad 1,952 \cdot 40,71 = \mathbf{79{,}47}$ M.

2. Nach der Methode des Wirtschaftserfolges.

Da die Verwaltungskosten für die brachliegende Fläche nicht erspart werden, daher zum Bodennettowert als Kapital wieder zugeschlagen werden müssen, müssen sie auch beim Waldreinertrag unberücksichtigt bleiben.

Es ist:

1. Der jährliche Waldreinertrag
$$(9809 + 2326 - 120)\,0,9756 = 12\,015 \cdot 0,9756 = 11\,722 \text{ M.}$$

2. Der Vermögenswert des Holzvorrates
$$\frac{11\,722}{0,03} - 1357 \cdot 78,048 = 390\,733 - 105\,911 = 284\,822 \text{ M.}$$

3. Wirtschaftserfolg
$$= 11\,722 - (80 \cdot 1357 + 284\,822)\,0,03$$
$$= 11\,722 - 393\,382 \cdot 0,03 = 11\,722 - 11\,801,46 = -79,46 \text{ M.}$$

4. Durchschnittliche Verzinsung
$$p = \frac{11\,722 \cdot 100}{80 \cdot 1357 + 284\,822} = \frac{11\,722 \cdot 100}{393\,382} = 2,979\,796\ \%.$$

daraus $WG = \dfrac{2,979\,796 - 3}{100} \cdot 393\,282 = -\dfrac{0,020\,204}{100} \cdot 393\,282 = -79,46$ M.

3. Verlust an Waldreinertrag.

1. Waldreinertrag ohne Schlagruhe $= 12\,015$ M.
2. Waldreinertrag mit Schlagruhe $= 11\,722$ M.
3. Jährlicher Verlust $12\,015 - 11\,722 = 293$ M.

Der Vermögenswert des Holzvorrates würde ohne Schlagruhe betragen
$$\frac{12\,015}{0,03} - 80 \cdot 1357 = 400\,500 - 108\,560 = 291\,940 \text{ M.,}$$

er beträgt mit Schlagruhe (s. oben) $\ldots\ldots\ldots = 284\,822$ M.

Infolge der Schlagruhe kann also der Besitzer um $291\,940 - 284\,822 = 7118$ M. weniger Holzkapital anlegen; es entgeht ihm somit jährlich der Vorratszins von
$$7118 \cdot 0,03 = 213,54 \text{ M.}$$

Da der Verlust an Bodenbruttorente 79,46 M. beträgt, ergibt sich ein Gesamtverlust von

$$213,54 + 79,46 = 293 \text{ M.}$$

Siebenter Abschnitt.

Abgleichung verschiedener Benutzungs- und Bewirtschaftungsweisen des Bodens.

Dafür ergeben sich folgende Gesichtspunkte:

1. Ist der Boden unbestockt, dann bilden die Bodenrenten den Vergleichsmaßstab. Denn wenn der Besitzer den Boden verkauft, bezieht er bei verzinslicher Anlage des Erlöses ebenfalls eine Rente (Zins).

2. Ist der Boden mit Holz bestockt, dann steht dem Besitzer der Boden und der Holzbestand für den Verkauf zur Verfügung. Daher bilden die Renten des Bodens und des Bestandswertes, d. h. die Rente des Waldwertes den Vergleichsmaßstab für den augenblicklichen Stand der Rentabilität.

In den Fällen 1 und 2 kann man die Kapitalwerte auch direkt in Vergleich setzen.

3. Wird Waldboden in Feldboden umgewandelt, dann müssen die hohen Kosten für die Urbarmachung (Entfernung der Stöcke und Wurzeln, Bearbeitung) in Rechnung gestellt werden. Dieselben stellen ein Kapital vor, welches zu dem Preis des Waldbodens hinzukommt und dessen Zinsen den Ertrag dauernd belasten. Bei größeren Neuansiedelungen auf Waldboden ist auch der Aufwand für die zu errichtenden landwirtschaftlichen Betriebsgebäude in Betracht zu ziehen.

Wird das Rodeland aus einem zum nachhaltigen Betrieb eingerichteten Waldkomplex herausgeschnitten, dann ist der von demselben bisher erwirtschaftete jährliche Waldreinertrag je Hektar mit der landwirtschaftlich erzielbaren Bodenrente nicht unmittelbar vergleichbar, weil jener auch die Zinsen des Holzvorratskapitals enthält. Erst nach Abzug derselben erhält man die forstliche Bodenrente.

Beispiel. Für den Boden eines 50 jährigen Buchenbestandes sind 60 M. Jahrespacht geboten, wenn der Bestand sofort gerodet und die Fläche für Ackerland urbar gemacht wird. Der Waldbesitzer stellt deshalb folgende Rechnungen an auf den Grundlagen: $A_{50} = 2150$, $A_{70} = 3741$, $A_{100} = 6637$, $A_{120} = 8844$ M.; $D_{60} = 311$, $D_{70} = 347$, $D_{80} = 359$, $D_{90} = 371$, $D_{100} = 406$, $D_{110} = 464$ M.; $c = 50$, $v = 9$ M., $p = 3\%$; B_{70} (finanzielle Umtriebszeit) $= 355$, $B_{120} = 212$ M., Rodungskosten 1200 M. Als Fichtenstandort hat der Boden einen Wert von 1057 M.

1. Sofortiger Abtrieb und Rodung.

a) Landwirtschaftlicher Pachtzins . . . . = 60,00 M.
b) Abtriebswert 2150 M., Rente $2150.0,03$ . . . . = 64,50 M.

Einnahmen   124,50 M.

c) Rodungskosten 1200 M., Zins $1200.0,03$ . . . . = 36,00 M.

Jetzige Rente   88,50 M.

2. Fortsetzung der Buchenwirtschaft im finanziellen 70jährigen Umtrieb.

a) $$\mathrm{HE}_{50} = \frac{3741 + 311 \cdot 1{,}03^{70-60} + 355 + 300}{1{,}03^{70-50}} - 655 = 2012\ \mathrm{M.}$$

Hiervon Rente $2012 \cdot 0{,}03$ . . . . $= 60{,}36$ M.

b) Bodenrente $355 \cdot 0{,}03$ . . . . $= 10{,}65$ M.

Jetzige Rente   71,01 M.

3. Sofortiger Abtrieb und Anbau mit Fichten.

a) Rente des Abtriebswerts wie unter 1 . . . . $= 64{,}50$ M.

b) Fichtenbodenrente $1057 \cdot 0{,}03$ . . . . $= 31{,}71$ M.

Jetzige Rente   96,21 M.

4. Nutzung im 70. Jahre und dann Anbau mit Fichten.

a) Bestandsrente wie unter 2 . . . . $= 60{,}36$ M.

b) Die Fichtenbodenrente kann erst nach 20 Jahren bezogen werden; daher ist der Fichtenbodenwert von 1057 M. zu kürzen um

$$\frac{(1057 - 355)\, 0{,}03\, (1{,}03^{20} - 1)}{1{,}03^{20} \cdot 0{,}03} = 313\ \mathrm{M.,}$$

mithin Bodenrente $(1057 - 313)\, 0{,}03$ . . . . $= 22{,}32$ M.

(Andere Verfahren vgl. Waldwirtschaftswert S. 160)

Jetzige Rente   82,68 M.

5. Nutzung im 120. Jahre und dann Anbau mit Fichten.

A. Mit dem Bodenwert der 120jährigen Umtriebszeit.

a) $$\mathrm{HE}_{50} = \frac{8844 + 6782 + 212 + 300}{1{,}03^{120-50}} - 512 = 1521\ \mathrm{M.}$$

$$(D_{60} \cdot 1{,}03^{120-60} + \ldots = 6782\ \mathrm{M.})$$

Hiervon Rente $1521 \cdot 0{,}03$ . . . . $= 45{,}63$ M.

b) Da die Fichtenbodenrente erst nach 70 Jahren fällig wird, ist der Fichtenbodenwert von 1057 M. zu kürzen um

$$\frac{(1057 - 212)\, 0{,}03\, (1{,}03^{70} - 1)}{1{,}03^{70} \cdot 0{,}03} = 738\ \mathrm{M.}$$

Mithin Fichtenbodenrente $(1057 - 738)\, 0{,}03$ . . . . $= 9{,}57$ M.

(Andere Verfahren vgl. Waldwirtschaftswert S. 160)

Jetzige Rente   55,20 M.

B. Mit dem Bodenwert der finanziellen Umtriebszeit.

a) $$\mathrm{HE}_{50} = \frac{8844 + 6782 + 355 + 300}{1{,}03^{120-50}} - 655 = 1396\ \mathrm{M.}$$

Hiervon Rente $1396 \cdot 0{,}03$ . . . . $= 41{,}88$ M.

b) $$\frac{(1057 - 355)\, 0{,}03\, (1{,}03^{70} - 1)}{1{,}03^{70} \cdot 0{,}03} = 613\ \mathrm{M.}$$

Mithin Fichtenbodenrente $(1057 - 613)\, 0{,}03$ . . . . $= 13{,}32$ M

Jetzige Rente   55,20 M.

Man kann also sowohl mit B_{120} als auch mit B_{70} rechnen.

6. Schlußfolgerung. Die unter 3 angegebene Wirtschaft und Benutzung des Bodens ist die günstigste.

Die Rechnung könnte auch mit den Kapitalwerten durchgeführt werden.

Achter Abschnitt.

Zur Statik des Durchforstungsbetriebes.

Der Zweck der Durchforstung ist ein mehrfacher:

a) die Nutzung und Verwertung der zuwachslosen, zuwachsarmen und schlechtgeformten Stämme,

b) die Steigerung des Wertzuwachses des verbleibenden Bestandes,

c) die Regulierung der Holzartenmischung,

d) die Sicherung des Bestandes gegen Schneebruch, Wind und Insekten.

Die Gesamtwirkung der Durchforstung findet ihren finanziellen Ausdruck in der Höhe der Bodenrente (auch Bruttorente). Unter sonst gleichen Umständen ist jener Durchforstungsbetrieb der vorteilhaftere, welcher die größere Bodenrente gewährt. Bei der praktischen Handhabung des Durchforstungsbetriebes kommt es darauf an, jenen Durchforstungsgrad zu finden und durchzuführen, durch welchen der Zwischennutzungsertrag an sich und der Abtriebsertrag möglichst groß wird. Dieses Optimum festzustellen, ist Aufgabe des forstlichen Versuchswesens. Aus den bisherigen Untersuchungsergebnissen geht übereinstimmend hervor, daß der Gesamtmassenertrag eines Bestandes bei den drei Durchforstungsgraden (stark, mittel, schwach) ungefähr sich gleichbleibt. Der Bodenreinertrag wird aber durch den stärkeren Durchforstungsgrad in der Regel gehoben, einmal weil die Durchforstungserträge die Einnahmen erhöhen, und dann weil die Stämme des Hauptbestandes infolge der ungehinderten Lichtzufuhr und Kronenausbildung rascher in die wertvolleren Nutzholzsortimente hineinwachsen. Dadurch wird Zeit gewonnen. In welcher Weise frühe und starke Durchforstungserträge auf die Höhe und Kulmination des Bodenertragswertes wirken, wurde auf S. 68 ff. dargelegt.

Im allgemeinen empfiehlt sich vom finanziellen Gesichtspunkt aus für den praktischen Durchforstungsbetrieb die Regel: Frühzeitig und mäßig anfangen, regelmäßig wiederholen, mit zunehmendem Alter immer stärker greifen und bis zum Haubarkeitsalter fortsetzen.

Will man die Wirkung einer Durchforstung oder verschiedener Durchforstungsgrade innerhalb eines bestimmten Zeitraumes feststellen, dann geschieht dies am einfachsten mit Hilfe der Weiserprozentformel von Kraft:

$$1{,}0\,\mathrm{w}^{\mathrm{n}} = \frac{\mathrm{A}_{\mathrm{x}+\mathrm{n}} + \mathrm{D}_{\mathrm{x}}\,1{,}0\,\mathrm{p}^{\mathrm{x}}}{\mathrm{A}_{\mathrm{x}}} - \frac{(\mathrm{B}+\mathrm{V})}{\mathrm{A}_{\mathrm{x}}}(1{,}0\,\mathrm{p}^{\mathrm{n}} - 1).$$

Anhang.

Fichtennutzholz-Sortimententafel.

Holz- und Geldertragstafeln sowie die Bodenertragswerte für Fichte, Weißtanne, Kiefer und Buche.

Zinseszins-, Renten- und Zuwachstafeln.

Sortimententafel für Fichtennutzholz.

Sortimentenanfall an Fichtenlangholz in Heilbronner Sortierung (S. 42), in Prozenten der gesamten Stamm-nutzholzmasse unter Zugrundelegung der Bestandsmittelstammstärke (mit Rinde).

Berechnet nach M. Behringer, Schätzung stehenden Fichtenholzes usw. Berlin 1900, I, S. 43. — Die Bestandsalter sind nach dem Vorgang von Forstmeister A. Klein an die Fichtenertragstafel von Schwappach (I.—III. Bonität) angeglichen.

| Mittlerer Brust-höhen-durch-messer | Oberbonität | | | | | | Mittelbonität | | | | | | Unterbonität | | | | | |
| | Be-stands-alter | Prozente der Stammnutzholzmasse für die Langholzklassen | | | | | Be-stands-alter | Prozente der Stammnutzholzmasse für die Langholzklassen | | | | | Be-stands-alter | Prozente der Stammnutzholzmasse für die Langholzklassen | | | | |
cm	Jahre	I	II	III	IV	V	Jahre	I	II	III	IV	V	Jahre	I	II	III	IV	V
12	—	—	—	—	—	—	41	—	—	—	9	91	44	—	—	—	10	90
14	—	—	—	—	—	—	44	—	—	—	12	88	51	—	—	—	16	84
16	—	—	—	—	—	—	50	—	—	10	26	64	56	—	—	—	24	76
18	—	—	—	—	—	—	55	—	—	20	32	48	63	—	—	9	28	63
20	54	—	4	26	39	31	60	—	1	28	34	37	69	—	—	17	31	52
22	59	1	6	34	34	25	65	—	4	32	36	28	76	—	3	22	36	39
24	63	1	12	38	30	19	70	—	7	38	33	22	84	—	6	25	37	32
26	67	4	19	39	23	15	76	1	15	39	28	17	92	—	12	28	34	26
28	72	6	28	37	18	11	82	2	23	41	21	13	101	—	17	30	33	20
30	77	8	37	33	15	7	89	5	30	38	19	8	111	3	26	30	28	13
32	81	13	43	29	11	4	95	7	38	37	13	5	123	5	34	30	22	5
34	86	19	47	24	8	2	102	9	43	34	10	4	135	7	41	28	18	6
36	91	26	47	19	7	1	109	16	44	31	7	2	149	10	43	26	15	6
38	96	34	46	14	5	1	116	24	44	25	6	1	163	16	46	22	13	3
40	101	44	44	9	3	—	124	34	41	20	5	—	178	22	47	18	11	2
42	107	50	41	7	2	—	132	43	38	16	3	—	—	28	48	13	9	2
44	113	57	36	6	1	—	140	51	35	12	2	—	—	32	47	11	8	2
46	119	62	34	4	—	—	148	58	31	9	2	—	—	—	—	—	—	—
48	126	66	30	4	—	—	157	64	26	8	2	—	—	—	—	—	—	—
50	164	70	27	3	—	—	167	67	24	7	2	—	—	—	—	—	—	—

Fichte I. Standortsklasse.

Holzertragstafel (nach Schwappach 1902) und Geldertragstafel für 1 ha. — Berechnung der Bodenertragswerte. Zinsfuß 3%.

Eingangs-Jahr	Hauptbestand			Zwischenbestand			Abtriebsertrag		Der Zwischennutzungen Nachwerte bis zur Umtriebszeit von Jahren:									
	Masse	Geldwert		Masse	Geldwert		Masse	Geldw.	30	40	50	60	70	80	90	100	110	120
	fm	pro fm M.	im ganzen M.	fm	pro fm M.	im ganzen M.	fm	M.	Mark									
30	228	5,64	1 286	38	4,24	161	266	1 447	—	216	291	391	525	706	949	1 275	1 713	2 302
40	364	7,60	2 766	57	6,27	357	421	3 123	—	—	480	645	867	1 165	1 565	2 103	2 827	3 799
50	496	9,79	4 856	77	8,07	621	573	5 477	—	—	—	835	1 122	1 507	2 026	2 722	3 659	4 917
60	602	11,92	7 176	97	9,40	912	699	8 088	—	—	—	—	1 226	1 647	2 214	2 975	3 998	5 373
70	682	14,02	9 560	116	10,95	1 270	798	10 830	—	—	—	—	—	1 707	2 294	3 083	4 143	5 568
80	746	15,34	11 444	128	12,35	1 581	874	13 025	—	—	—	—	—	—	2 125	2 855	3 838	5 157
90	794	16,04	12 736	131	14,34	1 879	925	14 615	—	—	—	—	—	—	—	2 525	3 394	4 561
100	826	16,35	13 505	126	15,29	1 927	952	15 432	—	—	—	—	—	—	—	—	2 590	3 480
110	845	16,55	13 985	121	15,75	1 906	966	15 891	—	—	—	—	—	—	—	—	—	2 561
120	852	16,66	14 194	114	16,04	1 829	966	16 023	—	—	—	—	—	—	—	—	—	—
Summe der prolongierten Zwischennutzungen									—	216	771	1 871	3 740	6 732	11 173	17 538	26 162	37 718
Abtriebsertrag									1 447	3 123	5 477	8 088	10 830	13 025	14 615	15 432	15 891	16 023
Summe der Einnahmen am Ende der Umtriebszeit									1 447	3 339	6 248	9 959	14 570	19 757	25 788	32 970	42 053	53 741
Jetztwert der Einnahmen									1 014	1 476	1 846	2 036	2 106	2 049	1 939	1 810	1 694	1 594
Kapitalwert der Kulturkosten von 120 M.									204	173	155	145	137	132	129	127	125	124
Kapitalwert der Verwaltungskosten von 9 M.									300	300	300	300	300	300	300	300	300	300
Jetztwert der Ausgaben									504	473	455	445	437	432	429	427	425	424
Bodenertragswerte									510	1 003	1 391	1 591	1 669	1 617	1 510	1 383	1 269	1 170
Bodenertragswerte für p = 2%									1 065	2 078	2 995	3 615	4 013	4 114	4 047	3 874	3 680	3 483

19*

Fichte II. Standortsklasse.

Holzertragstafel (nach Schwappach 1902) und Geldertragstafel für 1 ha. — Berechnung der Bodenertragswerte. Zinsfuß 3%.

Eingangsjahr	Hauptbestand Masse	Hauptbestand Geldwert	Zwischenbestand Masse	Zwischenbestand Geldwert	Abtriebsertrag Masse	Abtriebsertrag Geldwert	Der Zwischennutzungen Nachwerte bis zur Umtriebszeit von Jahren: 30	40	50	60	70	80	90	100	110	120
	fm	M.	fm	M.	fm	M.	Mark									
30	158	795,3	19	78,4	177	873,7	—	105,36	141,60	190,53	255,74	343,69	461,90	620,76	834,25	1 121,16
40	272	1 805,5	49	232,5	321	2 038,0	—	—	312,46	419,92	564,33	758,41	1 019,25	1 369,80	1 840,89	2 474,01
50	386	3 314,0	61	402,5	447	3 716,5	—	—	—	540,93	726,95	976,96	1 312,96	1 764,50	2 371,37	3 186,92
60	489	5 171,3	75	660,2	564	5 831,5	—	—	—	—	887,26	1 192,39	1 602,47	2 153,58	2 894,22	3 889,63
70	568	6 911,1	87	952,5	655	7 863,6	—	—	—	—	—	1 280,09	1 720,31	2 311,95	3 107,06	4 175,61
80	623	8 623,0	95	1 185,6	718	9 808,6	—	—	—	—	—	—	1 593,36	2 141,31	2 877,74	3 867,43
90	660	9 869,2	99	1 370,7	759	11 239,9	—	—	—	—	—	—	—	1 842,12	2 475,62	3 327,02
100	683	10 731,2	100	1 498,0	783	12 229,2	—	—	—	—	—	—	—	—	2 013,20	2 705,53
110	697	11 282,0	97	1 531,9	794	12 813,9	—	—	—	—	—	—	—	—	—	2 058,76
120	703	11 527,3	89	1 436,0	792	12 963,3	—	—	—	—	—	—	—	—	—	—
Summe der prolongierten Zwischennutzungen							—	105,36	454,06	1 151,38	2 434,28	4 551,54	7 710,25	12 204,02	18 414,35	26 806,07
Abtriebsertrag							873,70	2 038,00	3 716,50	5 831,50	7 863,60	9 808,60	11 239,90	12 229,20	12 813,90	12 963,30
Summe der Einnahmen am Ende d. Umtriebszeit							873,70	2 143,36	4 170,56	6 982,88	10 297,88	14 360,14	18 950,15	24 433,22	31 228,25	39 769,37
Jetztwert der Einnahmen							612,15	947,53	1 232,47	1 427,52	1 488,60	1 489,50	1 424,77	1 341,12	1 257,78	1 179,71
Kapitalwert der Kulturkosten von 120 M. .							204,08	173,05	155,46	144,53	137,35	132,45	129,02	126,59	124,83	123,56
Kapitalwert der Verwaltungskosten von 9 M.							300,00	300,00	300,00	300,00	300,00	300,00	300,00	300,00	300,00	300,00
Jetztwert der Ausgaben							504,08	473,05	455,46	444,53	437,35	432,45	429,02	426,59	424,83	423,56
Bodenertragswerte							108,07	474,48	777,01	982,99	1 051,25	**1 057,05**	995,75	914,53	832,95	756,15
Bodenertragswerte für p = 2½ %							*206,70*	*717,79*	*1 170,56*	*1 511,93*	*1 667,29*	*1 730,74*	*1 684,10*	*1 593,76*	*1 489,69*	*1 380,91*
Bodenertragswerte für p = 2 %							*358,83*	*1 097,14*	*1 792,46*	*2 362,34*	*2 677,38*	*2 857,75*	*2 858,90*	*2 774,62*	*2 650,42*	*2 500,01*

Fichte III. Standortsklasse.

Holzertragstafel (nach Schwappach 1902) und Geldertragstafel für 1 ha. — Berechnung der Bodenertragswerte.　Zinsfuß 3%.

Eingangs-Jahr	Hauptbestand Masse fm	Hauptbestand Geldwert pro fm M.	Hauptbestand Geldwert im ganzen M.	Zwischenbestand Masse fm	Zwischenbestand Geldwert pro fm M.	Zwischenbestand Geldwert im ganzen M.	Abtriebsertrag Masse fm	Abtriebsertrag Geldw. M.	30	40	50	60	70	80	90	100	110	120
									Der Zwischennutzungen Nachwerte bis zur Umtriebszeit von Jahren: (Mark)									
30	103	4,33	446	16	4,00	64	119	510	—	86	116	155	209	281	377	507	681	915
40	190	5,84	1 110	41	4,47	183	231	1 293	—	—	246	331	444	597	802	1 078	1 449	1 947
50	292	7,44	2 172	52	5,97	310	344	2 482	—	—	—	417	560	752	1 011	1 359	1 826	2 455
60	385	8,94	3 442	61	7,53	459	446	3 901	—	—	—	—	617	829	1 114	1 497	2 012	2 704
70	453	10,36	4 693	68	8,89	605	521	5 298	—	—	—	—	—	813	1 093	1 469	1 974	2 652
80	499	11,75	5 863	74	10,41	770	573	6 633	—	—	—	—	—	—	1 035	1 391	1 869	2 512
90	530	12,95	6 864	79	11,41	901	609	7 765	—	—	—	—	—	—	—	1 211	1 627	2 187
100	547	14,00	7 658	81	12,60	1 021	628	8 679	—	—	—	—	—	—	—	—	1 372	1 844
110	556	14,66	8 151	81	13,85	1 122	637	9 273	—	—	—	—	—	—	—	—	—	1 508
120	561	15,14	8 494	77	14,18	1 092	638	9 586	—	—	—	—	—	—	—	—	—	—
Summe der prolongierten Zwischennutzungen									—	86	362	903	1 830	3 272	5 432	8 512	12 810	18 724
Abtriebsertrag									510	1 293	2 482	3 901	5 298	6 633	7 765	8 679	9 273	9 586
Summe der Einnahmen am Ende der Umtriebszeit									510	1 379	2 844	4 804	7 128	9 905	13 197	17 191	22 083	28 310
Jetztwert der Einnahmen									357	610	840	982	1 030	1 027	992	944	890	840
Kapitalwert der Kulturkosten von 120 M.									204	173	155	145	137	132	129	127	125	124
Kapitalwert der Verwaltungskosten von 9 M.									300	300	300	300	300	300	300	300	300	300
Jetztwert der Ausgaben									504	473	455	445	437	432	429	427	425	424
Bodenertragswerte									—147	137	385	537	593	595	563	517	465	416
Bodenertragswerte für p = 2%									*—90*	*466*	*1 014*	*1 423*	*1 654*	*1 770*	*1 797*	*1 768*	*1 698*	*1 614*

Weißtanne I. Standortsklasse.

Holzertragstafel (nach Eichhorn 1902) und Geldertragstafel für 1 ha. — Berechnung der Bodenertragswerte. Zinsfuß 3%.

Eingangs-Jahr	Hauptbestand			Zwischenbestand			Abtriebsertrag		Der Zwischennutzungen Nachwerte bis zur Umtriebszeit von Jahren:									
	Masse	Geldwert		Masse	Geldwert		Masse	Geldw.	30	40	50	60	70	80	90	100	110	120
	fm	pro fm M.	im ganzen M.	fm	pro fm M.	im ganzen M	fm	M.	Mark									
30	127	4,9	622	10	3,5	35	137	657	—	47	63	85	114	153	206	312	372	501
40	325	7,0	2 275	50	4,2	210	375	2 485	—	—	282	379	510	685	921	1 237	1 663	2 235
50	542	9,5	5 149	85	6,0	510	627	5 659	—	—	—	685	921	1 238	1 664	2 236	3 005	4 038
60	710	10,9	7 739	105	7,5	788	815	8 527	—	—	—	—	1 059	1 423	1 913	2 570	3 455	4 643
70	842	12,1	10 188	105	8,6	903	947	11 091	—	—	—	—	—	1 214	1 631	2 192	2 946	3 959
80	946	13,0	12 298	100	9,9	990	1 046	13 288	—	—	—	—	—	—	1 330	1 788	2 403	3 229
90	1 030	13,8	14 214	85	11,0	935	1 115	15 149	—	—	—	—	—	—	—	1 257	1 689	2 269
100	1 100	14,3	15 730	75	12,2	915	1 175	16 645	—	—	—	—	—	—	—	—	1 230	1 653
110	1 158	14,8	17 138	65	12,9	839	1 223	17 977	—	—	—	—	—	—	—	—	—	1 128
120	1 210	15,2	18 392	50	13,4	670	1 260	19 062	—	—	—	—	—	—	—	—	—	—

	30	40	50	60	70	80	90	100	110	120
Summe der prolongierten Zwischennutzungen	—	47	345	1 149	2 604	4 713	7 665	11 592	16 763	23 655
Abtriebsertrag	657	2 485	5 659	8 527	11 091	13 288	15 149	16 645	17 977	19 062
Summe der Einnahmen am Ende der Umtriebszeit . . .	657	2 532	6 004	9 676	13 695	18 001	22 814	28 237	34 740	42 717
Jetztwert der Einnahmen	460	1 119	1 774	1 980	1 980	1 867	1 715	1 550	1 399	1 267
Kapitalwert der Kulturkosten von 100 M.	170	144	130	120	114	110	108	105	104	103
Kapitalwert der Verwaltungskosten von 9 M.	300	300	300	300	300	300	300	300	300	300
Jetztwert der Ausgaben	470	444	430	420	414	410	408	405	404	403
Bodenertragswerte	—10	675	1 344	1 560	**1 566**	1 457	1 307	1 145	995	864
Bodenertragswerte für p = 2 %	*137*	*1 460*	*2 918*	*3 581*	*3 840*	*3 821*	*3 664*	*3 411*	*3 149*	*2 882*

Weißtanne III. Standortsklasse.

Holzertragstafel (nach Eichhorn 1902) und Geldertragstafel für 1 ha. — Berechnung der Bodenertragswerte. Zinsfuß 3%.

Eingangs-Jahr	Hauptbestand			Zwischenbestand			Abtriebsertrag		Der Zwischennutzungen Nachwerte bis zur Umtriebszeit von Jahren:									
	Masse	Geldwert		Masse	Geldwert		Masse	Geldw.	30	40	50	60	70	80	90	100	110	120
	fm	pro fm M.	im ganzen M.	fm	pro fm M.	im ganzen M.	fm	M.						Mark				
30	69	3,5	242	—	—	—	69	242	—	—	—	—	—	—	—	—	—	—
40	171	5,4	923	20	3,5	70	191	993	—	—	94	126	170	228	307	412	554	745
50	298	6,8	2 026	50	3,9	195	348	2 221	—	—	232	352	473	636	855	1 149	1 544
60	410	7,8	3 198	60	5,5	330	470	3 528	—	—	—	443	596	801	1 076	1 447	1 944
70	505	9,0	4 545	70	6,6	462	575	5 007	—	—	—	—	621	834	1 121	1 507	2 025
80	588	10,0	5 880	65	7,2	468	653	6 348	—	—	—	—	—	629	845	1 136	1 527
90	659	11,0	7 249	65	8,0	520	724	7 769	—	—	—	—	—	—	699	939	1 262
100	720	11,8	8 496	55	8,8	484	775	8 980	—	—	—	—	—	—	—	650	874
110	772	12,6	9 727	55	9,7	534	827	10 261	—	—	—	—	—	—	—	—	718
120	816	13,3	10 853	50	10,6	530	866	11 383	—	—	—	—	—	—	—	—	—

	30	40	50	60	70	80	90	100	110	120
Summe der prolongierten Zwischennutzungen	—	—	94	338	965	1 918	3 207	5 008	7 382	10 639
Abtriebsertrag	242	993	2 221	3 528	5 007	6 348	7 769	8 980	10 261	11 383
Summe der Einnahmen am Ende der Umtriebszeit . . .	242	993	2 315	3 916	5 972	8 266	10 976	13 988	17 643	22 022
Jetztwert der Einnahmen	170	439	684	801	863	857	825	768	711	653
Kapitalwert der Kulturkosten von 100 M.	170	144	130	120	114	110	108	105	104	103
Kapitalwert der Verwaltungskosten von 9 M.	300	300	300	300	300	300	300	300	300	300
Jetztwert der Ausgaben.	470	444	430	420	414	410	408	405	404	403
Bodenertragswerte	−300	−5	254	381	**449**	447	417	363	307	250
Bodenertragswerte für p = 2%	−375	189	754	1 103	1 359	1 465	**1 502**	1 457	1 391	1 301

Kiefer I. Standortsklasse.

Holzertragstafel (nach Schwappach 1908) und Geldertragstafel für 1 ha. — Berechnung der Bodenertragswerte. Zinsfuß 3%.

Eingangs-Jahr	Hauptbestand			Zwischenbestand			Abtriebsertrag		Der Zwischennutzungen Nachwerte bis zur Umtriebszeit von Jahren:											
	Masse	Geldwert		Masse	Geldwert		Masse	Geldw.	30	40	50	60	70	80	90	100	110	120	130	140
	fm	pro fm M.	im ganzen M.	fm	pro fm M.	im ganzen M.	fm	M.	Mark											
30	237	4,9	1 161	31	4,3	133	268	1 294	—	179	240	323	434	583	784	1 053	1 415	1 902	2 556	3 435
40	289	6,4	1 850	62	5,3	329	351	2 179	—	—	442	594	799	1 073	1 442	1 938	2 605	3 501	4 705	6 313
50	335	7,8	2 613	63	6,3	397	398	3 010	—	—	—	534	717	964	1 295	1 740	2 339	3 143	4 214	5 677
60	377	9,2	3 468	59	7,4	437	436	3 905	—	—	—	—	587	789	1 061	1 426	1 916	2 575	3 460	4 650
70	409	10,5	4 295	57	8,5	485	466	4 780	—	—	—	—	—	652	876	1 177	1 582	2 126	2 858	3 840
80	434	11,7	5 078	56	9,5	532	490	5 610	—	—	—	—	—	—	715	961	1 291	1 735	2 332	3 134
90	455	12,8	5 824	54	10,5	567	509	6 391	—	—	—	—	—	—	—	762	1 024	1 376	1 850	2 486
100	470	13,8	6 486	54	11,7	632	524	7 118	—	—	—	—	—	—	—	—	849	1 141	1 534	2 062
110	481	15,0	7 215	53	13,3	705	534	7 920	—	—	—	—	—	—	—	—	—	947	1 273	1 711
120	491	16,2	7 954	49	15,2	745	540	8 699	—	—	—	—	—	—	—	—	—	—	1 001	1 346
130	494	17,3	8 546	45	16,7	752	539	9 298	—	—	—	—	—	—	—	—	—	—	—	1 011
140	494	18,1	8 941	38	17,3	657	532	9 598	—	—	—	—	—	—	—	—	—	—	—	—
Summe der prolongierten Zwischennutzungen									—	179	682	1 451	2 537	4 061	6 173	9 057	13 021	18 446	25 783	35 665
Abtriebsertrag									1 294	2 179	3 010	3 905	4 780	5 610	6 391	7 118	7 920	8 699	9 298	9 598
Summe der Einnahmen am Ende der Umtriebszeit									1 294	2 358	3 692	5 356	7 317	9 671	12 564	16 175	20 941	27 145	35 081	45 263
Jetztwert der Einnahmen									907	1 042	1 091	1 095	1 058	1 003	945	888	843	805	768	734
Kapitalwert der Kulturkosten von 100 M.									170	144	130	120	114	110	108	105	104	103	102	102
Kapitalwert der Verwaltungskosten von 9 M.									300	300	300	300	300	300	300	300	300	300	300	300
Jetztwert der Ausgaben									470	444	430	420	414	410	408	405	404	403	402	402
Bodenertragswerte									437	598	661	675	644	593	537	483	439	402	366	332
Bodenertragswerte für p = 2%									922	1 304	1 525	1 650	1 682	1 657	1 605	1 536	1 481	1 429	1 362	1 280

Kiefer III. Standortsklasse.

Holzertragstafel (nach Schwappach 1908) und Geldertragstafel für 1 ha. — Berechnung der Bodenertragswerte. Zinsfuß 3%.

Eingangs-Jahr	Hauptbestand			Zwischenbestand			Abtriebsertrag		Der Zwischennutzungen Nachwerte bis zur Umtriebszeit von Jahren:											
	Masse	Geldwert		Masse	Geldwert		Masse	Geldw.	30	40	50	60	70	80	90	100	110	120	130	140
	fm	pro fm M.	im ganzen M.	fm	pro fm M.	im ganzen M.	fm	M.	Mark											
30	148	3,9	577	12	3,6	43	160	620	—	58	78	104	140	189	253	340	458	615	826	1 111
40	189	4,9	926	45	4,1	185	234	1 111	—	—	249	334	449	603	811	1 090	1 465	1 969	2 646	3 555
50	228	5,9	1 345	45	5,0	225	273	1 570	—	—	—	302	406	546	734	986	1 326	1 782	2 384	3 218
60	258	6,7	1 729	43	5,8	249	301	1 978	—	—	—	—	335	450	604	812	1 092	1 467	1 972	2 650
70	285	7,6	2 166	39	6,9	269	324	2 435	—	—	—	—	—	362	486	653	877	1 179	1 585	2 130
80	303	8,3	2 515	38	7,7	293	341	2 808	—	—	—	—	—	—	394	529	711	956	1 284	1 726
90	314	9,2	2 889	40	8,1	324	354	3 213	—	—	—	—	—	—	—	435	585	786	1 057	1 420
100	323	10,1	3 262	40	8,6	344	363	3 606	—	—	—	—	—	—	—	—	462	621	835	1 122
110	326	11,2	3 651	40	9,5	380	366	4 031	—	—	—	—	—	—	—	—	—	511	686	922
120	325	12,1	3 933	40	10,0	400	365	4 333	—	—	—	—	—	—	—	—	—	—	538	722
130	319	13,0	4 147	37	11,0	407	356	4 554	—	—	—	—	—	—	—	—	—	—	—	547
140	305	14,0	4 270	32	11,6	371	337	4 641	—	—	—	—	—	—	—	—	—	—	—	—

	30	40	50	60	70	80	90	100	110	120	130	140
Summe der prolongierten Zwischennutzungen	—	58	327	740	1 330	2 150	3 282	4 845	6 976	9 886	13 813	19 123
Abtriebsertrag	620	1 111	1 570	1 978	2 435	2 808	3 213	3 606	4 031	4 333	4 554	4 641
Summe der Einnahmen am Ende der Umtriebszeit	620	1 169	1 897	2 718	3 765	4 958	6 495	8 451	11 007	14 219	18 367	23 764
Jetztwert der Einnahmen	434	517	561	556	544	514	488	464	443	422	402	385
Kapitalwert der Kulturkosten von 100 M.	170	144	130	120	114	110	108	105	104	103	102	102
Kapitalwert der Verwaltungskosten von 9 M.	300	300	300	300	300	300	300	300	300	300	300	300
Jetztwert der Ausgaben	470	444	430	420	414	410	408	405	404	403	402	402
Bodenertragswerte	−36	73	131	136	130	104	80	59	39	19	0	−17
Bodenertragswerte für p = 2%	*91*	*330*	*491*	*548*	*585*	*571*	*554*	*532*	*511*	*478*	*442*	*401*

Buche I. Standortsklasse.

Holzertragstafel (nach Grundner 1904) und Geldertragstafel für 1 ha. — Berechnung der Bodenertragswerte. Zinsfuß 3%.

Eingangs-Jahr	Hauptbestand			Zwischenbestand			Abtriebsertrag		Der Zwischennutzungen Nachwerte bis zur Umtriebszeit von Jahren:											
	Masse	Geldwert		Masse	Geldwert		Masse	Geldw.	30	40	50	60	70	80	90	100	110	120	130	140
	fm	pro fm M.	im ganzen M.	fm	pro fm M.	im ganzen M.	fm	M.	Mark											
30	130	4,3	559	16	3,0	48	146	607	—	65	87	117	157	210	283	380	511	686	922	1 240
40	220	5,8	1 276	24	3,4	82	244	1 358	—	—	110	148	199	267	359	483	649	873	1 173	1 576
50	310	6,2	1 922	43	5,3	228	353	2 150	—	—	—	306	412	553	744	999	1 343	1 805	2 426	3 261
60	395	6,6	2 607	51	6,1	311	446	2 918	—	—	—	—	418	562	755	1 014	1 363	1 832	2 462	3 309
70	478	7,1	3 394	55	6,3	347	533	3 741	—	—	—	—	—	466	627	842	1 132	1 521	2 044	2 747
80	549	7,8	4 282	57	6,3	359	606	4 641	—	—	—	—	—	—	482	648	871	1 171	1 574	2 115
90	613	8,5	5 211	57	6,5	371	670	5 582	—	—	—	—	—	—	—	499	670	901	1 210	1 626
100	670	9,3	6 231	58	7,0	406	728	6 637	—	—	—	—	—	—	—	—	546	733	985	1 324
110	718	10,2	7 324	61	7,6	464	779	7 788	—	—	—	—	—	—	—	—	—	624	838	1 126
120	760	11,0	8 360	59	8,2	484	819	8 844	—	—	—	—	—	—	—	—	—	—	650	874
130	795	11,7	9 302	54	8,7	470	849	9 772	—	—	—	—	—	—	—	—	—	—	—	632
140	825	12,6	10 395	49	9,0	441	874	10 836	—	—	—	—	—	—	—	—	—	—	—	—

	30	40	50	60	70	80	90	100	110	120	130	140
Summe der prolongierten Zwischennutzungen	—	65	197	571	1 186	2 058	3 250	4 865	7 085	10 146	14 284	19 830
Abtriebsertrag	607	1 358	2 150	2 918	3 741	4 641	5 582	6 637	7 788	8 844	9 772	10 836
Summe der Einnahmen am Ende der Umtriebszeit	607	1 423	2 347	3 489	4 927	6 699	8 832	11 502	14 873	18 990	24 056	30 666
Jetztwert der Einnahmen	425	629	694	713	712	695	664	631	599	563	527	497
Kapitalwert der Kulturkosten von 50 M.	85	72	65	60	57	55	54	53	52	51	51	51
Kapitalwert der Verwaltungskosten von 9 M.	300	300	300	300	300	300	300	300	300	300	300	300
Jetztwert der Ausgaben	385	372	365	360	357	355	354	353	352	351	351	351
Bodenertragswerte	40	257	329	353	**355**	340	310	278	247	212	176	146
Bodenertragswerte für p = 2%	*186*	*632*	*842*	*971*	*1 055*	*1 099*	*1 104*	*1 095*	*1 077*	*1 034*	*973*	*919*

Buche III. Standortsklasse.

Holzertragstafel (nach Grundner 1904) und Geldertragstafel für 1 ha. — Berechnung der Bodenertragswerte.   Zinsfuß 3 %.

Eingangs-Jahr	Hauptbestand			Zwischenbestand			Abtriebsertrag		Der Zwischennutzungen Nachwerte bis zur Umtriebszeit von Jahren:											
	Masse	Geldwert		Masse	Geldwert		Masse	Geldw.	30	40	50	60	70	80	90	100	110	120	130	140
	fm	pro fm M.	im ganzen M.	fm	pro fm M.	im ganzen M.	fm	M.	Mark											
30	90	3,0	270	—	—	—	90	270	—	—	—	—	—	—	—	—	—	—	—	—
40	161	5,0	805	9	3,0	27	170	832	—	—	36	49	66	88	118	159	214	287	386	519
50	229	5,7	1 305	28	3,6	101	257	1 406	—	—	—	136	182	245	329	443	595	800	1 075	1 444
60	294	6,1	1 793	32	4,8	154	326	1 947	—	—	—	—	207	278	374	502	675	907	1 219	1 639
70	357	6,5	2 321	32	5,6	179	389	2 500	—	—	—	—	—	241	323	434	584	785	1 055	1 417
80	417	6,8	2 836	33	6,0	198	450	3 034	—	—	—	—	—	—	266	358	481	646	868	1 167
90	470	7,3	3 431	36	6,2	223	506	3 654	—	—	—	—	—	—	—	300	403	541	727	978
100	515	7,8	4 017	40	6,3	252	555	4 269	—	—	—	—	—	—	—	—	339	455	612	822
110	553	8,5	4 701	41	6,3	258	594	4 959	—	—	—	—	—	—	—	—	—	347	466	626
120	585	9,2	5 382	40	6,5	260	625	5 642	—	—	—	—	—	—	—	—	—	—	349	470
130	610	9,9	6 039	38	6,8	258	648	6 297	—	—	—	—	—	—	—	—	—	—	—	347
140	630	10,6	6 678	32	7,1	227	662	6 905	—	—	—	—	—	—	—	—	—	—	—	—
Summe der prolongierten Zwischennutzungen									—	—	36	185	455	852	1 410	2 196	3 291	4 768	6 757	9 429
Abtriebsertrag									270	832	1 406	1 947	2 500	3 034	3 654	4 269	4 959	5 642	6 297	6 905
Summe der Einnahmen am Ende der Umtriebszeit									270	832	1 442	2 132	2 955	3 886	5 064	6 465	8 250	10 410	13 054	16 334
Jetztwert der Einnahmen									189	368	426	436	427	403	381	355	332	309	286	265
Kapitalwert der Kulturkosten von 50 M.									85	72	65	60	57	55	54	53	52	51	51	51
Kapitalwert der Verwaltungskosten von 9 M.									300	300	300	300	300	300	300	300	300	300	300	300
Jetztwert der Ausgaben									385	372	365	360	357	355	354	353	352	351	351	351
Bodenertragswerte									—196	—4	61	**76**	70	48	27	2	—20	—42	—65	—86
Bodenertragswerte für p = 2 %									—229	148	321	403	446	448	448	431	414	385	348	307

Tafel I. Prolongierungs- oder Nachwertstafel.
Faktor $1,0\,p^n$.

Jahr	½	1	1¼	1½	1¾	2	2¼	2½%
1	1,0050	1,0100	1,0125	1,0150	1,0175	1,0200	1,0225	1,0250
2	1,0100	1,0201	1,0252	1,0302	1,0353	1,0404	1,0455	1,0506
3	1,0151	1,0303	1,0380	1,0457	1,0534	1,0612	1,0690	1,0769
4	1,0202	1,0406	1,0509	1,0614	1,0719	1,0824	1,0931	1,1038
5	1,0253	1,0510	1,0641	1,0773	1,0906	1,1041	1,1177	1,1314
6	1,0304	1,0615	1,0774	1,0934	1,1097	1,1262	1,1428	1,1597
7	1,0355	1,0721	1,0909	1,1098	1,1291	1,1487	1,1685	1,1887
8	1,0407	1,0829	1,1045	1,1265	1,1489	1,1717	1,1948	1,2184
9	1,0459	1,0937	1,1183	1,1434	1,1690	1,1951	1,2217	1,2489
10	1,0511	1,1046	1,1323	1,1605	1,1894	1,2190	1,2492	1,2801
11	1,0564	1,1157	1,1464	1,1779	1,2103	1,2434	1,2773	1,3121
12	1,0617	1,1268	1,1608	1,1956	1,2314	1,2682	1,3060	1,3449
13	1,0670	1,1381	1,1753	1,2136	1,2530	1,2936	1,3354	1,3785
14	1,0723	1,1495	1,1900	1,2318	1,2749	1,3195	1,3655	1,4130
15	1,0777	1,1610	1,2048	1,2502	1,2972	1,3459	1,3962	1,4483
16	1,0831	1,1726	1,2199	1,2690	1,3199	1,3728	1,4276	1,4845
17	1,0885	1,1843	1,2351	1,2880	1,3430	1,4002	1,4597	1,5216
18	1,0939	1,1961	1,2506	1,3073	1,3665	1,4282	1,4926	1,5597
19	1,0994	1,2081	1,2662	1,3270	1,3904	1,4568	1,5262	1,5987
20	1,1049	1,2202	1,2820	1,3469	1,4148	1,4859	1,5605	1,6386
21	1,1104	1,2324	1,2981	1,3671	1,4395	1,5157	1,5956	1,6796
22	1,1160	1,2447	1,3143	1,3876	1,4647	1,5460	1,6315	1,7216
23	1,1216	1,2572	1,3307	1,4084	1,4904	1,5769	1,6682	1,7646
24	1,1272	1,2697	1,3474	1,4295	1,5164	1,6084	1,7058	1,8087
25	1,1328	1,2824	1,3642	1,4509	1,5430	1,6406	1,7441	1,8539
26	1,1385	1,2953	1,3812	1,4727	1,5700	1,6734	1,7834	1,9003
27	1,1442	1,3082	1,3985	1,4948	1,5975	1,7069	1,8235	1,9478
28	1,1499	1,3213	1,4160	1,5172	1,6254	1,7410	1,8645	1,9965
29	1,1556	1,3345	1,4337	1,5400	1,6539	1,7758	1,9065	2,0464
30	1,1614	1,3478	1,4516	1,5631	1,6828	1,8114	1,9494	2,0976
31	1,1672	1,3613	1,4698	1,5865	1,7122	1,8476	1,9933	2,1500
32	1,1730	1,3749	1,4881	1,6103	1,7422	1,8845	2,0381	2,2038
33	1,1789	1,3887	1,5067	1,6345	1,7727	1,9222	2,0840	2,2589
34	1,1848	1,4026	1,5256	1,6590	1,8037	1,9607	2,1308	2,3153
35	1,1907	1,4166	1,5446	1,6839	1,8353	1,9999	2,1788	2,3732
36	1,1967	1,4308	1,5639	1,7091	1,8674	2,0399	2,2278	2,4325
37	1,2027	1,4451	1,5835	1,7348	1,9001	2,0807	2,2779	2,4933
38	1,2087	1,4595	1,6033	1,7608	1,9333	2,1223	2,3292	2,5557
39	1,2147	1,4741	1,6233	1,7872	1,9672	2,1647	2,3816	2,6196
40	1,2208	1,4889	1,6436	1,8140	2,0016	2,2080	2,4352	2,6851

Tafel I. Prolongierungs- oder Nachwertstafel.
Faktor $1{,}0\,p^n$.

Jahr	$2\tfrac{3}{4}$	3	$3\tfrac{1}{4}$	$3\tfrac{1}{2}$	$3\tfrac{3}{4}$	4	$4\tfrac{1}{2}$	5%
1	1,0275	1,0300	1,0325	1,0350	1,0375	1,0400	1,0450	1,0500
2	1,0558	1,0609	1,0661	1,0712	1,0764	1,0816	1,0920	1,1025
3	1,0848	1,0927	1,1007	1,1087	1,1168	1,1249	1,1412	1,1576
4	1,1146	1,1255	1,1365	1,1475	1,1587	1,1699	1,1925	1,2155
5	1,1453	1,1593	1,1734	1,1877	1,2021	1,2167	1,2462	1,2763
6	1,1768	1,1941	1,2115	1,2293	1,2472	1,2653	1,3023	1,3401
7	1,2091	1,2299	1,2509	1,2723	1,2939	1,3159	1,3609	1,4071
8	1,2424	1,2668	1,2916	1,3168	1,3425	1,3686	1,4221	1,4775
9	1,2765	1,3048	1,3336	1,3629	1,3928	1,4233	1,4861	1,5513
10	1,3117	1,3439	1,3769	1,4106	1,4450	1,4802	1,5530	1,6289
11	1,3477	1,3842	1,4216	1,4600	1,4992	1,5395	1,6228	1,7103
12	1,3848	1,4258	1,4678	1,5111	1,5555	1,6010	1,6959	1,7959
13	1,4229	1,4685	1,5156	1,5640	1,6138	1,6651	1,7722	1,8856
14	1,4620	1,5126	1,5648	1,6187	1,6743	1,7317	1,8519	1,9799
15	1,5022	1,5580	1,6157	1,6753	1,7371	1,8009	1,9353	2,0789
16	1,5435	1,6047	1,6682	1,7340	1,8022	1,8730	2,0224	2,1829
17	1,5860	1,6528	1,7224	1,7947	1,8698	1,9479	2,1134	2,2920
18	1,6296	1,7024	1,7784	1,8575	1,9399	2,0258	2,2085	2,4066
19	1,6744	1,7535	1,8362	1,9225	2,0127	2,1068	2,3079	2,5269
20	1,7204	1,8061	1,8958	1,9898	2,0882	2,1911	2,4117	2,6533
21	1,7677	1,8603	1,9575	2,0594	2,1665	2,2788	2,5202	2,7860
22	1,8164	1,9161	2,0211	2,1315	2,2477	2,3699	2,6336	2,9253
23	1,8663	1,9736	2,0868	2,2061	2,3320	2,4647	2,7522	3,0715
24	1,9176	2,0328	2,1546	2,2833	2,4194	2,5633	2,8760	3,2251
25	1,9704	2,0938	2,2246	2,3632	2,5102	2,6658	3,0054	3,3863
26	2,0245	2,1566	2,2969	2,4460	2,6043	2,7725	3,1407	3,5557
27	2,0802	2,2213	2,3715	2,5316	2,7020	2,8834	3,2820	3,7335
28	2,1374	2,2879	2,4486	2,6202	2,8033	2,9987	3,4297	3,9201
29	2,1962	2,3566	2,5282	2,7119	2,9084	3,1187	3,5840	4,1161
30	2,2566	2,4273	2,6104	2,8068	3,0175	3,2434	3,7453	4,3219
31	2,3187	2,5001	2,6952	2,9050	3,1306	3,3731	3,9139	4,5380
32	2,3824	2,5751	2,7828	3,0067	3,2480	3,5081	4,0900	4,7649
33	2,4479	2,6523	2,8732	3,1119	3,3698	3,6484	4,2740	5,0032
34	2,5153	2,7319	2,9666	3,2209	3,4962	3,7943	4,4664	5,2533
35	2,5844	2,8139	3,0630	3,3336	3,6273	3,9461	4,6673	5,5160
36	2,6555	2,8983	3,1626	3,4503	3,7633	4,1039	4,8774	5,7918
37	2,7285	2,9852	3,2654	3,5710	3,9045	4,2681	5,0969	6,0814
38	2,8036	3,0748	3,3715	3,6960	4,0509	4,4388	5,3262	6,3855
39	2,8807	3,1670	3,4811	3,8254	4,2028	4,6164	5,5659	6,7047
40	2,9599	3,2620	3,5942	3,9593	4,3604	4,8010	5,8164	7,0400

Tafel I. Prolongierungs- oder Nachwertstafel.
Faktor $1,0\,p^n$.

Jahr	½	1	1¼	1½	1¾	2	2¼	2½%
41	1,2269	1,5038	1,6642	1,8412	2,0366	2,2522	2,4900	2,7522
42	1,2330	1,5188	1,6850	1,8688	2,0723	2,2972	2,5460	2,8210
43	1,2392	1,5340	1,7060	1,8969	2,1085	2,3432	2,6033	2,8915
44	1,2454	1,5493	1,7274	1,9253	2,1454	2,3901	2,6619	2,9638
45	1,2516	1,5648	1,7489	1,9542	2,1830	2,4379	2,7218	3,0379
46	1,2579	1,5805	1,7708	1,9835	2,2212	2,4866	2,7830	3,1139
47	1,2642	1,5963	1,7929	2,0133	2,2600	2,5363	2,8456	3,1917
48	1,2705	1,6122	1,8154	2,0435	2,2996	2,5871	2,9096	3,2715
49	1,2768	1,6283	1,8380	2,0741	2,3398	2,6388	2,9751	3,3533
50	1,2832	1,6446	1,8610	2,1052	2,3808	2,6916	3,0420	3,4371
51	1,2896	1,6611	1,8843	2,1368	2,4225	2,7454	3,1105	3,5230
52	1,2961	1,6777	1,9078	2,1689	2,4648	2,8003	3,1805	3,6111
53	1,3026	1,6945	1,9317	2,2014	2,5080	2,8563	3,2520	3,7014
54	1,3091	1,7114	1,9558	2,2344	2,5519	2,9135	3,3252	3,7939
55	1,3156	1,7285	1,9803	2,2679	2,5965	2,9717	3,4000	3,8888
56	1,3222	1,7458	2,0050	2,3020	2,6420	3,0312	3,4765	3,9860
57	1,3288	1,7633	2,0301	2,3365	2,6882	3,0918	3,5547	4,0856
58	1,3355	1,7809	2,0555	2,3715	2,7352	3,1536	3,6347	4,1878
59	1,3421	1,7987	2,0812	2,4071	2,7831	3,2167	3,7165	4,2925
60	1,3489	1,8167	2,1072	2,4432	2,8318	3,2810	3,8001	4,3998
61	1,3556	1,8349	2,1335	2,4799	2,8814	3,3467	3,8856	4,5098
62	1,3624	1,8532	2,1602	2,5171	2,9318	3,4136	3,9731	4,6225
63	1,3692	1,8717	2,1872	2,5548	2,9831	3,4819	4,0625	4,7381
64	1,3760	1,8905	2,2145	2,5931	3,0353	3,5515	4,1539	4,8565
65	1,3829	1,9094	2,2422	2,6320	3,0884	3,6225	4,2473	4,9780
66	1,3898	1,9285	2,2702	2,6715	3,1425	3,6950	4,3429	5,1024
67	1,3968	1,9477	2,2986	2,7116	3,1975	3,7689	4,4406	5,2300
68	1,4038	1,9672	2,3274	2,7523	3,2534	3,8443	4,5405	5,3607
69	1,4108	1,9869	2,3564	2,7936	3,3104	3,9211	4,6427	5,4947
70	1,4178	2,0068	2,3859	2,8355	3,3683	3,9996	4,7471	5,6321
71	1,4249	2,0268	2,4157	2,8780	3,4272	4,0795	4,8540	5,7729
72	1,4320	2,0471	2,4459	2,9212	3,4872	4,1611	4,9632	5,9172
73	1,4392	2,0676	2,4765	2,9650	3,5482	4,2444	5,0748	6,0652
74	1,4464	2,0882	2,5075	3,0094	3,6103	4,3293	5,1890	6,2168
75	1,4536	2,1091	2,5388	3,0546	3,6735	4,4158	5,3058	6,3722
76	1,4609	2,1302	2,5705	3,1004	3,7378	4,5042	5,4252	6,5315
77	1,4682	2,1515	2,6027	3,1469	3,8032	4,5942	5,5472	6,6948
78	1,4755	2,1730	2,6352	3,1941	3,8698	4,6861	5,6720	6,8622
79	1,4829	2,1948	2,6681	3,2420	3,9375	4,7798	5,7997	7,0337
80	1,4903	2,2167	2,7015	3,2907	4,0064	4,8754	5,9301	7,2096

Tafel I. Prolongierungs- oder Nachwertstafel.
Faktor $1{,}0\,p^n$.

Jahr	$2\frac{3}{4}$	3	$3\frac{1}{4}$	$3\frac{1}{2}$	$3\frac{3}{4}$	4	$4\frac{1}{2}$	5%
41	3,0413	3,3599	3,7110	4,0978	4,5239	4,9931	6,0781	7,3920
42	3,1249	3,4607	3,8316	4,2413	4,6935	5,1928	6,3516	7,7616
43	3,2108	3,5645	3,9561	4,3897	4,8695	5,4005	6,6374	8,1497
44	3,2991	3,6715	4,0847	4,5433	5,0522	5,6165	6,9361	8,5571
45	3,3899	3,7816	4,2175	4,7024	5,2416	5,8412	7,2482	8,9850
46	3,4831	3,8950	4,3545	4,8669	5,4382	6,0748	7,5744	9,4343
47	3,5789	4,0119	4,4961	5,0373	5,6421	6,3178	7,9153	9,9060
48	3,6773	4,1323	4,6422	5,2136	5,8537	6,5705	8,2715	10,4013
49	3,7784	4,2562	4,7931	5,3961	6,0732	6,8333	8,6437	10,9213
50	3,8823	4,3839	4,9488	5,5849	6,3009	7,1067	9,0326	11,4674
51	3,9891	4,5154	5,1097	5,7804	6,5372	7,3910	9,4391	12,0480
52	4,0988	4,6509	5,2757	5,9827	6,7824	7,6866	9,8639	12,6428
53	4,2115	4,7904	5,4472	6,1921	7,0367	7,9941	10,3077	13,2749
54	4,3273	4,9341	5,6242	6,4088	7,3006	8,3138	10,7716	13,9387
55	4,4463	5,0821	5,8070	6,6331	7,5744	8,6464	11,2563	14,6356
56	4,5686	5,2346	5,9957	6,8653	7,8584	8,9922	11,7628	15,3674
57	4,6942	5,3917	6,1906	7,1056	8,1531	9,3519	12,2922	16,1358
58	4,8233	5,5534	6,3918	7,3543	8,4588	9,7260	12,8453	16,9426
59	4,9560	5,7200	6,5995	7,6117	8,7760	10,1150	13,4234	17,7897
60	5,0923	5,8916	6,8140	7,8781	9,1051	10,5196	14,0274	18,6792
61	5,2323	6,0684	7,0355	8,1538	9,4466	10,9404	14,6586	19,6131
62	5,3762	6,2504	7,2641	8,4392	9,8008	11,3780	15,3183	20,5938
63	5,5240	6,4379	7,5002	8,7346	10,1684	11,8332	16,0076	21,6235
64	5,6759	6,6311	7,7440	9,0403	10,5497	12,3065	16,7279	22,7047
65	5,8320	6,8300	7,9957	9,3567	10,9453	12,7987	17,4807	23,8399
66	5,9924	7,0349	8,2555	9,6842	11,3557	13,3107	18,2673	25,0319
67	6,1572	7,2459	8,5238	10,0231	11,7816	13,8431	19,0894	26,2835
68	6,3265	7,4633	8,8008	10,3739	12,2234	14,3968	19,9484	27,5977
69	6,5005	7,6872	9,0869	10,7370	12,6818	14,9727	20,8461	28,9775
70	6,6793	7,9178	9,3822	11,1128	13,1573	15,5716	21,7841	30,4264
71	6,8629	8,1554	9,6871	11,5018	13,6507	16,1945	22,7644	31,9477
72	7,0517	8,4000	10,0019	11,9043	14,1626	16,8423	23,7888	33,5451
73	7,2456	8,6520	10,3270	12,3210	14,6937	17,5160	24,8593	35,2224
74	7,4448	8,9116	10,6626	12,7522	15,2447	18,2166	25,9780	36,9835
75	7,6496	9,1789	11,0092	13,1986	15,8164	18,9453	27,1470	38,8327
76	7,8599	9,4543	11,3670	13,6605	16,4095	19,7031	28,3686	40,7743
77	8,0761	9,7379	11,7364	14,1386	17,0249	20,4912	29,6452	42,8130
78	8,2982	10,0301	12,1178	14,6335	17,6633	21,3108	30,9792	44,9537
79	8,5264	10,3310	12,5117	15,1456	18,3257	22,1633	32,3733	47,2014
80	8,7609	10,6409	12,9183	15,6757	19,0129	23,0498	33,8301	49,5614

Tafel I. Prolongierungs- oder Nachwertstafel.
Faktor $1,0\,p^n$.

Jahr	½	1	1¼	1½	1¾	2	2¼	2½%
81	1,4978	2,2389	2,7353	3,3400	4,0765	4,9729	6,0636	7,3898
82	1,5053	2,2613	2,7694	3,3901	4,1478	5,0724	6,2000	7,5746
83	1,5128	2,2839	2,8041	3,4410	4,2204	5,1739	6,3395	7,7639
84	1,5204	2,3067	2,8391	3,4926	4,2943	5,2773	6,4821	7,9580
85	1,5280	2,3298	2,8746	3,5450	4,3694	5,3829	6,6280	8,1570
86	1,5356	2,3531	2,9105	3,5982	4,4459	5,4905	6,7771	8,3609
87	1,5433	2,3766	2,9469	3,6521	4,5237	5,6003	6,9296	8,5699
88	1,5510	2,4004	2,9838	3,7069	4,6029	5,7124	7,0855	8,7842
89	1,5588	2,4244	3,0210	3,7625	4,6834	5,8266	7,2449	9,0038
90	1,5666	2,4486	3,0588	3,8189	4,7654	5,9431	7,4080	9,2289
91	1,5744	2,4731	3,0970	3,8762	4,8488	6,0620	7,5746	9,4596
92	1,5823	2,4979	3,1358	3,9344	4,9336	6,1832	7,7451	9,6961
93	1,5902	2,5228	3,1750	3,9934	5,0200	6,3069	7,9193	9,9385
94	1,5981	2,5481	3,2146	4,0533	5,1078	6,4330	8,0975	10,1869
95	1,6061	2,5735	3,2548	4,1141	5,1972	6,5617	8,2797	10,4416
96	1,6141	2,5993	3,2955	4,1758	5,2882	6,6929	8,4660	10,7026
97	1,6222	2,6253	3,3367	4,2384	5,3807	6,8268	8,6565	10,9702
98	1,6303	2,6515	3,3784	4,3020	5,4749	6,9633	8,8513	11,2445
99	1,6385	2,6780	3,4206	4,3665	5,5707	7,1026	9,0504	11,5256
100	1,6467	2,7048	3,4634	4,4320	5,6682	7,2446	9,2540	11,8137
101	1,6549	2,7319	3,5067	4,4985	5,7673	7,3895	9,4623	12,1091
102	1,6632	2,7592	3,5505	4,5660	5,8683	7,5373	9,6752	12,4118
103	1,6715	2,7868	3,5949	4,6345	5,9710	7,6881	9,8929	12,7221
104	1,6798	2,8146	3,6398	4,7040	6,0755	7,8418	10,1154	13,0401
105	1,6882	2,8428	3,6853	4,7746	6,1818	7,9987	10,3430	13,3661
106	1,6967	2,8712	3,7314	4,8462	6,2900	8,1586	10,5758	13,7003
107	1,7052	2,8999	3,7781	4,9189	6,4000	8,3218	10,8137	14,0428
108	1,7137	2,9289	3,8253	4,9927	6,5120	8,4883	11,0570	14,3939
109	1,7223	2,9582	3,8731	5,0676	6,6260	8,6580	11,3058	14,7537
110	1,7309	2,9878	3,9215	5,1436	6,7420	8,8312	11,5602	15,1226
111	1,7395	3,0177	3,9705	5,2207	6,8599	9,0078	11,8203	15,5006
112	1,7482	3,0479	4,0202	5,2990	6,9800	9,1880	12,0863	15,8881
113	1,7570	3,0783	4,0704	5,3785	7,1021	9,3717	12,3582	16,2853
114	1,7658	3,1091	4,1213	5,4592	7,2264	9,5592	12,6362	16,6925
115	1,7746	3,1402	4,1728	5,5411	7,3529	9,7503	12,9206	17,1098
116	1,7835	3,1716	4,2250	5,6242	7,4816	9,9453	13,2113	17,5375
117	1,7924	3,2033	4,2778	5,7086	7,6125	10,1443	13,5085	17,9760
118	1,8013	3,2354	4,3312	5,7942	7,7457	10,3471	13,8125	18,4254
119	1,8103	3,2677	4,3854	5,8811	7,8813	10,5541	14,1233	18,8860
120	1,8194	3,3004	4,4402	5,9693	8,0192	10,7652	14,4410	19,3581
130	1,9125	3,6457	5,0275	6,9276	9,5384	13,1227	18,0398	24,7801
140	2,0102	4,0271	5,6925	8,0398	11,3454	15,9965	22,5354	31,7206
150	2,1130	4,4484	6,4455	9,3305	13,4947	19,4996	28,1512	40,6050
160	2,2211	4,9138	7,2980	10,8285	16,0512	23,7699	35,1666	51,9779
170	2,3347	5,4279	8,2633	12,5669	19,0920	28,9754	43,9303	66,5361
180	2,4541	5,9958	9,3563	14,5844	22,7089	35,3208	54,8779	85,1718
190	2,5796	6,6231	10,5939	16,9258	27,0109	43,0559	68,5536	109,0271
200	2,7115	7,3160	11,9951	19,6430	32,1280	52,4849	85,6374	139,5639

Tafel I. Prolongierungs- oder Nachwertstafel.
Faktor $1{,}0\,p^n$.

Jahr	$2\tfrac{3}{4}$	3	$3\tfrac{1}{4}$	$3\tfrac{1}{2}$	$3\tfrac{3}{4}$	4	$4\tfrac{1}{2}$	5%
81	9,0018	10,9601	13,3381	16,2244	19,7259	23,9718	35,3525	52,0395
82	9,2493	11,2889	13,7716	16,7922	20,4656	24,9307	36,9433	54,6415
83	9,5037	11,6276	14,2192	17,3800	21,2331	25,9279	38,6058	57,3736
84	9,7650	11,9764	14,6813	17,9883	22,0293	26,9650	40,3430	60,2422
85	10,0336	12,3357	15,1585	18,6179	22,8554	28,0436	42,1585	63,2543
86	10,3095	12,7058	15,6511	19,2695	23,7125	29,1653	44,0556	66,4171
87	10,5930	13,0870	16,1598	19,9439	24,6017	30,3320	46,0381	69,7379
88	10,8843	13,4796	16,6850	20,6420	25,5243	31,5452	48,1098	73,2248
89	11,1836	13,8839	17,2272	21,3644	26,4814	32,8071	50,2747	76,8861
90	11,4912	14,3005	17,7871	22,1122	27,4745	34,1193	52,5371	80,7304
91	11,8072	14,7295	18,3652	22,8861	28,5048	35,4841	54,9013	84,7669
92	12,1319	15,1714	18,9621	23,6871	29,5737	36,9035	57,3718	89,0052
93	12,4655	15,6265	19,5783	24,5162	30,6827	38,3796	59,9536	93,4555
94	12,8083	16,0953	20,2146	25,3742	31,8333	39,9148	62,6515	98,1283
95	13,1605	16,5782	20,8716	26,2623	33,0271	41,5114	65,4708	103,0347
96	13,5225	17,0755	21,5499	27,1815	34,2656	43,1718	68,4170	108,1864
97	13,8943	17,5878	22,2503	28,1329	35,5505	44,8987	71,4957	113,5957
98	14,2764	18,1154	22,9734	29,1175	36,8837	46,6947	74,7130	119,2755
99	14,6690	18,6589	23,7201	30,1366	38,2668	48,5625	78,0751	125,2393
100	15,0724	19,2186	24,4910	31,1914	39,7018	50,5049	81,5885	131,5013
101	15,4869	19,7952	25,2869	32,2831	41,1906	52,5251	85,2600	138,0763
102	15,9128	20,3890	26,1088	33,4130	42,7353	54,6262	89,0967	144,9801
103	16,3504	21,0007	26,9573	34,5825	44,3379	56,8112	93,1061	152,2291
104	16,8000	21,6307	27,8334	35,7929	46,0005	59,0836	97,2958	159,8406
105	17,2620	22,2797	28,7380	37,0456	47,7255	61,4470	101,6741	167,8326
106	17,7367	22,9481	29,6720	38,3422	49,5153	63,9049	106,2495	176,2243
107	18,2245	23,6365	30,6363	39,6842	51,3721	66,4611	111,0307	185,0355
108	18,7257	24,3456	31,6323	41,0731	53,2985	69,1195	116,0271	194,2872
109	19,2406	25,0760	32,6600	42,5107	55,2972	71,8843	121,2483	204,0016
110	19,7698	25,8282	33,7215	43,9986	57,3709	74,7597	126,7045	214,2017
111	20,3134	26,6031	34,8174	45,5385	59,5223	77,7500	132,4062	224,9118
112	20,8720	27,4012	35,9490	47,1324	61,7544	80,8600	138,3645	236,1574
113	21,4460	28,2232	37,1173	48,7820	64,0702	84,0945	144,5909	247,9652
114	22,0358	29,0699	38,3236	50,4894	66,4728	87,4582	151,0974	260,3635
115	22,6418	29,9420	39,5692	52,2565	68,9655	90,9566	157,8968	273,3817
116	23,2644	30,8403	40,8552	54,0855	71,5517	94,5948	165,0022	287,0508
117	23,9042	31,7655	42,1830	55,9785	74,2349	98,3786	172,4273	301,4033
118	24,5616	32,7184	43,5539	57,9377	77,0187	102,3138	180,1865	316,4735
119	25,2370	33,7000	44,9694	59,9655	79,9069	106,4063	188,2949	332,2971
120	25,9310	34,7110	46,4309	62,0643	82,9034	110,6626	196,7682	348,9120
130	34,0124	46,6487	63,9305	87,5478	119,7991	163,8076	305,5750	568,3409
140	44,6124	62,6919	88,0255	123,4949	173,1150	242,4753	474,5486	925,7674
150	58,5160	84,2527	121,2018	174,2017	250,1588	358,9227	736,9594	1507,9775
160	76,7534	113,2286	166,8821	245,7287	361,4905	531,2932	1144,4754	2456,3364
170	100,6725	152,1697	229,7787	346,6247	522,3695	786,4438	1777,3353	4001,1133
180	132,0471	204,5033	316,3813	488,9484	754,8470	1164,1289	2760,1474	6517,3918
190	173,1999	274,8354	435,6236	689,7100	1090,7842	1723,1912	4286,4245	10616,1445
200	227,1779	369,3558	599,8077	972,9039	1576,2354	2550,7498	6656,6863	17292,5808

Tafel II. Diskontierungs- oder Vorwertstafel.

$$\text{Faktor } \frac{1}{1,0\,p^n}.$$

Jahr	½	1	1¼	1½	1¾	2	2¼	2½%
1	0,99502	0,99010	0,98765	0,98522	0,98280	0,98039	0,97800	0,97561
2	99007	98030	97546	97066	96590	96117	95647	95181
3	98515	97059	96342	95632	94929	94232	93543	92860
4	98025	96098	95152	94218	93296	92385	91484	90595
5	97537	95147	93978	92826	91691	90573	89471	88385
6	0,97052	0,94205	0,92817	0,91454	0,90114	0,88797	0,87502	0,86230
7	96569	93272	91672	90103	88564	87056	85577	84127
8	96089	92348	90540	88771	87041	85349	83694	82075
9	95610	91434	89422	87459	85544	83676	81852	80073
10	95135	90529	88318	86167	84073	82035	80051	78120
11	0,94661	0,89632	0,87228	0,84893	0,82627	0,80426	0,78289	0,76214
12	94191	88745	86151	83639	81206	78849	76567	74356
13	93722	87866	85087	82403	79809	77303	74882	72542
14	93256	86996	84037	81185	78436	75788	73234	70773
15	92792	86135	82999	79985	77087	74301	71623	69047
16	0,92330	0,85282	0,81975	0,78803	0,75762	0,72845	0,70047	0,67362
17	91871	84438	80963	77639	74459	71416	68505	65720
18	91414	83602	79963	76491	73178	70016	66998	64117
19	90959	82774	78976	75361	71919	68643	65523	62553
20	90506	81954	78001	74247	70682	67297	64082	61027
21	0,90056	0,81143	0,77038	0,73150	0,69467	0,65978	0,62672	0,59539
22	89608	80340	76087	72069	68272	64684	61292	58086
23	89162	79544	75147	71004	67098	63416	59944	56670
24	88719	78757	74220	69954	65944	62172	58625	55288
25	88277	77977	73303	68921	64810	60953	57335	53939
26	0,87838	0,77205	0,72398	0,67902	0,63695	0,59758	0,56073	0,52623
27	87401	76440	71505	66899	62599	58586	54839	51340
28	86966	75684	70622	65910	61523	57437	53632	50088
29	86533	74934	69750	64936	60465	56311	52452	48866
30	86103	74192	68889	63976	59425	55207	51298	47674
31	0,85675	0,73458	0,68038	0,63031	0,58403	0,54125	0,50169	0,46511
32	85248	72730	67198	62099	57398	53063	49065	45377
33	84824	72010	66369	61182	56411	52023	47986	44270
34	84402	71297	65549	60277	55441	51003	46930	43191
35	83982	70591	64740	59387	54487	50003	45897	42137
36	0,83564	0,69892	0,63941	0,58509	0,53550	0,49022	0,44887	0,41109
37	83149	69200	63152	57644	52629	48061	43899	40107
38	82735	68515	62372	56792	51724	47119	42933	39128
39	82323	67837	61602	55953	50834	46195	41989	38174
40	81914	67165	60841	55126	49960	45289	41065	37243

Tafel II. Diskontierungs- oder Vorwertstafel.
Faktor $\dfrac{1}{1{,}0\,p^n}$.

Jahr	2¾	3	3¼	3½	3¾	4	4½	5%
1	0,97324	0,97087	0,96852	96618	0,96386	0,96154	0,95694	0,95238
2	94719	94260	93804	93351	92902	92456	91573	90703
3	92184	91514	90851	90194	89544	88900	87630	86384
4	89717	88849	87991	87144	86307	85480	83856	82270
5	87315	86261	85222	84197	83188	82193	80245	78353
6	0,84978	0,83748	0,82539	0,81350	0,80181	0,79031	0,76790	0,74622
7	82704	81309	79941	78599	77283	75992	73483	71068
8	80491	78941	77425	75941	74490	73069	70319	67684
9	78336	76642	74988	73373	71797	70259	67290	64461
10	76240	74409	72627	70892	69202	67556	64393	61391
11	0,74199	0,72242	0,70341	0,68495	0,66701	0,64958	0,61620	0,58468
12	72213	70138	68127	66178	64290	62460	58966	55684
13	70281	68095	65983	63940	61966	60057	56427	53032
14	68400	66112	63906	61778	59726	57748	53997	50507
15	66569	64186	61894	59689	57568	55526	51672	48102
16	0,64787	0,62317	0,59946	0,57671	0,55487	0,53391	0,49447	0,45811
17	63053	60502	58059	55720	53481	51337	47318	43630
18	61366	58739	56231	53836	51548	49363	45280	41552
19	59723	57029	54461	52016	49685	47464	43330	39573
20	58125	55368	52747	50257	47889	45639	41464	37689
21	0,56569	0,53755	0,51087	0,48557	0,46158	0,43883	0,39679	0,35894
22	55055	52189	49479	46915	44490	42196	37970	34185
23	53582	50669	47921	45329	42882	40573	36335	32557
24	52148	49193	46413	43796	41332	39012	34770	31007
25	50752	47761	44952	42315	39838	37512	33273	29530
26	0,49394	0,46369	0,43537	0,40884	0,38398	0,36069	0,31840	0,28124
27	48072	45019	42167	39501	37010	34682	30469	26785
28	46785	43708	40839	38165	35672	33348	29157	25509
29	45533	42435	39554	36875	34383	32065	27902	24295
30	44314	41199	38309	35628	33140	30832	26700	23138
31	0,43128	0,39999	0,37103	0,34423	0,31942	0,29646	0,25550	0,22036
32	41974	38834	35935	33259	30788	28506	24450	20987
33	40851	37703	34804	32134	29675	27409	23397	19987
34	39757	36604	33708	31048	28603	26355	22390	19035
35	38693	35538	32647	29998	27569	25342	21425	18129
36	0,37658	0,34503	0,31620	0,28983	0,26572	0,24367	0,20503	0,17266
37	36650	33498	30624	28003	25612	23430	19620	16444
38	35669	32523	29660	27056	24686	22529	18775	15661
39	34714	31575	28727	26141	23794	21662	17967	14915
40	33785	30656	27823	25257	22934	20829	17193	14205

Tafel II. Diskontierungs- oder Vorwertstafel.

$$\text{Faktor } \frac{1}{1,0\,p^n}.$$

Jahr	½	1	1¼	1½	1¾	2	2¼	2½%
41	0,81506	0,66500	0,60090	0,54312	0,49101	0,44401	0,40161	0,36335
42	81101	65842	59348	53509	48256	43530	39277	35448
43	80697	65190	58616	52718	47426	42677	38413	34584
44	80296	64545	57892	51939	46611	41840	37568	33740
45	79896	63905	57177	51171	45809	41020	36741	32917
46	0,79499	0,63273	0,56471	0,50415	0,45021	0,40215	0,35932	0,32115
47	79103	62646	55774	49670	44247	39427	35142	31331
48	78710	62026	55086	48936	43486	38654	34369	30567
49	78318	61412	54406	48213	42738	37896	33612	29822
50	77929	60804	53734	47500	42003	37153	32873	29094
51	0,77541	0,60202	0,53071	0,46798	0,41280	0,36424	0,32149	0,28385
52	77155	59606	52415	46107	40570	35710	31442	27692
53	76771	59016	51768	45426	39873	35010	30750	27017
54	76389	58431	51129	44754	39187	34323	30073	26358
55	76009	57853	50498	44093	38513	33650	29412	25715
56	0,75631	0,57280	0,49874	0,43441	0,37851	0,32991	0,28764	0,25088
57	75255	56713	49259	42799	37200	32344	28131	24476
58	74880	56151	48651	42167	36560	31710	27512	23879
59	74508	55595	48050	41544	35931	31088	26907	23297
60	74137	55045	47457	40930	35313	30478	26315	22728
61	0,73768	0,54500	0,46871	0,40325	0,34706	0,29881	0,25736	0,22174
62	73401	53960	46292	39729	34109	29295	25169	21633
63	73036	53426	45721	39142	33522	28720	24616	21106
64	72673	52897	45156	38563	32946	28157	24074	20591
65	72311	52373	44599	37993	32379	27605	23544	20089
66	0,71952	0,51855	0,44048	0,37432	0,31822	0,27064	0,23026	0,19599
67	71594	51341	43504	36879	31275	26533	22519	19121
68	71237	50833	42967	36334	30737	26013	22024	18654
69	70883	50330	42437	35797	30208	25503	21539	18199
70	70530	49831	41913	35268	29689	25003	21065	17755
71	0,70179	0,49338	0,41395	0,34746	0,29178	0,24513	0,20602	0,17322
72	69830	48850	40884	34233	28676	24032	20148	16900
73	69483	48366	40380	33727	28183	23561	19705	16488
74	69137	47887	39881	33229	27698	23099	19271	16085
75	68793	47413	39389	32738	27222	22646	18847	15693
76	0,68451	0,46944	0,38903	0,32254	0,26754	0,22202	0,18433	0,15310
77	68110	46479	38422	31777	26294	21766	18027	14937
78	67772	46019	37948	31308	25841	21340	17630	14573
79	67434	45563	37479	30845	25397	20921	17242	14217
80	67099	45112	37017	30389	24960	20511	16863	13870

Tafel II. Diskontierungs- oder Vorwertstafel.
Faktor $\dfrac{1}{1{,}0\,p^n}$.

Jahr	$2^3/_4$	3	$3^1/_4$	$3^1/_2$	$3^3/_4$	4	$4^1/_2$	5%
41	0,32881	0,29763	0,26947	0,24403	0,22105	0,20028	0,16453	0,13528
42	32001	28896	26099	23578	21306	19257	15744	12884
43	31144	28054	25277	22781	20536	18517	15066	12270
44	30311	27237	24481	22010	19794	17805	14417	11686
45	29500	26444	23711	21266	19078	17120	13796	11130
46	0,28710	0,25674	0,22965	0,20547	0,18389	0,16461	0,13202	0,10600
47	27942	24926	22242	19852	17724	15828	12634	10095
48	27194	24200	21542	19181	17083	15219	12090	09614
49	26466	23495	20863	18532	16466	14634	11569	09156
50	25758	22811	20207	17905	15871	14071	11071	08720
51	0,25068	0,22146	0,19571	0,17300	0,15297	0,13530	0,10594	0,08305
52	24397	21501	18955	16715	14744	13010	10138	07910
53	23744	20875	18358	16150	14211	12509	09701	07533
54	23109	20267	17780	15603	13698	12028	09284	07174
55	22491	19677	17221	15076	13202	11566	08884	06833
56	0,21889	0,19104	0,16678	0,14566	0,12725	0,11121	0,08501	0,06507
57	21303	18547	16153	14073	12265	10693	08135	06197
58	20733	18007	15645	13598	11822	10282	07785	05902
59	20178	17483	15153	13138	11395	09886	07450	05621
60	19638	16973	14676	12693	10983	09506	07129	05354
61	0,19112	0,16479	0,14214	0,12264	0,10586	0,09140	0,06822	0,05099
62	18601	15999	13766	11849	10203	08789	06528	04856
63	18103	15533	13333	11449	09834	08451	06247	04625
64	17618	15081	12913	11062	09479	08126	05978	04404
65	17147	14641	12507	10688	09136	07813	05721	04195
66	0,16688	0,14215	0,12113	0,10326	0,08806	0,07513	0,05474	0,03995
67	16241	13801	11732	09977	08488	07224	05239	03805
68	15806	13399	11363	09640	08181	06946	05013	03623
69	15383	13009	11005	09314	07885	06679	04797	03451
70	14972	12630	10658	08999	07600	06422	04590	03287
71	0,14571	0,12262	0,10323	0,08694	0,07326	0,06175	0,04393	0,03130
72	14181	11905	09998	08400	07061	05937	04204	02981
73	13802	11558	09683	08116	06806	05709	04023	02839
74	13432	11221	09379	07842	06560	05490	03849	02704
75	13073	10895	09083	07577	06323	05278	03684	02575
76	0,12723	0,10577	0,08797	0,07320	0,06094	0,05075	0,03525	0,02453
77	12382	10269	08521	07073	05874	04880	03373	02336
78	12051	09970	08252	06834	05661	04692	03228	02225
79	11728	09680	07993	06603	05457	04512	03089	02119
80	11414	09398	07741	06379	05260	04338	02956	02018

Tafel II. Diskontierungs- oder Vorwertstafel.

$$\text{Faktor } \frac{1}{1{,}0\,p^n}.$$

Jahr	½	1	1¼	1½	1¾	2	2¼	2½%
81	0,66765	0,44665	0,36560	0,29940	0,24531	0,20109	0,16492	0,13532
82	66433	44223	36108	29497	24109	19715	16129	13202
83	66102	43785	35663	29062	23694	19328	15774	12880
84	65773	43352	35222	28632	23287	18949	15427	12566
85	65446	42922	34787	28209	22886	18577	15088	12259
86	0,65121	0,42497	0,34358	0,27792	0,22493	0,18213	0,14756	0,11960
87	64797	42077	33934	27381	22106	17856	14431	11669
88	64474	41660	33515	26977	21726	17506	14113	11384
89	64154	41248	33101	26578	21352	17163	13803	11106
90	63834	40839	32692	26185	20985	16826	13499	10836
91	0,63517	0,40435	0,32289	0,25798	0,20624	0,16496	0,13202	0,10571
92	63201	40034	31890	25417	20269	16173	12911	10313
93	62886	39638	31496	25041	19920	15856	12627	10062
94	62573	39246	31108	24671	19578	15545	12349	09816
95	62262	38857	30724	24307	19241	15240	12078	09577
96	0,61952	0,38472	0,30344	0,23947	0,18910	0,14941	0,11812	0,09343
97	61644	38091	29970	23594	18585	14648	11552	09116
98	61337	37714	29600	23245	18265	14361	11298	08893
99	61032	37341	29234	22901	17951	14079	11049	08676
100	60729	36971	28873	22563	17642	13803	10806	08465
101	0,60427	0,36605	0,28517	0,22230	0,17339	0,13533	0,10568	0,08258
102	60126	36243	28165	21901	17041	13267	10336	08006
103	59827	35884	27817	21577	16748	13007	10108	07860
104	59529	35528	27474	21258	16460	12752	09886	07669
105	59233	35177	27134	20944	16177	12502	09668	07482
106	0,58938	0,34829	0,26799	0,20635	0,15898	0,12257	0,09456	0,07299
107	58645	34484	26469	20330	15625	12017	09248	07121
108	58353	34142	26142	20029	15356	11781	09044	06947
109	58063	33804	25819	19733	15092	11550	08845	06778
110	57774	33469	25500	19442	14832	11324	08650	06613
111	0,57487	0,33138	0,25186	0,19154	0,14577	0,11101	0,08460	0,06452
112	57201	32810	24875	18871	14327	10884	08274	06294
113	56916	32485	24568	18593	14080	10670	08092	06145
114	56633	32164	24264	18318	13838	10461	07914	05991
115	56351	31845	23965	18047	13600	10256	07740	05845
116	0,56071	0,31530	0,23669	0,17780	0,13366	0,10055	0,07569	0,05701
117	55792	31218	23377	17518	13136	09858	07403	05563
118	55514	30908	23088	17259	12910	09665	07240	05423
119	55238	30603	22803	17004	12688	09475	07081	05295
120	54963	30300	22521	16752	12470	09289	06925	05166
130	0,52289	0,27430	0,19890	0,14435	0,10484	0,07620	0,05543	0,04036
140	49745	24832	17567	12438	08814	06251	04437	03153
150	47325	22480	15515	10718	07410	05128	03552	02463
160	45023	20351	13702	09235	06230	04207	02844	01924
170	42832	18423	12102	07957	05238	03451	02276	01503
180	40748	16678	10688	06857	04404	02831	01822	01174
190	38766	15099	09439	05908	03702	02323	01459	009172
200	36880	13669	08337	05091	03113	01905	01168	007165

Tafel II. Diskontierungs- oder Vorwertstafel.

$$\text{Faktor } \frac{1}{1{,}0\,p^n}.$$

Jahr	$2\tfrac{3}{4}$	3	$3\tfrac{1}{4}$	$3\tfrac{1}{2}$	$3\tfrac{3}{4}$	4	$4\tfrac{1}{2}$	5%
81	0,11109	0,09124	0,07497	0,06164	0,05069	0,04172	0,02829	0,01922
82	10812	08858	07261	05955	04886	04011	02707	01830
83	10522	08600	07033	05754	04710	03857	02590	01743
84	10241	08350	06811	05559	04539	03709	02479	01660
85	09967	08107	06597	05371	04375	03566	02372	01581
86	0,09700	0,07870	0,06389	0,05190	0,04217	0,03429	0,02270	0,01506
87	09440	07641	06188	05014	04065	03297	02172	01434
88	09188	07419	05993	04845	03918	03170	02079	01366
89	08942	07203	05805	04681	03776	03048	01989	01301
90	08702	06993	05622	04522	03640	02931	01903	01239
91	0,08469	0,06789	0,05445	0,04369	0,03508	0,02818	0,01821	0,01180
92	08243	06591	05274	04222	03381	02710	01743	01123
93	08022	06399	05108	04079	03259	02606	01668	01070
94	07807	06213	04947	03941	03141	02505	01596	01019
95	07598	06032	04791	03808	03028	02409	01527	009705
96	0,07395	0,05856	0,04640	0,03679	0,02918	0,02316	0,01462	0,009244
97	07197	05686	04494	03555	02813	02227	01399	008803
98	07005	05520	04353	03434	02711	02142	01338	008384
99	06817	05359	04216	03318	02613	02059	01281	007985
100	06635	05203	04083	03206	02519	01980	01226	007605
101	0,06457	0,05052	0,03955	0,03098	0,02428	0,01904	0,01173	0,007242
102	06284	04905	03830	02993	02340	01831	01122	006898
103	06116	04762	03710	02892	02255	01760	01074	006569
104	05952	04623	03593	02794	02174	01693	01028	006256
105	05793	04488	03480	02699	02095	01627	009835	005958
106	0,05638	0,04358	0,03370	0,02608	0,02020	0,01565	0,009412	0,005675
107	05487	04231	03264	02520	01947	01504	009007	005404
108	05340	04108	03161	02435	01876	01447	008619	005147
109	05197	03988	03062	02352	01808	01391	008248	004902
110	05058	03872	02965	02273	01743	01338	007892	004669
111	0,04923	0,03759	0,02872	0,02196	0,01680	0,01286	0,007553	0,004446
112	04791	03649	02782	02122	01619	01237	007227	004234
113	04633	03543	02694	02050	01561	01189	006916	004033
114	04538	03440	02609	01981	01504	01143	006618	003841
115	04417	03340	02527	01914	01450	01099	006333	003658
116	0,04298	0,03243	0,02448	0,01849	0,01398	0,01057	0,006061	0,003484
117	04183	03148	02371	01786	01347	01016	005800	003318
118	04071	03056	02296	01726	01298	009774	005550	003160
119	03962	02967	02224	01668	01251	009398	005311	003009
120	03856	02881	02154	01611	01206	009036	005082	002866
130	0,02940	0,02144	0,01564	0,01142	0,008347	0,006105	0,003273	0,001760
140	02242	01595	01136	008098	005777	004124	002107	001080
150	01709	01187	008251	005740	003997	002786	001357	0006631
160	01303	008832	005992	004070	002766	001882	0008738	0004071
170	009933	006572	004352	002885	001914	001272	0005626	0002499
180	007573	004890	003161	002045	001325	0008590	0003623	0001534
190	005774	003639	002296	001450	0009167	0005803	0002333	00009419
200	004402	002707	001667	001028	0006344	0003920	0001502	00005784

Tafel III.　Periodenrententafel.

$$\text{Faktor } \frac{1}{1{,}0\,p^{n}-1}.$$

Jahr	½	1	1¼	1½	1¾	2	2¼	2½%
1	200,0000	100,0000	80,0000	66,6667	57,1429	50,0000	44,4444	40,0000
2	99,7506	49,7512	39,7519	33,0852	28,3238	24,7525	21,9751	19,7531
3	66,3350	33,0022	26,3359	21,8922	18,7182	16,3377	14,4865	13,0055
4	49,6266	24,6281	19,6290	16,2963	13,9161	12,1312	10,7431	9,6327
5	39,6020	19,6040	15,6050	12,9393	11,0355	9,6079	8,4978	7,6099
6	32,9191	16,2549	12,9227	10,7017	9,1156	7,9263	7,0216	6,2620
7	28,1458	13,8629	11,0072	9,1037	7,7446	6,7256	5,9233	5,2998
8	24,5658	12,0690	9,5707	7,9056	6,7167	5,8255	5,1327	4,5787
9	21,7815	10,6741	8,4537	6,9740	5,9176	5,1258	4,5103	4,0183
10	19,5537	9,5582	7,5602	6,2289	5,2786	4,5663	4,0128	3,5704
11	17,7318	8,6454	6,8295	5,6196	4,7560	4,1089	3,6061	3,2042
12	16,2133	7,8849	6,2206	5,1120	4,3208	3,7280	3,2674	2,8995
13	14,9284	7,2415	5,7057	4,6827	3,9527	3,4059	2,9812	2,6419
14	13,8272	6,6901	5,2644	4,3149	3,6375	3,1301	2,7361	2,4215
15	12,8729	6,2124	4,8821	3,9963	3,3644	2,8913	2,5239	2,2307
16	12,0379	5,7944	4,5477	3,7177	3,1257	2,6825	2,3385	2,0640
17	11,3012	5,4258	4,2524	3,4720	2,9152	2,4985	2,1751	1,9171
18	10,6463	5,0982	3,9908	3,2537	2,7283	2,3351	2,0301	1,7868
19	10,0605	4,8052	3,7564	3,0586	2,5612	2,1891	1,9005	1,6704
20	9,5333	4,5415	3,5456	2,8830	2,4109	2,0578	1,7841	1,5659
21	9,0563	4,3031	3,3541	2,7244	2,2751	1,9392	1,6789	1,4715
22	8,6227	4,0864	3,1818	2,5802	2,1518	1,8316	1,5836	1,3859
23	8,2269	3,8886	3,0237	2,4487	2,0393	1,7334	1,4965	1,3079
24	7,8642	3,7073	2,8789	2,3283	1,9363	1,6436	1,4169	1,2365
25	7,5304	3,5407	2,7458	2,2176	1,8417	1,5610	1,3438	1,1710
26	7,2223	3,3869	2,6230	2,1155	1,7544	1,4850	1,2765	1,1107
27	6,9372	3,2446	2,5093	2,0210	1,6738	1,4147	1,2143	1,0551
28	6,6724	3,1124	2,4038	1,9334	1,5989	1,3495	1,1567	1,0035
29	6,4258	2,9895	2,3058	1,8519	1,5294	1,2889	1,1031	0,9556
30	6,1958	2,8748	2,2143	1,7759	1,4646	1,2325	1,0533	0,9111
31	5,9806	2,7676	2,1288	1,7050	1,4040	1,1798	1,0068	0,8696
32	5,7789	2,6671	2,0486	1,6385	1,3473	1,1305	0,9633	0,8307
33	5,5895	2,5727	1,9734	1,5761	1,2942	1,0843	0,9225	0,7944
34	5,4112	2,4840	1,9027	1,5175	1,2442	1,0409	0,8843	0,7603
35	5,2431	2,4004	1,8361	1,4622	1,1972	1,0001	0,8483	0,7282
36	5,0844	2,3214	1,7732	1,4102	1,1529	0,9616	0,8145	0,6981
37	4,9343	2,2468	1,7138	1,3610	1,1110	0,9253	0,7825	0,6696
38	4,7921	2,1762	1,6576	1,3145	1,0714	0,8910	0,7523	0,6428
39	4,6572	2,1092	1,6043	1,2703	1,0339	0,8586	0,7238	0,6174
40	4,5291	2,0456	1,5537	1,2285	0,9984	0,8278	0,6968	0,5934

Tafel III. Periodenrententafel.

$$\text{Faktor } \frac{1}{1{,}0\,p^n - 1}.$$

Jahr	2¾	3	3¼	3½	3¾	4	4½	5%
1	36,3636	33,3333	30,7276	28,5714	26,6667	25,0000	22,2222	20,0000
2	17,9353	16,4204	15,1387	14,0400	13,0880	12,2549	10,8666	9,7561
3	11,7938	10,7843	9,9302	9,1981	8,5638	8,0087	7,0839	6,3442
4	8,7244	7,9676	7,3272	6,7786	6,3032	5,8873	7,1943	4,6402
5	6,8836	6,2785	5,7666	5,3280	4,9480	4,6157	4,0620	3,6195
6	5,6571	5,1533	4,7271	4,3620	4,0457	3,7690	3,3084	2,9403
7	4,7817	4,3502	3,9853	3,6727	3,4020	3,1652	2,7711	2,4564
8	4,1257	3,7485	3,4176	3,1565	2,9200	2,7132	2,3691	2,0944
9	3,6160	3,2811	2,9980	2,7556	2,5457	2,3623	2,0572	1,8138
10	3,2087	2,9077	2,6533	2,4355	2,2470	2,0823	1,8084	1,5901
11	2,8759	2,6026	2,3717	2,1741	2,0031	1,8537	1,6055	1,4078
12	2,5989	2,3487	2,1375	1,9567	1,8003	1,6638	1,4370	1,2565
13	2,3648	2,1343	1,9397	1,7732	1,6292	1,5036	1,2950	1,1291
14	2,1645	1,9509	1,7705	1,6163	1,4830	1,3667	1,1738	1,0205
15	1,9912	1,7922	1,6243	1,4807	1,3567	1,2485	1,0692	0,9268
16	1,8399	1,6537	1,4966	1,3624	1,2465	1,1455	0,9781	0,8454
17	1,7066	1,5317	1,3843	1,2584	1,1497	1,0550	0,8982	0,7740
18	1,5884	1,4236	1,2847	1,1662	1,0639	0,9748	0,8275	0,7109
19	1,4828	1,3271	1,1959	1,0840	0,9875	0,9035	0,7646	0,6549
20	1,3881	1,2405	1,1163	1,0103	0,9190	0,8395	0,7084	0,6049
21	1,3025	1,1624	1,0444	0,9439	0,8573	0,7820	0,6578	0,5599
22	1,2250	1,0916	0,9794	0,8838	0,8015	0,7300	0,6121	0,5194
23	1,1543	1,0271	0,9202	0,8291	0,7508	0,6827	0,5707	0,4827
24	1,0898	0,9682	0,8661	0,7792	0,7045	0,6397	0,5330	0,4494
25	1,0305	0,9143	0,8166	0,7335	0,6622	0,6003	0,4986	0,4190
26	0,9760	0,8646	0,7711	0,6916	0,6233	0,5642	0,4671	0,3913
27	0,9257	0,8188	0,7291	0,6529	0,5876	0,5310	0,4382	0,3658
28	0,8792	0,7764	0,6903	0,6172	0,5545	0,5003	0,4116	0,3424
29	0,8360	0,7372	0,6544	0,5842	0,5240	0,4720	0,3870	0,3209
30	0,7958	0,7006	0,6210	0,5535	0,4957	0,4458	0,3643	0,3010
31	0,7583	0,6666	0,5899	0,5249	0,4693	0,4214	0,3432	0,2826
32	0,7234	0,6349	0,5609	0,4983	0,4448	0,3987	0,3236	0,2656
33	0,6906	0,6052	0,5338	0,4735	0,4220	0,3776	0,3054	0,2498
34	0,6600	0,5774	0,5085	0,4503	0,4006	0,3579	0,2885	0,2351
35	0,6311	0,5513	0,4847	0,4285	0,3806	0,3394	0,2727	0,2214
36	0,6040	0,5268	0,4624	0,4081	0,3619	0,3222	0,2579	0,2087
37	0,5785	0,5037	0,4414	0,3889	0,3443	0,3060	0,2441	0,1968
38	0,5545	0,4820	0,4217	0,3709	0,3278	0,2908	0,2311	0,1857
39	0,5317	0,4615	0,4031	0,3539	0,3122	0,2765	0,2190	0,1753
40	0,5102	0,4421	0,3855	0,3379	0,2976	0,2631	0,2076	0,1656

Tafel III. Periodenrententafel.

$$\text{Faktor } \frac{1}{1{,}0\,p^n - 1}.$$

Jahr	½	1	1¼	1½	1¾	2	2¼	2½%
41	4,4072	1,9851	1,5056	1,1887	0,9647	0,7986	0,6711	0,5707
42	4,2912	1,9276	1,4599	1,1510	0,9326	0,7709	0,6468	0,5491
43	4,1806	1,8727	1,4164	1,1150	0,9021	0,7445	0,6237	0,5287
44	4,0751	1,8204	1,3748	1,0807	0,8730	0,7195	0,6017	0,5092
45	3,9742	1,7705	1,3352	1,0480	0,8453	0,6955	0,5808	0,4907
46	3,8778	1,7228	1,2973	1,0167	0,8189	0,6727	0,5609	0,4731
47	3,7855	1,6771	1,2611	0,9869	0,7936	0,6509	0,5418	0,4563
48	3,6971	1,6334	1,2265	0,9583	0,7695	0,6301	0,5237	0,4402
49	3,6120	1,5915	1,1933	0,9310	0,7464	0,6102	0,5063	0,4249
50	3,5307	1,5513	1,1614	0,9048	0,7242	0,5912	0,4897	0,4103
51	3,4525	1,5127	1,1309	0,8796	0,7030	0,5729	0,4738	0,3963
52	3,3773	1,4756	1,1015	0,8555	0,6827	0,5555	0,4586	0,3830
53	3,3050	1,4400	1,0733	0,8324	0,6631	0,5387	0,4440	0,3702
54	3,2354	1,4057	1,0462	0,8101	0,6444	0,5226	0,4301	0,3579
55	3,1683	1,3726	1,0201	0,7887	0,6264	0,5072	0,4167	0,3462
56	3,1036	1,3408	0,9950	0,7681	0,6090	0,4923	0,4038	0,3349
57	3,0412	1,3102	0,9708	0,7482	0,5923	0,4781	0,3914	0,3241
58	2,9810	1,2806	0,9474	0,7291	0,5763	0,4643	0,3795	0,3137
59	2,9228	1,2520	0,9249	0,7107	0,5608	0,4511	0,3681	0,3037
60	2,8666	1,2244	0,9031	0,6929	0,5459	0,4384	0,3571	0,2941
61	2,8122	1,1978	0,8822	0,6757	0,5315	0,4261	0,3465	0,2849
62	2,7596	1,1720	0,8610	0,6592	0,5177	0,4143	0,3364	0,2760
63	2,7087	1,1471	0,8423	0,6432	0,5043	0,4029	0,3265	0,2675
64	2,6594	1,1230	0,8234	0,6277	0,4913	0,3919	0,3171	0,2593
65	2,6116	1,0997	0,8050	0,6127	0,4788	0,3813	0,3079	0,2514
66	2,5653	1,0770	0,7873	0,5983	0,4668	0,3711	0,2991	0,2438
67	2,5203	1,0551	0,7700	0,5843	0,4551	0,3612	0,2906	0,2364
68	2,4767	1,0339	0,7534	0,5707	0,4438	0,3516	0,2824	0,2293
69	2,4344	1,0133	0,7372	0,5576	0,4328	0,3423	0,2745	0,2225
70	2,3933	0,9933	0,7216	0,5448	0,4222	0,3334	0,2669	0,2159
71	2,3534	0,9739	0,7064	0,5325	0,4120	0,3247	0,2595	0,2095
72	2,3146	0,9550	0,6916	0,5205	0,4021	0,3163	0,2523	0,2034
73	2,2768	0,9367	0,6773	0,5089	0,3924	0,3082	0,2454	0,1974
74	2,2401	0,9189	0,6634	0,4976	0,3831	0,3004	0,2387	0,1917
75	2,2044	0,9016	0,6499	0,4867	0,3740	0,2928	0,2322	0,1861
76	2,1697	0,8848	0,6367	0,4761	0,3653	0,2854	0,2260	0,1808
77	2,1358	0,8684	0,6240	0,4658	0,3567	0,2782	0,2199	0,1756
78	2,1028	0,8525	0,6115	0,4558	0,3485	0,2713	0,2140	0,1706
79	2,0707	0,8370	0,5995	0,4460	0,3404	0,2646	0,2083	0,1657
80	2,0394	0,8219	0,5877	0,4366	0,3326	0,2580	0,2028	0,1610

Tafel III. Periodenrententafel.

$$\text{Faktor } \frac{1}{1{,}0\,p^n - 1}.$$

Jahr	2¾	3	3¼	3½	3¾	4	4½	5%
41	0,4899	0,4237	0,3689	0,3228	0,2838	0,2504	0,1969	0,1564
42	0,4706	0,4064	0,3532	0,3085	0,2707	0,2385	0,1869	0,1479
43	0,4523	0,3899	0,3383	0,2950	0,2584	0,2272	0,1774	0,1399
44	0,4349	0,3743	0,3242	0,2822	0,2468	0,2166	0,1685	0,1323
45	0,4184	0,3595	0,3108	0,2701	0,2358	0,2066	0,1600	0,1252
46	0,4027	0,3454	0,2981	0,2586	0,2253	0,1971	0,1521	0,1186
47	0,3878	0,3320	0,2860	0,2477	0,2154	0,1880	0,1446	0,1123
48	0,3725	0,3193	0,2746	0,2373	0,2060	0,1795	0,1375	0,1064
49	0,3599	0,3071	0,2636	0,2275	0,1971	0,1714	0,1308	0,1008
50	0,3469	0,2955	0,2532	0,2181	0,1886	0,1638	0,1245	0,09553
51	0,3345	0,2845	0,2433	0,2092	0,1806	0,1565	0,1185	0,09057
52	0,3227	0,2739	0,2339	0,2007	0,1729	0,1496	0,1128	0,08589
53	0,3114	0,2638	0,2249	0,1926	0,1657	0,1430	0,1074	0,08148
54	0,3005	0,2542	0,2163	0,1849	0,1587	0,1367	0,1023	0,07729
55	0,2902	0,2450	0,2080	0,1775	0,1521	0,1308	0,09750	0,07334
56	0,2802	0,2361	0,2002	0,1705	0,1458	0,1251	0,09291	0,06960
57	0,2707	0,2277	0,1927	0,1638	0,1398	0,1197	0,08856	0,06607
58	0,2616	0,2196	0,1855	0,1574	0,1341	0,1146	0,08442	0,06273
59	0,2528	0,2119	0,1786	0,1512	0,1286	0,1097	0,08049	0,05956
60	0,2444	0,2044	0,1720	0,1454	0,1234	0,1050	0,07676	0,05656
61	0,2363	0,1973	0,1657	0,1398	0,1184	0,1006	0,07321	0,05373
62	0,2285	0,1905	0,1596	0,1344	0,1136	0,09636	0,06984	0,05104
63	0,2210	0,1839	0,1538	0,1293	0,1091	0,09231	0,06663	0,04849
64	0,2139	0,1776	0,1483	0,1244	0,1047	0,08844	0,06358	0,04607
65	0,2070	0,1715	0,1429	0,1197	0,1006	0,08476	0,06068	0,04378
66	0,2003	0,1657	0,1378	0,1152	0,09657	0,08123	0,05791	0,04161
67	0,1939	0,1601	0,1329	0,1108	0,09275	0,07786	0,05528	0,03955
68	0,1877	0,1547	0,1282	0,1067	0,08910	0,07464	0,05277	0,03760
69	0,1818	0,1495	0,1237	0,1027	0,08560	0,07157	0,05039	0,03574
70	0,1761	0,1446	0,1193	0,09888	0,08225	0,06863	0,04811	0,03398
71	0,1706	0,1398	0,1151	0,09522	0,07905	0,06581	0,04595	0,03231
72	0,1652	0,1351	0,1111	0,09171	0,07597	0,06312	0,04388	0,03073
73	0,1601	0,1307	0,1072	0,08833	0,07303	0,06055	0,04191	0,02922
74	0,1552	0,1264	0,1035	0,08509	0,07020	0,05808	0,04004	0,02779
75	0,1504	0,1223	0,09991	0,08198	0,06749	0,05573	0,03825	0,02643
76	0,1457	0,1183	0,09641	0,07899	0,06490	0,05346	0,03654	0,02514
77	0,1483	0,1144	0,09314	0,07611	0,06240	0,05131	0,03491	0,02392
78	0,1370	0,1107	0,08995	0,07335	0,06001	0,04923	0,03336	0,02275
79	0,1329	0,1072	0,08687	0,07069	0,05772	0,04725	0,03187	0,02164
80	0,1289	0,1037	0,08390	0,06814	0,05552	0,04535	0,03046	0,02059

Tafel III. Periodenrententafel.

$$\text{Faktor } \frac{1}{1{,}0\,p^{n}-1}.$$

Jahr	½	1	1¼	1½	1¾	2	2¼	2½%
81	2,0090	0,8072	0,5763	0,4273	0,3250	0,2517	0,1975	0,1565
82	1,9791	0,7928	0,5652	0,4184	0,3177	0,2456	0,1923	0,1521
83	1,9501	0,7789	0,5543	0,4097	0,3105	0,2396	0,1873	0,1478
84	1,9217	0,7653	0,5437	0,4012	0,3036	0,2338	0,1824	0,1437
85	1,8940	0,7520	0,5334	0,3929	0,2968	0,2282	0,1777	0,1397
86	1,8670	0,7390	0,5234	0,3849	0,2902	0,2227	0,1731	0,1358
87	1,8406	0,7264	0,5136	0,3771	0,2838	0,2174	0,1686	0,1321
88	1,8149	0,7141	0,5041	0,3694	0,2776	0,2122	0,1643	0,1285
89	1,7897	0,7021	0,4948	0,3620	0,2715	0,2072	0,1601	0,1249
90	1,7651	0,6903	0,4857	0,3547	0,2656	0,2023	0,1561	0,1215
91	1,7410	0,6788	0,4769	0,3477	0,2598	0,1975	0,1521	0,1182
92	1,7174	0,6676	0,4682	0,3408	0,2542	0,1929	0,1483	0,1150
93	1,6944	0,6567	0,4593	0,3341	0,2488	0,1884	0,1445	0,1119
94	1,6919	0,6460	0,4515	0,3275	0,2434	0,1841	0,1409	0,1088
95	1,6499	0,6355	0,4435	0,3211	0,2383	0,1798	0,1374	0,1059
96	1,6283	0,6253	0,4356	0,3149	0,2332	0,1757	0,1339	0,1031
97	1,6072	0,6153	0,4280	0,3088	0,2283	0,1716	0,1306	0,1003
98	1,5865	0,6055	0,4204	0,3028	0,2235	0,1677	0,1274	0,09761
99	1,5662	0,5959	0,4131	0,2970	0,2188	0,1639	0,1242	0,09501
100	1,5442	0,5866	0,4059	0,2914	0,2142	0,1601	0,1212	0,09248
101	1,5270	0,5774	0,3989	0,2858	0,2098	0,1565	0,1182	0,09002
102	1,5079	0,5684	0,3921	0,2804	0,2054	0,1530	0,1153	0,08762
103	1,4892	0,5597	0,3854	0,2751	0,2012	0,1495	0,1124	0,08531
104	1,4709	0,5511	0,3788	0,2700	0,1970	0,1462	0,1097	0,08306
105	1,4530	0,5427	0,3724	0,2649	0,1930	0,1429	0,1070	0,08087
106	1,4354	0,5344	0,3661	0,2600	0,1890	0,1397	0,1044	0,07874
107	1,4181	0,5263	0,3600	0,2552	0,1852	0,1366	0,1019	0,07667
108	1,4011	0,5184	0,3539	0,2505	0,1814	0,1335	0,09943	0,07466
109	1,3845	0,5107	0,3481	0,2458	0,1777	0,1306	0,09703	0,07271
110	1,3682	0,5031	0,3423	0,2413	0,1742	0,1277	0,09470	0,07081
111	1,3522	0,4956	0,3366	0,2369	0,1706	0,1249	0,09242	0,06902
112	1,3365	0,4883	0,3311	0,2326	0,1672	0,1221	0,09020	0,06717
113	1,3211	0,4812	0,3257	0,2284	0,1639	0,1194	0,08804	0,06542
114	1,3059	0,4741	0,3204	0,2243	0,1606	0,1168	0,08594	0,06373
115	1,2910	0,4672	0,3152	0,2202	0,1574	0,1143	0,08389	0,06207
116	1,2764	0,4605	0,3101	0,2163	0,1543	0,1118	0,08189	0,06046
117	1,2620	0,4539	0,3051	0,2124	0,1512	0,1094	0,07995	0,05890
118	1,2479	0,4474	0,3002	0,2086	0,1482	0,1070	0,07805	0,05739
119	1,2340	0,4410	0,2954	0,2049	0,1453	0,1047	0,07620	0,05591
120	1,2204	0,4347	0,2907	0,2012	0,1425	0,1024	0,07440	0,05447
130	1,0960	0,3779	0,2483	0,1687	0,1171	0,08249	0,05869	0,04205
140	0,9899	0,3303	0,2131	0,1420	0,09666	0,06668	0,04643	0,03255
150	0,8984	0,2900	0,1836	0,1200	0,08003	0,05406	0,03683	0,02525
160	0,8189	0,2555	0,1588	0,1017	0,06644	0,04392	0,02927	0,01962
170	0,7492	0,2258	0,1377	0,08645	0,05527	0,03575	0,02329	0,01526
180	0,6877	0,2002	0,1197	0,07361	0,04606	0,02914	0,01856	0,01188
190	0,6331	0,1778	0,1042	0,06279	0,03845	0,02378	0,01480	0,009257
200	0,5843	0,1583	0,09095	0,05364	0,03213	0,01942	0,01182	0,007217

Tafel III. Periodenrententafel.

$$\text{Faktor } \frac{1}{1,0\,p^n - 1}.$$

Jahr	$2\frac{3}{4}$	3	$3\frac{1}{4}$	$3\frac{1}{2}$	$3\frac{3}{4}$	4	$4\frac{1}{2}$	5%
81	0,1250	0,1004	0,08112	0,06568	0,05340	0,04353	0,02911	0,01959
82	0,1212	0,09719	0,07830	0,06332	0,05137	0,04179	0,02782	0,01864
83	0,1176	0,09409	0,07565	0,06105	0,04942	0,04012	0,02659	0,01774
84	0,1141	0,09110	0,07309	0,05886	0,04755	0,03851	0,02542	0,01688
85	0,1107	0,08822	0,07063	0,05676	0,04576	0,03698	0,02430	0,01606
86	0,1074	0,08543	0,06825	0,05474	0,04403	0,03550	0,02323	0,01529
87	0,1042	0,08272	0,06596	0,05279	0,04237	0,03409	0,02220	0,01455
88	0,1012	0,08013	0,06376	0,05091	0,04078	0,03274	0,02123	0,01384
89	0,09820	0,07762	0,06162	0,04911	0,03924	0,04144	0,02030	0,01318
90	0,09532	0,07519	0,05957	0,04737	0,03777	0,03019	0,01940	0,01254
91	0,09253	0,07284	0,05759	0,04569	0,03636	0,02900	0,01855	0,01194
92	0,08985	0,07056	0,05567	0,04408	0,03500	0,02785	0,01774	0,01136
93	0,08722	0,06837	0,05383	0,04252	0,03369	0,02675	0,01696	0,01082
94	0,08469	0,06625	0,05204	0,04103	0,03243	0,02570	0,01622	0,01030
95	0,08223	0,06419	0,05032	0,03958	0,03122	0,02468	0,01551	0,009801
96	0,07986	0,06221	0,04866	0,03819	0,03006	0,02371	0,01483	0,009330
97	0,07755	0,06029	0,04728	0,03686	0,02894	0,02278	0,01419	0,008881
98	0,07532	0,05843	0,04551	0,03557	0,02787	0,02188	0,01357	0,008455
99	0,07316	0,05663	0,04401	0,03432	0,02683	0,02103	0,01297	0,008049
100	0,07106	0,05489	0,04257	0,03312	0,02584	0,02020	0,01241	0,007663
101	0,06903	0,05321	0,04117	0,03197	0,02488	0,01941	0,01187	0,007295
102	0,06706	0,05158	0,03983	0,03085	0,02396	0,01864	0,01135	0,006945
103	0,06514	0,05000	0,03852	0,02978	0,02307	0,01792	0,01086	0,006612
104	0,06329	0,04847	0,03727	0,02874	0,02222	0,01722	0,01038	0,006296
105	0,06149	0,04699	0,03605	0,02774	0,02140	0,01654	0,009933	0,005994
106	0,05975	0,04557	0,03488	0,02678	0,02061	0,01590	0,009501	0,005707
107	0,05806	0,04418	0,03374	0,02585	0,01985	0,01528	0,009088	0,005434
108	0,05642	0,04283	0,03265	0,02495	0,01912	0,01468	0,008694	0,005174
109	0,05482	0,04154	0,03159	0,02409	0,01842	0,01411	0,008316	0,004926
110	0,05328	0,04028	0,03056	0,02326	0,01774	0,01356	0,007955	0,004690
111	0,05178	0,03910	0,02957	0,02245	0,01709	0,01303	0,007610	0,004462
112	0,05032	0,03788	0,02861	0,02168	0,01646	0,01252	0,007280	0,004252
113	0,04891	0,03673	0,02769	0,02091	0,01586	0,01203	0,006965	0,004049
114	0,04754	0,03560	0,02679	0,02020	0,01527	0,01157	0,006662	0,003856
115	0,04621	0,03455	0,02593	0,01951	0,01471	0,01112	0,006374	0,003671
116	0,04491	0,03351	0,02509	0,01884	0,01417	0,01070	0,006097	0,003496
117	0,04366	0,03250	0,02428	0,01819	0,01365	0,01027	0,005833	0,003329
118	0,04244	0,03153	0,02350	0,01756	0,01315	0,009870	0,005581	0,003170
110	0,04126	0,03058	0,02274	0,01696	0,01207	0,009487	0,005339	0,003018
120	0,04011	0,02966	0,02201	0,01638	0,01221	0,009119	0,005108	0,002874
130	0,03029	0,02191	0,01589	0,01155	0,008418	0,006142	0,003284	0,001763
140	0,02293	0,01621	0,01149	0,008164	0,005810	0,004141	0,002112	0,001081
150	0,01739	0,01201	0,008319	0,005774	0,004013	0,002794	0,001357	0,0006636
160	0,01320	0,008914	0,006028	0,004086	0,002774	0,001886	0,0008737	0,0004073
170	0,01003	0,006619	0,004371	0,002893	0,001918	0,001274	0,0005630	0,0002500
180	0,007631	0,004914	0,003170	0,002049	0,001326	0,0008598	0,0003624	0,0001535
190	0,005807	0,003652	0,002301	0,001452	0,0009176	0,0005807	0,0002334	0,00009421
200	0,004421	0,002715	0,001670	0,001029	0,0006348	0,0003926	0,0001502	0,00005783

Tafel IV. Nachwerte jährlicher endlicher Renten.
$$\text{Faktor } \frac{1{,}0\,p^{n} - 1}{0{,}0\,p}.$$

Jahr	1½	2	2¼	2½	2¾	3%
1	1,00000	1,00000	1,00000	1,00000	1,00000	1,00000
2	2,01500	2,02000	2,02250	2,02500	2,02750	2,03000
3	3,04523	3,06040	3,06801	3,07563	3,08326	3,09090
4	4,09090	4,12161	4,13704	4,15252	4,16805	4,18363
5	5,15227	5,20404	5,23012	5,25633	5,28267	5,30914
6	6,22955	6,30812	6,34780	6,38774	6,42794	6,46841
7	7,32299	7,43428	7,49062	7,54743	7,60471	7,66246
8	8,43284	8,58297	8,65916	8,73612	8,81384	8,89234
9	9,55933	9,75463	9,85399	9,95452	10,0562	10,1591
10	10,7027	10,9497	11,0757	11,2034	11,3328	11,4639
11	11,8633	12,1687	12,3249	12,4835	12,6444	12,8078
12	13,0412	13,4121	13,6022	13,7956	13,9921	14,1920
13	14,2368	14,6803	14,9083	15,1404	15,3769	15,6178
14	15,4504	15,9739	16,2437	16,5190	16,7998	17,0863
15	16,6821	17,2934	17,6092	17,9319	18,2618	18,5989
16	17,9324	18,6393	19,0054	19,3802	19,7640	20,1569
17	19,2014	20,0121	20,4330	20,8647	21,3075	21,7616
18	20,4894	21,4123	21,8928	22,3863	22,8934	23,4144
19	21,7967	22,8406	23,3853	23,9460	24,5230	25,1169
20	23,1237	24,2974	24,9115	25,5447	26,1974	26,8704
21	24,4705	25,7833	26,4720	27,1833	27,9178	28,6765
22	25,8376	27,2990	28,0676	28,8629	29,6856	30,5368
23	27,2251	28,8450	29,6992	30,5844	31,5019	32,4529
24	28,6335	30,4219	31,3674	32,3490	33,3682	34,4265
25	30,0630	32,0303	33,0732	34,1578	35,2858	36,4593
26	31,5140	33,6709	34,8173	36,0117	37,2562	38,5530
27	32,9867	35,3443	36,6007	37,9120	39,2808	40,7096
28	34,4815	37,0512	38,4242	39,8598	41,3610	42,9309
29	35,9987	38,7922	40,2888	41,8563	43,4984	45,2189
30	37,5387	40,5681	42,1953	43,9027	45,6946	47,5754
35	45,5921	49,9945	52,3908	54,9282	57,6155	60,4621
40	54,2679	60,4020	63,7862	67,4026	71,2681	75,4013
45	63,6142	71,8927	76,5225	81,5161	86,9042	92,7199
50	73,6828	84,5794	90,7576	97,4843	104,812	112,797
55	84,5296	98,5865	106,668	115,551	125,321	136,072
60	96,2147	114,052	·124,450	135,992	148,809	163,053
65	108,803	131,126	144,326	159,118	175,710	194,333
70	122,364	149,978	166,540	185,284	206,518	230,594
75	136,973	170,792	191,368	214,888	241,803	272,631
80	152,711	193,772	219,118	248,383	282,213	321,363
85	169,665	219,144	250,133	286,279	328,494	377,857
90	187,030	247,157	284,798	329,154	381,498	443,349
95	207,606	278,085	323,543	377,664	442,202	519,272
100	228,803	312,232	366,847	432,549	511,724	607,288
110	276,238	391,559	469,342	564,902	682,537	827,608
120	331,288	488,258	597,379	734,326	906,583	1123,70
130	395,176	606,134	757,323	951,203	1200,45	1521,62
140	469,321	749,823	957,127	1228,82	1585,91	2056,40
150	555,369	924,980	1206,72	1584,20	2091,49	2775,09

Tafel IV. Nachwerte jährlicher endlicher Renten.

$$\text{Faktor } \frac{1{,}0\,p^n - 1}{0{,}0\,p}.$$

Jahr	3¼	3½	3¾	4	4½	5%
1	1,00000	1,00000	1,00000	1,00000	1,00000	1,00000
2	2,03250	2,03500	2,03750	2,04000	2,04500	2,05000
3	3,09856	3,10623	3,11391	3,12160	3,13703	3,15250
4	4,19926	4,21494	4,23068	4,24646	4,27819	4,31013
5	5,33574	5,36247	5,38933	5,41632	5,47071	5,52563
6	6,50915	6,55015	6,59143	6,63298	6,71689	6,80191
7	7,72069	7,77941	7,83861	7,89829	8,01915	8,14201
8	8,97162	9,05169	9,13255	9,21423	9,38001	9,54911
9	10,2632	10,3685	10,4750	10,5828	10,8021	11,0266
10	11,5967	11,7314	11,8678	12,0061	12,2882	12,5779
11	12,9736	13,1420	13,3129	13,4864	13,8412	14,2068
12	14,3953	14,6020	14,8121	15,0258	15,4640	15,9171
13	15,8631	16,1130	16,3676	16,6268	17,1599	17,7130
14	17,3787	17,6770	17,9814	18,2919	18,9321	19,5986
15	18,9435	19,2957	19,6557	20,0236	20,7841	21,5786
16	20,5592	20,9710	21,3927	21,8245	22,7193	23,6575
17	22,2273	22,7050	23,1950	23,6975	24,7417	25,8404
18	23,9497	24,4997	25,0648	25,6454	26,8551	28,1324
19	25,7281	26,3572	27,7005	27,6712	29,0636	30,5390
20	27,5642	28,2797	29,0174	29,7781	31,3714	33,0660
21	29,4601	30,2695	31,1055	31,9692	33,7831	35,7193
22	31,4175	32,3289	33,2720	34,2480	36,3034	38,5052
23	33,4386	34,4604	35,5197	36,6179	38,9370	41,4305
24	35,5254	36,6665	37,8517	39,0826	41,6892	44,5020
25	37,6799	38,9499	40,2711	41,6459	44,5652	47,7271
26	39,9045	41,3131	42,7813	44,3117	47,5706	51,1135
27	42,2014	43,7591	45,3856	47,0842	50,7113	54,6691
28	44,5730	46,2906	48,0875	49,9676	53,9933	58,4026
29	47,0216	48,9108	50,8908	52,9663	57,4230	62,3227
30	49,5498	51,6227	53,7992	56,0849	61,0071	66,4388
35	63,4780	66,6740	70,0614	73,6522	81,4966	90,3203
40	79,8216	84,5503	89,6101	95,0255	107,030	120,800
45	98,9993	105,782	113,110	121,029	138,850	159,700
50	121,503	130,998	141,358	152,667	178,503	209,348
55	147,908	160,947	175,316	191,159	227,918	272,713
60	178,893	196,517	216,137	237,991	289,498	353,584
65	215,251	238,763	265,207	294,968	366,238	456,798
70	257,914	288,938	324,195	364,290	461,870	588,529
75	307,074	348,530	395,104	448,631	581,044	756,654
80	366,716	419,307	480,344	551,245	729,558	971,229
85	435,645	503,367	582,811	676,090	914,633	1245,09
90	516,527	603,205	705,986	827,983	1145,27	1594,61
95	611,434	721,781	854,055	1012,78	1432,68	2040,69
100	722,799	862,612	1032,05	1237,62	1790,86	2610,03
110	1006,86	1228,53	1503,22	1843,99	2793,42	4264,03
120	1397,93	1744,69	2184,09	2741,56	4350,40	6958,24
130	1936,32	2472,80	3167,98	4070,19	6768,33	11346,8
140	2677,71	3499,85	4589,73	6036,88	10523,3	18495,3
150	3698,52	4948,62	6644,23	8948,07	16354,7	30139,6

Tafel V.   Vorwerte jährlicher endlicher Renten.

$$\text{Faktor } \frac{1{,}0\,p^n - 1}{1{,}0\,p^n \cdot 0{,}0\,p}.$$

Jahr	1½	2	2¼	2½	2¾	3%
1	0,98522	0,98039	0,97800	0,97561	0,97324	0,97087
2	1,95588	1,94156	1,93447	1,92742	1,92042	1,91347
3	2,91220	2,88388	2,86990	2,85602	2,84226	2,82861
4	3,85438	3,80773	3,78474	3,76197	3,73943	3,71710
5	4,78264	4,71346	4,67945	4,64583	4,61258	4,57971
6	5,69719	5,60143	5,55448	5,50813	5,46237	5,41719
7	6,59821	6,47199	6,41025	6,34939	6,28941	6,23028
8	7,48593	7,32548	7,24718	7,17014	7,09431	7,01969
9	8,36052	8,16224	8,06571	7,97087	7,87768	7,78611
10	9,22218	8,98259	8,86622	8,75206	8,64008	8,53020
11	10,0711	9,78685	9,64911	9,51421	9,38207	9,25262
12	10,9075	10,5753	10,4148	10,2578	10,1042	9,95400
13	11,7315	11,3484	11,1636	10,9832	10,8070	10,6350
14	12,5434	12,1062	11,8959	11,6909	11,4910	11,2961
15	13,3432	12,8493	12,6122	12,3814	12,1567	11,9379
16	14,1313	13,5777	13,3126	13,0550	12,8046	12,5611
17	14,9076	14,2919	13,9977	13,7122	13,4351	13,1661
18	15,6726	14,9920	14,6677	14,3534	14,0488	13,7535
19	16,4262	15,6785	15,3229	14,9789	14,6460	14,3238
20	17,1686	16,3514	15,9637	15,5892	15,2273	14,8775
21	17,9001	17,0112	16,5904	16,1845	15,7929	15,4150
22	18,6208	17,6580	17,2034	16,7654	16,3435	15,9369
23	19,3309	18,2922	17,8028	17,3321	16,8793	16,4436
24	20,0304	18,9139	18,3890	17,8850	17,4008	16,9355
25	20,7196	19,5235	18,9624	18,4244	17,9083	17,4131
26	21,3986	20,1210	19,5231	18,9506	18,4023	17,8768
27	22,0676	20,7069	20,0715	19,4640	18,8830	18,3270
28	22,7267	21,2813	20,6078	19,9649	19,3508	18,7641
29	23,3761	21,8444	21,1323	20,4535	19,8062	19,1885
30	24,0158	22,3965	21,6453	20,9303	20,2493	19,6004
35	27,0756	24,9986	24,0458	23,1452	22,2933	21,4872
40	29,9158	27,3555	26,1935	25,1028	24,0781	23,1148
45	32,5523	29,4902	28,1151	26,8330	25,6365	24,5187
50	34,9997	31,4236	29,8344	28,3623	26,9972	25,7298
55	37,2715	33,1748	31,3727	29,7140	28,1853	26,7744
60	39,3803	34,7609	32,7490	30,9087	29,2227	27,6756
65	41,3378	36,1975	33,9803	31,9646	30,1285	28,4529
70	43,1549	37,4986	35,0821	32,8979	30,9194	29,1234
75	44,8416	38,6771	36,0678	33,7227	31,6100	29,7018
80	46,4073	39,7445	36,9498	34,4518	32,2129	30,2008
85	47,8607	40,7113	37,7389	35,0962	32,7394	30,6312
90	49,2099	41,5869	38,4449	35,6658	33,1992	31,0024
95	50,4622	42,3800	39,0766	36,1692	33,6006	31,3227
100	51,6247	43,0984	39,6417	36,6141	33,9510	31,5989
110	53,7055	44,3382	40,5979	37,3549	34,5227	32,0428
120	55,4985	45,3554	41,3685	37,9337	34,9578	32,3730
130	57,0434	46,1898	41,9079	38,3858	35,2932	32,6188
140	58,3746	46,8743	42,4773	38,7390	35,5561	32,8016
150	59,5217	47,4358	42,8627	39,0149	35,7436	32,9377

Tafel V. Vorwerte jährlicher endlicher Renten.

$$\text{Faktor } \frac{1,0\,p^n - 1}{1,0\,p^n \cdot 0,0\,p}.$$

Jahr	3¼	3½	3¾	4	4½	5%
1	0,96852	0,96618	0,96386	0,96154	0,95694	0,95238
2	1,90656	1,89969	1,89287	1,88609	1,87267	1,85941
3	2,81507	2,80164	2,78831	2,77509	2,74896	2,72325
4	3,69498	3,67308	3,65138	3,62990	3,58753	3,54595
5	4,54720	4,51505	4,48326	4,45182	4,38998	4,32948
6	5,37259	5,32855	5,28507	5,24214	5,15787	5,07569
7	6,17200	6,11454	6,05790	6,00205	5,89270	5,78637
8	6,94625	6,87396	6,80280	6,73274	6,59589	6,46321
9	7,69612	7,60769	7,52077	7,43533	7,26879	7,10782
10	8,42240	8,31661	8,21279	8,11090	7,91272	7,72173
11	9,12581	9,00155	8,87979	8,76048	8,52892	8,30641
12	9,80708	9,66333	9,52269	9,38507	9,11858	8,86325
13	10,4669	10,3027	10,1424	9,98565	9,68285	9,30357
14	11,1060	10,9205	10,7396	10,5631	10,2228	9,89864
15	11,7249	11,5174	11,3153	11,1184	10,7395	10,3797
16	12,3244	12,0941	11,8702	11,6523	11,2340	10,8378
17	12,9049	12,6513	12,4050	12,1657	11,7072	11,2741
18	13,4673	13,1897	12,9205	12,6593	12,1600	11,6896
19	14,0119	13,7098	13,4173	13,1339	12,5933	12,0853
20	14,5393	14,2124	13,8962	13,5903	13,0079	12,4622
21	15,0502	14,6980	14,3578	14,0292	13,4047	12,8212
22	15,5450	15,1671	14,8027	14,4511	13,7844	13,1630
23	16,0242	15,6204	15,2315	14,8568	14,1478	13,4886
24	16,4883	16,0584	15,6448	15,2470	14,4955	13,7986
25	16,9379	16,4815	16,0432	15,6221	14,8282	14,0939
26	17,3732	16,8904	16,4272	15,9828	15,1466	14,3752
27	17,7949	17,2854	16,7973	16,3296	15,4513	14,6430
28	18,2033	17,6670	17,1540	16,6631	15,7429	14,8981
29	18,5988	18,0358	17,4978	16,9837	16,0219	15,1411
30	18,9819	18,3920	17,8292	17,2920	16,2889	15,3725
35	20,7239	20,0007	19,3150	18,6646	17,4610	16,3742
40	22,2084	21,3551	20,5510	19,7928	18,4016	17,1591
45	23,4736	22,4955	21,5792	20,7200	19,1563	17,7741
50	24,5518	23,4556	22,4345	21,4822	19,7620	18,2559
55	25,4706	24,2641	23,1460	22,1086	20,2480	18,6335
60	26,2537	24,9447	23,7379	22,6235	20,6380	18,9293
65	26,9210	25,5178	24,2303	23,0467	20,9524	10,1626
70	27,4897	26,0004	24,6399	23,3945	21,2021	19,3427
75	27,9744	26,4067	24,9807	23,6804	21,4057	19,4838
80	28,3874	26,7488	25,2641	23,9154	21,5653	19,5965
85	28,7394	27,0368	25,4999	24,1085	21,6951	19,6848
90	29,0394	27,2793	25,6961	24,2673	21,7992	19,7523
95	29,2950	27,4835	25,8592	24,3978	21,8771	19,8152
100	29,5129	27,6554	25,9950	24,5050	21,9499	19,8479
110	29,8567	27,9221	26,2018	24,6656	22,0468	19,9066
120	30,1065	28,1111	26,3450	24,7741	22,1093	19,9427
130	30,2879	28,2451	26,4441	24,8474	22,1495	19,9648
140	30,4197	28,3401	26,5126	24,8969	22,1754	19,9784
150	30,5153	28,4074	26,5600	24,9303	22,1921	19,9867

Tafel VI. Zuwachsprozenttafel. Faktor $\dfrac{K}{k} = 1{,}0\,p^n$.

Jahre n	Zuwachsprozent									
	0,1	0,2	0,3	0,4	0,5	0,6	0,7	0,8	0,9	1,0
	n jährige Nachwertsfaktoren									
2	1,002	1,004	1,006	1,008	1,010	1,012	1,014	1,016	1,018	1,020
3	1,003	1,006	1,009	1,012	1,015	1,018	1,021	1,024	1,027	1,030
4	1,004	1,008	1,012	1,016	1,020	1,024	1,028	1,032	1,036	1,041
5	1,005	1,010	1,015	1,020	1,025	1,030	1,035	1,041	1,046	1,051
6	1,006	1,012	1,018	1,024	1,030	1,037	1,043	1,049	1,055	1,062
7	1,007	1,014	1,021	1,028	1,036	1,043	1,050	1,057	1,065	1,072
8	1,008	1,016	1,024	1,032	1,041	1,049	1,057	1,066	1,074	1,083
9	1,009	1,018	1,027	1,037	1,046	1,055	1,065	1,074	1,084	1,094
10	1,010	1,020	1,030	1,041	1,051	1,062	1,072	1,083	1,094	1,105
11	1,011	1,022	1,034	1,045	1,056	1,068	1,080	1,092	1,104	1,116
12	1,012	1,024	1,037	1,049	1,062	1,074	1,087	1,100	1,114	1,127
13	1,013	1,026	1,040	1,053	1,067	1,081	1,095	1,109	1,124	1,138
14	1,014	1,028	1,043	1,057	1,072	1,087	1,103	1,118	1,134	1,149
15	1,015	1,030	1,046	1,062	1,078	1,094	1,110	1,127	1,144	1,161
16	1,016	1,032	1,049	1,066	1,083	1,100	1,118	1,136	1,154	1,173
17	1,017	1,035	1,052	1,070	1,088	1,107	1,126	1,145	1,165	1,184
18	1,018	1,037	1,055	1,075	1,094	1,114	1,134	1,154	1,175	1,196
19	1,019	1,039	1,059	1,079	1,099	1,120	1,142	1,163	1,186	1,208
20	1,020	1,041	1,062	1,083	1,105	1,127	1,150	1,173	1,196	1,220
25	1,025	1,051	1,078	1,105	1,133	1,161	1,190	1,220	1,251	1,282
30	1,030	1,062	1,094	1,127	1,161	1,197	1,233	1,270	1,308	1,348

	1,1	1,2	1,3	1,4	1,5	1,6	1,7	1,8	1,9	2,0
2	1,022	1,024	1,026	1,028	1,030	1,032	1,034	1,036	1,038	1,040
3	1,033	1,036	1,040	1,043	1,046	1,049	1,052	1,055	1,058	1,061
4	1,045	1,049	1,053	1,057	1,061	1,066	1,070	1,074	1,078	1,082
5	1,056	1,061	1,067	1,072	1,077	1,083	1,088	1,093	1,099	1,104
6	1,068	1,074	1,081	1,087	1,093	1,100	1,107	1,113	1,120	1,126
7	1,080	1,087	1,095	1,102	1,110	1,118	1,125	1,133	1,141	1,149
8	1,091	1,100	1,109	1,118	1,126	1,135	1,144	1,153	1,163	1,172
9	1,103	1,113	1,123	1,133	1,143	1,154	1,164	1,174	1,185	1,195
10	1,116	1,127	1,138	1,149	1,161	1,172	1,184	1,195	1,207	1,219
11	1,128	1,140	1,153	1,165	1,178	1,191	1,204	1,217	1,230	1,243
12	1,140	1,154	1,168	1,182	1,196	1,210	1,224	1,239	1,253	1,268
13	1,153	1,168	1,183	1,198	1,214	1,229	1,245	1,261	1,277	1,294
14	1,166	1,182	1,198	1,215	1,232	1,249	1,266	1,294	1,301	1,319
15	1,178	1,196	1,214	1,232	1,250	1,269	1,288	1,307	1,326	1,346
16	1,191	1,210	1,230	1,249	1,269	1,289	1,310	1,330	1,351	1,373
17	1,204	1,225	1,246	1,267	1,288	1,310	1,332	1,354	1,377	1,400
18	1,218	1,240	1,262	1,284	1,307	1,331	1,355	1,379	1,403	1,428
19	1,231	1,254	1,278	1,302	1,327	1,352	1,378	1,404	1,430	1,457
20	1,245	1,269	1,295	1,321	1,347	1,374	1,401	1,429	1,457	1,486
25	1,315	1,347	1,381	1,416	1,451	1,487	1,524	1,562	1,601	1,641
30	1,388	1,430	1,473	1,518	1,563	1,610	1,658	1,708	1,759	1,811

Tafel VI. Zuwachsprozenttafel. Faktor $\dfrac{K}{k} = 1{,}0\,p^n$.

Jahre n	\multicolumn{10}{c	}{Zuwachsprozent}
	2,1	2,2	2,3	2,4	2,5	2,6	2,7	2,8	2,9	3,0
	\multicolumn{10}{c	}{n jährige Nachwertsfaktoren}
2	1,042	1,044	1,047	1,049	1,051	1,053	1,055	1,057	1,059	1,061
3	1,064	1,067	1,071	1,074	1,077	1,080	1,083	1,086	1,090	1,093
4	1,087	1,091	1,095	1,100	1,104	1,108	1,112	1,117	1,121	1,126
5	1,110	1,115	1,120	1,126	1,131	1,137	1,142	1,148	1,154	1,159
6	1,133	1,139	1,146	1,153	1,160	1,167	1,173	1,180	1,187	1,194
7	1,157	1,165	1,173	1,181	1,189	1,197	1,205	1,213	1,222	1,230
8	1,181	1,190	1,200	1,209	1,218	1,228	1,238	1,247	1,257	1,267
9	1,206	1,216	1,227	1,238	1,249	1,260	1,271	1,282	1,293	1,305
10	1,231	1,243	1,255	1,268	1,280	1,293	1,305	1,318	1,331	1,344
11	1,257	1,270	1,284	1,298	1,312	1,326	1,341	1,355	1,370	1,384
12	1,283	1,298	1,314	1,329	1,345	1,361	1,377	1,393	1,409	1,426
13	1,310	1,327	1,344	1,361	1,379	1,396	1,414	1,432	1,450	1,469
14	1,338	1,356	1,375	1,394	1,413	1,432	1,452	1,472	1,492	1,513
15	1,366	1,386	1,407	1,427	1,448	1,470	1,491	1,513	1,535	1,558
16	1,394	1,417	1,439	1,462	1,485	1,508	1,532	1,556	1,580	1,605
17	1,424	1,448	1,472	1,497	1,522	1,547	1,573	1,599	1,626	1,653
18	1,454	1,480	1,506	1,533	1,560	1,587	1,615	1,644	1,673	1,702
19	1,484	1,512	1,540	1,569	1,599	1,629	1,659	1,690	1,721	1,754
20	1,515	1,545	1,576	1,607	1,639	1,671	1,704	1,737	1,771	1,806
25	1,681	1,723	1,766	1,809	1,854	1,900	1,947	1,994	2,044	2,094
30	1,865	1,921	1,978	2,037	2,098	2,160	2,224	2,290	2,357	2,427

Jahre n	3,1	3,2	3,3	3,4	3,5	3,6	3,7	3,8	3,9	4,0
2	1,063	1,065	1,067	1,069	1,071	1,073	1,075	1,077	1,080	1,082
3	1,096	1,099	1,102	1,106	1,109	1,112	1,115	1,118	1,122	1,125
4	1,130	1,134	1,139	1,143	1,148	1,152	1,156	1,161	1,165	1,170
5	1,165	1,171	1,176	1,182	1,188	1,193	1,199	1,205	1,211	1,217
6	1,201	1,208	1,215	1,222	1,229	1,236	1,244	1,251	1,258	1,265
7	1,238	1,247	1,255	1,264	1,272	1,281	1,290	1,298	1,307	1,316
8	1,277	1,287	1,297	1,307	1,317	1,327	1,337	1,348	1,358	1,369
9	1,316	1,328	1,339	1,351	1,363	1,375	1,387	1,399	1,411	1,423
10	1,357	1,370	1,384	1,397	1,411	1,424	1,438	1,452	1,466	1,480
11	1,399	1,414	1,429	1,445	1,460	1,476	1,491	1,507	1,523	1,539
12	1,442	1,459	1,476	1,494	1,511	1,529	1,546	1,564	1,583	1,601
13	1,487	1,506	1,525	1,544	1,564	1,584	1,604	1,634	1,644	1,665
14	1,533	1,554	1,575	1,597	1,619	1,641	1,663	1,686	1,709	1,732
15	1,581	1,604	1,627	1,651	1,675	1,700	1,725	1,750	1,775	1,801
16	1,630	1,655	1,681	1,707	1,734	1,761	1,788	1,816	1,844	1,873
17	1,680	1,708	1,737	1,765	1,795	1,824	1,855	1,885	1,916	1,948
18	1,732	1,763	1,794	1,825	1,857	1,890	1,923	1,957	1,991	2,026
19	1,786	1,819	1,853	1,888	1,923	1,958	1,994	2,031	2,069	2,107
20	1,842	1,878	1,914	1,952	1,990	2,029	2,068	2,108	2,149	2,191
25	2,145	2,198	2,252	2,307	2,363	2,421	2,480	2,541	2,603	2,666
30	2,499	2,573	2,649	2,727	2,807	2,889	2,974	3,061	3,151	3,243

Tafel VI. Zuwachsprozenttafel. Faktor $\dfrac{K}{k} = 1{,}0\,p^n$.

Jahre n	Zuwachsprozent									
	4,1	4,2	4,3	4,4	4,5	4,6	4,7	4,8	4,9	5,0
	n jährige Nachwertsfaktoren									
2	1,084	1,086	1,088	1,090	1,092	1,094	1,096	1,098	1,100	1,103
3	1,128	1,131	1,135	1,138	1,141	1,144	1,148	1,151	1,154	1,158
4	1,174	1,179	1,183	1,188	1,193	1,197	1,202	1,206	1,211	1,216
5	1,223	1,228	1,234	1,240	1,246	1,252	1,258	1,264	1,270	1,276
6	1,273	1,280	1,287	1,295	1,302	1,310	1,317	1,325	1,332	1,340
7	1,325	1,334	1,343	1,352	1,361	1,370	1,379	1,388	1,398	1,407
8	1,379	1,390	1,400	1,411	1,422	1,433	1,444	1,455	1,466	1,477
9	1,436	1,448	1,461	1,473	1,486	1,499	1,512	1,525	1,538	1,551
10	1,495	1,509	1,524	1,538	1,553	1,568	1,583	1,598	1,613	1,629
11	1,556	1,572	1,589	1,606	1,623	1,640	1,657	1,675	1,693	1,710
12	1,620	1,638	1,657	1,677	1,696	1,715	1,735	1,755	1,775	1,796
13	1,686	1,707	1,729	1,750	1,772	1,794	1,817	1,840	1,862	1,886
14	1,755	1,779	1,803	1,827	1,852	1,877	1,902	1,928	1,954	1,980
15	1,827	1,854	1,880	1,908	1,935	1,963	1,992	2,020	2,049	2,079
16	1,902	1,931	1,961	1,992	2,022	2,054	2,085	2,117	2,150	2,183
17	1,980	2,013	2,046	2,079	2,113	2,148	2,183	2,219	2,255	2,292
18	2,061	2,097	2,134	2,171	2,208	2,247	2,286	2,325	2,366	2,407
19	2,146	2,185	2,225	2,266	2,308	2,350	2,393	2,437	2,482	2,527
20	2,234	2,277	2,321	2,366	2,412	2,458	2,506	2,554	2,603	2,653
25	2,731	2,797	2,865	2,934	3,005	3,078	3,153	3,229	3,307	3,386
30	3,338	3,436	3,536	3,639	3,745	3,854	3,966	4,082	4,200	4,322

Jahre n	5,1	5,2	5,3	5,4	5,5	5,6	5,7	5,8	5,9	6,0
2	1,105	1,107	1,109	1,111	1,113	1,115	1,117	1,119	1,122	1,124
3	1,161	1,164	1,168	1,171	1,174	1,178	1,181	1,184	1,188	1,191
4	1,220	1,225	1,229	1,234	1,239	1,244	1,248	1,253	1,258	1,262
5	1,282	1,288	1,295	1,301	1,307	1,313	1,319	1,326	1,332	1,338
6	1,348	1,356	1,363	1,371	1,379	1,387	1,395	1,403	1,411	1,419
7	1,417	1,426	1,436	1,445	1,455	1,464	1,474	1,484	1,494	1,504
8	1,489	1,500	1,512	1,523	1,535	1,546	1,558	1,570	1,582	1,594
9	1,565	1,578	1,592	1,605	1,619	1,633	1,647	1,661	1,675	1,689
10	1,644	1,660	1,676	1,692	1,708	1,724	1,741	1,757	1,774	1,791
11	1,728	1,747	1,765	1,783	1,802	1,821	1,840	1,859	1,879	1,898
12	1,816	1,837	1,858	1,880	1,901	1,923	1,945	1,967	1,990	2,012
13	1,909	1,933	1,957	1,981	2,006	2,031	2,056	2,081	2,107	2,133
14	2,007	2,033	2,061	2,088	2,116	2,144	2,173	2,202	2,231	2,261
15	2,109	2,139	2,170	2,201	2,233	2,264	2,297	2,330	2,363	2,397
16	2,216	2,250	2,285	2,320	2,355	2,391	2,428	2,465	2,502	2,540
17	2,329	2,367	2,406	2,445	2,485	2,525	2,566	2,608	2,650	2,693
18	2,448	2,490	2,533	2,577	2,621	2,667	2,712	2,759	2,806	2,854
19	2,573	2,620	2,668	2,716	2,766	2,816	2,867	2,919	2,972	3,026
20	2,704	2,756	2,809	2,863	2,918	2,974	3,030	3,088	3,147	3,207
25	3,468	3,551	3,637	3,724	3,813	3,905	3,998	4,094	4,192	4,292
30	4,447	4,576	4,708	4,844	4,984	5,128	5,275	5,427	5,583	5,744

Tafel VI. Zuwachsprozenttafel. Faktor $\dfrac{K}{k} = 1{,}0\,p^{\dot n}$.

Jahre n	Zuwachsprozent									
	6,2	6,4	6,6	6,8	7,0	7,2	7,4	7,6	7,8	8,0
	n jährige Nachwertsfaktoren									
2	1,128	1,132	1,136	1,141	1,145	1,149	1,153	1,158	1,162	1,166
3	1,198	1,205	1,211	1,218	1,225	1,232	1,239	1,246	1,253	1,260
4	1,272	1,282	1,291	1,301	1,311	1,321	1,331	1,340	1,350	1,360
5	1,351	1,364	1,377	1,389	1,403	1,416	1,429	1,442	1,456	1,469
6	1,435	1,451	1,467	1,484	1,501	1,518	1,535	1,552	1,569	1,587
7	1,524	1,544	1,564	1,585	1,606	1,627	1,648	1,670	1,692	1,714
8	1,618	1,643	1,667	1,693	1,718	1,744	1,770	1,797	1,824	1,851
9	1,718	1,748	1,778	1,808	1,838	1,870	1,901	1,933	1,966	1,999
10	1,825	1,860	1,895	1,931	1,967	2,004	2,042	2,080	2,119	2,159
11	1,938	1,979	2,020	2,062	2,105	2,149	2,193	2,238	2,285	2,332
12	2,058	2,105	2,153	2,202	2,252	2,303	2,355	2,409	2,463	2,518
13	2,186	2,240	2,295	2,352	2,410	2,469	2,530	2,592	2,655	2,720
14	2,321	2,383	2,447	2,512	2,579	2,647	2,717	2,789	2,862	2,937
15	2,465	2,536	2,608	2,683	2,759	2,837	2,918	3,000	3,085	3,172
16	2,618	2,698	2,780	2,865	2,952	3,042	3,134	3,228	3,326	3,426
17	2,781	2,871	2,964	3,060	3,159	3,261	3,366	3,474	3,585	3,700
18	2,953	3,055	3,160	3,268	3,380	3,495	3,615	3,738	3,865	3,996
19	3,136	3,250	3,368	3,490	3,617	3,747	3,882	4,022	4,166	4,316
20	3,330	3,458	3,590	3,728	3,870	4,017	4,170	4,328	4,491	4,661
25	4,499	4,716	4,942	5,179	5,427	5,687	5,958	6,242	6,538	6,849
30	6,078	6,431	6,803	7,197	7,612	8,051	8,514	9,003	9,518	10,063

Jahre n	8,2	8,4	8,6	8,8	9,0	9,2	9,4	9,6	9,8	10,0
2	1,171	1,175	1,179	1,184	1,188	1,192	1,197	1,201	1,206	1,210
3	1,267	1,274	1,281	1,288	1,295	1,302	1,309	1,317	1,324	1,331
4	1,371	1,381	1,391	1,401	1,412	1,422	1,432	1,443	1,453	1,464
5	1,483	1,497	1,511	1,525	1,539	1,553	1,567	1,581	1,596	1,611
6	1,605	1,622	1,641	1,659	1,677	1,696	1,714	1,733	1,752	1,772
7	1,736	1,759	1,782	1,805	1,828	1,852	1,876	1,900	1,924	1,949
8	1,879	1,906	1,935	1,964	1,993	2,022	2,052	2,082	2,113	2,144
9	2,033	2,067	2,101	2,136	2,172	2,208	2,245	2,282	2,320	2,358
10	2,199	2,240	2,282	2,324	2,367	2,411	2,456	2,501	2,547	2,594
11	2,380	2,428	2,478	2,529	2,580	2,633	2,687	2,741	2,797	2,853
12	2,575	2,632	2,691	2,751	2,813	2,875	2,939	3,004	3,071	3,138
13	2,786	2,854	2,923	2,993	3,066	3,140	3,215	3,293	3,372	3,452
14	3,014	3,093	3,174	3,257	3,342	3,429	3,518	3,609	3,702	3,798
15	3,261	3,353	3,447	3,544	3,642	3,744	3,848	3,955	4,065	4,177
16	3,529	3,635	3,743	3,855	3,970	4,088	4,210	4,335	4,463	4,595
17	3,818	3,940	4,065	4,195	4,328	4,465	4,606	4,751	4,900	5,054
18	4,131	4,271	4,415	4,564	4,417	4,875	5,039	5,207	5,381	5,560
19	4,470	4,630	4,795	4,965	5,142	5,324	5,512	5,707	5,908	6,116
20	4,837	5,019	5,207	5,402	5,604	5,814	6,030	6,255	6,487	6,728
25	7,173	7,512	7,866	8,236	8,623	9,027	9,450	9,892	10,353	10,835
30	10,637	11,243	11,882	12,556	13,268	14,018	14,809	15,643	16,522	17,449

Tafel VII. Zusammenstellung der wichtigsten Faktoren.

Faktor $1,0\,p^n$.

Jahr	2%	2¼%	2½%	2¾%	3%	Jahr
10	1,2189 94	1,2492 03	1,2800 85	1,3116 51	1,3439 16	10
20	1,4859 47	1,5605 09	1,6386 16	1,7204 28	1,8061 11	20
30	1,8113 62	1,9493 93	2,0975 68	2,2566 02	2,4272 62	30
40	2,2080 40	2,4351 89	2,6850 64	2,9598 74	3,2620 38	40
50	2,6915 88	3,0420 46	3,4371 09	3,8823 22	4,3839 06	50
60	3,2810 31	3,8001 35	4,3997 90	5,0922 51	5,8916 03	60
70	3,9995 58	4,7471 41	5,6321 03	6,6792 57	7,9178 22	70
80	4,8754 39	5,9301 45	7,2095 68	8,7608 54	10,6408 91	80
90	5,9431 33	7,4079 58	9,2288 56	11,4911 83	14,3004 67	90
100	7,2446 46	9,2540 46	11,8137 16	15,0724 22	19,2186 32	100
110	8,8311 83	11,5601 86	15,1225 55	19,7697 58	25,8282 34	110
120	10,7651 63	14,4410 24	19,3581 50	25,9310 24	34,7109 87	120

Faktor $\dfrac{1}{1,0\,p^n}$.

Jahr	2%	2¼%	2½%	2¾%	3%	Jahr
10	0,8203 48	0,8005 10	0,7811 98	0,7623 98	0,7440 94	10
20	0,6729 71	0,6408 16	0,6102 71	0,5812 51	0,5536 76	20
30	0,5520 71	0,5129 80	0,4767 43	0,4431 44	0,4119 87	30
40	0,4528 90	0,4106 46	0,3724 31	0,3378 52	0,3065 57	40
50	0,3715 28	0,3287 26	0,2909 42	0,2575 78	0,2281 07	50
60	0,3047 82	0,2631 49	0,2272 84	0,1963 77	0,1697 33	60
70	0,2500 28	0,2106 53	0,1775 54	0,1497 17	0,1262 97	70
80	0,2051 10	0,1686 30	0,1387 05	0,1141 44	0,0939 77	80
90	0,1682 61	0,1349 90	0,1083 56	0,0870 23	0,0699 28	90
100	0,1380 33	0,1080 61	0,0846 47	0,0663 46	0,0520 33	100
110	0,1132 35	0,0865 04	0,0661 26	0,0505 82	0,0387 17	110
120	0,0928 92	0,0692 47	0,0516 58	0,0385 64	0,0288 09	120

Faktor $\dfrac{1}{1,0\,p^n - 1}$.

Jahr	2%	2¼%	2½%	2¾%	3%	Jahr
10	4,5663 26	4,0127 86	3,5703 51	3,2087 17	2,9076 84	10
20	2,0578 36	1,7840 92	1,5658 85	1,3880 63	1,2405 24	20
30	1,2324 96	1,0533 04	0,9111 06	0,7957 97	0,7006 42	30
40	0,8277 87	0,6967 72	0,5934 49	0,5102 37	0,4420 79	40
50	0,5911 60	0,4897 05	0,4103 22	0,3469 43	0,2955 16	50
60	0,4383 98	0,3571 26	0,2941 36	0,2443 64	0,2044 32	60
70	0,3333 82	0,2668 70	0,2158 85	0,1760 79	0,1445 54	70
80	0,2580 35	0,2028 34	0,1610 42	0,1288 52	0,1037 25	80
90	0,2023 01	0,1560 56	0,1215 24	0,0953 18	0,0751 85	90
100	0,1601 37	0,1211 53	0,0924 75	0,0710 61	0,0548 89	100
110	0,1276 95	0,0946 95	0,0708 09	0,0532 77	0,0402 77	110
120	0,1024 05	0,0743 99	0,0544 72	0,0401 11	0,0296 64	120

Druck der Universitätsdruckerei H. Stürtz A.G., Würzburg.

Handbuch der Forstpolitik
mit besonderer Berücksichtigung der Gesetzgebung und Statistik

Von

Dr. Max Endres
o. ö. Professor an der Universität München

Zweite, neubearbeitete Auflage

1922. Gebunden GZ. 20

Inhaltsübersicht:

I. Größe, Verteilung, Besitzstand und Bestandsverfassung der Wälder. — 1. Die Wälder Europas. — 2. Die Waldungen des Deutschen Reichs.

II. Die Produktionsfaktoren der Waldwirtschaft. — 1. Boden. — 2. Kapital. — 3. Arbeit. — 4. Die Wirtschaftssysteme (Umtriebszeiten).

III. Die Holzerträge. — 1. Die normale Massenerzeugung des Einzelbestandes. — 2. Der Holzertrag nach den Wirtschaftsergebnissen der Staatsforste. — 3. Die Holzproduktion des Deutschen Reiches.

IV. Die Gelderträge. — 1. Begriffe und Übersicht. — 2. Roheinnahmen und Holzpreise. — 3. Die Ausgaben. — 4. Überschuß (Reineinnahme).

V. Die Wohlfahrtswirkungen des Waldes. — 1. Begriff und Voraussetzungen. — 2. Geschichte. — 3. Die wissenschaftliche Forschung. — 4. Der Einfluß des Waldes auf die Temperatur der Luft und des Bodens. — 5. Der Feuchtigkeitsgehalt der Waldluft. — 6. Der Einfluß des Waldes auf die Niederschläge. — 7. Der Einfluß des Waldes auf die Hagelbildung. — 8. Die wasserwirtschaftliche Bedeutung des Waldes. — 9. Die mechanische Wirkung des Waldes. — 10. Die hygienische und ethische Bedeutung des Waldes.

VI. Forstpolizeigesetzgebung. — 1. Deutsche Staaten. — 2. Außerdeutsche Staaten.

VII. Der Schutzwald und die Gesetzgebung. — 1. Begriff. — 2. Feststellung der Schutzwaldeigenschaft. — 3. Folgen der Bannlegung (Schutzmittel). — 4. Entschädigungsfrage. — 5. Enteignung von Schutzwaldungen, Schutzgenossenschaften, Neuanlage von Schutzwaldungen. — 6. Die Schutzwaldgesetzgebung in deutschen Staaten. — 7. Die Schutzwaldgesetzgebung außerdeutscher Staaten.

VIII. Privatwaldwirtschaft. — 1. Bedeutung und Verteilung der Privatwaldungen. — 2. Gesetzliche Beschränkungen der Privatwaldwirtschaft. — 3. Die Pflege der Privatwaldwirtschaft.

IX. Gemeindewaldwirtschaft. — 1. Geschichtliche Entwicklung des Gemeindewaldeigentums als Teil des Gemeindevermögens. — 2. Arten des Gemeindewaldeigentums. — 3. Stellung und Bedeutung des Gemeindewaldvermögens. — 4. Gemeindewaldgesetzgebung. — 5. Übrige Staatsaufsichtswaldungen. — 6. Beförsterungsbeiträge. — 7. Teilung der Gemeindewaldungen.

X. Staatwaldwirtschaft. — 1. Entstehung des Staatswaldeigentums. — 2. Die bisherige rechtliche Natur der Staats- und Domänenwaldungen. — 3. Veräußerlichkeit der Staatswaldungen. — 4. Verhältnis der Staatswaldungen zum Gemeindeverband. — 5. Die Eignung des Forstbetriebes für den Staat. — 6. Die staatliche Monopolisierung der Waldwirtschaft und die Sozialisierung der Privatwaldungen. — 7. Finanzielle Bedeutung der Staatswaldungen. — 8. Wirtschaftsgrundsätze. — 9. Die Errichtung von Geldreservefonds in der Fortwirtschaft und besonders für die Staatsforste.

XI. Waldgenossenschaften. — 1. Die bestehenden älteren Waldgenossenschaften. — 2. Die neuzeitlichen Waldgenossenschaften.

XII. Forstrechte. — 1. Begriff und geltendes Recht. — 2. Grunddienstbarkeit und Reallast. — 3. Eintrag in das Grundbuch und Begründung. — 4. Regulierung. — 5. Übertragbarkeit und Teilbarkeit. — 6. Ablösung. — 7. Bedeutung und Entstehung der Forstrechte.

XIII. Forstwirtschaftlicher Realkredit (Beleihung der Waldungen).

XIV. Waldbrandversicherung.

XV. Holzhandel und Holzproduktion. — 1. Übersicht. — 2. Deutsches Reich. — 3. Die Holzbilanz der übrigen europäischen Staaten. — 4. Die Waldwirtschaft in Nordamerika. — 5. Die Waldwirtschaft in Südamerika. — 6. Die Waldwirtschaft in Asien. — 7. Australien.

XVI. Holzzoll. — 1. Einleitung. - 2. Entwicklung der Holzzollgesetzgebung seit 1879. — 3. Die Sätze des Zolltarifes, zollfreie Waren. — 4. Verzollungsmaßstab. — 5. Bedeutung der Holzzölle. — 6. Gründe für und gegen den Holzzoll. — 7. Die Gestaltung der Holzzölle. — 8. Zollbegünstigungen und Veredlungsverkehr. — 9. Der Zoll auf Gerbrinde und Gerbstoffe. — 10. Ausländische Holzzölle.

XVII. Holztransport. — 1. Übersicht. — 2. Transport zu Wasser. — 3. Eisenbahntransport.

XVIII. Waldbesteuerung. — 1. Stand der Gesetzgebung. — 2. Allgemeine Einkommensteuer. — 3. Vermögenssteuer. — 4. Forstgrundsteuer. — Sachverzeichnis.

Die Försterbewegung. Von F. Erdmann, Forstmeister zu Neubruch-hausen. 1922. GZ. 2,1.

Der Dauerwaldgedanke. Sein Sinn und seine Bedeutung. Von Professor Dr. **Alfred Möller**, Preuß. Oberforstmeister und Direktor der Forstakademie zu Eberswalde. 1922. GZ. 1,6; gebunden GZ. 2,5.

Dauerwaldwirtschaft. Von Dr. **A. Möller**, Oberforstmeister und Professor. Zweite Auflage. 1921. GZ. 2,3.

Bodenkunde. Von Dr. **E. Ramman**, Professor an der Universität München. Vierte Auflage. In Vorbereitung.

Die Aufforstung landwirtschaftlich minderwertigen Bodens. Eine Untersuchung über die Zweckmäßigkeit der Aufforstung minderwertig oder ungünstig gelegener landwirtschaftlich benutzter Flächen mit besonderer Berücksichtigung des Kleinbesitzes. Von Dr. **J. K. Möller**, Forstassessor in Schandau i. Sa. 1908. GZ. 2,8.

Handbuch der Forstverwaltungskunde. Von Dr. **Adam Schwappach**, Forstmeister, Professor an der Forstakademie Eberswalde. 1884. GZ. 5.

Die Berechnung des Waldkapitals und ihr Einfluß auf die Forstwirtschaft in Theorie und Praxis. Von Dr. **Theodor Glaser**, bayer. Forstamtsassesor, Bayreuth. Mit 2 Textfiguren. 1912. GZ. 4.

Ertragstafeln für Eiche, Buche, Tanne, Fichte und Kiefer. Von Dr. **E. Gehrhardt**, Regierungs- und Forstrat in Magdeburg. Erscheint Anfang Sommer 1923.

Die Grundzahlen (GZ.) entsprechen den ungefähren Vorkriegspreisen und ergeben mit dem jeweiligen Entwertungsfaktor (Umrechnungsschlüssel) vervielfacht den Verkaufspreis. Über den zur Zeit geltenden Umrechnungsschlüssel geben alle Buchhandlungen sowie der Verlag bereitwilligst Auskunft.

Die forstliche Statik. Ein Handbuch für leitende und ausführende Forstwirte sowie zum Studium und Unterricht. Von Geh. Forstrat Dr. **H. Martin**, Professor an der Forstakademie Tharandt. Zweite Auflage. Mit 8 Textabbildungen. 1918. GZ. 16; gebunden 18.

Die Forsteinrichtung. Von Dr. **H. Martin**, Professor der Forstwissenschaft an der Forstakademie Tharandt. Dritte, erweiterte Auflage. Mit 11 Tafeln. 1910. GZ. 9.

Die forstliche Bestandesgründung. Ein Lehr- und Handbuch für Unterricht und Praxis. Auf neuzeitlichen Grundlagen bearbeitet von **Hermann Reuss**, Oberforstrat, Direktor der Höheren Forstlehranstalt Mährisch-Weißkirchen. Mit 64 Textfiguren. 1907. GZ. 8.

Leitfaden für den Waldbau. Von **W. Weise**, Preuß. Oberforstmeister, Forstakademie-Direktor a. D. Vierte Auflage. 1911.
Gebunden GZ. 4.

Westermeiers Leitfaden für die Försterprüfungen. Ein Handbuch für den Unterricht und Selbstunterricht unter Berücksichtigung der preußischen Verhältnisse sowie für den praktischen Forstwirt. Zwölfte Auflage. Nach dem Tode des Verfassers besorgt von **H. Müller**, Preuß. Oberförster. Mit 123 Textabbildungen und einer Spurentafel. 1919.
Gebunden GZ. 9.

Forstliche Rechenaufgaben. Ein Wiederholungs- und Übungsbuch zur Vorbereitung auf die Jäger- und Försterprüfung. Von **Otto Grothe**, Forstschullehrer in Spangenberg. Siebente, vermehrte und verbesserte Auflage. Mit 89 Textfiguren. Unveränderter Neudruck 1921. GZ. 2.

Zeitschrift für Forst- und Jagdwesen. Zugleich Organ für forstliches Versuchswesen. Begründet von **Bernhard Danckelmann**. Herausgegeben uuter Mitarbeit der Professoren der Forstlichen Hochschulen zu Eberswalde und Münden sowie nach amtlichen Mitteilungen von Professor **Dr. L. Schilling**, Preuß. Oberforstmeister und Direktor des forstlichen Versuchswesens in Eberswalde. Erscheint in monatlichen Heften.
Für Monat Juni Preis M. 3200.—.

Forst- und Jagd-Kalender 1923. Begründet von **Schneider**, Eberswalde und **Judeich**, Tharandt. Dreiundsiebzigster Jahrgang. (LI. Jahrgang des Judeich Bohm'schen Kalenders.) Bearbeitet von Dr. **M. Neumeister**, Geh. Oberforstrat in Dresden. In zwei Teilen. 1. Teil: Kalendarium, Wirtschafts-, Jagd- und Fischerei-Kalender, Hilfsbuch, verschiedene Tabellen und Notizen. 1923.
Ausgabe A: Schreibkalender. 7 Tage auf der linken Seite, rechte Seite frei. Gebunden GZ. 2.
Ausgabe B: Schreibkalender. Auf jeder Seite 2 Tage. Gebunden GZ. 2,4.

Das Holz als Baustoff, sein Wachstum und seine Anwendung zu Bauverbänden. Von Professor **Gustav Lang,** Geh. Regierungsrat. Mit zahlreichen Bildern aus dem Bauingenieurlaboratorium und 2 Beilagen. 1915. Mit einem Bildnis. (C. W. Kreidel's Verlag in Berlin W 9.) GZ. 10.

Handbuch der Holzkonservierung. Unter Mitwirkung von Fachgelehrten, herausgegeben von Marine-Oberbaurat **Ernst Troschel** †, Berlin. Zweite, vermehrte und verbesserte Auflage. Mit etwa 220 Textabbildungen. In Vorbereitung.

Der Teichbau. Anleitung zur Anlage und zum Bau von Teichen für Kulturingenieure, Studierende und praktische Teichwirte. Von **F. A. Zink,** Oberingenieur. Mit 133 Textfiguren und 3 Tafeln. 1914. GZ. 9.

Untersuchung des Wassers an Ort und Stelle. Von Professor Dr. Hartwig Klut, wissenschaftliches Mitglied der Preuß. Landesanstalt für Wasserhygiene zu Berlin-Dahlem. Vierte, neubearbeitete Auflage. Mit 34 Textabbildungen. 1922. GZ. 4.

Moornutzung und Torfverwertung mit besonderer Berücksichtigung der Trockendestillation. Von Professor Dr. **Paul Hoering,** Berlin. Unveränderter Neudruck. 1921. Gebunden GZ. 15.

Torfwerke. Gewinnung, Veredelung und Nutzung des Brenntorfes unter besonderer Berücksichtigung der Torfkraftwerke. Von **Friedrich Bartel,** Reg.-Baumeister. Zweite, vollständig neubearbeitete Auflage. Mit 317 Abbildungen im Text und auf 5 Tafeln. 1923. GZ. 8; gebunden GZ. 9,5.

Technologie der Holzverkohlung unter besonderer Berücksichtigung der Herstellung von sämtlichen Halb- und Ganzfabrikaten aus den Erstlingsdestillaten. Von **M. Klar,** Vorstand der Chemischen Werke Henke & Baertling, Aktiengesellschaft Holzminden (Holzdestillationsprodukte). Zweite, vermehrte und verbesserte Auflage. Mit 49 Textfiguren. Unveränderter Neudruck. 1923. Gebunden GZ. 17.

Die chemische Betriebskontrolle in der Zellstoff- und Papierindustrie und anderen Zellstoff verarbeitenden Industrien. Von Dr. phil. **Carl G. Schwalbe,** Professor an der Forstl. Hochschule und Vorstand der Versuchsstation für Holz- und Zellstoff-Chemie in Eberswalde und Dr.-Ing. **Rudolf Sieber,** Chefchemiker des Kramfors-Konzernes, Sulfit- und Sulfat-Zellstoff-Werke, Kramfors, Schweden. Zweite, umgearbeitete und vermehrte Auflage. Mit 34 Textabbildungen. 1922. Gebunden GZ. 20.